Routledge History of Philosophy
(Ten Volumes)

Routledge of History of Philosophy
(Ten Volumes) 第九卷（Volume IX）

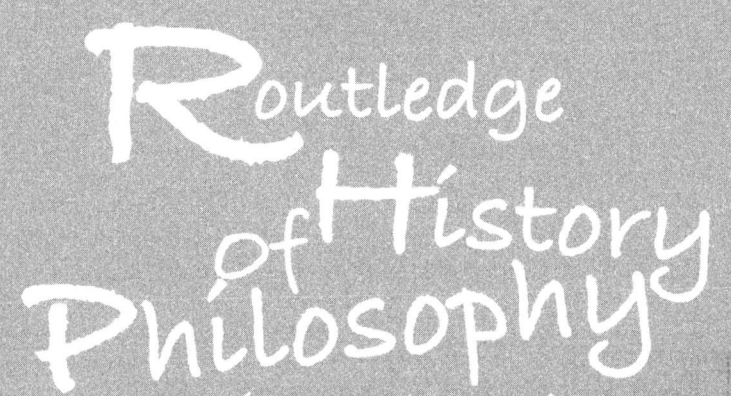

20世纪科学、逻辑和数学哲学

[加] 斯图亚特·G·杉克尔 （Stuart G. Shanker）/主编
江怡　许涤非　张志伟　费多益　鲍建竹/译
冯俊　鲍建竹/审校

中国人民大学出版社
·北京·

《劳特利奇哲学史》（十卷本）简介
Routledge History of Philosophy（Ten Volumes）

总主编：［英］帕金森（G. H. R. Parkinson）

［加］杉克尔（S. G. Shanker）

　　《劳特利奇哲学史》对从公元前6世纪开始直到现在的西方哲学史提供了一种编年式的考察。它深入地讨论了哲学的所有重要发展，对于那些普遍公认的伟大哲学家提供了很大的篇幅。但是，较小一些的人物并没有被忽略，在这十卷本的哲学史中，包括了过去和现在的每一个重要哲学家的基本和关键的信息。这些哲学家被明确地置于他们时代的文化特别是科学的氛围之中。

　　这部《哲学史》不仅是写给专家看的，而且也是写给学生和普通读者看的。各章都是以浅近的风格写成，每一章的作者都是这一领域公认的专家，全书130多位顶尖的专家来自英国、美国、加拿大、澳大利亚、爱尔兰、法国、意大利、西班牙、以色列等十多个国家的著名大学和科研机构。每一章后面附有大量的参考书目，可供深入研究者参考。有详细的哲学大事历史年表，涵盖了从公元前8世纪至1993年西方哲学发展的全部历史，后面还附有专业术语的名词解释和文献、主题、人名索引。该书是代表当今世界哲学史研究领域最高学术水平的著作。

　　第一卷《从开端到柏拉图》 分卷主编：C. C. W. 泰勒，1997年出版。
　　Volume I：From the Beginning to Plato, edited by C. C. W. Taylor, 1997.
　　第二卷《从亚里士多德到奥古斯丁》 分卷主编：大卫·福莱，1999年出版。

Volume II: From Aristotle to Augustine, edited by David Furley, 1999.

第三卷《中世纪哲学》 分卷主编：约翰·马仁邦，1998 年出版。

Volume III: Medieval Philosophy, edited by John Marenbon, 1998.

第四卷《文艺复兴和 17 世纪理性主义》 分卷主编：G. H. R. 帕金森，1993 年出版。

Volume IV: The Renaissance and Seventeenth Century Rationalism, edited by G. H. R. Parkinson, 1993.

第五卷《英国哲学和启蒙时代》 分卷主编：斯图亚特·布朗，1996 年出版。

Volume V: British Philosophy and the Age of Enlightenment, edited by Stuart Brown, 1996.

第六卷《德国唯心主义时代》 分卷主编：罗伯特·C·所罗门，凯特林·M·希金斯，1993 年出版。

Volume VI: The Age of German Idealism, edited by Robert C. Solomon & Kathleen M. Higgins, 1993.

第七卷《19 世纪哲学》 分卷主编：C. L. 滕，1994 年出版。

Volume VII: The Nineteenth Century, edited by C. L. Ten, 1994.

第八卷《20 世纪大陆哲学》 分卷主编：里查德·柯尔内，1994 年出版。

Volume VIII: Twentieth-Century Continental Philosophy, edited by Richard Kearney, 1994.

第九卷《20 世纪科学、逻辑和数学哲学》 分卷主编：斯图亚特·G·杉克尔，1996 年出版。

Volume IX: Philosophy of Science, Logic and Mathematics in the Twentieth Century, edited by Stuart G. Shanker, 1996.

第十卷《20 世纪意义、知识和价值哲学》 分卷主编：约翰·V·康菲尔德，1997 年出版。

Volume X: Philosophy of Meaning, Knowledge and Value in the Twentieth Century, edited by John V. Canfield, 1997.

《劳特利奇哲学史》第九卷简介

《劳特利奇哲学史》第九卷考察了20世纪科学、逻辑和数学哲学的十个关键主题。每篇专题论文都由该领域的世界著名专家撰写，对所讨论的主题提供了综合性介绍。其写作方式不仅面向哲学专业学生，而且面向对这些主题感兴趣的非哲学专业读者。每一章都提供了涵盖该领域主要著作的参考书目。

本卷所涉及的主题包括：逻辑哲学、数学哲学、弗雷格哲学、维特根斯坦的《逻辑哲学论》、逻辑实证主义、物理学哲学、科学哲学、概率论、控制论以及机械论与活力论之争。此外，本卷还提供了有用的历史年表，包含了20世纪的主要科学事件和哲学事件；提供了一个范围广泛的名词解释表，包括了科学、逻辑和数学哲学中的大量术语，以及这些领域中主要人物的简明传记。

斯图亚特·G·杉克尔（Stuart G. Shanker）是加拿大约克大学哲学和心理学教授，在路德维希·维特根斯坦哲学和人工智能方面有大量成果出版。

目　　录

总主编序 …………………………………………………… (1)
作者简介 …………………………………………………… (5)
致谢 ………………………………………………………… (9)
历史年表 …………………………………………………… (11)

导言 ………………… 斯图亚特·G·杉克尔（Stuart G. Shanker）(1)
第一章　逻辑哲学 ………………… 安德鲁·欧文（Andrew Irvine）(10)
　　19 世纪的终结 ………………………………………… (11)
　　从罗素到哥德尔 ……………………………………… (17)
　　从哥德尔到弗里德曼 ………………………………… (28)
　　逻辑的扩张 …………………………………………… (33)
第二章　20 世纪的数学哲学
　　………………… 迈克尔·德特勒夫森（Michael Detlefsen）(54)
　　引言 …………………………………………………… (54)
　　20 世纪早期以及三个"主义"的发展 ………………… (59)
　　　逻辑主义 …………………………………………… (60)
　　　直觉主义 …………………………………………… (73)
　　　希尔伯特的立场 …………………………………… (78)

后期 ··· (85)
　　　　希尔伯特的形式主义 ··· (85)
　　　　逻辑主义 ··· (89)
　　　　直觉主义 ··· (94)
　　　　后期发展 ··· (97)
　　结论 ··· (105)

第三章　弗雷格 ······················· 雷纳·博恩（Rainer Born）(127)
　　学术生涯 ··· (127)
　　弗雷格和现代逻辑 ··· (129)
　　　　从概念和函项表达式的逻辑（BS）向值域逻辑（GGA）的
　　　　转变 ··· (133)
　　对弗雷格算术哲学的反思 ··· (135)
　　对弗雷格语言哲学的语境的评论 ······································· (144)
　　对弗雷格工作后果的反思 ··· (148)

第四章　维特根斯坦的《逻辑哲学论》
　　　　　　　　　　　　　　　　 ······· 詹姆斯·博根（James Bogen）(162)
　　引言 ··· (162)
　　基本命题 ··· (163)
　　T3 和构造论题 ·· (165)
　　"命题是一种很奇怪的东西！" ··· (169)
　　虚假断定 ··· (171)
　　关于虚假判断的某些被抛弃的说法 ····································· (173)
　　未加断定的命题 ··· (177)
　　逻辑、概率和构造论题 ··· (179)
　　《逻辑哲学论》的科学哲学 ··· (182)
　　对象带来的麻烦 ··· (184)
　　《逻辑哲学论》的反对区分 ··· (188)
　　人生的意义、宇宙和万物 ··· (190)

第五章　逻辑实证主义 …… 奥斯瓦尔德·汉弗林（Oswald Hanfling）(202)
引言 …………………………………………………………… (202)
证实原则 ……………………………………………………… (205)
可证实性标准 ………………………………………………… (208)
分析 …………………………………………………………… (210)
消除经验 ……………………………………………………… (212)
科学的统一 …………………………………………………… (214)
消除形而上学 ………………………………………………… (216)
伦理学的调解 ………………………………………………… (218)

第六章　物理学哲学 ………………… 罗姆·哈瑞（Rom Harré）(225)
物理学哲学的分支是什么？ ………………………………… (225)
概念的分析研究和历史研究 ………………………………… (227)
物理科学中的方法论问题 …………………………………… (232)
基础讨论 ……………………………………………………… (237)

第七章　今天的科学哲学 ……… 约瑟夫·阿伽西（Joseph Agassi）(247)
科学哲学有一个非常低的标准 ……………………………… (247)
公共关系对科学是无意义的 ………………………………… (250)
科学是一种文化现象 ………………………………………… (252)
科学不需要促进者 …………………………………………… (254)
科学不是超级巫术 …………………………………………… (257)
科学是公共的和经验的 ……………………………………… (259)
科学权力崇拜是滑稽的 ……………………………………… (261)
波普尔对归纳主义的批评是言过其实的 …………………… (265)
科学不仅仅是科学技术 ……………………………………… (268)
科学是一种自然宗教 ………………………………………… (269)

第八章　机运、原因和行为：概率论和人类行为的解释
………………………… 杰夫·科尔特（Jeff Coulter）(281)
引言 …………………………………………………………… (281)
概率分析应用中的基本假设 ………………………………… (283)

人类行为解释的归纳—统计方法……………………………………（287）
　　　人类行为和自然事件………………………………………………（291）
　　　预先假定没有证明的因果关系的统计方法………………………（294）
　　　总结评论……………………………………………………………（298）
第九章　控制论…………肯尼思·M·赛伊尔（Kenneth M. Sayre）（309）
　　　历史背景……………………………………………………………（309）
　　　基本概念……………………………………………………………（311）
　　　　　反馈……………………………………………………………（311）
　　　　　熵………………………………………………………………（312）
　　　　　信息……………………………………………………………（314）
　　　　　负熵……………………………………………………………（315）
　　　解释原则和方法论…………………………………………………（316）
　　　对目标导向行为的分析……………………………………………（319）
　　　适应形式……………………………………………………………（321）
　　　　　进化和自然选择………………………………………………（321）
　　　　　学习……………………………………………………………（322）
　　　　　知觉模式………………………………………………………（324）
　　　更高级的认知功能…………………………………………………（325）
　　　与其他范式的关系…………………………………………………（327）
第十章　笛卡尔的遗产：机械论与活力论之争
　　　　　………………斯图亚特·G·杉克尔（Stuart G. Shanker）（331）
　　　笛卡尔对后世的统治………………………………………………（331）
　　　动物热量理论之争…………………………………………………（338）
　　　反射理论之争………………………………………………………（347）
　　　"新客观术语学"的兴起……………………………………………（362）
　　　心灵理论……………………………………………………………（371）
名词解释…………………………………………………………………（395）
索引………………………………………………………………………（467）
译后记……………………………………………………………………（502）

总主编序

帕金森（G. H. R. Parkinson）
杉克尔（S. G. Shanker）

　　哲学史，正如它的名字所意指的一样，它表示两个非常不同的学科的统一，它们中的一个学科给另一个学科强加了严格的限制。作为思想史中的一种活动，它要求人们获得一种"历史的眼光"：对它研究的那些思想家是怎样看待他们力图解决的问题、他们讨论这些问题的概念框架、他们的假设和目的、他们的盲点和偏差等有一种透彻的理解。但是，作为哲学中的一种活动，我们所要做的不能仅仅是一种描述性的工作。我们的努力有一个关键性的方面：我们对说服力的探求和对论证发展路径的探求一样重要，因为哲学史中的许多问题不仅对哲学思想的发展可能曾经产生过影响，而且它们今天继续盘踞在我们心中。

　　所以，哲学史要求与它的实践者们保持一种微妙的平衡。我们完全是以"事后诸葛亮"的眼光来阅读这些著作，我们能看出为什么微小的贡献仍然是微小的，而庞大的体系却崩溃了：有时是内部压力的结果，有时是因为未能克服一种难以克服的障碍，有时是一种剧烈的技术或社会的变化，并且常常是因为理智的时尚和兴趣的变化。然而，因为我们对许多相同的问题的持续的哲学关注，我们不能采取超然的态度来看这些工作。我们想要知道从那些不重要的或是"光荣的失败"中吸取什么教训；有多少次我们想要以疏漏的理论来为一种现代的相关性辩护，或者重新考虑"光荣的失败"是否确实是这样，或只是超越它的时代，或许甚至超越它的作者。

因此，我们发现我们自己非常像神话故事中的"激进的翻译家"，对现代哲学家们如此着迷，力图用作者自己的文化眼光，同时也以我们自己的眼光来理解作者的思想。这可能是一项令人惊叹的任务，在历史的尝试中我们多次失败，因为我们的哲学兴趣是如此强烈；或者是忽视了后者，因为我们是如此的着迷于前者。但是哲学的本性就是如此，我们不得不掌握这两种技能。因为学习哲学史不只是一种挑战性的、吸引人的消遣活动，把握哲学与历史和科学这两者是怎样密切联系而又相互区别的，这是了解哲学本性的一个根本性的因素。

《劳特利奇哲学史》对西方哲学从它的开端到当代的历史提供了一种编年的考察。它的目的是深入地讨论所有重大的哲学发展，本着这个初衷，大部分篇幅被分配给那些普遍公认的伟大哲学家。但是，较小一些的人物并没有被忽略。我们希望在这十卷本的哲学史中，读者将至少能够找到过去和现在的任何重要哲学家的基本信息。

哲学思维并不是脱离其他人类活动而孤立发生的，这部《哲学史》力图将哲学家置于他们时代的文化特别是科学的氛围之中。某些哲学家确实把哲学仅仅看做自然科学的附属物，但是即使排斥这种观点，也几乎不能否认各门科学对今天被我们称为哲学的东西确实有过巨大的影响，清晰地阐明这种影响是非常重要的。这样大部头的著作并非想要提供一种曾影响过哲学思维的那些因素的单纯记录，哲学是一个有着它自己的论证标准的学科，表现哲学论证发展的方式是这部哲学史关心的重点。

说到"今天被我们称为哲学的东西"，我们可能给人一种印象：似乎今天对于哲学是什么只存在一种观点，肯定不是这么回事。相反，在那些自称是哲学家的人们当中，他们对于这个学科的本性的意见存在着极大的差异。这些差异反映在今天存在的、通常分别描述为"分析"哲学和"大陆"哲学的两个主要的思想学派之中。作为这部《哲学史》的总主编，我们的目的不是要搞派性之争。我们的态度是一种宽容的态度，我们希望，这部十卷本的著作能够帮助我们理解哲学家们是怎么达到他们现在所占有的这些位置的。

最后一点要说的就是，长期以来，哲学成为一个高度技术化的学科，它有自己的专有术语。这部哲学史不仅是写给专家看的，而且也是写给普通读者看的。为了这个目的，我们力图保证每一章都以一种贴近读者的风格写成。由于专业性是不可避免的，在每一卷的后面，我们提供了一个专业术语的名词解释表。我们希望，这样，这个十卷本将会拓宽我们对这个学科的了解，而这个学科对于所有勤于思考的人们来说是最为重要的。

作者简介

Joseph Agassi（约瑟夫·阿伽西），特拉维夫大学和纽约大学多伦多分校哲学教授（双聘）。在耶路撒冷获得理科硕士学位；在伦敦经济学院获得哲学博士学位，专业为自然科学总论，研究方向为逻辑和科学方法。他的主要英文著作有：《科学编史学导引》(*Towards an Historiography of Science*)、《历史和理论》(*History and Theory*)、《连续的革命：从古希腊到爱因斯坦的物理学史》(*The Continuing Revolution：A History of Physics from the Greeks to Einstein*)、《作为自然哲学家的法拉第》(*Faraday as a Natural Philosopher*)、《理智的哲学人类学指南》(*Towards a Rational Philosophical Anthropology*)、《科学和社会：科学社会学研究》(*Science and Society：Studies in the Sociology of Science*)、《科技：哲学和社会的方面》(*Technology：Philosophical and Social Aspects*)、《哲学导论：与人性同源》(*Introduction to Philosophy：The Siblinghood of Humanity*)、《一个哲学家的学徒：在卡尔·波普尔的研讨班》(*A Philosopher's Apprentice：In Karl Popper's Workshop*)。

James Bogen（詹姆斯·博根），加利福尼亚州克莱蒙特学院联盟匹泽学院哲学教授。他有关维特根斯坦的著述包括：《维特根斯坦的语言哲学》(*Wittgenstein's Philosophy of Language*)、《维特根斯坦与怀疑论》(*Wittgenstein and Skepticism*)以及一篇关于布拉德（Bradley）《一切存在的本性》(*The Nature of All Being*) 的评注。在其他领域，包括认识论、科学哲学和古希腊哲学等方面，他也有成果出版。现在他正在做一个关于19世纪神经系统科学史的项目。

Rainer Born（雷纳·博恩），1943年出生在中欧。一直被作为教师来培养，先后在奥地利、德国和英国学习哲学、数学、物理、心理学和教育学，获得哲学和数学学位，并通过"科学理论和哲学"学科的教授资格考试（讲授许可）。他现在是奥地利林茨约翰内斯开普勒大学哲学和科学哲学研究所副教授。

Jeff Coulter（杰夫·科尔特），波士顿大学社会学教授和哲学副研究员。个人专著有《心灵的社会建构》（*The Social Construction of Mind*，1979）、《反思认知理论》（*Rethinking Cognitive Theory*，1983）、《行动中的心灵》（*Mind in Action*，1989）；合著有《计算机、心灵和行为》（*Computers, Minds, and Conduct*，1995）。

Michael Detlefsen（迈克尔·德特勒夫森），圣母大学哲学教授，《圣母大学形式逻辑杂志》（*Notre Dame Journal of Formal Logic*）主编。著有《希尔伯特程式》（*Hilbert's Program*）和数学与逻辑哲学方面的大量论文。目前，他正在撰写两本著作：一本关于数学基础的构造主义理论，一本关于哥德尔定理。

Oswald Hanfling（奥斯瓦尔德·汉弗林），开放大学哲学教授。著有《逻辑实证主义》（*Logical Positivism*）、《维特根斯坦后期哲学》（*Wittgenstein's Later Philosophy*）、《意义的探究》（*The Quest for Meaning*）、《哲学与日常语言》（*Philosophy and Ordinary Language*，即将完成）。他也是《哲学美学：导引》（*Philosophical Aesthetics: An Introduction*）的编辑和作者之一，还参与编写了开放大学的大量教材用书。

Rom Harré（罗姆·哈瑞），牛津大学琳纳克学院研究员，华盛顿特区乔治城大学心理学教授，宾汉姆顿大学哲学兼职教授。个人专著有《多样性的实在论》（*Varieties of Realism*）、《社会存在》（*Social Being*）、《个性的存在》（*Personal Being*）；合著有《自然律法》（*Laws of Nature*）、《话语性的心灵》（*The Discursive Mind*）。他也是《布莱克威尔心理学百科辞典》（*Blackwell Encyclopedic Dictionary of Psychology*）的编辑之一。

Andrew Irvine（安德鲁·欧文），英属哥伦比亚大学哲学副教授。《数学中的物理主义》(*Physicalism in Mathematics*，1990) 的编者，《罗素和分析哲学》(*Russell and Analytic Philosophy*，1993) 的合编者。

Kenneth M. Sayre（肯尼思·M·赛伊尔），哈佛大学哲学博士，圣母大学哲学教授。他有关控制论和心灵哲学方面的著述包括：《意识：心灵和机器的哲学研究》(*Consciousness：A Philosophic Study of Minds and Machines*)、《控制论和心灵哲学》(*Cybernetics and the Philosophy of Mind*)、《意向性和信息处理：认知科学的新模型》(*Intentionality and Information Processing：An Alternative Model for Cognitive Science*)。此外，他还撰写了劳特利奇新版《哲学百科全书》(*Encyclopedia of Philosophy*) 中关于信息理论的文章。

Stuart G. Shanker（斯图亚特·G·杉克尔），加拿大约克大学哲学和心理学教授。《维特根斯坦和数学哲学的转折点》(*Wittgenstein and the Turning Point in the Philosophy of Mathematics*) 的作者，《路德维希·维特根斯坦：重要评论集》(*Ludwig Wittgenstein：Critical Assessments*) 和《聚焦哥德尔定理》(*Gödel's Theorem in Focus*) 的编者。最近他还将出版《维特根斯坦和人工智能的基础》(*Wittgenstein and the Foundations of AI*)，以及与 E. S. Savage-Rumbaugh 和 Talbot J. Taylor 合作出版《猿、语言和人类心灵：灵长类动物学哲学论文集》 (*Apes，Language and the Human Mind：Essays in Philosophical Primatology*)。

致　谢

　　我要对我的合作主编表示深深的感谢。在准备此卷时，帕金森（G. H. R. Parkinson）给予了我帮助，理查德·斯通曼（Richard Stoneman）在计划这一哲学史时提供了非常宝贵的资源。我也要感谢理查德·丹西（Richard Dancy），是他提供了该卷的历史年表，还要感谢戴尔·林德斯科（Dale Lindskog）和达琳·里戈（Darlene Rigo），他们提供了本卷的名词解释。最后，我要感谢加拿大艺术委员会提供标准研究基金支持本项目，感谢阿特金森学院的两个基金对本项目的支持，感谢约克大学授予我沃尔特·L·戈登研究员职位。

斯图尔特·G·杉克尔
约克大学阿特金森学院
加拿大，多伦多

历史年表

大部分科技信息参考了如下资源：亚历山大·赫勒曼斯（Alexander Hellemans）主编的《科学时间表》（*The Timetables of Science*，New York，Simon and Schuster，1987）、布鲁斯·维特洛（Bruce Wetterau）主编的《纽约公共图书馆大事年表分卷》（*The New York Public Library Book of Chronologies*，New York，Prentice Hall，1990）。

		哲学(总论)	科学哲学	科学和技术
	1840		休厄尔(Whewell),《归纳科学哲学》(Philosophy of the Inductive Science)	
	1865	密尔(Mill),《威廉·汉密尔顿爵士哲学之考察》(Examination of Sir William Hamilton's Philosophy)		
	1866		朗格(Lange),《唯物主义史》(History of Materialism)	
	1872		E·迪布瓦·雷蒙(E. Dubois-Raymond),《自然知识的局限》(The Limits of Natural Knowledge)	
	1873		杰文斯(Jevons),《科学原理》(The Principles of Science)	麦克斯韦(Maxwell),《电和磁》(Electricity and Magnetism)
	1874		基尔霍夫(Kirchoff),《力学原理》(Principles of Mechanics)	
	1877	皮尔士(Peirce),《信念的确定》(The Fixation of Belief)		
	1878	皮尔士,《怎样使我们的观念清晰》(How to Make Our Ideas Clear) 皮尔士,《机遇的学说》(The Doctrine of Chances)		
	1881		亥姆霍兹(Helmholtz),《通俗演讲》(Popular Lectures)	麦克尔逊—莫雷实验(Michelson-Morley experiment),发现光速在垂直方向上保持不变
	1883		马赫(Mach),《力学史评》(The Science of Mechanics)	
	1885		克利福德(Clifford),《精确科学的常识》(Commonsense of the Exact Sciences)	
	1892	弗雷格(Frege),《论涵义和指称》(On Sense and Reference)	皮尔逊(Pearson),《科学的规范》(The Grammar of Science)	洛伦兹—菲茨杰拉德收缩(Lorentz-Fitzgerald contraction),物体在高速状态下会发生长度收缩
	1893	布拉德雷(Bradley),《表象与实在》(Appearance and Reality) 皮尔士,《探究方法》(Search for a Method,未完成)	马赫,《通俗科学演讲》(Popular Scientific Lectures) 赫兹(Hertz),《力学原理》(The Principles of Mechanics)	

续前表

	哲学(总论)	科学哲学	科学和技术
1894	皮尔士,《哲学原理》(The Principles of Philosophy,未完成)		
1895			伦琴(Röntgen)发现 X 射线 汤姆逊(Thomson)发明云室(Cloud Chamber)
1897			汤姆逊发现电子 汤姆逊测量电子的电荷
1898		皮尔士,《科学史》(The History of the Sciences,未完成)	居里夫人(M. Curie)提出"放射性"这一术语 卢瑟福(Rutherford)发现 α 射线和 β 射线
1900	胡塞尔(Husserl),《逻辑研究》(Logical Investigations)		普朗克(Planck)提出量子理论:物质只有在特定的能量下才能放射出光
1902		彭加勒(Poincaré),《科学与假设》(Science and Hypothesis)	卢瑟福、索迪(Soddy),《放射性的原因和本质》(The Cause and Nature of Radioactivity)
1903	摩尔(Moore),《驳唯心论》(Refutation of Idealism) 摩尔,《伦理学原理》(Principia Ethica) 皮尔士,《实用主义》(Pragmatism,哈佛演讲)		
1904		迪昂(Duhem),《物理学理论的目的和结构》(The Aim and Structure of Physical Theory)	汤姆逊的原子模型:电子分布在正电荷周围
1905	罗素(Russell),《论指谓》(On Denoting) 马赫,《知识与谬误》(Knowledge and Error)	玻耳兹曼(Boltzmann),《通俗著作集》(Popular Writings)	爱因斯坦(Einstein)解释了布朗运动(悬浮在液体中的微粒的运动),把它视为原子存在的第一证据 爱因斯坦发表狭义相对论的论文 爱因斯坦为光的像粒子一样的行为提出光量子的假设(1926年提出"光子")
1907	詹姆斯(James),《实用主义》(Pragmatism) 柏格森(Bergson),《创造进化论》(Creative Evolution)		
1908			闵可夫斯基(Minkowski),《空间和时间》(Space and Time,提出四维宇宙)

续前表

		哲学(总论)	科学哲学	科学和技术
	1910			居里夫人,《放射性专论》(Treatise on Radioactivity)
	1911			卢瑟福提出原子理论:正电核被负电子所环绕
	1913	胡塞尔,《观念:纯粹现象学通论》(Ideas: General Introduction to Pure Phenomenology)		玻尔(Bohr)的原子模型:电子围绕原子核在固定的轨道上运转,通过轨道的跃迁释放出能量的量子
	1914	罗素,《我们关于外部世界的知识》(Our Knowledge of the External World) 布拉德雷,《真理与实在论文集》(Essays on Truth and Reality)	布洛德(Broad),《知觉、物理和实在》(Perception, Physics, and Reality)	卢瑟福发现质子
	1915			爱因斯坦提出广义相对论
	1917		石里克(Schlick),《当代物理学中的空间和时间》(Space and Time in Contemporary Physics)	史瓦兹旭尔德(Schwarzschild)预言黑洞的存在
	1918	罗素,《逻辑原子主义哲学》(The Philosophy of Logical Atomism) 石里克,《广义知识论》(General Theory of Knowledge)		能斯特(Nernst)提出热力学第三定律
	1920	怀特海(Whitehead),《自然的概念》(The Concept of Nature)	坎贝尔(Campbell),《物理学原理》(Physics: The Elements)	哈金斯(Harkins)提出中子(无电荷粒子);1932年被发现 斯莱弗(Slipher)报道发现了星系光谱红移现象 玻尔成立哥本哈根理论物理学研究所
	1921	维特根斯坦(Wittgenstein),《逻辑哲学论》(Tractatus Logico-Philosophicus)	霍尔丹(Haldane),《相对论的统治》(The Reign of Relativity)	
	1923		布洛德,《科学思想》(Scientific Thought)	德布罗意(de Broglie)提出物质的波粒二象性,1929年由戴维孙(Davisson)得到证实
	1924			玻色(Bose)提出光量子的玻色统计 哈勃(Hubble)提出星系是独立系统

续前表

	哲学(总论)	科学哲学	科学和技术
1925		怀特海,《科学与现代世界》(Science and the Modern World)	古德斯密特(Goudsmit)和乌伦贝克(Uhlenbeck)提出了电子自旋的假设 泡利(Pauli)发现不相容原理(不能有两个或两个以上的电子具有相同的量子数) 玻恩(Born)、海森堡(Heisenberg)和约尔当(Jordan)首次给出量子力学的简明数学公式 "猴子审判"(高中教师因讲授进化论而被公诉)
1926			玻恩发表量子力学的概率论诠释 费米—狄拉克(Fermi-Dirac)统计 狄拉克(Dirac)证明了普朗克定律 薛定谔(Schrödinger)发表波动力学的第一篇论文;提出薛定谔方程
1927	海德格尔(Heidegger),《存在与时间》(Being and Time) 麦克塔格特(McTaggart),《存在的本质》(The Nature of Existence)	罗素,《物的分析》(The Analysis of Matter) 外尔(Weyl),《数学和自然科学哲学》(Philosophy of Mathematics and Natural Science) 布里奇曼(Bridgman),《现代物理学的逻辑》(The Logic of Modern Physics)	海森堡提出测不准原理(不能同时确定电子的位置和动量) 勒梅特(Lemaitre)提出宇宙起源"大爆炸"理论的最初版本
1928	卡尔纳普(Carnap),《世界的逻辑构造》(The Logical Structure of the World)	爱丁顿(Eddington),《物理世界的性质》(The Nature of The Physical World) 赖欣巴哈(Reichenbach),《时间和空间的哲学》(The Philosophy of Time and Space) 坎贝尔,《测量与计算》(Measurement and Calculation)	狄拉克方程建立起量子力学与狭义相对论的联系
1929	卡尔纳普、哈恩(Hahn)、纽拉特(Neurath),《科学的世界观:维也纳学派》(The Scientific World View: The Vienna Circle) 杜威(Dewey),《经验与自然》(Experience and Nature) 刘易斯(Lewis),《心灵与世界秩序》(Mind and the World Order)		海森堡和泡利提出量子场论 哈勃定律(星球离地球越远,视向速度越大)

续前表

		哲学(总论)	科学哲学	科学和技术
xx	1930		海森堡,《量子论的物理学原理》(The Physical Principles of Quantum Theory)	狄拉克,《量子力学原理》(Principles of Quantum Mechanics) 泡利假设中微子的存在,费米(Fermi)于1932年创造了这个概念,1955年被发现 汤博根(Tombaugh)发现冥王星
	1931	塔斯基(Tarski),《形式化语言中的真理概念》(The Concept of Truth in Formalized Languages)	纽拉特,《物理主义》(Physicalism) 石里克,《现代物理学中的因果性》(Causality in Contemporary Physics) 卡尔纳普,《作为科学的普遍语言的物理语言》(Die physikalische Sprache als Universalsprache der Wissenschaft),英译为《科学的统一》(The Unity of Science,1934)	狄拉克提出"正电子"的假设,1932年由安德森(Anderson)发现 发现第一种反物质形式
	1932		乔德(Joad),《现代科学的哲学方面》(Philosophical Aspects of Modern Science)	海森堡提出原子核模型:中子和质子通过交换电子结合在一起 查德威克(Chadwick)发现中子
	1933			费米衰变理论提出(首次提出弱相互作用的建议) 迈斯纳(Meisner)发现迈斯纳效应
	1934	卡尔纳普,《语言的逻辑句法》(The Logical Syntax of Language)	巴什拉(Bachelard),《新科学精神》(The New Scientific Spirit)	
	1935		波普尔(Popper),《科学发现的逻辑》(The Logic of Scientific Discovery) 爱丁顿,《科学的新道路》(New Pathways in Science)	汤川秀树(Yukawa)提出原子核内粒子间交换粒子会引起相互吸引(强相互作用);1939年称为"meson",现在称为"pion"(介子)
	1936	艾耶尔(Ayer),《语言、真理和逻辑》(Language, Truth and Logic) 石里克,《意义与证实》(Meaning and Verification)	胡塞尔,《欧洲科学的危机和先验现象学》(The Crisis of European Sciences and Transcendental Phenomenology)	布里奇曼,《物理理论的本质》(The Nature of Physical Theory) 《国际统一科学百科全书》(The International Encyclopedia of Unified Sciences)开始出版[纽拉特、卡尔纳普、莫里斯(Morris)]

续前表

	哲学(总论)	科学哲学	科学和技术
1937		斯泰宾(Stebbing),《哲学和物理学家》(Philosophy and the Physicists)	安德森发现"μ子",最初宣称是汤川秀树的介子,1945年康弗西(Conversi)、潘西尼(Puncini)和皮西奥尼克(Piccionic)发现了这个错误 克拉莫斯(Kramers)引入"电荷共轭"概念说明粒子的相互作用;1958年被证明对某些相互作用是无效的
1938		赖欣巴哈,《经验和预测》(Experience and Prediction) 卡尔纳普,《科学统一的逻辑基础》(Logical Foundations of the Unity of Science)	
1939	布兰夏德(Blanshard),《思想的性质》(The Nature of Thought)	爱丁顿,《物理科学的哲学》(The Philosophy of Physical Science)	赫令(Herring)发展了用量子原理计算物质对象性质的方法
1940	罗素,《意义与真理的探究》(An Inquiry into Meaning and Truth) 柯林伍德(Collingwood),《形而上学论》(An Essay on Metaphysics)		
1942			坂田昌一(Sakata)和井上健(Inoué)提出双介子理论
1943	萨特(Sartre),《存在与虚无》(Being and Nothingness)		朝永振一郎(Tomonaga)提出量子电动力学
1944		赖欣巴哈,《量子力学的哲学基础》(Philosophical Foundations of Quantum Mechanics)	
1946		弗兰克(Frank),《物理学基础》(Foundations of Physics)	派斯(Pais)和莫勒(Moller)引入"轻子"来说明不受强相互作用影响的轻粒子 罗彻斯特(Rochester)和巴特勒(Butler)发现"V粒子"
1947	卡尔纳普,《意义与必然性》(Meaning and Necessity)		鲍威尔(Powell)的团队发现"介子" 发现"兰姆移位",是朝永振一郎提出相近理论四年后,量子电动力学的独立进展 马沙克(Marshak)和贝特(Bethe)独立提出双介子理论;五年前坂田昌一和井上健提出了相近理论

续前表

		哲学（总论）	科学哲学	科学和技术
	1948			相互对立的两种宇宙论被提出：邦德(Bondi)、霍伊耳(Hoyle)和歌耳德(Gold)提出的稳恒态宇宙论；伽莫夫(Gamow)、阿尔菲(Alpher)和赫尔曼(Harmon)提出的大爆炸宇宙论
	1949	石里克，《自然哲学》(Philosophy of Nature)		雷恩瓦特(Rainwater)提出原子核不一定是球形的
	1950	斯特劳森(Strawson)，《论指称》(On Referring)		
	1951	奎因(Quine)，《经验主义的两个教条》(Two Dogmas of Empiricism) 古德曼(Goodman)，《表象的结构》(The Structure of Appearance)		
	1952		维斯道姆(Wisdom)，《自然科学的推理基础》(Foundations of Inference in Natural Science) 亨佩尔(Hempel)，《经验科学中概念形成的基本原理》(Fundamentals of Concept Formation in Empirical Science)	格拉塞(Glaser)发明气泡室用于亚原子粒子的研究
	1953	维特根斯坦，《哲学研究》(Philosophical Investigations) 奎因，《从逻辑的观点看》(From a Logical Point of View)	图尔明(Toulmin)，《科学哲学》(The Philosophy of Science) 布雷思韦特(Braithwaite)，《科学解释》(Scientific Explanation)	盖尔曼(Gell-Mann)、中野董夫(Nakano)和西岛和彦(Nishijina)各自独立提出新的量子数
	1954	赖尔(Ryle)，《两难论法》(Dilemmas)	赖欣巴哈，《法则陈述和允许操作》(Nomological Statements and Admissable Operations)	欧洲核子研究组织(CERN)成立
	1955			柯万(Cowen)和莱因斯(Reines)观测到中微子
	1956	赖欣巴哈，《时间的方向》(The Direction of Time)		柯克(Cook)、兰伯特孙(Lambertson)、皮西奥尼克和文采尔(Wentzel)发现反中子
	1957		玻姆(Bohm)，《现代物理学中的因果性和机遇》(Causality and Chance in Modern Physics)	杨振宁、李政道和吴雄健用奇偶校验法证明在弱相互作用中宇称不守恒 施温格(Schwinger)提出"W玻色子"为弱相互作用的传递媒介

续前表

	哲学(总论)	科学哲学	科学和技术
1958	波兰尼(Polanyi),《个人知识》(Personal Knowledge)	汉森(Hanson),《发现的模式》(Patterns of Discovery) 玻尔,《原子物理和人类知识》(Atomic Physics and Human Knowledge)	
1959	斯特劳森,《个体》(Individuals)	邦格(Bunge),《因果性》(Causality)	
1960	奎因,《语词和对象》(Word and Object)		穆斯堡尔(Mossbauer)发现穆斯堡尔效应;庞德(Pound)和雷布卡(Rebka)用于论证爱因斯坦的广义相对论 阿尔瓦雷斯(Alvarez)发现共振子(短命的粒子)
1961		内格尔(Nagel),《科学的结构》(The Structure of Science) 哈瑞(Harré),《理与事》(Theories and Things) 恰佩克(Capek),《当代物理学的哲学影响》(Philosophical Impact of Contemporary Physics)	人类首次进入地球轨道[加加林(Gagarin)]
1962	奥斯汀(Austin),《如何以言行事》(How to do Things with Words) 布莱克(Black),《模型与隐喻》(Models and Metaphors)	库恩(Kuhn),《科学革命的结构》(The Structure of Scientific Revolutions) 塞拉斯(Sellars),《科学、感知和实在》(Science, Perception and Reality) 麦克斯韦,《理论实体的本体论地位》(The Ontological Status of Theoretical Entities) 海西(Hesse),《科学中的模型和类比》(Models and Analogies in Science)	
1963	波普尔,《猜想与反驳》(Conjectures and Refutations)	斯马特(Smart),《哲学与科学实在论》(Philosophy and Scientific Realism) 格林鲍姆(Grunbaum),《空间和时间的哲学问题》(Philosophical Problems of Space and Time)	施密特(Schmidt)首次发现类星体
1964	谢弗勒(Scheffler),《研究过程剖析》(The Anatomy of Inquiry)		盖尔曼提出"夸克"概念

续前表

		哲学(总论)	科学哲学	科学和技术
	1965		亨佩尔,《科学说明的各个方面》(Aspects of Scientific Explanation)	大爆炸残余声波的偶然发现证实了大爆炸理论[彭齐亚斯(Penzias)和威尔逊(Wilson)]
	1966		亨佩尔,《自然科学的哲学》(Philosophy of Natural Science)	
	1967	戴维森(Davidson),《真理与意义》(Truth and Meaning)	谢弗勒,《科学和主观性》(Science and Subjectivity)	洛巴绍夫(Lobashov)提出强核力破坏宇称守恒 温伯格、萨拉姆(Salam)和格拉肖(Glashow)提出"电弱理论"统一弱相互作用和电磁相互作用 贝尔(Bell)首次发现脉冲星
xxiv	1969	奎因,《本体论的相对性》(Ontological Relativity)		
	1972	波普尔,《客观性知识》(Objective Knowledge)		盖尔曼提出量子色动力学 加州教育委员会提出,创造物的圣经解释应该和进化论获得同等程度的关注
	1973			物理学家泰龙(Tyron)提出,宇宙从绝对的无到有的创造可能服从量子力学提出的概率定律
	1974		斯卡拉(Sklar),《空间、时间及时空》(Space, Time and Spacetime) 巴恩斯(Barnes),《科学知识和社会学理论》(Scientific Knowledge and Sociological Theory)	大统一理论首次统一了强、弱相互作用和电磁相互作用[乔吉(Georgi)、格拉肖] 里克特(Richter)和丁肇中发现J/psi粒子;粲夸克理论得到证实
	1975	达米特(Dummett),《什么是意义理论?》(What is a Theory of Meaning?)	费耶阿本德(Feyerabend),《反对方法》(Against Method)	
	1976		布鲁尔(Bloor),《知识与社会想象》(Knowledge and Social Imagery)	
	1977		劳丹(Lauden),《进步及其问题》(Progress and its Problems)	
	1978	古德曼,《构造世界的多种方式》(Ways of Worldmaking)	费耶阿本德,《自由社会的科学》(Science in a Free Society)	

续前表

	哲学(总论)	科学哲学	科学和技术
1979		拉图尔(Latour)、伍尔加(Woolger),《实验室生活》(Laboratory Life) 拉卡托斯(Lakatos),《科学研究方法论》(The Methodology of Scientific Research Programs)	
1980	罗蒂(Rorty),《哲学与自然之镜》(Philosophy and the Mirror of Nature)	范·弗拉森(Van Fraasen),《科学的形象》(The Scientific Image)	中微子体积很小,作为"隐形物"存在于星系中 古斯(Guth)提出"暴涨宇宙"模型:宇宙在大爆炸前短时间内迅速膨胀 W. 阿尔瓦雷斯(W. Alvarez)和L. 阿尔瓦雷斯(L. Alvarez)复活了灾变论:地球和巨大陨星碰撞后导致包括恐龙在内的生物灭绝
1981	普特南(Putnam),《理性、真理与历史》(Reason, Truth and History)		林德(Linder)、亚布勒希特(Albrecht)和斯坦哈特(Steinhardt)发表了他们的新暴涨宇宙理论
1983		卡特赖特(Cartwright),《物理规律如何说谎》(How the Laws of Physics Lie) 哈金(Hacking),《表象与介入》(Representing and Intervening)	发现了 W 粒子和 Z 粒子;进一步证实了弱电理论(CERN)
1985		福克斯-凯勒(Fox-Keller),《关于性别与科学的反思》(Reflections on Gender and Science)	南极上空发现臭氧层空洞
1986		哈丁(Harding),《科学中的女性问题》(The Feminist Question in Science)	单个原子中的单个量子跃迁被观察到 费希巴克(Fishbach)发现第五种基本力,即超电荷力,但没有被普遍接受 发现"巨引力源",大量星系(包括我们的)正在向其运动
1987	费耶阿本德,《告别理性》(Farewell to Reason) 莱科夫(Lakoff),《女人、火和危险事物》(Women, Fire and Dangerous Things)	拉图尔,《行动中的科学》(Science in Action) 普特南,《实在论的多副面孔》(The Many Faces of Realism)	美国最高法院否决了用同等时间讲授神创论的提案

续前表

	哲学(总论)	科学哲学	科学和技术
1988		霍金(Hawking),《时间简史》(*A Brief History of Time*)	
1989			冷聚变实验引起论战(通过在室温下的核聚变产生能量),结果遭到怀疑

	数学	逻辑学	心理学/心灵哲学
1822	傅里叶(Fourier)定义傅里叶级数		
1829	罗巴切夫斯基(Lobachevski)首次发表非欧几何		
1837		波尔查诺(Bolzano),《科学理论》(*Wissenschaftslehre*)	
1839			赫尔巴特(Herbart),《心理学研究》(*Psychological Investigations*)
1843		密尔,《逻辑体系》(*System of Logic*)	
1847		布尔(Boole),《逻辑的数学分析》(*The Mathematical Analysis of Logic*)	
1854		布尔,《思维规律研究》(*An Investigation of the Laws of Thought*)	
1862	黎曼(Riemann)的非欧几何发表		
1872	戴德金(Dedekind),《连续性与无理数》(*Continuity and the Irrational Numbers*)		
1874	康托尔(Cantor),《集合论》(*Mengenlehre*)	洛采(Lotze),《逻辑》(*Logic*)	布伦塔诺(Brentano),《从经验的观点看心理学》(*Psychology from an Empirical Standpoint*) 伍德(Wund),《生理心理学基础》(*Foundations of Physiological Psychology*)
1879		弗雷格,《概念文字》(*Begriffsschrift*)	
1882	戴德金,《数是什么和应该是什么》(*Was sind und was sollen die Zahlen*)		
1883	康托尔,《一般集合论基础》(*Foundations of a General Theory of Manifolds*)	布拉德雷,《逻辑学原理》(*Principles of Logic*)	
1884	弗雷格,《算术基础》(*The Foundations of Arithmetic*)		
1886			马赫,《感觉的分析》(*The Analysis of Sensations*)
1889	皮亚诺(Peano),《算术原理》(*Principles of Arithmetic*)		
1890			詹姆斯,《心理学原理》(*The Principles of Psychology*)

续前表

	数学	逻辑学	心理学/心灵哲学
1891	胡塞尔,《算术哲学》(*Philosophy of Arithmetic*)	弗雷格,《函项和概念》(*Function and Conception*)	
1892		弗雷格,《论概念和对象》(*On Concept and Object*)	
1893	弗雷格,《算术的基本规律》(*The Basic Laws of Arithmetic*,1903) 卷2		弗洛伊德(Freud)与布洛伊尔(Breuer)共同研究歇斯底里病症
1895	康托尔,《对超穷数论基础的献文》(*Contributions to the Founding of the Theory of Transfinite Numbers*) 皮亚诺,《数学公式汇编》(*Formulaire de Mathematiques*)(最后一卷出版于1908年) 皮尔士,《新数学原理》(*New Elements of Mathematics*)		
1899	希尔伯特(Hilbert),《几何基础》(*Foundations of Geometry*)		
1900	希尔伯特在国际数学家大会的演讲:数学问题(Mathematical Problems)		弗洛伊德,《梦的解析》(*The Interpretation of Dreams*)
1901			铁钦纳(Titchener),《实验心理学》(*Experimental Psychology*)
1902	发现罗素悖论		巴甫洛夫(Pavlov)开始进行狗的实验
1903	罗素,《数学原理》(*The Principles of Mathematics*) 弗雷格,《算术的基本规律》(*The Basic Laws of Arithmetic*)	皮尔士,《逻辑学的几个主题》(*Some Topics on Logic*)	
1905		迈农(Meinong),《对象理论》(*Theory of Objects*)	智力测试被开发出来[比奈(Binet)、亨利(Henri)、西蒙(Simon)]
1906			谢灵顿(Sherrington),《神经系统的综合作用》(*The Integrative Action of Nervous System*)
1908	集合论的公理化处理(策梅洛)(Zermelo)		
1910	罗素、怀特海,《数学原理》(*Principia Mathematica*,1910—1913)		

续前表

	数学	逻辑学	心理学/心灵哲学
1912	布劳威尔(Brouwer),《直觉主义和形式主义》(Intuitionism and Formalism)		阿德勒(Adler),《神经质性格》(The Neurotic Character)
1913			华生(Watson),《行为》(Behavior)
1918		刘易斯,《符号逻辑概论》(A Survey of Symbolic Logic)	
1919	罗素,《数学哲学导论》(Introduction to Mathematical Philosophy)		华生,《行为主义心理学》(Psychology from the Standpoint of a Behaviorist)
1921		凯恩斯(Keynes),《概率论》(A Treatise on Probability)	罗素,《心的分析》(The Analysis of Mind) 罗夏(Rorschach)墨迹测验被设计出来
1923	斯科伦(Skolem),《关于公理集合论的几点说明》(Some Remarks on Axiomatic Set Theory)		皮亚杰(Piaget),《儿童的语言和思想》(The Language and Thought of the Child)
1924			华生,《行为主义》(Behaviorism)
1925			布罗德,《心灵及其在自然中的地位》(The Mind and Its Place in Nature)
1926			皮亚杰,《儿童关于世界的概念》(The Child's Conception of the World)
1927			巴甫洛夫,《条件反射》(Conditioned Reflexes)
1928		希尔伯特,《数理逻辑原理》(Principles of Mathematical Logic) 冯·米塞斯(Von Mises),《概率、统计和真理》(Probability, Statistics and Truth)	
1929			柯勒(Kohler),《格式塔心理学》(Gestalt Psychology);胰岛素休克疗法开始应用于治疗精神分裂症

xxviii

续前表

	数学	逻辑学	心理学/心灵哲学
1930	哥德尔(Gödel)证明了一阶谓词演算的完备性		
1931	哥德尔不完备性定理被提出 拉姆齐(Ramsey),《数学基础》(*The Foundations of Mathematics*) 卡尔纳普,《数学的逻辑主义基础》(The Logicist Foundations of Mathematics) 海廷(Heyting),《数学的直觉主义基础》(The Intuitionist Foundations of Mathematics) 冯·诺依曼(von Neumann),《数学的形式主义基础》(The Formalist Foundations of Mathematics)		
1932			普莱斯(Price),《知觉》(*Perception*)
1934	希尔伯特,《数学基础》(*Foundations of Mathematics*)(卷2出版于1939年)		
1935		赖欣巴哈,《概率论》(*The Theory of Probability*)	莫尼兹(Moniz)将脑前额页切除术用于治疗精神疾病 科夫卡(Koffka),《格式塔心理学原理》(*Principles of Gestalt Psychology*)
1937		图灵(Turing),《论可计算数字》(On Computable Numbers)	维果茨基(Vygotsky),《思维和语言》(*Thought and Language*) 塞来提(Cerlutti)和比尼(Bini)采用电休克疗法治疗精神分裂症
1938	哥德尔证明了连续统假设与公理集合论的一致性	杜威,《逻辑:探究理论》(*Logic: The Theory of Inquiry*)	斯金纳(Skinner),《有机体的行为》(*The Behavior of Organisms*)
1939	维特根斯坦发表关于数学基础的演讲(1975年出版) 由尼古拉·布尔巴基(Nicolas Bourbaki)(一群法国数学家的笔名)主编的《数学原理》(*Elements de Mathematique*)第1卷出版	内格尔,《概率论原理》(*Principles of the Theory of Probability*) 卡尔纳普,《逻辑和数学基础》(Foundations of Logic and Mathematics)	

续前表

	数学	逻辑学	心理学/心灵哲学
1941		塔斯基,《逻辑导论及演绎科学方法论》(Introduction to Logic, and to the Methodology of Deductive Sciences)	
1942			梅洛-庞蒂(Merleau-Ponty),《行为的结构》(The Structure of Behavior)
1943		卡尔纳普,《逻辑的形式化》(Formalization of Logic)	斯金纳、赫尔(Hull),《行为原理》(Principles of Behavior) 罗森勃吕特(Rosenblueth)、维纳(Wiener)和毕格罗(Bigelow),《行为、目的和目的论》(Behavior, Purpose and Teleology) 赫尔,《行为原理》(Principles of Behavior)
1944			摩根斯坦(Morgenstern)、冯·诺依曼,《博弈论和经济行为》(Theory of Games and Economic Behavior)
1945	亨佩尔,《数学真理的本质》(The Nature of Mathematical Truth)	魏斯曼(Waismann),《还有其他的逻辑吗?》(Are there Alternative Logics?) 卡尔纳普,《概率的两个概念》(The Two Concepts of Probability)	梅洛-庞蒂,《知觉现象学》(The Phenomenology of Perception)
1948			维纳,《控制论》(Cybernetics) 金赛(Kinsey),《男性性行为》(Sexual Behavior in the Human Male)
1949		赖欣巴哈,《概率论》(The Theory of Probability) 涅尔(Kneale),《概率与归纳》(Probability and Induction)	赖尔,《心的概念》(The Concept of Mind)
1950		奎因,《逻辑方法》(Methods of Logic) 卡尔纳普,《概率的逻辑基础》(The Logical Foundations of Probability)	图灵,《计算机和智能》(Computing Machinery and Intelligence)(设计出"图灵测试")

xxx

续前表

	数学	逻辑学	心理学/心灵哲学
1951		冯·怀特(von Wright),《模态逻辑的一篇论文》(*An Essay in Model Logic*)	
1952		斯特劳森,《逻辑理论导论》(*Introduction to Logical Theory*) 卡尔纳普,《归纳方法的连续统》(*The Continuum of Inductive Methods*)	阿谢温斯基(Aservinsky)报告了正常睡眠中的快速眼球活动(REM)
1953			金赛,《女性性行为》(*Sexual Behavior in the Human Female*) 斯金纳,《科学与人类行为》(*Science and Human Behavior*)
1954		古德曼,《事实、虚构和预测》(*Fact, Fiction and Forecast*) 萨维奇(Savage),《统计学基础》(*The Foundations of Statistics*)	氯丙嗪被用于治疗精神紊乱
1955	嘉当(Cartan)和艾伦伯格(Eilenberg)发展同调代数		
1956	维特根斯坦,《数学基础评论》(*Remarks on the Foundations of Mathematics*)		
1957		冯·怀特,《归纳中的逻辑问题》(*The Logical Problem of Induction*)	斯金纳,《言语行为》(*Verbal Behavior*) 齐硕姆(Chisholm),《认知》(*Perceiving*) 海姆伦(Hamlyn),《知觉心理学》(*The Psychology of Perception*) 吉奇(Geach),《精神行为》(*Mental Acts*)
1958			彼得(Peters),《动机概念》(*The Concept of Motivation*) 冯·诺依曼,《计算机与人脑》(*The Computer and the Brain*) 马尔科姆(Malcolm),《梦》(*Dreaming*)

续前表

	数学	逻辑学	心理学/心灵哲学
1961	洛伦兹(Lorenz)提出混沌理论		明斯基(Minsky),《通向人工智能的阶梯》(Steps Towards Artificial Intelligence) 格莱斯(Grice),《知觉的因果理论》(The Causal Theory of Perception)
1962			奥斯汀,《感觉和可感物》(Sense and Sensibilia)
1963	科恩(Cohen)证明了连续统假设与公理集合论之间的独立性	冯·怀特,《优先逻辑》(The Logic of Preference) 奎因,《集合论及其逻辑》(Set Theory and Its Logic)	肯尼(Kenny),《行动、情感与意志》(Action, Emotion and Will)
1964			泰勒(Taylor),《行为的解释》(The Explanation of Behaviour) 汉密尔顿(Hamilton),《社会行为的基因进化》(The Genetic Evolution of Social Behavior)(社会生物学的发端)
1965		哈金,《统计推断的逻辑》(Logic of Statistical Inference)	
1966			玛斯特斯(Masters)、约翰逊(Johnson),《人类性反应》(Human Sexual Response)
1967	普特南,《没有基础的数学》(Mathematics without Foundations)		
1968			阿姆斯特朗(Armstrong),《唯物主义的心灵理论》(A Materialist Theory of the Mind) 乔姆斯基(Chomsky),《语言与心灵》(Language and Mind)
1969		刘易斯,《约定论》(Convention)	德瑞特斯基(Dretske),《看见与知道》(Seeing and Knowing)
1970		奎因,《逻辑哲学》(Philosophy of Logic) 科恩,《归纳的暗示》(The Implications of Induction)	

xxxi

续前表

	数学	逻辑学	心理学/心灵哲学
1971		萨尔蒙(Salman),《统计说明和统计相关性》(*Statistical Explanation and Statistical Relevance*)	皮亚杰,《生物学与知识》(*Biology and Knowledge*)
1972		克里普克(Kripke),《命名与必然性》(Naming and Necessity)	德莱弗斯(Dreyfus),《计算机做不了什么》(*What Computers Can't Do*)
1973		刘易斯,《反事实条件句》(*Counterfactuals*) 辛蒂卡(Hintikka),《逻辑、语言游戏和信息》(*Logic, Language Games and Information*)	
1974	王浩(Wang),《从数学到哲学》(*From Mathematics to Philosophy*)	哈金,《概率的突现》(*The Emergence of Probability*) 哈克(Haack),《变异逻辑》(*Deviant Logic*)	卢里亚(Luria),《认知发展》(*Cognitive Development*)
1975			福多(Fodor),《思维语言》(*The Language of Thought*)
1977	普特南,《模型与实在》(*Model and Reality*) 达米特,《直觉主义原理》(*The Elements of Intuitionism*)		波普尔、艾克尔斯(Eccles),《自我及其大脑》(*The Self and Its Brain*)
1978			丹尼特(Dennett),《头脑风暴》(*Brainstorms*)
1979			哈瑞,《社会的存在》(*Social Being*)
1980	所有的有限单群完成分类		
1981			福多,《表象》(*Representations*) 德瑞特斯基,《知识与信息流》(*Knowledge and the Flow of Information*)
1983			塞尔(Searle),《意向性》(*Intentionality*) 福多,《心灵的模块性》(*Modularity of Mind*) 哈瑞,《个体的存在》(*Personal Being*)
1984			古德曼,《有关心灵及其他》(*Of Mind and Other Matters*)

续前表

	数学	逻辑学	心理学/心灵哲学
1985			哈瑞、克拉克(Clarke)、德·卡罗(De Carlo),《动机和机制》(Motives and Mechanisms)
1987			福多,《心理语义学》(Psychosemantics) 约翰逊,《心灵中的身体》(Body in the Mind)
1988			丹尼特,《意向立场》(The Intentional Stance)

		生物学	技术
xxxiii	1838	施莱登(Schleiden)和施旺(Schwann)建立细胞理论:提出植物和哺乳动物的细胞基本结构单元	
	1832		巴贝奇(Babbage)制造出差分机
	1858	菲尔绍(Virchow)提出疾病过程以细胞为中心的观点;体液理论被取代	
	1859	达尔文(Darwin),《物种起源》(The Origin of Species)	首个商业油井挖成
	1862	斯宾塞(Spencer),《综合哲学体系》(System of Synthetic Philosophy, 1862—1893)	
	1863	赫胥黎(Huxley),《人在自然中的地位》(Man's Place in Nature)	
	1866	门德尔(Mendel)发表遗传原理的研究成果	
	1867		诺贝尔(Nobel)获得黄色炸药发明专利
	1869		苏伊士运河建成通航
	1871	达尔文,《人类的由来》(The Descent of Man)	
	1876		贝尔获得电话发明专利
	1880	巴斯德(Pasteur)发表病原菌学说	
	1885		发明变压器
	1891	埃尔利希(Ehrlich)的白喉抗生素开创了免疫学研究领域	
	1892	伊万诺夫斯基(Ivanovsky)证明了病毒的存在	
xxxiv	1900	门德尔19世纪60年代关于基因学的著作被发现	发明真空管
	1901		马可尼(Marconi)首次实现跨大西洋电报传送
	1902	人类性染色体被识别	
	1903	萨顿(Sutton)提出染色体携带遗传信息的观点	怀特兄弟(Wrights Brothers)成功完成首次飞机飞行
	1906	霍普金斯(Hopkins)提出存在维生素(该术语在1912年提出)的假说,1928年被发现	
	1908	杜里舒(Driesch),《有机体的科学和哲学》(The Science and Philosophy of the Organism)	
	1909	约翰逊(Johannsen)提出"基因"概念	
	1912	C. L. 摩根(C. L. Morgan),《直觉和经验》(Instinct and Experience)	

续前表

	生物学	技术
1913		亨利·福特(Henry Ford)发明装配线
1914	杜里舒,《生机论的历史和理论》(The History and Theory of Vitalism)	
1915		开发声呐技术
1921	班丁(Banting)、贝斯特(Best)、麦克劳德(Mcleod)和科利普(Collip)发现胰岛素	
1923	C. L. 摩根,《突生进化论》(Emergent Evolution)	
1925		布什(Bush)发明首台模拟计算机
1926	T. H. 摩根(T. H. Morgan),《基因理论》(The Theory of Gene) C. L. 摩根,《生命、心灵和精神》(Life, Mind, and Spirit)	首台电视机公开展示
1928	弗莱明(Fleming)发现青霉素;直到20世纪40年代才开始生产和临床应用	
1929	发现DNA 伍杰(Woodger),《生物学原理》(Biological Principles)	
1930	津瑟(Zinsser)研发斑疹伤寒疫苗	
1931	霍尔丹,《生物学的哲学基础》(The Philosophical Basis of Biology)	
1932	T. H. 摩根,《进化的科学基础》(The Scientific Basis of Evolution)	考克饶夫特(Cockcroft)和瓦尔顿(Walton)首次将电子加速器应用于锂原子裂变
1933		合成维生素C
1935		里克特(Richter)提出里氏震级 沃森-瓦特(Watson-Watt)研制出雷达系统
1936	贝勒泽斯基(Belozersky)分离了纯DNA	楚泽(Zuse)研制出首台数字计算机 阿塔纳索夫—贝瑞(Atanasoff-Berry Computer)计算机即首台电子计算机开始研制,1939年完成;1942年研制出可实际运算的型号
1937	伍杰,《生物学的公理方法》(The Axiomatic Method in Biology)	
1938	奥巴林(Oparin),《生命起源》(The Origin of Life)	哈恩首次发现铀的核裂变
1939		米勒(Muller)合成出DDT杀虫剂
1940	从青霉素研制出抗生素(该术语于1941年提出)	

续前表

		生物学	技术
	1941		楚泽研发出 Z_2 计算机；采用电磁传播和穿孔带数字输入
	1943		首台全电子计算机"巨人"(Colossus)问世；图灵发展了密码破解技术 橡树岭国家实验室成功研制出首台连续运转的核反应堆
xxxvi	1944	埃弗里(Avery)确定 DNA 是几乎所有生命体的遗传物质	喷气发动机和火箭发动机迅速发展
	1945	里尔(Lille),《有机体的一般生物学和哲学》(General Biology and Philosophy of the Organism)	广岛和长崎被投掷原子弹 ENIAC 研制成功：第一台多功能存储程序的电子计算机
	1946		利比(Libby)用放射性碳 14 方法进行年代测定
	1948	伍杰,《生物学原理》(Biological Principles)	肖克利(Shockley)、巴丁(Burdeen)和布拉顿(Brattain)研制出晶体管，真空管将被取代
	1950	萨默霍夫(Sommerhoff),《分析的生物学》(Analytical Biology)	
	1951	贝纳尔(Bernal),《生命的物质基础》(The Physical Basis of Life)	UNIVAC I 研发成功，这是首台商用计算机 吉普森(Gibson)研制首台心肺机
	1952	莱德伯格(Lederberg)发现质粒(即通过细菌交换含有基因物质的分子构形) 沙克(Salk)研制出脊髓灰质炎疫苗；1954 年大量开始接种，直到被沙宾(Sabine)研制的新疫苗超越	特勒(Teller)研发出氢弹 首例核事故(加拿大恰克河)
	1953	克里克(Crick)和沃森(Watson)确定了 DNA 的双螺旋结构	
	1955		IBM 公司巴科斯(Backus)研发出第一个计算机编程语言 FORTRAN 麦卡锡(McCarthy)研发出人工智能的计算机语言 LISP
xxxvii	1957		苏联发射第一颗人造卫星 Sputnik I
	1958		发明集成电路
	1960		梅曼(Maiman)首次制造出激光；其前驱是汤斯(Townes)的"脉泽"(1954)和卡斯勒(Kastler)的"光泵"(1950)
	1961	细胞中产生氨基酸的核糖核酸(RNA)被发现	加加林成为首个进入太空的人类
	1962	卡森(Carson),《寂静的春天》(Silent Spring)(环保主义经典著作)	IBM 公司为计算机数据采用磁盘存储器

续前表

	生物学	技术
1964		由于大米紧张而开始的"绿色革命"通过大量化肥使用获得了双倍的产量
1967		键盘开始被用于电脑数据输入
1968	发现限制性的酶（能在特定的点上切断病毒DNA）；成为基因工程的基本工具 贝克尔（Becker），《思想的生物学路径》（*The Biological Way of Thought*）	
1969	贝克维斯（Beckwith）首次分离出单个基因	阿姆斯特朗和奥尔德林（Aldrin）首次登上月球 首个人造心脏被用于人类身上
1970	首次完成基因合成	
1971	莫诺（Monod），《偶然与必然》（*Chance and Necessity*）	研制出微处理器（芯片）
1972		CAT扫描（计算机X射线轴向分层造影扫描）开始应用到医疗中
1973	科恩和伯耶（Boyer）开始基因工程	发射首个天空实验室
1975		发明第一台个人计算机（Altair 8800）
1976	科拉纳（Khorana）合成了能发挥作用的基因	
1977	艾滋病病例首次为人所知；直到1981年才被确诊	设计个人电脑Apple II
1978	首例试管婴儿（Leslie Brown）诞生	
1979		三英里岛核反应器部分关闭
1980	玻姆，《整体性与隐缠序》（*Wholeness and the Implicate Order*）	
1981	首次实现一种动物基因向其他物种基因的转移	哥伦比亚号航天飞机首次飞行
1982	基因工程首个商业产品人胰岛素问世	
1984	狒狒心脏被成功植入人体 基因指纹技术被开发	
1986	首次进行转基因生物领域实验（烟草）	挑战者号航天飞机爆炸 切尔诺贝利核反应器爆炸
1987		发现"高温"超导体
1989		埃克森—瓦尔迪兹号（Exxon-Valdez）油船在阿拉斯加海湾发生溢油事故

xxxviii

导　言

斯图亚特·G·杉克尔
（Stuart G. Shanker）

在这一卷，我们考察逻辑哲学、数学哲学和科学哲学在20世纪的突出进展。有一件事清楚地证明了巨大变化的发生。在本世纪（20世纪）前，几乎没有几个哲学家费力地将"哲学"拆分为其组成部分，他们对哲学本身的本性以及哲学与科学的关系也是兴味索然。事实上，我们现在所认为的完全不同于哲学的学科——如数学或心理学，甚至物理学或生物学——曾经都在哲学的庇护之下。

比如，希尔伯特（Hilbert）怎样从哲学系获得他的博士学位就是件饶有趣味的事。现在，我们更加关心公理学、证明理论、分类理论、数学基础、数理逻辑、形式逻辑和数学哲学之间的不同。然而，这并不意味着后者是哲学家活跃的领域，而前者是数学家的统治领域。相反，哲学家和数学家自由地穿梭于所有这些领域。可以确定的是，在数学家的著作和哲学家的著作之间作出区分总是可能的：思路、方法，尤其是目的和结论总会泄露作者的职业。但是，哲学家和数学家正在肩并肩地工作，正在阅读彼此的著作，参加彼此的会议，这是不争的事实，是理智的进步，其重要性已经获得充分的关注。

意味深长的是，20世纪逻辑哲学和数学哲学的主要人物——弗雷格（Frege）、罗素（Russell）、维特根斯坦（Wittgenstein）、布劳威尔（Brouwer）、彭加勒（Poincaré）、希尔伯特、哥德尔（Gödel）、塔斯基（Tarski)、卡尔纳普（Carnap）和奎因（Quine）——都从逻辑学或数学转向了哲学。也许正是这种变化而不是其他单一因素决定了分析哲学的本性。其不仅导致了形式工具的引入，而且引起了对"逻辑分析"的关注、对"组织化"的研究，以及对建构语言"形式模型"的投入。哲学本科教育越来越不再以柏拉图（Plato）和亚里士多德（Aristotle）的著作开始，而是以命题演算和谓词演算开始。过去学生们探究真理概念的细微差别，现在则接受对真理概念进行公理化的训练。座谈会和讨论受到排挤，代之以真值表和19世纪后期冗长乏味的德文科学专著。

或许逻辑和数学势不可当的进步最显著的影响是哲学论证开始以高水平的技术运用进行。那些从哲学直接进入这些主题的人发现，如果要参与讨论，那么他们就不得不掌握形式逻辑或数理逻辑这些复杂的东西。但是，尽管一切都已改变，哲学的根本问题却始终如一。"真的本质是什么？"，"证明的本质是什么？"，"概念的本质是什么？"，"推理的本质是什么？"，甚至分析哲学中更为自我标榜的话题"意义的本质是什么？"，所有这些问题一直都是哲学的兴趣所在。因此，历史研究在过去几年中得到显著发展就毫不奇怪了，它以在某个经典人物或论证与当代思想之间建立联系为目的，这一点，帕金森（Parkinson）教授和我在这套哲学史"总主编序"中已经有过说明。

然而，从哲学问题的持久本性就得出结论，认为哲学的一些基本原则在20世纪并没有改变，这是不明智的。然而，与其说形式和形式主义思想的影响无处不在（事实上已经开始衰退），不如说哲学和科学的关系无处不在。这个议题是贯穿20世纪的最受关注的议题。的确，就某些方面而言，这是被那些有抱负的逻辑、数学和科学哲学家不断定义的话题。

罗素主义和维特根斯坦主义，即唯科学主义和被人们（至少是被其批评者）贬称为日常语言哲学的那种学说，是两种主要的对立观点。在罗素看来，哲学应该"尽量使自己建立在科学的基础上"：它应该"研究科学方法，并力求将经过必要改造后的这些方法应用到它自身特有的领域"[1]。根据罗素的观点，唯科学主义有两个基本层面。第一，哲学与科学之间没有本质差别：它们都投身于对知识的追索（尽管是在普遍性的不同层次上），它们都构建理论并提出假说。第二，哲学在科学的发展中扮演着启示性的角色。正如罗素指出的那样：

> 在很大程度上，哲学的不确定性比其确定性更为显著：那些已经能够找到确切答案的问题都被划入了科学的领地，只有那些目前不能被明确回答的问题留下来形成一种叫哲学的剩余物。[2]

在这幅图景中，哲学的领地被不断侵蚀。哲学家做得越出色，他们的领地离消亡就越近，因为他们的成功需要科学家的积极参与，即严格地检验和修正他们通过先验推理建立的理论。

罗素观点的说服力很大程度上来自历史的支持。典型例子存在于机械论与活力论之争中：在动物热量理论之争和反射理论之争的相继解决中。当时，科学哲学家们很自然地认为图灵（Turing）提出的丘奇（Church）论题机械论版本已为这个过程中的另一主要步骤作了铺垫，即把心灵从哲学的管辖范围转移到认知科学的管辖范围。有一种观点开始出现，即人们不能把哲学再当作逻辑、数学及科学发展的推动力；相反，"科学皇后"已沦为女佣，她也许开启了逻辑、数学和科学的巨大发展，但绝非其支配力量。借用当代概念论的术语来说，在20世纪，哲学的命运开始被描述为从上位身份到基本层次身份再到下位身份的沦落。

表面上看来，这场争论非常奇特。毕竟，它是把自然科学被物理学的替代作为其典例的。可是，在20世纪由物理学激发的哲学争论属于哲学中最为艰深和热烈的争论。围绕以下话题的辩论——物质和时间的本质，宇宙的起源，实验、证据、解释、定律和理论的本质，物理学与其他科学的关系——只是在20世纪受到热烈讨论的话题中的一小部分，并且还将继续引发激烈的争论。另外，这些争论与图灵论题引发的论战比起来，只能说是小巫见大巫。

如果一定要说哲学的处境有什么变化，那么20世纪以来，人们对哲学的兴趣增加了，正如各人文学科项目中哲学教师数量的快速增长所表现的那样。就像美国经济和加拿大经济之间的关系一样，科学取得的发展越大，哲学取得的发展就越大。科学的新突破——确切地说，新科学——似乎在产生的同时就成了新哲学问题的宿主。但这种情况引发的关键问题，即那个被哲学的唯科学主义定义弄得费解的问题是：什么使得那些问题成为了哲学问题？是如下原因，即它们出现在科学的未成熟状态中，在某种合乎需要的理论把它们解决之前吗？但如果这就是事实，那么我们又怎么能说永久的哲学问题是存在的呢？

维特根斯坦在他的晚期作品中试图解答后一个问题。在1931年他写道：

> 你总是能听到人们说，哲学没有进展，那些古希腊人曾日夜思考的哲学问题今天仍然困扰着我们。我读到过这样一句话："……今天的哲学家并不比柏拉图更接近'实在'的含义……"多么奇怪的状况啊。真是令人惊讶，柏拉图居然能走那么远，或者说我们居然不能比他更进一步！这是由于柏拉图聪明绝顶的缘故吗？[3]

维特根斯坦对这个问题作出的解释——"那是由于我们的语言始终保持不变，并且总是把我们引到同样的问题上去"[4]——招致了罗素的强烈不满，罗素认为那将使哲学变成"至多是对词典编纂者微不足道的帮助，而往最坏的方面说则是茶余饭后的一种无聊消遣"[5]。但这种指责建立在对维特根斯坦关于哲学本质之理解的严重误读上。实际上，这样一种断言，即罗素在《我的哲学的发展》(*My Philosophical Development*) 中列举的哲学家——维特根斯坦、赖尔 (Ryle)、奥斯汀 (Austin)、厄姆森 (Urmson) 和斯特劳森 (Strawson) ——形成了一个哲学"学派"，是很值得怀疑的。诚然，他们在对解决哲学问题之正确方法的某些根本观点上是一致的，但他们的哲学关照和目标绝非完全相同，更谈不上赞成同一套哲学信条或论点。

维特根斯坦提出的基本预设是，关于概念之本质的问题属于逻辑范畴，我们通过研究一个概念词被使用或习得的方式来阐明那个概念的本质。罗素把以下观点归于维特根斯坦，即哲学问题可以通过研究概念词的通常语法来解决。但这与真相实在是风马牛不相及。构成维特根斯坦观点基础的是这样一种看法，即哲学问题的根源往往在一个概念词的表层语法和深层（逻辑）语法的重大且往往难以识别的差异中，或在哲学家将语法命题错当成经验命题的倾向中。

不过，罗素有一个观点肯定是对的，那就是晚期维特根斯坦完全反对对哲学的唯科学主义理解。维特根斯坦在他1930年的讲演中宣称：

> 我们在哲学中获得的成果是微不足道的；它不告诉我们新的事实，那是只有科学才从事的工作。但这些琐碎事物的概要是极难得到并且极为重要的。哲学，事实上，就是琐碎事物的概要。[6]

这意味着哲学的任务是澄清概念和理论，而不是作出归纳概括或提出论断。实际上，维特根斯坦走得如此之远，以至于坚持说："哲学家不是任何意见团体的成员。正是这一点使他成为哲学家。"[7]维特根斯坦的意思并不是说哲学对科学不起什么关键作用。维特根斯坦在《鲍斯玛笔记》（*Bouwsma Notes*）中说，20世纪"哲学的完成"很可能会出现在对科学理论的澄清中：在"真诚且清除了一切混淆的成果"[8]中。但这似乎把哲学限制在诠释科学论述的任务中了：它变得像是"思想的演变史"了。而且，就像接下来的章节显示的那样，20世纪的逻辑哲学、数学哲学和科学哲学是以《数学原理》（*Principia Mathematica*）而非《相对论ABC》（*The A. B. C of Relativity*）为旗帜的。

此外，在这样的想法即哲学的根本任务是描述而不是解释中，有一种真正的危险。因为其中包含着提倡以下观点的倾向，即哲学家像剧评家一样，是空谈的批评家，不从事科学写作，却以揭露它们的缺点为生。意料之中的是，人们常常能听到科学家抱怨哲学家一直受到缺陷的引诱：他们批评一个理论，却并不理解它牵涉的微妙困难，或者没有付出必要的努力来掌握为某个科学议题奠定基础的文献。然而，哲学家甚至唯科学主义哲学家并不急于摆脱他们独特的身份。因此，在"哲学与科学"的对峙中，双方都产生了明显的敌意和挫败感。

这些都是意义重大的情绪。因为如果哲学与逻辑、数学和科学的持续进步无关的话，那么怒气与排斥是不会出现的：有的只会是漠不关心。但人们总是能听到科学家对积极的哲学推动力的要求。一个问题由此自然地产生了：什么阻碍了这种联合？也许是 20 世纪哲学一直以来尝试着建立其与科学的联系的方式？唯科学主义和日常语言哲学都有很深的 19 世纪根基——前者在科学唯物主义中而后者在诠释学中，这一点难道不是意味深长的吗？的确，唯科学主义和日常语言哲学之间的论争不是很容易让人联想到科学唯物主义和诠释学的论争吗——或者，前者不过是后者的延续？如果任何一方都没有取得决定性的胜利，那么是否是因为双方各自表达了一个重要的事实，同时双方各自又都忽略了逻辑哲学、数学哲学和科学哲学进展的某个重要方面？

我们可以再次回到维特根斯坦以便理解这种观点。在《哲学研究》（*Philosophical Investigations*）第二部分的结尾处，维特根斯坦指出："在心理学中有实验的方法和概念的混乱……实验方法的存在使我们认为我们有办法解决困扰我们的问题，尽管问题与方法互不相干。"[9]具有讽刺意味的是，少数几个认知主义者实际上把维特根斯坦的斥责看作对后计算主义革命之重要性的证明。F. H. 乔治（F. H. George）就坚持认为：

> （维特根斯坦）对实验心理学的批评，在当时几乎是完全正当的。那个时候，实验心理学家正努力地整理他们的概念，澄清他们的术语和模型：即便在最坏的情况下，他们也相信，只要完成了一个控制良好的实验，一门科学就能够由纯粹的事实积累形成。通过诠释及解释性的框架和模型建立起来的实验结果之间的关系，这种对心理学的发展如此重要的关系，曾经在很大程度上被忽略了。[10]

根据以上引文出自的文献，维特根斯坦攻击的机械论范式已被丘奇论题的图灵版本彻底取代了。因此，维特根斯坦的批评已经完全过时，原因是：

> 现在几乎每个人都承认，理论与实验、模型建构、理论建构和语言学都是紧密联系在一起的，也承认关于行为的科学的成功发展依赖一条"彻底的路径"，在这条路径中，鉴于计算机是我们所拥有的"唯一广泛适用的大型模型"，"我们会愿意听从西蒙

(Simon)的建议并以计算机程序的形式来建构我们的模型——至少是建构它们中的大部分"。[11]

抛开他在这里表现出来的对后计算主义的机械论革命的热情，乔治对维特根斯坦论点的表述的最有趣之处在于他试图用之以调和唯科学主义与日常语言哲学的方法。根据他的观点，哲学是在科学事业的开端处参与进去的，它在清除那些阻碍一个全面解释框架形成的混淆中发挥着重要的作用。但只要新的模型形成了，哲学就不再具有建构性功能。因为，就像乔治所说的，"大多数的概念混淆已然消失"[12]。

事实真的如此吗？哲学真的比罗素设想的更为成功吗？20世纪以来，逻辑哲学、数学哲学和科学哲学都是被以下这五个重要问题推着前进的：

（1）逻辑和逻辑真理的本质是什么？
（2）数学的本质是什么：数学命题、数学假说和数学证明的本质是什么？
（3）形式系统的本质是什么？它们与希尔伯特所说的"理解活动"之间有何关联？
（4）语言的本质是什么：意义、指称和真理的本质是什么？
（5）心灵的本质是什么：知觉、精神状态和精神过程的本质是什么？

我把问题的数量限定为五个以便显示出一种总体的变化。当然，在整个20世纪，有些哲学家在所有这些领域都很活跃，但从这五个代表性问题交替出现的角度来看待20世纪逻辑哲学、数学哲学和科学哲学的发展是有一定根据的。

现在，很少有哲学家会愿意把这五个问题当中的任何一个弃置在"思想史"中，更不要说全部抛弃了。接下来的章节展示的不是这些问题的解决，而是我们达到的对逻辑、数学、语言和认知之本质的日渐深入的理解。此外，随着时间推移，以下这种看法变得越来越不足信：哲学要么是在概念上先于科学的，也就是说，它澄清混淆以使理论建构的工作能正常进行，要么是在概念上后于科学的，即它的工作仅限于纠正科学写作中出现的错误。因为在本卷所涉及的问题上取得的进展并不仅是哲学沉思或控制良好的实验的结果，而是哲学家和科学家们所实践的哲学的技巧和科学的技艺相互作用的结果。

因此，本卷的每一章对学习科学的学生而言，就像相关科学领域的教材对学习哲学的学生来说那么重要。这并不是说哲学与科学——哲学问题与经验问题或哲学方法与经验方法——之间范畴性的差异正在消失，而是说它们之间严格的体系界限正迅速变得过时。跨学科机构在全世界不断涌现，它们不仅是为培养哲学学生，而且是为培养各门认知科学的学生而特别设立的。这反映了一个事实，即科学家正频繁地参与概念澄清的工作，而哲学家也已明白完全融入科学共同体是多么重要，如果他们的工作是为了满足科学家的需要。真正被抛弃到"思想史"中的是"哲学与科学"之争论中的那些陈词滥调。但以下章节所包含的并不仅仅是历史；从更根本的意义上来说，它们是我们在哲学发展的持续进行中所能期待的巨大变化的预兆。

【注释】

[1] Bertrand Russell, "On Scientific Method in Philosophy", in *Mysticism and Logic*, London, Longmans, Green and Company, 1918.

[2] Bertrand Russell, *The Problems of Philosophy*, Oxford, Oxford University Press, 1959.

[3] Ludwig Wittgenstein, *Culture and Value*, P. Winch (trans.), Oxford, Basil Blackwell, 1980, p.15.

[4] Ibid.

[5] Bertrand Russell, *My Philosophical Development*, London, Allen and Unwin, 1959, p.161.

[6] Ludwig Wittgenstein, *Wittgenstein Lectures: Cambridge 1930－1932*, D. Lee (ed.), Oxford, Blackwell, 1980, p.26.

[7] Ludwig Wittgenstein, *Zettel*, G. E. M. Anscombe and G. H. von Wright (eds), G. E. M. Anscombe (trans.), Oxford, Blackwell, 1967, section 455.

[8] O. K. Bouwsma, *Wittgenstein, L. Conversations 1949－1951*, J. L. Craft and R. E. Hustwit (eds), Indianapolis, Hackett Publishing Company, 1986, p.28.

[9] Ludwig Wittgenstein, *Philosophical Investigations*, Oxford, Blackwell, 1953, p. 232.

[10] F. H. George, *Cognition*, London, Methuen, 1962, pp. 21-22.

[11] Ibid.

[12] Ibid.

第一章
逻辑哲学

安德鲁·欧文（Andrew Irvine）

证据与假设的关系在科学进程中起着根本性的作用。正是这个关系——指涉前提与结论的关系——处于逻辑学的中心。从传统意义上说，逻辑学是关于正确推理的研究。它研究形式结构以及证据与假设、原因与信念或前提与结论之间的非形式关系。它既研究确凿推理（或单调推理）也研究非确凿推理（非单调推理或扩展推理）；或者正如通常所描述的那样，逻辑学既研究蕴涵也研究归纳。具体说来，逻辑学包括对为展现蕴涵和归纳而设计的形式系统的细致研究。然而，更一般地说，逻辑学研究的是一些条件，在这些条件下，可以肯定地说，证据为结论辩护，证据蕴涵结论，证据暗含结论，证据支持结论，证据肯定结论，证据确证结论，证据否定结论。

在这个广泛的意义上，20世纪的逻辑学不仅包括形式蕴涵理论，而且包括非形式逻辑、概率论、确证理论、决策论、博弈论、可计算性理论以及认知模化的理论。其结果就是，超过一个世纪的逻辑学研究不仅从传统领域（例如哲学与数学）的发展中受益，而且还从像计算机科学与经济学这样的其他很多领域的发展中受益。通过弗雷格和19世纪后期其他人的工作，数学提供给逻辑学当时的数学资源，促进逻辑学从单纯的形式学科转变为同时也是一门数学学科。反过来，逻辑学开启了研究数学推理的新道路，这就促进了与数学基础本身相关的数学新分支（如集合论、范畴论）的发展。类似地，20世纪哲学的发展——包括形而上学、认识论、数学哲学、科学哲学、语言哲学和形式语义学这些领域中的发展——与这个世纪逻辑学的发展齐头并进。这些发展导致了逻辑学的扩展，加深了对逻辑学应用和广度的理解。正如受益于其他资源那样，逻辑学从这些思想的系统应用中受益匪浅，最终提出了许多促使计算时代到来的基础性理论成果。

本章分为四节。第一节，"19 世纪的终结"，概括布尔（Boole）、弗雷格以及 1900 年之前其他人的逻辑工作。第二节，"从罗素到哥德尔"，讨论 1901 年到 1931 年这一段时间形式逻辑的发展。1901 年罗素发现了他的著名悖论，1931 年哥德尔发现了有巨大影响的不完全性定理。第三节"从哥德尔到弗里德曼（Friedman）"，讨论形式逻辑沿着哥德尔的卓越成就 50 年的发展。最后，第四节，"逻辑的扩张"，讨论更广泛意义上的逻辑在 20 世纪后半期的繁荣发展。

19 世纪的终结

"逻辑学是一门古老的学科，自 1879 年起它就一直是一门伟大的学科。"[1]这个评价是 1950 年 W. V. 奎因《逻辑方法》（*Methods of Logic*）的开篇语。这句话有名是有道理的——即使它有点夸张，因为 19 世纪末逻辑学正好发生了一场革命。

几个重要的因素导致了这场革命，但是毫无疑问，其中最重要的因素是逻辑的数学化。自亚里士多德时代起，逻辑学的主题就一直是形式推理，既有数学中的也有数学外的形式推理。亚里士多德的《工具论》（*Organon*）就是想要成为控制正确推理的工具或标准。然而，直到 19 世纪中期，人们才开始认为逻辑学可以与数学的其他分支一起数学地发展。这个运动的领导者乔治·布尔（1815—1964）、奥古斯都·德·摩根（Augustus De Morgan，1806—1871）、威廉·史丹利·杰文斯（William Stantley Jevons，1835—1882）、恩斯特·施罗德（Ernst Schröder，1841—1902）以及查尔斯·桑德斯·皮尔士（Charles Sanders Peirce，1839—1914）都看到了发展所谓"逻辑代数"的潜力。"逻辑代数"是一种数学方法，它模型化主宰形式推理的抽象规律。然而，直到 1847 年一个标题为《逻辑的数学分析》（*The Mathematical Analysis of Logic*）的小册子的出现，布尔的类演算才成功地成为"逻辑代数"。布尔的类演算后经施罗德和皮士的发展，成为关系演算。

德·摩根与哲学家威廉·汉密尔顿（William Hamilton, 1788—1856）就谓词量化的公开争论促成布尔写作《逻辑的数学分析》。结果，布尔里程碑式的小册子是代数方法在逻辑领域中的首次成功的系统应用。这给德·摩根留下了非常深刻的印象，以至于两年后，也就是 1849 年，尽管布尔没有大学教育背景，他仍被任命为爱尔兰科克（Cork）市皇后学院（Queen's College）数学系的教授，这在很大程度上归功于德·摩根的推荐。被任命为教授 5 年后，布尔写出了第二本书《思维规律研究》（*An Investigation of the Laws of Thought*），这本书扩展了早期小册子中的许多想法。布尔在《思维规律研究》一书中对逻辑运算与数学运算进行了更详尽的形式类比，这将有助于逻辑革命。特别地，他的逻辑代数显示了如何用组织化的代数公式来表达与操作逻辑关系。

布尔演算，就是今天大家所熟知的布尔代数理论，它是由一个集合 S 构成的形式系统。在这个集合上定义了三个运算，即 $\cap$（或 $\times$，表示交集）、$\cup$（或 $+$，表示并集）、$'$（或 $-$，表示补集），使得对 S 中的任意元素 a、b、c，如下公理都成立：

（1）交换律：

$a \cap b = b \cap a$，且 $a \cup b = b \cup a$

（2）结合律：

$a \cap (b \cap c) = (a \cap b) \cap c$，且 $a \cup (b \cup c) = (a \cup b) \cup c$

（3）分配律：

$a \cap (b \cup c) = (a \cap b) \cup (a \cap c)$，且 $a \cup (b \cap c) = (a \cup b) \cap (a \cup c)$

（4）等同律：

存在 S 的两个元素，0 和 1，使得 $a \cup 0 = a$，$a \cap 1 = a$

（5）补：

对于 S 的每一个元素 a，都有一个元素 a'，使得 $a \cup a' = 1$ 且 $a \cap a' = 0$

一旦许多逻辑关系成功地在这个系统中被形式化，这个系统的逻辑效用就会产生，例如，令 a、b 表示陈述句或命题变元，$\cap$ 表示真值联结词"且"，$\cup$ 表示真值联结词"或"，交换律公理断言的是：形如"a 且 b"的陈述句与形如"b 且 a"的陈述句等值，形如"a 或 b"的陈述句与形如"b 或 a"的陈述句等值。类似地，令"'"表示真值函项非，补公理断言的是：对于每个陈述句 a，都有第二个陈述句非－a，使得"a 或非－a"为真，而"a 且非－a"为假。一个类似的解释（把电子门解释为布尔运算）为开关电路理论提供了基础。所以，到1854年，逻辑的数学化已经开始。

在这个时期促使逻辑学发展的第二个因素不再与逻辑的数学化有关，而与数学的逻辑化有关。将数学还原为逻辑的思想首先由戈特弗里德·威廉·莱布尼茨（Gottfried Wilhelm Leibniz，1646—1716）提出，后经理查德·戴德金（Richard Dedekind，1831—1916）发展。一般说来，它包含两方面主张：第一，（某个数学分支或所有数学分支的）数学概念按照纯逻辑概念来定义；第二，（这些相同数学分支的）数学定理能相应地从纯逻辑公理中推出。然而，直到19世纪晚期，完成这个计划所必需的逻辑工具才被发现。

一般说来，数学逻辑化与数学系统化、严格化同时发生并非偶然。许多评论家要求数学的逻辑化、系统化、严格化。杰罗拉莫·萨卡里（Gerolamo Saccheri，1667—1733）、卡尔·高斯（Karl Gauss，1777—1855）、尼古拉斯·罗巴切夫斯基（Nikolai Lobachevski，1793—1856）、雅诺什·波尔约（János Bolyai，1802—1860）、伯恩哈德·黎曼（Bernhard Riemann，1826—1866）在非欧几何领域的发现导致了对公理和数学基础的普遍关切。因此，到了19世纪晚期，一场重要的运动（开始于19世纪20年代）消除了19世纪早期许多数学理论中的诸多矛盾和不清楚的地方。伯纳德·波尔查诺（Bernard Bolzano，1781—1848）、尼尔斯·阿贝尔（Niels Abel，1802—1829）、路易斯·柯西（Louis Cauchy，1789—1857）和卡尔·魏尔斯特拉斯（Karl Weierstrass，1815—1897）成功地向数学分析的严格化发起了挑战。魏尔斯特拉斯、戴德金以及乔治·康托尔（George Cantor）独立发展出从有理数建立无理数的方法，并且早在1837年，威廉·罗恩·汉密尔顿就首先引入实数的有序为复数提供逻辑基础。到了1888年，戴德金还发展出公理化自然数（natural numbers 或 counting numbers）集合 N 的一致性假设集。在这些成果以及如格拉斯曼（H. G. Grassmann，1809—1877）、朱塞佩·皮亚诺（Guiseppe Peano，1858—1932）等另一些人的成果基础上，不仅可以系统地发展出算术理论和有理数理论，而且可以发展出合理细致的实极限理论。这些结论出现于皮亚诺的《算术原理》（*Arithmetics Principia*，1889）中。

皮亚诺首先用决定其基础逻辑的四条公理，以及由戴德金首先引入的五条（现已著名的）皮亚诺公设，把自然数集合定义为从数 0 开始的后继序列。令"0"代表零，"$s(x)$"代表 x 的后继，"N"代表自然数集合，可如下列出非逻辑预设：

（1）零是一个数：

$0 \in N$

（2）零不是任何数的后继：

$\sim(\exists x)(x \in N \& s(x)=0)$

（3）每一个数的后继是一个数：

$(\forall x)(x \in N \rightarrow s(x) \in N)$

（4）两个不同的数有不同的后继：

$(\forall x)(\forall y)(((x \in N \& y \in N) \& x \neq y) \rightarrow s(x \neq s(y))$

（5）数学归纳法，即如果零有某个性质 P，且只要一个数有这个性质，那么这个数的后继也有这个性质，所有自然数都有这个性质：

$(\forall P)(((P(0) \& (\forall x)((x \in N \& Px) \rightarrow Ps(x)))) \rightarrow (\forall y)(y \in N \rightarrow Py))$

这样，从一些初始概念开始，以严格的、一致的方式推出几乎所有的数学原则上是可能的。尽管如此，但把主要逻辑规则与数学正式联系起来的任务自布尔时代以来一直没有实质进展。

进一步发展的关键一步是引入量词和发展出谓词演算。量词的引入是一些逻辑学家——包括皮尔士和哥德尔——独立工作的结果。但是，占主导地位的是戈特洛布·弗雷格的工作。皮尔士可能首先得出了量词概念，但是直到 1885 年他才在自己发表的论文中清楚地提及全称量词或存在量词。相反，弗雷格在 1879 年——奎因著名格言的日期——发表了他著名的《概念文字》(Begriffsschrift)（字面理解是概念的写法），其中解释了量词。《概念文字》的副标题是"一种模仿算术语言构造的纯思维的形式语言"，其目的是对证明本身的严格化。弗雷格说：

> 我的目的不是用公式表示抽象逻辑，而是通过书写的符号用一种比通过字词更准确、更清楚的方式来表达内容。实际上，我想创造的不仅仅是演算系统而是莱布尼茨意义上的通用语言。[2]

结果就是引入了非常通用的符号语言，它可以恰当表达数学证明中形式推理的类型。通过表达个体和谓词（性质和关系）的表达式、命题联结词（"且"、"或"、"非"等）以及量词（"所有的"、"某个"）的结合，弗雷格成功地制造出一种语言，它足以表达最复杂的数学命题。弗雷格立即把这种语言用于算术的逻辑化。1884 年他出版了《算术基础》(Die Grundlagen der Arithmetik)，那个时候他给出了必要的算术术语的恰当逻辑定义，并且开始了重要的推演。这些推演出现于他的两卷本《算术的基本规律》(Grundgesetze der Arithmetik) 中，这两卷分别出版于 1893 年与 1903 年。所以，人们通常认为弗雷格和布尔是现代形式逻辑最重要的两位创始人。

《概念文字》是弗雷格的第一部逻辑学著作，但却是一部里程碑式的著作，因为在这部著作中弗雷格发展了真值函项的命题演算、量化理论（或谓词演算）、按照函数和变元（不是按照主词和谓词）所做的命题分析、数学序列的概念的定义以及演绎或推理的纯形式系统的概念。在这些贡献中，弗雷格对谓词演算的独到见解就是发现了传统主谓区分的不足，取而代之以数学区分，也就是函数与变元的区分。对弗雷格而言，一旦参数被代入命题函项的自由变元，就得到一个判断。总之，在一个陈述中能够被其他词取代的词本身就是一个变元，而这个语句的乘除部分就是函数。此外，《概念文字》还包括首次充分形式化量词概念和首次成功地实现了一阶逻辑的形式化。这些事实保证了它在逻辑史上独一无二的地位。

不幸的是，在弗雷格生前的多数时光里，他的工作遭遇到了同时代人的冷漠和敌视。对《概念文字》的典型反应是，康托尔甚至没有读它就对它讽刺挖苦。弗雷格的命题演算公理（使用否定和实质蕴涵作为初始联结词）被发现不是独立的，除了第一个推理规则——分离规则（也被称为肯定前件的假言推理，即从给定两个合适公式 p 和 $p\to q$，可以推出一个合适公式 q）——经过说明外，使用的替换规则是未经阐释的。然而，《概念文字》不招人待见的最重要的原因是弗雷格使用的逻辑符号相当特殊和复杂，它们并未流传下来。所以，直到有人取代了弗雷格的符号、进一步严格化他的逻辑，弗雷格的发现才开始得到应有的重视。不管怎样，弗雷格函数与变元的命题分析以及对量词的引入一直处于现代逻辑发展过程中的核心。

促成19世纪晚期逻辑学革命式发展的第三个因素是康托尔发现集合论。直观上说，一个集合可以被看作任何一个明确定义的、独立不同的对象的集体。用康托尔的话说，通过集合的想法，"我们可以将任何集合理解为我们直觉或者思想中由确定的、独立的对象 m 所形成的一个整体 M"[3]。决定每个集合的对象被称为这个集合的元素或成员。符号"$\in$"被用来指示所属关系或元素关系。因此，"$m\in M$"读作"m 是集合 M 的一个元素或者成员"或者"m 属于集合 M"。两个集合相等当且仅当它们正好包含相同的元素，所以如果 $A=\{1, 2, 3\}$ 且 $B=\{+\sqrt{1}, +\sqrt{4}, +\sqrt{9}\}$，那么 $A=B$。

根据这些条件，康托尔证明了任何给定集合的所有子集的势（cardinality）（即该集合的幂集）总是大于该集合本身的势，因此建立了现代的集合的等级。他还证明了实数集是不可枚举的［或者等价地说，实数集连续统的势比 N 的势大］。康托尔通过对角线论证法于1891年证明了这两个结论。对角线论证法是在原有对象的基础上构造其他对象，这种方式保证新对象与旧对象不同。因此，康托尔的对角线论证为现代不可能性证明提供了一个重要范例，因为使用这个方法，通过证明自然数与实数不可能一一对应，他证明了实数的不可数性。也正是根据康托尔的工作，无穷集合可以与其真子集毫无矛盾地一一对应，从而证伪了欧几里得（Euclid）的一般公理，即整体必然大于部分。这种反直观的结论意味着，就像在它之前的非欧几何，集合论很快就会导致关于证明的本质的进一步问题。而直到此时，公理仍然被规定为建立在"清楚、确定的思想"的基础上。什么时候可以依赖公理，这就成为了关键的问题。谓词的外延与其对应的集合直观上相等，这意味着集合论的发展一定会影响逻辑学。

从罗素到哥德尔

说 19 世纪末逻辑学因为与数学的结合才变得生机盎然是恰当的，同样，说数学因为与逻辑学的结合也变得生机盎然也是恰当的。实际上，正是逻辑学与数学的相互作用导致了两个领域的一大批学者致力于逻辑学与数学的基本问题研究，其中包括戴维·希尔伯特（1862—1943）、布劳威尔（1881—1966）、阿伦·海廷（Arend Heyting, 1898—1980）、怀特海（A. N. Whitehead, 1861—1947）、伯特兰·罗素（1872—1970）、恩斯特·策梅洛（Ernst Zermelo, 1871—1953）、库尔特·哥德尔（1908—1978）、阿尔弗雷德·塔斯基（1902—1983）、阿龙佐·丘奇（生于 1903 年）、W. V. 奎因（生于 1908 年）。由于悖论对逻辑学和数学都构成了影响，所以许多人迅速作出了反应。

1900 年许多世界顶级的哲学家相聚在巴黎召开第三届国际哲学大会，时间为 8 月 1 日至 5 日。会议结束后，相当数量的哲学家留在巴黎参加第二届国际数学家大会，它紧接前一个会议，时间是 8 月 6 日至 12 日。正是在这后一个会议上，希尔伯特做了著名的主题讲演，欢迎来到巴黎的数学家。他意识到自己的历史地位，借此机会提醒听众当新世纪到来之际数学家所面临的挑战：

> 如果想近期获得可能导致数学知识发展的思想，那么我们就必须让这些悬而未解的问题在我们脑子里过一遍，重温当今科学提出的、有待将来解决的问题。立于世纪会议，似乎很适合回顾当今的这些问题……不管这些问题对我们而言有多不可触及，也不管在它们面前我们有多么无助，我们仍然坚信，对我们的解答必然紧随有限数量的纯粹逻辑过程之后，我们相信每一个数学问题都有解，这对数学工作者来说是有力的促进。我们听到内心的永恒呼唤：有个问题。寻找它的答案。你可以通过理智找到它，因为数学中没有无知论。[4]

为了强调他的挑战，希尔伯特列出了现在非常著名的 23 个未解的逻辑学的和数学的问题。希尔伯特列出的第一个问题就是康托尔的连续统问题，即判定是否存在一个集合，其势大于自然数集合的势但却小于连续统的势。第二个问题，在逻辑学家看来同样重要，就是证明公理集之一致性的问题，或者如希尔伯特所说，是"算术公理的协调性"问题。尽管 1900 年这个问题体现的主要是理论兴趣，但一年后它才体现出解决它的紧迫性。

也正是在这个会议上，罗素遇到了皮亚诺。人人都说这个会议令人愉快。罗素说：

> 这次会议是我学术生涯的转折点，因为在那儿我遇到了皮亚诺。那时我已经听过这个名字，并且看过他的著作，但是并没有花力气去理解他的思想。在会议的讨论中，我发现他比其他人表述得更准确，发现他在所从事的任何论证中都一如既往地占上风。随着年岁的增加，我确信这一定归功于他的数理逻辑。[5]

皮亚诺和他的逻辑学给罗素留下了深刻印象，罗素回到英格兰备受鼓舞地开始了《数学原理》的撰写工作，并且满怀信心地认为他自己设定的问题都能很快得到解决。也许人们会猜测，罗素的《数学原理》不仅受到皮亚诺《算术原理》的影响，而且受到弗雷格《概念文字》和《算术的基础》的影响。1900 年 12 月 31 日——正如他所说"于 19 世纪的最后一天"——罗素完成了手稿的第一草稿。[6]

5 个月后，也就是 1901 年 5 月，罗素发现了现在著名的罗素悖论。考虑所有不是其自身元素的集合所组成的集合就会产生这个悖论，因为这个集合是其自身的元素当且仅当它不是其自身的元素。所以，人们一定要找到原则性的方法来否定这样一个集合的存在。皮亚诺的助理西泽尔·布拉利-福尔蒂 (Cesare Burali-Forti, 1861—1931) 于 1897 年发现了类似的悖论，他注意到序数集合是良序的，因此一定对应一个序数。然而，这个序数一定是这个序数集合的元素，但同时却比这个集合的任何序数都大。因此，矛盾产生了。[7]

被这个难题困扰了一年多后，罗素于 1902 年 6 月 16 日写信给弗雷格告诉他这个悖论。悖论是关键问题，因为弗雷格声称像 $f(a)$ 这样的表达式既可以被看作变元 f 的函数也可以被看作变元 a 的函数。实际上，正是这个模糊性导致了罗素在弗雷格的逻辑中构造了他的悖论。罗素解释说：

> 这个观点[即 $f(a)$ 可以被看作 f 的函数或者 a 的函数]因为下面的矛盾，在我看来似乎是值得怀疑的。令 w 是这样的谓词：不能断言自身的谓词。w 能被自身断言吗？从每个答案都会得到相反的结论。因此，我们必须作出 w 不是一个谓词的结论。同样，不存在这样的类（作为总体），它由那些自身是一个总体但却不属于自身的类组成。由此，我的结论是，在特定环境下可定义的类不会形成一个总体。[8]

实际上，罗素在给弗雷格的信中告诉他，他的公理是不一致的，收到此信正值他《算术的基本规律》第二卷出版。[很快其他矛盾也被发现，其中包括朱尔斯·理查德（Jules Richard，1862—1956）发现的矛盾以及朱利叶斯·柯尼格（Julius König，1849—1913）发现的矛盾，他们都发现于1905年。]弗雷格立即理解了这个难题，并试图修改自己的著作，为《算术的基本规律》增加了一个"附录"来讨论罗素的发现。然而，他最终感到要被迫放弃他的逻辑主义。原本为几何学设计的《算术的基本规律》第三卷再也没有出现。弗雷格后来的著作显示了罗素的发现使他确信逻辑主义是错的，并使他选择了这样的观点，即所有的数学（包括数论和分析）仅仅可以被还原为几何学。

尽管弗雷格放弃了逻辑主义，但罗素仍在许多年后的一封信中这样评价他对真理的贡献：

> 当我思考正直和儒雅的行为时，我意识到我所知道的任何行为都不能与弗雷格对真理的贡献相比。他整个工作接近圆满，他的多数工作被忽视了，因为这样会对能力很差的人有利……当发现他的基本假设是错的，他的回应带有知识分子的愉悦而掩盖了个人失望的感情。正是那几乎超常的、很能说明问题的表现告诉我们，如果什么

人致力于创造性的工作和知识,而不是粗俗地试图拥有重要的地位和名声,那么他们就是有能力的人。[9]

因为罗素悖论的出现,希尔伯特证明一致性的问题就呈现出新的紧迫性。毕竟(在经典逻辑中)所有的句子都可以由矛盾得到,一旦发现基本逻辑有矛盾,那么就没有什么数学证明值得信赖。作出重要回应的不仅有希尔伯特和罗素,还有布劳威尔和策梅洛。

希尔伯特回应的苗头出现于他在 1904 年第三届国际数学家大会上的发言中。此次发言,希尔伯特首次表现出他证明算术一致性的努力。(更早在 1900 年,他试图公理化实数 R 并在 R 一致性的基础上证明几何的一致性。)希尔伯特认识到,通过形式化元语言而试图避免矛盾只能导致恶性倒退。因此,他选择的是非形式逻辑和元语言,其原则可普遍接受。他基本的想法是,仅仅有穷的、明确界定的、可构造的对象以及被深信是绝对确定的推理规则才被允许使用。选择公理这种有争议的原则被明确排除在外。这个计划有不同的叫法:有穷方法、形式主义、证明理论、元数学、希尔伯特计划。希尔伯特后来与威廉·阿克曼(Wilhelm Ackermann,1896—1962)在 1928 年共同出版了《数理逻辑原理》(*Grundzüge der Theoretischen Logik*)。接着与保罗·贝尔纳斯(Paul Bernays,1888—1977)一起分别在 1934 年和 1939 年出版了意义深远的两卷本《数学基础》(*Die Grundlagen der Mathematik*)。这后一部著作记录了到 1938 年的形式主义流派的成果,包括 1931 年哥德尔不完全性定理发表后的工作,这部著作出版之后,这个计划原初的有穷方法必须被扩展。

对悖论的第二个重要回应来自布劳威尔与直觉主义者。希尔伯特的有穷方法与第二个回应有类似的地方。和希尔伯特一样,布劳威尔主张人们不能断定数学对象的存在,除非能显示怎样构造出这个对象。然而,布劳威尔又认为形式逻辑的规则是从纯智力的数学直觉中抽象出来的。因此,既然逻辑在数学中找到了它的基础,那么它本身就不可能是数学的基础。由于类似的原因,布劳威尔拒绝实无穷,仅接受用有穷可构成性方法通过自然数能够有效建构的数学对象。按照这个观点,理论一致性由于被改造的数学实践而得到保证。

　　罗素自己对悖论的回应被包含在他所谓的类型论中。罗素的基本想法是，把语言或理论的句子排序为一个等级（关于个体的句子处于最低等级，然后是第二低等级的句子，它们是关于个体集合的句子，再然后是第三低等级的句子，它们是关于个体集合的集合的句子，等等），就可以避免这样的集合——其指称为所有集合的集合，因为没有一个等级出现如此指称的集合。只有当满足给定条件（或谓词）的所有事物处于相同等级或者同种"类型"，指称满足给定条件（或谓词）的所有事物才是可能的。这个理论本身有两个形式。

　　按照简单类型论，（相关语言的）论域被看作有等级的。在这个等级系统中，个体形成最低等级的类型；个体集合形成第二低等级的类型；个体集合的集合形成第三低等级的类型；如此类推。个体变元被加注小标（使用下标）来显示它们取值的对象类型，语言的形成规则受到限制，只允许诸如"$a^n b^m$"（其中 $m=n+1$）这样的句子是语言的（合适）公式。这种限制意味着诸如"$x^n \in x^n$"这样的符号串是不合适的，因此阻止了罗素悖论。

　　分支类型论比简单类型论更进一步。它不仅描述对象的等级，而且描述闭语句和开语句的等级（分别是命题和命题函项）。这个理论又加上了一个条件：命题或命题函项中量词的取值范围只能是比这个命题或命题函项类型低的命题或命题函项。直观上说，这意味着命题或者命题函项只能指称（或涉及）在等级中那些可以用逻辑上优先的方式定义的元素。对罗素而言，集合被理解为以命题函项为基础的逻辑构造，就此可以推出简单类型论是分支类型论的特例。

　　罗素于 1903 年在其《数学原理》中首次介绍了他的理论。后来，在1905 年，他为了考虑三个潜在的替代理论而放弃了这个理论。它们分别是："之字形理论"，在此理论中，只有"简单的"命题函项确定集合；"限制大小的理论"，其中不允许出现传说中的所有实体的集合；"非类理论"，此理论放逐了集合，取而代之的是特定种类的句子。但是，到了 1908 年，为了转回类型论，罗素打算放弃这三个提议。在其著述《以类型论为基础的数理逻辑》（*Mathematical Logic as Based on the Theory of Types*）中，他详细阐述了类型论。在怀特海、罗素的重要著作《数学原理》中可以找到这个理论的成熟表述。此著作为逻辑主义进行了辩护，其首卷本出版于 1910 年。

为了给其简单论和分支论找到合理依据，罗素引进了以下这个原则，即"任何一个东西，只要涉及一个类的所有成员，那么它自身就一定不是这个类的成员"[10]。罗素接受了亨利·彭加勒（1854—1912）的思想，称这个原则为"恶性循环原则"（或 VCP）。一旦接受了恶性循环原则，就会得出集合论悖论与语义悖论有重要的理论区分这个主张是错误的，这个主张首先由皮亚诺提出，后来弗兰克·拉姆齐（1903—1930）也赞成它。这是因为在两种情况下，VCP 都为取缔自指提供了哲学上的理由。

对悖论的第四个回应是策梅洛的集合论的公理化。在 1904 年，策梅洛通过证明每一个集合都可以是良序的解决了希尔伯特在 1900 年大会上提出的 23 个问题之一。4 年后，策梅洛于 1908 年发展了第一个集合论的标准公理化 Z，它是在戴德金和康托尔的原创性的、较为片段式的处理上的改善。

策梅洛的公理想要通过限制康托尔的朴素抽象原则——每一个谓词表达式都可以形成一个集合——来解决罗素悖论。策梅洛的替换公理不允许构造悖论集合（如所有不属于自身的集合组成的集合），但仍然允许构造对发展数学是必需的其他集合。今天广泛使用的公理化系统 ZF 是对策梅洛理论的修正，它的发展主要得益于亚伯拉罕·法兰克尔（Abraham Fraenkel，1891—1965）。ZF 加上选择公理（法兰克尔在 1922 年证明了它的独立性）之后产生的理论就是 ZFC 理论，可概括如下：

(1) 外延公理：

$$(\forall x)(x \in A \leftrightarrow x \in B) \rightarrow A = B$$

(2) 和公理：

$$(\exists C)(\forall x)(x \in C \leftrightarrow (\exists B)(x \in B \& B \in A))$$

(3) 幂集公理：

$$(\exists B)(\forall C)(C \in B \leftrightarrow A \supseteq C)$$

(4) 规则公理：

$$(A \neq 0 \rightarrow (\exists x)(x \in A \& (\forall y)(y \in x \rightarrow y \notin A))$$

(5) 无穷公理：

$(\exists A)(0\in A \& (\forall B)(B\in A \to B\cup \{B\}\in A))$

(6) 置换公理模式：

如果 $(\forall x)(\forall y)(\forall z)(x\in A \& \phi(x,y) \& \phi(x,z) \to y=z)$

那么 $(\exists B)(\forall y)(y\in B \leftrightarrow (\exists x)(x\in A \& \phi(x,y)))$

(7) 选择公理：

对于任意集合 A，都存在一个函数 f，使得对于任意 A 的非空子集 B，都有 $f(B)\in B$

因为许多其他人——包括托拉尔夫·斯科伦（Thoralf Skolem，1887—1963）和约翰·冯·诺依曼（1903—1957）——的工作成果，人们意识到用于形式化集合论的许多公理都可以从上述列出的公理推出：分离公理可以从置换公理模式推出；有序对公理可以从幂集公理加上置换公理模式推出；并集公理可以从外延公理、集公理、有序对公理推出。［其他公理，诸如基数公理，即 $K(A)=K(B)\leftrightarrow A\approx B$，常常被加到上述所列公理清单上，形成 ZFC 的扩张。］

总的说来，这四个对悖论的回应标志着对形式系统的本质以及与此相关的各式各样的元逻辑结论有了一种新的清楚的认识。具体说来，形式系统一般包括：

(1) 初始符号集，它是系统的基本字母表；

(2) 形成规则集，它提供了系统的基本语法，决定了初始符号怎样组合可以形成系统的合适公式（句子）；

(3) 公理集，它清楚地表达了形式系统的每一个基本假设；

(4) 变形规则（或推理规则）集，它提供了证明系统公式（称作定理）的机制。

总的说来，(1) 和 (2) 组成了系统的形式语言，(3) 和 (4) 组成了系统的逻辑，(1) ~ (4) 作为一个整体，构成了系统的初始基础。所以，形式系统本质上由一个清楚有效的机制组成，它挑出系统之合适公式集的一个界定清楚的子集，也就是我们所知的定理集。这样的系统可以是公理系统，也可以是自然演绎系统，这取决于是以推理规则为代价来强调公理的使用，还是以公理为代价来强调推理规则。在两种情况下，每一个定理都是通过有穷的步骤序列被证明的，其中每一步或者是公理陈述，或者（从前面步骤中的公式）由允许的推理规则推出。

可以从证明理论的角度（即仅从系统的句法）来看每一个形式系统，但是按照塔斯基的观点，也可以从模型论的角度（即从解释的角度，这个解释为系统的形式符号赋予意义）来看形式系统。给定合适公式集 S，一个非空集合（或论域）和一个满足下列条件的函数组成一个解释：

（1）指定 S 元素中出现的每一个个体常项为论域的一个元素；

（2）指定 S 元素中出现的每一个 n 元谓词为论域元素间的 n 元关系；

（3）指定 S 元素中出现的每一个 n 元函数为论域中的函数，这个函数的自变量是论域的 n 元组，函数值是论域的元素；

（4）指定每一个句子字母为一个真值。

利用规则（如真值表）指定逻辑常项的标准意义，如表示真值函项的符号和表示量词的符号，就是逻辑常项。规则规定了怎样给包含逻辑常项的合适公式赋值。任何满足系统公理的解释都被称作模型。

最有影响的形式系统当然包括那些与弗雷格的命题逻辑和谓词逻辑相关的系统。命题（或句子）逻辑可以被定义为分析命题（句子或陈述）之间的真值函项关系的形式系统或逻辑演算。每个这样的系统都以一套命题（句子或陈述）常项和联结词（或算子）组成的集合为基础，二者以各种方式组合成更为复杂的命题。标准联结词包括那些表示否定（$\sim$）、合取（&）、（相容）析取（$\vee$）、实质蕴涵（$\rightarrow$）和实质等值（$\leftrightarrow$）的词。标准公理化由几个定义[包括 $p \rightarrow q =^{df} \sim p \vee q$，$p \& q =^{df} (\sim p \vee \sim q)$，$p \leftrightarrow q =^{df} (p \rightarrow q) \& (q \rightarrow p)$]、代入规则、分离规则以及下面的公理组成：

(1) $(p \vee p) \rightarrow p$

(2) $q \rightarrow (p \vee q)$

(3) $(p \vee q) \rightarrow (q \vee p)$

(4) $(q \rightarrow r) \rightarrow ((p \vee q) \rightarrow (p \vee r))$

类似地，命题逻辑的例子还有希尔伯特的正命题演算（它包括且仅包括那些独立于否定的经典演算的定理）、海廷的直觉主义命题演算（它使用直觉主义的否定而不是经典否定）、一些由 C. I. 刘易斯（C. I. Lewis, 1883—1964）介绍的模态逻辑系统以及多值逻辑〔如简·卢卡西维茨（Jan Łukasiewicz, 1878—1956）介绍的那些系统〕。正如卢卡西维茨所指出的那样，可以使用所谓的波兰表示法对逻辑（例如标准的命题演算）进行变形，如此就可以避免使用范围指示词，如括号。这样，令 N 表示否定，K 表示合取，A 表示析取（或二中择一），R 表示不相容的析取，C 表示实质蕴涵，E 表示实质等值，L 表示必然性，M 表示可能性，像句子 $\sim(p\rightarrow(p\&q))$ 和 $\Box(p\rightarrow p)$ 就可以分别表示为 $NCpKpq$ 和 $LCpp$。

像命题逻辑那样，谓词逻辑也可以被定义为一种形式系统或逻辑演算，但是它除了分析命题逻辑所分析的命题间的真值函项关系，还分析命题内部的个体词与谓词的关系。每个这样的系统都以一个集合为基础，这个集合由个体常项、谓词（或函数）常项、个体（有时也有谓词）变元、管辖这些变元的量词（如 $\exists$、$\forall$）以及命题演算的标准常项和联结词组成。因此，一阶谓词逻辑的标准公理化可以被看作命题演算的扩张。这样的公理化包括公式、命题演算的推理规则和全称概括规则〔即如果 A 是一个定理，则 $(\forall a)A$ 也是一个定理〕以及下面的公理模型：

(1) 如果 A 是命题逻辑有效的合适公式的统一代入实例（即通过统一把命题逻辑有效的公式中每个变元换成一阶谓词演算的某个合适公式所得到的公式），那么 A 就是一个公理；

(2) 如果 a 是个体变元，A 是合适公式，B 是任意这样的合适公式，它与 A 的不同仅在于将 A 中自由出现的 a 换成某个个体变元 b，那么只要 a 不出现在任何包含 b 的量词辖域内，$(\forall a)A\rightarrow B$ 就是一个公理；

(3) 只要 a 在 A 中不自由，则 $(\forall a)(A\rightarrow B)\rightarrow(A\rightarrow(\forall a)B)$ 就是一个公理。

其他谓词逻辑包括二阶逻辑（也称为二阶谓词或泛函演算）、高阶逻辑〔其中量词和函数涉及谓词（或泛函）变元，以及/或系统常项］以及一阶逻辑和高阶逻辑的模态（及其他）扩张。当个体常项或谓词常项组成的集合是空集时，谓词演算就被称为理论演算；反之，就被称为应用演算。

随着命题逻辑和谓词逻辑的形式化，开始展开了关于逻辑系统之形式特征的元逻辑研究以及从这样的结论所引发的非形式的、哲学问题的研究。在命题逻辑层次上所证明的最重要的元逻辑结论是完全性结论和可靠性结论（它们分别断定的是：所有有效的公式都是系统的定理，所有系统的定理都是有效的公式）、演绎定理（它断定的是：如果有从"$s_1, s_2, \ldots, s_n$"到"s_{n+1}"的证明，那么就有从"$s_1, s_2, \ldots, s_{n-1}$"到"如果 s_n，那么 s_{n+1}"的证明）以及可判定性结论（它说的是有一个有效的机械判定过程——如真值表——可以判定系统之任意公式的有效性）。

除了完全性结论和可靠性结论，已证的一阶逻辑的元定理还有关于（算术）真理的不可定义性的塔斯基定理，以及现在已经很有名的勒文海姆—斯科伦定理。勒文海姆—斯科伦定理是由勒文海姆（Löwenheim）于 1915 年所证的一套定理，斯科伦于 1920 年和 1922 年使其发展为这样的结果：如果有一个解释能使一个可数的句子集在其无穷的论域中得到满足，那么这个句子集就能够在每一个无穷的论域中得到满足；类似地，如果有一个解释使得一个句子集能够在其非空的论域中得到满足，那么这个句子集也就能够在可数无穷的论域中得到满足。后一个定理导致了所谓的"斯科伦悖论"，这是一种反直观（但从根本上说却不矛盾）的结论，即对一些系统而言，康托尔定理是可证明的，因此这些系统必然包括不可枚举的集合，然而这些系统却必须在（较小的）可数无穷的论域中是可满足的。

尽管这些结论给人留下了深刻印象，但是希尔伯特找到算术一致性证明的目标仍令人难以捉摸。哥德尔 1931 年发表的文章给出了解释。今天，哥德尔因为一些重要的成果而被人们记住，这些成果中的任何一个都可以使其在逻辑史上占有重要的地位。最有名的成果有 1930 年所证的一阶逻辑的完全性和紧致性以及 1931 年证明的算术的不完全性。其他成果还包括 1932 年在构造性逻辑方面的成果、1933 年在可计算性理论方面的成果以及 1938 年他所证明的连续统假设与策梅洛—法兰克尔集合论公理一致——换句话说，就是通常的策梅洛—法兰克尔集合论公理绝不能证明连续统假设为假。[连续统假设的否定也与策梅洛—法兰克尔集合论公理一致，所以此假设独立于集合论的标准公理化，这个结果在 5 年后被保罗·科恩（Paul Cohen，生于 1934 年）证明。]

需要对其中一些成果进行进一步的评述。1930 年哥德尔在维也纳大学博士论文中首次给出了一阶谓词逻辑演算的完全性证明。完全性是这样的性质：系统的每一个有效的公式在系统内可证。这等于说，每一个公式或者可反驳或者可满足。基于勒文海姆和斯科伦的结果，哥德尔成功地证明了比它稍强的结果，这个结果也能推出勒文海姆—斯科伦定理。然后，哥德尔把他的结果一般化到带有等词的一阶逻辑以及无穷公式集。同时，哥德尔证明了一阶逻辑的紧致性定理，这个定理是说，对于一种给定语言的任何合适公式集，如果它的每一个有穷子集都有模型的话，那么它也有模型。

同样有名的是哥德尔关于初等数论的不完全性的两个定理。第一个定理断言的是：任何足以表达初等数论且 ω 一致的系统都是不完全的，这个不完全的意思是，该系统中存在一个有效的合适公式，它在系统内不可证。（如果一个形式系统有这样的定理，则它是 ω 一致的：P 是某种性质，每一个自然数都有这个性质，但是这个系统没有"对于所有自然数，P 都成立"这样的定理。）1936 年，罗塞尔（J. B. Rosser，生于 1907 年）对这个定理进行了扩展，使其不仅对于任何 ω 一致的系统如此，而且对于任何相关类型的一致性系统都如此。第二个定理断言的是：没有一个足以表达初等数论的一致性系统可以证明陈述其一致性的句子。所以，它是解决希尔伯特第二问题的难点。

出版社在 1930 年 11 月 17 日收到了哥德尔的《〈数学原理〉的形式上不可判定的命题及相关系统 I》（Über Formal Unentscheidbare Sätze der *Principia Mathematica* und Verwandter Systeme I），但是却发表于来年，哥德尔定理正是在这篇文章中得到了证明。这篇文章与《数学原理》是当代最重要的逻辑学著述。哥德尔所使用的系统等价于怀特海与罗素的《数学原理》去掉分支类型论，再加上皮亚诺的算术公理。（有结论说明，即使这个系统加上选择公理或连续统假设，仍然有不可判定的命题。）

通过引入他著名的"哥德尔编码"系统，哥德尔把自然数指派给系统内的符号序列以及符号序列的序列。指派的方式如下：给定任何一个序列，赋值给它的自然数就可以被有效地计算出来；给定任何一个自然数，就可以有效地判定是否有一个序列被指派给这个自然数，如果有，还可以判定是什么序列。用来描述系统的元数学谓词可以以这种方式与数论谓词相结合，例如，元数学概念"是公理"可以用谓词 $Ax(x)$ 表达，它正好对应那些哥德尔编码 x，而 x 又对应系统公理。仅靠指出公理集的哥德尔数集，就能够达到指出公理集的目的。

哥德尔 1931 年文章中的定理六断言：在某种规定的形式系统中，存在不可判定的命题（即一个命题及其否定都不能在系统内得证）。这个定理正是通常所说的哥德尔第一不完全性定理（G1）。除了证明 G1，哥德尔还证明了其他一些结论：例如，在不能判定有效性的命题中，既有算术命题（定理八），也有纯一阶逻辑公式（定理九）；一个表达系统一致性的陈述可以写成系统内的公式，它在系统内不可证（定理十一）。定理十一正是通常所说的哥德尔第二不完全性定理（G2）。哥德尔的两个不完全性定理要求逻辑学家和数学家以新的眼光来看算术的形式系统。

从哥德尔到弗里德曼

实际上，希尔伯特计划有两个主要的数学基础目标：第一是描述性的，第二是证实性的。描述性的目标需要通过数学的完全形式化来实现。证实性的目标需要通过关于数学中关键的但不是有穷（因此在认识论上更受怀疑）的部分之有效性的有穷（因此在认识论上可接受的）证明来实现。20 世纪前 20 年依靠形式主义者和逻辑主义者的工作，第一个目标实现了。理想的有穷一致性证明可以实现第二个目标。

就是因为这个原因，哥德尔第二不完全性定理（G2）常常被认为与希尔伯特计划有关。特别地，人们常常声称 G2 蕴涵了三个在哲学上有重要意义的结论：(1) 证明 G2 成立的理论 T 的一致性必须依赖在逻辑上比理论 T 本身的方法更强有力的方法；(2)（在任何重要的情况下）理论 T 的一致性的证明不会有任何认识论意义上的收获，所以对于怀疑 T 的一致性的问题提供不了任何令人满意的答案；（3）G2，作为结论，如果不是严格蕴涵希尔伯特计划的彻底失败，至少也指出了它需要重大修正。这三个"结论"都很有争议。[11]事实上，哥德尔本人清楚地指出，G2 的真本身不应该被看作放弃希尔伯特寻找有穷一致性证明目标的重要原因：

  我愿意明确指出定理十一（以及相应的 M、A 的结果）与希尔伯特形式主义的观点不矛盾。因为这个观点预设的只是存在一致性证明，它仅仅用到有穷方法，但是可以想象存在不能在 P（或 M，A）形式化中表达的有穷方法。[12]

然而，形式主义者自己却汲取教训说，他们的计划需要根本的改变，所以 1936 年格哈德·根岑（Gerhard Gentzen，1909—1945）的一致性证明需要用到序数 ω_0 的超穷归纳法。

  随后又有其他结果。其中一些体现了重拾对判定问题的兴趣。这个问题就是：找到一个有效的、有穷的、机械的判定程序（或算法）来判定一个系统的任意合适公式是否是该系统的一个定理。这种问题的肯定解决是证明存在有效判定程序，否定解决是证明不存在有效判定程序。对于命题逻辑，存在一个有效判定程序即真值表来判定一个任意公式是否是一个重言式，这到 1931 年已经众所周知了。然而，在 1936 年，丘奇证明了在一阶逻辑中不存在关于有效性（或者等价地说，语义后承）的这种判定程序。

  丘奇证明确实存在一个判定程序，可以判定一阶有效的句子是有效的。然而，他同时也证明不存在相应的程序，显示不有效的句子是不有效的。换句话说，虽然对于一阶句子的有效性确实存在一个有效的、有穷的、机械的、证实的检测，然而没有也不会有证伪检测。所以，任意给定一个一阶句子，不存在一个有效的、有穷的、机械的判定程序来判定其是否有效。

  丘奇定理的中心是可计算性的思想。直观上，一个可计算函数可以说是存在有效判定程序或算法来计算其值的函数。为使这个概念更为精确，不仅哥德尔和丘奇，而且埃米尔·波斯特（Emil Post，1879—1954）和艾伦·图灵也给出过提议。第一个精确提议是把有效可计算性等同于图灵机所给出的可计算性，第二个精确提议是把它等同于λ演算中可确认的一系列函数，第三个精确提议是把它等同于一般递归函数。结果产生了一个论题，即把可计算性等同于数学上精确的概念——一般递归性。这个论题被称作丘奇论题或丘奇—图灵论题。

直观上，图灵机可以被认为是一个计算机，它根据一系列指令处理线状带（这个线状带在两个方向上都无限长）上的信息。更准确地说，这个机器应该被看作一个有序的五元组（q_i, S_i, S_j, I_i, q_j）的集合，其中q_i是机器的当前状态，S_i是当前纸带上正被读的符号，S_j是机器用之替换S_i的符号，I_i是将纸带向右移（或向左）移一个单元格或者保持在原位置上的指令，q_j是机器的下一个状态。从这个相当贫乏的运算集合出发，结果显示很大范围的函数都是可计算的。结果还显示，一阶有效性的判定问题可以通过图灵机被模型化，因为一阶的句子被指派给唯一一个自然数，这样就存在一个函数，如果这个数所表示的是一个有效的句子，则函数值是1，反之是0。这个函数是否是有穷地、机械地可计算的问题最后等价于所谓的停机问题，即找到一个有效的程序来判定"任给一个输入，图灵机是否会停机"的问题。丘奇定理等价于这样的函数不是有穷地、机械地可计算的。

函数的等价类在λ演算和递归论中是可识别的。前者由命名函数的记号而得名。"$f(x)$"或"y的后继"这样的项，被用来指从x或y通过适当的函数所获得的对象。为了指称函数本身，丘奇引入了一个记号，它产生了"$(\lambda x)(f(x))$"和"$(\lambda y)(y$的后继$)$"。这么做之后，他确定了一类函数，结果这类函数等同于图灵可计算函数和递归函数。

后者可被定义为一个函数集，它的元素或者是原始递归的或者是一般递归的，它们本身是从更基本的函数的集通过一系列固定规程得到的。

特别地，常量函数是这样的函数，对于所有的变元都产生相同的值。后继函数是这样的函数，它所产生的值是变元的后继，例如"$s(1)=2, s(35)=36$"。n元恒等函数是这样的函数，它所产生的值是n个变元中的第i个变元。所有这些常量函数、后继函数和恒等函数都被称作基本函数。

另外，给定一个集合，它的元素都是函数h_i，每一个函数都是n元的，

一个 n 元新函数 f 通过这样的复合而定义：新函数的值等于先前引入的函数 g 的值，g 的变元的值是原来函数集合的每一个函数在新函数变元下的函数值。换句话说，如果 f 是由复合定义出的新函数，g，h_1，…，h_m 是先前已定义的函数，那么 $f(x_1, …, x_n) = g(h_1(x_1, …, x_n), …, h_m(x_1, …, x_n))$。

类似地，通过原始递归定义 n 元的新函数 f 如下：第一，如果一个指定的变元是 0，那么 f 按照先前已定义的 $n-1$ 元的函数 g 被定义，g 的变元恰好是 f 的那些除指定的 0 之外的变元。换句话说，如果 f 通过递归被定义，g 是先前已定义的函数，那么 $f(x_1, …, x_{n-1}, 0) = g(x_1, …, x_n)$。第二，如果指定的变元不是 0，而是某个数 c 的后继 $c+1$，那么 f 按照先前已定义的 $n+1$ 元的函数 g 被定义，g 的变元恰好是 f 的那些除了指定变元 $c+1$ 之外的变元再加上 c，以及已给定的 g 的变元在 f 下的值。换句话说，如果 f 通过递归被定义，g 是先前已定义的函数，那么 $f(x_1, …, x_{n-1}, c+1) = g(x_1, …, x_{n-1}, c, f(x_1, …, x_{n-1}, c))$。

基本函数或者从基本函数通过有穷步运用复合和原始递归所得到的函数被称作原始递归函数。

接着，通过极小化定义一个 n 元的新函数，新函数的值（如果存在的话）是最小的 c，使得先前已定义的函数 g 在 f 变元以及 c 作为变元的情况下的值是 0。如果没有这样的 c，那么 f 在那些变元下就无定义。换句话说，如果 f 是通过极小化被定义的函数，g 是先前已定义的函数，那么 $f(x_1, …, x_n) = $ 最小的 c 使得 $g(x_1, …, x_n, c) = 0$，存在某个这样的 c 的话；否则 f 无定义。

任何函数，如果它是基本函数或者是从基本函数通过有穷步复合、原始递归以及极小化得到的，那么它就被称为一般递归函数（或者仅仅被称为递归函数）。

递归函数的例子包括熟悉的算术运算（如加法、乘法）和其他运算。令 z 是零函数（产生 0 值的常量函数），s 是后继函数，id_i^n 是 n 元的恒等函数，它的函数值是其第 i 个变元，Cn 是复合，Pr 是原始递归，这些函数可被定义如下：

(1) 和运算 $sum(x, y) = x+y$，令

$sum = Pr[id, Cn[s, id_3^3]]$

或者，更直观地，$x+0 = x$，$x+s(y) = s(x+y)$

(2) 积运算 $prod(x, y) = x \cdot y$，令
$$prod = Pr[z, Cn[sum, id_1^3, id_3^3]]$$
或者，更直观地，$x \cdot 0 = 0$，$x \cdot s(y) = x + (x \cdot y)$

(3) 幂运算 $exp\,(x, y) = x^y$ 令
$$exp = Pr[Cn[s, z], Cn[prod, id_1^3, id_3^3]]$$
或者，更直观地，$x^0 = 1$，$x^{s(y)} = x \cdot x^y$

(4) 阶乘运算 $fac\,(y) = y!$，令
$$fac = Pr[s(0), Cn[prod, Cn[s, id_1^2], id_2^2]]$$
或者，更直观地，$0! = 1$，$s(y)! = s(y) \cdot y!$

递归函数类与其他两个被认为表达了可计算性概念的函数类被证明是相同的，这一点强有力地支持了丘奇—图灵论题。

发现了算术一阶理论的不完全性以及一阶有效性的不可判定性，问题自然转到与可计算性相关的其他问题上：一个是计算复杂性的问题，另一个关注算术不完全性的程度和本质。最近这两个领域都有进展。

一个问题的计算复杂性是对解决该问题所需的计算资源的测度。在这种背景下，区分了通过多项式时间算法可解决的问题以及这样的问题，即如果它们有解，则在多项式时间内可检测到有解；如果无解，则检测不到。前一种问题被称作 P 问题，后一种问题被称作 NP 问题。NP 问题中最难解决的、复杂性最高的问题被称作 NP-完全性问题。今天，是否 P=NP，这仍悬而未解。然而，在 1971 年，斯蒂芬·库克（Stephen Cook，生于 1939 年）证明了可满足性问题（即判定任意句子是否可能同时真）至少与 NP-完全性问题一样困难。（参见 [1.87]）这个结果很重要，因为它以一种方式统一了 NP-完全性问题。这种方式在 1971 年之前还不能被理解。

类似地，关于算术不完全性的程度和本质的问题也取得了进展。最重要的要数哈维·弗里德曼（生于 1948 年）1981 年的独立性结果。弗里德曼的贡献包括发现一系列数学上自然的命题（关于几个变元的波莱尔函数）不仅在 ZFC 中不可判定，而且在比 ZFC 强很多的系统中以及在可构造性公理 $V=L$ 的系统中仍不可判定。这些结果之所以重要，不仅因为这些命题比先

前结果在抽象程度上更低，而且因为实际上先前被认为的所有不可判定的命题在 ZFC 加上构造性公理的情况下都可判定。重要的是，弗里德曼还证明了其中一些命题尽管在 ZFC 不可判定，但是在一种具有竞争性的理论，即带有选择公理的莫尔斯－凯利类理论中是可判定的。这样的结果很重要，因为它们显示了在什么方式下集合论的相互竞争的公理化是不同的。

逻辑的扩张

早在盖伦（Galen，公元 129—199 年）时期，人们就意识到根据亚里士多德逻辑或者斯多葛逻辑不能充分分析一些有效论证，例如在这样的系统中，"如果索夫龙尼斯库斯是苏格拉底（Socrates）的父亲，则苏格拉底是索夫龙尼斯库斯的儿子"，"如果塞翁是戴奥的两倍大，菲洛是塞翁的两倍大，则菲洛是戴奥的四倍大"，这两个论证都不是有效的。[13] 因为它成功地展示了许多具有形式有效性的推理在古代逻辑中不有效，所以现代一阶逻辑可以被看作扩张古代形式有效性的方式。

用类似的方式可以理解当代非经典逻辑和非形式逻辑的产生。这样的逻辑都试图以系统的方式来描述经典一阶逻辑所不能刻画的可靠推理。它们以两种途径来达到这个目的：第一，用经典逻辑的扩张来展现除了一阶逻辑中的可靠推理形式，还有其他可靠推理形式。这种做法就像一阶逻辑或者现代命题逻辑对古代逻辑的扩张一样，显示了一些古代逻辑之外的可靠推理形式。第二，经典逻辑的反对者主张换一些方式来理解有效推理的思想，以这样或那样的方式反对一阶逻辑所描述的有效性概念。

在经典逻辑的对手中，最有哲学意味的逻辑有直觉主义逻辑、相干逻辑以及弗协调逻辑。其中直觉主义逻辑出现得最早。直觉主义逻辑的产生动机是直觉主义的思想，即满意的证明必须只能以成功构造出或找到实体为基础。直觉主义逻辑要求我们发现证明所需的每一个对象或对象集合的例子，或者找到发现例子的算法。经海廷形式化，直觉主义逻辑抛弃了那些不包含合适构造的经典证明形式。直觉主义逻辑的标准公理化系统由代入规则、分离规则和如下公理组成：

(1) $p \to (p \land p)$

(2) $(p \land q) \to (q \land p)$

(3) $(p \to q) \to ((p \land r) \to (q \land r))$

(4) $((p \to q) \land (q \to r)) \to (q \to r)$

(5) $q \to (p \to q)$

(6) $(p \land (p \to q)) \to q$

(7) $p \to (p \lor q)$

(8) $(p \lor q) \to (q \lor p)$

(9) $((p \to r) \land (q \to r)) \to ((p \lor q) \to r)$

(10) $\neg p \to (p \to q)$

(11) $((p \to q) \land (p \to \neg q)) \to \neg p$

在海廷的逻辑中，句子"$p \lor \neg p$"不是定理，也不允许从"$\neg\neg p$"推出"p"，从"$\neg(\forall x)Fx$"推出"$(\exists x)\neg Fx$"。

　　类似于直觉主义逻辑，相干逻辑也是经典逻辑的竞争对手，它强调一种非经典逻辑的后承关系。像直觉主义逻辑一样，相干逻辑的产生也是由于不满意经典逻辑的后承关系。经阿兰·罗斯·安德森（Alan Ross Anderson，1925—1973）、尼埃尔·拜尔纳普（Nuel Belnap）以及其他人的发展，相干逻辑强调的是涉及前提与结论间的相关关系而不是经典演绎的简单条件。相干逻辑打算用相干后承关系避免实质蕴涵怪论以及严格蕴涵怪论。（前者涉及非直觉的但严格说又不是矛盾的结论。也就是，如果蕴涵式的前件假而后件真，则不管蕴涵式的内容是什么，这个蕴涵式真。后者也涉及非直觉的但却不矛盾的结论。即不可能的命题严格蕴涵一切命题，不管严格蕴涵式的内容是什么。按照刘易斯1912年的定义，一个句子p严格蕴涵第二个句子q，当且仅当p和$\sim q$是不可能的。）

　　标准形式化的相干逻辑是一种弗协调逻辑。这样的逻辑容忍但不鼓励不一致。这么说是因为，一方面，从系统可能包含矛盾（命题及其否定命题的联合断言）这一意义上说，它们容忍矛盾，但另一方面，从不是每个合适公式都是定理这一意义上说，它们是一致的。弗协调逻辑的一个例子（它不是相干逻辑）是这样的：令 $M=(W, R, w^*, v)$ 是形式系统的语义解释，其中 W 是可能世界的指标集 w_i，R 是 W 上的二元关系，w^* 是现实世界，v 是对命题常项的赋值，即从 W×P（P 是命题常项的集合）到真值集合 $\{\{1\},$ $\{0\}, \{1, 0\}\}$ 的映射。[更自然的，我们把 $v(w, α)=x$ 写成 $v^w(α)=x$，把"$1\in v_w(α)$"读作"在 v 下，α 在 w 上真"，把"$0\in v_w(α)$"读作"在 v 下，α 在 w 上假"。] 赋值 v 可以被如下扩展为对所有合适公式的赋值：

  ¬ $1\in v_w(¬α)$ 当且仅当 $0\in v_w(α)$
    $0\in v_w(¬α)$ 当且仅当 $1\in v_w(α)$

  ∧ $1\in v_w(α∧β)$ 当且仅当 $1\in v_w(α)$ 且 $1\in v_w(β)$
    $0\in v_w(α∧β)$ 当且仅当 $0\in v_w(α)$ 或 $1\in v_w(β)$

  ∨ $1\in v_w(α∨β)$ 当且仅当 $1\in v_w(α)$ 或 $1\in v_w(β)$
    $0\in v_w(α∨β)$ 当且仅当 $0\in v_w(α)$ 且 $0\in v_w(β)$

  → $1\in v_w(α→β)$ 当且仅当 任给 w_i，w_iRw，都有
    如果 $1\in v_{wi}(α)$ 则 $1\in v_{wi}(β)$，且
    如果 $0\in v_{wi}(α)$ 则 $0\in v_{wi}(β)$
    $0\in v_w(α→β)$ 当且仅当 存在 w_i，w_iRw，使得
    $1\in v_{wi}(α)$ 且 $0\in v_{wi}(β)$

按标准方式给出语义后承的定义与逻辑真的定义：

  Σ⊨α 当且仅当 任给解释 M，v 是 M 的赋值，都有
    如果任给 β∈Σ，都有 $1\in v(β)$，那么 $1\in v(α)$
  ⊨α 当且仅当 任给解释 M，v 是 M 的赋值，都有
    $1\in v(α)$

有了这些语义学，一些推理规则，如二难推理（P∨Q，¬P⊢Q）就不成立了。这个逻辑就成了弗协调逻辑，也就是符合上述所说的关于弗协调逻辑的特征。

  其他与经典逻辑有竞争关系的逻辑还有组合逻辑（这种自由变元逻辑中

的函项可以发挥普通逻辑中的变元的作用)、自由逻辑(这种逻辑不假设名称成功指称对象,也不假设经典逻辑所通常有的存在假设)、多值逻辑(这种逻辑的真值多于经典逻辑的两个可能的真值,即真或假。这种逻辑的产生受到了关于未来偶然判断问题的促进。这个问题是关于在未来偶然性事件发生前就判断其是否有真值的问题。它首先由亚里士多德提出,后来经卢卡西维茨普及)、量子逻辑(这种逻辑考虑的是当代量子物理学理论中命题间的蕴涵关系;在这种逻辑中分配律不再成立)。

与上述逻辑不同的是对一阶逻辑的这样扩张,即建立比经典逻辑范围更大的后承关系,这个后承关系包含经典逻辑的后承关系。对命题逻辑和谓词逻辑的模态扩张就是这样的扩张,它由于扩张了形式蕴涵的概念,才导致了除包含一阶逻辑形式有效的推理还包含其他不是一阶逻辑有效的推理。与此不同的是,非形式的扩张通过扩大有效性的概念,使得它不仅包括形式有效性而且包括非形式(或实质)有效性。最后是归纳或非单调的扩张,它通过扩大后承概念,使得后承概念不仅包括推理而且包括蕴涵、证据、证实。这样的逻辑(在更广泛的意义上)不仅包括形式蕴涵关系的理论,而且包括概率论、确证理论、决策论、博弈论以及认知模化的理论。

这些扩张经典逻辑的方式,最重要的是经典逻辑的模态扩张。这种扩张强调由真值模态词,包括必须、可能、不可能、偶然,所导致的推理关系。这样的逻辑是在经典命题逻辑或经典谓词逻辑的基础上增加控制诸如"□p"(P是必然的)中的□、"◇P"(P是可能的)中的◇这样的算子的公理和推理规则而得到的逻辑。通常人们认为最弱的模态逻辑是罗伯特·费斯(Robert Feys,生于1889年)在1937年建立的系统 T。它的标准公理化由经典命题逻辑的公理和推理规则加上一些定义(包括◇$P=df\sim$□$\sim p$)、必然化规则和如下公理组成:

  (1) □$p\rightarrow p$
  (2) □$(p\rightarrow q)\rightarrow($□$p\rightarrow$□$q)$

刘易斯和兰福德(C. H. Langford,1895—1964)在1932年还建立了 S_1 到 S_5 的模态系统,它们都是 T 的扩张。因为公式 p 严格蕴涵另一个公式 q,当

且仅当 p 和 $\sim q$ 是不可能的，模态逻辑可以被看作一种多值逻辑或一种严格蕴涵的内涵理论。这种逻辑（在这种逻辑中，一个命题是必然的，当且仅当它在所有可能世界中都真；一个命题是可能的，当且仅当它至少在一个可能世界中真；等等）的标准可能世界语义学是由索尔·克里普克（Saul Kripke，生于 1940 年）发展而来的。

类似于模态逻辑，认知逻辑（这种逻辑强调由句子的认知特征导致的推理关系）可以通过在经典命题逻辑或经典谓词逻辑的基础上增加控制诸如"Kp"（知道 P）中的 K、"Bp"（相信 P）中的 B 这样的算子的公理和推理规则而得到。类似地，道义逻辑（这种逻辑强调由句子的道义特征导致的推理关系）可以通过在经典命题逻辑或经典谓词逻辑的基础上增加控制诸如"Op"（应该 P）中的 O、"Pp"（允许 P）中的 P 这样的算子的公理和推理规则而得到。

其他扩张还有反事实逻辑（这种逻辑主要关心的是前件为假的条件句）、问题逻辑（这种逻辑强调问题与回答之间的推理关系和蕴涵）、模糊逻辑（这种逻辑关心的是不准确的信息，如模糊谓词所表达的信息，或与所谓模糊集合相关的信息，模糊集合的属于关系是一个度）、祈使句逻辑（这种逻辑强调由祈使句导致的推理关系和蕴涵）、分体论（强调由整体与部分的关系所导致的推理关系和蕴涵）、多级联结词理论（这种逻辑的联结词不再是自变量有固定数目的联结词）；多元逻辑［这种逻辑强调与量化关系有关或涉及复数量词（如"大多数"、"几乎没有"）的推理关系和蕴涵］、偏好逻辑［这种逻辑强调由偏好导致的推理关系和蕴涵］、二阶逻辑和高阶逻辑（这种逻辑的语言是高阶语言，允许在性质、函数以及个体的范围内使用量词和函数）、时态逻辑或时间逻辑（这种逻辑故意对句子的时态敏感，句子的真值随时间而变化）。

非形式逻辑与上述逻辑不同，它研究的论证有效性（或归纳强度）依赖论证中陈述或命题的实质内容而不是形式或结构。（通过澄清表达式的逻辑常项以及用自由变元代替非逻辑常项得到一个句子与一个论证的逻辑形式，因此逻辑形式与非逻辑常项的实质内容相反，它是用自由变元来代替的。）这样的逻辑是形式逻辑的扩张，因为它们认识到形式有效性的重要性，同时也认识到不是有效论证形式之实例的有效论证的存在。从"如果休谟（Hume）是一个男性家长，那么他是一个父亲"以及"休谟是一个父亲"到"休谟是一个男性家长"的论证虽然有效，但却不是形式有效的。实际上，它除了不是形式有效的，而且还是一个肯定后件的非有效论证形式的实例。由于所有的所谓非有效论证形式都有某个统一代入实例是有效论证，所以仅仅形式刻画不能完全刻画有效性或非有效性的概念。

最后要说的是，通过弱化传统的后承关系，使它弱于有效推理关系，来构造扩张传统后承关系的形式系统。这样的系统包括归纳逻辑、非单调逻辑、概率论以及确证理论。所有这些系统关注的都是所谓的扩张论证，这种论证的结论在某种重要的意义上超出了前提所包含的信息。这样的论证被称为缺省推理，因为其前提不能为结论提供决定性的证据，以至于允许以后可以推翻或修改结论。扩张论证包括归纳推理和达到最佳解释的推理。依据扩张论证（归纳或概率的）强弱，接受或不接受它们。类似地，确证理论评估证据对假设的支持（或确证）度，强调认知主体根据给定的证据对假设所持的理性信心度。

这样的理论通常（不是总是）以概率论为基础。概率论是关于一个陈述句或一个命题的可接受性的，或者关于接受这个陈述或这个命题的可能性的数学理论。安德雷·柯尔莫哥洛夫（Andrej Kolmogorov，生于1903年）对这样的理论给出了标准的解释并首次对之公理化。他的工作可总结如下：s 和 t 是两个给定的句子，概率是一个实值的函数，满足

(1) $Pr(s) \geqslant 0$

(2) 如果 t 是一个重言式，则 $Pr(t) = 1$

(3) 只要 s 和 t 互斥［即 $\sim(s \& t)$］，则 $Pr(s \vee t) = Pr(s) + Pr(t)$

(4) 只要 $Pr(s) \neq 0$，则 $Pr(s|t) = Pr(s \& t)/Pr(s)$

缺省逻辑允许在缺少相反信息的情况下接受或反对特定类型的缺省推理。缺省逻辑提供了与概率论不同的非单调推理的类型。

可废止理论常常提出所谓的"应用逻辑"，它包括信念修正理论和实践

理性理论。信念修正理论（如［1.123］）通常被用来模拟人的信念集的变化，信念集既可以因接受新信念而改变，也可以因修正旧信念而改变。如果 K 是一个对逻辑后承封闭的一致的信念集，那么对任何合适公式 S，以下三种情况之一成立：

(1) S 被接受，即 $S \in K$（且 $\sim S \notin K$）

(2) S 被废弃，即 $\sim S \in K$（且 $S \notin K$）

(3) S 未被确定，即 $S \notin K$ 且 $\sim S \notin K$

认知变化有三种类型：

(1) 扩张：如果 S 未被确定，那么接受 S（以及它的结论）或接受 $\sim S$（以及它的结论）

(2) 收缩：如果 S 被接受（或 $\sim S$ 被接受，即 S 被废弃），得出 S 未被确定的结论

(3) 修正：如果 S 被接受（或 $\sim S$ 被接受，即 S 被废弃），得出 S 被废弃（或 $\sim S$ 被废弃，即 S 被接受）的结论

实践理性理论（如［1.159］）通常包括决策论（在各种不同风险和不确定条件下作出选择的理论，每个选择都与对结果、得失的预期概率分配联系在一起）、博弈论［关于两个或多个主体（玩家）所做选择的理论，选择的结果不仅是关于一个主体自己的选择或策略的函数，而且是关于所有主体的选择或策略的函数］。这样的理论或者有限制或者无限制，这要看它们是否考虑决策者的可能认知界限。

【注释】

［1］［1.44］，第 7 章。

［2］转引自［1.84］，2。

［3］［1.94］，85.

［4］［1.183］，I，7。

［5］［1.194］，I：217—218.

［6］Ibid，I：219.

［7］康托尔在 1899 年给戴德金的信中也提出了非常相像的难题。

［8］转引自［1.84］,125。

［9］Ibid,127.

［10］或者换句与之等价的话说,没有任何一个类可以只按照其本身被定义。(参见［1.77］,in［1.197］,63)

［11］例见［1.177］。

［12］［1.65］,in［1.62］,I: 195.

［13］［1.35］,185.

参考书目

逻辑期刊

1.1 Annals of Mathematical Logic
1.2 Annals of Pure and Applied Logic
1.3 Archive for Mathematical Logic
1.4 Argumentation
1.5 Bulletin of Symbolic Logic
1.6 History and Philosophy of Logic
1.7 Informal Logic
1.8 Journal of Logic and Computation
1.9 Journal of Logic, Language and Information
1.10 Journal of Logic Programming
1.11 Journal of Philosophical Logic
1.12 Journal of Symbolic Logic
1.13 Logic
1.14 Mathematical Logic Quarterly
1.15 Multiple-Valued Logic
1.16 Notre Dame Journal of Formal Logic
1.17 Studia Logica

形式逻辑

1.18　Agazzi, E. *Modern Logic-A Survey*, Dordrecht, Reidel, 1981.

1.19　Barwise, J. (ed.) *Handbook of Mathematical Logic*, Amsterdam, North-Holland, 1977.

1.20　Barwise, J. and Etchemendy, J. *The Language of First-Order Logic, including Tarski's World*, Stanford, Center for the Study of Language and Information, 1991.

1.21　Beth, E. W. *The Foundations of Mathematics*, Amsterdam, North-Holland, 1959; 2nd edn, 1965.

1.22　Bochenski, I. M. *Formale Logik*, 1956. Trans. as *A History of Formal Logic*, Notre Dame, University of Notre Dame, 1956; 2nd edn, 1961.

1.23　Boole, G. *Collected Logical Works*, 2 vols, La Salle, Ill., Open Court, 1952.

1.24　——*The Laws of Thought*, London, Walton and Maberley, 1854.

1.25　Church, A. *Introduction to Mathematical Logic*, vol. 1, Princeton, Princeton University Press, 1956.

1.26　Frege, G. *Begriffsschrift*, 1879, Trans. in J. van Heijenoort, *From Frege to Gödel*, Cambridge, Mass., Harvard University Press, 1967, pp. 5–82.

1.27　——*Die Grundlagen der Arithmetik*, 1884. Trans. as *The Foundations of Arithmetic*, New York, Philosophical Library, 1950; 2nd rev. edn, Oxford, Blackwell, 1980.

1.28　——*Grundgesetze der Arithmetik*, 2 vols, 1893, 1903. Abridged and trans. as *The Basic Laws of Arithmetic*, Berkeley, University of California Press, 1964.

1.29　Grzegorczyk, A. *An Outline of Mathematical Logic*, Dordrecht, Reidel, 1974.

1.30　Hilbert, D. *Grundlagen der Geometrie*, 1899. Trans. as *Foundations of Geometry*, Chicago, Open Court, 1902; 2nd edn, 1971.

1.31　Hilbert, D. and Ackermann, W. *Gmndziige der theoretischen Logik*, 1928. Trans. as *Principles of Mathematical Logic*, New York, Chelsea, 1950.

1.32　Hilbert, D. and Bernays, P. *Grundlagen der Mathematik*, 2 vols, Berlin, Springer, 1934, 1939.

1.33　Jordan, Z. *The Development of Mathematical Logic and of Logical Positivism in Poland Between the Two Wars*, Oxford, Oxford University Press, 1945.

1.34　Jourdain, P. E. B. "The Development of the Theories of Mathematical Logic and the Principles of Mathematics", *Quarterly Journal of Pure and Applied Mathematics*

43 (1912): 219-314.

1.35　Kneale, W. and Kneale, M. *The Development of Logic*, Oxford, Clarendon Press, 1962.

1.36　Lewis, C. I. *A Survey of Symbolic Logic*, Berkeley, University of California Press, 1918.

1.37　Lewis, C. I. and Langford, C. H. *Symbolic Logic*, New York, Dover, 1932; 2nd edn, 1959.

1.38　McCall, S. (ed.) *Polish Logic 1920-1939*, Oxford, Clarendon, 1967.

1.39　Mendelson, E. *Introduction to Mathematical Logic*, London, Van Nostrand, 1964.

1.40　Mostowski, A. *Thirty Years of Foundational Studies*, New York, Barnes and Noble, 1966.

1.41　Nidditch, P. H. *The Development of Mathematical Logic*, London, Routledge and Kegan Paul, 1962.

1.42　Peano, G. *Arithmetices Principia*, 1889. Trans. as "The Principles of Arithmetic", in J. van Heijenoort, *From Frege to Gödel*, Cambridge, Mass., Harvard University Press, 1967, pp. 85-97.

1.43　Quine, W. V. *Mathematical Logic*, Cambridge, Mass., Harvard University Press, 1940; rev. edn, 1951.

1.44　——*Methods of Logic*, New York, Holt, 1950; 3rd edn, 1972.

1.45　Risse, G. *Bibliographica Logica*, 3 vols, Hildesheim, Olms, 1965-1979.

1.46　Russell, B. *The Principles of Mathematics*, London, George Allen and Unwin, 1903; 2nd edn, 1937.

1.47　Shoenfield, J. R. *Mathematical Logic*, Reading, Mass., Addison-Wesley, 1967.

1.48　Suppes, P. C. *Introduction to Logic*, London, Van Nostrand, 1957.

1.49　Whitehead, A. N. and Russell, B. *Principia Mathematica*, 3 vols, Cambridge, Cambridge University Press, 1910, 1911, 1913; 2nd edn, 1927.

元逻辑

1.50　Barendregt, H. P. *The Lambda Calculus*, Amsterdam, North-Holland, 1981.

1.51　Barwise, J. and Feferman, S. (eds) *Model-Theoretic Logics*, New York,

Springer-Verlag, 1985.

1.52　Bell, J. L. and Slomson, A. B. *Models and Ultraproducts*, Amsterdam, North-Holland, 1969.

1.53　Carnap, R. *Foundations of Logic and Mathematics*, Chicago, University of Chicago Press, 1939.

1.54　Chang, C. C. and Keisler, H. J. *Model Theory*, Amsterdam, North-Holland, 1973; 3rd edn, 1990.

1.55　Church, A. "A Note on the Entscheidungsproblem", *Journal of Symbolic Logic* 1 (1936): 40–41, 101–102.

1.56　Davis, M. *Computability and Unsolvability*, New York, McGraw-Hill, 1958.

1.57　—— (ed.) *The Undecidable*, Hewlett, N. Y., Raven, 1965.

1.58　Friedman, H. "Higher Set Theory and Mathematical Practice", *Annals of Mathematical Logic* 2 (1971): 325–357.

1.59　—— "On the Necessary Use of Abstract Set Theory", *Advances in Mathematics* 41 (1981): 209–280.

1.60　Gentzen, G. *The Collected Works of Gerhard Gentzen*, Amsterdam, North-Holland, 1969.

1.61　Girard, J. Y. *Proof Theory and Logical Complexity*, vol. 1, Napoli, Bibliopolis, 1987.

1.62　Gödel, K. *Collected Works*, 4 vols, Oxford, Oxford University Press, 1986-forthcoming.

1.63　——*The Consistency of the Axiom of Choice and of the Generalized Continuum Hypothesis with the Axioms of Set Theory*, London, Oxford University Press, 1940; rev. edn, 1953. Repr. in K. Gödel, *Collected Works*, vol. 2, Oxford, Oxford University Press, 1990, pp. 33–101.

1.64　—— "Die Vollständigkeit der Axiome des logischen Funktionenküls", 1930. Trans. as "The Completeness of the Axioms of the Functional Calculus of Logic", in K. Gödel, *Collected Works*, vol. 1, Oxford, Oxford University Press, 1986, pp. 103–123, and in J. van Heijenoort, *From Frege to Gödel*, Cambridge, Mass., Harvard University Press, 1967, pp. 583–591.

1.65　—— "Über formal unentscheidbare Sätze der *Principia mathematica* und verwandter Systeme I", 1931. Trans. as "On Formally Undecidable Propositions of *Principia Mathematica* and Related Systems I", in K. Gödel, *Collected Works*, vol. 1, Oxford, Oxford University Press, 1986, pp. 144–195, and in J. van Heijenoort, *From Frege to Gödel*, Cambridge, Mass., Harvard University Press, 1967, pp. 596–616.

1.66 Harrington, L. A., Morley, M. D., Scedrov, A. and Simpson, S. G. (eds) *Harvey Friedman's Research on the Foundations of Mathematics*, Amsterdam, North-Holland, 1985.

1.67 Hilbert, D. and Bernays, P. *Grundlagen der Mathematik*, 2 vols, Berlin, Springer, 1934, 1939.

1.68 Keisler, H. J. *Model Theory for Infinitory Logic*, Amsterdam, North-Holland, 1971.

1.69 Kleene, S. C. *Introduction to Metamathematics*, Amsterdam, North-Holland, 1967.

1.70 Morley, M. D. "On Theories Categorical in Uncountable Powers", *Proceedings of the National Academy of Science* 48 (1962): 365–377.

1.71 —— (ed.) *Studies in Model Theory*, Providence, R. I., American Mathematical Society, 1973.

1.72 Mostowski, A. *Sentences Undecidable in Formalized Arithmeric*, Amsterdam, North-Holland, 1952.

1.73 Robinson, A. *Introduction to Model Theory and to the Metamathematics of Algebra*, Amsterdam, North-Holland, 1963.

1.74 Rosser, J. B. "Extensions of Some Theorems of Gödel and Church", *Journal of Symbolic Logic* 1 (1936): 87–91.

1.75 —— "Gödel's Theorems for Non-Constructive Logics", *Journal of Symbolic Logic* 2 (1937): 129–137.

1.76 ——*Simplified Independence Proofs*, New York, Academic Press, 1969.

1.77 Russell, B. "Mathematical Logic as Based on the Theory of Types", *American Journal of Mathematics* 30 (1908): 222–262. Repr. in B. Russell, *Logic and Knowledge*, London, Allen and Unwin, 1956, pp. 59–102, and in J. van Heijenoort, *From Frege to Gödel*, Cambridge, Mass., Harvard University Press, 1967, pp. 152–182.

1.78 Shoenfield, J. R. *Degrees of Unsolvability*, Amsterdam, North-Holland, 1971.

1.79 Skolem, T. "Logisch-kombinatorische Untersuchungen über die Erfüllbarkeit und Beweisbarkeit mathematischen Sätze nebst einem Theoreme über dichte Mengen", 1920. Trans. as "Logico-Combinatorial Investigations in the Satisfiability or Provability of Mathematical Propositions", in J. van Heijenoort, *From Frege to Gödel*, Cambridge, Mass., Harvard University Press, 1967, pp. 254–263.

1.80 ——*Selected Works in Logic*, Oslo, Universitetsforlaget, 1970.

1.81 Tarski, A. *Logic, Semantics, Metamathematics*, Oxford, Clarendon, 1956.

1.82 Tarski, A., Mostowski, A. and Robinson, R. M. *Undecidable Theories*, Amsterdam, North-Holland, 1969.

1.83 Turing, A. M. "Computability and λ-Definability", *Journal of Symbolic Logic* 2 (1937): 153–163.

1.84 van Heijenoort, J. (ed.) *From Frege to Gödel*, Cambridge, Mass., Harvard University Press, 1967.

逻辑和可计算性

1.85 Abramsky, S., Gabbay, D. M. and Maibaum, T. S. E. (eds) *Handbook of Logic in Computer Science*, Oxford, Clarendon, 1992.

1.86 Boolos, G. S. and Jeffrey, R. C. *Computability and Logic*, Cambridge, Cambridge University Press, 1974; 3rd edn, 1989.

1.87 Cook, S. "The Complexity of Theorem Proving Procedures", in *Proceedings of the Third Annual ACM Symposium on the Theory of Computing*, New York, Association of Computing Machinery, 1971.

1.88 Gabbay, D. M., Hogger, C. J. and Robinson, J. A. (eds) *Handbook of Logic in Artificial Intelligence and Logic Programming*, Oxford, Clarendon, 1993.

1.89 Garey, M. R. and Johnson, D. S. *Computers and Intractability*, New York, Freeman, 1979.

1.90 Rogers, H. *Theory of Recursive Functions and Effective Computability*, New York, McGraw-Hill, 1967.

集合论

1.91 Aczel, P. *Non-Well-founded Sets*, Stanford, Center for the Study of Language and Information, 1988.

1.92   Bernays, P. *Axiomatic Set Theory*, Amsterdam, North-Holland, 1958.

1.93   Cantor, G. "Beiträge zur Begründung der transfiniten Mengenlehre", *Mathematische Annalen* 46 (1895): 481−512; 49 (1897): 207−246.

1.94   ——*Contributions to the Founding of the Theory of Transfinite Numbers*, La Salle, Ill. , Open Court, 1952.

1.95   Cohen, P. J. *Set Theory and the Continuum Hypothesis*, New York, W. A. Benjamin, 1966.

1.96   Fraenkel, A. A. , *Abstract Set Theory*, Amsterdam, North-Holland, 1954; 3rd edn, 1965.

1.97   Fraenkel, A. A. , Bar-Hillel, Y. and Levy, A. *Foundations of Set Theory*, Amsterdam, North-Holland, 1973.

1.98   Hallett, M. *Cantorian Set Theory and Limitation of Size*, Oxford, Clarendon, 1984.

1.99   Moore, G. H. *Zermelo's Axiom of Choice*, New York, Springer, 1982.

1.100   Mostowski, A. *Constructible Sets with Applications*, Amsterdam, North-Holland, 1969.

1.101   Quine, W. V. *Set Theory and Its Logic*, Cambridge, Mass. , Harvard University Press, 1963.

1.102   Stoll, R. R. *Set Theory and Logic*, New York, Dover, 1961.

1.103   Suppes, P. C. *Axiomatic Set Theory*, London, Van Nostrand, 1960.

1.104   Zermelo, E. "Investigations in the Foundations of Set Theory I", 1908, trans. in J. van Heijenoort, *From Frege to Gödel*, Cambridge, Mass. , Harvard University Press, 1967, pp. 200−215.

范畴论

1.105   Bell, J. L. *Toposes and Local Set Theories*, Oxford, Clarendon, 1988.

1.106   Lawvere, W. "The Category of Categories as a Foundation for Mathematics", *in Proceedings of La Jolla Conference on Categorical Algebra*, New York, Springer-Verlag, 1966, pp. 1−20.

1.107   Mac Lane, S. *Categories for the Working Mathematician*, Berlin, Springer, 1972.

1.108   Pierce, B. C. *Basic Category Theory for Computer Scientists*, Cambridge,

Mass., MIT Press, 1991.

非经典逻辑
概论
1.109　Haack S., *Deviant Logic*, Cambridge, Cambridge University Press, 1974.

1.110　Rescher, N. *Topics in Philosophical Logic*, Dordrecht, Reidel, 1968.

组合逻辑
1.111　Church, A. *The Calculi of Lambda-conversion*, Princeton, Princeton University Press, 1941; 2nd edn, 1951.

1.112　Curry, H. B. and Feys, R. *Combinatory Logic*, 2 vols, Amsterdam, North-Holland, 1958.

反事实逻辑
1.113　Chisholm, R. M. "The Contrary-to-Fact Conditional", *Mind* 55 (1946): 289-307.

1.114　Goodman, N. "The Problem of Counterfactual Conditionals", *Journal of Philosophy* 44 (1947): 113-128.

1.115　Harper, W. L., Stalnaker, R. and Pearce, G. (eds) *Ifs*, Dordrecht, Reidel, 1981.

1.116　Lewis, D. *Counterfactuals*, Oxford, Blackwell, 1973.

道义逻辑和祈使句逻辑
1.117　Fitch, F. B. "Natural Deduction Rules for Obligation", *American Philosophical Quarterly* 3 (1966): 27-38.

1.118　Rescher, N. *The Logic of Commands*, London, Routledge and Kegan Paul, 1966.

1.119　von Wright, G. H. *Norm and Action*, London, Routledge and Kegan Paul, 1963.

1.120　——*An Essay in Deontic Logic and the General Theory of Action*, Amsterdam, North-Holland, 1968.

认知逻辑和动态逻辑
1.121　Chisholm, R. M. "The Logic of Knowing", *Journal of Philosophy* 60 (1963): 773-795.

1.122　Forrest, P. *The Dynamics of Belief*, New York, Blackwell, 1986.

1.123　Gärdenfors, P. *Knowledge in Flux*, Cambridge, Mass., MIT Press, 1988.

1.124　Hintikka, K. J. J. *Knowledge and Belief*, Ithaca, Cornell University Press, 1962.

1.125　Schlesinger, G. N. *The Range of Epistemic Logic*, Aberdeen, Aberdeen University Press, 1985.

模糊逻辑

1.126　McNeill, D. and Freiberger, P. *Fuzzy Logic*, New York, Simon and Schuster, 1993.

1.127　Zadeh, L. "Fuzzy Logic and Approximate Reasoning", *Synthese* 30 (1975): 407-428.

问题逻辑

1.128　Aqvist, L. *A New Approach to the Logical Theory of Interrogatives*, Uppsala, University of Uppsala Press, 1965.

1.129　Belnap, N. D. and Steel, T. B. *The Logic of Questions and Answers*, New Haven, Yale University Press, 1976.

直觉主义逻辑和构造性逻辑

1.130　Beeson, M. J. *Foundations of Constructive Mathematics*, Berlin, Springer, 1985.

1.131　Bishop, E. *Foundations of Constructive Analysis*, New York, McGraw-Hill, 1967.

1.132　Bishop, E. and Bridges, D. *Constructive Analysis*, Berlin, Springer, 1985.

1.133　Bridges, D. *Varieties of Constructive Mathematics*, Cambridge, Cambridge University Press, 1987.

1.134　Brouwer, L. E. J. *Collected Works*, Amsterdam, North-Holland, 1975.

1.135　Dummett, M. *Elements of Intuitionism*, Oxford, Oxford University Press, 1978.

1.136　Heyting, A. *Intuitionism*, Amsterdam, North-Holland, 1956; 3rd edn, 1971.

1.137　——*Constructivity in Mathematics*, Amsterdam, North-Holland, 1959.

多值逻辑

1.138　Rescher, N. *Many-Valued Logic*, New York, McGraw-Hill, 1969.

分体论

1.139　Leonard, H. and Goodman, N. "The Calculus of Individuals and its Uses", *Journal of Symbolic Logic* 5 (1940): 45-55.

1.140　Luschei, E. C. *The Logical Systems of Lesniewski*, Amsterdam, North-Holland, 1962.

模态逻辑

1.141　Chellas, B. F. *Modal Logic*, Cambridge, Cambridge University Press, 1980.

1.142　Hughes, G. E. and Cresswell, M. J. *An Introduction to Modal Logic*, London, Methuen, 1968.

1.143　Lewis, C. I. "Alternative Systems of Logic", *Monist* 42 (1932): 481–507.

1.144　Loux, M. J. *The Possible and the Actual*, Ithaca, Cornell University Press 1979.

不协调和弗协调逻辑

1.145　Brandom, R. and Rescher, N. *The Logic of Inconsistency*, Totawa, N. J. Rowman and Littlefield, 1979.

1.146　Priest, G. *In Contradiction*, Dordrecht, Martinus Nijhoff, 1987.

1.147　Priest, G., Routley, R. and Norman, J. (eds) *Paraconsistent Logic*, Munich, Philosophia Verlag, 1989.

非单调和归纳逻辑

1.148　Besnard, P. *An Introduction to Default Logic*, New York, Springer-Verlag, 1989.

1.149　Ginsberg, M. L. (ed.) *Readings in Nonmonotonic Reasoning*, Los Altos, Cal., Morgan Kaufmann, 1987.

1.150　Hintikka, J. and Suppes, P. (eds) *Aspects of Inductive Logic*, Amsterdam, North-Holland, 1966.

1.151　Jeffrey, R. C. (ed.) *Studies in Inductive Logic and Probability*, 2 vols, Berkeley, University of California Press, 1980.

1.152　Popper, K. R. *Logik der Forschung*, 1935. Trans. as *The Logic of Scientific Discovery*, London, Hutchinson, 1959.

1.153　Shafer, G. and Pearl, J. (eds) *Readings in Uncertain Reasoning*, San Mateo, Cal., Morgan Kaufmann, 1990.

偏好逻辑

1.154　Rescher, N. *Introduction to Value Theory*, Englewood Cliffs, N. J., Prentice-Hall, 1969.

1.155　von Wright, G. H. *Logic of Preference*, Edinburgh, Edinburgh University

Press, 1963.

概率和决策论

1.156 Campbell, R. and Sowden, L. (eds) *Paradoxes of Rationality and Cooperation*, Vancouver, University of British Columbia Press, 1985.

1.157 Carnap, R. *Logical Foundations of Probability*, Chicago, University of Chicago Press, 1950; 2nd edn, 1962.

1.158 Hacking, I. *Logic of Statistical Inference*, Cambridge, Cambridge University Press, 1965.

1.159 Jeffrey, R. C. *The Logic of Decision*, Chicago, University of Chicago Press, 1965; 2nd edn, 1983.

1.160 Kolmogorov, A. N. *Grundbegriffe der Wahrscheinlichkeitsrechnung*, 1933. Trans. as *Foundations of the Theory of Probability*, New York, Chelsea, 1950.

量子逻辑

1.161 Gibbins, P. *Particles and Paradoxes*, Cambridge, Cambridge University Press, 1987.

1.162 Putnam, H. "Is Logic Empirical?", in R. Cohen and M. Wartofsky (eds), *Boston Studies in the Philosophy of Science*, vol. 5, Dordrecht, Reidel, 1969, pp. 216–241. Repr. as "The Logic of Quantum Mechanics", in H. Putnam, *Mathematics, Matter and Method*, Cambridge, Cambridge University Press, 1975, pp. 174–197.

相干逻辑

1.163 Anderson, A. R. and Belnap, N. D. *Entailment*, 2 vols, Princeton, Princeton University Press, 1975, 1992.

1.164 Read, S. *Relevant Logic*, New York, Blackwell, 1988.

时间逻辑

1.165 Prior, A. N. *Time and Modality*, Oxford, Clarendon, 1957.

1.166 ——*Past, Present and Future*, Oxford, Clarendon, 1967.

1.167 Rescher, N. and Urquhart, A. *Temporal Logic*, New York, Springer-Verlag, 1971.

非形式逻辑和批判性推理

1.168 Hamblin, C. L. *Fallacies*, London, Methuen, 1970.

1.169　Hansen, H. V. and Pinto, R. C. (eds) *Fallacies: Classical and Contemporary Readings*, University Park, Pa, Pennsylvania State University Press, 1995.

1.170　Massey, G. J. "The Fallacy Behind Fallacies", in P. A. French, T. E. Uehling, Jr and H. K. Wettstein (eds) *Midwest Studies in Philosophy*, Vol. 6 — *The Foundations of Analytic Philosophy*, Minneapolis, University of Minnesota Press, 1981, pp. 489-500.

1.171　Woods, J. and Walton, D. *Argument, The Logic of the Fallacies*, Toronto, McGraw-Hill Ryerson, 1982.

逻辑哲学

1.172　Barwise, J. and Etchemendy, J. *The Liar*, Oxford, Oxford University Press, 1987.

1.173　Carnap, R. *Introduction to Semantics*, Cambridge, Mass., Harvard University Press, 1942.

1.174　——*Meaning and Necessity*, Chicago, University of Chicago Press, 1947; 2nd edn, 1956.

1.175　Davidson, D. and Harman, G. (eds) *Semantics of Natural Language*, Dordrecht, Reidel, 1972.

1.176　Davidson, D. and Hintikka, J. (eds) *Words and Objections*, Dordrecht, Reidel, 1969.

1.177　Detlefsen, M. *Hilbert's Program*, Dordrecht, Reidel, 1986.

1.178　Field, H. "Tarski's Theory of Truth", *Journal of Philosophy* 69 (1972): 347-375.

1.179　Gabbay, D. and Guenthner, F. (eds) *Handbook of Philosophical Logic*, 4 vols, Dordrecht, Reidel, 1983, 1984, 1986, 1989.

1.180　Haack, S. *Philosophy of Logics*, Cambridge, Cambridge University Press, 1978.

1.181　Hahn, L. E. and Schilpp, P. A. (eds) *The Philosophy of W. V. Quine*, La Salle, Ill., Open Court, 1986.

1.182　Herzberger, H. A. "Paradoxes of Grounding in Semantics", *Journal of Philosophy* 67 (1970): 145-167.

1.183　Hilbert, D. "Mathematische Probleme", 1900. Trans. as "Mathematical

Problems", in *Bulletin of the American Mathematical Society* 8 (1902): 437 – 479. Repr. in F. E. Browder (ed.) *Mathematical Developments Arising from Hilbert Problems* (*Proceedings of Symposia in Pure Mathematics*, vol. 28), Providence, American Mathematical Society, 1976, pp. 1–34.

1.184　Irvine, A. D. and Wedeking, G. A. (eds) *Russell and Analytic Philosophy*, Toronto, University of Toronto Press, 1993.

1.185　Kripke, S. A. "Naming and Necessity", in D. Davidson and G. Harman (eds) *Semantics of Natural Language*, Dordrecht, Reidel, 1972, pp. 253 – 355, 763 – 769. Repr. as *Naming and Necessity*, Cambridge, Mass., Harvard University Press, 1980.

1.186　—— "Outline of a Theory of Truth", *Journal of Philosophy* 72 (1975), 690–716.

1.187　Linsky, L. (ed.) *Reference and Modality*, London, Oxford University Press, 1971.

1.188　Martin, R. L. (ed.) *Recent Essays on Truth and the Liar Paradox*, Oxford, Clarendon, 1984.

1.189　Putman, H. *Philosophy of Logic*, New York, Harper and Row, 1971.

1.190　Quine, W. V. *From a Logical Point of View*, Cambridge, Mass., Harvard University Press, 1953; 2nd edn, 1961.

1.191　——*Philosophy of Logic*, Cambridge, Mass., Harvard University Press, 1970; 2nd edn, 1986.

1.192　——*Pursuit of Truth*, Cambridge, Mass., Harvard University Press, 1990.

1.193　——*Word and Object*, Cambridge, Mass., MIT Press, 1960.

1.194　Russell, B. *The Autobiography of Bertrand Russell*, 3 vols, London, George Allen and Unwin, 1967, 1968, 1969.

1.195　——*The Collected Papers of Bertrand Russell*, London, Routledge, 1983– forthcoming.

1.196　——*Introduction to Mathematical Philosophy*, London, George Allen and Unwin, 1919.

1.197　——*Logic and Knowledge*, London, George Allen and Unwin, 1956.

1.198　Sainsbury, M. *Logical Forms*, Oxford, Blackwell, 1991.

1.199　Schilpp, P. A. (ed.) *The Philosophy of Bertrand Russell*, Evanston,

Northwestern University Press, 1944; 3rd edn, New York, Harper and Row, 1963.

1.200 ——*The Philosophy of Karl Popper*, La Salle, Ill., Open Court, 1974.

1.201 ——*The Philosophy of Rudolf Carnap*, La Salle, Ill., Open Court, 1963.

1.202 Strawson, P. F. *Logico-Linguistic Papers*, London, Methuen, 1971.

1.203 Tarski, A. *Logic, Semantics, Metamathematics*, Oxford, Oxford University Press, 1956.

1.204 —— "On Undecidable Statements in Enlarged Systems of Logic and the Concept of Truth", *Journal of Symbolic Logic* 4 (1939): 105-112.

1.205 —— "The Semantic Conception of Truth and the Foundations of Semantics", *Journal of Philosophy and Phenomenological Research* 4 (1944): 341-375. Repr. in H. Feigl and W. Sellars, *Readings in Philosophical Analysis*, New York, Appleton-Century-Crofts, 1949, 52-84.

1.206 Wittgenstein, L. *Logisch-Philosophische Abhandlung*, 1921. Trans. as *Tractatus Logico-Philosophicus*, London, Routledge and Kegan Paul, 1961.

第二章
20世纪的数学哲学

迈克尔·德特勒夫森（Michael Detlefsen）

引　言

20世纪数学哲学的形成主要受到三大影响。第一个影响是康德（Kant）的工作，特别是18世纪晚期他在这个领域中提出的疑问。第二个影响是一些19世纪的思想家对康德几何观的回应，这首先集中在19世纪20年代对非欧几何的发现。第三个影响是逻辑学上的新发现，它出现于19世纪后半期，并快速发展且影响深远。不管怎样，20世纪数学哲学的主流——特别是所谓的逻辑主义运动、直觉主义运动、形式主义运动——都试图调和康德数学认识论的革命性计划与高斯、波尔约、罗巴切夫斯基在几何学上的革命性思想以及布尔、皮尔士、皮亚诺、弗雷格等人在19世纪发展出的强有力的逻辑思想和逻辑技术。

因此，为了理解20世纪的数学哲学，有必要知道一些康德的思想以及19世纪对他观点的核心的回应思想。"引言"的剩余部分我们将综述这些思想。

我们开始于康德以及他在数学认识论上有疑问的论点。这个论点聚焦于对数学思想的两个明显不协调的特征的妥协：作为学科，它有丰富的实在性（substantiality），这个特征赋予数学"源于人类智慧之外"的表象；它有明显的确定性或者必然性（necessity），这个特征赋予数学"独立于构建得最好且最易理解的外部来源——感觉经验"的表象。

为了解决这个困难，康德构想出一种知识论。这种知识论把信息产生于外部资源（特别是感觉思维的空间特征以及感觉与非感觉思维的时间特征）的传统观念引入人类心灵自身，认为信息是人类认知的某种长期固有的神秘特性的产物。这个理论的中心是某个判断的概念，它表达了划分命题两种不同机制的交集。第一，按照命题所承认的知识类型对命题进行划分，那些需要感觉经验的命题被称为*后天的*（a posteriori），那些不需要感觉经验的命题被称为*先天的*（a priori）。第二，按照命题的谓词项是否包含于主词项对命题进行划分（这里"包含"是在这样的意义下说的，即思考主词项的行为本身的一部分，也思考谓词项）。在这个意义上，那些主词项包含谓词项的判断被称为*分析的*（analytic）。没有这种包含关系的判断或者是错误的，因为主词概念和谓词概念之间根本就没有这样的联系，或者是*综合的*（synthetic）真理。在真的综合判断中，主词概念和谓词概念并不依靠包含关系连接，而是依靠联结（association）关系连接。只要主词概念和谓词概念被依次思考，二者就有联结关系，这不像包含关系，要求思考判断的谓词项是思考主词项的组成部分。（参见［2.58］，它对康德概念的信条——特别是这些信条与直觉的关系——讨论得很好）

康德在先天判断与后天判断、分析判断与综合判断的区分上建立了他的数学认识论。他试图通过数学知识是先天的来解释数学判断的"确定性"或者"必然性"。他认为这样的知识产生于人类心灵的两个固定能力。其一是康德所指的我们对空间的先天直觉（或对空间的先天直观，a priori intuition of space）。它通过迫使感觉经验呈现在三维的欧式空间中来发挥它对感觉经验的形式限制。其二被称作对时间的先天直觉（或对时间的先天直观，a priori intuition of time），它通过按照时间序来呈现感觉和非感觉经验来从形式上限制感觉和非感觉经验。所以，正是对空间和时间的先天直觉——而不是其他什么方式——控制了感觉。因为康德相信源于它们的判断（即几何判断与算术判断）不受感觉经验证伪的影响。

简单地说，这是康德解释数学必然性的方案。他想以说明数学判断是综合的而非分析的来解释数学判断的实在性。如果数学判断是综合的，那么它就不会是主词概念和谓词概念之间的包含关系。然而，它一定被看作在以如下两种方法之一来思考分析上不相关的两个概念时的融合：或者由重复感觉经验而建立的概念连接，或者由我们心灵的先天结构通过将两个不相关的概念带入思想中而建立的不变的和不可避免的联结。这种分析上不相关概念的连接，从逻辑上说，是思考谓词概念时并不严格需要思考主词概念。在康德看来，这种分析上不相关概念的连接是判断具有实在性的实质。分析上不相关的概念在思考中连接，这一想法使得康德构思出解释数学命题的综合性，这种解释不仅允许数学判断是必然的，而且同时不把数学判断的信息性在度和种类上限制为逻辑包含关系所能呈现的度和种类。在康德看来，后者是一种局限，避免这样的局限是重要的。

对于数学推理的本质，康德采用了类似综合的观点。他认为数学（与逻辑的、分析的相反）推理具有同样丰富的实在性，这区别了数学判断与逻辑判断或分析判断。他还认为数学推理之前提和结论间的联系需要综合的而非分析的连接。（参见 [2.86]，741-747）

为了说清这一点，康德以一个几何推理的基本实例来解释。这是一个普通的欧式几何推理，此推理的前提是给定图形是三角形，结论是它的内角和等于两个直角和。他认为，三角形概念的分析解释永远不能揭示它的内角和等于两个直角和。（参见 [2.86]，741-747）然而，他说，为了得出这个结论（这个结论把我们对三角形的知识带出了这个概念定义本身），我们必定不能主要依赖概念定义，而是主要依赖我们对三角形的直觉。换句话说，我们必须在直觉中构造出三角形（即表征"对应"三角形概念的对象），引出的结论并非来自纯三角形概念，而是来自在我们直觉中控制构造三角形的普遍条件。（参见 [2.86]，742、744）康德说，数学推理者"以这个方式""通过自始至终受直觉指引的推理链"（[2.86]，745）得到他的结论。

简单说来，这些是康德解决他认为数学哲学所面临的中心问题的构想。尽管这些问题本身在主题上仍是 20 世纪思想的主要内容，但是康德对这些问题的特定解决构想却不再是。导致对康德思想认可度下降的主要原因是

19 世纪出现的对他几何观以及他关于几何与算术关系之观点的挑战。我们现在转到这些思想，先让我们从几何学开始。

按照康德的观点，几何学是对空间的先天直觉的产物。这样的直觉规定了空间，在这个规定的空间中，人类的空间经验可以说是"集合"。这个先天可视空间的特征被关于三维空间的欧式几何公理清楚地阐释了。欧式的三维空间，也就是人类可视经验的空间，并不是说它是人类心灵所能理解的唯一空间，或者与人类心灵在逻辑上一致的唯一空间。可视性是一回事，可理解性或者逻辑一致性是另一回事。康德的立场是，欧式的三维空间是人类可视的（visualizable）唯一空间。（对康德几何观的有益讨论，参见 [2.57]）

康德在他的《纯粹理性批判》（*Critique of Pure Reason*）中阐释了他的观点后不久，数学家就表达了对这些观点的怀疑，例如，高斯在 1817 年给奥伯斯（Olbers）的信中清楚地陈述了他对几何学先天特征的怀疑。（参见 [2.60]，651-652）。他在 1929 年给贝赛耳（Bessel）的信中重述了相同的观点（参见 [2.59]，VIII：200），并且还说这是他近 40 年来一直坚持的观点。他说：

> 我内心深处的信念是，几何学在我们先天知识中拥有与算术完全不同的地位……我们必须谦卑地承认，尽管数纯粹是我们智力的产品，空间却拥有我们智力之外的事实性，这一点使我们不能完全制定出它先天的规律。[1]

后来，他在 1982 年写给波尔约父亲的信中重述了这一观点，他说波尔约的结果可证明康德观点的错误。（参见 [2.59]，VIII：220-221）

> 恰是无法判定 Σ(欧式几何) 与 S (年轻的波尔约的非欧几何) 哪个是先天的，清楚地证明了康德断言"空间仅仅是我们直觉的形式"是错误的。（括号内容和翻译是我所做。）

所以，19 世纪的思想家（特别受到波尔约和罗巴切夫斯基工作的影响）开始有这样的信念,即几何学与算术在认识论上是根本不同的。简单地说,它们的不同是,算术比几何学更接近人类思维和推理。按照这个观点,算术完全是人类智力的产品或创造;而几何学至少部分地由人类智力之外的力量决定。被广泛认识论原则(我们可以称它为创造原则)所蕴涵的这个不同点导致的结论是,人类心灵创造或产生的东西比那些不来源于人类心灵的东西能被更好地认知。

因此,对算术和几何学间的认识论不对称性(尽管不必是高斯对此的特殊信念)的确信成了19世纪关于数学知识之性质的重要信条。它也成了形成20世纪数学哲学概貌的主要力量。总的说来,对应于适用这个不对称性的两种基本方式,产生了两种基本的反应。一种坚持康德的算术观(以对时间的先天直觉为基础)以及非康德的几何观(以对空间的先天直觉为基础)。另一种采用非康德的算术观以及康德的几何观。前者基本上被直觉主义的布劳威尔和外尔(Weyl)采用,后者则成为激励弗雷格和戴德金的逻辑主义的主要思想。希尔伯特的形式主义——20世纪第三大数学哲学运动——以某种方式采纳和摒弃了二者。它坚持算术和几何学在认识论上的对称,坚持它们都有基本的先天特征。然而,它反对康德所提的对空间和时间的先天直觉是它们的基础。

这样,19世纪非欧几何的发现产生了确信算术和几何学间的认识论不对称性的力量,而这种确信成了对康德数学哲学观点拥护度下降的一个主要因素,也成了20世纪数学哲学的重要思想。第二个削弱康德对20世纪数学哲学影响的主要因素是逻辑学在19世纪后期以及20世纪早期的飞速发展。这包含由布尔和德·摩根引入的代数方法,由皮尔士、施罗德和皮亚诺改善的处理关系的方法,用基于弗雷格关于逻辑函项的一般观念的、更为丰富的形式分析取代亚里士多德基于主谓关系的形式分析以及由弗雷格、罗素、怀特海和皮亚诺引入的被严格定义与处理的形式语言和系统所带来的形式化发展。[2]

这些发展把逻辑学带到超越于康德时代的地方,这使得有些人认为,正是康德时代逻辑学的相对不发达的状态导致康德相信有必要为数学判断和推理寻找综合的基础。罗素就持这样的观点,他认为,尽管考虑到康德时代逻辑学令人遗憾的状况,康德的观点看上去也许有道理,但我们一旦有了现有的逻辑学知识，就不能听信康德的观点了。（参见[2.120]、[2.123]、[2.124]）[注意：关系的现代逻辑和命题间的函项概念丰富了对逻辑形式的分析。虽然罗素认为这种丰富对修正康德的不足是相当重要的，但他也认为数学本身的具体发展非常重要。这些具体发展主要是：（1）魏尔斯特拉斯、戴德金和一些人的分析算术化；（2）皮亚诺发现的算术公理化。它们导致罗素认为理论数学可在某个特定算术公理系统（即二阶皮亚诺算术）中被编码，由此可将理论数学"逻辑化"。罗素相信这些发展与非欧几何的发现对康德数学哲学具有同样重大的意义。]

在很大程度上，罗素在这些方面的观点被逻辑经验主义者所继承，逻辑经验主义者们像罗素一样，认为新逻辑很了不起，并被类似罗素的逻辑主义所吸引[3]，因为这样做可以使他们解决数学给经验主义认识论设置的传统困难。[4]那时的新逻辑被认为是罗素具有广泛影响力的逻辑主义形式的基础，并且最终导致了数学的经验主义认识论的复兴，它显然不同于康德的数学认识论。此外，它向康德的"数学推理在本质上与逻辑推理不同"这一观点提出了已被证明是永久的挑战。[5]

这里完成了我们对形成20世纪数学哲学主要影响的概述。后面我们将更为详细地讲述的更长的故事，很大程度上是康德观念的潮起潮落的故事，这些观念与几何学、逻辑学、科学以及哲学的新发展相遇并且与之相互作用。

20世纪早期以及三个"主义"的发展

我们先讨论前30年（我们称为"早期"）。如果这个时期不是数学哲学整个历史中最活跃、成果最丰硕的时期，那么它必然是最活跃、成果最丰硕的时期之一。这个时期数学哲学最主要的发展是三大"主义"：逻辑主义、直觉主义以及（希尔伯特的）形式主义。我们将论证它们都受到了康德思想的深深影响。然而，关于逻辑主义，我们必须仔细区分弗雷格版本与罗素版本的不同。弗雷格的版本比罗素的版本更接近康德的认识论。实际上，它试图保留许多康德最重要的思想,包括康德关于推理本质的一些思想。

逻辑主义

受非欧几何之发现的鼓舞,弗雷格致力于解释这个发现所导致的重要后果——算术和几何学对人类思维的基础作用的不对称。几何思维,尽管被广泛应用于人类思维,但也不是广泛到提出它不以康德的先天直觉为基础。所以,弗雷格支持康德的几何学认识论。(参见[2.49],第89节)另外,算术在人类思维中无处不在以至于不能被归于直觉的类似功能。不,它的认识论来源一定在别处——最终(正如弗雷格所认为的)来源于一种新构想的推理功能。

这个观点的基础在弗雷格著作的开端就很明显。在1873年的博士论文中,他就已强调"在最后的分析中整个几何学依靠一些原则,这些原则的有效性来自我们直觉的特征"([2.46],3)。他在1874年的 *Habilitationsschrift* 中扩大观察范围,囊括了他对比几何学与算术关系的观点,这些观点是从二者所依赖直觉的不同得到的。

> 很清楚,没有哪个概念的直觉像量值(Größe)的直觉一样抽象,一样无处不在。所以,就几何学和算术的基础原则所确立的方式而言,二者显著(*bemerkenswerter*)不同。所有几何学的建构要素都是直觉,几何学将直觉看作其公理的来源。因为算术对象不是直觉的,所以它的基本规律不能建立在直觉的基础上。[6]

在《算术基础》中,弗雷格表达了算术对象"不被直觉"这一相同的基本观点。他说:

> 在算术中,我们不关注我们逐渐知道的那些不通过感觉中介又异于感觉中介的对象。这些直接推理的对象,由于与推理的关系最直接,它们对推理而言完全透明清楚。

([2.49],第105节)

《算术基础》[2.49]的第 13、14 节对几何和算术进行了相同的基本对比。弗雷格在那里讨论了经验规律、几何规律、算术规律在我们思考中所处的相对位置。他的结论是：算术规律的位置比几何规律的位置更深，几何规律的位置比经验规律的位置更深。他通过做一个思想实验得到这个结论。在这个实验中，他考虑，拒绝不同种类的规律中的一种规律，认知会遭到什么破坏。他的结论是：拒绝一个几何规律要比拒绝一个物理规律使人的认知定位遭到更广泛的破坏。因为这导致了人的想象与人的空间直觉间的冲突。它会给人的认知带来严重的错乱，比如，它会迫使人们推演他们以前只能"看到"的东西。而且，它甚至使这样的推演奇异、生疏。然而，它不会导致理性思考的全盘崩溃。理性功能的全盘崩溃只能是否定算术规律的后果。在弗雷格看来，拒绝一个算术规律不仅使某人看不到他先前能看到的东西，而且还会阻碍他的一切推演或推理。用他的话说，它会导致"彻底的迷惑"，以至于"甚至思考似乎也根本不可能了"（[2.49]，第 105 节）。

弗雷格试图通过论证算术规律的范围（与物理和几何规律的范围不同）是普遍的来解释这个理性思考中的预期的全盘崩溃。算术规律不仅管辖物理上现实的和空间上可直觉的东西，而且实际上还管辖所有可数的（numerable）东西——按照弗雷格的观点，这是尽可能最大的范围，延伸到所有用任何一致的方式可思考或可认知的东西。[7] 所以，弗雷格总结说，算术规律一定"与思维规律紧密相连"（[2.49]，第 105 节），思维规律就是逻辑规律。[8]

因此，在弗雷格看来，所断言的算术思维与几何思维在普遍性上的差异是数学哲学的（至少一个）基本素材。他还相信，康德忽略了这个素材。因为弗雷格确信，如果康德意识到这个素材，那么他就不会试图（正如他所做的）延展既覆盖算术又覆盖几何学的同一个认识论。他本应该尽力公平地对待算术与几何学在理性思维深度上"所能观察到的"不同。

弗雷格认为，康德根本性的不足在于他承认知识只有两个基本源泉——感觉和理解。这仅允许为感觉知识和先天知识间的区别留下空间，而不允许为先天知识不同子类间的区别（至少不是类的区别）留下空间。另外，弗雷格区别了感觉经验、直觉、推理。感觉经验是我们自然知识的源泉；直觉是我们几何知识的源泉（参见[2.49]，第 26、105 节）；推理被弗雷格描述为我们算术知识的源泉。弗雷格相信，如果要解释所能感觉到的算术与几何学在相对普遍性上的不同，就有必要修正康德的一般认识论。[9]

[注意：实际上，康德的认识论不能使他做同样的事情，这一点并不清楚。当然，它确实区分了两种经验（参见 [2.86]，37-53)："内部的"和"外部的"，而且注意到内部经验利用的这种直觉源泉（即对时间的先天直觉）比外部经验以之为基础的那种直觉源泉（即对空间的先天直觉）更普遍。而且，事实上，康德坚持算术思维比基于空间直觉的几何思维更有普遍性。似乎康德的内部经验与外部经验的区分至少能够引出算术和几何学的不对称。而这个不对称，弗雷格相信对数学认识论是那么重要。弗雷格似乎不会承认这一点。

但是，上段的评述是离题的。因为显然弗雷格与康德就算术的普遍性的观点有重要的不同，例如，康德尽管承认算术可被广泛应用，但仍然坚持它被局限于可经验的范围。他并不把它应用到所有（理性）可想象或可构想的东西上。所以，尽管他说算术规律有先天的特征，但他也断言算术规律有综合的特征。而弗雷格相信算术可被应用于所有可构想的东西上，正是在这点上的分歧导致了弗雷格认为它的特征是分析的而非综合的。]

弗雷格不同意康德关于数学思维渗透于人类理性思维的观点。然而，不能从这个表面上的分歧来解释为什么康德持算术的综合概念而弗雷格持算术的分析概念。因为两人采用了不同的分析概念和综合概念。所以，为了更好地理解康德与弗雷格的分歧，我们必须更细致地看两个人在制定各自立场的关键术语时所使用的定义。

康德将分析真理定义为这样一种真理，在这种真理中谓词"属于"主词，就像主词里面"隐含"的东西，综合真理就是不是分析真理的真理。（参见 [2.86]，9-11）他按照判断的可能理由的特征描述了先天的与后天的区分，但没有按照判断的可能理由的特征描述分析的与综合的区分。但是，弗雷格就是这样做的。在他的方案中（参见 [2.49]，第 3、17、97～98 节），分析的与综合的区分、先天的与后天的区分都是有关一个给定判断所可能具有的不同种类的理由的划分体系的组成部分。

弗雷格相信，每一个真理都有一种典范的证明（或标准性证明 canonical proof）或者理由。这个证明一直通达到定理所属的"原始真理"。它给出"（所证定理）依赖的最根本的基础是真的"（［2.49］，第 3 节）。所以，它假设了一个真理的序，它的目标恰是退回到给定序的片断，这个片断连接所证的命题与那些为其真负责的其他真理。换句话说，它的目标在于揭示所证真理的基础是什么——莱布尼兹式的充足理由。（参见［2.49］，第 3、17 节）

在这个方案中，一个命题或判断如果它的典范证明包含的仅仅是"一般的逻辑规律"和"定义"，那么它就被称作分析的。（参见［2.49］，第 3 节）如果它的典范证明至少包含一个属于"某个特殊科学"的前提，那么它就是综合的。（参见［2.49］，第 3 节）如果它的典范证明包含"事实的诉求，即这种事实是不能证明的，并且也不是普遍真理"，那么它就是后天的。（参见［2.49］，第 3 节）最后，如果它的典范证明仅仅使用"普遍规律，这些规律本身不需要也不容许证明"（［2.49］，第 3 节）（换句话说，如果关于它的知识仅仅来自弗雷格式的推理功能），那么它就是先天的。[10]

弗雷格相信找到算术真理的典范证明将揭示它们与思维的基本规律（即"一般的逻辑规律"）之间的紧密联系。[11]然而，同时他敏锐地意识到对这个提议的康德式反对，即这将会很难解释算术在认知上的生产性和实在性。实际上，在《算术基础》[2.49]的第 15 节提出算术是分析的观点后，弗雷格就立即在第 16 节注意到这个观点所面对的主要困难是怎样解释"数字科学的大树，正如我们知道的，纵向和横向生长，而且仍在这样生长"却"仅有等同性的根"。所以，他清楚地知道他的主要任务是解释分析判断和分析推理能如何产生健壮的（正如算术所显现的那样的）认知产品。

他的回应分为两部分。第一，给出分析判断的"客观性"，也就是不诉诸感觉或直觉。第二，涉及更一般的问题，即解释仅仅依靠纯逻辑的方法从前提如何推出扩张知识的结论。

关于前者，弗雷格的想法是赋予概念或客观存在的思想特殊的性质。而这些性质凭借语境原则（这个原则是，仅在命题的语境中词才有意义；参见［2.49］，第 60 节）先于它们。然后，按照概念的外延定义了数。概念的外延被当作"逻辑对象"（我们通过掌握这些概念来掌握它们）。这个约定在认识论上的沉默特性可以用《算术基础》中的内容概括如下：

理性的真正对象就是理性。我们在算术中所探讨的对象，不是我们通过感官媒介从外界认识的某种陌生的东西，而是直接给予理性的东西，它们作为理性最独特的东西是理性完全可以洞察的。

而且，正因为如此，这些对象不是主现幻觉。不存在任何比算术规律更客观的东西。[12]

在之后的著作中，弗雷格就"概念的外延是逻辑对象"这个观点做了一点——仅仅一点——阐释。他写道：

把一个概念的外延看作一个类，而且把这个概念的外延建立在单个事物上而不是建立在这个概念上，这样做是徒劳的……一个概念的外延并不由这个概念下的对象组成，就像树林是由树组成的……它与这个概念相连，而且仅与这个概念相连……这个概念比它的外延具有逻辑优先性。

([2.53]，455)

所以，在弗雷格看来，一个类之所以能成为一个逻辑对象，仅在于它与它作为其外延的概念的关系。然而，他最终不得不建立逻辑对象存在的意义，因为在他看来，它们是不真实的（即非空间的或"不可操作的"）。这里，他仅仅使用类比，说它们像地轴和太阳系中心。（参见 [2.49]，第26节）这些说明了他把逻辑对象描述为"独立于我们的感觉、直觉、想象、心智想象的构造、记忆、以前的感觉，但是不独立于推理"（[2.49]，第26节），这个描述带有通常的否定特征。[13]

弗雷格还必须建立能够称得上"逻辑的"逻辑对象。他在《算术基础》中并没做这件事。在那时，他并不确定他需要概念的外延还是概念。[14]直到1891年，他追求的这件事才有了（令他）满意的结果。在1891年的演讲"函数与概念"[2.51] 中，他论证了：(1) 概念的外延可被还原为函数的值域；(2) 后者很清楚是一个逻辑概念。

弗雷格相信概念逻辑优先于它们的外延，这就使得弗雷格可以把关于无穷的知识还原为逻辑的知识。与此同时，他也接受关于我们怎样获得概念有一个限制；也就是我们获得概念的方法除了从所属概念的殊象中抽象的方法，还有其他方法。(参见 [2.49]，第 49～50 节) 这种关于概念获得的观点对于他的逻辑主义最为重要。因为，如果仅仅通过抽象的过程获得概念，数的概念的知识就只能通过属于这个概念的殊象的先天知识得到。然而，如果是这样的话，就不得不给出关于殊象的知识如何推出抽象概念的知识的先天解释。为了使这个解释不破坏数的"逻辑"特征，就必须确定它不诉诸类似感觉或者康德直觉的东西。而且，即使我们成功地不诉诸康德的直觉，这种获得概念的抽象解释对于无穷集合知识也会产生严重问题。因为很难相信我们能够得到无穷集合每一个元素的个别直觉，或者在同一个直觉空间中得到空间中殊象的无穷集合（比如通过康德所谓的"统觉的综合统一"）。[15]

因此，弗雷格对数的逻辑主义处理主要依赖概念先于并独立于它们的外延这一思想。确实，这似乎是他声名狼藉的第五规则后的主要思想。第五规则说的是每个概念都有外延（或者用其原有的形式说，第五规则是所有的且仅仅 φ 恰是 ψ，当且仅当 φ 的外延与 ψ 的外延相同）。[16]

罗素发现，思考概念与（逻辑）对象间的关系的这种方式会导致矛盾，所以弗雷格对康德算术认识论的"改进"将陷入危机。因为如果没有概念先于外延的原则，弗雷格的算术哲学就很难发展出我们对概念外延的合适的非直觉的认知模型。如果没有我们对概念外延的非直觉模型，弗雷格所提出的算术在认识论上的强大解释或算术的实在性就失去了最重要的创造性（即主要的非康德因素）。

所以，罗素的发现提出了这样的问题，即使承认逻辑对象是存在的，但我们怎样理解它们（和数）？弗雷格类型的理解方案认为对数的理解来自对概念的理解，它允许不诉诸任何殊象的先天知识来理解概念。没有这种方案，很难避免诉诸集合或外延的非概念基础上的知识，哪怕只诉诸一点儿。这样的知识不诉诸感觉或直觉很难解释。[17] 所以，罗素悖论为弗雷格的逻辑对象认识论提出了重大问题。

但是，假设即使这些问题解决了，弗雷格自己也会承认（实际上，他坚持！）解释数学推理在认识论上的生产性也仍有重大困难需要克服。为了处理这些困难，弗雷格诉诸涵义的一般现象，和以如下这种方式对命题内容进行重排（或重新雕刻）的可能性，而这种重排方式以揭示迄今没被发现的句子内容为目的。

在这个解释下，概念的特征也很明显。特别地，它包括诉诸概念和命题间的假设关系，这个关系允许即使没有理解一个命题中的所有概念，也可以理解或知道这个命题。命题和构成命题的概念之间的关系非常重要，它的特征建立在下面的原则上：(i) 理解一个命题，仅仅需要知道直接构成它的诸概念的定义；(ii) 知道一个概念的定义不需要理解隐含于其中的所有内容。正是恢复了这隐含的内容（即发现它的存在和特征），正是对隐含内容的恢复才允许通过认知完成使得分析推理的结论比对前提的理解和认识作出更多的表征。正如弗雷格自己所说，对这些内容的认定和利用解释了我们不只是"往箱子里放进了什么然后又拿出了什么"（[2.49]，第 88 节）。[18] 因为我们放进推理"箱子"里的是概念的知识，我们使用这些知识达到对其前提知识的理解。按照弗雷格的解释，我们能从这样的箱子里取出的不仅是由那些概念形成的判断，我们还能从箱子里取出另一些概念形成的判断，这些概念是通过"分割"前提或对前提进行概念重组而得到的一些确认的并且实际上已形成的概念。[19]

然而，如果弗雷格要求分析推理在认识论上有生产力，那么他也要求它（至少部分）是严格的。所以，在某种意义上，他要求分析判断不能揭示内容。实际上，他自己坚持认为，他的逻辑主义要求为算术规律给出了完全严格的证明。他说"只有最为仔细地消除推演链中的每个缺口"，我们才能"确定地说出它们所依赖的原始真理是什么"（[2.49]，第 4 节）。正是通过确定看出算术真理所依赖的真理，我们才能判断那些基础的特征是否是逻辑的。

然而，弗雷格没有清楚地看到，依据典范证明的命题只有在我们确定其前提没有包含任何综合内容的意义上才是分析的。不管怎样，关于如何在这方面取得确定性，弗雷格似乎什么都没有说。他坚信有些命题——所谓的算术的"基本规律"——如此丰富，以至于可以推出整个算术，又如此具有清楚的分析性，以至于自明地不会揭示任何综合内容。我们不清楚他这种坚信是出于什么理由。

（注意：有独创性的逻辑学家莱布尼茨也相信分析真理的层次。然而，对于他，事情是不一样的。第一，他相信所有的命题都是分析的。第二，他视构成"基本规律"的命题——形式为"A 是 A"的所谓的逻辑等值——为显然分析的。这是因为，对于莱布尼茨，分析性在于命题的谓词包含它的主词，而形式为"A 是 A"的命题满足这个包含要求，并且这种满足的方式是我们想到的最清楚和最确定的方式。所以，莱布尼茨的通往分析真理的还原道路上有一个自然的终点。另外，弗雷格由于采纳了更复杂、更精致的分析定义，所以他就不能像莱布尼茨那样清楚、确定地认定一类真理是分析的，故而他缺乏将算术真理还原为分析真理的终点。）

因此，弗雷格的数学推理概念面临两个对抗性的要求：一方面，赋予分析判断隐含内容以使分析推理在认识上有生产力；另一方面，限制产生隐含内容的机制，来保证综合内容不会被隐含地包含于为分析内容所传递的东西中。最后，我相信他不能充分满足这两个要求。他不能成功地提供基本规律的集合，也不能成功地提供隐含内容的标准，二者被用于保证只允许分析真理产生是基本规律的隐含内容。他也不能确定隐含内容的产生机制所导致的持续认知生产力与那些被观察到在算术中成立的生产机制相匹配。

罗素悖论显然证明了第一个失败，这说明被弗雷格公理（尤其是他的综合公理）所隐藏的潜在内容不仅包含了综合真理，而且包含了分析的假！第二个失败成为直觉主义对逻辑主义批评的关键，这一点，我们后面再讨论。

罗素的逻辑主义与弗雷格的逻辑主义有很大不同。首先，它并不是主要受到非欧几何之发现和随之产生的对算术与几何学间的认识论不对称的确信的激发。其次，它的基础也不是相信逻辑对象这样的东西，以及相关的把认知划分为感觉、直觉和推理这些功能。最后，它并不把逻辑主义局限于算术而是将其延伸到整个数学，甚至还延伸到传统数学之外的特定领域。[20]它的出发点是：（1）给数学下一种一般性的定义；（2）在科学中追求更一般性的方法论原则；（3）相信数学的这条原则会产生最具一般性的科学，即逻辑学。[21]在这些追求中，符号逻辑快速而惊人的发展推动了罗素的逻辑主义。

在《数学原理》的开篇，罗素给出了理论数学的如下定义："理论数学是一类形如'p 蕴涵 q'的命题，除了逻辑常项，p 和 q 不包含任何其他常项。"[22]他进而描述他的逻辑主义计划是说明"不管过去被看作理论数学的东西是什么，它都被包含在我们的定义中；也不管所包含的其他东西是什么，它们都具有笼统地将数学与其他研究区分开来的标志"（[2.120]，3）。罗素还认为，理论数学命题除了断言蕴涵，还可以用以下这个事实来描述，即它们包含变元，实际上这些变元的取值范围完全没有限制。（参见[2.120]，5-7）

罗素计划为他最后的论断做辩护。他承认这个论断非常反直观。他的辩护如下：即使像"1+1=2"这种明显不含变元的陈述，一旦揭示出它们的真实意义和形式，这些陈述也都可以被看成含有变元的。皮尔士、施罗德、皮亚诺以及弗雷格的工作大大丰富了逻辑形式，这使得发现（或者更恰当地说，恢复）这种陈述的真实意义和形式成为可能。通过这个工作，罗素分析了普通数学陈述的深层形式。比如说，将"1+1=2"分析为"如果 x 是一，y 是一，并且 x 与 y 不同，那么 x 和 y 就是二"。罗素认为，用这种方式分析，本来是非蕴涵且没有变元的陈述"1+1=2"就可以被看作既带有一般变元又表达蕴涵的陈述，正如他的逻辑主义理论所预言的那样。（参见[2.120]，6）

当然，"如果 x 是一，y 是一，并且 x 与 y 不同，那么 x 和 y 就是二"根本不表达一个真正的命题，因为它含有自由变元。相反，它表达的可以被称为命题形式或命题模式。罗素称它为"命题类型"，继而说，"数学只对公式的类型感兴趣"（[2.120]，7），而不对个别命题本身感兴趣。按照这种观点，数学的事务就是确定哪些命题可以被一般化（即哪些常项可以转变成变元），然后将这个一般化的过程延伸到最大可能的程度。（参见[2.120]，8-9）当深入到命题这一层次，我们就达到了一般化的最大程度，即命题的常项仅仅是逻辑常项，没有证明的命题是最基础的真理，而它们仅有的常项是逻辑常项。[23]逻辑常项，作为一个类，仅仅被可数性描述。实际上，它们仅允许这种本质描述，因为其他描述将被迫使用被定义的那个类的某些元素。

实际上，罗素的逻辑主义主要受到一种数学观的激发，这种数学观视数学为最具一般性的形式真理的科学；这门科学中不能定义的仅仅是理性思维的那些常项（所谓的逻辑常项），不能证明的仅仅是那些陈述不可定义项的基本特征的命题，这门科学的使用最广泛、最普遍。(参见 [2.120]，8) 按照他的观点，这唯一准确地描述了哲学家心中数学作为先天科学是什么样子。(参见 [2.120]，8) 所以，数学的目标是找出那些真理——它们当自己的非逻辑常项被变元替换后仍然是真理。(参见 [2.120]，7) 为了找到被一般化的句子的真正形式，这个一般化的过程需要某种分析。但是，一旦找到了这个形式，一般化的过程最终就会实现如下目标，即数学真理表达形式真理，这个形式真理的变元是完全一般的，仅有的常项是逻辑常项。

最理想的是，数学的正确方法需要追寻这个一般化的过程直到最终程度。[24] 罗素相信，到了这个程度，我们将发现最具一般性的形式真理——这种真理的一般化程度如此之高，以至于它们不能被再进一步地一般化；这种真理如此具有一般性，以至于即使通过概念分析，用变元替换这些真理的任何一个常项，它们便不再是真理了。在罗素看来，只有到了这一步，数学方法（即追求最大形式上的一般化）才能真正地、自然地终结。他还相信，正是在具有最终一般性的形式真理的论域里，也只是在这个论域里，我们才能合理地期待与真正的逻辑规律相遇。

按照罗素的观点，这些规律由它们的结果归纳地证明。

> 在数学中，除了最早期的数学，从给定命题中演绎出的命题普遍给出了我们相信这一给定命题的理由。但是，在处理数学原则时，这个关系颠倒了。我们的命题太素朴了，以至于很难论证。所以，它们的后承通常比它们更容易论证。因此，我们有如下这种倾向：我们会因看到一些前提的后承是真的而相信这些前提，但我们不会因知道一些后承的前提是真的而相信这些后承……所以，研究数学原则的方法确实是一种归纳的方法，大体上与在任何其他科学中发现一般规律的方法相同。[25]

所以，与康德的观点相反，追求更大的一般性（或者康德所谓的"统一"）有一个自然的、简直无法避免的终点；具体地说，就是这样的判断，它拥有广阔的范围、完全一般的变元以及完全普遍的常项。

弗雷格和罗素尽管在反对以康德式的直觉作为数学知识的基础这一问题上意见一致，但是在评价逻辑主义的范围、逻辑主义之基本规律的本质和起源上却有分歧。他们还在"数学所处理的我们对无穷的知识"、"这些知识怎样与概念的知识相关"等这些重要的问题上观点不同。

与弗雷格不同，罗素不相信单凭概念就能产生集合或外延。实际上，他通过提供一种集合的概念对自己的悖论作出了回应。它假设在一般化概念集合之前，一定首先有概念的总体，这个总体不是通过理解概念的方式给出的。以这个个体域作为基础，概念的理解（或者罗素所指的"命题函项"）就应该是按照对收集东西的直谓原则所做的运算。所以，存在类型的或层次的"优先"的序。这个序是实体的序，最底层由个体域组成，更上的层次通过对处于先前层次的实体进行内涵运算而形成。

这种理解集合的思考方式与弗雷格的方式非常不同。弗雷格式的理解不假设实体按照某种"优先"排列而排出一个序，而且也不限制收集只能是对先前层次的实体的收集。也许，更为重要的是，它不设置一个"地平线层次"的实体域，以之作为先于所有概念理解的东西。实际上，在弗雷格的方案中，整个思想就是避免需要作为"开始"的一类的东西——特别是一个无穷类——作为原始素材开始理解概念。因为，按照弗雷格的观点，拥有非概念性理解的个体域需要类似康德式直觉的东西，而这恰是他希望避免的（因为他不明白这种论域的知识怎么可以合理地被看作逻辑知识）。

尽管罗素敏锐地发现了这一困难，但他似乎并未找到解决它的方法。在他的早期著作中，他有时说正如任何设定存在域的陈述一样，任何设定个体域的公理本身也不是理论数学的真理，而是其后承需要研究的假设。（参见[2.120]，第5节）

然而，后来他说他相信这样的观点是错误的，而且从未有过这样的观点。（参见[2.120]，"导言"；[2.124]）他思想体系的成分也会（或者至少应该）导致他拒绝这样的观点。这方面，主要是他相信在数学基础中需要"回归"方法（他在[2.123]与[2.124]中对这一观点进行了辩护）。

使用回归方法，就会允许一个原则的真可以从它对于演绎地统一真理是有用的这一点推出。所以，假定一个个体域（例如一个无穷公理），这作为演绎地组织公认的数学真理的手段是有用的。在这个意义上说，这个假定有一定道理，称得上是"超然的"，并且以其自身的正当性，称得上是真理。所以，罗素的"回归"方法提高了存在公理的合理断言的地位，使它们不再仅仅是"假设"，用于作为那种条件句的前件，其后件命题的证明需要使用它们。所以，罗素在数学中采用"回归"方法，对立于他逻辑主义的那部分，即视存在公理（尤其是他的无穷公理）仅仅作为假设，用于条件的前件。

如果说罗素与弗雷格在数学思维之基本规律的本质及根据上观点不同，那么他们在数学推理的本质上观点却大致相同。特别地，他们都认为数学推理是完全逻辑的，并且为了严格性的要求，这一点是必要的。

然而，看出他们观点的相似性并不总是这么简单，因为他们使用了分析性和综合性的不同定义。对弗雷格而言，综合推理是这样的推理，它的结论不能通过对前提内容的任何再切割（recarving）的方式从前提抽出，而是需要某种直觉的推动来联结结论和前提。对罗素而言，如果一个推理的结论构成一个与这个推理的前提不同的命题，那么这个推理就是综合的，由此也在认知上有效。所以，许多弗雷格划分为"分析的"推理，罗素都将之划分为"综合的"。

罗素设置的推理综合性的标准弱于弗雷格设置的标准。所以，许多满足罗素条件的推理不满足弗雷格的条件。[26]实际上，按照罗素的定义，甚至弗雷格划分为分析的基本的三段论推理，罗素都认为是综合的。就罗素而言，这是有利的。因为这使得他胜任康德的挑战，来解释数学推理在认识上的实在性。与此同时，与康德相反，他坚称这种思考所涉及的推理在本质上纯粹是形式的、逻辑的，不诉诸直觉。（参见［2.121］）如果通过推理而获得的知识增长本质上就是获得了一个有根据的判断，这个判断的命题内容只是不同于先前所得的有根据的判断的内容，那么甚至如此基本的逻辑推理在认识上都是有生产力的。

因此，在罗素看来，数学推理的"逻辑化"在认识上没有什么可犹豫的。（参见［2.140］，4）19世纪晚期之前的逻辑学的相对贫瘠状态导致了前几代的思想家，特别是康德，没有从事这方面的事业。古老的逻辑只有主—谓形式，这贫乏的素材不足以研究丰富的数学推理，而新逻辑因其富有活力的形式函数观改变了一切。在新逻辑的帮助下，数学推理最终可以完全被逻辑化，并且"最终不可逆转地驳斥了"（[2.140]，4）康德认为数学推理使用了给定的直觉这一信条。

因此，有效地反驳康德数学推理的直觉观是弗雷格和罗素的逻辑主义方案的重要内容。他们似乎相信，只有通过纯粹逻辑的方法从具体的公理中推演出大量的数学定理，才能取得这种方案的成功。然而，经过反思，这似乎是错误的。康德也许低估了逻辑推理的力量。然而，他的重点不是数学证明不具有逻辑的对应物（姑且不说这种对应物是什么），他的重点是即使这种对应物存在，它们也不能保留被逻辑化的数学证明在认识论上的本质特征。

内容详尽的力作（比如，弗雷格的《算术基础》、罗素的《数学原理》）在很大范围内给出了数学证明的逻辑对应物，但就反对这一认识论观点，它们几乎没有作用。因为这个观点并不是说没有对应物，而是说逻辑对应物对于代入它们要替换的数学证明，在认识论上是不足的。

总的来说，让我们回到我们先前的主张，即这个世纪逻辑主义的兴起有两个不同的来源——非欧几何的发现和符号逻辑的发展。弗雷格的逻辑主义在其动机和特征上主要受益于前者，而罗素的逻辑主义主要得益于后者。这是为什么弗雷格的逻辑主义（不像罗素的逻辑主义）对康德认识论的诸概念保留了相当程度的忠诚。

然而，弗雷格不同意康德推理功能的唯心观。（参见[2.49]，第105节）为了给出一个实在论的解释，弗雷格必须引入符合要求的对象。为了保证算术的客观性，这些对象必须独立于人类心灵，但是为了避免诉诸知觉从而解释算术比几何更为普遍，它们也必须与人类心灵的基本运算紧密相关。他的解决方案是逻辑对象，即作为概念外延的类的ur—形式。通过它与概念的本质关系，它与推理紧密相关。通过概念的客观性，它也应该是客观的。

不同于康德的推理能力这种唯心主义处理方法，弗雷格想要给出实在论的处理方法。这一思想因罗素悖论而失败。罗素对他悖论的反应相当不同。他没有放弃逻辑主义，相反他开始寻找它的另一个基础——一个方法论的基础，这个基础的主要原则是要求理论化，包括数学的理论化，必须追求最大的一般性。[27]他相信数学断言表达了一般性，所以这个原则以一种自然的方式使他产生了数学的逻辑主义观念。然而，最终证明罗素悖论给罗素的逻辑主义设置的障碍几乎与罗素悖论给弗雷格的逻辑主义设置的障碍一样难以克服。弗雷格逻辑主义的逻辑对象对于推理是直接给定的，但是弗雷格找不到一种方式将那些不是从概念而来的类纳入他实在论的逻辑主义；同样，罗素找不到令人满意的方式来解释那些断言存在这样的类的规律是逻辑规律。

直觉主义

如同弗雷格的逻辑主义，这个世纪早期的直觉主义同样受制于下列思想和信念：（1）认为人类心灵自身单独产生的东西不会被人类心灵掩盖；（2）相信非欧几何的存在揭示了几何与算术在认识论上的不同。直觉主义者的直接先驱，看起来似乎是高斯和克罗内科（Kronecker），他们对非欧几何的发现给出了与弗雷格不同的解释。为了解释非欧几何的发现所揭露的算术与几何之间的明显不同，弗雷格对创造原则做了实在论的修正；而高斯、克罗内科以及他们之后的直觉主义者则采纳了唯心论的创造原则〔这条原则就是上述的（1）〕。

因此，不像康德对几何采取先天综合的观念，也不试图通过建立一种分析的算术来解释几何与算术的不同，早期的直觉主义者拒绝了康德对几何采取的先天综合的观念并且提出算术是先天的而几何是后天的，以此来解释几何与算术的不同。高斯和克罗内科强调，算术纯粹是人类智力的产物，而几何是由人类智力之外的事物决定的。[28]几年后，外尔重述了同样的观点，他说："与空间对象和空间关系相比，数在非常大的程度上是人类心灵的一种自由产物，所以数对人类心灵而言是清楚透明的。"（[2.148]，22）

布劳威尔也表达了类似的思想，他认为自康德以来，直觉主义死亡的主要原因是非欧几何的发现反驳了康德对空间的先天直觉的信念。然而，与此同时，他坚决主张支持对时间的先天直觉，甚至认为从这个直觉，经过笛卡尔（Descartes）几何的"算术化"，可以重获一种几何判断系统。他认为"时间的原始直觉"是"人类智力的基本现象"[29]。他把"时间的原始直觉"描述成生命时刻（life-moment）瓦解为消失的部分和形成的部分。（参见[2.16]，127）从这个直觉，经过抽象的过程，人们获得"刚好两个一"的概念，布劳威尔视其为所有数学的基础概念。通过无限继续这一过程的可能性的理智，进一步的认知可以使其通过有穷序列到达最小的超穷序数，到达最小的无穷序数，最后形成线性连续统的直觉（元素多样性的统一不能被看作单纯的单位的收集，因为连接它们的内置关系并不仅仅依靠新单位的内置而穷尽）。以这样的方式，布劳威尔相信（[2.16]，131-132），通过笛卡尔的坐标演算，先有几何还原为算术，通过这种还原，算术首先符合先天综合的性质，然后几何（尽管只是分析几何）也符合先天综合的性质。[30]

早期的直觉主义者表面上支持康德对算术知识是先天综合的信念，但同时却反对康德对我们关于可见空间基本特征的知识是先天的信念。他们对数学推理的观点也是忠诚地支持康德。特别是，彭加勒和布劳威尔非常关注这一点。[31]实际上，彭加勒——他与罗素在20世纪早期发生了著名的争论[32]——对逻辑主义的批评主要集中于逻辑推理在数学证明中的作用。同样，布劳威尔也是如此。尽管他批评的靶子通常是经典数学的逻辑推理，而不只是逻辑主义关于证明逻辑化的程序性要求。

二者都批评的证明观的核心观念是证据观念——经典的证据观念，这种证明观视证据为决定命题（经典）真值的重要方法。按照这个观点，证据是相对"有延展性"的东西。它的作用除了针对形成其直接内容的命题外，还能延伸到许多不同的命题。这导致的结果就是，一个证据的内容需要经得住逻辑分析，而逻辑分析被用来从原有的内容中抽出"新"内容。通过这个方法，证据为其内容所提供的证明力就可以被变成为被分析地抽出的内容提供的证明力。所以，一个同样的证据可以被用来指定大量不同命题的真值。进一步来说，虽然存在如下事实，这仍然成立，这个事实是，没有相应的分析指向证据本身，这个分析的目标是揭示这个证据的一个可分离的部分，而这个可分离的部分的内容恰好是通过分析证据的内容得到的新内容。按照经典的观点，一个证据的命题内容应该"超然于"证据本身。通过逻辑分析"超然"的内容，人们可以将它的正当理由转化为依靠此分析而抽出的新命题的正当理由。

布劳威尔和彭加勒激烈反对这种关于推理的观点。布劳威尔的反对建立在如下观点上，即数学知识本质上是内省经验的产物。（参见 [2.17]，488）

所以，这种知识的延伸或发展不能通过对其内容作逻辑外推做到，因为这种推断并不确保任何相似的经验延伸而把推断的内容作为内容。真正数学知识的延伸需要数学经验的延伸，它起的作用是将给定内容的证据用到其他内容的数学经验中。（这里，经验是被如此理解的：经验使自身成为给定内容的证据的前提是它自身必须将给定内容作为自己的内容而拥有。）换句话说，推理不是从旧内容引出新内容，所以也不是把旧内容的正当理由转给新内容。它是一个经验上的转变（experientially transforming）过程，把具有一个内容的内省构造转变为具有另一个内容的内省构造。

所以，布劳威尔认为，人们永远不能通过逻辑推理"推出事物的数学状态"（[2.18]，524，强调是我所加）。[33] 在他所谓的"直觉主义的第一行动"（First Act of Intuitionism）中，他熟记这个观点，宣称数学应该完全"与数学语言，所以也应该完全与理论的逻辑学所描述的语言现象分离，直觉主义的数学本质上是人类心灵的无语言活动，它来自对时间流动的直觉"（[2.21]，4）。

所以，布劳威尔基本坚持康德的数学推理观。按照这种观点，通过推理延伸数学知识需要发展隐含在推理中的新直觉。彭加勒也采纳了这种推理观，尽管他的观点在某些方面与布劳威尔的观点有所不同。正如他所说，数学推理有"创造性"，因为它的结论超越了前提，而逻辑推理的结论没有超越其前提。（参见 [2.99]，32）从已知的数学命题，经逻辑推理，尽管可以产生数学知识的某种延伸，但是这种延伸的知识所表达的并不是对真正数学知识的延伸。简单地说，为了数学知识 P 能延伸为数学知识 q，仅仅 P 在逻辑上蕴涵 q 是不够的，P 必须在数学上不同于 q，而且在数学上蕴涵 q。（参见 [2.101]，第 2 册，第 2 章，第 6 节；[2.100]，第 1 章，第 5 节）换句话说，在数学推理中，前提到结论的"运动"是一个通过共同的数学的"普遍性"连接对前提的理解和对结论的理解的实例。这个普遍性在它"不同"的运动中被认为一直存在。

对彭加勒而言，数学推理就是通过单一的、特殊的数学结构或建筑综合不同的命题。所以，与布劳威尔、彭加勒一样，我们发现了一种与逻辑主义数学推论观显著不同的数学推理观。

因此，布劳威尔与彭加勒关于数学推论或数学推理的观点在如下这种意义上是康德式的,即他们拒绝了真正的数学推理是逻辑推理这一思想。然而,他们也表达了对康德观点的某种修正。因为康德提议,从给定的前提集通过真正的数学推理方法,人们可以得到一些结论,而通过纯逻辑的(即纯分析的或纯推理的)推理方法是不可能从相同前提中推出这些结论的。(参见[2.86],741-746)然而,这一思想似乎在彭加勒和布劳威尔的论证中并未出现。[34]他们强调的是逻辑推理与数学推理在认知特性上的不同——按照他们的观点,即使两种推理事后证明结论等价,这种不同仍然存在。强调认知特性是基于他们相信这两种推理的认知条件不同,逻辑推理建立在主题—中立的步骤上,而数学推理的基础是对给定的数学对象进行主题—特殊的洞察。后一类推理假设了对象的局部"建筑"的知识,而前者则没有。用彭加勒自己的比喻说,这个不同(1)就像一个只知道语法知识的作家与一个对某个故事有想法的作家的不同;或者(2)就像只知道允许怎么走的棋手与对棋局有战略理解的棋手的不同。(参见[2.100],第一部分,第1章,第5节)

因此,直觉主义者在数学推理的本质问题上与逻辑主义者意见不一致。他们分歧的核心不在于哪种逻辑是正确的逻辑,而在于对任何逻辑推理(不管是经典的还是非经典的)在数学推理中所起的作用的意见不一,这是一种更深层次的分歧。换句话说,以直觉是否在数学推理中不可或缺这一康德式的问题,可以把他们划分为两类。直觉主义者站在康德一边,认为是。逻辑主义者持相反的观点。[35]

在布劳威尔、彭加勒以及外尔的直觉主义中,我们发现他们试图修正康德的数学认识论。到目前为止,这些修正包括:(1)抛弃康德所使用的空间直觉作为数学知识的基础;(2)发展和阐述他所使用的时间直觉作为算术的基础(与此相关,通过笛卡尔对几何学的"算术化"把几何还原为算术)。

然而,需要注意的是,最后一个修正涉及直觉主义者(特别是布劳威尔和外尔)对存在性断言的观点。也许这是所有修正中最有意义的修正,它不同于康德对存在性断言的观点,我们认为他们关于存在性断言的观点更像后康德的浪漫唯心主义者如费希特(Fichte)、谢林(Schelling)、歌德(Goethe)的某些观点。这个观点的非康德的基本要素是引入直觉的非感觉的纯粹智力形式(*intellektuelle Anschauung*)。[36]它被看作自我知识的形式,其关键的认知特征是直接性——这种直接性表达了浪漫唯心主义者对表征的认知作用的关注。他们把表征看作认知中错误和不确定性的基本源泉，因此主张避免它。

他们的推理基本上是康德式的。也就是说，他们始于康德的前提——没有思想或概念（更一般地说，没有表征）包含它所表征东西的是（being）或者存在（existence）[37]，由此得出结论——没有概念或思想（更一般地说，没有表征）能够给出任何被纳入其自身中的事物的存在性。实际上，表征往往只是增加了认知者与所知对象之间的认识距离，因为对象在被认知之前，需要不断增加对那些事物的表征，但是表征并不能给出对象的存在。

所以，需要的是关于存在的无表征的知识。为了得到这种知识的范例，浪漫唯心主义者转向我们关于我们意志和行为自身的知识。所以，他们为存在的知识所建的模型就成为自我知识的模型；为了知道有东西是存在的，知道者必须过这种东西的生活，或者必须是它。换句话说，她必须使它成为她自身，这样她知道它存在就成为她知道她自己存在。如谢林所说，"我们外部有某物存在的命题只有在这种程度上才是确定的，即它与我存在这个命题相同。它的确定性只能与可推出它的命题的确定性相同"（[2.12]，344）。

似乎布劳威尔采纳了关于存在的知识的这种浪漫唯心主义观念。他所谓的直觉主义的第一行动实际上就是呼吁数学认知者转向自身，以避免经典数学观由于涉及数学思想的表征（即数学语言）而带来的认知间接性。[38]因此，他提醒我们：

> 你知道"转向自身"这个短语的意义。似乎存在环绕你的某种注意力，它在某种程度上在你力量中。关于这个自我是什么，我们不能再说什么；甚至我们不能做关于它的推理，因为（正如我们所知道的）所有说的和推理都是在与自我有很大距离的地方所做的关注；通过推理或者描述，我们甚至无法靠近它，除非"转向自身"，正如这句话告诉我们的……现在你会认识到你的自由意志，它可以自由地从因果世界退出，然后保持着自由，只有这样它才获得对它的下一步、上一步的方向的确定性。

（[2.14]，2）

这里，我们清楚地看出了浪漫主义者的如下思想——表征阻碍知识。费希特在表达这一思想时与其相似得令人惊讶。他说：

> 研究你自己。远离你周遭的一切，转向你的内部生命。这是哲学向其追随者发出的第一命令。现在重要的不是你之外的事物而仅仅是从你自身而来的东西。
>
> ([2.41], 422)

尽管在这里我们不能展开充分论证，但我们仍相信布劳威尔在其数学认识论中坚持浪漫的唯心主义知识观。他相信数学的存在在于构造，这种构造是一种自主的"内部的"活动[39]，所以数学本质上是自我知识的一种形式。外尔的话（前面引过）概括了这个关键点，他说算术是人类心灵的一种自由创造，所以它对于人类心灵是清楚透明的。

这样，对布劳威尔而言，存在性断言通过展现对象（那种被断言存在着的对象）退到这些展现实际上是数学主体的创造活动的地方。所以，他与康德存在性断言的接受观念不同。康德在这方面的主要思想是，存在性的判断一定作用于被动的认知主体，而不是认知主体自己创造性或者发明性活动的产物。[40]

希尔伯特的立场

早期的第三大主义是希尔伯特的所谓形式主义。我们发现这是另一种形式的康德主义，它至少在三个重要方面与直觉主义的立场不同。第一，关于存在性断言的知识，与直觉主义的观点不同。第二，关于数学基础中空间或准空间直觉的认知重要性，与直觉主义的观点不同。第三，关于区分真正判断与规范性的理想，与直觉主义的观点不同。而康德的一般认识论对此也有显著的区分。

正如前面所说，布劳威尔和外尔认为展现存在性断言的知识最终是一种创造性行为，这种行为展现了主体。这种行为的认识论意义被认为建立在创造性的主体对于他的创造所应该具有的特殊能力上。这就把展现者与所展现对象之间的认识距离规约为有意向的、能行动的主体与他自身的距离——这个距离，按照浪漫唯心主义的观点，是合意的、理想的，也许还是区分数学认知者与外部判断的对象之间唯一能够忍受的距离。然而，它也制造了展现主体与其他主体之间不可规约的不对称性。实际上，这是直觉主义观点的本质部分，即数学知识根本就是自我知识的一种形式，只有自我知识才拥有我们希望数学知识所拥有的认知特性。

希尔伯特自觉地采纳了这样的观点，即数学知识是客观性的理想。他反对直觉主义者聚焦于内在生命和自我知识，因为这样的数学知识的基础太主观了。与直觉主义者的认知个人主义的立场相反，希尔伯特选择的是更为社群主义的知识观。实际上，他相信正是"科学的任务是把我们从任意性、情绪以及习惯中解放出来，使我们不受主观主义的伤害，而克罗内科的观点正是一种主观主义，并且这种主观主义在直觉主义那里达到高峰"（参见[2.77]，475）。

所以，在希尔伯特看来，对于人类（或者至少人类—科学的）认知共同体的每个成员，存在一个共同的对象域，每个成员都能平等地通达到这个域。因此，希尔伯特强调有穷直觉的对象是可认知的（wiedererkennbar）这一事实。（参见[2.75]，171）这就意味着，那些直觉可以被其他直觉重现和确认，包括展现者的其他直觉和非展现者的直觉。所以，有穷对象的展现者在所展现的对象知识方面并不比非展现者有什么本质的认识论优势。

因此，在希尔伯特的有穷主义中，被断言存在着的对象需要被展现，这一"构造主义"的主张所起的作用是从展现者头脑中抽出展现的对象，把它放入公共域，在这个公共域，展现者和非展现者都能平等地通过多数人能了解的作用来评判它。所以，直觉主义和有穷主义的展现是两回事。因为前者相信认知力量是创造性主体与他自己的创造行为和意愿之间所具有的一种特殊的亲近关系，后者认为认知力量所起的作用是知识的社会体系的一部分——在这个体系中，展现者并不比非展现者有优势。如果展现者和非展现者的认知合作是有意义的，如果有方法检测每个贡献者所做贡献的质量，那么展现者与非展现者的势均力敌就是必要的。反过来，我们喜欢认知合作，因为通过它，共同体成员的知识总量超过了每一位成员只依赖自己的行为所获得的知识。[41]

那么，我们相信，直觉主义与有穷主义关于通过展现能获得什么有很大且很重要的分歧。这种分歧如此之大，如此重要，以至于我们怀疑把它们都描述为遵守存在性断言的"构造主义"观点能否收获很多。

希尔伯特与早期构造主义者的第二点不同（像前一点，我们这里只是涉及而不展开讨论）在于，关于空间直觉所起的作用，他们观点不同。早期构造主义者（特别是克罗内科、布劳威尔以及外尔）和康德都把空间直觉局限于几何学；希尔伯特则与之相反，他认为空间直觉是算术知识的基础。这就是他所谓的"有穷主义的立场"，按照这个立场，我们算术（也许还有几何）知识的基础[42]就是一种先天直觉，在这种直觉中，具体符号的形状或形式（*Gestalten*）"就像直接经验，先于所有思维，直观地呈现"（[2.75]，171；[2.76]，376；[2.77]，464），并且"直观上对这些对象的直接直觉，成为某种不能还原为其他任何东西的也不需要任何还原的东西"（[2.76]，376；[2.77]，465）。[43]

因此，希尔伯特提出用单一的直觉取代康德对空间和时间的先天直觉，他认为那两个直觉是"人类学的垃圾"（[2.78]，385），而这个直觉能够提供一个形状或形式的框架，我们对具体符号的所有经验都可以嵌入这个框架。（参见 [2.75]，171）这个直觉因为其"无法逃避的先决条件""先于"所有的思想，是我们先天知识的源泉。（参见 [2.76]，376；[2.78]，383、385）

希尔伯特与早期构造主义者的第三点不同在于，希尔伯特的康德主义不同于早期构造主义者的康德主义，即希尔伯特和康德主义使用了康德一般（区别于他特殊的数学的）认识论的某些关键要素。这里特别重要的是康德对真正判断与规范性的理想所做的区分。希尔伯特利用这个区分作为他把经典数学划分为现实的和理想的两个部分的基本模型。现实的命题和证明是构成我们知识的真正判断与证据。理想命题，尽管刺激和指导我们知识的增长，但却不是我们知识的一部分。它们没有描述"现存于世界"的事物。（参见 [2.75]，190）它们"也没有资格作为我们那部分与理解（*in unserem verstandesmäßtigen Denken*）相关的思维的基础"（[2.75]，190）。"如果（使用康德的术语）把一个推理概念——它超越了所有的经验，依靠它，具体的东西将被完成为一个总体——理解为一个理想"（[2.75]，190），那么它们与理想对应。

所以，希尔伯特的理想句子不能被比作一种从实在论方面解释的科学理论的非直接验证的"理论句子"，从逻辑经验主义的认识论，我们已经熟悉了这样的做法。希尔伯特从工具论方面把它们解释成与康德的推理理想具有相同的规范功能。一种从实在论方面解释的科学的"理论句子"中所描述的对象和事态显然不"超越所有的经验"。然而，康德的推理理想却超越了所有的经验。

所以，希尔伯特的理想命题起到了规范性工具的作用。它们并不"为对象规定任何法则，也不包含可能知道或确定这种对象的任何一般基础"（[2.86]，362）。它们"只是主观规律，这些主观规律是为了有序地处理我们的理解。通过比较它的概念，它会把它们还原到最少数量"（[2.86]，362）。

希尔伯特还支持康德，认为理想方法的使用应该是认识上保守的（epistemically conservative）。也就是说，它们应该仅是产生真实判断的更为有效的方法，然而，原则上（尽管效率较低）仅仅使用真实方法也能产生这些真实判断。正如康德所说：

> 尽管我们必须说推理的超验概念仅仅是理想，但这绝不意味着它们是多余的或空洞的。即使它们不能确定任何对象，然而它们也许以一种基本的、没有被发现的方式作为典范而有助于理解，因为它应用广泛并且一致。所以，这种理解与按照对象固有的概念相比，并不会得到更多的关于对象的知识，但是因为掌握了这样的知识，它就会获得更好的、范围更广的指导。
>
> （[2.86]，385）

希尔伯特也有类似的观点。他说，理想方法"在我们的思维中"起着"不可或缺的"、"合理的"作用。（参见 [2.76]，372）然而，它们不被允许产生任何与真实证据本身相悖的真实结论。（参见 [2.76]，376；[2.77]，471）它们的作用是使我们保持那些推理方式，按照那些推理方式，我们能最容易、最有效地处理推理。（参见 [2.76]，379；[2.77]，476）

那些方式是经典逻辑的方式。所以，希尔伯特引入所谓的理想元素本质上是为了保留经典逻辑作为数学推理的逻辑。由于存在真实命题（希尔伯特指的是有问题的真实命题），它们不遵守经典逻辑的原则，所以才有必要引入理想的方法。这是说，当这些命题被经典逻辑原则所处理，它们会产生不是真实命题的结论。[44]为了获得一个既包含真实真理又将经典逻辑作为其逻辑的系统，希尔伯特相信有必要加入理想命题。他还相信这个对真实数学的极小修正对保留它经典逻辑的最佳认识论地位是必要的。（参见［2.76］，376-379；［2.77］，469-471）

然而，在把数学推理储存到经典逻辑的过程中，希尔伯特发现逻辑算子不应再被看作从语义或内容上对有意义命题的表达式所做的运算。它们的使用应该是纯语法的，并作为更大的处理公式的计算代数手段的一部分。正如他所言：

> 我们引入理想命题来再次保障逻辑的惯例规则都是成立的。但是，既然理想命题——那些不表达有穷断言的公式——本身并不意味什么，那么逻辑运算就不能以内容的方式被应用于它们，因为这样的方式只能作用于命题。所以，有必要形式化逻辑运算和数学证明本身；这需要把逻辑关系转录为公式，这样我们就必须使某些逻辑符号与数学符号相连接，比如：

&	∨	→	∼
且	或	蕴涵	并非

（［2.76］，381）

因此，我们找到了希尔伯特理想数学中从意义出发的最后一步抽象——从逻辑常项的意义来抽象。这对于决定保留心理上自然接受的经典逻辑规律作为数学推理的规律是必要的；反过来，这个决定也是试图保留对发展我们有数学判断而言我们所能获得的最有效的"典范"的结果。归根到底，希尔伯特的这种"形式主义"是从意义出发而做的激进抽象，它源于康德对真实命题与理想命题的区分，按照这个区分，他看到了理想元素在它众多功用中作为延伸我们真实判断的工具的认识或认识论的价值。

然而，与此同时，希尔伯特的这种从意义出发的激进抽象使许多人误解了他的立场，从而认为他是形式主义者（formalist），把数学看作符号"游戏"。"游戏"想象的背后思想大概是：当拭去每一个意义，正如希尔伯特的理想数学的观点，数学就从根本上转变成了一种按照特定规则操作符号的行为，而且这些规则要回答的并不是像对客观真理的关切这样严肃的问题，而只是要回答在我们的思想中对逻辑统一性的主观的或心理学的强力愿望这种不那么重大的关切。即使外尔，这种有地位的敏锐的希尔伯特的阐释者，也倾向于如此描述希尔伯特的观点。（参见［2.147］，640）然而，在我们看来，这样的解释既不能解释希尔伯特总的康德主义的认识论，也不能解释希尔伯特本人对理想推理的句法特征所做的特定评述。所以，虽然我们看不出有什么特殊理由来否定将希尔伯特的立场冠名为"形式主义"，但是我们坚持这种形式主义与"符号游戏"的形式主义是不同的。希尔伯特的如下陈述有力地说明了他的观点：

> 布劳威尔所抨击的公式游戏，除了其数学价值，还有一种重要的、广泛的哲学意义。因为这个公式游戏按照某些明确的规则进行，而我们的思维方法在游戏中得到表达。这些规则组成一个封闭的系统，这个系统能被发现，也能被清楚地陈述。我证明理论的基本想法就是描述我们理解的行为，记录我们思想真实进展的规则。思想与说和写平行：我们陈述，并把这些陈述句一前一后地排列。如果观察和现象的任何整体值得成为严肃认真的研究的对象，那么它就是一个。
>
> （［2.77］，475；强调是希尔伯特所加）

这暗示了所谓理想推理"游戏"的规则不是别的，就是人类思维的基本规律。因此，希尔伯特证明理论的核心以及他后来思想的"形式主义"的核心就是，相信人的大部分数学思维归根结底在性质上是形式代数的或句法的。实际上，正如他在其他地方所说，数学思维和一般的科学思维的习惯是"运用形式思维的过程（*formaler Denkprozesse*）和抽象方法"（［2.78］，380）。实际上，他还注意到：

>甚至在日常生活中，人们使用的方法和构造概念也需要很高的抽象。只有通过无意识地使用公理方法才能理解它们。否定的一般过程以及无穷概念就是这样的例子。
>
>([2.78], 380)

所有这些话呈现出唯心主义的形式主义，其目标是找到人类思维的基本"形式"，并为其辩护（认为它们是可靠的规范性工具）。这些思维形式，也许被看作理论形式（theory-forms），表征了大量主体都具有的高层次的形式共性。说"我们思维的方法"在一个"能被发现、也能清楚地表达的"([2.77], 475) 封闭的规则系统中被表达，希尔伯特指的是给出思维的一般代数的单一规则系统，还是考虑经典数学宝库中不同理论形式的多元性，这还不太清楚。然而，无论哪种情况，我们得到的都是形式主义，其形式基本上是思维的形式，而且尽管思维的形式有其语法特征，但它们是人类推理本质的深刻表达，所以不仅仅是"玩"符号"游戏"。

那么，对希尔伯特而言，思维的理想方法构成了一种逻辑模具，我们心灵的轮廓在它们的推理处理中成型。这使得它们的使用很诱人，如果不是不可避免的话。但是，无论诱人与否，理想推理的合法性仍依赖一个条件的满足，即它的一致性，或者更具体地说，用有穷可证的命题有穷证明它的一致性。[45]然而，正如大家所熟知的，哥德尔于 1931 年发现的著名的不完全性定理质疑的正是这个要求的满足性。（参见 [2.62]）

这些定理的证明以一种技术（元数学的"算术化"）为特色，也就是在包含有关自然数的递归运算的初等理论的算术形式理论中表达一个给定形式系统 T[46]的数学概念和数学陈述。就现有的目的而言，算术这个片段的重要特征是，它看起来被包含于希尔伯特所认为的数论的有穷部分。正是这个原因，它看起来也被包含于经典数学的那些理想理论中，而希尔伯特关注的正是辩护理想理论的合法性。

哥德尔首先能证明的是，任何包含上述算术基本片段的形式系统 T，如果 T 是一致的，则存在一个 T 语言的 G 句子，G 和 ¬G 都不是 T 的定理。用这个第一不完全性定理的证明，哥德尔可以证明第二不完全性定理。

Con$_T$是形式化 T 的一个句子，有理由说，它表达了 T 是一致的。第二不完全性定理是说，如果 T 是一致的，那么 Con$_T$ 在 T 中不可证是可证的。从第二不完全性定理以及假设 T 包含了有穷算术，可以得出用有穷方法不能证明 T 的一致性的结论。从这个结论可以推出，没有任何包含 T 的理想数学系统 I 是其一致性可以通过有穷方法得到证明的系统，最后，由此可以得出结论，希尔伯特希望为经典数学的理想推理所做的辩护无法实现。

开始，哥德尔还（谨慎地）回避这个结论，坚持他的第二不完全性定理"没有否定希尔伯特的形式主义立场"，因为"可以想象，在经典系统中存在着不能被表达的有穷证明，但所运用的那些定理是被证明过了的"（[2.62]，615）。然而，最后，贝尔纳斯说服了哥德尔，这种保留是无根据的。此时，他接受了他的第二不完全性定理确实否定了希尔伯特原本构想的希尔伯特计划。（参见 [2.64]，133）

后　期

讨论完早期的发展，现在我们转到后期（也就是 1931 年之后），首先考虑这些早期"主义"的变化。

希尔伯特的形式主义

上述利用哥德尔定理来反对希尔伯特计划的论证在后期几乎得到了普遍认可，并且它确实成为了 20 世纪数学哲学家的一个共识。对它发起的少数几个挑战主要被分为两类：（1）一类试图通过比希尔伯特原有观念限制性较小的有穷证据观念（因此在更强的基础上追寻理想数学真实一致性的有穷证明）来复兴希尔伯特计划；（2）一类寻找限制性更强的理想方法，但其真实一致性还有待证明。

属于第一阵营的人们 [例如根岑 [2.61]、贝尔纳斯 [2.8]、阿克曼 [2.1]、哥德尔 [2.64]、克雷赛尔（Kreisel）[2.90]、舒特（Schütte）[2.128]、费弗曼（Feferman）[2.38、2.39]、塔伊蒂（Takeuti）[2.138]]，

以这样或那样的方式论证希尔伯特计划所需要的真实一致性的证明方法应该超出通常人们所认为的希尔伯特有穷立场的自然形式化（即熟知的原始递归算术，或者 PRA）。[47] 其中有些人（如根岑 [2.61]、阿克曼 [2.1]、哥德尔 [2.64]）对有穷等同于可以在 PRA 中形式化的东西提出质疑，他们认为有穷推理超出了可以在 PRA 中形式化的东西，还包含具有无穷归纳形式的东西，它们甚至超出了通常一阶皮亚诺算术（PA）的可证范围。

对于思维，这一方的基本想法是：(1) 存在不能被 PRA 编码的推理类型；(2) 然而，人们相信这种类型的推理能够给出有穷证据显示其独特的认知等级；(3) 这种类型的推理允许我们证明经典数学中大量理想推理的一致性，而这些证明并不能由 PRA 可形式化的证明方法获得。所以，有人主张，为了部分实现希尔伯特原有的目标，应该扩大我们允许证明大量经典数学的理想系统一致性的推理方法。

第一阵营的另一些人（如克雷赛尔 [2.90]、费弗曼 [2.39]）并不过多重新审议什么应该被看作有穷证据，以此来自由化或修订什么是在认识论上有利可图的证明一致性的方法，无论它们是否真的是有穷的。他们的基本想法是，真实方法和理想方法的简单区分不会公平对待认知质量等级的丰富结构。认知质量等级区分了数学证明中可用的不同证据。所以，应该用更为细致的结构来替代这个简单区分，这种细致结构不仅区分有穷和非有穷，而且区分构造方法和非构造方法（以及存在于各式各样的、非凡的非构造性方法与各式各样的、非凡的构造性方法之间的还原关系）的不同"等级"。[48] 当完成了这项工作，就可宣告实现了广义的希尔伯特计划，其意义重大。

弗里德曼和辛普森（Simpson）所谓的"反向数学"计划依靠不同的推理方式得出了相同的基本结论。（参见 [2.134]）这个计划的关键思想基本与克雷赛尔和费弗曼的思想相对立。它的目标不是加强（beefing up）建构一致性证明所需要的方法，而是减弱（cutting down）其一致性还有待证明的理想推理的系统。这项工作的完成需要给出对理想推理核心的更准确的描述，而这个理想推理的核心对于重建经典数学的实质结论是真正不可或缺的。

所以，希尔伯特计划的反向数学的修订始于分离出经典数学的那些被认为是其"核心"的结论。这就需要找到尽可能最弱的、能够形式化这个核心的自然的公理理论。希望在于这个极小的系统将消除出现在这个核心（一般来说，是某个二阶算术的变体）的通常的公理化中的不必要的力度，因此将证明其真实一致性比通常的那些系统的真实一致性更能经受住有穷证明的考验。

到目前为止，按照这些路线已经取得了重大的阶段性进展。特别是已经证明：（1）PA^2（二阶皮亚诺算术）的特定子系统（WKL_0）包含大部分的经典数学；（2）所有 WKL_0 的 Π_1 定理（等价于形如"$\forall x \phi x$"的定理，其中"ϕx"是递归公式）在 PRA 中可证（参见 [2.133]、[2.134]）；（3）在 PRA 中可以证明（2）。（参见 [2.132]）[49] 假设 PRA 的有穷推理能被编码，并且真实真理的 Π_1 类是重要的，这就等于是经典理想数学的一个重要部分的真实一致性的有穷证明。这反过来是对希尔伯特计划的部分实现，其意义重大。

除了这两种方法，还可以讲出第三种方法（至少在哲学上是如此），它在某些重要方面比这两种方法可能更接近希尔伯特原有的思想。第三种方法的关键要素是以希尔伯特康德式的理想数学观为主导，而上述两种方法都缺乏这个要素。尤为特别的是，它强调希尔伯特的理想方法就像康德纯粹推理的思想，仅仅因为有效而被认为可取，认为它们工具性的用处会发展我们的真实判断。

这就意味着，如果看不出理想命题与理想推理提高了效率（与证明了相同结果的真实的对应物相比较而言），那么它们就会和其他命题与推理一样不属于理想数学原则上需要希尔伯特辩护的那部分。换句话说，如果理想元素以任何重要的方式都不能提高发展我们真实知识的效率，那么原则上它就没有资格被称为希尔伯特必须为其真实一致性辩护的理想元素。所以，在识别一个理想系统中的那些需要希尔伯特为之辩护的元素（如推理公理和推理原则）时，必须牢记以下这点，即它们必须以某种重要的方式提高效率；也就是说，它们必须是真实定理 τ_R 的某个理想推演 Δ_I 的本质要素：（i）Δ_I（与必要的 I 可靠性的元定理一起[50]）比 τ_R 的任何真实证明效率高；（ii）Δ_I 是 I 中唯一显著提高 τ_R 的真实证明之效率的推演。如果 I 的一个项目（例如公理、推理规则，等等）不具有理想元素所具有的高效价值，那么它原则上就应该被从 I 中剔除。做完了所有这样的剔除，就会希望 I 一致性的某种有穷证明的前景已经变得更好了。所以，以下这个问题，即一个理想系统是否完全由上述规定意义上的元素组成，在确定那些理想理论中的哪些组成部分其辩护是希尔伯特完全负责的时最为重要。

然而，尽管这个问题对恰当估计希尔伯特计划的最终责任和最终前景的作用是显而易见的，那些撰写此主题的人们却忽略或者忽视了它。辛普森轻松地承认，WKL_0 和 WKL_0^+ 中的标准定理证明有时"费力"，"比标准证明复杂得多"。（参见 [2.134]，360-361）然而，他没有注意到反向数学这个特征的潜能会颠覆其为部分实现希尔伯特计划的合理性。WKL_0 和 WKL_0^+ 中的证明比相同理想定理的"标准"证明更费力，从这个意义上说，值得怀疑 WKL_0 和 WKL_0^+ 是否是希尔伯特理想推理的模型。进一步来说，如果 WKL_0 和 WKL_0^+ 中的真实定理的最不费力的理想证明的费力程度与这些定理的最不费力的真实证明的费力程度在一个层次上，那么它们就不是希尔伯特想要保留的那种理想证明，因此，也不是那种希尔伯特有义务为其合理性辩护的证明。

所以，对反向数学来说，回答下面的问题是重要的：（1）WKL_0 中的真实定理的理想证明至少与那些被希尔伯特首先认为是有价值的理想推理具有相同的效力吗？（2）WKL_0 中的真实定理的理想证明比最有效的真实证明更少费力吗？如果有一个问题的回答是否定的，那么反向数学家运用反向数学系统来部分实现希尔伯特计划就不可行。然而，就我目前所能看到的而言，反向数学家没有做任何事来清除以下这种顾虑，即像上文提到的问题（1）和问题（2）这样的问题，可能不得不否定地回答。

然而，过多批评反向数学家是不公平的。因为他们所忽略的问题通常也被那些论述希尔伯特计划的人所忽略，其中包括一些哲学家，而不仅仅是逻辑学家。他们都未合适地强调两个基本点：（i）只有发展出相当准确的、可以比较真实证明和理想证明之复杂性的方法，只有识别出包含有利的理想证明的那些系统，才能准确评价希尔伯特计划的前景；（ii）出现在（i）中的复杂性的度量不仅能够测量这样的复杂性（称作证明的复杂性）——我们在确定给定证明是否是某一特定种类的理想证明时会碰到，而且实际上更为重要的是还能测量这样的复杂性（称作发明的复杂性）——它涉及发现所需要的那种理想的证明。[51] 在我看来，不理解（i）和（ii），那么就不会充分关注发展合适度量，它可以测量理想证明的复杂性，也可以比较理想证明的复杂性与真实证明的复杂性。然而，在我看来，如果不发展这样的复杂性理论，那么就不能给出一个关于希尔伯特的有力的最终评价，这里我指的是希尔伯特原有的哲学观的计划。

逻辑主义

逻辑主义于 20 世纪 30 年代和 40 年代再度出现，它作为逻辑经验主义的数学哲学而受到欢迎。（参见［2.22］、［2.2］、［2.66］）我说"再度出现"，是因为实证主义者并不像戴德金、弗雷格以及罗素那样发展一种他们自己的逻辑主义。他们仅仅欣赏罗素和怀特海的技术性工作（对无穷公理和还原公理保留通常的异议）[52]，并且试图把它嵌入彻底的经验主义认识论。

这个经验主义的转向在逻辑主义历史的发展中是相当新颖的，它彻底分离于最先的莱布尼茨的逻辑主义和更近的弗雷格的逻辑主义。莱布尼茨的逻辑主义是更为宏大的理性主义认识论的一部分，弗雷格的逻辑主义对试图容纳数学的经验主义者提出了严厉的批判。［弗雷格对密尔（Mill）的批判，参见［2.49］，第 9~11、23~25 节］它也许因为责难一种连接数学和经验科学的普通方法论而与罗素的逻辑主义稍稍和睦一些。

像所有的经验主义者一样，逻辑经验主义者也挣扎于康德的数学免于经验的修正这一思想。更准确地说，挣扎于如下这个康德式的成问题的关切：如何解释数学显然的确定性和必然性，并且同时又能解释数学表面上看起来有很大的信息量？[53] 逻辑经验主义者要与这个困难斗争。为了容纳这两个资料，他们选择的策略是腾空数学的所有非分析内容，同时论证分析真理能够是"实在的"、不自明的。

所以，逻辑经验主义者牺牲了如下这种严格的经验主义主张，即所有知识显然都以感觉为基础。因此，他们的经验主义是一种自由的经验主义，是一种利用类似休谟所做的"观念"与"事实"的区分的经验主义。（参见［2.83］，第 4 节，第 1 点）他们使用的真正区分是两种命题的区分，一种命题的真假依赖其组成项的意义，另一种命题的真假依赖偶然的经验的事实。[54]然后，他们利用这个区分来论证逻辑真理的特征是分析的。由这一点以及罗素和怀特海的技术性工作，他们得出数学真理是分析的。[55]

所以，尽管逻辑经验主义者接受传统的康德观点，认为数学真理免于经验修正，尽管逻辑经验主义者重点使用了类似康德的分析/综合之分来解释数学，然而他们拒绝康德数学认识论的独特观点，即数学知识的特征是先天综合的。实际上，逻辑经验主义者认识论的重要观点就是否认任何先天综合的知识。

他们的数学认识论在20世纪50年代受到奎因的严厉打击。奎因打击的基础是批评经验主义者对分析真理与综合真理所做的关键区分。（参见[2.109]、[2.111]）按照奎因的观点，知识或者判断的基本单位——受到经验检测的我们思维的基本项——是作为整体的科学。既然数学的陈述和逻辑的陈述不可避免地与更大的科学体的其他部分交织在一起，那么至少在某种程度上，经验源泉也能肯定它们或否定它们。所以，认为逻辑陈述句和数学陈述句仅仅根据意义来确定其真值是不合理的，如果仅仅根据意义就能确定这些陈述句的真，那么就已经预设它们与因为事实而真的陈述句之间存在不同。所以，意义真理（分析真理）与事实真理（综合真理）的区分是无法维系的。然而，没有了这种区分，逻辑经验主义者的逻辑主义就无望获得成功。

在相当短的时期内，奎因的批评成为了数学哲学的重要影响力，在这个强大影响下，逻辑经验主义者的逻辑主义开始逐渐被遗忘。然而，一直有人试图联合其他方法复活（或者，可能更确切的说法是，从坟墓中掘出）逻辑主义。其中最系统、最细致的工作（也许不是最有说服力的）要数大卫·博斯托克（David Bostock）两卷本的著作[2.12]。然而，它对逻辑主义的辩护不是很管用，因为它只是试图为逻辑主义确定一个最佳范例，这样它作为一种算术哲学的可行性也许最终就会得到评判。[56]实际上，他最后的结论是，逻辑主义作为一种算术哲学，其可行性是严格受限的。他论证的主要观点是：算术到逻辑的还原不唯一，这使得任何想要把数与对象等同起来的逻辑主义（比如弗雷格和罗素的逻辑主义）都会有问题。

最近，希拉里·普特南（Hilary Putnam）、哈罗德·霍兹（Harold Hodes）、哈特里·菲尔德（Hartry Field）以及斯蒂芬·瓦格纳（Steven Wagner）都试图论证修正的逻辑主义的可行性。普特南和霍兹都为一种被称为"如果—那么主义"或者"演绎主义"的逻辑主义立场辩护。（参见[2.102]、[2.81]）[57]前者认为，尽管数学中的存在命题一般来说被认为断言了结构的存在，但它们断言的不是这些结构的真实存在，而仅仅是这些结构的可能存在。所以，存在性的陈述句实际上是逻辑断言，一般说来，通过逻辑的方法（特别是句法一致性的证明）可以证实它们。

霍兹采用的方法有点不同，他的论证方式让人联想到弗雷格。他认为算术断言能够被翻译为二阶逻辑，其中二阶变元的取值范围是函项和概念（与对象对立）。用这样的方式，可以消去对集合以及其他特殊数学对象的承诺，并且如果真的消去了这些承诺，那么算术就可以被认为是逻辑的一部分。

菲尔德提供了一种认识论的逻辑主义。（参见[2.42]、[2.43]）他关注辩护数学知识（至少大部分的数学知识）是逻辑知识。与奎因和普特南（见后面）不同，他认为一个人可以对物理理论持实在论的立场，可以对数学不持实在论的立场。[58]

菲尔德通过将数学知识定义为"区分知道很多数学的人与知道一点数学的人"的知识来开始他关于数学知识是逻辑知识的论证。（参见[2.43]，511、544）然后，他继续断言将这两种人区分开来的"不是前者知道很多，后者知道很少"（[2.43]，511-512、544-545）这种数学家通常会为之提供证明的论点（例如，存在大于 100 万的素数）。他继续说："区分他们的就是知识，它是不同种类的知识。"（[2.43]）

其中有些是经验知识（比如，数学家共同接受的知识，还有他们认为可以作为探索起点的知识）。然而，大量的数学知识，是"纯粹逻辑——这种逻辑甚至按照康德式的逻辑标准，它不会承诺存在"的知识。（参见[2.43]，512）最后，菲尔德得出结论，一般来说，数学知识实质上是这样的知识——某些句子可以从给定公理集推出，而另一些句子不能从给定公理集推出。

一般来说，这样的知识既可以从语义的方式（模型类的知识），也可以从语法的方式（形式证明类或形式推演类的知识）来理解。然而，这两种方式理解下的知识都不是菲尔德想要的那种意义下的逻辑知识。因为，模型仅仅是一种特殊的数学对象，关于它们的知识一定仅仅是一种特殊的数学知识。类似地，语法推演也是如此。不管它们被认为是抽象的还是具体的，在纯逻辑的基础上都不能知道它们的存在，因为纯逻辑的推理不会断言事物的存在。

所以，菲尔德有义务为逻辑知识提供一种解释，这种解释使得逻辑知识成为语义的或语法的实体的知识。他采用的是一种"模态"分析。按照这种分析，"句子 S 来源于句子集 A"的这个知识是（1）知识"N(A→S)"（其中 Nϕ 读作"ϕ 是逻辑必然的"）；"句子 S 不来源于句子集 A"的这个知识是（2）知识"M(A&⌐S)"（其中 Mϕ 读作"ϕ 是逻辑可能的"）。这个分析的关键特征是把 A 和 S 这些句子处理成使用的句子，而不是说到的句子。因此，它把"N"和"M"处理为算子（实际上是逻辑算子）而不是应用于模型、可能世界以及证明这样的实体上的谓词。

菲尔德指出此分析的首要任务是解释数学在物理学上的应用。他把这个任务分成两个子任务：（1）说明所应用的数学"在数学上是好的"；（2）说明用数学理论描述物理世界特别管用。如果要达到菲尔德逻辑主义的理想，实施这两个任务就一定不能诉诸数学（任何部分）的真。菲尔德关于此论题的著作都是在尽力论证它。（参见 [2.42]、[2.43]）

对菲尔德的论证有很多质疑（参见 [2.130]、[2.115]、[2.27]）；但是，菲尔德也作出了回应。（参见 [2.44]、[2.55]）然而，鉴于现在的目标，我们把问题局限在数学证明中逻辑推理的全局地位。前面，我们已经注意到，这一点也是康德数学认识论的重点，但是后来被布劳威尔和彭加勒直觉主义认识论的首要的促进性因素取代了。他们的信念（也是与逻辑主义的分歧点）是，他们相信数学推理和逻辑推理根本不同——前者不仅不能被还原为后者，而且实际上与之对立。正如彭加勒所说：数学推理有创造性的优点，这一点将它与认识上"无生气的"逻辑推理区别开来（参见 [2.99]，32-33）；逻辑推理者对数学的掌握就像自然主义者所掌握的大象知识，它完全局限在显微镜下的组织观察。

当逻辑学家把每一个证明分成许多基本运算，即使都正确，他也仍然不会掌握整个现实；我不知道什么使得论证作为一个整体完全从他那里逃脱了。如果我们不能理解设计师的蓝图，那么崇拜砖瓦匠的工作对大师构建的雄伟建筑有什么用？现在，纯逻辑不能使我们理解整个效果；我们必须诉诸直觉。

([2.101]，436)

所以，彭加勒信奉一种独特的数学类的推理。没有这种推理，人们就无法理解认识状态上的显著差异即逻辑的和真正数学的推理的差异。[59] 所以，他会否定菲尔德所假设的起点，即数学知识大体上是逻辑知识；他也会反对菲尔德的如下主张，即与数学推理相关的各种模型是逻辑的而不是数学的。[60] 我们相信，这两点都是对菲尔德立场的严肃挑战。

斯蒂芬·瓦格纳提出了不同的思想，为逻辑主义进行了不同的辩护。（参见 [2.145]）他试图把数学根植于他所认为的（理想的）理性主体普遍具有的需求和驱动力中。他的论证先假定理想的理性探索者不仅试图使身体生存，而且也试图理解。然后，他说数数对这样的理性探索者是不可或缺的，因为它是构成探索者理性的一部分，并且对吸收与处理探索者的基本经验材料和基本思想材料是必要的。他认为，没有人可以不问"多少？"这个问题而过活。所以，理性主体必须发展一种数数体系。

数数体系最后会产生计算体系。这是因为：（1）计算本质上是数数的改良（即，它的功能是推进认知和肉体上的目的，而数数的能力为这些目的服务）；（2）存在一种提高一个人所拥有的这些能力的理性驱动力，但是掌握能力的形式也许过于原始。[61]

所以，理想的理性主体从数数过渡到计算。他接着论证，理想的理性主体再从计算过渡到像数论的东西。这归功于以下这些事实：（1）理解的一部分推动力就是统一、简化、概括的驱动力；（2）对一个算术算法体系所做的统一、简化、概括不可避免地会导致类似自然数算术的东西。所以，初等数论是一种理性必然性。

作为理想的发展的最后阶段，继续简化、统一、概括的需求与能力最终将理想的理性探索者引至某种形式的分析和集合论。瓦格纳的"第二代"逻辑主义主张是：(1) 任何理想的理性探索者都将在压力下发展算术和集合论的形式；(2) 应对压力所发展的这些理论的定理都将是分析的。分析是在这样的意义上说的，即任何理性主体都有理由接受它们。

瓦格纳的立场与弗雷格的形而上学的逻辑主义、罗素的方法论的逻辑主义有很大不同。它也不同于菲尔德的逻辑主义——特别是关于以下这个问题，二者观点不同，即数学作为工具，在处理经验信息的过程中，原则上是否或缺。菲尔德相信它不是必需的。而瓦格纳认为这个过程至少需要特定数学（如初等数论、分析与集合论）所具有的解释功能，他认为解释功能是那些理论成立的根本理由。所以，他认为数学在处理经验信息的整个认知过程（即整个解释）中是根本不可或缺的。

直觉主义

最后，转到后布劳威尔直觉主义。其中，有两个重要的发展需要注意：(1) 海廷的工作引发人们尝试对直觉主义逻辑和直觉主义数学进行各式各样的形式化，并将其发展得与经典数学能力相当；(2) 达米特（Dummett）及其追随者从维特根斯坦关于数学句子之意义的观念出发为直觉主义做哲学辩护。

因为 (1) 与哲学关心的内容联系不紧密，所以我们这里只捎带而过 (1)。读者如果想了解这方面相对较新的技术进展，可参阅最近有关这个主题的大量综述性文献（如 [2.4]、[2.13]、[2.143]）。我们对 (1) 的讨论，局限在海廷用于形式化直觉主义推理的中心思想是什么；它就是，假设"存在的逻辑"与"知识的逻辑"之间有区别——海廷认为这个区别是直觉主义思想的基础。（参见 [2.70]，107）

海廷所说的"存在的逻辑"是关于以下这种对象的陈述句的逻辑，这种对象的存在被理解为不依赖人类思维。大多数直觉主义者和其他构造主义者都反对关于独立于思想的数学对象域的任何思想。他们也反对数学命题的真或假独立于人类的思想。相反，他们认为数学命题表达的是精神构造（mental construction）的特定结果。[62]因此，这种命题的逻辑——用海廷的术语来说，是"知识的逻辑"——的定理表达的都是精神构造之间的关系，特别是隐藏于它们之间的包含关系（如果一个精神构造的过程自动地是另一个精神构造的过程，或者会自动把人带到另一个精神构造的地方，那么则称这个精神构造隐藏地包含另一个精神构造）。

海廷认为，有了这个一般性的观点，逻辑定理和数学定理之间就没有什么本质的不同。二者在本质上都证实了人们成功地执行了满足特定条件的精神活动。前者区别于后者仅仅在于前者的一般性相对更强。（参见 [2.69]，1-12；[2.70]，107-107）

因此，海廷的直觉主义逻辑是清楚表达与我们精神上的数学构造相关的隐藏的包含关系的最为一般的形式。[63]然而，既然我们精神构造的活动组成了"一个生活现象，一个人类的自然活动"（[2.69]，9），那么它们之间的包含关系就不是以概念为基础的，而是以行为活动关系为基础的。所以，实际上一个逻辑定理证明我们知道 A 的证明，只要我们知道 B 的证明表达的不是我们关于 A 的证明知识与 B 的证明知识之间的概念上的联系，也不是 A 和 B 在概念上的联系（它不是一种偶然性的联系），而是关于我们（也许是理想化的）精神构造生活的一个自然事实，即我们有把 A 的证明转化为 B 的证明的倾向。正如海廷自己所说，"从直觉主义的观点来看，数学研究的是人类心灵的特定功能"（[2.69]，10）。如此说来，它类似于历史和社会科学。

迈克尔·达米特提出了不同的直觉主义观点，并且为直觉主义做了不同的辩护。（参见 [2.36]、[2.37]）他把直觉主义逻辑看作数学的真正逻辑。他认为，对数学命题意义的充分解释揭示了数学的真正逻辑是直觉主义逻辑（即海廷所制定的逻辑）。这种解释与维特根斯坦在其《哲学研究》中对意义的观点有一定的相关性。特别的是，与维特根斯坦的观点类似，它把句子的意义等同于它的典范使用。达米特相信，在数学中，典范用法在于一个断言在主要证明活动中所起的作用。所以，要想知道一个数学命题的意义，就必须制定证明或否证它的条件。[64]

所以，达米特的直觉主义与彭加勒、布劳威尔的直觉主义在内容以及动机上是不同的。[65]我们相信，它的辩护也会遭到质疑。达米特认为，既然

(i)"一般来说，由对语言的理解构成的知识……一定是隐含的知识"([2.36]，217)；(ii)"隐含的知识归属于某个人是无意义的，除非可能说，那个知识表明，能够观测到拥有它的这个人与不拥有它的人相比在行为或能力上是不同的"([2.36]，217)，所以(iii)"一般来说，掌握一个陈述句的意义在于有能力以一种特定方式使用这个陈述句，或者以一种特定方式回应他人对它的使用"([2.36]，217)。

我们相信，(ii)作为论证(iii)的前提是不合适的，因为它循环论证隐含的知识（并且因此意义化知识）是否就是一个行为能力，或者是一种构成这种行为之基础的精神的（或心理或神经的）状态。似乎，每个人都会同意(ii')：隐含的知识不能合法地归属于某个人，除非对观察到他或她的行为的最好的完全解释能保证这样的归属。[66]但是，(ii')没有这样的保证，因为(ii)要求隐含的知识的某个归属起源于说话人行为的某个片段或者一些片段，甚至起源于说话人的行为整体。说话人的行为最终会破坏它最好的完整解释。所以，没有任何理由事先相信，说话人行为最好的完整解释在隐含的知识归属于说话人的过程中不会不同于它的对手。

所以，为了避免循环论证，达米特论证的前提(ii)应该被换成类似于(ii')的前提。然而，这种取代会阻碍通向(iii)的有效论证，而(iii)正是达米特对直觉主义所做的辩护的核心。因此，为了挽救他的辩护，似乎需要找到类似于(ii')但是又能有效蕴涵(iii)的东西[当然，需要结合(i)]。但能否做到这一点，这根本不清楚。[67]

正如前面所说，达米特为直觉主义所做的辩护诉诸维特根斯坦的某些思想，或者说诉诸达米特和其他人所认为的维特根斯坦的某些思想。然而，我们相信，认为维特根斯坦数学哲学的思想如此接近直觉主义是一种误解。[68]尽管它接近强调数学的自治权是一种人类创造（这里的创造被理解为完全由意志活动或者决定活动组成）的构造主义，尽管它也有点接近约定论的解释。然而，最终，它抵制自己被划分为构造主义哲学或者约定论哲学。

维特根斯坦的主要想法似乎一直是，数学中存在一种基本构造，它被认为是"证明系统"(*Beweissystem*)。证明系统由证明和定理组成，但是证明系统的定理作为该系统的逻辑的语法规则而不是作为该系统的描述性真理在该系统中发挥作用。这些规则组成了意志的自治行为，由此制定出规则，按照这些规则，我们同意玩特定的"语言游戏"，它涉及这个系统所引入的项。维特根斯坦认为，数学作为一个整体是诸如此类的局部活动或者局部游戏的"混杂"。

在维特根斯坦看来，数学证明（甚至包括最简单的数学证明）并不迫使我们接受它们的结论。数学命题也不以任何其他方式"迫使"我们认为它们是真的。因此，"接受"一个数学陈述句并不代表承认它的真，而是表示我们决定把某些东西当作某个特定语言游戏的约定。与此类似，证明的作用不是通过真理渗透消除怀疑，而是通过把定理当作控制某个特定语言游戏的规范从而消除逻辑可能性的怀疑。

所以，尽管维特根斯坦视数学为人类的创造，但是他对这一点的理解不同于构造主义者用描述性的方式对这一点的传统理解。他对我们数学上的创造所持有的规范性思想，不能被通常约定论的解释所借用。所有这些都需要把数学真理还原为逻辑真理，而这可以说需要数学真理的逻辑形式的"合作"（因为存在陈述句的逻辑形式，阻碍这个陈述句还原为逻辑真）。

然而，逻辑形式似乎并不对规范或原则的制定有同样的限制。而且，即使如此，一个陈述句是逻辑真理与它是逻辑句法的规范有很大区别。前者与一个陈述句能否通过某个特定的真值恒定性检测相关（即，对它语义上可变化的部分进行某些不同的解释，它的真值在这些解释下是不变的）；而后者与某物是否是一个组成了规则控制活动的规则有关。没有通过真值恒定性检测要求的句子，似乎至少原则上仍起着某个语言游戏规则的作用。所以，把维特根斯坦划分为传统的约定论者，理由似乎不充分，尽管他的哲学中有约定论的元素。[69]

后期发展

后期发展中也有不与三大主义相关的发展，其中最主要的发展起源于上文提到的奎因对 20 世纪 40 年代与 50 年代的逻辑经验主义的批评。这个批评产生了一种新的经验主义的数学哲学，它剥夺了保留于逻辑经验主义者那里的、本已很少的康德思想，而且这种新的经验主义自此一直是数学哲学中的主导思想。

如前所述，逻辑经验主义者保留了康德认为数学真理是必然真的观点（尽管他们设想这个必然性本质上在于免于经验修正）。实际上，正是为了纳入这个数学认识论的"素材"，逻辑经验主义者非常努力地发展与保留康德对分析判断和综合判断的区分。按照他们的观点，只有保留这个区分，才能把数学判断分成服从经验修正的和不服从经验修正的两类。

奎因（参见 [2.108]、[2.109]）和普特南（参见 [2.105]、[2.106]）甚至把这最后的康德式素材扫至一边，提出了一种一般性的经验主义认识论。在这种认识论中，所有的判断——数学的和逻辑的判断以及自然科学的判断——在经验上都与感觉现象有关，所以都服从经验修正。他们论证的中心是从迪昂（Duhem）那里借用的观察，即为了使科学与感觉证据相关联，不可避免地需要逻辑和数学。[70] 所以，当理论与确证现象有关联时，它们是被确证的一部分；当理论与不一致的现象有关联时，它们是被证明不正确的一部分。总的来说，它们与自然科学一起是认识论的一部分，而且广义上说，它们是经验的。

为了容纳这萦绕不去的信念，即数学和逻辑与自然科学对经验证据的敏感度是不同的，奎因认为，虽然二者都服从经验修正，但是它们的真在广度和深度上是有区别的。他用一种实用主义的理性信念修正观和一种有关我们认知的整体观来支持这个观点。按照认知的整体观，我们的知识构成了一张网，网的不同部分相互依赖，而且它们按照对保持网之结构的重要性被排列成序。逻辑和数学处于网的中间，从中心向边缘展开的是自然科学的信念和多数的常识，而整个结构的边缘就是感觉经验。

按照奎因实用主义的信念修正观，它一直受到出于最大化我们全面的预言和解释力的考虑的控制。优化预言和解释力的信念体系也优化我们应对环境的认知能力。产生这样的体系需要修正原则的帮助，这些原则要求为了回应不顺从的经验，我们对先前成功的思想体系所做的改变必须范围最小、程度最轻。如果数学的信念和逻辑的信念受到信念修正的最少，这是因为，一般来说，修正它们较之修正常识的信念以及自然科学的信念，会引起思想体系的更大变动。[71]所以，奎因容纳了传统的康德素材，认为数学和逻辑不是完全免于经验修正，只是一般说来，较之常识或自然科学，它们对信念修正更具免疫力，从这个意义上说，数学是必然的。[72]所以，奎因使数学认识论与自然科学融为一体。整个说来，他仍是经验主义者，尽管有量上的区别。

奎因的经验主义把数学与科学融合成一个解释系统，在这个融合过程中，奎因的经验主义催生了一种实在论的或柏拉图主义的数学观。它把世界看作实体的栖居之所，而这些实体是关于我们经验的总体性的最佳理论。它们不仅包括普通经验的中度大小的对象、我们当今最好物理科学的理论实体，而且包括数学实体，因为（如上所说）数学断言在我们最好的、全面的经验理论中起着不可或缺的作用。(参见 [2.108]、[2.109])

基于不同的理由，奎因的观点受到了挑战。菲尔德挑战奎因的如下论断，即自然科学与数学所起的作用在本质上是一样的，对二者不能作出区分。按照菲尔德的观点，数学与自然科学在我们整个思想体系中所起的作用有很大不同。他相信，数学基本上作为一种逻辑发挥它的功能，不像自然科学的定律，数学定理不做有实质内容的断言。

另一个批评是，奎因的认识论没有解释不参与感觉经验解释的那部分数学。然而，不清楚的是，这个批评的严重性有多大，因为如果有这部分数学，那么有多少这样的数学，甚至有多少最不初等、最抽象的数学对简化与解释感觉经验不起作用，这是不清楚的。

最后的批评来自帕森斯（Parsons），他认为把数学中的初等算术部分（如，真理 7+5＝12）与理论物理的假设放在同等的认识论地位上，不能描述不同种类的证据在认识论上的不同，或者两种证据的"显然性"的不同。(参见 [2.95]，151) 帕森斯说，初等算术命题（如"7+5＝12"）所示的显然性，与高度确认的物理假设（如"地球围着太阳转"）所示的显然性是不同的。大致说来，后者比前者有更高的派生性。所以，帕森斯的结论是：两个断言所建立的基础在本质上是同类显然性，这是不可信的。

除了奎因和普特南，还有人提议数学与自然科学的其他方式的融合。其中有些是经验主义者，有些不是，例如凯切尔（Kitcher）提出了广义的数学认识论,在这种认识论中,历史和团体是重要的认识论的力量。哥德尔也提供了一种认识论,在这种认识论中,数学的论证被认为与自然科学的论证在路线上结构类似。[73]用他自己的话说:

> 尽管集合论的对象距离感觉经验遥远,但我们确实对它们有类似感觉的东西,这一点可以从公理驱使我们相信它们为真这一事实看出。我看不出任何理由,为什么我们应该信任感觉经验,而少点信任这类的感觉,即数学直觉……
>
> 应该注意的是,数学直觉不必被设想成一个功能,它给出相关对象的直接知识。然而似乎是,正如物理经验,我们在直接给出的其他东西的基础上形成关于那些对象的思想,只是这些其他东西不是或者主要不是感觉。除了感觉,某些东西被直接给出是从以下这个事实推出的,即我们关于物理对象的思想包含与感觉或者感觉的纯组合有质的不同的要素,如对象本身的概念。然而,通过我们的思维,我们不能创造任何在质上是新的元素,而只是复制或者组合已给定的元素。显然,数学中隐含的"给出"与我们经验思想所包含的抽象元素紧密相关。然而,绝不能推出以下这一点:因为第二类的素材不能与某些作用于我们感觉器官的特定事物的行为相连,所以它们就是纯主观的,正像康德所断言的那样。相反,它们也能表示客观现实的一面,但是不同于感觉,它们在我们身上的显现或许是由于我们自己与现实的某种联系。
>
> ([2.65],483-484)

然后,哥德尔继续说,不仅在数学的高层抽象领域(如集合论)而且在数学的初等领域(如有穷数论),对直觉的使用和需求都有收获。他还指出,即使不诉诸直觉,数学就像自然科学一样,使用在本质上是归纳的论证方法。(参见[2.65],485)

即使不考虑某个新公理的内在必然性,即使它没有内在必然性,对其真值的可能断定也可能以其他方式进行，即归纳研究它的"成就"。这里的成就指的是后承的丰富性，特别是"可证"的后承，即没有新公理的可证明的后承在新公理的帮助下大大简化，并且更易被发现，也使得许多不同的证明收缩为一个证明成为可能。在这个意义上，以下这个事实，即分析数论总是能够证明用初等的方法证明起来很麻烦的数论定理，在某种程度上证实了直觉主义者所反对的实数系统的公理。然而，可以想象比那高得多的证明度。也许存在一些公理——它们的可证后承如此丰硕——如此清楚地阐明了整个领域，产生了如此强有力的方法来解决问题……不管它们是否有内在的必然性，大家都应该至少在接受物理理论的意义上接受它们。

([2.65], 477)

因此，较高层次的数学假设由于对较低层次的数学真理有简化——或者更一般地说，有解释作用——而被认为是归纳合理的。哥德尔在后来的评论中延伸了对这个数学中的归纳论证的描述，它不仅包括"富有成果"地（即简化和解释）组织较低层次的数学结论，而且包括"富有成果"地组织物理学的原则和事实。（参见 [2.65], 485）[74]

这个延伸意义重大，因为哥德尔的数学认识论为本质上什么是数学真理的经验性的辩解理由提供了一席之地。然而，这并不导致他成为像奎因那样的经验主义者。因为哥德尔只是承认我们关于数学真理的一部分知识可能来源于经验。他坚定地反对任何如下提议：所有数学的辩解理由必须或者应该从根本上依赖感觉经验。实际上，他描述经验主义的数学观太"荒谬"，以至于不能当真（参见他的吉布斯演讲手稿的第 16 页）。更加肯定的是，他主张有一种基本的认知现象（即特定公理——包括特定高层次的集合理论公理——的认知现象迫使我们相信它们"是真的"）不能被经验主义的数学认识论所解释。显然，这同一种现象也导致哥德尔反对唯心主义，而接受一种柏拉图主义的数学观。我们认为，这种现象以及与它作为数学哲学"素材"的地位相关的问题都没有得到应有的注意。

奎因经验主义的柏拉图主义和哥德尔非经验主义的柏拉图主义一直对这

个领域的最近工作有重要的影响。贝纳赛拉夫（Benacerraf）在 20 世纪 70 年代给出的论证也有重要的影响。（参见［2.67］）按照那个论证，数学认识论面临一个普遍的难题：一方面，它必须满意地解释数学真理；另一方面，它还必须满意地解释数学怎样被知道。在贝纳赛拉夫看来，这形成了一个难题，因为给出对数学真理的满意解释，表面上需要我们把抽象对象带入图景，作为数学论域中所使用的单个项的所指；给出对数学知识的满意解释，表面上需要我们避免这样的所指。他的论证使用了下面这些关键的断言：(i) 数学语言的语义应该与非数学语言的语义相连；(ii) 不能过于不同地对待数学表达式的深刻逻辑形式与其表面的语法形式；(iii) 非数学语言的语义学是指称的；(iv) 数学语言最好的指称语义学使用抽象对象作为指称。

需要把数学语言的语义学分析为指称性的语义学，这个主张的一个后果是，我们必须视数学句子的真值基础潜藏于句子的指称项所指的那些抽象对象的特征中。因此，（例如）我们必须说，抽象对象 7、5、12 的特征，把加法运算描述为抽象对象上的运算，以及把等同关系描述为一种抽象对象间的关系，这三者共同使"7+5=12"为真。

另外，任何要避免受葛梯尔问题（Gettier-type problem）影响的数学认识论都必须把数学句子的真理基础与它的信念基础相联系。换句话说，如果一个信念被认为是真正的知识，那么在使它为真的东西与我们对它的信念状态之间就一定有某种因果联系。这产生了难题，因为表面上看，任何办法都无法在保证前面提到的因果联系的同时还保证数学论域的合理指称性的语义学。有些数学认识论——特别是多种多样的柏拉图主义的认识论——考虑为数学句子的真给出一种可信的解释。有些数学认识论——如各种各样的形式主义的认识论——考虑为我们怎样知道数学句子给出一种可信的解释。然而，现在还未找到任何办法，既能保证为数学真理又能保证为数学知识给出可信的解释。

近期数学哲学中的大量工作都试图解决这个难题，例如，菲尔德和赫尔曼（Hellmann）都对这个难题提出了反柏拉图主义的解决方案（参见［2.42］、［2.68］），麦迪（Maddy）则试图制定出既是柏拉图主义的又是自然主义的认识论。（参见［2.92］）到目前为止，哪个方法更可信，没有广泛一致的见解。[75]

贝纳赛拉夫关于另一个论题的早期论证对近期数学哲学的发展产生了类似的影响。(参见[2.5])也许这篇文章的作用不仅仅是作为一个来源,它还激发了近些年来的"结构主义"立场。通常被应用于数学的结论主义是如下这种观点:

> 在数学中……我们没有具有排列于结构中的"内部"构成的对象,我们只有结构。也就是说,数学对象,我们数学常量和量词所指的实体,是结构中的无结构的点或位置。作为结构中的位置,它们没有同一性,或者没有结构之外的特征。
> ([2.113],530)[76]

雷斯尼克(Resnik)声称,这样的观点与"数学理论只是在同构的意义上确定其对象"这个事实一致。(参见[2.113],529)这个事实似乎使数学家越来越认为:(i)"数学关心的是有对象的结构,不关心对象本身的'内部'本质"([2.113],529);(ii)我们"得到的"不是孤立的数学对象,而是处于结构中的数学对象。

贝纳赛拉夫本人把这个思想仅仅用于算术,特别把这个思想用到弗雷格及其他人所提出的关于个体自然数的"更深"的本体论特征的问题。大家已经熟知,弗雷格认为数是对象。贝纳赛拉夫反对这一观点,他认为"个体的数真的是集合吗"这样的问题是有欺骗性的。"应该消解数字所指的识别问题,因为这样的问题与一把尺子的部分所指的应该是什么的问题同样具有迷惑性。"([2.5],292)他继而补充这一观点,他说:

> "对象"并不单枪匹马地做数的工作,而是整个系统来做这个工作或者任何东西都不做这个工作。所以,我认为……数不应该是对象……因为没有更多的理由将任何个体的数等同于任何特殊的对象而不是其他任何对象。
>
> ……在给出数的特征时……你仅仅描述了一种抽象的结构……而结构的"元素",除了将它们与同一个结构中的其他"元素"联

系起来的特征外,再没有任何特征。

([2.5],290-291)

这种观点的主要动机,除了更充分地解释数学外,显然本质上是认识论的。关于单个抽象对象之特征的知识似乎自然需要认知的神秘力量。然而,至少关于某些结构(例如有穷结构)的知识能被解释为把经典的经验主义的认知方法(如抽象)作用于可观察的物理合成物的结果。那么,这样的抽象结构就成为一般的科学框架的一部分,并且为了追求最简单、最高度统一的思想体系,这些结构本身可以以任何方式被扩张、被普遍化。

贝纳赛拉夫和其他近年来的结构主义者并未注意到,他们立场背后的思想早在19世纪晚期和20世纪早期就已受到数学哲学家的广泛欢迎。实际上,戴德金的论文《数的本质和意义》(The Nature and Meaning of Number)(参见[2.25],第73节)表达了与贝纳赛拉夫[2.5]相同的基本思想。戴德金说:

> 如果考虑简单无穷系统N,它由变化ϕ引起顺序的改变,那么我们就完全忽略了元素的特殊性质;如果仅仅保留它们的可区别性,仅仅考虑它们在顺序变化ϕ下的相互关系,那么这些元素被称作自然数或序数,或者简单地被称作数。基础元素被称作数—序列N的基础—数。鉴于元素不受任何其他内容干扰,我们有理由说,数是人类心灵的一种自由创造。关系或者规律……在所有简单有序的无穷系统中都是一样的,无论个体元素的名字是什么。关系或者规律形成了数或者算术科学的第一对象。[77]

与此类似地,外尔也有一种结构主义观念的惊人表达(实际上,是一种结构主义思想的更强概括),即数学对象除了是结构的元素外,在数学上,没有什么重要的特性。他写道:"科学只能从同构映射的意义上确定它的研究域。特别地,它对其对象的'本质'漠不关心。同构的思想划出了认知上自明的、不可逾越的界限。"([2.148],25-26)

希尔伯特也说出了类似的思想（参见 1899 年与弗雷格的通信[2.71]，1900 年的巴黎演讲 [2.72] 以及贝纳斯的类似观点 [2.9]）。[78]

结构主义作为一种一般的数学哲学受到了帕森斯的批评。（参见 [2.98]）帕森斯认为，一定还有某些数学对象使得结构主义"不是完整的真理"（[2.98]，301）。帕森斯所说的对象，在他看来是"半具体的"。之所以这么说，是因为具体对象"例示"了或者"表示"了它们，几何图形、符号（被理解为类型）就是这样的对象，它们的个例就是写出的记号或者发出的声音。所谓的"敲击数"以及类似希尔伯特的有穷算术也是这样的对象。在最初等的数学对象中有这样的"半具体"实体，它们对数学基础非常重要。然而，不能用纯结构主义的方式来处理它们，因为它们的"表征"功能不能被还原为结构中这些对象与其他对象的内部结构关系。

结　论

我们在"引言"中已经指出，20 世纪的数学哲学一直集中于康德在这个领域设置的问题，它是三个最重要的影响因素之一。另外两个最重要的影响因素是非欧几何的发现和符号逻辑的快速发展。

20 世纪前 30 年，康德主义对问题的理解与康德本人对问题的理解方式很类似。也就是说，必然性被理解为不受经验修正的影响，实质性被理解为一种认知的不平凡性。这个时期区分相互竞争哲学的主要是它们对非欧几何之发现的回应。这里我们清楚地分析了三个基本的不同回应。

第一个回应是主要由弗雷格发展的数学哲学，它试图保留康德的基本断言，即几何和算术都是必然的。然而同时，它区分了两种不同的必然性，一种是算术的必然性，另一种是几何的必然性。这就是它对非欧几何之发现的回应，它认为非欧几何的发现揭示了几何与算术间的一种根本的不对称——尽管在观念可能的层面上有其他的几何学，但是却没有其他的算术。所以，这种哲学认为，在理性思维中，算术思维较几何思维更普遍深入。合理解释这个不对称成了数学哲学的主要责任。

第二个回应是受到早期不同构造主义者喜爱的数学哲学。它修正了康德的基本断言——几何和算术都是必然的，认为只有算术是必然的。所以，它像第一个回应那样，认为非欧几何的发现揭示了空间几何学与算术间的一种根本的不对称。然而，与第一个回应不同的是，它认为通过将几何学中真正数学的部分还原为算术，以及通过反对它与众不同的空间部分在特征上是后天的而不是先天的（这句话的意思是说，它是外在于人类心灵的对象），能够最好地解释这个发现。另外，因为算术不像几何学有非欧几何的取代物，所以算术的源泉（即一种普遍的时间直觉）完全内在于人类心灵，而且本质上是先天的。

第三个回应是由希尔伯特发展的数学哲学，它以一种不同的方式回应非欧几何的发现。它试图检测它们，以确定它们究竟真正渗透几何思维多深。原初的诸非欧几何仅仅被证明了独立于平面几何的欧式公理。因此，欧式平面是否还有其他不为人知但却清楚的特征（这样的特征可以被看作公理，并且从这些公理和其他公理能推出平行公理），这是悬而未决的。即使假设欧式平面的公理在刚才所说的意义上是"完全的"，那些需要从一种对欧式平面的描述转移到一种对欧式空间的描述的公理是否是从它们（加上其他公理）推出的平行公理，这也是不清楚的，因此这些公理没有指出欧式空间的独立特征。

希尔伯特关心的正是这些问题的答案。所以，他试图找到一个公理集，它是如此"完全"，以至于任何公理加进来都会导致这个集合成为不一致的理论。为了做到这一点，他诉诸某种连续性原则（即他所谓的 *Vollständigkeitsaxiom*），他用康德的方式认为它属于纯粹推理的领域（或者是希尔伯特所指的"理想"思维）而不是判断领域（它是希尔伯特所指的"真实"思维）。我们数学思考中真实的元素与理想的元素之间的区分，是希尔伯特数学认识论的基石。我们相信这个认识论既是算术的认识论，也是几何的认识论。

所以，希尔伯特没有用一种简单直接的方式论证算术或者几何的必然性。相反，他区分了算术与几何的两种不同类型的必然性。一种必然性与算术和几何的"理想"部分相关，他把这种必然性等同于与康德推理功能相关的必然性；这种必然性的意思是我们心灵不可避免地以这样的方式工作。另一种必然性被应用于数学的所谓"真实"部分，希尔伯特认为这种必然性在于所假定的事实，这个假定的事实被我们所有的思维假定为理解简单具体对象的特定基本空间特征的先决条件。（参见［2.76］，376；［2.78］，383、385）

不严格地说，这是希尔伯特关于数学先天性的多元观念。显然地，它不同于康德对必然性的"唯心主义"的解释，在这种解释下，必然性在于假定我们心灵有不可避免的倾向——按照时间术语表达所有的经验，按照欧式术语表达空间经验。很显然，它不同于逻辑主义者和直觉主义者的思想。它对非欧几何之发现［爱因斯坦（Einstein）的相对论也是类似的关于时间直觉的发现］的回应并不是设置算术知识与几何知识间的认识论不对称，但是逻辑主义和直觉主义（的最初形式）却是这么做的。相反，在我们看来，它试图将二者都纳入一种原始几何直觉的管辖下，这种直觉与我们对具体图像的基本形状和形式的理解有关。

20 世纪 30 年代见证了哥德尔定理破坏了希尔伯特的康德式计划。罗素悖论更早地击溃了弗雷格的康德式逻辑主义，而直觉主义者的康德式哲学则受到了哲学圈子（这个圈子质疑他们的唯心主义）和数学圈子（这个圈子怀疑他们支持大部分数学的能力）的围攻。在早期的所有计划中，也许罗素的非康德式逻辑主义保留得最完整。这主要是因为它体现了符号逻辑的最新进展，后来有影响的逻辑经验主义学派选它作为自己的数学哲学。

到了 20 世纪 30 年代，康德数学哲学思想的积极观点大部分被遗弃了。然而，尽管如此，他基本的哲学构想仍然有影响力，直到 20 世纪 50 年代早期，直到奎因批判实证主义者对分析的与综合的区分，它的影响力才开始下降。[79] 自那以后，数学哲学的主导思潮——如果真的有的话——一直是一种经验主义的数学哲学，这种经验主义否定数学的必然性与我们其他判断的必然性有种类的不同，认为数学与其他自然科学受制于同样的基本归纳法，认为数学推理可以还原到逻辑推理。然而，不清楚的是，这个完整的经验主义方法能否充分解释数学认识论的"素材"。它对这些素材是什么也缺乏清楚的论证。我提议，实际上确定数学哲学的素材是什么这个问题是 20 世纪即将结束时此领域需要面对的更为严肃的问题之一。

【注释】

［1］几年之后，在他仅有的哲学文章［2.91］中，克罗内科认可地引用了这个观点。

［2］具有讽刺意味的是，逻辑学在这个世纪后四分之三时间内的发展促进了当今数学哲学对康德问题的熟视无睹，这个问题就是数学证明能否正确使用逻辑推理。当然，这个新方向有很多理由。然而，它也存在一些缺陷。关于试图复活康德问题的努力，参见 Detlefsen［2.28］、［2.30］、［2.33］；Tragesser［2.142］。

［3］谈到"类似罗素的逻辑主义"的逻辑主义，我们指的是这样的逻辑主义，它运用于整个数学而不仅仅是算术部分。弗雷格和戴德金的逻辑主义一直对逻辑经验主义者不具有吸引力，是因为尽管它们允许对算术判断进行一种分析处理，但它们不可能允许把这个解释延伸到几何学。所以，逻辑经验主义者就必须以其他方式来处理几何判断表面上的"必然性"。

［4］他们通过把数学判断处理为分析判断做到了这一点，后来他们认为分析判断产生于语言约定的普遍现象。后面对此有详述。

［5］应该注意的是，弗雷格和戴德金的逻辑主义在这方面也对康德提出了挑战。因为它实际要求数学证明中出现的所有推理都能还原为逻辑推理，而且，实际上，一类逻辑推理是如此清楚、明白，以至于它不能隐含任何带有非逻辑特性的东西。

［6］参见［2.47］，50。

［7］弗雷格在第 24 节对这个思想作了一点延伸，在那里他引用了洛克（Locke）和莱布尼茨的类似思想。另见［2.50］。

［8］在后来的评述中，弗雷格进一步澄清了这里提到的逻辑规律和思维规律的相连。"逻辑规律有一个特殊的称号，叫作'思维规律'，仅仅因为我们认为它们是最普遍的规律。它们普遍规定了思维应该以什么方式进行，如果思维真的有进行的过程的话。"（［2.52］，"导言"xv）

［9］将对康德的批评用到莱布尼茨身上会更有力。因为后者承认知识的来源只有一个（即推理），认为所有的真理都是分析的（所以在质上是相同的）。所以，弗雷格不会认为莱布尼茨的数学认识论与康德的数学认识论同样令人满意，尽管莱布尼茨赞同某种逻辑主义的观点。

［10］弗雷格说，他试图描述前期著者们，特别是康德头脑中对上述术语的用法。（参见［2.49］，第 3 节的第 1 个注脚）然而，表面上看很难接受它们，因为弗雷格坚持认为，不仅先天的与后天的区分，而且分析的与综合的区分，都"不关乎判断的内容，

而关乎作出此判断的理由"（[2.49]，第 3 节），而康德认为只有前者是这类区分。而且，弗雷格后来说康德低估了分析判断的潜在认知生产力，因为他"把它们定义得太狭窄了"（[2.49]，第 88 节）。他的意思似乎是，因为康德的逻辑形式观是贫乏的亚里士多德的逻辑形式观，所以康德只能定义主谓命题的分析性，但是这个概念当然可以被应用于更大范围的命题类。然而，没有证据显示，弗雷格认为康德分析的与综合的区分关乎判断的内容而不关乎作出判断的理由。

还应该注意，如果允许的典范证明不是唯一的，那么就要修改综合性、后天性的定义，以要求每一个典范证明涉及某个特殊科学的某个真理的来源（各自对事实的诉求）。同样，分析性和先天性的定义也要改变，从而断言某个典范证明只包含一般的逻辑规律和定义（只有一般规律不需要证明，也不用由证明来获得承认）。

[11] 参见 [2.49]，第 14 节。

[12] 尽管弗雷格没有说他灵感的最初来源是什么，但他表达的主要思想清楚地回响起《纯粹理性批判》第 1 版之"前言"中的一句话："我们通过纯粹推理……获得的东西包含了一切。因为理性从其自身所创造的东西都不能向理性隐藏。"（xx）

[13] 他说数既不是"空间的和物理的……也不像思想一样是主观的，而是非感觉的、客观的"，并且"客观性不能……建立在任何感觉印象上，因为感觉印象是我们心灵的感情，是完全主观的，它只能……建立在理性上"（[2.49]，第 27 节）。

[14] 参见 [2.49]，第 69、107 节。

[15] 关于这后半部，对比 [2.49] 的第 48 节。

[16] 然而，弗雷格对概念先天性的信赖不能完全解释他与康德的对立。因为如大家所熟知，康德信赖直觉的形式（对立于实质或内容），认为它"在我的主观性里，先于所有的事实印象，而对象通过事实印象影响我"（[2.85]，第 9 节），并且认为它是我们数学知识的基础。所以，他承认"我们数学知识的基础是直觉的"这一观点。按照这个观点，数学知识依赖特殊可感事物的直觉。那么，为什么弗雷格觉得他需要概念而不仅仅需要康德的直觉形式？我相信，这是一个难以回答的问题。通过弗雷格的信念来源，也许能呈现答案。这些信念来源是：（1）概念有特殊的统一力量（特别地，统一的力量通常高于依靠直觉所拥有的力量）；（2）数的应用范围大于能感受到的事物。相反，康德认为：

> 所有的数学认知都有这个特殊性，即它必须先以直觉的形式展现它的概念……否则数学将寸步难行。所以，它的判断都是直觉的。而哲学必须设法应

付仅仅从概念而来的东拉西扯的判断。它也许会通过可见的形式说明它的判断，但是它绝不会从这样的形式中推出它们。

([2.85]，第 7 节)

[17] 当然，除了担心它的一致性，人们也许想知道怎样辩护第五规则是逻辑原则。在弗雷格的辩护中，弗雷格采用的是他有名的对涵义和指称的区分（这与他的概念先于外延的信念相关）以及构造一个论证，其效果是第五规则的双条件句的两边有相同的涵义。

[18] 关于这点有更多的讨论和例子，参见 [2.49] 第 64~66、70、88、91 节。

[19] 弗雷格在 [2.49] 的第 70 节给出了一个用不同方式切割内容的例子。他在 [2.48] 的第 9 节也讨论了它，在那里他考虑的例子就是命题"加图杀了加图"。在那里，他评论道，如果我们认为这个命题是对第一个实例做"加图"代入而得到的命题，那么我们就知道它是由命题函项"x 杀了加图"形成的命题。如果我们认为它是对最后一个"加图"做代入得到的命题，那么我们就会认为这个命题是由函项"x 被加图杀了"形成的。如果我们认为它是对两次"加图"出现的地方代入而得到的命题，那么这个命题就是由"x 杀了 y"形成的。看待这个命题的所有这些方式对理解它都是不必要的。所以，反过来，每一个方式也许都是对它的内容的"切割"。

[20] 如前所说，因为罗素相信通常所认为的整个理论数学都能被还原为（二阶皮亚诺）算术，所以他与弗雷格在这点上的距离并不像乍一看那样远。[参见 [2.123]，275-279（特别是 276）; [2.120]，157-158、259-260] 还应该注意，在这些章节中，罗素描述数学的算术化工作（如戴德金和魏尔斯特拉斯）对逻辑主义的起源要比非欧几何的发现重要得多。

[21] 当然即使在这儿，人们也能看出康德的痕迹。因为他也设想理性是促使科学向着更一般的方向发展。然而，他没有思考这个过程趋向终点——最具一般性的科学（真科学！）。他也很少考虑这个过程趋向逻辑科学。

[22] [2.120]，3。

[23] 罗素区分所有常项都是逻辑常项的普遍性层次和英雄被当作最高普遍性的普遍性层次。后者被认为需要前者。但是，认为需要辨认罗素所谓的逻辑"原则"，即所有的真理，只要其常项是逻辑常项，就能通过逻辑的方法从最基本的真理推理出来。（参见 [2.120]，10)

[24] 罗素解释了这个观点并将这一观点的修正版延伸到经验科学。（参见 [2.122]、

[2.123])

[25] [2.123], 273—274.

[26] 罗素的条件较弱，这一点并不清楚。实际上，如果采用的命题个性化的标准强硬合适，那么它就一点儿不弱。例如，如果采用的个性化标准使得所有的逻辑等价句子表达同一个命题，那么罗素的标准就变得比他想要的强很多。而且，这些问题加剧了人们更广义的逻辑等值观念。所以，对那些需要非常广义的逻辑等值观的逻辑主义者来说，命题同一的标准——确认逻辑上等值的命题——会使得罗素极力争取的推理的认知生产性的标准实际上变得不可能。罗素在讨论综合推理的过程中没有清楚地提出任何命题个性化的标准，但是他暗示了他不会接受暗含逻辑等值句子（至少对于任何逻辑等值的广义概念）之同一性的标准。

[27] 我们必须找寻另一理由，解释这一点区别于康德所理解的理性是规范性的理想，从而指引我们在我们的判断中趋向更大的一般性（即统一）。

[28] 读者也许会想起克罗内科在1886年发表的著名评论：上帝制造了所有的数，其他所有的一切都是人类的工作（Die ganzen Zahlen hat der liebe Gott gemacht, alles andere ist Menschenwerk）。我们怎么使这个克罗内科和那个解释高斯观点的克罗内科一致起来？高斯的观点是数是人类智力的产物而几何却不是。答案似乎在于克罗内科区分了"狭义"算术和"广义"算术。对于前者，他指的是自然数算术；对于后者，他认为包括代数和分析。（参见 [2.91], 265）通过认为上帝的工作是狭义的算术，认为克罗内科所说的"其他所有的一切"不是指几何学、力学以及类似的学科而是指广义的算术，也可以获得解决这个显然矛盾的方案。

[29] 关于另一个早期的构造主义者——彭加勒——我们后面有更详细的讨论。在这点上，他不同于康德、布劳威尔及其他构造主义者。他坚持认为，"几何的公理……既不是先天综合判断，也不是经验事实……它们是公约……仅仅带有伪装的定义"（[2.99]，第二部分，第3章，第10节）。关于一些其他区别的断言（在我看来，并不完全准确），参见 [2.21], 2—4。

[30] 布劳威尔形容彭加勒、博雷尔（Borel）和勒贝格（lebesgue）为"前直觉主义者"。（参见 [2.21]）然而鉴于本文的目的，所谓的"前直觉主义"与"直觉主义"的区别并不重要。

[31] 参见"Revue de metaphysique et de morale" 14：17—34，294—317，627—650，866—868；17：451—482；18：263—301；[2.121]，412—418，15：141—143。

[32] 正如他在别处所说，信赖如下的观点是错误的：

依靠思维的精神过程可能延伸人的真理知识,特别地,与语言活动相伴的思维独立于被称为"逻辑推理"的经验。"逻辑推理"按照有限的"显然"真的断言,设法加入大量的进一步的真理。这些显然真的断言主要以经验为基础,有时被称为公理。

([2.19],113)

[33] 当然,布劳威尔相信从给定的命题集 S 按照经典逻辑所证出的定理类与从 S 按照直觉主义的数学推理所证出的定理类有很大的不同。然而,他不会认为,通过直觉主义逻辑从 S 证出的定理集与通过真正数学推理从 S 证出的定理集相同。他认为按照真正的数学方法证明定理与按照直觉主义逻辑证明它们有重要的不同。实际上,他对经典数学批评的中心主题是,数学推理与逻辑推理普遍不同,而不是仅仅不同于经典逻辑推理。关于这个观点的更多讨论,参见 [2.28]。

[34] 彭加勒因为相信他所认为的数学认识论的基本素材,所以他具有了推理的直觉主义观。此基本素材是,一个纯逻辑推理者的认知条件不同于真正数学家的认知条件。纯逻辑推理者看不到任何可以创造"通道"的局部建筑,这里的通道是数学推理的通道,而真正数学家的推理反映了对这些通道的掌握。实际上,布劳威尔持同样的观点。他坚持认为逻辑推理反映的仅仅是对信念移动通道的掌握,信念移动由信念的语言表示所规定。而真正的数学推理,按照构造性活动所制定的通道移动,并且构造性活动本身就是数学的建构性。

[35] 然而,基督教的新柏拉图主义者 [如奥古斯丁(Augustine)、波埃修(Boethius)、安瑟尔谟(Anselm)] 与库萨(Cusanus)都有这种概念的先兆。后者甚至为这一概念创造了一个词——*visio intellectualis*。康德也谈过这个概念(参见 [2.86],307、311-312;[2.87],第 8 卷,389),尽管他认为只有上帝而不是人类才拥有它。

[36] 如康德所说:

不管以什么方式,理解都可能得到概念。绝不会通过任何分析的过程从概念中发现概念的对象的存在性。因为关于对象存在的知识恰恰在于它自身所设想的对象,而这超出了对它的思考。

([2.86],667)

[37] 直觉主义的第一行动说数学应该"完全与数学语言分离……由此与理论逻辑所描述的语言现象本身分离"([2.21], 4-5)。

[38] "在数学中存在的意思是：被构造。"([2.15], 96)"自由行为创造了数学。"([2.15], 97)

[39] 有关这些问题及相关问题的更细致的讨论，参见[2.34]。

[40] 有关这些问题的更细致的讨论，参见[2.34]。

[41] 也许没有关于"希尔伯特想用有穷直觉作为我们几何知识和算术知识的基础"的决定性的文本证据。然而，如果我们认为这是希尔伯特的观点是对的，那么他不仅认为算术和几何都是先天的，而且认为二者以同一个先天直觉为基础。

[42] 相关的评论，参见[2.74], 163；[2.80], 32。

[43] 没有问题的真实命题的例子是无变元的算术等式以及由它们形成的复合命题。可以根据全部的经典逻辑运算来处理这类命题，同时不会超出真实命题的范围。就有问题的真实命题而言，希尔伯特提出了以下命题：(i) 对于所有的非负整数 a, $a+1=1+a$；(ii) 存在比 g 大但比 g!$+1$ 小的素数（其中"g"表示目前所知道的最大素数）。因为 (i) 的否定不能界定寻找"$a+1=1+a$"的反例的范围，所以 (i) 被认为是有问题的。它的否定不是真实命题，所以排中律不能作用于 (i)，这使得它是有问题的。类似地，(ii) 经典地蕴涵"存在比 g 大的素数"。它不是真实命题，因为它没有给定寻找被断言存在着的素数的范围，而且依据 g 的定义（作为所知道的最大素数），任何范围都会超越我们所知的一切。因此，(ii) 也被认为是按照经典逻辑的规则产生了非有穷的结论，故而也是有问题的。我们不能确定希尔伯特关于最后一个例子的推理完全能够支持他的结论。然而，我们估计，这对他区分有问题的和没有问题的真实命题的说服力不构成威胁。

[44] 更准确地说，被禁止的是使用与真实方法有冲突的理想方法，这里的冲突是，它们产生的真实定理可以用有穷方法来证伪。我们称之为真实一致性。这也许标志了康德与希尔伯特的一个不同。康德想制定出所有超越能被感觉确定的东西的推理的用法，而希尔伯特似乎主要感兴趣的是禁止使用那些用有穷推理可证伪的理想推理的用法。关于那些用有穷方法既不能证明又不能证伪的理想可证的真实定理，希尔伯特会说什么，这不太清楚。

在这个联结中，指出经验科学的观察句子与希尔伯特的真实句子之间的不对称，是很重要的。这个不对称在于，观察句子，按照其定义，应该是能被可观察的证据决定的句子。而真实句子不能被理解为能被有穷的或真实的方法必然决定的句子。因此，虽然从这个要求即要求一个经验理论的任何可观察的结论在观察上都不能被证伪，到另一个要求即要求所有可观察的结论在观察上都是可被证实的,这是可能的;但从如下要求即要求没有依靠理想方法可被证实的真实定理通过真实方法可被证伪,到另一个要求即要求每个可用理想方法被证实的真实定理都可以通过真实方法被证实,这却不是类似可能的。关于这一点,更多的讨论参见[2.29]。

[45] 为了这个讨论目标而建的形式系统的沉默特征是,它的定理集是递归可枚举的。

[46] PRA的定理集是(形式化的)原始递归函数的递归等式的所有逻辑后承。而且,它允许对原始递归关系(形式化的公式)实施数学归纳。关于PRA是有穷推理的一种形式化的进一步论证,参见[2.135]。

[47] 关于希尔伯特计划"相对化"的形式的有用讨论,参见那篇写得很漂亮的解释文章[2.40]。

[48] WKL_0是在RCA_0系统上增加所谓的弱König引理得到的(即这一主张,完整二元树的每一个无穷子树都有一个无穷公支)。RCA_0系统包含通常的加法公理、乘法公理、0公理、等式和不等式的公理、对Σ_1公式作归纳的公理、Δ_1公式的内涵公理[即模式$\exists X \forall n(n \in X \leftrightarrow \phi(n))$的所有实例,其中$\phi$是任何一个可被证明与$\Pi_1$公式$\psi$等值的$\Sigma_1$公式]。还应该指出的是:(2)的证明——这要归功于哈维·弗里德曼——实际上建立了比(2)更强的东西,即WKL_0的所有Π_2定理(即与形如"$\forall x \exists y \phi xy$"的句子等值的定理,其中"$\phi xy$"是递归公式)在PRA中可证。最后,还应指出的是,这些相同的结果在更强的WKL_0^+(0,+分别是下标和上标)系统中也能获得,后者包含一些在WKL中不可证明的泛函分析的非构造性定理。更多的讨论,参见[2.134]。关于(1)和(2)的工作的更为详尽的书目,参见[2.133]。

[49] 它不仅仅是真实定理τ_p的理想推演,并且这个理想推演本身比τ_p的任何真实证明简单。因为如果我们要从τ_p的理想推演得到τ_p的真正辩护,那么τ_p的理想推演就必须补充I的真实可靠性的数学证明。关于这个问题及相关问题的更充分的讨论,参见[2.27],第2章(特别是57~73页),第5章。

[50] 关于这一点的讨论,参见[2.29],370、376。

[51] 直观地讲,还原公理是说,对于每一个命题函项f,都存在一个直谓命题函项P_f,使得f和P_f有相同的外延。

[52] 艾耶尔(Ayer)很好地说出了经验主义者的困境:

科学的概括乐于承认可错,但是数学真理和逻辑真理对每一个人而言似乎是必然的、确定的。所以,经验主义者必须按照下列方式之一来处理数学真理和逻辑真理：他必须说它们都不是必然真理，在这个情况下，他必须解释为什么人们普遍相信它们是必然的；或者他必须说它们没有实际内容，然后必须解释没有实际内容的命题怎样是真的、有用的、令人惊奇的。

([2.2]，72-73)

[53] 前一类命题被称为分析的，后一类命题被称为综合的。

[54] 卡尔纳普通过引入语言框架，发展了这个关于分析性的论题。（参见 [2.24]）他理解的语言框架是为谈论某类实体而设的规则系统。语言框架引出存在的内在问题和外在问题的区分。内在问题——如"存在比 100 大的素数吗？"——的答案来自建立在控制组成框架的表达式的规则上的逻辑分析。所以，这类问题的答案是逻辑真的或者分析真的。探寻与给定语言框架相关的实体的一般存在性的外在问题，被解释成与接受框架本身有关的问题。（参见 [2.24]，250）所以，问题"数存在吗？"被理解为"应该接受论域是数的语言框架吗？"基本在实用的基础上来确定这类问题的答案，也就是说，在把所考虑的框架的"效能"作为"工具"的基础上，或者换句话说，在"所获得的所有结论与所需努力的复杂性的比率"（[2.24]，257）的基础上。这个观点常常被描述为约定论，尽管这个术语的用法似乎会掩饰它实用主义的本质特色。它也可能混淆卡尔纳普在其后期著作中所体现的关于数学本质的立场与他在其早期著作中所体现的关于数学本质的立场，早期的立场确实是约定论。关于后一点的更多讨论，参见 [2.116]。

[55] 具有博斯托克的某些一般精神，但是更关注为（一种版本的）逻辑主义做辩护的是霍兹的 [2.81] 和 [2.82]。

[56] 这种逻辑主义与后面讨论的"结构主义者"的立场紧密相关。

[57] 下文将陈述并讨论奎因和普特南的观点。也参见那里对贝纳赛拉夫难题的讨论。菲尔德似乎主要想用物理主义者的方案来解决这个难题。

[58] 关于康德主义观点的早期辩护，参见 [2.28]、[2.30]。

[59] 参见菲尔德 [2.43]，516，n.7。在那里，菲尔德把这定义为区分他的数学模态化与普特南早期的数学模态化 [2.102] 的关键特征。

[60] 这个思想基本上是：如果一个人需要某种能力，并且能从提高这种能力中获益，那么这个人就被理性地驱使来提高这种能力。

[61] 海廷把这个论题称为"正性原则"（principle of positivity），并且承认它是他逻辑的首要决定性因素。

[62] "逻辑定理表达这样的事实，即如果我们知道某些定理的证明，则我们也知道

另一个定理的证明。"([2.70]，107)

[63] 关于这究竟是什么意思，存在这样一个问题：它的意思是，一个人知道数学句子 S 的意义，他就知道或者容易获得关于 S 的证明或者否证？或者相反，它的意思是，S 被给出，当且仅当他或她意识到 S 的证明或者否证时，他或她才知道了 S 的意义？关于这个问题的更多论述，参见 [2.93]、[2.94]、[2.140]。

[64] 这不是对达米特的批评。因为他明确地说，他的直觉主义观点和为直觉主义所做的辩护不是为了与布劳威尔或者海廷或者任何其他特殊的直觉主义者的直觉主义观点和为直觉主义所做的辩护相一致。(参见 [2.36]，215)

[65] 然而 (ii') 也不是完全无争议的。因为它等于通过关于他或她行为的最好的整体理论暗暗地合法赋予说话者隐含的知识。如果这么做，那么它就不会充分反映这样的事实，即为了获得最好的全局理论（对所有现象——不仅是说话者行为的现象——给出最好的解释），牺牲掉了被"局部"标准评价为最好的说话者行为的理论。然而，在这个方向改变 (ii') 只会加强这里所发展出的对达米特论证的批评。

[66] 有时当我呈现这个论证，我被指控这个论证预设了意义的整体论，而这是达米特明确反对的。这后一个断言显然是正确的。(参见 [2.36]，218-221) 然而，说我的论证预设了意义的整体论，这是一种误解。实际上，我上面所建议的取代达米特关于隐含的知识的观点是把隐含的知识（因此还有意义的知识）看作存在于引起行为的特定精神的或心理的或神经的状态，这也是达米特想要的。我们的主张是，即使如此的意义非整体论，也不完全决定于观察到说话者的行为事实。所以，我们反对的基础不是接受意义整体论，而是接受由素材导致的理论的不完全决定性的一般思想。不管达米特是否给出了反对整体论的令人信服的理由（我们相信他没有），他都没有提供任何理由反对由素材导致的理论的不完全决定性。

[67] 实际上，在他 1939 年关于数学基础的讲座中，维特根斯坦不再考虑直觉主义，认为那是一派胡言。

[68] 关于维特根斯坦观点的有用讨论，参见 [2.35]、[2.125]、[2.129]。因为后一文献对有较大影响的后期著作的解释提出了许多有启发的问题和挑战，所以我特别推荐它。

[69] 普特南强化这一点说，甚至为了确切地阐述科学，也要用数学。

[70] 按照"网"的比喻，它们处于中央位置。

[71] 这也不仅仅是说得好听。因为普特南曾论证，消除量子物理学某些悖论的最佳方法也许是修正经典的二值逻辑或者经典的概率论。(参见 [2.104])

[72] 然而，他的观点不是经验主义的。这是因为他反对感觉直觉是数学知识（至少

是大部分的数学知识）的根本基础。相反，他提出了一种特殊的数学形式的直觉，这种数学直觉被用一种实在论的或柏拉图主义的方式解释为一种（和外在存在的对象一起）获得认知的方法，而不是被用一种康德的方式解释为思维的先天形式或条件。

[73] 然而，哥德尔在某些地方指出，目前几乎不知道较高层次的公理（如关于不同种类的所谓"大基数"存在的公理）对较低层次的数学以及物理学的影响，所以对这一类公理做上述的归纳辩解是不可能的。

[74] 我更倾向于认为贝纳赛拉夫的难题不是真正的难题。特别地，我倾向于反对导致这一难题的论证中的断言（i）——断言我们有某种义务处理数学语言，使它与非数学语言在语义上保持连续。这种义务似乎是我们把数学语言处理成我们更大语言系统的一个协调元素，并且设想更大语言系统是处理世界表征的装置。一般而言，我认为语言在人类思维中起的作用是允许我们用对世界表征的操作来替换对世界本身的操作，但是，用对世界表征的操作替换对世界本身（可以设想为实在论的或唯心论的）操作的机制当然可以被如此塑造，以至于为子装置腾出空间。子装置在这个机制中的重要性在于它是演算或计算装置而不是指称装置。有时符号的语法操作比直接的语义操作更好，直接的语义操作作为一种处理方式，最终是表征操作。因为如此，语法操作也许在更大的基本语义表征操作的整体机制中起着更重要的作用。然而，与此同时，很难设想这样的机制被处理为与语言机制的其他部分在语义上连续。我也看不到任何否定在我们整个语言机制中数学语言起着演算或计算装置的作用。结论是，我几乎看不到接受贝纳赛拉夫的（i）的基础，而这个基础正是确保"难题"建立的基础。

[75] 关于这个普遍结果的不同陈述，参见 [2.131]，534。

[76] 参见下文所引的外尔的话，这是对这一思想相对较早的陈述。

[77] 关于这里所表达的这些思想的更多讨论，有兴趣的读者可参见戴德金的《数学论文集》（Gesammelte mathematische Werke）第 3 卷中与韦伯（H. Weber）的通信。有关戴德金观点的有价值的讨论，参见 [2.136]、[2.137]、[2.198]。

[78] [2.148] 和 [2.10] 也指出了这种观点在 20 世纪初的普遍盛行。

[79] 我将希尔伯特后期的数学哲学（特别是在 [2.78] 中所表达的数学哲学）从这种概括中排除。

我要感谢阿伦·伊迪丁（Aron Edidin）、理查德·弗利（Richard Foley）、阿拉斯代尔·麦金太尔（Alasdair MacIntyre）、阿尔文·普兰丁格（Alvin Plantinga）、菲利普·奎恩（Phillip Quinn）、斯图尔特·夏皮罗（Stuart Shapiro）

阅读本文,并且为这一章的所有部分或个别部分提出了有帮助的意见。遗留错误是我个人的。

参考书目

2.1 Ackermann, W. "Zur Widerspruchsfreiheit der Zahlentheorie", *Mathematische Annalen* 117 (1940): 162-194.

2.2 Ayer, A. *Language, Truth and Logic*, London, Gollancz, 1936.

2.3 —— (ed.) *Logical Positivism*, New York, The Free Press, 1959.

2.4 Beeson, M. *Foundations of Constructive Mathematics*, Berlin, Springer-Verlag, 1985.

2.5 Benacerraf, P. "What Numbers Could Not Be", *Philosophical Review* 74 (1965): 47-73. Repr. in [2.7].

2.6 —— "Mathematical Truth", *Journal of Philosophy* 70 (1973): 661-680. Repr. in [2.7].

2.7 Benacerraf, P. and H. Putnam *Philosophy of Mathematics: Selected Readings* 2nd edn, Cambridge, Cambridge University Press, 1983.

2.8 Bernays, P. (1935) "Hilberts Untersuchungen über die Grundlagen der Arithmetik", 1935, repr. in [2.79].

2.9 —— "Mathematische Existenz und Widerspruchsfreiheit", 1950, repr. in [2.11].

2.10 —— "Hilbert, David", in P. Edwards (ed.) *The Encyclopedia of Philosophy*, New York, Macmillan and the Free Press, 1967.

2.11 ——*Abhandlungen zur Philosophie der Mathematik*, Darmstadt, Wissenschaftliche Buchgesellschaft, 1976.

2.12 Bostock, D. *Logic and Arithmetic*, 2 vols, Oxford, The Clarendon Press, 1974.

2.13 Bridges, D. *Varieties of Constructive Mathematics*, Cambridge, Cambridge University Press, 1987.

2.14 Brouwer, L. E. J. "Life, Art and Mysticism", 1905, repr. in [2.20].

2.15 —— "On the Foundations of Mathematics", 1907, repr. in [2.20].

2.16 —— "Intuitionism and Formalism", 1912, repr. in [2.20].

2.17 —— "Consciousness, Philosophy and Mathematics", 1948, repr. In [2.20].

2.18 —— "Points and Spaces", 1954, repr. in [2.20].

2.19 —— "The Effect of Intuitionism on Classical Algebra of Logic", 1955, repr. in [2.20].

2.20 ——*L. E. J. Brouwer: Collected Works*, vol. I, Amsterdam, North-Holland, 1975.

2.21 ——*Brouwer's Cambridge Lectures on Intuitionism*, D. Van Dalen (ed.), Cambridge, Cambridge University Press, 1981.

2.22 Carnap, R. "The Old and the New Logic", 1930-1931, repr. in [2.3].

2.23 —— "Die logizitische Grundlegung der Mathematik", *Erkenntnis* 2 (1931): 91-121. English trans. in [2.7].

2.24 —— "Empiricism, Semantics, and Ontology", *Revue internationale de philosophie* 4 (1950): 20-40; repr. in [2.7].

2.25 Dedekind, R. *Was sind und was sollen die Zahlen?* Braunschweig, Vieweg, 1887; repr. in 1969. English trans. in [2.26].

2.26 —— (1963) *Dedekind's Essays on the Theory of Numbers*, New York, Dover Publications, 1963.

2.27 Detlefsen, M. *Hilbert's Program*, Dordrecht, Reidel, 1986.

2.28 —— "Brouwerian Intuitionism", *Mind* 99 (1990): 501-534.

2.29 —— "On an Alleged Refutation of Hilbert's Program using Gödel's First Incompleteness Theorem", *Journal of Philosophical Logic* 19 (1990): 343-377.

2.30 —— "Poincaré Against the Logicians", *Synthese* 90 (1992): 349-378.

2.31 —— (ed.) *Proof and Knowledge in Mathematics*, London, Routledge, 1992.

2.32 —— (ed.) *Proof, Logic and Formalization*, London, Routledge, 1992.

2.33 —— "Poincaré vs. Russell on the Role of Logic in Mathematics", *Philosophia Mathematics* Series III, 1 (1993): 24-49.

2.34 —— "Constructive Existence Claims", to appear in *Philosophy of Mathematics Today*, Oxford, Oxford University Press, 199?.

2.35 Dummett, M. "Wittgenstein's Philosophy of Mathematics", *Philosophical Review* 68 (1959): 324-348.

2.36 —— (1973) "The Philosophical Basis of Intuitionistic Logic", in H. Rose and J. Shepherdson (eds) *Logic Colloquium'73*, Amsterdam, North-Holland, 1973, repr. in [2.7].

2.37 ——*Elements of Intuitionism*, Oxford, Oxford University Press, 1977.

2.38 Feferman, S. "Systems of Predicative Analysis", *Journal of Symbolic Logic* 29 (1964): 1–30.

2.39 —— "Systems of Predicative Analysis, II", *Journal of Symbolic Logic* 33 (1968): 193–220.

2.40 —— "Hilbert's Program Relativized: Proof-theoretical and Foundational Reductions", *Journal of Symbolic Logic* 53 (1988): 364–384.

2.41 Fichte, J. (1797) *Werke*, III (Wissenschaftslehre), Leipzig, Felix Meiner, 1797.

2.42 Field, H. *Science Without Numbers*, Princeton, NJ, Princeton University Press, 1980.

2.43 —— "Is Mathematical Knowledge Just Logical Knowledge?" *Philosophical Review* 93 (1984): 509–552, repr. in [2.45].

2.44 —— "On Conservativeness and Incompleteness", *Journal of Philosophy* 82 (1985): 239–259, repr. in [2.45].

2.45 ——*Realism, Mathematics and Modality*, Oxford, Basil Blackwell, 1989.

2.46 Frege, G. *Über eine geometrische Darstellung der imaginären Gebilde in der Ebene*, 1873, doctoral dissertation, Philosophical Faculty, University of Göttingen. Page references to I. Angelelli (ed.) *Kleine Schriften*, Hildesheim, 1967. Partial English trans. in [2.56].

2.47 ——*Rechnungsmethoden, die sich auf eine Erweiterung des Größenbegriffes gründen*, 1874, Habilitationsschrift, Philosophical Faculty, University of Jena. English trans. in [2.56].

2.48 ——*Begriffsschrift, eine der arithmetischen nachgebildete Formelsprache des reinend Denkens*, Halle, 1879. English trans. in [2.144].

2.49 ——*Die Grundlagen der Arithmetik*, Breslau, Koebner, 1884. English trans. in [2.54].

2.50 ——*Über formalen Theorien der Arithmetik*, Sitzungsberichte der Jenaischen Gesellschaft für Medizin und Naturwissenschaft, 19 (suppl. vol. 2) (1885): 94–104.

English trans. in [2.56].

2.51 —— "Function und Begriff". Lecture presented to the *Jenaischen Gesellschaft für Medizin und Naturwisssenschaft*. English trans. in [2.56].

2.52 ——*Die Grundgesetze der Arithmetik*, vol. I, Jena, Pohle, 1893; repr. Hildesheim, Olms, 1962.

2.53 —— "Kritische Beleuchtung einiger Punkte in E. Schröder's Vorlesungen über die Algebra der Logik", *Archiv für systematische Philosophie* 1 (1895): 433-456. English trans. in [2.56].

2.54 ——*The Foundations of Arithmetic*, Evanston, IL, Northwestern University Press, 1974; English trans. of [2.49].

2.55 —— *Philosophical and Mathematical Correspondance*, G. Gabriel et al. (eds), H. Kaal (trans.), Chicago, University of Chicago Press, 1980.

2.56 ——*Gottlob Frege: Collected Papers on Mathematics, Logic and Philosophy*, B. McGuinness (ed.), Oxford, Basil Blackwell, 1984.

2.57 Friedman, M. "Kant's Theory of Geometry", *Philosophical Review* 94 (1985): 455-506.

2.58 —— "Kant on Concepts and Intuitions in The Mathematical Sciences", *Synthese* 84 (1990): 213-257.

2.59 Gauss, K. *Werke*, Vols I-XI, Leipzig, Teubner, 1863-1903.

2.60 ——*Briefwechsel mit H. W. M. Olbers*, Hildesheim, Georg Olms, 1976.

2.61 Gentzen, G. "Die Widerspruchsfreiheit der reinen Zahlentheorie", *Mathematische Annalen* 112 (1936): 493-565.

2.62 Gödel, K. "Über formal unentscheidbare Sätze der *Principia Mathematica* und verwandter Systeme I", *Monatshefte für Mathematik und Physik* 38 (1931): 173-198. English trans. in [2.144].

2.63 —— "What Is Cantor's Continuum Problem?" *American Mathematical Monthly* 54 (1947): 515-525.

2.64 —— "Über eine bisher noch nicht benütztę Erweiterung des finiten Standpunktes", *Dialectica* 12 (1958): 280-287. English trans. in *Journal of Philosophical Logic* 9 (1958): 133-142.

2.65 —— "What Is Cantor's Continuum Problem?" rev. version of [2.63]; rep. in

[2.7].

2.66　Hahn, H. "Logik, Mathematik und Naturerkennen", vol. 2 of the *Einheitswissenchaft* series [Carnap and Hahn (eds)], Vienna, Gerold, 1933. English trans. in [2.3]

2.67　Halsted, B. *The Foundations of Science*, Lancaster, PA, The Science Press, 1946.

2.68　Hellman, G. *Mathematics Without Numbers*, Oxford, Oxford University Press, 1989.

2.69　Heyting, A. *Intuitionism: An Introduction*, Amsterdam, North-Holland, 1956. Page references are to the 3rd rev. edn, 1971.

2.70　—— (1958) "Intuitionism in Mathematics", in R. Klibansky (ed.) *Philosophy in the Mid-Century*, Firenze, 1958.

2.71　Hilbert, D. "Letter to Frege, 29 December, 1899". English trans. in [2.55].

2.72　—— "Mathematische Probleme", lecture presented to the International Congress of Mathematicians in Paris. English trans. in *Bulletin of the American Mathematical Society* 8 (1902): 437-479.

2.73　—— "Axiomatisches Denken", 1918, in [2.79].

2.74　—— "Neubegrilndung der Mathematik (Erste Mitteilung)", 1922, in [2.79].

2.75　—— "Über das Unendliche", *Mathematische Annalen* 95 (1925): 161-190.

2.76　—— "On the Infinite", 1925, English trans. of [2.75] in [2.144].

2.77　—— "The Foundations of Mathematics", 1927, in [2.144].

2.78　—— "Naturerkennen und Logik", 1930, in [2.79].

2.79　——*Gesammelte Abhandlungen*, vol. 3, Berlin, Springer, 1935, repr., New York, Chelsea, 1965.

2.80　Hilbert, D. and P. Bernays. *Grundlagen der Mathematik*, vol. I, Berlin, Spinger, 1934.

2.81　Hodes, H. "Logicism and the Ontological Commitments of Arithmetic", *Journal of Philosophy* 81 (1984): 123-149.

2.82　—— "Where do the Natural Numbers Come From?" *Synthese* 84 (1990): 347-407.

2.83　Hume, D. *Enquiry Concerning Human Understanding*, Oxford, Clarendon Press, 1748.

2.84　Kant, I. *On the Form and Principles of the Sensible and Intelligible World*, 1770, in G. B. Kersferd and D. E. Walford (trans. and eds) *Kant: Selected Pre-Critical Writings and Correspondence with Beck*, New York, Barnes and Noble, 1968.

2.85　——*Prolegomena zu einer jeden künftigen Metaphysik die als Wissenschaft auftreten können*, Riga, 1783. English trans. in P. Carus (trans.) *Kant's Prolegomena*, Chicago, Open Court, 1929.

2.86　——*Kritik der reinen Vernunft*, 2nd. edn, Riga, J. F. Hartknoch, 1787. English trans. in [2.88].

2.87　——*Gesammelte Schriften*, Berlin, Reimer, 1900.

2.88　——*Critique of Pure Reason*, N. K. Smith (trans.), New York, St Martin's Press, 1965.

2.89　Kitcher, P. *The Nature of Mathematical Knowledge*, Oxford, Oxford University Press, 1983.

2.90　Kreisel, G. "Hilbert's Programme", 1958, in [2.7].

2.91　Kronecker, L. "Über den Zahlbegriff", *Journal für reine und angewandte Mathematik* 101 (1887): 261–274. Repr. in *Werke*, vol. 3, Part I, 1932, pp. 249–274.

2.92　Maddy, P. *Realism in Mathematics*, Oxford, Oxford University Press, 1990.

2.93　McGinn, C. "Truth and Use", in M. Platts (ed.) *Reference, Truth and Reality*, London, Routledge and Kegan Paul, 1980.

2.94　—— "Reply to Tennant", *Analysis* 41 (1981): 120–123.

2.95　Parsons, C. "Mathematical Intuition", *Proceedings of the Aristotelian Society* 80 (1980): 145–168.

2.96　—— "Quine on the Philosophy of Mathematics", repr. in [2.97].

2.97　——*Mathematics in Philosophy*, Ithaca, Cornell University Press, 1983.

2.98　—— "The Structuralist View of Mathematical Objects", *Synthese* 84 (1990): 303–346.

2.99　Poincaré, H. *La science et l'hypothese*, Paris, Ernest Flammarion, 1903. English trans. in [2.67].

2.100　——*La valeur de la science*, Paris, Ernest Flammarion, 1905. English trans. in [2.67].

2.101　——*Science et méthode*, Paris, Ernest Flammarion, 1908. English trans. in

[2.67].

2.102 Putnam, H. "Mathematics without Foundations", *Journal of Philosophy* 64 (1967): 5-22, repr. in [2.107] and [2.7].

2.103 —— "The Thesis that Mathematics is Logic", in R. Schoenman (ed.) *Bertrand Russell: Philosopher of the Century*, London, Allen and Unwin, 1967, repr. in [2.107].

2.104 —— "The Logic of Quantum Mechanics", in R. Cohen and M. Wartofsky (eds) *Boston Studies in the Philosophy of Science*, vol. 5, Dordrecht, Reidel, 1968, repr. in [2.107].

2.105 ——*Philosophy of Logic*, New York, Harper and Row, 1971.

2.106 —— "What Is Mathematical Truth?" 1975, in [2.107].

2.107 ——*Mathematics, Matter and Method*, Cambridge, Cambridge University Press, 1979.

2.108 Quine, W. V. D. "On What There Is", *Review of Metaphysics* 2 (1948): 21-38, Repr. in [2.110].

2.109 —— "Two Dogmas of Empiricism", *Philosophical Review* 60 (1951): 20-46, repr. in [2.110].

2.110 ——*From a Logical Point of View*, New York, Harper and Row, 1953.

2.111 —— "Carnap and Logical Truth", *Synthese* 12 (1954): 350-379. Repr. In [2.7].

2.112 Resnik, M. *Frege and the Philosophy of Mathematics*, Ithaca, NY, Cornell University Press, 1980.

2.113 —— "Mathematics as a Science of Patterns: Ontology and Reference", *Nous* 15 (1981): 529-550.

2.114 —— "Mathematics as a Science of Patterns: Epistemology", *Nous* 16 (1982): 95-105.

2.115 ——Review of H. Field's *Science Without Numbers*, *Nous* 27 (1982): 514-519.

2.116 Runggaldier, E. *Carnap's Early Conventionalism: An Inquiry into the Historical Background of the Vienna Circle*, Amsterdam, Rodopi, 1984.

2.117 Russell, B. "Recent Work on the Principles of Mathematics", *International Monthly* 4 (1901): 83-101.

2.118 —— "Is Position in Time and Space Absolute or Relative?" *Mind* 10 *122* (1901b): 293-317.

2.119 —— "Letter to Frege", 1902, in [2.144].

2.120 ——*The Principles of Mathematics*, Cambridge, Cambridge University Press, 1903. Page references to the 7th impression of the 2nd ed, London, George Allen and Unwin, 1937.

2.121 —— "Review of *Science and Hypothesis* by H. Poincare", *Mind* 14 (1905): 412-418.

2.122 —— "Les paradoxes de la logique", *Revue de métaphysique et de morale* 14 (1906): 627-650. English trans. under the title "On 'Insolubilia' and their Solution by Symbolic Logic" published in [2.125].

2.123 —— "The Regressive Method of Discovering the Premisses of Mathematics", read before the Cambridge Mathematical Club, 9 March, 1907. First published in [2.125].

2.124 ——*Introduction to Mathematical Philosophy*, London, George Allen and Unwin, 1919.

2.125 ——*Essays in Analysis*, D. Lackey (ed.), London, Allen and Unwin, 1973.

2.126 Russell, B. and Whitehead, A. N. *Principia Mathematica*, Cambridge, Cambridge University Press, 1910.

2.127 Schelling, F. *System des transcendentalen Idealismus*, Hamburg, Felix Meiner, 1800.

2.128 Schütte, K. *Beweistheorie*, Berlin, Springer-Verlag, 1960.

2.129 Shanker, S. *Wittgenstein and the Turning-Point in the Philosophy of Mathematics*, Albany, NY, State University of New York Press, 1987.

2.130 Shapiro, S. "Conservativeness and Incompleteness", *Journal of Philosophy* 80 (1983): 521-131.

2.131 —— "Mathematics and Reality", *Philosophy of Science* 50 (1983b): 523-548.

2.132 Sieg, W. "Fragments of Arithmetic", *Annals of Pure and Applied Logic* 28 (1985): 33-72.

2.133 Simpson, S. "Subsystems of Z_2 and Reverse Mathematics", 1987, in [2.139].

2.134 —— "Partial Realizations of Hilbert's Program", *Journal of Symbolic Logic* 53 (1988): 349-363.

2.135 Tait, W. "Finitism", *Journal of Philosophy* 78: (1981): 524-546.

2.136 —— "Truth and Proof: The Platonism of Mathematics", *Synthese* 69 (1986): 341-370.

2.137 —— "Critical Notice: Charles Parsons' *Mathematics in Philosophy*", *Philosophy of Science* 53 (1986): 588-606.

2.138 Takeuti, G. *Proof Theory*, Amsterdam: North-Holland, 1975.

2.139 ——*Proof Theory*, 2nd. edn, Amsterdam, North-Holland, 1987.

2.140 Tennant, N. "Is This a Proof I See Before Me?" *Analysis* 41 (1981): 115-119.

2.141 —— "Were Those Disproofs I Saw Before Me?" *Analysis* 44 (1984): 97-195.

2.142 Tragesser, R. "Three Insufficiently Attended to Aspects of most Mathematical Proofs: Phenomenological Studies", 1992, in [2.32].

2.143 Troelstra, A. and van Dalen, D. *Constructivism in Mathematics*, 2 vols, Amsterdam, North-Holland, 1988.

2.144 van Heijenoort, J. *From Frege to Gödel: A Sourcebook in Mathematical Logic 1879-1931*, Cambridge, MA, Harvard University Press, 1967.

2.145 Wagner, S. "Logicism", 1992, in [2.31].

2.146 Webb, J. *Mechanism, Mentalism, and Metamathematics*, Dordrecht, Reidel, 1980.

2.147 Weyl, H. "David Hilbert and his Mathematical Work", *Bulletin of the American Mathematical Society* 50 (1944): 612-654.

2.148 ——*Philosophy of Mathematics and Natural Science*, Princeton, Princeton University Press, 1949 rev. and augmented English edn, New York, Atheneum Press, 1963.

2.149 Wittgenstein, L. *Philosophical Investigations*, New York, Macmillan, 1953.

2.150 ——*Wittgenstein's Lectures on the Foundations of Mathematics: Cambridge 1939*, C. Diamond (ed.), Chicago, University of Chicago Press, 1976.

2.151 ——*Remarks on the Foundations of Mathematics*, G. H. von Wright *et al.* (eds), Cambridge, MA, MIT Press, 1978.

2.152 Wright, C. *Wittgenstein on the Foundations of Mathematics*, Cambridge, MA, Harvard University Press, 1980.

第三章
弗雷格

雷纳·博恩（Rainer Born）

学术生涯

戈特洛布·弗里德里希·路德维希·弗雷格 1848 年 11 月 8 日出生于德国梅克伦堡州（Mecklenburg）维斯马市（Wismar），1925 年 7 月 26 日卒于克莱嫩市（Kleinen）（在维斯马市南边）。他最初是数学家、逻辑学家，最后成为了分析哲学领域非常重要的哲学家（当然，这取决于人们对哲学概念的理解）。

今天，无可争议，人们认为弗雷格是现代（数理）逻辑的创始人，也就是说，他被认为是自亚里士多德以来最重要的逻辑学家。在他的数学哲学（或者更确切地说，在他的算术哲学）中，弗雷格关心的是数学基础，他开创了关于数学的现代哲学讨论。弗雷格的数学哲学被称作逻辑主义。在他的数学哲学中，弗雷格试图把算术只还原为逻辑（这取决于人们理解的逻辑是什么）。

而且，弗雷格被认为是哲学逻辑和语言哲学的创始人。语言哲学是从哲学语义的角度看分析化的语言。就此而言，他也可以被认为是语义学转向的现代分析哲学的鼻祖。[1]

弗雷格在耶拿（Jena）大学和哥廷根（Göttingen）大学学习数学、物理学和哲学。他的老师包括赫尔曼·洛采（Herman Lotze）。有人［比如汉斯·斯鲁格（Hans Sluga）］认为弗雷格受到赫尔曼·洛采的影响，发展了逻辑的"函数"观。[2] 1874年，他在哥廷根写出了自己的博士论文《关于平面上想象实体的几何表示》（Über eine geometrische Darstellung der imaginären, Gebilde in der Ebene）[3]，而且因第二篇论文《关于建立在幅值概念的外延的基础上的演算方法》（Rechungsmethoden, die sich auf eine Erweiterung des Größenbegriffes gründen）[4] 被任命为数学专业的大学讲师。1879年至1918年，他一直是耶拿大学的教授，并且1897年被评为特殊荣誉教授（1896年是普通荣誉教授）。

一生中，弗雷格几乎没有得到学术认可，直到去世，一直愁苦郁闷。

罗素、维特根斯坦和卡尔纳普都试图推动弗雷格的思想，菲利普·E·B·乔丹（Phillip E. B. Jourdain）《数理逻辑理论的发展和数学原则》（The Development of the Theories of Mathematical Logic and the Principles of Mathematics）第二章的标题是"戈特洛布·弗雷格"，却引起了人们对弗雷格工作的关注。直到《算术的基本规律》[5] 的出版，他才有了声誉。弗雷格自己也阅读了这部著作，还补充有评论。弗雷格认为他毕生的工作就是为初等数论和分析建立确定不移的基础。

弗雷格出版的著作可以分成三个重要时期：

		参考文献编号
早期	（1879—1891）	
《概念文字》（BS）	（1879）	[3.3]
《算术基础》（GLA）	（1884）	[3.6]
成熟期	（1891—1904）	
《算术的基本规律》第1卷（GGAI）	（1893）	[3.11]
《算术的基本规律》第2卷（GGAII）	（1903）	[3.14]
《函项和概念》（FB）	（1891）	[3.8]
《论涵义和指称》（SB）	（1892）	[3.9]
《论概念和对象》（BG）	（1892）	[3.10]
《函数是什么》（WF）	（1904）	[3.15]
后期	（1906—1925）	
《思想》（LUI）	（1918）	[3.16]

《否定》（*LUII*）　　　　　　　　　（1918）　　　　　　　[3.17]
《逻辑研究》（*LUIII*）　　　　　　　（1923）　　　　　　　[3.18]

研究《遗著》（*NL*）[3.19]以及《生前书信》（*BW*）[3.19]能获得更深、更重要的理解。这些缩写在国际上通用。

弗雷格和现代逻辑

回顾总结弗雷格对逻辑的贡献，即从现代的观点以及用现代所发展的知识来总结他的贡献，人们会说弗雷格在他的 *BS* [3.3] 中首次用形式语言、公理、推理规则构造了一个逻辑系统。后来 *GGAI* [3.11][6] 中的逻辑系统关注的是我们今天所说的二阶谓词演算（对象和性质上的量化）。*BS* 中的句子逻辑和一阶谓词逻辑的片段构成了今天我们所知道的演绎逻辑理论的一种完整形式化。弗雷格在逻辑上的贡献可以与亚里士多德的"三段论"相比。从科学哲学的角度，人们可以把 *BS* 解释为算术的逻辑基础所做的某种准备，正是为了完成算术的逻辑基础这个目标，而发展出了 *BS* 这样的工具。

在这部分，我将从现代观点简要综述弗雷格在形式逻辑领域中的成就。[7]然后，我会做一些哲学上的思考，这对我们的研究特别重要。最后，我简要地谈及谓词逻辑，以及弗雷格从 *BS* 到 *GGA* 的转变。我这么做，是要强调：人们首先必须使自己熟悉给定领域的知识[8]，这样才能积累可供自由处理的例子，当分析和思考它时，就能获得新的感悟。[9]这与弗雷格死后人们对他研究过程的解释相一致，与人们所谓的他的构造主义方法相一致[10]，这个方法应区别于胡塞尔（Husserl）的抽象方法。

弗雷格对现代逻辑的贡献在于引入了（逻辑的）量词，这有助于解决产生于一般句子的逻辑分析的问题。一般句子就是包含像"对于所有的"、"一些"、"存在一个"（也许只有一个）、"至少存在一个"等这样的表达式的句子。[11]自亚里士多德以来，正是不能满意地用形式逻辑的方法分析这些句子才阻碍了逻辑学的实质性进步。[12]

有人认为，从逻辑的角度看，弗雷格通过把这些句子看作真值的名称来分析这些句子。这意味着他考虑的仅仅是可判断的表达式，即带有"可判断内容"的句子；后来，一个与陈述句间等同关系的问题有联系的思想创造出了"涵义"（*Sinn*）这个区别于"指称"（*Bedeutung*）的术语。

人们可以如下来解释这个观点：当弗雷格在某个 A 前使用"—"（他称"—"是内容符号）时，意思是在分析 A 的过程中，人们不能从以下事实进行抽象，即 A 一定是可判断的，人们可以正面地断定它，也就是把它变成一个陈述句，凭借这个（在逻辑意义上）"创造"出的句子（即被认为是句子的句子）[13]，A 可真可假。在这个情况下，弗雷格使用他所谓的断定符"|"，写出"⊢A"（断言 A）。

A 与它的内容—A 的关联方式后来被模拟为（解释性的说法）A 与一个真值⊢A 的关联（使它指向这个真值）。所以，"⊢A"（在现代语言中）可以（非常谨慎地，并且出于重构的原因）被认为是一个真值变元的表达式。真值本身可以被解释为（或被看作）属于（弗雷格意义上的）"客观事物的领域"。

从一个外部的、理论—解释性的角度看，我们这里关心的是模拟，而且从这个角度看，真值是所谓的"构造"。从内部也可以说从哲学的角度看，我们必须考虑句子作为"真值的名称"这个思想是否有用，也就是作为解释的概念，哪些可以投影为我们对什么是句子的理解。

然而，库切拉（Kutschera）坚持认为弗雷格的逻辑运算不是为真值或者可判断的内容而定义的，而是为句子定义的，并且句子不能被分析为名称，而是真值的名称。（参见［3.46］，24）

也许人们应该强调，在逻辑学的语境下，"句子"表达式首先有技术意义。也就是说，语法的句子以这样的方式被取而代之：它们与真实对象的关系被句子符号（名称）和真值的关系所模拟，即一个陈述句是一个真值的名称。所以，重点就是句子被分析为函数。

呈现弗雷格逻辑的最大困难在于人们不能简单沉浸在弗雷格时代的背景知识中，特别当人们分析原来的论文时。正如库切拉在［3.46］中所解释的那样，我们不能真正地忽视我们所谓的现代知识，它将一直影响我们的解释。

所以，在后面的讨论中，我将诉诸一种不纯粹依赖语言手段的方法。

在 BS 中，弗雷格首先引入变量与常量的区别，然后引入判断的表达式，然后再继续引入作为分析语言表达式的新方法"函数"（这个方法与传统的主谓分析不同）。这样，他就绕过了逻辑的传统方法。这种传统方法开始于概念，然后是判断，最后是推理。

弗雷格明显地从判断开始，然后在延伸数学的函数概念之后，说明概念可以被分析为一种特殊函数。因为语言表达式被看作函数，所以他认为表达式是函数作用的结果，即（现代意义上的）函数的值。

在 BS 中，弗雷格谈论的仅仅是符号与符号序列。这些符号与符号序列宣告了判断内容。也就是说，如果 A 是我们语言中这样的符号（一个有意义的语言表达式，它指向世界的某个事实），那么"－A"就是一个思想表达式[14]，这个思想从"A 表达了某个内容"来考虑符号 A。弗雷格用日常语言把这界定为"句子……"或者"事实……"。后来在 GGA 中，弗雷格严格区分了符号和其所指，并发展出关于这些术语的逻辑。在 BS 中，一个判断看起来就是一个断言真或假的陈述句。

但是，并不是每一个"内容""－A"都能被转化为一个判断（用断定符"|"作为"⊢A"的表达手段）。这里所说的判断指的是关于某个事实的断言，这个事实是获得也可以说包含（或者未获得，不包含）一个真或假的陈述。在弗雷格看来，人们必须区分能转化为判断的"内容"与不能转化为判断的"内容"。下面是弗雷格在 BS 中的重要评论：

"符号'⊢'中的平线'－'与跟在它后面的符号或符号序列连接成一个整体（强调由我所加）。平线左边的垂直符号表示确认，关注的是作为一个整体的符号序列。"（[3.3]，2)[15] "所以与内容符号相接的一定永远是'可判断的内容'。"（[3.3]，2)[16] 所以，"⊢A"表达了这一事实，即内容"－A"被断言或者能被断言。

在弗雷格的演算中，人们多多少少地停留于给定的语言。人们从分析的特定方面来考虑语言表达式，但不得不丰富本体，即局部地精炼表达方式和语言的表达力，也就是局部地精炼语言。换句话说，我们正在一种语言内谈论这种语言。

人们可以把这个过程理解为一种模拟，即图像。这个图像就像语言，指称这个世界或某个世界，断言"⊢A"指的是某个内容"−A"一开始就存在于我们的自然语言所指称的世界。这意味着，一种自然语言中的特殊事物通过映射或指派"⊢A⊢−A"在给定语言中被模拟了。

看看弗雷格怎样引入我们今天所知道的逻辑算子，这是有趣的。弗雷格仅仅用了两个逻辑算子，即否定以及我们今天所说的实质蕴涵，并且使用了一个与算术类似的二维记号，他在"Berechtigung, 54"[3.4]中解释了这个记号。逻辑算子是为句子或者是为语言表达式而定义的。[17]然而，在我看来，为了分析，人们应该区分逻辑重构（或分析）中的句子与作为一种自然语言的元素的句子。

今天，甚至在处理自然语言时，我们也认为句子的连接（借助某些连接词，比如且、或等）组成了新的句子，它们就像是由算子"且"、"或"、"如果……那么"产生的。从逻辑的观点看，这些算子是二元算子，它们把两个给定的（逻辑的）句子连接成一个整体，这个新句子具有确定的真值。显然，理论—解释性的逻辑分析被（错误地）投影为对自然语言内部过程的描述（或自然语言内部过程中的操作员）。语言不是这样起作用的，但是可以被这样分析，尽管这种分析不是全局的，而且是在受限制的假设下展开的。

为了概括 BS 的命题逻辑部分，可以用下列方式翻译弗雷格的结果[18]：

公理

(A_1) $A \rightarrow (B \rightarrow A)$

(A_2) $(C \rightarrow (B \rightarrow A)) \rightarrow ((C \rightarrow B) \rightarrow (C \rightarrow A))$

(A_3) $(D \rightarrow (B \rightarrow A)) \rightarrow (B \rightarrow (D \rightarrow A))$

(A_4) $(B \rightarrow A) \rightarrow (\neg A \rightarrow \neg B)$

(A_5) $\neg \neg A \rightarrow A$

(A_6) $A \rightarrow \neg \neg A$

推演规则

R1: $A \rightarrow B, A \vdash B$

弗雷格对谓词逻辑的发展非常重要。在 BS 中，他引入了一种函数的一般概念，其中他的数学经验也许起到了重要的作用。他有一个想法，即用函数（这里所说的函数是对数学函数的一般化所得的广义函数）的分析力和表达力来表达关于陈述句的（或者命题的）真值的最大限度的普遍性是可能的。所以，引入函数就等于引入一种分析语言表达式的新方法和新方位，新方位指的是（或者关注的是）世界，即指的是可判断的内容。这个分析方法应该被认为是以亚里士多德三段论为典范的主谓分析的推广。[当然，这种看法也带有一点疑虑，参见帕奇希（G. Patzig）与卢卡西维茨关于对亚里士多德逻辑的解释。[19]]

关于数学，逻辑应该能解决那些迄今没有解决的问题。诸如"有无穷多个素数"这样的句子居然不能在布尔代数中分析。不管怎样，弗雷格方法的优点是能够说明亚里士多德逻辑是一种边缘案例（例如 [3.3]，22-24；那里重构了三段论）。

通常，句子"所有人都有一死"被分析为"（Bx→Ax）"。它的函项分析是（∀x）(Bx→Ax)，意思是："对于所有的 x，如果 x 是人，那么 x 有一死"。但是，按照帕奇希的观点，它们的不同还不止这些。（参见[3.50]，47）因为在亚里士多德的例子中，一个句子的主词不是个体的全类，而是 B 成立的那些个体的类，如 B 类。A 是一个谓词。在亚里士多德那里，"论域"被限制在 B 成立的那些客体上。

从概念和函项表达式的逻辑（*BS*）向值域逻辑（*GGA*）的转变

在 *GGA*（弗雷格的主要作品）中，他明显关注他所谓的逻辑主义计划，这个计划是要把算术"还原"到逻辑（他所理解的逻辑）。（参见 [3.11]、[3.14]）弗雷格再次明确阐述了他的逻辑。*GGA* 与 *BS* 的主要不同点是：

(1) 引入函数的值域（见下面的讨论）。[20]

(2) 句子被认为是真（值）的名字，即词项逻辑得到了发展。

(3) 句法和语义被定义得更准确了。

GGA [3.11] 的准备工作是《函项和概念》[3.8]、《论涵义和指称》[3.9] 以及《论概念和对象》[3.10]，人们普遍认为，它们属于弗雷格的语言哲学。在

《函项和概念》中，弗雷格引入了值域。

在 [3.8] 中，弗雷格细致地剖析函数的概念（及其一般化），首次引入函数值域（实际上是未被定义的基础概念）。他还清楚地阐述了后来发展为 GGA 中名声不好的公理 5 的最初版本，为罗素悖论的推出提供了可能。在 GGA 的"导论"中，弗雷格恰好讨论了那个公理以及它受到质疑的可能性。

为了更好地理解弗雷格后期的逻辑观，特拣出以下有价值且更具说明性的方面来考虑：在其他事物中，弗雷格说明了怎么从函数表达式（别忘了它们是运用指派或赋值规则所得到的值）到"函数的真实本质"。以表达式"$2·1^3+1$"、"$2·2^3+2$"、"$2·4^3+4$"为例，人们可以看出这些表达式的共同点，即"不饱和的"（见后面）表达式"$2·x^3+x$"除了呈现 x，还呈现了可以写成如下方式的东西："$2·(\ )^3+(\ )$"。[21] 空位中可插入数字名称，这样插入后的结果就是一个数字名称。所以，函数本身只能被暗指，而不能被（字面上）命名。

因此，表达式"$2·\xi^3+\eta$"以及任意函数 ξ 和 η（今天被称之为虚变数）都是不完整的，或者用弗雷格的话说，是"不饱和的"，需要补充。

正是这条性质从原则上区分了函数与对象，或者把函数和一个模型中起到对象作用的东西区分开来。所以，如果想弄清楚我们谈论对象时对象指的是什么，那么可以说对象就是可以被放入函数空位中的东西，它起到函数变量的作用，是名称的所指。

只有把函数应用到一个对象，函数才能产生独立于自身的某个东西，即函数值。函数值转过来又起到一个对象的作用，或者用弗雷格的说法，它是对象。尽管这个"是"不必以一种柏拉图主义的、实在论的方式来解释，但是也可以用没有任何本体承诺的方式来解释。[22]

然而，对弗雷格而言，说函数与对象的区分是一种基本本体论的区分，这是有道理的。

概念尤其（记住：弗雷格的起点是判断）被看作特殊的函数，而命题（思想）被看作对象。所以，函数的不饱和意味着函数不是对象。然而，函数的任意值都是一个对象。

相对于简单清楚的数学函数概念，必须指出，并不仅仅只有数可以作为这种函数的自变量和函数值。在弗雷格的"技术"语言中，特别允许"真值"作为函数的自变量和函数值，这意味着概念（从技术上说）能被刻画成特殊函数，即这种函数的函数值永远都是一个真值。（参见［3.8］，15）

所以，弗雷格坚持认为，我们应该看到逻辑中所谓的概念与他（我们今天）所谓的函数的关系多么紧密。特别地，关于一个概念外延的思想，即把某物刻画成"归入一个概念"，能够通过函数的思想以更为一般的方式被理解（或以不同的方式被实现或真实化）。这更为一般的方式就是把概念的外延看作函数的值，其中"值域"概念起着决定性的作用。

例如，我们说，自变量是 1 时，函数 $2 \cdot x^3 + x$ 的值是 3。如图 3—1 所示，我们能认出两个函数的值域，这就允许我们讨论函数的等值（即它们是否有相同的值域）。

	自变量	0	1	2	3	4	5	6	
$x(x-4)$	值（1）	0	−3	−4	−3	0	5	12	值域（1）
x^2-4x-2	值（2）	−2	−5	−6	−5	−2	3	10	值域（2）

图 3—1

对弗雷格算术哲学的反思

把前面的内容放在脑后，我们现在集中于数的定义。我将清楚地表达"给出一个逻辑定义"是什么意思，并且进一步解释弗雷格通常的逻辑观。[23]在这里，对所用到的形式工具有所了解至关重要，特别要了解这些形式工具所提供的认识论解析的层次，我认为它区别于日常语言的认知论解析的层次。我将主要使用 GLA 和 GGA 作为背景，讨论涵义和指称间的重要区别。弗雷格在 GGA 中把 beurteilbarer Inhalt[24]分解为涵义和指称，涵义和指称对于他的语言哲学很关键。我将简要谈及所谓的公理 5（《算术的基本规律》中的抽象原则，参见《算术的基本规律》，36、69、240、253 页），它导致了弗雷格计划中的罗素悖论。

首先，我将尝试地发展一种关于弗雷格对数的定义的技术的、理论—解释性的理解，它不能刻意从历史的角度理解，而应该被解释性地再构造。由此发展出的图景有助于理解弗雷格对数的定义的哲学意义。

弗雷格传达其观点的起点（即他开始讨论所使用的假设）是，数的概念的应用范围通常是一元概念（谓词）。这就是说，他已经预设把概念分析（理解）为函数。简单说：因为一元概念可以是空的，所以数字零（0）可以被定义为关于空概念的陈述（实际上是一个关于数的陈述），即没有任何对象可被纳入这个概念或没有任何对象属于这个概念。

此外，因为有且只有一个对象属于一个概念，这个概念区别于这个对象，所以人们可以把数字一（1）看作一个概念的性质，它与一个对象的性质很不同。如果知道一个数 n 归属于一个概念是什么意思，那么就知道了 $n+1$ 归属于一个概念是什么意思。

所有这一切并不像听起来那么简单。理解这个方法的一个关键假设就是，对谈论一个对象序列（矢列）中的直接后续（immediate succession）是什么意思有一个"逻辑图像"。（参见［3.3］*Einiges aus der allgemeinen Reihenlehre*）这个逻辑分析以最一般的方式清晰化了自然数序列中一个数接一个数的顺序是什么意思。（参见［3.6］，第 55 节，67 页）这样就可以清楚地表达把一个数 $n+1$ 归属到概念 F 是什么意思。从纯逻辑的角度看，它的意思是，如果至少有一个对象 a 属于 F，可以定义概念 G 为"属于 F，但不同于 a"，那么数 n 就归属于 G，用符号表示就是［card（G）＝n］ G 的基数是 n。

这个构造可被应用于任何 a，甚至那些不属于 F 的对象。[25]因此，可以更准确地定义 G 为 G［a；F］，这样，以下结论成立：对于任何来自 F 外延 ext（F）＝［F］的对象 a，都有 card(G［a；F］)＝n。这意味着，使用纯逻辑的方法，也就是用最一般的方式，可以表达数 $n+1$ 归属于概念 F 是什么意思。这个逻辑的理解独立于康德意义上的直觉有效性，所以弗雷格说，它不是先天综合的，他在《数学的逻辑》（*Logik in der Mathematik*）中说它是先天分析的。

让我们现在不严格地回到 0 的情况：可以选择一个矛盾概念［如 $\alpha x(x \neq x)$，所有与自身不同的 x 的概念］。然后，我们认识到，考虑任何对象属于这个概念是没有意义的——这就意味着我们无法想象存在这样的对象。现在我们可以考虑"所有与 Λ 有相同外延的 F 组成的类"（记作［Λ］）。我们假设概念 Λ 与 F 的外延分别是［Λ］和［F］，它们的元素一一对应。这个映射定义了概念间的一种等价关系，类［Λ］是一种二阶等价类，这种概念外延的表达式是"与 L 等势"。只有通过在其整体的等价类［L］的绕行，才能把数 0 作为一个数归属于概念 Λ。记作：n：card：Λ ↦ ［Λ］使得 card(Λ)＝0。

这种重构实际上与弗雷格的思想非常接近，因为他关心的是对数的定义，而数应该属于外延是"与概念 F 等势"的概念。（参见［3.6］，79–80）

然而，这绝不意味着，人们需要数［Λ］的元素或者需要知道整个［Λ］，才能以素朴的逻辑方式理解数的意图。所有背后的逻辑"直觉"似乎仅仅是，人们可以说某人理解了某个数 card(F) 归属于一个具体概念 F 是什么意思，这意味着这种理解独立于［Λ］的特殊代表元的选择。

现在所谈论的"理解一个概念"（如数的概念）不应被看作经验的、心理学式的谈论。它的目标在于说明哲学内省（或者说，私人语言）对普遍理解数是不必要的。这里的主张是，这种理解独立于经验想象（或康德意义上的直觉）的特殊选择，或者独立于理解数学的经验能力。

让我们再回到 0，考虑从 0 到 1 的转变。如果人们想理解弗雷格的方法，那么就必须认识到有一个东西紧随 0 之后，它起到 1 的作用。弗雷格使用一元概念（谓词）"Ψ(x)"，其被定义为 Ψ：＝"与 0 相等"。但是，因为"与 0 相等"对 0 而言也是正确的，所以我们可以看出 0 属于 Ψ。[26]

考虑概念"与 0 相等"。这不仅仅意味着某个对象 1 紧随 0 之后。人们还能确定 1 就是属于概念"与 0 相等"的数。

这样，数数就被规约为从逻辑上理解归属 f 的简单过程是什么，这不同于内省地理解一个人怎样在数数的过程中感受自己——怎样实现数数——或者怎样教孩子正确地数数。

如果预设弗雷格的函项解释，或者更确切地说概念思想的重构，那么一个数就与一个概念联系，这个联系就是被数的那些对象归属于那个概念。［对象被放在一起，归属于某个概念。这个与概念联系的数本身也是一个对象，这体现在两方面：第一，它是我们习惯的符号，即我们已学会操作的对象；第二，它是抽象对象，这种对象的任何实现或真实化都将有助于我们正确使用抽象对象（数）。］

看起来重要的是关于抽象的逻辑步骤，弗雷格的分析清楚地解释了这个步骤。在他的资格论文也就是它的第二篇博士论文中，他关注一个关于长度测量的类似问题。(参见 [3.2], 1) 长度不再被看作填满一条线的起点和终点之间的"东西"。这也就是说，重要的（按照现代的观点）仅仅是起点和终点以及值的附属物。后来豪斯道夫（Hausdorff）、弗雷歇（Frêchet）和其他人[27]在定义距离"函数"d(a, b)（其中 a、b 指的是两个点）时，也清楚地阐释过这一观点。

人们清楚地看出，弗雷格怎样反对"内省"作为逻辑知识的直觉［用康德的话说，就是可想象的（anschaulich）］源泉，以及尽管他保持逻辑外观仍是外延的，他可以把握在数学思想中被看作抽象之物的东西。

比如，弗雷格坚持认为，数 1 归于概念"地球的卫星"并不表达关于月球的任何内容，它仅仅是说，只有一个对象归属于这个概念，而对月球不再有任何陈述。

在数数过程中，抽象的作用以如下这种方式变得清楚了：对应于一个概念（但是不同于这个概念，它应该被认为是这个概念的替换或者表达式），有一个概念的外延属于那个对象，这个概念的外延是被合理定义为对象的一个类（至少可以这么认为）。数数就等于确认一个概念 F，使得被数的对象归入这个概念（被看作一个函数！），并且把一个数归属于那个概念；函数 $f(x)$ 就被描述为 card(F)。

弗雷格对直觉的解释是基于这样的思想：数数等于把要数的对象归入一个概念（记住，这个说法是一种解释性的说法，而不是一个描述性的说法），然后人们可以说，如此定义的概念属于那个我们在实践中认为是数数过程的结果的数，或者我们已经学会如此产生数。

现在，如果人们认为这实际上对于一种数的理论理解是至关重要的，那么首先就要弄清楚没有任何数属于一个概念，或者进一步说，只有一个对象属于一个概念是什么意思是有好处的。这正是我们前面所说的，人们制定出了一种关于没有任何对象归属于 F 是什么意思的逻辑分析——但是需要真正给出概念的外延吗？

根据弗雷格的观点，数（仅仅）是对象而不是概念，即它们应该被看作函数的自变量，而且人们（从逻辑上说）可以在数上做量化。

为了把数定义为逻辑意义上的数，弗雷格发明了今天所谓的抽象定义。

在 [3.6] 74 页之后，他通过从欧式平面上的"两条平行线"概念到"线的方向"概念的过渡来说明他的思想。

原则上，抽象定义（等价类的一般形式）按照下述方式起作用[28]：一个人开始于某种实体的一个基本域 B，他对这个域很熟悉，并且有实际经验。他能经验关于这个域的真实划分的事实，即出于特定方面的考虑，原来域的对象组成子类或全体。也就是说，以这个方面为模（也就是不考虑其他区分的特征），子类（或全体）的元素相对于某个函数值是相同的，或者说，这些对象按照特定目标、需求、应用（或者他想对这些实体做的任何事实）不能被区分。

再考虑欧式平面（这里是基本域 B）上的平行线的集合（被 GLA 中的"同向线"所替代）或者孩子们玩的小积木的集合，它们可以在大小、厚度、颜色、圆度等方面有区别，但是对于这个集合，长度是判断它们是否相同的重要方面（参见弗雷格的资格论文）。[29]如果一个人想象产生长度是 7 个单位的对象，并且考虑两组长度分别是 4 和 3 的对象，那么究竟应该选择两组中的哪个特殊代表元，把它们放在一起组成长度为 7 的对象，这是不重要的。

问题的重点是，借助等价类，导致抽象定义的恰是这个过程的解释，即抽象所涉及的过程并不依赖内省或者以内在感觉为基础的直觉。

理论上说，这意味着一个人假设了元素 B 之间的等价关系 "R" 是存在的（在我们所说的情况中，就是相对于某个值的等同性和不可区分性）。[30]

人们可以把这样的等价类 $[x]$ 定义为与 x 有等价关系 R 的所有 y 的集合，即 $[x]:=\{y|x \text{ R } y\}$，或者记作 $\{y|x \sim y\}$。

以这个方式，可以把 B 中的每个元素 x 都与一个（新抽象的）对象 $[x]$（它在 M 中）相连。人们可以把它理解为如下这个数学函数：

$$f: B \to M; x \mapsto f(x) = [x]$$

这意味着，元素 x 和 y 有关系 R，也就是 R $[x \text{ R } y]$，当且仅当它们有相同的 "值" $f(x) = f(y)$，即 $x \text{ R } y : <=> f(x) = f(y)$，即当且仅当 $[x] = [y]$。所以，关系 R 引出一个 B 的划分。

结果是，人们可以选择对象的在抽象的程度上多少有区别的或者甚至是被构造的集合来替换某个具体选择的域 B，并且使用替换来（模拟地）谈论原来域 B 中的状况、关系和其他所关注的东西。这多少是隐含在弗雷格整个方法下的理论—解释性的理解，这种理论—解释性的理解今天被用于许多数学领域（抽象定义）。

弗雷格的构造起点是选择概念的"等势"这一概念，即某个包含概念的域上的等价关系，而这里的域所指的是某个有效经验域。等势被构造成一种归属于概念 F 的对象与归属于概念 G 的对象间的一一映射。不言而喻，我使用 [F] 作为与 F 有相同外延的所有概念组成的等价类的缩写，[F]:={G|F R G}。这个类 [F] 能被映射在 card(f) 中。如果使用映射"card"，即

$$[F] \mapsto card(F) := \{G/F 等值于 G\} = [F]$$

那么就可以说

$$F 与 G 等势 \quad 当且仅当 \quad card(F) = Card(G)$$

在遗著的一篇文章《数学和数学自然科学的起源》（Erkenntnisquellen der Mathematik und der Mathematischen Naturwissenschaften）中，弗雷格如此回顾：

> 产生不对应于任何对象的专名是语言的特征，它对于我们思维的可信性是灾难。如果它发生在艺术或者文学中，它不会导致灾难，因为人们知道它们处理的是文学……然而，一个特别明显的例子是，按照"概念 F 的外延（Umfang）"（例如，"不动星体概念的外延"）的方式创造或形成一个专名。这个表达式看起来指向一个对象，因为使用了定冠词"the"。但是，在语言上任何正确使用的词都不指向这样的对象（即字面上对应于这个表达式）。由此产生了集合论悖论，而这种悖论又扼杀了这个集合论。我自己也以同样的方式受到了欺骗，即当我试图为数建立一个逻辑基础时，我想把数设想为集合。[31]
>
> （[3.19]，I：288；强调是我所加）

当然，使用逻辑范围内的类或值域（即在值域上的量化），实际上为使用抽

象原则推出罗素悖论埋下了可能性。（参见 [3.11]、[3.14]）

也许应该关注 GLA 中的次要观点，而不仅仅关注如下事实，即在 GLA 中弗雷格仍然使用他"可判断的内容"的旧观念（对应于 BS 中的表达式，即作为日常语言表达式的逻辑分析的概念文字的表达式），这个观念后来由于涵义和指称的引入而被分解为"思想和真值"。[32]

然而，为了在一般策略的背景下理解数的概念，为了试图通过使用我们逻辑的或分析的能力来理解抽象知识的意义，人们首先需要解释直觉。这使得主张知识的"普遍有效性"就是主张知识的繁殖是受到控制的，所以甚至伦理学的知识也具有普遍强制性。

直觉是人们认为已经理解或掌握的东西，比如，如果人们掌握了有三个元素的所有集合所形成的等价类，那么数"三"就是这个等价类。这意味着当谈及"三"时，它可以被有三个元素的集合表示。

在 GLA 中，选择用如下这种定义方式来定义数：通过概念"与 F(X) 等势"的外延（是一个没有被定义的基本概念）来定义"F 的数"[card(F)]。[33]但是，"与 F(X) 等势"是通过概念的等价类被给出的——说一个人掌握了数的概念或者说一个人至少理解了一定数量的对象属于某个具体概念 F*，这是什么意思？——独立于具体概念（[F] 中的特殊代表）的特殊选择，人们总是可以判定 F* 是否属于"与 F(X) 等势"的外延，这就是说，[F] 中有一个 G，它与 F* 等势，即人们应该能够使某个正确的数归属于 F*。

实际上，人们通过说一个人必须理解等价类 [F]（可以说是一下子），通过给出为了能够数数而（理论—解释性的说法）必须实现的必要条件（康德意义上的"知识可能性"的条件），来解释这个人在数数过程中的行为。

现在，所有这些听起来非常复杂，几乎没人会说他们正是以这样的方式学会数数的。科学哲学中的一个问题是：我们寻找（普遍的）解释，同时这些解释被理解为具有描述性，即（甚至内省地）具有行为指导性，即使它们不是如此。所以，依靠一下子理解等价类 [F] 来"理解"数的意义（此处指涵义），就会在接受日常语言上导致大量基本的经验性的误解。当然，在哲学上人们有这样的印象：人们寻找一个理论性的解释（如关于数的解释），它正好允许一种被投影到自然语言的描述性的投影，并且只要我们忠于通常的经验范围，它就不会造成什么危害。但是，有时我们需要能看到那些错误应用，并能改正它们——只要我们不预设一种普遍的、上帝给予的、先前就有的语言与世界间的和谐性。弗雷格为走出（普遍的）语言铺设了道路。地方语言游戏的多样性不被看作语言的相对主义。就我们对其保持警惕而言，它也许是有益的。保持警惕就是敏感于反思性的修正，为解决刚才所示的问题做好准备，但是又不会落入怀疑论的陷阱。

所有这些听起来也很复杂，几乎没人会说他们以这样的方式学会数数。但这不是重点。实际上，人们仅仅表达了：（从理论上解释，即从逻辑的观点看，）说人可以数数的意思是什么。真正的问题是，这个理论性的解释与我们有用的日常理解是否足够接近。[34]

所以，重点是，我们理论—解释性的谈论一定不会以行为指导的方式被投影到现实或者经验上，即它一定不能被看作对我们有效行为或思考的一种描述。否则，人们真的必须在任何时候都能一下子掌握整个类 [F]。原则上，与一个理论性的解释相和谐的行为有许多。

在这里，简短讨论弗雷格对涵义和指称的区分也许是有意义的。[35] 后面，我将使用特殊表达方式 F-涵义（F-Sinn = Frege-sinn）、F-指称（F-Bedeutung=Frege-Bedeutung)来表示弗雷格对它们的特殊用法。

为了引入涵义和指称间的区分，使它们成为断定语言表达式意义（无差别理解的普遍表达式）的两个技术的（或理论的）要素，弗雷格讨论了关于等值（与 BS 中的立场不同）的观点。

我这里想和前面的讨论联系起来，特别与有关等价类建立的讨论联系起来。[3.46] 很好地讨论了在 BS 逻辑向 GGA 逻辑的过渡中引入涵义和指称间的区分的技术性原因是什么。关于从哲学的角度讨论逻辑与哲学方面的联系，可以参看斯特克勒-魏霍芬（Stekeler-Weithofen）的著作 [3.56]，我将采纳他的方法一，并对其做修改。

名称的 F-指称是被命名的对象。[36] 所以，作为 F-指称的真值被指派给逻辑的概念文字中的句子（逻辑分析的表达式，外在的句子）。名称或句子的 F-涵义在于（给定的）方式，这个方式确定句子的 F-指称，F-涵义是名称的指称指向一个对象的中介。所以，一个符号表达了它的 F-涵义并且指向（或给出，或提供）它的 F-指称。

可以按如下方式来理解这个观点：在名称域中（在某个特殊域中能起到名称作用的任何东西），F-涵义模拟了具有相同"F-指称"的名称的一个等价类。[37]符号"晨星"表达了其 F-涵义（即对象给出的方式，比如，晨星指的就是对象金星），指定了（逐字给予我们，或逐字向我们提供）它的 F-指称（即指定对象"金星"）。因此，表达式"这个房间的孩子数"比如指的是数 3，那么它作用于概念"这个房间的孩子"给出"3"。因此，允许具有相同 F-指称的表达式做不改变真值的替换。[38]

正如理解相应的等价类需要自我说明（解释性的说法）一样，理解语言表达式的意义的涵义—成分，首先需要引入所谓的（知识）"背景"。所以，借助涵义在确定指称中所起的中介作用，就会明白，如何可能（在哪种方式下，它是有意义的；或在哪种方式下，人们能有意义地谈论它）在甚至不知道一个对象怎样的情况下还能无歧义地指称这个对象（以至于它是一个真实对象）。[39]

不管怎样，人们可以解释，在不知道一个句子的真值是什么的情况下，说一个句子有且只有一个真值是什么意思。当然，这并不意味着在任何情况（参见今天的直觉主义数学或构造主义数学）下都如此。

我常常强调，弗雷格的逻辑研究是一种理论—解释性的。但是，他的许多文章（如《论涵义和指称》[3.9]）似乎处理的是所谓日常语言的语境，尽管他只是利用这种语境并借助听起来不错的常识性名称引入技术性的术语。要理解哲学结论（依赖哲学研究的目的），就应该公平地对待技术意义而不是纯粹停留在对诸如"涵义"、"指称"这样的表达式的常识性理解的水平上。对后者的哲学兴趣产生了丰硕的成果，尽管它们有时超出了文本，但是似乎已经获得了它们自己的生命力。

对弗雷格意义思想的理论—解释性的理解，有助于我们不仅仅聚焦于"日常语言的语境"中关于语言表达式意义的问题，而且还考虑某些构造性的元素，比如概念的上升定义。（参见[3.9]，I：217-272）这有助于抵制将常识普遍化的倾向，有助于修正任何时候的教条主义。它有助于对新情况的灵活应变与适应,有助于正面影响、平衡科学与常识—日常生活间的相互作用。弗雷格自己明确强调,对数的谈论是关于内容的谈论。被用于理解数学表达式或数学断言之涵义的构造,不是人们在使用特定的字词时对他们所想的字面上的描述。意义通常不是被逐字给出的。所用的构造是"比较的对象",它们一定需要"某种近似"于语言之实际应用的东西作补充。但是,只有两方面相互作用,"反思性地处理"某个对象域才能有成果。

对弗雷格语言哲学的语境的评论

走向弗雷格语言哲学的起点可以是"人们怎样谈论和交流抽象实体(对象),以至于可以理解什么是抽象对象,并且合理地'处理'这些对象?"这个问题。[40]这预设了来自科学理解和常识两方面的评价,以及二者的联系,因为在他的论文中,他认为甚至科学家在弄清楚他的发现时都使用常识。如果有人这样提出问题,那么他对语言实际怎样工作在脑子里就已经有了清楚的想法和理解。

达米特的功劳在于把研究特别集中在弗雷格全部作品中的语言学兴趣上,即弗雷格语言哲学的哲学起源和结论,以及所导致的语言哲学,尽管他的论证和强调的重点有争议,尽管并不是每个人都愿意跟随他的脚步。

达米特强调所谓"语境原则"的作用。这条原则大致是说,只有在句子的语境中,词才能有真正的意义。因此,它与如此理解的弗雷格是相悖的:弗雷格的语言观是素朴的,语言是对世界的简单描述。

在弗雷格的 GLA 中,语境原则起着重要的作用:"确定出现数词的句子的条件……"[41] GLA 最后引入了[3.6]第 106 节的一句话,"以提醒读者前面论证中不可或缺的一步"([3.7],200)。语境原则对语言哲学的后果,即它对我们对语言的现代理解以及我们对"意义的理解"的后果,导致了"真值函项语义学",即人们需要知道包含"所感兴趣的表达式"(即我们想理解其意义的表达式)的句子的真值条件。[42]

语境原则在这种意义上被用来作为理论起点,在现代语言学方向上重构了弗雷格的哲学。

还能从另一种意义上看出弗雷格"语义学理论"的重要性。因为在逻辑分析和句子重构的过程中，人们是对整个句子赋予某个真值的，所以真值函项语义学只能作为一种技术上必要的结论，从外部（根据句子的意义分割）理解句子之部分的意义。这不是说推广语境原则是错误的或不重要的，而是说，在更强的意义上，推广语境原则的目的在于聚焦弗雷格反心理主义的立场，提供非内省哲学的可能性。这些都与胡塞尔形成反差对比，因为人们可能就是从心理主义的立场、以内省哲学来解释胡塞尔的。

这个问题特别关注确定某语言指称域的讨论——比如，讨论抽象对象。达米特写道："需要解决一个更深层次的问题，特别是当引入了一个形成项的算子时，以及由此引入了一大类新的项时，这个问题就是如何合适地确定量词域。"（[3.37]）然而，达米特认为，这"一直被弗雷格所忽视，这个忽视，正如我们将看到的那样，最终是致命的"（[3.37]）。

斯特克勒-魏霍芬直接说弗雷格在两个不协调的观点间来回摇摆：

（1）言语中的对象域已经被预先给定了，比如等词的意义已经有固定的（或准确的，或现成的）意义；（2）仅仅通过名称在句子中的使用，给出名称的意义。

([3.56], 272)

问题关注的是弗雷格表达方式（他的语言）的构造性特征，在抽象原则和谈论等同性两种情况下，对象都具有构造性的特征。[43]

如果不出于辩护的原因，那么至少为了直陈事实，人们应该指出这一事实，即弗雷格一次次地摇摆于语言的数学使用、数学实践以及它在常识性事务上的投影之间。特别对于初始的逻辑—技术概念，如涵义和指称，就是如此。涵义和指称只是后来（在引入这些术语，以及从日常语言中给出例子来说明它们应用性和重要性的背景中）才在语言哲学上有了重要意义。[44]

弗雷格在人生的后期也意识到语言差异这一事实。在他死后所公开的关于"数学中的逻辑"的文章中,弗雷格清楚地表明了技术术语与常识性表达式的不同。(参见 [3.19],I:219)在这个背景下,人们可以谈论某种"分裂的语义学"(参见 [3.28]、[3.29]),达米特似乎也承认这种语义学,他写道:"数学科学的语言明显不同于日常语言:可以说,抽象术语的语义分叉成两支,相应地,我们参与这个语义或那个语义。"([3.37])

更一般地说,我们的问题是,按照语言的使用方式构成对象——考虑到弗雷格作为数学家的经验与背景,人们可以以如下方式来解释他的发现。弗雷格向我们提供了一种关于语言怎样工作的理论——解释性的分析,这个分析后来与一些具体的有效判定程序一致,比如"量化域"[现代语言学方向的哲学中最受喜爱的问题——"是约束变元的值"([3.52])]。

然而,按照康德的方式,也就是在考虑弗雷格的哲学背景及所受教育的前提下用与弗雷格相关的方式,人们可以说,弗雷格试图制定出判定指称域[量化的(逻辑)域]的"可能性条件"。或者,用更为现代的方式说,弗雷格严格给出了判定指称域的必然性条件。在解释和理解弗雷格的过程中,人们必须考虑他那个时代的语言以及他的经验背景,所以当从对语言的一种现代的理解的角度来看时,不必过于在字面上考虑一切。

说到确定"数"的指称,从数学的观点看,首先需要陈述(或确认)某些形式特征,这些形式特征必须由能像数一样管用的东西来实施(假设它们与我们通常的直觉或与数学家通常的直觉相连,以防万一有人想重构那些直觉)。[45]有了"零"的定义之后,某些实体——常常不是一个单独的对象——以某个方式被给出,并且以这个方式制定出关于怎样确认和使用"零"的可能性。关于什么是明确的指称域,人们大致保持开放的心态。

对此达米特关心的是:

> 按照《算术基础》的观点,我们可以问包含所考虑词项的句子的真值条件是否已经被确定了,而且(我们可以)问那些真值条件的陈述是什么;但是,在确定那些句子之真值的机制被确定之后,因此在给定词项在那个机制中的作用被确定之后,我们就不能这么提问了。
>
> ([3.37],207;强调是我所加)

然而，逻辑定义（如数的逻辑定义）的目标应该是，逻辑定义在任何可能世界（可能世界的提法通常归功于莱布尼茨，后来被弗雷格占有）中都成立，也就是说，它应该独立于确定那些包含指称的词（比如包含指称为数的词）的句子之真值的机制的具体选择。

然而，这也就意味着，知道一个反例（例如知道一个概念，对于这个概念来说，不存在可以判断一个对象是否归属于它的机制）就足以击垮根本普遍性的主张，即普遍的逻辑有效性的主张。

现在，如果人们预设，要求（弗雷格的提议）逻辑开始于"判断"[46]意味着句子（作为一个整体）有一个真值，并且人们确定"意义"始于外部，也就是说，从表面确定"意义"而不是从内省的经验抽象出"意义"，即不是通过把句子分解成有意义的组成部分（词只有在句子的语境中才有意义），那么人们就可以以如下方式来理解这件事。人们仅仅表达谈论一个词有指称是什么意思（一种理论—解释性的说法），把一个指称赋予一个词是什么意思，但是仍然需要确定或定义包含所考虑的这个词的句子的真值条件。所以，人们（也许）知道它应该有所指，但是不知道指的是什么。人们知道寻找某个指称是什么意思，但是仍然需要确定一致的机制，这个机制也许是依赖语境的，并且以判断的方式指派真值。

这可以（错误地！）导致把理论—解释性的结构投影到世界上，即把它们转换成有效的过程，正如有时经典哲学所做的那样——尽管那里的"理论"倾向于相当内省—抽象。或者，人们可以处理未被反映的（？）技能，这些技能被认为组成了某个语言的有效使用。

按照弗雷格的观点，涵义和指称的区分是极为重要的，特别在语言哲学的背景下，这个区分尤为重要，以至于一方面，它有助于以理论—解释性的方式系统化人类的指称习惯；另一方面，如果这个区分不仅仅被投射为理论性的理解，那么它也有助于处理现实机制，这些现实机制确定某个像语言一样被使用的表达式的指称。这些现实机制不同于那些看起来像是自觉使用（或所诉诸）的机制，它们使人们记住关于"意义"（现代意义上）的理解和交流的许多方面，这些方面在今天看来似乎是相关的。

对弗雷格工作后果的反思

也许除了这一章的第二节，我一直在强调逻辑哲学，因为我认为弗雷格工作的其他方面，如数学哲学或语言哲学，在了解清楚弗雷格的逻辑观后，会变得不言自明。然而，对弗雷格的影响史而言，情况并非如此，特别地，如果人们想区分弗雷格哲学的逻辑或客观内核与他的哲学接受效果，那么情况更非如此。

尽管弗雷格的许多思想，如他的逻辑观念，在德国之外被继承和被修改（如乔丹和罗素），但他也许也遭遇了与维特根斯坦类似的命运。也许他最有影响力的工作和最著名的研究成果可以在"分析哲学"中找到。在分析哲学中，他被认为是达米特的"祖父"（中间连接着维特根斯坦）。

我将离开传统分析哲学常走的路线，从元哲学的角度考虑弗雷格。这样做可以紧密分析弗雷格的反心理主义。

让我们预设，人们可以解释（或重构）弗雷格，以至于我们能说他的目标就是达到对数学意义的理解或者对一般抽象知识的理解。而且，这个目标的实现不应该被认为依赖知识的综合（经验）来源，特别不依赖内省感觉。

为了做到这一点，人们试图利用知识的一种分析来源。这里的分析来源是康德意义上的分析来源，它也产生知识的根据。所以，人们可以把弗雷格的方法解释为一个新方法，或者毋宁说是一个反思方式，它导致了一个重要哲学决议的新实施或新实现，即借助意义的分析，提供通过反思修改知识的可能性。换句话说，用弗雷格的方法会真正理解知识如何而来或知识如何发生。[47]

重构性的解释就是试图用现代的（关于哲学的）视角或者以（关于这个世纪的经验的）事后认识去理解。关于重构性的解释，我们只不过不能抛弃这些考虑，并预设一种哲学理解或一个哲学观念，它至少有两个方面（见下面），并且确实超越了"甚至现代哲学也只是对柏拉图的注释"

这一思想：

（1）当我们思考或看世界时，我们必须公平对待不同的哲学态度，给予它们相同的重要性。这种重要性就是哲学思考会帮助我们反思，改造错误，如果我们陷入困境〔即我们不知道怎样继续（在维特根斯坦的意义上）〕，那么哲学思考会指导我们找到可能的解决方法。

（2）这意味着人们预设了，我们偶尔会被欺骗（或经验被欺骗），我们对错误和错误经验有洞察力，至少我们偶尔能把这些经验归纳为，在我们行为的某些情况下，我们会被关于世界的错误图景或错误信息所误导。

但是，正是第二个观点已经预设了某种关于他人和我们自己的行为作为错误的经验为什么以及怎样发生的解释（实际上导致了局部可应用的理论）。它试图通过改正起因（使用的图景）来达到反思性的改正（包括理论和行为）的目标。

不严格地说，发展这样的（反思性）理论，我们最终会把它变成"有效使用"的理论，即这个理论会被投影在个体行动的层次上，最终以指导行动的方式被激活。

在日常生活层次上，将掀起有哲学动机又有个人色彩的问题。图景（可能）引诱我们（行动），这些关于图景的问题将相当具有建构性特征。如果我们想自觉谈论它们，那么将是未被反映的技能（来自外部的技能）指导我们的行为；按照我们需要完成的任务，技能会被更加成功、有效的技能代替。如果那些技能被反思，那么它们会变得有效，即能被自觉地"再次"采纳或再次例示。

另外，人们可以把经典的（或传统的）哲学纲领（研究？）粗略地刻画为或在理论层次上或在日常生活背景下的"哲学反思"。在任何情况下，它都把"内在知觉"作为出发点。人们要求理解某个"信息"的内容，就是想要就某事进行交流。理解那是什么意思，似乎非常重要。如果有人问"实际情况是什么？"（如果他不确定），那么差不多可以说，他试图通过站在现象屏幕的后面来获得真理。在我们看来，他试图撕开遮蔽现实的面纱（使用旧隐喻）。

但是，这个事业的目标（不管自觉与否）是提供改正错误的知识，这样人们就能对矫正性反思作解释性说明。

特别就逻辑和数学知识的产生而言，弗雷格似乎反对通过简单的内省—抽象就能达到对算术意义内容的理解，或者更一般地说，就能达到对抽象知识（这篇文章里所提议的解释）的理解。对于理解所谓的算术知识的内容，弗雷格提出"知识的分析来源"。就算术而言，它获得了"心理主义的逻辑学家"通过"内在感觉"所获得的一切。

现在，人们认为，弗雷格的方法通过使用"逻辑的"（即概念文字）分析（展现），依赖关于抽象（数学的）实体的客观思想。弗雷格试图通过切割"真"（可以说，从外部切割）以及在外部建构意义（理解表达式的内容）来达到这个目的。按照今天的说法，他的这种方法是模型内的实现。这个构建意义的过程有助于（以被控、衍生的方式）理解抽象的（数学）概念，它会导致"分析悖论"的问题。[48]

有了这种理解[49]，现在的问题是：把弗雷格的方法应用到上述现代"哲学思考"的"反思性"的方面会有多大收获，也就是从所谓的"实际情况是什么？"的问题到问题"我能知道什么？"，再到更有前途的问题"我能理解什么？"、"理解怎样（依赖使用的语言）产生？"会有多大收获？

最后一个问题对于"产生""科学知识的理解"是重要的。在康德的意义上，在产生"科学知识的理解"中，抽象知识起着关键作用，特别在科学技术应用的背景下，对于"反思性的改正"尤为重要。[50]

弗雷格的方法现在可以被理解为（相对于解释他工作的后果，消除某些误解以及在他成就的历史背景下）处理反思的新方法，实现反思的新方法。

人们时常把这个方法等同于语言的纯"逻辑分析"。弗雷格在 BS "导论"的结尾所做的评述似乎支持这一解释。[51] 问题应该是：怎样实现"反思性的改正"的任务，或者从方法论上说，依靠语言学分析，"反思性的改正"怎样被例示？

我认为，把语言分析作为一种哲学纲领应该归功于维特根斯坦，尽管他的方法需要阐释或者还需要改进（给出了通向语言学方向的分析哲学的途径）。

关于维特根斯坦的《逻辑哲学论》（*Tractatus Logico-Philosophicus*）与弗雷格（主要是关于逻辑）的联系，斯特克勒-魏霍芬做了很好的分

析。（参见 [3.56]，248）

替换反思—抽象的方法被认为是哲学的基本经典（传统）方法的特征，如胡塞尔用语言分析替换反思—抽象的方法。（参见《哲学研究中的维特根斯坦》）替换反思—抽象的方法导致了用日常语言的意义分析替换弗雷格的"表达式"的"概念文字"的分析。弗雷格的"表达式"是 BS 中的"客观"语言所提供和使用的表达式。[52]

现在，这种对弗雷格原有方法的替换，作为其使用的一个规则系统，已经按照自己的方式成为做哲学的新纲领。但是，今天有人认为这个纲领"自身就是目的"。不仅哲学的一般背景和目标，而且与弗雷格原有目标的联系以及作为一种对弗雷格的回应的维特根斯坦的名称理论的思想都已经消失了。

对哲学反思任务的新实现的可能性，在分析方法的帮助下，特别是在维特根斯坦后期哲学的意义上，还没有枯竭。但是，我们必须牢记与传统的（内省地抽象）方法相比，这些可能性只是"哲学"的一面，一定不能教条化，即把它看作探究哲学的绝对方法（有时就像以传统方式做哲学给人留下的那种印象）。

我认为，今天比以往任何时候更需要考虑以下诸多两方面的相互作用：分析哲学和传统哲学、科学和日常生活、分析和传统。因为如果不这样的话，我们就会像维特根斯坦著名比喻中的苍蝇，一定飞不出苍蝇瓶，也许就终结于麦比乌斯带（Möbius strip）。[53]麦比乌斯带是"一个单侧曲面"的原型。

149

【注释】

[1] 参见 [3.36]，11-12；[3.37]，111。

[2] 参见 [3.53]、[3.54]。

[3] 重印于 [3.24]，1-49。

[4] 重印于 [3.24]，50-83。

[5] 重印于 [3.19]，2：275-301。

[6] *GGA* 包含关于弗雷格逻辑思想的关键性发展，即引入值域，区分涵义和指称（首先出现于 *SB* [3.9] 中）。

[7] 为此，我紧密跟随弗雷格的 [3.46]，技术性地呈现他在 [3.46] 中所取得的成就。

[8] 我用"认识论的解析层次"这个术语来指这个现象。有趣的是，恩斯特·阿贝（Ernst Abbé）[与蔡司（Zeiss）一起]发展了显微镜解析层次的公式，他对弗雷格以朋

友相待，弗雷格在 BS [3.3]"导言"的 xi 页以及后来在 SB [3.9] 中都使用了显微镜的比喻。

[9] 参见《悖论分析》(*Paradoxon der Analyse*) 的问题，这在 [3.49]、[3.35]、[3.37] 都有所讨论。这个悖论涉及传统哲学之基础与分析哲学之基础的基本不同。适当比较胡塞尔的哲学和弗雷格的哲学就能说明这种不同。

[10] 我参考了他 1914 年的论文 "Logik in der Mathematics"（[3.19]，1：219-272）。

[11] 参见弗雷格的 "Boole's rechnende Logik und die Begriffsschrift"（1880-1881）、"Boole's logische Formelsprache und meine Begriffsschrift"（1882）这两篇评论。（参见 [3.19]，1：9-52、53-59）

[12] 句子"有无穷多个素数，即对于每一个素数，都存在一个素数比它大"可以是这样的例子。这个句子既不能用经典逻辑分析，也不能用布尔逻辑分析。

[13] 把一个句子看作一个句子，意思是在特殊方面考虑它，即不再考虑句子的内容，而只考虑真或假（作为句子的一种归属特性，即一个表达式能否被归为句子）。

[14] 我这里提到了符号链接，但是引号的使用作为元语言的谈论方式，这并不为弗雷格所知，尽管在后一篇文章 "Logische Allgemeinheit"（不早于 1923 年）中有这些暗示，特别是他使用了表达式 *Darlegungs-und Ilifssprache*。（参见 [3.19] I：278-283）

[15] "Der waagrechte Strich, aus dem das Zeichen '⊢' gebildet ist, verbindet dic darauf folgenden Zeichen zu einem *Ganzen* und auf dies Ganze bezicht sich die Bejahung, welche durch den senkrechten Strich am linken Ende des waagrechten ausgedrückt wird."（[3.3]，2；强调由我所加）

[16] "Was auf den Inhaltsstrich folgt, muß immer einen beurteilbaren Inhalt haben."（同上）

[17] 那似乎是盛行的解释，如 [3.46]，24。

[18] 参见 [3.46]，14。

[19] 参见 [3.48]、[3.50]。

[20] [3.11]，15："Die Einführung der Bezeichnung für die Wertverlaufe scheint mit eine der folgenreichste Ergänzung meiner Begriffschrift zu sein."（从我们谈论抽象实体的方式能够得出，抽象实体对我们而言它们的意义是什么，我们应该怎样处理它们。）

[21] 有趣的是，弗雷格在这里已经在现代意义上使用引号，因此显示了一种对象语言与元语言间的区分的直觉主义理解。

[22] 一个本体论的问题产生了：仅仅以解释的方式来理解"是"，这是可能的吗？

[23] 人们需要从定义获得感觉来理解在逻辑上他是什么意思。

[24] 可判断的内容。

[25] 如果 a 不是 ext(F) 的元素，那么按照我们的假设，G[a:F]=card(F) 或 $n+1$。我们将在与罗素悖论有关的下文中用到它。

[26] 0 是 [Ψ] 的元素，或者更确切地说是 [与 0[(X)] 相等] 的元素。[与 0[(X)] 相等] 是概念 Ψ 的外延。但是，0 不是 [与 0 相等] 的元素。

[27] 参见 [3.39]、[3.40]。

[28] 从 "Mathematik in der Logik" 中得到了一个想法，我倾向于将这些定义称为"上升的"而不是"构造的"，因为术语 *aufsteigend* 的翻译有时出现在上下文中。

[29] 参见 [3.24]，2：51。

[30] 等价关系的形式条件是：如果 a、b、c 是 B 的任意元素，使得它们之间有这样的关系，那么任何元素都与自己有关系"a R a"（自返性），而且"a R b 蕴涵 b R a"（对称性），最后但也很重要的是，"a R b 且 b R c 蕴涵 a R c"（传递性）。

[31] "Eine für die Zuverlässigkeit des Denkens verhängnisvolle Eigenschaft der Sprache ist jhre Neigung, *Eigennamen zu schaffen*, denen kein Gegenstand entspricht. Wenn das in der Dichtung geschieht, die jeder als Dichtung versteht, so hat das keinen Nachtei…. Ein besonders merkwürdiges Beispiel dazu ist die Bildung eines Eigennamens nach dem Muster '*der Umfang des Begriffes a*', z. B. 'der Umfang des Begriffes Fixstern'. Dieser Ausdruck scheint einen Gegenstand zu bezeichnen wegen des bestimmten Artikels *aber es gibt keinen Gegenstand, der sprachgemäß so bezeichnet werden könnte*. Hieraus sind die Paradoxien der Mengenlechre entstanden, die diese Mengenlehre vernichtet haben. Ich selbst bin bei dem Versuche, die Zahlen logische zu begründen, dieser läuschung unterlegen, *indem ich die Zahlen als Mengen auffassen wollte*."（[3.19]；I：288，强调系我所加，我这里故意给出了一种自由的翻译！）

[32] 赋予句子真值作为它们的指称，这个图景或思想会映射到我们的自然语言，最终导致了一种句子意义（t 可以被实例化为指称或意义）的整体观，并且最后导致了通过分解确定表达式之指称过程中的语境原则。

[33] 我有时故意使用函数的语言来强调对概念的解释性（即函项的）理解。

[34] 如果我们想构建计算机，如果我们想弄清楚赋予计算机数数或计算的能力，那么它一定有用。但是，物理操作与我们谈论它的方式或者赋予它某种性质的方式是不同的。然而，有意思的是，如果我们与机器相互作用，即如果我们想操作它们，如果我们想正确地使用它

们——不管正确使用是什么,那么一定的精神气质或态度是否会有帮助这一点就是非常有趣的。

[35] 明确性在 [3.9] 中被引入,但是在 [3.8] 中就已经有所提及。

[36] 这里的名称被认为是被赋予的值,就像 $f(x)$;对象 x 是函数的自变量。

[37] 对于这样的类,可以赋予它一个真值。所有这些并不涉及非直接引语。

[38] 参见著名的莱布尼茨原则(如 [3.6],76 页及其后)。

[39] 别忘了,在数学甚至在物理学中,有一些被定义的(或被计算的)对象(有穷群、正电子),我们知道它们存在,尽管有时需要花很多年才能找到它们的例子。

[40] 即按照日常需要利用它们或使用它们,或者也许同意如下论证:将一些科学工具作为得到按照日常生活规律可以预期得到的结论的手段,那是必需的。现在所有这些都成了难处理的事,此时只有通过后面的认识才能讲得通。

[41] 按照达米特的观点,这通常导致了语言哲学的一些重要结果(参见 [3.37],209-222),尽管在 GGA 中,它只是被用于一个普遍形式。(同上书,第 17 章 "基本规律中的语境原则")

[42] "语境原则实际上控制着现实对象的词项,因为对专名的理解涉及理解它在句子中的使用。"(同上书,207 页)

[43] 斯特克勒-魏霍芬认为弗雷格在 GGA 中没有放弃语境原则(参见 [3.56]),而库切拉则相信它在 GGA 中不再起作用了。(参见 [3.46])

[44] 弗雷格的文章 "*Der Gedanke*" [3.16] 关注的是逻辑研究。这篇文章被现代的 "心灵哲学" 所接受。

[45] 当然,有人也许想知道,"数" 是否是我们在日常生活中遇到的那些不受我们文化教养的一套规范知识所指导的东西。

[46] 别忘了逻辑的经典方法划分为:概念、判断和推理(三段论式的:演绎、归纳,等等)。

[47] 需要考虑表达式 "发生":它的意义含糊不清,即它可以从字面描述上被理解为提供一套关于怎样得到结论的规则(就像计算机程序的算法),但是也可以从理论—解释性上理解。对于后一个情况,有几种方式可以把理论理解转变为行动建议(使它成为理论指导装置),这些方式都与这个理论一致。

[48] 参见 [3.35]。这意味着,就柏拉图而言,数学方法,在更一般的意义上,对于哲学一直是富有成效的。

[49] 展示问题状况当然不是 "对于历史事实是真的"。弗雷格的兴趣是反心理主义

（我们的观点），这一点，我们从他关于知识的分析来源的论文中已经看到。

［50］有人认为人类不会犯错，所以反思性的改正不重要，并且它只能扰乱实证主义枕头上的普通头脑的平静。——据说，毕晓普·巴特（Bishop Butter）说过"一切是其所是"——所以，我们不必在意对世界的思考。

［51］参见［3.3］，vi-vii。

> Wenn es eine Aufgabe der Philosophie ist, die Herrschaft des Wortes über den menschlichen Geist zu brechen, indem sie die *Täuschungen* aufdeckt, die durch den Sprachgebrauch über die Beziehungender Begriffe oft fast unvermeidlich entstehen, indem sie den Gedanken von demjenigen befreit, womit ihn allein die Beschaffenheit des sprachlichen Ausdrucksmittels behafter, so wird meine Begriffschrift, für diese Zwecke weiter ausgebildet, den Philosophen ein brauchbares Werkzeug werden können.
>
> Freillich gibt auch sie [die *BS*], wie es bei einem *äußeren* Darstellungsmittel wohl nicht anders möglich ist, den Gedanken nicht rein wieder…

如果哲学的任务之一就是，通过揭示错误观点——语言的使用常常几乎不可避免地产生概念间的关系，通过解放思想，不再约束地认为只有日常语言的表达式的方法才是语言表达式的方法，并以此来打破语词对人类精神的控制，那么为实现这些目标而进一步得到改进发展的我的概念文字就能成为对哲学家有用的工具。当然，它也不能纯形式地复制思想，而且当思想以具体方式被表征时，也许这是无法避免的。

（［3.57］，7）

［52］"语词的意义是它在语言中的使用。"（［3.59］，43）
［53］或它的某种拓扑概括，如克莱因瓶：一个封闭的穿过自身的单侧曲面。

参考书目

弗雷格著作选

3.1　*Über eine geometrische Darstellung der imaginären Gebilde in der Ebene*（On a

Geometrical Representation of Imaginary Forms in the Plane). Inaugural dissertation of the Faculty of Philosophy at the University of Göttingen, submitted as a doctoral thesis by G. Frege of Wismar, Jena, 1873 (75pp. +appendix of diagrams).

3.2 *Rechnungsmethoden, die sick auf eine Erweiterung des Größenbegriffes gründen* (Methods of Calculation based on an Extension of the Concept of Magnitude). Dissertation presented by Dr Gottlob Frege for full membership of the Faculty of Philosophy at the University of Jena. Jena 1874 (26pp. +curriculum vitae).

3.3 *Begriffsschrift, eine der arithmetischen nachgebildete Formelprache des reinen Denkens* (Concept-Script: A Formula Language of Pure Thought Modelled on Arithmetical Language). L. Ebert, Halle, 1879 (88pp.).

3.4 *Über die wissenschaftliche Berechtigung der Begriffsschrift* (On the Scientific Justification of Concept-Script). In *Zeitschrift für Philosophie und Philosophische Kritik* (Journal of Philosophy and Philosophical Criticism) LXXXI (1882): 48–56 (repr. in BS/Darmstadt).

3.5 *Über den Zweck der Begriffsschrift* (On the Purpose of Concept-Script). In *Jenaische Zeitschrift für Naturwissenschaft* (*Jena Journal of Science*) XVI (1883), (suppl.): 1–10. Lecture delivered at the meeting of the Jena Society for Medicine and Science, 27 January 1882.

3.6 *Die Grundlagen der Arithmetik* (The Foundations of Arithmetic). A Logico-mathematical Enquiry into the Concept of Number, W. Loebner, Breslau, 1884 (119pp.). New impression: M. and H. Marcus, Breslau, 1934. Facsimile reprint of the new impression: Wissenschaftliche Buchgesellschaft (Scientific Book Society), Darmstadt, 1961, and G. Olms, Hildesheim, 1961 (119pp.).

3.7 *Über formale Theorien der Arithmetik* (On Formal theories of Arithmetic). In: *Jenaische Zeitschrift für Naturwissenschaft* (Jena Journal of Science) XIX (1886), (suppl.): 94–104. Lecture delivered at the meeting of the Jena Society for Medicine and Science, 17 July 1885.

3.8 *Funktion und Begriff* (Function and Conception). Lecture delivered at the meeting of the Jena Society for Medicine and Science, 9 January 1891. H. Pohle, Jena, 1891 (31pp.).

3.9 *Über Sinn und Bedeutung* (On Sense and Reference). In *Zeitschrift für Phi-

losophie und Philosophische Kritik (Journal of Philosophy and Philosophical Criticism) C (1892): 25-50.

3.10 *Über Begriff und Gegenstand* (On Concept and Object). In *Vierteljahresschrift für wissenschaftliche Philosophie* (Scientific Philosophy Quarterly) XVI (1892): 192-205.

3.11 *Grundgesetze der Arithmetik* (The Basic Laws of Arithmetic: Following the Principles of the Concept-Script. Vol. 1). H. Pohle, Jena, 1893 (253pp. with revisions). Facsimile reprint: Wissenschaftliche Buchgesellschaft (Scientific Book Society), Darmstadt, 1962, and G. Olms, Hildesheim, 1962.

3.12 *Über die Begriffsschrift des Herrn Peano und meine eigene* (On Peano's Concept-Script and My Own). In *Berichte über die Verhandlungen der Königlichen Sächsischen Gesellschaft der Wissenschaften zu Leipzig, Mathematisch-Physikalishe Classe* (Reports on the Proceedings of the Royal Saxon Society for Science in Leipzig, Mathematics/Physics Division) XLVII (1897): 361-378. Lecture delivered at the extraordinary meeting of the Society held on 6 July 1896.

3.13 *Über die Zahlen des Herrn H. Schubert* (On H. Schubert's Numbers), H. Pohle, Jena, 1899 (32pp.).

3.14 *Grundgesetze der Arithmetik* (The Basic Laws of Arithmetic: Following the Principles of the Concept-Script, vol. 2), H. Pohle, Jena, 1903 (265pp. with revisions and glossary of terms). Facsimile reprint: Wissenschaftliche Buchgesellschaft (Scientific Book Society), Darmstadt, 1962, and G. Olms, Hildesheim, 1962.

3.15 *Was ist eine Funktion?* (What is a Function?). Festschrift dedicated to Ludwig Boltzmann on the Occasion of his Sixtieth Birthday, 20 February 1904. J. A. Barth, Leipzig, 1904, pp. 656-666.

3.16 *Der Gedanke* (The Thought). A Logical Enquiry. In *Beiträge zur Philosophie des deutschen Idealismus* (Contributions to German Idealistic Philosophy) 1 (1918): 58-77.

3.17 *Die Verneinung* (Negation). A Logical Enquiry. In: *Beiträge zur Philosophie des deutschen Idealismus* (Contributions to German Idealistic Philosophy) 1 (1918): 143-157.

3.18 *Logische Untersuchungen* (Logical Investigations). Part 3: Sequence of Thought. In *Beiträge zur Philosophie des deutschen Idealismus* (Contributions to German

Idealistic Philosophy) III (1923): 36-51.

3.19 *Gottlob Frege: Nachgelassene Schriften und wissenschaftlicher Briefwechsel* (Gottlob Frege: Posthumous Writings and Correspondence), Hans Hermes, Friedrich Kambartel and Friedrich Kaulbach Posthumous (eds), Hamburg, 1969. Vol. 1: Writings (1969); Vol. 2: Correspondence (1976).

重要资源

3.20 *The Foundations of Arithmetic*. A logico-mathematical enquiry into the concept of number. Oxford, Blackwell, 1950 and New York, Philosophical Library, 1950, 2nd rev. edn 1953, repr. 1959. XII, XI, 119pp. +XII, XI, 119pp. Dual-language German/English edn. Transl., foreword and notes by J. L. Austin. Repr. of the English text of this edn: New York, Harper, 1960.

3.21 *Funktion, Begriff, Bedeutung* (Function, Concept, Meaning). Five Studies in Logic, edited and with an introduction by Günther Patzig, Göttingen, Vandenhoeck und Ruprecht, 1962 (101 pp.). 2nd rev. edn, 1966 (103pp.).

3.22 *Bergriffsschrift und andere Aufsätze* (Concept-Script and Other Essays), 2nd edn annotated by E. Husserl and H. Scholz, ed. Ignacio Angelelli. Darmstadt Wissenschaftliche Buchgesellschaft (Scientific Book Society), dt, 1964, and Hildesheim, G. Olms, 1964 (124pp.). (BS/ Darmstadt)

3.23 *Logische Untersuchungen. Herausgegeben und eingeleitet von Günther Patzig* (Studies in Logic, edited and with an introduction by Günther Patzig), Göttingen, Vandenhoeck und Ruprecht, 1966 (142pp.).

3.24 *Kleine Schriften. Herausgegeben von Ignado Angelelli* (Minor Works, edited by Ignacio Angelelli). Darmstadt, Wissenschaftliche Buchgesellschaft (Scientific Book Society), 1967 and Hildesheim, G. Olms, 1967 (434pp.) (Contains doctoral thesis and dissertation [3.1] and [3.2]).

3.25 *Begriffsschrift: A Formula Language, Modelled upon that of Arithmetic, for Pure Thought*, in Jean van Heijenoort (ed.) *From Frege to Gödel. A Source Book in Mathematical Logic*, 1879-1931, Cambridge, Mass., Harvard University Press, 1967, pp. 1-82.

3.26 *The Thought. A Logical Enquiry*, in P. F. Strawson (ed.) *Philosophical Logic*, London, Oxford University Press, 1967, pp. 17-38.

一般参考书目

3.27　Benacerraf, P. "Frege: The Last Logicist", in *Midwest Studies in Philosophy* 6 (1981): 17-35.

3.28　Born, R. "Schizo-Semantik: Provokationen zum Thema Bedeutungstheorien und Wissenschaftsphilosophie im Allgemeinen", in *Conceptus*, Jahrgang XVII. (41/42), (1983): 101-116.

3.29　—— "Split Semantics", in *Artificial Intelligence—The Case Against*, London, Routledge, 1987.

3.30　Church, A. *Introduction to Mathematical Logic*, Princeton, Princeton University Press, 1956.

3.31　Dedekind, R. *Was sind und was sollen die Zahlen?* Braunschweig, Vieweg and Sohn, 1888.

3.32　Dummett, M. "Frege, Gottlob", in P. Edwards (ed.) *The Encyclopedia of Philosophy*, London, Collier MacMillan, 1967, pp. 225-237.

3.33　——*The Interpretation of Frege's Philosophy*, London, Duckworth, 1981.

3.34　——*Frege. Philosophy of Language*, London, Duckworth, 1981.

3.35　—— "Frege and the Paradox of Analysis", 1987, in *Frege and Other Philosophers*, Oxford, Clarendon Press, 1991.

3.36　——*Ursprünge der analytischen Philosophie*, Frankfurt/M, Suhrkamp, 1988.

3.37　——*Frege. Philosophy of Mathematics*, Cambridge, Masses, Cambridge University Press, 1991.

3.38　Fischer, K. *Geschichte der neueren Philosophie*, 2nd rev. edn, Heidelberg, Basserman 1869.

3.39　Frêchet, M. "Relations entre les notions de limite et de distance", in *Trans. American Mathematical Society* 19 (1918): 54.

3.40　Hausdorff, F. *Grundzüge der Mengenlehre*, Leipzig, Veit and Co., 1914 (1927); Mengenlehre (zweite stark veränderte Auflage), Beilin-Leipzig, Walter de Gruyter, 1927. (Goeschens Lehrbuecherei, Gruppe I, Reine Mathematik, Vol. 7)

3.41　Husserl, E. *Die Philosophie der Arithmetick*, Halle, Martinus Nijhoff, 1891.

3.42　Jourdain P. E. B. "The Development of the Theories of Mathematical Logic and the Principles of Mathematics", *Quarterly Journal of Pure and Applied Mathematics* 43

156 (1912): 237-269.

3.43 Kitcher, P. "Frege, Dedekind and the Philosophy of Mathematics", in L. Haarparanta and J. Hintikka (eds) *Frege Sythesized*, Dordrecht, Reidel, 1986, pp. 299-343.

3.44 Klein, F. "Zur Interpretation der komplexenElemente in der Geometrie", *Annals of Mathematics* 22 (1872); repr. in R. Fricke and A. Ostrowski (eds) *Gesammelte Mathematische Abhandlungen*, Vol. 1, Berlin, Julius Springer, 1922, pp. 402-405.

3.45 ——F. *Vorlesungen über Nicht-Euklidische Geometrie*. Berlin, Julius Springer, 1928.

3.46 Kutschera, F. V. *Gottlob Frege. Eine Einführung in sein Werk*, Berlin, Walter de Gruyter, 1989.

3.47 Lotze, H. *Logik. Drei Bücher von Denken vom Untersuchen und vom Erkennen*, Leipzig, S. Hirzel, 1880b.

3.48 Lukasiewicz, J. *Aristotle's Syllogistic* (From the Standpoint of Modern Formal Logic), Oxford, Clarendon Press, 1958b.

3.49 Moore, G. E. *Eine Verteidigung der Common Sense* (Fünf Aufsätze aus den Jahren 1903-1941), Frankfurt/M, Suhrkamp, 1969.

3.50 Patzig. G. *Die Aristotelische Syllogistik*. (Logisch-philosophische Untersuchungen über das Buch A der "Ersten Analytiken". Göttingen, Vandenhoeck and Ruprecht, 1969c.

3.51 Putnam, H. *Renewing Philosophy*, Cambridge, Mass., Harvard University Press, 1992.

3.52 Quine W. V. O. *From a Logical Point of View*, Cambridge, Mass., Harvard University Press, 1961.

3.53 Sluga, H. *Gottlob Frege*, London, Routledge and Kegan Paul, 1980.

3.54 —— "Frege: the Early Years", in R. Rorty, J. Scheewind and Q. Skinner (eds) *Philosophy in History. Essays on the Historiography of Philosophy*, Cambridge, Cambridge University Press, 1984, pp. 329-356.

3.55 Staudt, C. V. *Beiträge zur Geometrie der Lage. Erstes Hef*, Nürnberg, F. Korn, 1856.

3.56 Stekeler-Weithofen, P. *Grundprobleme der Logik*, Berlin, Walter de Gruyter, 1986.

3.57　Van Heijenoort, J. (ed.) *From Frege to Gödel: A Source Book in Mathematical Logic 1879-1931*, Cambridge, Mass., Harvard University Press, 1967.

3.58　Wittgenstein, L. *Tractatus Logico-Philosophicus*, London, Routledge and Kegan Paul, 1922.

3.59　Wittgenstein, L. *Philosophical Investigations*, Oxford, Basil Blackwell, 1953.

第四章
维特根斯坦的《逻辑哲学论》

詹姆斯·博根（James Bogen）

引 言

《逻辑哲学论》初版于 1921 年，其中包含的材料（主要关于逻辑和语言）至少可以追溯到 1913 年，维特根斯坦当时 24 岁。1922 年出版了修订本，由奥格登（C. K. Ogden）翻译，罗素题写了导言。1933 年对德文版做了最后的重要修订。第二个主要的英文版［由皮尔斯（Pears）和麦克吉尼斯（McGuinness）翻译］初版于 1960 年。[1]这是一部简明的箴言著作，大部分是格言式的，某些部分精专难懂。它的所有说法几乎都没有得到详细的解释或论证。它的核心部分是一种语言理论，维特根斯坦把它应用于伦理学、宗教、逻辑和科学哲学的基础等论题。

《逻辑哲学论》语言理论的主要部分是：（T1）一种关于基本命题（*Elementarsätze*）之意义和真理的理论（参见 T4.03、4.0311、4.21 - 4.24）[2]；（T2）一个构造主题（construction thesis），其大致上认为，由于一切有意义的命题都是基本命题的真值函项，所以如果我们得到了所有的基本命题，那么就不会有任何命题（*Satz*）（至少在原则上）不是"由它们构造或派生出来的"（参见 T4.26-5.01、5.34-5.45、5.5-5.502、6-6.01）；（T3）一个如下观念的推演，即命题可以表达每个可能的事实。

所有这些都只应用于通常所说的为真或为假的语言。《逻辑哲学论》并不讨论疑问、命令、笑话、谜语等——《哲学研究》[4.47]的最初部分强调了这个限制。

所有这三个部分都包含了一些有问题的观念，维特根斯坦在他的后期著作中对这些观念给予了严厉的批评，例如，基本命题被看作是由指称对象的名称构成的，但是《逻辑哲学论》并没有提供任何名称的例子，并且对对象的刻画也很成问题。对 T1 的命题和 T2 的构造，既没有例证也没有清楚的刻画。的确，《逻辑哲学论》中的命题概念是很成问题的。我会用一个不同于《逻辑哲学论》的、简单而理想化的模型作为开始，然后再去考虑这些难题。

基本命题

这个模型刻画了描述"事态"的语言。《逻辑哲学论》中的事态（Sachverhalte）是简单要素的可能联结（possible concatenations）。得到（besteht）一个事态，就在于相关的对象以一种正确的方式被联结起来；否则，就是没有得到这个事态。（参见 T2-2.01）现在假设，事态是对下列形状的两维对象的排列。

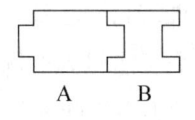

图 4—1

任何 B 形状的对象都可以与 A 对象在两端连接。相同形状的对象却无法连接。这两个对象也无法弯曲过来与自身连接或与另一个对象的两端连接。

名称是指称对象的记号。基本命题是名称串。（参见 T4.21-4.22、4.221）图 4—2 把名称（"a_1"、"b_1"等）分配给了对象，这显示了三个事态（可能的联结）。

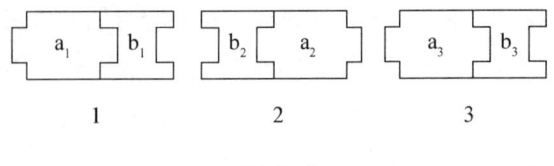

图 4—2

《逻辑哲学论》的语言句法把基本命题都仅仅看作名称的排列，这些排列与名称所指对象的可能联结是同形的。在我们的模型中，这种同形性是空间上的；例如，我们在"b_1"的左边写下"a_1"就得到了一个基本命题，因为对象 a_1 可以连接到对象 b_1 的左边。"$a_1 a_2$"、"$a_1 a_1$"和"$b_1 a_2 b_1$"都不是基本命题，也不是单个的名称。这个模型并不涉及与这些联结无关的对象。因此，基本命题的句法反映了事态的几何图形。

每个基本命题都描绘了它所提到的对象之间的同形联结。因此，"$a_1 b_1$"描绘了

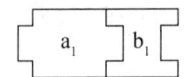

"$b_2 a_2$"描绘了

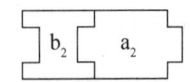

（参见 T2.13-2.15、2.201、4.01）

一个基本命题是真的，仅当它所提及的对象是像它所描绘它们的那样连接的；否则，就是假的。（参见 T2.21、4.022、4.25）一个基本命题有意义，仅当它描绘了一个事态（即一个所能得到的联结）。因此，基本命题的几何图形与我们模型的句法所确立的事态之间的关系，就保证了每个基本命题都有一个事态（因而就有了意义），每个事态都有一个基本命题。这就符合了《逻辑哲学论》的主张，即基本命题无法描绘不可能的东西，但可以描绘一切可能的对象联结，因为决定符号如何能够结合为基本命题的条件就是决定对象如何能够相互结合的条件。（参见 T2.151、2.17-2.182）

我要强调的是，这个模型并不是《逻辑哲学论》的。它的名称和命题都

是标记（marks）（记号），而《逻辑哲学论》的名称和命题则不是。两维的空间对象并不是《逻辑哲学论》的简单对象。记住这一点，前文所述就表明了关于基本命题的T1（包括了《逻辑哲学论》中语言图像论的某些关键特征）。

T3 和构造论题

《逻辑哲学论》说，实在是所有"肯定的"和"否定的"事实的总和。肯定的事实是得到的事态，否定的事实就是没有得到的事态。（参见T2.06B）如果a_1连接到b_1的左边，这就是一个肯定的事实，即a_1b_1。如果它们没有连接起来，那就是一个否定的事实，即它们没有连接。[3] 可能世界就是可能事实的总和。世界所包含的肯定的事实以及别无他者，决定了属于它的那些否定的事实。（参见T1-1.13、2.04-2.06）[4]

为了表明T2和T3，令p为"a_1b_1"，即描绘了图4—2中所得到事态的基本命题。令q为"b_2a_2"，令r描绘了图4—2中所得到的3。如果a_1、a_2、a_3、b_1、b_2、b_3都只是对象，而1、2、3则只是它们的可能联结，那么可能世界就是：

第八种可能世界表示没有任何对象被联结，并且所有的基本命题都是错误的。

根据 T3 和构造论题，每个可能世界中的每个肯定的事实和否定的事实，都可以被描绘为基本命题的一个完整清单中所包含的或从这个清单中构造出来的命题。为了表明这是如何可能的，《逻辑哲学论》运用了真值表，这是每个逻辑学新生都很熟悉并喜爱的把戏。[5] 在真值表中，"T"代表真，"F"代表假。每个基本命题都可以独立于其他命题而为真或为假。图 4—3 的头三列代表了 p，q，r 真值的可能结合。[这些置换顺序是维特根斯坦特有的。(参见 T4.31 及其后)] 因此，行 1 的第一、二、三列代表我们所有的基本命题都可能是真的。在行 2 的第一、二、三列中，p 为假，而 q 和 r 则为真，如此等等。后面的每一列都代表非基本命题的真值条件。因此，当 p 为假，则 ¬p 为真，而当 p 为真，则 ¬p 为假，无论 q 和 r 的真值如何；当 p 和 q 都为真，p&q 为真，无论 r 是否为真；等等。

	p	q	r	¬p	¬q	¬r	p∨q	p∨¬q	p&q	p⊃q	(p∨q) ⊃ (p&q)	Taut.	Contr.
1	T	T	T	F	F	F	T	T	T	T	F	T	F
2	F	T	T	T	F	F	T	F	F	T	F	T	F
3	T	F	T	F	T	F	T	T	F	F	F	T	F
4	T	T	F	F	F	T	T	T	T	T	T	T	F
5	F	F	T	T	T	F	F	F	F	T	T	T	F
6	F	T	F	T	F	T	T	F	F	T	F	T	F
7	T	F	F	F	T	T	T	T	F	F	F	T	F
8	F	F	F	T	T	T	F	T	F	T	T	T	F

图 4—3

每一行都对应一个不同的可能世界。如果 p 为 "a_1b_1"，q 为 "b_2a_2"，r 为 "a_3b_3"，行 1 就代表 w1，其中 p、q、r 都为真；行 2 就代表 w2；等等。对每个不同的命题来说，都有一列刻画了它在每个世界中的真值。因此，在列 10 中，p⊃q 在 w1、w2、w4、w5、w6、w8 中为真，在 w3、w7 中为假。一个命题如果至少在一个世界中为真，且至少在另一个世界中为假，那么它就是偶然的。必然为真的命题（"重言式"）在每个世界中都为真。必然为假的命题（"矛盾式"）在所有世界中都为假。（参见 T4.46）因为对象是外在于语言的实体，而实体的性质又决定了事态（因而是可能的事实）的存在，所以《逻辑哲学论》并不认为一切必然性和不可能性都是命题上的。（参见 T2.014）但是，重言式、偶然性和矛盾式则穷尽了命题模态。

如果（在我们的模型中）基本命题只有有限的一些真值可能性，那么我们就可以通过仅仅对每个可能的命题写出一个带有行列的真值表来证明构造论题。维特根斯坦并没有提出这样的证明，大致是因为他认为他无法穷尽所有的基本命题，无法统计出对它们具有的无限多的可能性。（参见 T4.2211、5.571）相反，他提出，（基本的以及非基本的）每个命题都可以被表达为一个或多个运算的应用情况，他称之为合并否定，用符号表示为"N(ξ̄)"。ξ是一个变项，它的值是命题的集合。上横线表示这些命题的顺序是无关紧要的。ξ的合并否定就是ξ中的每个命题之否定的合取（参见 T5.5-5.51），例如，N(p, q, r)＝

(1) ¬p&¬q&¬r，和 N([¬p&¬q&¬r],p,q,r)＝
(2) ¬(¬p&¬q&¬r)&(¬p&¬q&¬r)，矛盾式ξ可以是一个成员的集合，例如，我们可以合并否定 (2) 以获得一个重言式
(3) ¬[¬(¬p&¬q&¬r)&(¬p&¬q&¬r)]

构造每个命题的第一步就是合并否定所有的基本命题。（参见 T5.2521-5.2523、6-6.6001）维特根斯坦没有说接下来是什么，但我们可以推论如下：在每个后续步骤中，用任何命题或一些命题替换ξ，你就会想从基本命题中作出选择，无论已经构造出来的非基本命题是什么。我们凭借常识不会用以下这种命题替换ξ，这种命题的合并否定会复制已经得到的结果，我们应当努力尝试不同的替换物，直到我们对每个行列都得到一个命题。[6]这种方法会使人足以创造性地构造出有限的基本命题的所有真值函项。但由于对ξ的选择（因而是合并否定的结果）并不是在第一步之后就确定的，所以维特根斯坦的构造步骤就是不确定的。[7]

除此之外，还有一种可能性，即存在着无限多的基本命题。[8]维特根斯坦后来提到这一点，把它看作他的全称量化和存在量化理论难以解决的问题。（参见［4.24］，279）《逻辑哲学论》处理了全称量化命题，形式

为∀x(Fx)，把它们看作表达了与Fx的每个值相符的合取，还处理了存在量化命题，把它们看作这样一些情况的合取，即至少当Fx的一个值为真时，它们就为真。由于函项的值就是命题，所以它们本身就一定是基本命题或基本命题的真值函项。假定Fx每个值的真值条件都处于一个不同的基本命题中。如果存在无限多的基本命题，维特根斯坦认为，它们就无法得到清点，而且维特根斯坦认为，这就不可能通过把它们看作合取与析取而构造全称量化命题和存在量化命题。[9]的确，如果有无限多的基本命题，那么构造命题（无论量化的还是非量化的）的第一步就是合并否定一组无法清点其成员的命题。维特根斯坦明显决定了，《逻辑哲学论》不可能被调整以做到这一点。他为什么不考虑那些无须清点基本命题所有成员的构造方法？合理的解释是，维特根斯坦这时关于基本命题观念的变化不仅使这个问题变得复杂了，而且使他怀疑这种探究是否值得。

如果可以构造一切命题（参见T4.51-4.52、5），那么我们就一定能够构造基本命题以及非基本命题。结果，这就意味着从一切基本命题的集合中分离出每个基本命题。如何能够反复应用合并否定完成这一点呢？如果p、q、r是仅有的基本命题，那么我们就可以构造出与p具有如下完全一样真值条件的命题。[10]通过合并否定p、q、r之后获得了（1），那么选择了（1）以及一切基本命题，就会构成这样的合类 [﹁p&﹁q&﹁r), p, q, r]。它的合并否定就是以上得到的矛盾式（2）。（2）的合并否定式和p就是﹁p和一个重言式的合取：

(4) 3&﹁p。最后，N(4)=

(5) ﹁(3&﹁p)。这个表达式为真，仅当（3）为假或者﹁﹁p为真。由于﹁3在所有世界中都为假，（5）为真就完全是由于﹁﹁p为真。因此，（5）与p具有完全相同的真值条件。（参见图4—3，行1）但这并不是表达p的真值条件的唯一方式。例如，经过对基本命题的强制合并否定后，我们就可以用ξ̄替换p。[11] N(p)=﹁p和N(﹁p)=

(6) ﹁﹁p

这与 p 具有相同的真值。

"命题是一种很奇怪的东西!"[12]

但在构造（5）和（6）的时候，我们实际上是构造了 p 还是仅仅构造了具有相同真值条件的不同命题？我现在假设这些命题都是句子，但如果它们真的是句子，那么（5）和（6）的结构就并没有为我们提供 p，即使它们具有相同的真值条件。而且，如果命题是句子，那么与维特根斯坦的观点相反，ξ 中命题的顺序就不是无关紧要的了；$N(p, q, r) = \neg p \& \neg q \& \neg r$ 和 $N(r, q, p) = \neg r \& \neg q \& \neg p$ 就具有相同的真值条件，但"$\neg p \& \neg q \& \neg r$"和"$\neg r \& \neg q \& \neg p$"就是不同的句子。由此显然，命题不是句子。维特根斯坦说，命题的"本质"并不是其记号的形状，而是这样一些特征，"没有它们，命题就无法表达意义"（T3.34B），它们是"可以表达相同意义的所有命题"（T3.341A）共有的东西。因为一个命题的意义就是其真值条件（参见 T2.221、4.022-4.03、4.1），所以具有相同真值条件的命题就具有相同的本质特征。如果本质特征相同的命题本身就是相同的，那么维特根斯坦就不必担心：p 不同于 p∨2，就像戴了红帽子的塞隆尼斯（Thelonius）不同于秃头的塞隆尼斯一样。（参见 T5.513A、5.141）因此，用于表达相同真值条件的句子之间的差异，并不构成对构造论题的反对意见。

但是，如果不同的句子（记号和声音）可以算作相同的命题，那么命题是什么？维特根斯坦关于命题是什么的问题说到的一点是，命题是写下的或说出的记号，用于（"与世界处于投射关系"）描绘包含了具体情况（Sachlage）的世界。（参见 T3.11-3.12）一个情况就是得到和没有得到的事态的堆积。（参见 T2.11）但如果不同的句子被用来描绘包含相同情况的世界，那么它们就具有相同的真值条件，并因此而必定具有相同的本质特征。但完全相同的本质特征如何能够属于所有不同的但又可以用来说相同事情的句子？例如，由于一个命题，像"它所表达的情况一样"，一定包含"许多可区分的部分"（T4.032A），所以表达了相同情况的句子就一定有同样多的可区分的部分。这被应用于维特根斯坦所考虑的"我们日常语言的命题",它们"原本就有着完美的逻辑顺序"(T5.5563A),尽管它们的表面形式掩盖了它们的逻辑形式。(参见 T4.002CD)因此,一切可以表达相同事情的人工语言和自然语言的句子,在被如此使用的时候都一定具有同样多的可区分的部分。这些部分是什么以及如何考量它们,这表明了理解命题是什么以及它们用句子能做什么这些问题的难度。[13]

维特根斯坦对命题还谈了一些其他东西,这些似乎有助于解决这个问题。首先,在 T3.31 中,命题及其部分被说成"符号"或"表达式"。而符号(表达式)则被说成"对它们的意义至关重要的"东西,它们是表达了相同意义的命题"可以共有的"。因而,具有不同长度的句子被用来表达相同的意义,而一个句子中词的数量并不需要等于相关命题中符号的数量。其次,维特根斯坦谈到图像、命题和句子并不只是词或符号,它们是事实——这些事实的成分是以某种关系相互联系的。(参见 T2.141、2.15、3.14 及其后)因此,a 与 b 处于某种关系中,这描述或断定的不是一个复合记号"aRb",而是这样一个事实,即"a"与"b"处于某种关系中。(参见 T3.1432)记号"R"没有被看作("a"与"b"处于某种关系中)这个事实的组成部分,这个事实说的是 aRb。这就有助于解决这个问题,因为如果这个符号是一个事实,那么它所包含的成分的数量就不必与用来作出这个断定的词的数量相同。但是,如何考量这种事实的部分呢?为什么它们的数量不是由它们所涉及的记号的数量直接确定的呢?《逻辑哲学论》提出的命题的第三个特征就与此有关。

一个基本命题是一组名称,这些名称被用来描绘包含了它们所指具体对象的世界(参见 T4.0311),这就类似于通常被认为的维特根斯坦所提出的图像论——这个模型[14]由玩具车、行人等东西构成,代表了真实的汽车和行人等,用来推断某个事故是以某种方式发生的。[15]但关于这种表现的重要事实在于,一个相同的图像或模型可以被用来说明事故发生的真实情况,或它的确是如此发生的。(这也可以被展现为没有作出任何陈述的象征性雕刻。)严格地说,真值条件属于可以用通常的图像作出的断定。就其本身而言,不考虑其他用法,图像并没有真值条件。如果命题是以与这个模型表现事故的相同方式表现了事实，那么就其相同的标记而言，命题就不会有真值条件。命题具有意义的理由在于，除了作出描绘之外，命题还断定世界就如同所描绘的那样。（参见 T4.022、4.023E、4.06）如果命题是一个能够用不止一个句子来作出的判断而不是一个用来作判断的句子，那么这个命题组成部分的数量就会取决于用记号所完成的东西的数量，而不是取决于所用记号的数量，例如，基本命题的可数部分就涉及对象。在 T3.3411 中，"一个对象的真正名称就是指示它的所有符号共同具有的东西"。这就是说，它们共同具有的东西是它们都用于指称。的确，这就保证了不仅把用于说相同事情的句子中记号的数量看作非本质的，而且把某些句子中拥有的任何特征但不是其他特征看作非本质的。[16]

《逻辑哲学论》关于命题所谈论的这些不同的东西是如何结合在一起的呢？后期维特根斯坦认为，它们并没有结合在一起。在《哲学研究》中，他谈到了这样一种倾向，即把命题看作"命题记号与事实之间的纯粹中介，或者是试图净化、提升记号本身"[17]。

《逻辑哲学论》中的符号就有理由被看作代表了第一种倾向。把命题看作记号或包含了记号的事实，而这些记号的本质特征是由被用来述说的东西确定的，这种看法就有理由被看作代表了第二种倾向。而语言的图像论则有理由被看作代表了这两种倾向。

虚假断定

《逻辑哲学论》试图解决一个关于虚假的难题，这个难题可以追溯到柏拉图的《泰阿泰德篇》（*Theaetetus*）：

> （如果）……某人在判断某件事情，他就是在判断这件事情……这意味着，某人在判断不是任何东西的某事，他就是在判断无物……但某人在判断无物，他就是什么也没有判断……所以，判断并没有的东西这并不是不可能的，这或者是关于存在着的某物，或

者仅仅是其自身。[18]

维特根斯坦强调指出，把柏拉图对判断和被判断之物的谈论替换为对断定与人们所断定之物的谈论，就会得到虚假断定的问题。说某个具体事态或情况（"某件事情"）属于现实世界，命题就必须告诉我们其真值所依赖的是哪个事态或情况；否则，（例如）事态 ab 就不会承担命题"ab"的真或假，而只是任何 a 和 b 的联结或其他具体对象的联结一样。但一个命题是假的，仅当它所陈述的那种情况不是一个肯定的或否定的事实。现实世界是由肯定的或否定的事实构成的。虚假断定的问题，就是解释一个命题在为假并且不存在这样的事实的情况下，它如何能够刻画它所断定的这个假设的事实（它必须这样做才能有意义），例如，当一个命题在为假并且现实世界并不包含这个具体事物的情况下，它如何能够说 ab 是可以得到的？如果 ab 是可以得到的，"¬ab"如何能够刻画其真值所需的否定事实？

图像论解决了这个问题，它抛弃了（由之产生的）这样的看法，即命题无法刻画其真值所需的事实，除非这个事实实际上已经得到了刻画。基本命题是图像，其成分就是简单对象的名称。（参见 T3.203）"一个名称代表一个东西，另一个名称代表另一个东西，并且它们相互结合。这样，它们整个地就像一幅活的画一样表现了一个事态。"（T4.0311）一个命题不是命名（在指称关系中代表）一个假设的事实，而是通过描绘它来说明其真值所需的东西，在这里，描绘并不需要假设事实的现实存在。对基本命题而言，为了能够说 ab，名称"a"和"b"必须分别指称对象 a 和 b，这些对象一定能被安排为命题表现它们的那样。但这并不需要实际地得到这个事态（ab）。因为他获得的可能性只是 a 和 b 拥有联结所要求的能力，所以这个事态（ab 所得到的可能的事实）并不是这个命题为了陈述 ab 是如此这般的情况所必须指称的实体。因而，命题"ab"可以是假的，只要存在其名称所指称的对象（能够进行联结），而现实世界没有包含对 ab 的获得。

复杂情况包含了没有获得事态，它们是由非基本命题描绘的，它们的构造（维特根斯坦认为）仅仅需要对命题集合的合并否定。无论这会牵涉多少困难，我们都没有理由认为，（例如）"¬ab"的构造应当需要获得ab，就像断定ab一样。因此，维特根斯坦可以说，"说到一个复合物的命题，如果这个复合物不存在，那么这个命题不是无意义的，而只是假的"，如果为了被提及而必须这样来命名复合物的话，它就会如此。（参见 T3.24B）与这里所讨论的这个问题相关，不存在的复合物就是由假命题提及的假设事实。

在这种解决中所涉及的描绘概念是一个原始概念。维特根斯坦没有定义这个概念，而是试图使他对基本命题及其真值函项的论述能够保证，只要存在名称所指的对象和这个命题所表现的现实世界，那么这个命题就可以描绘出包含了假设事实的世界，无论它是否属于现实世界。为了欣赏这种对虚假断定问题解决的优雅，也为了引出其中包含的困难，看一下其竞争对手是很有帮助的。

关于虚假判断的某些被抛弃的说法

维特根斯坦竭力使自己的说法避免他在弗雷格和罗素的解决方法中发现的问题，也竭力避免这些哲学家所抛弃的迈农（Meinong）理论。罗素在成为维特根斯坦的老师之前就讨论和抛弃了迈农的这个观点，即命题具有意义是因为（不考虑细节地）大致指称了为命题的真值而必须存在的事实。[19]迈农把这些称作"客观对象"（Objectives）。为假命题所指的客观对象，例如"拿破仑在马林果被打败了"，必须满足存在的模糊等级——这完全足以赋予这个命题意义，但不足以使其为真。罗素抛弃了这个观点，因为他相信，哲学必须保持一种"活生生的实在感"，他确信，"没有拿破仑在马林果被打败这样一件事"。[20]除了放弃这种客观对象的观点，他对《泰阿泰德篇》问题的处理[21]（像维特根斯坦一样）是想避免弗雷格在世纪转折之前所提出的对这种说法的本体论承诺。[22]让我们先来看一下弗雷格，然后再谈罗素。

在弗雷格的语义学中，命题可以具有两种意义，即涵义和指称。所有命题都有涵义，弗雷格把命题的涵义称作"思想"——这是一个不幸的词，因为他的"思想"是这样一些结构，它们完全独立于人们的心理状态。对它们的研究不属于心理学，而属于逻辑学和语言哲学。逻辑关系（例如蕴涵）就是基于弗雷格的思想所拥有的结构特征，无论什么人掌握了这些思想，即使从来没有任何心灵存在，它们也可能拥有这样的特征。弗雷格说，思想的存在和结构不依赖任何人的思维，就像高山的存在不依赖任何人是否游览过它一样。[23]

根据弗雷格的观点，并非所有的命题都有真值。[24]那些没有真值的命题具有涵义，但没有指称。命题为真，仅当命题的指称是一个对象，弗雷格称之为"真"；命题为假，仅当命题的指称是"假"。命题究竟指称的是哪一个（两者必居其一），取决于它所表达的思想以及事情是如何得到表达的，例如，"巴德（Bud）比塞隆尼斯玩得更快些"的涵义就是说，如果巴德实际上玩得更快些（他的确如此），那么这个命题便指称了"真"；如果塞隆尼斯玩得更快些（他并没有如此），那么这个命题就指称了"假"。[25]一串词被用于表达哪个思想，取决于使用者的心理。但一旦确立了这一点，它的真值条件，即用它命名"真"所需要的东西（以及用它命名"假"所需要的东西）就完全取决于思想的结构。判断（断定）一个命题为真，就承诺了它是被用来命名"真"的。如果情况如此，那么这个判断（断定）就是真的；如果不是，那么它就是假的。但这个命题是否为真，并不取决于它是否得到了判断或断定。

这个解决方法是柏拉图主义的。但由于它并没有设定不同的存在等级，所以它不是迈农式的。考虑一下这个假命题"塞隆尼斯玩得比巴德更快些"。它的指称和涵义完全正是同类的存在，即塞隆尼斯·蒙克、巴德·鲍威尔和这个命题本身。[26]因此，弗雷格为了避免迈农的两级存在而付出的代价就是柏拉图主义，这需要设定弗雷格的思想，即"真"和"假"。

维特根斯坦抛弃了弗雷格解释中的柏拉图主义，此外还有命题是复合名称，是关于真假的名称这一弗雷格式的观点。（参见 T3.143、4.063、4.431、4.442）[27]他告诉我们，不要说命题具有涵义——仿佛涵义就是弗雷格的思想，即使没有命题拥有这个思想，它也可以存在，仿佛拥有涵义就涉及命题与其涵义的两词项的"拥有"关系。我们不说命题具有涵义，而只说命题把世界描绘为包含了它所表现的情况。（参见 T4.031B）因为一个命题为真，并不是说它要命名"真",而是说要把世界描绘为包含了它实际包含的情况。罗素不同于弗雷格和迈农的地方是他坚持认为,真和假首先是属于一个人在相信、不相信、怀疑、理解、质疑或其他心理状态的过程中所形成的复杂结构,罗素后来把这些心理状态称作"对观念的态度",现在又被称作"命题态度"。[28] 在下文,我将用"判断"统称所有这些态度。罗素式的判断并不是对前存在的、前结构的弗雷格思想的心理态度。罗素避免了这些态度以及迈农的客观对象。相反,他把判断看作是由正在判断的心灵与一些事项(他没有特别加以考虑的东西)之间的多词项关系构成的。判断某个事项 a 与另一个事项 b 处于某种关系 R 中,这就构成了罗素所谓的命题。弗雷格的命题是由语词构成的,维特根斯坦的命题是由符号构成的,与它们不同,罗素的命题则是由对象 a 和 b 本身、关系 R 以及把它们排列成命题并由此决定这个命题结构的配置这种情况构成的。[29] 这些成分是自身独立存在的,无论是否有人对它们形成了判断。[30] 如果它们实际上得到了判断(例如,如果某人相信 a 比 b 声音大,而且 a 实际上也大些),这个命题就是真的。但由于把它们结合为一个命题不过就是一个判断,所以假命题就完全可以按真命题的方式被放在一起。这种处理假判断问题的方式并不表明,罗素的本体论超越了作出判断的心理、构成这个判断的关系以及判断使其形成命题的成分。因此,罗素避免设定迈农的客观对象和弗雷格的思想,这些冒犯了他的本体论感觉,他从他对判断的论述中去除了关于判断的预先内容(迈农的客观对象、弗雷格的思想)的概念,这些内容并不依赖对它们存在的判断、它们的逻辑结构或它们的真值条件。图像论的提出正是由于维特根斯坦不满足于这一点,正如他不满足于弗雷格的理论和迈农的理论一样。

  1913 年,维特根斯坦提出,罗素的理论是不恰当的,因为它没有排除判断无意义的可能性,例如相信或断定缺乏真值条件的命题。问题在于,罗素的论述没有限制能够属于命题的词项还是组织判断的方式,这对排除类似无意义的判断——例如"这张桌子握笔这本书"——是必需的。[31] 这个缺陷很难修补。即使罗素原则上限制了对可能属于一个事实的事项成分的选择,他的理论也不会知道如何使人们避免去判断一种杂乱无章的混沌。

那么，维特根斯坦又是如何避免无意义判断的可能性的呢？他说，要避免罗素的错误，"对命题形式'A判断P'的正确解释就必须表明：使判断成为无意义的东西（einen Unsinn）是不可能的"（T5.5422）。维特根斯坦说，这个错误就是把"A相信p是真的"、"A思考p"等分析为命题p同"对象A"处在某种关系中。（参见T5.541C-D）[32]经过恰当的分析，"A判断p"以及其他的东西就被证明是"'p'说p"的形式。（参见T5.542）在"A判断p"中，"A"表现为一个名称，指称了一个判断主体。但《逻辑哲学论》中的命题分析所能包含的唯一名称指称了《逻辑哲学论》中的对象，维特根斯坦相信，判断主体不是对象。（参见T5.5421）因此，无论"A"还是其他任何被用来命名判断主体的东西，都无法出现在对"A判断p"的分析中。更为令人吃惊的是，维特根斯坦的分析也没有提到判断。如果"'p'说p"是对"A判断p"的专门分析，那么被罗素分析为包含了判断主体、判断以及由判断所安排的对象构成的罗素式命题这种情况，就被还原为仅仅由图像、句子或命题"p"及其涵义表达所构成的意义。"p"说的就是如此这般的情况p，因为它的成分是与假设事实p的成分"相互关联的"（T5.5421）。因此，罗素在他的本体论中清除了迈农的客观对象和弗雷格的涵义，把命题态度的内容还原为由判断形成的对象集合，而维特根斯坦则把判断（相信以及所有其他种类的思维）还原为对涵义的命题（图像或句子的）表达。[33]维特根斯坦不是把某人的判断ab分析为一个判断主体（心灵、灵魂等）与对象a和b之间的关系，而是把这个判断分析为主要构成了《逻辑哲学论》的图像（命题或句子），该图像把a和b加以具体描绘。[34]把判断还原为涵义的表达，这就把解释为什么不可能存在无意义的判断这个问题，变成了解释为什么命题无法断定类似"这张桌子握笔这本书"这种无意义的东西的问题。[35]因为《逻辑哲学论》的名称只能相合构成基本命题，它们描绘了其指称物的可能情况（参见T2.16-2.203）[36]，所以基本命题不可能缺乏涵义。由于所有的非基本命题都是基本命题的真值函项，所以没有命题是无意义的。如果判断可以像《逻辑哲学论》所提出的那样加以分析，那么就排除了无意义判断的可能性。

未加断定的命题

怎么可能有假命题,这个问题有一个对应的问题,即怎么可能有关于本身并没有得到判断之命题的判断以及这些命题之间的逻辑关系。我如何能够相信(p)迪奥菲拉斯图(Theophrastus)写了我们熟知的亚里士多德的《政治学》(Politics)一书,只有当(q)迪奥菲拉斯图无法宽恕地持有一种愚蠢的政治观点,即使我并不相信 p 而且对 q 也毫无意见?每个合取都蕴涵了合取项,无论人们是否曾经或者将要掌握某个合取的涵义、它的合取项以及一个蕴涵着另一个这种说法,怎么可能是这样呢?

弗雷格的理论就允许这样,它把命题的涵义看作这样一种结构,其构成并不需要判断。因此,我并不需要相信迪奥菲拉斯图写过《政治学》,以便为了 p 的涵义而仅当他真的写过时使 p 为真。这对 q 同样如此。我碰巧相信这个假设,但我这样做并没有赋予它所具有的真值条件。如果逻辑关系取决于涵义,而这些涵义的存在和结构却完全独立于判断,那么判断就不需要由 p&q 去蕴涵 p。[37]

假设和蕴涵对非弗雷格的论述提出了问题,这些论述并没有对某人作出判断之外的判断赋予内容。其中的一种论述是康德的理论,它认为假言判断的前件和后件本身就是判断,而不是前存在的内容。[38]因为罗素的判断内容是判断心灵的产物,我们在《数学原理》中惊奇地发现了关于判断的多重关系理论,其中每个纲领都断定逻辑关系是非心理学的,对它们的解释并不需要涉及判断的心灵。[39]

通过把判断还原为命题对其涵义的表达,《逻辑哲学论》就把我们关于假设和逻辑关联的问题变成了关于没有作出断定的命题的问题,例如,我怎么能够相信一个条件句而不相信它的前件和后件,这个问题就变成了,一个条件句命题怎么能够不断定其前件和后件。由于维特根斯坦认为,"命题只有作为真值运算的基础才能出现在其他命题中"(T5.54)——就是说,作为合并否定的命题集合成员(参见 T5.21),他并不需要担心(例如)命题 p 和 q

怎么能够没有作出断定地出现在 p⊃q 中；他的回答是它们没有这样。但是，任何命题的构造都需要对基本命题的合并否定。因而，正像康德需要解释我们为何需要判断一个假设是真的而无须判断构成这个判断的组成部分为真一样，维特根斯坦必须把类似"N(p, q, …)"这样的表达式解释为，包括 p 和 q 但没有包括断定如此这般的情况 p（或 q）。

《逻辑哲学论》的运算带我们从命题走向命题。（参见 T5.21-5.23）尽管我们可以表达一个否定命题而无须对它所否定的命题使用记号，但这个否定命题必定仍然是"间接地"由这个肯定命题构成的。（参见 T5.5151）因此，为了说我们并没有得到事态 ab，我们就必须使用命题"ab"（我认为这是一种合并否定）而不是通常使用的句子（记号）去说得到了 ab。但基本命题并不只是显示了事态，它们也表达出得到了事态。（参见 T4.022、4.023E、4.06）《逻辑哲学论》并没有强调这样一个问题，即如何使用命题"ab"去构造"¬ ab"而不用断定我们想要否定的东西——ab 就是如此这般的东西。

由于我们可以写下一个句子而没有断定任何东西，事情就变得更为简单了，只要维特根斯坦把合并否定看作带我们从句子走向句子，而不是从命题走向命题。但他并没有这样做，他是否会这样做也并不清楚。p 和 q 的合并否定没有确定的真值条件，除非 p 和 q 各自具有确定的真值条件。（参见 T5.2314）对弗雷格来说，命题就是具有真值条件的句子，它们不用通过归属于弗雷格的思想而得到断定。但维特根斯坦放弃了弗雷格关于命题涵义的说法，把句子看作仅仅在用于断定时才具有涵义。[40] 由此得到，如果"N(p, q)"中的"p"和"q"是句子，那么"N(p, q)"就没有确定的真值条件，除非"p"和"q"被用于断定某个东西。如果情况是这样就更好了：一个句子可以得到 ab 作为其真值条件，这只是由于把它运用于构造这样的命题，即表达了并没有得到 ab。但是，《逻辑哲学论》并没有制定出这样的机制。

在维特根斯坦所批评的 1913 年知识论手稿中，罗素本人说，他判断理论的"主要缺陷"是无法解释未加判断的命题间的逻辑关系。[41] 但维特根斯坦的反对意见所关注的却是无意义判断的问题。我没有看到对未加判断的命题间的逻辑关系问题的任何反对意见。令人吃惊的是，维特根斯坦肯定知道弗雷格著作中的相关部分。同样令人吃惊的是,《逻辑哲学论》并没有表明如何避免以下这个问题的类似问题,即怎么得到未加断定的命题间的逻辑关系问题。

逻辑、概率和构造论题

尽管有这个困难,构造论题仍然对命题间的逻辑关系和概率关系提供了有趣的、深有影响的处理方法。根据构造论题,每个命题的真值都是由基本命题的真值确定的,而基本命题就是它们自身的真值函项。(参见 T5)维特根斯坦把足以构成一个命题真值的基本命题之真值的每个组合,称作这个命题的真值基础。(参见 T5.01、5.1241C)因此,对基本命题 p, q, r_1, r_2, …, r_n而言,p&q 的真值基础是〈p 真,q 真,r_1真〉、〈p 真,q 真,r_1假〉、〈p 真,q 真,r_2真〉、〈p 真,q 真,r_2假〉,对每个 r_i都是如此类推。因为每个 r 的真值都与这个合取的真值无关,所以我们可以把其整个真值基础缩写为"〈p 真,q 真〉"。p⊃q 的真值基础是〈q 真,p 真〉、〈q 真,p 假〉、〈q 假并且 p 假〉,如此等等。

维特根斯坦完全根据真值基础间的关系来解释演绎推理(参见 T5.12),例如,由于 p&q 的真值基础包含了〈p 真〉,所以 p 就在 p&q 为真的所有可能世界中都为真。这就解释了为什么 p&q 蕴涵了 p,说明了这个论证的有效性:p&q;因此 p。另外,因为 p 是由〈p 真,q 假〉以及〈p 真,q 真〉而为真的,所以 p&q 在 p 为真的某些世界中为假。这就说明了为什么 p 不蕴涵 p&q,我们无法从前者推出后者。¬p 蕴涵了 p⊃q,因为两者的真值基础(〈p 假,q 真〉和〈p 假,q 假〉)就是 p⊃q 的真值基础。一个命题与另一个命题矛盾,只是在于它们的真值基础相互排斥。

罗素把这叫作"对推理理论的一种令人惊讶的简化,以及对属于逻辑的那种命题的定义"([4.33],xvi)。这种简化就在于,如果维特根斯坦是对的,那么我们就不再需要传统意义上的逻辑规律。罗素认为,"(p 或 p)包含了 p"就等于"……欧式几何定理中的具体说明,如……令 ABA 为等腰三角形,那么底边的角就相等",这就是传统观点的一个例子。[42]根据这种观点，从"约翰·卡特（John Carter）吹单簧管或约翰·卡特吹单簧管"这个析取句中推出"约翰·卡特吹单簧管"，对它的证明是因为它满足了"(pvp)⊢p"这个规律，就像说一个具体等腰三角形的底边角是相等的，对它的证明是因为它是欧式几何的一个原理。没有这种最为一般的真理（公理及其结论），我们就不可能解释蕴涵或推理。但如果维特根斯坦是对的，逻辑关系不过就是真值基础间的关系，那么这就证明了从一个命题推出另一个命题的东西就是这些命题本身，而"（被）……弗雷格和罗素……看作证明了推理的……'推理规则'……（就是）……多余的"（T5.132）。构成了命题间逻辑关系的真值基础间的联系，可以通过从基本命题中构造出这些命题而得到确立和展现。这就足以确立一个命题是否蕴涵或矛盾于另一个命题。假定有一种明显的记法，我们就可以用一种清楚地展现命题真值基础间关系的形式写下命题。（参见T5.1311）最后，［类似"(pvp)⊢p"和肯定前件式］被罗素称作逻辑规律的命题证明维特根斯坦的观点不过是重言式（参见T6.113以下），因而它们的真完全可以通过构造得到解释。

维特根斯坦用同样的方法解释了命题间的概率关系。

如果T_r是命题"r"的真值基础数，T_{rs}是命题"s"的真值基础数，同时又是"r"的真值基础数，那么……比值$T_{rs}:T_r$就是命题"r"对命题"s"的概率度。

(T5.15)

例如，图4—3行1、2、5中，r的4个真值基础中的3个都是（pvq）⊃(p&q)的真值基础，其赋予r的概率为四分之三。在行1、3中，(p&q)在概率上独立于r：(p&q)分有一半r的真值基础。这同样解释了这样的情况：如果p蕴涵了q，那么q赋予p的概率是1；如果p与q矛盾，那么这个概率就是0。正如基于任何一致命题的条件，一个重言式的概率就是1，一个矛盾式的概率就是0。（参见T5.152 C-D）[43]

基本命题在概率统计上是独立的，因为每个基本命题的真值都依赖获得不同的事态。"事态是相互独立的"；任何给定事态的获得或没有获得都不会影响任何其他事态的获得或没有获得。(参见 T2.061-2.062) 如果 r 和 s 是基本命题，它们各自的真值基础就会是 {⟨r 真, s 真⟩ 和 ⟨r 真, s 假⟩}、{⟨s 真, r 真⟩ 和 ⟨s 真, r 假⟩} (忽略不相关的命题)。r 和 s 正好共有一个真值基础，所以 $T_{rs}=1$。由于 r 有两个真值基础，$T_r=2$，r 的概率条件就依赖 $s=T_{rs}/T_r=1/2$。(参见 T5.252)

这就使所有的概率都变成有条件的，并把条件概率解释为由相关命题的真值基础决定的一种逻辑关系。由于真值基础完全是由意义决定的，所以维特根斯坦的说法就把概率分配看作先天的和分析的了。《逻辑哲学论》的概率也是客观的。你赋予一个命题的概率会取决于你所认为的相关的真值基础。但关于这种相关的真值基础实际上是什么的问题，存在着一个客观的事实，这使得真实的概率成为客观的，并独立于主观上受到影响的分配。[44]

这种方法可以追溯到博奴里 (Jacques Bournoulli, 1713) 和拉普拉斯 (Laplace, 1812)，1912 年由凯恩斯 (Keynes) 加以复兴。由于维也纳学派在 1927 年之后的发现和魏斯曼 (Waisman) 的修订，维特根斯坦的这种方法产生了很大影响，引起了卡尔纳普的兴趣。[45] 它的重要性部分是源于维特根斯坦关于基本命题独立性的第二个思想。直到 1929 年，他关于"对实际现象的逻辑分析"的想法促使他相信，为了解释同一种颜色为什么不能同时具有不同的样子或亮度，他必须假定，数字可以出现在基本命题中。[46] 这就会使某些基本命题无法相互兼容。但如果某个基本命题可以赋予另一个基本命题概率 0，那么我们就自然会询问，基本命题是否可以相互蕴涵[47]，更重要的是，我们就自然会考虑按照从 0 到 1 的所有方式排列的基本命题间的条件概率的可能性。这些概率对卡尔纳普的思想至关重要，因而对 20 世纪概率逻辑研究的发展也至关重要。

虽然有一些诱人特征 (包括符合了概率演算的标准条件)[48]，《逻辑哲学论》的理论仍然有两个显著的缺陷。第一，它没有谈到如何评价从经验上观察到的结果与概率究竟会有什么样的关系。这就使得无法把它应用于从人口样本作出的统计推论，也使得无法从经验学习中获得它。第二，如果自然语言命题 (包括科学的命题) 间的概率关系取决于它们真值基础间的关系，那么赋予它们概率就是不可能的，除非能够把它们分析为决定了它们真值条件中所包含的基本命题和事态。如下所见，《逻辑哲学论》对对象和名称、事态和基本命题的讨论并没有表明这种分析包含了什么，并没有表明如何或者是否可以完成这种分析。[49]

《逻辑哲学论》的科学哲学

如果事态是相互独立的，那么它们之间就不存在（决定论的或随机的）因果联系。（参见 T5.135-5.1361、6.37）如果基本命题是相互独立的，那么它们就无法相互影响各自的概率，也无法在逻辑上相互蕴涵或相互排斥。因此，《逻辑哲学论》在自然律问题上并不是一种实在论。

但是，尽管事态是相互独立的，可复杂情况——事态的获得和没有获得的模式——却不是这样。如果它们是这样的话，那么非基本命题就会在逻辑上和概率上像基本命题一样是相互无关的。通过使真值函项间的逻辑联系和概率联系变得并非毫无意义，维特根斯坦没有涉及这样的可能性，譬如，万有引力可能是体现了非基本命题间逻辑联系和概率联系以及复杂情况中的客观依赖性的自然律。

维特根斯坦并没有否定这种可能性，他说，相信"所谓的自然律"解释了自然现象，这是一种幻觉（*Täuschung*）。（参见 T6.371）这是因为，他认为"所谓的自然律"［包括"守恒定律"在内的各种规律（参见 T6.33），"最小作用律"（T6.3211）、"充足理由律"和"自然连续律"（T6.34）、牛顿力学定律（参见 T6.341A、6.342B）以及其他类似的理论］都是约定的产物，理由如下。

如果事态是相互独立的，科学上有意义的决定论的和随机的依赖性就只能存在于复杂情况间。但复杂情况只是通过语言实践，从关于获得和没有获得单个事态的一组确定可能性中得来的集合。如果在获得和没有获得任何事态间不存在自然的联系，那么《逻辑哲学论》提出的（例如）ab 和 cd 间的唯一联系就是由语言约定构成的。要表达基本命题的所有或相同的真值函项，并不需要不同的自然语言和人工语言。因此，一种语言可能就会使说话者说出一些事情来，它们的真值依赖共同获得 ab 和 cd，而另一种语言则不行。维特根斯坦把科学理论看作体现了用于描述世界的约定。这些约定决定了如何去收集事态，以及科学处理的是什么样的复杂情况。这样，牛顿"力学就规定了一种描述世界的形式，它指出，（其）描述中……使用的所有命题……都必定是以一种特定的方式从……力学公理……中得到的"（T6.341A）。维特根斯坦把这解释为类似描述一个上面布有一些不规则黑色斑点平面的过程，他把一张相当细密的方格网覆盖在这个平面上，并且说出每个方格是白的还是黑的。粗糙的网格会影响描述的精确性，但对不同的网眼可以使用不同的方法。但即使这样，我们仍然可以对不同形状的网眼调整粗糙的程度，通过使用至少是某些不同的网格，我们还是可以得到同样精确的描述。这样，即便某些网眼并不会为我们的目的提供足够精确的描述，这种点状也并非唯一地适合某个网格。类似地，这个世界不过就是事态的得到和没有得到，这些事态并不是唯一地适合于某个具体科学语言的描述性约定。牛顿力学定律并没有解释构成了任何世界的事态之得到或没有得到。相反，它们的能力只是限于复杂情况，这就要求（例如）我们用物质、力和加速度去描述运动——所有这些都包含了完全独立于事态的、由约定决定的组合。

  关于牛顿的运动规律就说这么多。类似充足理由律这样的规律也没有解释任何对象；它们是对描述的更高程度的限制。（参见 T6.35B）[50]我们可以从这样的事实中得知关于世界的某些事情，"用一种力学可以比用另一种力学更为简单地描述世界"，牛顿力学"可能是描述世界的一种严格的方式"（T6.342B）。[51]这是因为，不依赖语言约定的事态之获得和没有获得限制了科学家构造与使用理论以及这样的使用所带来的结果的能力。但同样，"世界可以由牛顿力学来描述，这关于世界并无所说"（T6.342B）。我们可以描述带点的平面，这并没有要求这些点的形状或空间排列类似于选作描述它们的网眼的形状或排列。类似地，如果事态是相互独立的，如果理论和理论选择真像维特根斯坦所认为的那样是约定的，那么牛顿力学的可能描述就不需要事态更为自然地去符合任何的牛顿力学定律，正像符合出自任何其他理论组合的复杂情况一样。

  认为物理学解释性原理的真正作用就是编排和组织对现象的描述，这是哲学家持有的一种古老观念，他们对科学的理解和尊重如同迪昂一样。但由于受到维特根斯坦约定论和他关于神秘主义观点的驱使，《逻辑哲学论》的科学哲学就包含了这样的种子，它逐渐发展成对自然科学和行为科学毫无同情的态度。维特根斯坦说，"整个现代的世界观都是基于这样一种幻觉……所谓的自然律"以及（宽泛地说）由此产生的科学"解释了自然现象"。（参见 T6.371—6.372）持有这种看法的人把自然律看作"某种神圣不可侵犯的东西，站在自然律前面，就像古人站在神和命运面前一样"。维特根斯坦愿意接受"古人的观点"，承认神和命运是无法解释的，而不愿意接受"现代的系统……（它）试图显得一切东西都已经得到解释"（T6.372）。时间并没有给维特根斯坦关于"现代的系统"的观点带来好处。根据他的后期著作，科学正是更多地基于"生活形式"和社会实践，正如其他涉及了语言使用的活动一样。没有比这种基础能够得到更好的证明了。这幅图景，伴随着维特根斯坦厌恶他给予科学的傲慢，直接来自《逻辑哲学论》的哲学。[52]

对象带来的麻烦

与我在简化形式中表达的两维对象不同，《逻辑哲学论》中的名称所命名的对象是"简单的"和"单个的"（T2.02）、无法改变的和没有变化的、永恒的。（参见 T2.022、2.024—2.0271）由心理学家和哲学家所提出的感觉材料、观念、感觉、直接经验和其他这种心理内容，都缺乏这些优点。根据诉诸它们的理论，它们都是短暂的，大多数是复杂的，有些则是可以改变的。这就标志着《逻辑哲学论》与通常和它相关的大多数经验主义哲学之间存在至关重要的区分。G. E. 摩尔（G. E. Moore）、罗素、维也纳学派成员以及维特根斯坦在写作《逻辑哲学论》前后遇见的其他人都认为，对日常语言和科学语言的分析，最终是要得到可以感知的对象，它们属于经验知识的基础。对罗素来说，这些就是感觉材料。他相信，只有那些经过了完全的分析而又提及感觉材料的陈述才能够在经验上得到验证。他还相信，我们无法理解我们自己的话语，除非它们提到了这种直接熟知（亲知）对象。与这种观点以及维特根斯坦的后期著作相反，《逻辑哲学论》基本上不关心认识论。[53]《逻辑哲学论》的对象属于关于世界终极成分的本体论理论，而不属于关于我们对这个世界的知识的认识论理论。《逻辑哲学论》中的对象是我们由此形成信念的事实的终极成分，而不是我们用于证明经验信念的证据。而且，即使根据《逻辑哲学论》的语义学，它们是所指的终极对象，《逻辑哲学论》也基本上没有诉诸对象去解释实际上是如何学习语言和理解话语的。[54]维特根斯坦后来的评论提到了苏格拉底的梦想，试图把复合体分析为简单成分，"经验的确并没有向我们表明这些成分"，这个评论就是完全接受了《逻辑哲学论》中的对象，而且大概是想运用它们。（参见[4.47]，59；[4.25]，202 A-C）

　　事情并非总是如此。维特根斯坦的前《逻辑哲学论》著作即《笔记本》（Notebooks）提出，"我们视域中的色块"就可以是真正名称的指称物。[55]维特根斯坦在返回维也纳之后与石里克（Schlick）和魏斯曼的谈话就清楚地表明了《逻辑哲学论》的观点在认识论上的发展。大约在1930年，魏斯曼写下了"论题"，在认识论上倾向于采纳《逻辑哲学论》的观点，这似乎曾得到了维特根斯坦的（短暂的）赞许。[56]但这些《笔记本》也考虑可以把对象可能性看作不同于罗素所说的手表和物质点。[57]《逻辑哲学论》明显地缺乏这种想法。虽然维特根斯坦愿意在其他地方考虑对象可能是什么的问题，但《逻辑哲学论》却把这留给了学生作为练习。我们有理由相信，这是因为维特根斯坦暗示了一种语义学方法，它需要对象，但无须提供关于它们究竟会是什么的说明。[58]我们同样有理由相信，《逻辑哲学论》的诞生并不是由于维特根斯坦需要继续思考他在《逻辑哲学论》之前考虑过的关于对象是什么的问题。

　　由于事态正是对象的联结，所以我们无法知道事态是什么，除非我们知道对象是什么。但如果我们并不知道对象是什么，那么我们就无法知道简单名称的意义。但这样我们就无法理解基本命题了，因为基本命题正是名称的排列，而基本命题的涵义正是这些名称意义的函项。而且，虽然《逻辑哲学论》谈到了"完全基于逻辑根据"知道一定存在基本命题（参见 T5.5562），但它说我们无法先天地确定基本命题是什么（参见 T5.5571），或它们可能采取什么形式（即它们如何能够包含许多不同的名称，又是以什么方式排列的）。（参见 T5.5541–5.555）相反，"逻辑的应用决定有什么样的基本命题"(T5.557)。我认为这是指，发现基本命题的唯一方式就是分析非基本命题。（参见 T4.221A）你可以一开始就随意地选择一些基本命题作为候选项，努力表达（例如）色彩说法的真值条件，通过合并否定去修正最初假定的基本命题，以便获得所需要的结果。如果得到这样的结果，那么你就可以重复这个过程，调整最初的基本命题清单，以便解释其他命题，如此等等。

如果情况如此，那么《逻辑哲学论》就没有从事过这种计划，《逻辑哲学论》也没有提供用于还原或分析的材料，而这些正是构造论题使我们希望得到的（包括把对逻辑和概率的论述应用于自然语言的说法）。

概览《逻辑哲学论》中对象的各种特征，被看作提出了关于一个对象（以及一个事态）是否可以与另一个相互区别的问题。如果它们无法区别，那么我们就很难乐观地期望从事《逻辑哲学论》所忽视的构造。《逻辑哲学论》中的对象有这样三种特征：

（1）每个对象都具有跨世界的"内在特征"，这是由其联结一个或更多其他对象的能力（以及无法联结其他对象的能力）构成的。因此，对象的内在特征决定了它们可以属于哪种事态。（参见 T2.0123B）所有对象的性质共同决定了哪些世界是可能的；这些可能世界相互不同，正是由于它们所包含的和没有包含的对象之间的联结。虽然对象的配置在每个世界各有不同，但一个对象的内在特征却在所有的可能世界中保持不变，包括了在它可以属于但却不存在任何情况的世界中。

（2）维特根斯坦提到了"外在的"特征。（参见 T2.01231、2.9233、4.023）他对它们究竟是什么并没有谈很多，但我们可以猜测一下。由于对象的内在特征就是它在一切可能世界中具有的特征（参见 T4.123），所以它的外在特征就应当是它在这个现实世界中具有但在其他世界中缺乏的属性。这些会是什么呢？因为没有任何基本命题会在每个世界中都为真，所以对象所属的联结就不会出现在所有的世界。因此，一个对象的外在特征应当在于它归属于它实际上所属的联结，以及它可以归属的但并不存在的其他事态。或许存在其他种类的外在特征，但维特根斯坦并没有提到它们。[59]

（3）《逻辑哲学论》需要把其他种类的特征归属于对象，以便可以包括被维特根斯坦称为"物质"的颜色和其他属性。（参见T2.0231）由于"两个颜色占据视域中的相同位置"是不可能的，或者说，一个粒子不可能同时具有两种不同的速度或同时占有两个不同的空间位置（参见T6.3751），红色和蓝色（在这里和在那里、有这种速度和有那种速度）就是相互排斥的，因而无法都是事态。我们有理由相信，根据《逻辑哲学论》，它们都不是事态。颜色、速度和位置是物质属性，而且"只有通过对象的配置……（物质属性）……才能得以构造（*gebildet*）"（T2.0231）。因此，我的道奇帽子就是道奇蓝色，这应当被还原为由所涉及的对象性质（联结能力）使其变为可能的复杂情况。相关对象的性质也必定排除了同时使我的帽子具有不同颜色（或使其具有不同亮度）的复杂情况。这就说明了为什么"经验的实在受到对象总体的限制"（T5.5561A）。我把使得类似事物的物质属性成为可能并对之加以限制的这些对象特征称作"物质能力"。[60] 这些就是或应当被还原为对象的内在特征。

在下一节，我提出，只有这样一些特征的对象是无法像理解它们的名称所要求的那样相互区别的。[61] 如果是这样的话，那么我们就不可能解释被用于描绘事态或复杂情况的句子。因为事态仅仅是对象的联结，（理论家以及说话者）也就不可能区分构成不同命题之真值基础的事态。《逻辑哲学论》中名称的意义完全是由于它指称了对象（参见T3.203），而基本命题不过是用于描述事态的名称，而事态不过是这些名称承担者的排列。因此，这仿佛是说，我们不可能决定基本命题的真值条件。这就很难理解我们如何能够构造它们的非重言式的、逻辑上一致的真值函项（或解释这种构造）——包括用专门语言和日常自然语言表达的真值函项。除了在《逻辑哲学论》中并没有实际从事任何构造之外，这也使得好像是，对非形式的或专门的自然语言命题的构造会需要对其对象理论作出相当大的调整。

《逻辑哲学论》的反对区分

对此要说的第一件事是，《逻辑哲学论》中的对象既不是也没有物质属性，它们的唯一特征是，我们的感官、观察和测量工具能够牢记或记录（至少是以我们可以承认的方式）。因此，没有理由认为我们的感官或我们的身体可以观察、知觉和反映而不是牢记或记录具体对象或其特征。如果我们能够在经验上得到对象，这也一定是通过分析我们（和我们的身体）可以观察到和记录到的事态或情况。[62]

接下来要注意的是，对象是无法加以区分的，除非它们有不同的特征（参见 T2.02331），而对象的一切特征（包括物质能力）都是外在的或内在的。但我们即使可以根据外在特征辨别一个对象，它们也并不足以使它得到重新确定。暂且不顾我们的感官和身体并不适应对象，假定我们多少可以考察单个的事态，并对我们目前所见与其他对象相联结的对象赋予名称"a"，而对其他的那个对象赋予名称"b"。这就使我们得到了 a 和 b 的一个外在特征——它们是相互联结的，但这并没有使我们认识到其他事态中的 a。而且，即便如此，我们也无法辨别，在（这个或其他世界）任何其他事态中与 a 相联结的其他对象是否就是我们最初称作 b 的这个对象。（由于我们并不知道任何内在属性，所以我们没有理由认为 a 和 b 无法属于其他事态，不知道它们究竟可以属于哪种事态。）b 与 a 相互联结，这个事实并不会使我们区分 b 和在其他事态中与 a 相联结的其他对象。因此，维特根斯坦似乎正确地说，我们无法知道一个对象，除非我们知道它的内在属性。（参见 T2.01231）

我们如何能够觉察到一个对象的内在特征呢？如果 a 和 b 是联结的，那么我们就知道它们可以相互联结；这就是一个内在特征。但要找到它们具有的其他内在特征，我们就必须找到它们能够或无法相互联结的其他对象。假定我们多少知道了 ac 是无法得到的（这里的 c 是另一个对象），那么 ac 就可能无法得到，因为这种联结是不可能的。（这可能是 a 和 c 的一个外在特征。）但无法得到它可能仅仅是一个偶然事实（外在特征）。要在这两种可能性之间作出决定，我们就必须发现是否可以在非现实的世界中得到 ac。但我们并没有什么方法可以发现它，除非对象有标志可以使我们在不同的世界中确认它们。外在特征限于对象在现实世界中具有的属性，所以它们就无法起到这种作用。内在特征（包括物质能力）可以完成这个工作，但如果没有可以在不同世界中分辨对象的标志，那么我们就无法觉察到这些特征。如果我们无法觉察到把 a 与 b 区分开来的内在特征，那么我们就仍然不能把事态 ab 与 ba 区分开来，这里的 c 就是你随意看作的其他对象。

如果（这似乎是不可能的）我们有某种方法可以把名称（即用作名称的记号）赋予属于实际事实的对象，那么我们就会试图通过规定去避免跨越不同世界的同一性问题，例如，在考虑这个世界中的、b 所联结的对象如何可以适合于其他可能世界这个问题时，我们就会给它命名，规定它在其他相关世界中（在同一名称之下）的内涵。根据这种方法，可能世界就为理论家所构造，而它们的内容是"被规定的，而不是被强大的望远镜所发现的"[63]。但由于事态是完全独立的，所以就存在许多不同规定系统的可能性。我们不可能区分以同一名称相称的不同对象和在不同规定下用同一句子描绘的事态。但维特根斯坦在对象问题上是一个实在论者；根据《逻辑哲学论》的本体论，我们不能觉察到它们的区分，这与实在之物没有什么关系。《逻辑哲学论》并不关心这种可能性，更不用说这种规定是如何可能得到限制的。

如果对象的同一性依赖规定，那么基本命题的涵义也是如此。不同的规定允许相同的命题被分析为不同基本命题的真值函项。根据不同的规定，物质属性就会还原为不同对象的展开。从模态语义学技术的观点看，这听起来并不太坏，这种技术也不需要在所有《逻辑哲学论》会将其看作可能世界之不同集合的东西之间作出区分。但这并不是维特根斯坦的观点；相关的语义学技术是在《逻辑哲学论》之后发展起来的。

从由逻辑实证主义者所提出的还原和构造纲领的观点看，这听起来也并不太坏。这些纲领允许理论家的目的去支配对那些被看作对象的事项的选择，例如，虽然卡尔纳普的认识论兴趣使他选择了"经验"作为《世界的逻辑构造》中的基本成分，但他认为，假定还有其他兴趣，那么可以被看作基础的东西就应当还有"物理主义的"事项。[64]维特根斯坦反对这种方法，至少是因为对基本成分的选择涉及了关于基本命题形式的规定或假设。他在 1931 年说,他一直很清楚的是,"我们无法像卡尔纳普那样从一开始就假定,基本命题是由两位关系等构成的"[65]。

具有讽刺意味的是,这种构造纲领通常是与《逻辑哲学论》联系在一起的。具有历史意义的是,它们对对象和事态的处理、对名称和基本命题的解释远远不是《逻辑哲学论》的。

人生的意义、宇宙和万物

如果维特根斯坦并不在意《逻辑哲学论》对逻辑的处理是不完整的,而许多读者却相信它教会了他们很多,那么他想让他的著作都完成些什么呢?它的"前言"(在最后一行中得到了回应)说,《逻辑哲学论》所表明的是,哲学问题的提出

是基于对我们语言逻辑的误解。人们可以用这样一些话把握该书的全部意义:凡是可说的都可以说得清楚;凡是不可说的,人们都必须保持沉默。

([4.45], 3)

例如,这可以应用于这样一些"神秘的"问题:为什么会有世界?(参见 T6.44)上帝的性质和兴趣是什么?(参见 T6.432)伦理价值和美学价值的来源是什么么?(参见 T6.41-6.421)它还可以应用于这样的问题:人生的意义是什么么?(参见 T6.52)为什么我们应当做正确的事情而不是做错误的事情?(参见 T6.422)它可以被应用于由哲学怀疑论(参见 T6.51)、唯我论和实在论提出的问题。(参见 T5.62-5.641)命题可以表现一切可以如此这般的情况。(参见 T3、4.12A)但哲学问题并不是关于如此这般情况的问题。(参见 T6.52)对《逻辑哲学论》来说,得到恰当理解的哲学是一种活动,这种活动的目的是通过澄清思想来解决问题,而不是提出一套理论。(参见 T4.112 及

其后)《逻辑哲学论》和维特根斯坦的后期著作在这一点上是基本一致的，不同的是对这种活动之性质的认识。[66]

对《逻辑哲学论》来说，这种活动的关键部分就是以逻辑上清晰的符号系统提出命题（参见 T4.1213），这个符号系统揭示了相关符号的本质特征，即这些符号必须表现为清除了哲学问题。有些例子可以说明如何解决这些问题，这些解决并不需要我们构造自然语言命题、使用对象名称或掌握基本命题的真值条件，例如，对合并否定的记法就解决了这样的问题，即诸如逻辑常项"¬"、"⊃"、"&"这种东西就表明了，真值函项的表达式并不需要这些记号表现任何东西。（参见 T4.0312、5.4）同样，对 p 和 q 来说，q 和 (p&.p⊃q)（这解释了为什么后者蕴涵前者）的真值基础间的联系可以得到展现，而无须解释任何基本命题。这就使维特根斯坦解决了由这样的假定提出的问题，即肯定前件的假言推理表达的是非常普遍的、非语言的事实——这对其他逻辑规律同样如此。

维特根斯坦认为，对这些以及其他所有哲学问题（包括神秘的问题）的治疗，并不在于命题说出了什么，而在于记号的各种用法向我们显示了什么——包括使用逻辑上清晰的与不太清晰的记法所说的相同的事情。对记号的应用就显示了这些记号没有说出的东西。（参见 T3.262）对记号的应用告诉我们"记号隐藏的东西"（T3.262），它并没有在字面上说出："凡是可以显示的，都是无法说出的。"（T4.1212）这仿佛是在说，这些不能说出的东西是以许多不同的方式得到传递的，例如，虽然我们不能说命题（符号）具有这样那样的含义，但这个命题通过描述向我们显示了它的意义。（参见 T4.022）但或许是这样的情况，牛顿力学允许我们描述世界的方式就向我们显示了关于世界的某些东西，但它并不是以同样的方式向我们显示的（参见 T6.342）——或以这样的方式，即命题展现了它的图像形式。（参见 T2.172）所有这些以及其他种类的显示需要共同具有的东西是：(a) 所传递的东西并不是事态的获得和没有获得；(b) 它并不是以命题表达意义的方式加以传递的。

特别重要的一种显示是《逻辑哲学论》中的句子所需要的，维特根斯坦说是"澄清"（erläutern）语言的功能，即便它们是"无意义的"。（参见 T6.54）这包括了（例如）表达了图像论、本体论以及合并否定之构造方法的句子。它还包括了提供语义分析或句法分析的特殊表达方式。维特根斯坦对同一性的论述就表明了这种显示与其他种类显示的区别。"大致地说,说两个事物是同一的,这是无意义的。"(T5.5303)这并不是指诸如"a＝b"、"∀x(fx⊃x＝a)"这样的表达式什么也没传递。相反,它们是通过显示而不是通过说出去传递它们所传递的东西。但应用一个没有等号的记法可以显示与用另一种方式所显示的东西相同的东西,"这也就消解了所有和这类伪命题联系在一起的问题"(T5.535)。逻辑上清晰的记法会对每个对象都应用完全相同的名称。名称间的区别就会省却写下类似"a＝b"这种东西的必要。(参见 T5.53)一些不同的名称会显示与一个非清晰的记法(以不同的方式)所显示的东西相同的东西,即使用这种无意义的表达式,"存在(不存在)无限多的对象"(T5.535)。这就向我们显示了,同一性不是一种关系,它提供的是从包含了等号的公式中分析出这些等号的方式。[67]与由某些无意义的句子所做的显示相反,这是一种使用合并否定所表明的显示,这种合并否定显示了逻辑常项并没有代表任何东西,而对推理的证明并不依赖(以上的)逻辑规律。维特根斯坦诉诸这些(和其他种类的显示),希望避免对语言等级的需要,其中的每一等级都被描述为属于下一等级语言的表达式。维特根斯坦的想法不是构造一种元语言,比如说"ab"只有在 a 与 b 相联结时才为真;他的观点是,这可能是由我们用来说"ab"的相同语言中的无意义句子或这种语言的特征显示出来的。结果,维特根斯坦是通过诉诸不同的交流方式(说出和显示),而不是通过构造元语言去描述对象语言的。

  但我认为这并非显示理论的唯一的或最为重要的动机。维特根斯坦深切关注神秘的问题,包括被逻辑实证主义者称作"形而上学"的问题,希望通过应用他们相信《逻辑哲学论》所包含的方法去消除这些问题。卡尔纳普说,维特根斯坦为他提供这样的"洞见,即许多哲学句子,特别是传统形而上学中的句子,都是内容空洞的假句子"[68]。这听上去就像我们从这位哲学家那里得到的东西,他写道:"即使所有可能的科学问题都已得到解答,也还没有完全触及人生问题。当然那时不再有问题留下来,而这也就正是解答"(T6.52)。

  维特根斯坦在提交《逻辑哲学论》时给编辑写了一封信,在这封信中他

写道，它的"要点是伦理学的"。他说，它包含了

> 两个部分：一个是目前这个样子［即《逻辑哲学论》的全部文本］，一个是我没有写出来的一切。而重要的正是这第二部分……我相信，如今许多其他人（关于伦理学范围）都还在胡说八道（schwfeln），我试图……通过对它保持沉默而使一切坚实归位。[69]

这表明，当维特根斯坦谈到神秘问题的消失时，他实际上所指的是对它们的胡说八道的消失。他说，"人生的意义"对那些经过长时间怀疑的人来说就变得逐渐明白了，即使"他们无法说出这个意义究竟是什么"（T6.521）。[70]这并不是在否定这些人无法表达，紧接着的一段话就肯定了这一点："确实有无法说出的东西。它们显示自己。它们是神秘的东西。"（T6.522）

与此相对，我们可以说的是："世界万物是如何的，这对更高者来说完全无关紧要。"（T6.432）

维特根斯坦似乎感觉到，可说出的东西与可显示的东西相比并不重要。[71]如果真是这样，那么维特根斯坦的读者以为从他那里所学到的东西就并不是他希望教授的东西。《逻辑哲学论》通过经验主义者的著作产生了重大影响，他们认为，无法说出的东西就是无物。他们相信，重要的东西是可以用自然科学去发现和表达的。他们相信，神秘地关注《逻辑哲学论》中未写出的部分是一种幻觉。他们把《逻辑哲学论》看作与这些幻觉战斗的武器库。[72]

【注释】

[1] 参见 [4.45]。最初的书名是 *Logisch-Philosophisce Abhandlung*。目前这个书名是由摩尔提议的。关于该书的写作和出版情况，参见 [4.48]，1—13。关于该书写作的历史和环境，参见 [4.22]，第 7～8 章；[4.23]，第 5～8 章。

[2] 括号中的数字是《逻辑哲学论》的节数。

[3] 维特根斯坦的用法与罗素的用法不同。在罗素看来，摩尔对塞隆尼斯·蒙克做的记录是一个否定的事实。在维特根斯坦看来，这根本就不是一个事实，相关的否定事实是，摩尔根本没有关于塞隆尼斯的记录。

[4] 我用"世界"代替 [T2.06] 中的"实在";维特根斯坦的世界只包括肯定的事实。

[5] 1912年维特根斯坦在罗素提交给剑桥道德科学俱乐部的文章背面写过一个真值表。(参见 [4.22],160) 奎因说,独立于《逻辑哲学论》、用真值表建立真值函项的做法,是在1920—1921年由卢卡西维茨和波斯特以论文的形式提出的。皮尔士在1885年曾描述了一种本质上相同的非表格形式。(参见 [4.26],14)

[6] 例如,由于 N(3) 与(2)具有相同的真值条件,一旦我们有了(3),我们就最好选用另一个 ξ。关于两个基本命题情况的完整讨论,参见 [4.1],133页及其后。

[7] 参见 [4.38],480页及其后。

[8] 更为详细的讨论,参见 [4.1],135页及其后。

[9] 参见 [4.24],297。

[10] 参见 [4.1],133-134。

[11] 参见 [4.2],312。我们需要接下来的步骤,因为仅仅选择 p 作为 ξ 的值并不需要用合并否定去构造它。

[12] [4.47],第94节。

[13] 关于就量化命题情况对这个问题的讨论,参见 [4.19]。

[14] 根据冯·赖特(von Wright),这是一个模型;根据马尔科姆(Malcolm),这是一个图表。(参见[4.21],8、57)

[15] 参见 [4.46],7、27。

[16] 参见 [4.37]、[4.38]。

[17] [4.47],第94节。

[18] [4.25],321. 不合时宜地说,判断"某件事情",就是明确地相信某件事情,这足以决定这个信念的真值条件。维特根斯坦在 [4.47] 中与图像相关的地方对此的引述使我们有理由相信(不需要证明),他在写 TS 的时候知道这段话。关于这个论证的另一种形式,参见 [4.3],6页及其后。

[19] 参见 [4.28],28-33;[4.30],528-533;[4.35],193页及其后。

[20] 参见 [4.6],144。

[21] 参见 [4.31],第7章;[4.34],43;[4.36],第2部分,第1~2章。

[22] 参见 [4.12],56-78。关于弗雷格对这个问题的观点的简明陈述,参见 [4.14],117页及其后;[4.1]。

[23] 参见 [4.14],127。

[24] 例如，如果没有 Odysseus 这个人，"Odysseus"这个名称就缺乏指称，类似"Odysseus 在伊萨卡登陆"这样的命题就有涵义但没有指称。(参见 [4.12]，63)

[25] 参见 [4.12]。这忽略了许多重要细节，最为明显的是弗雷格对间接指称的论述。

[26] 参见 [4.8]，197、280-281。

[27] T4.442 的最后一句话抛弃了（和错误地陈述了）弗雷格的这个观点，即断定一个命题就是承诺某人命名了真。与弗雷格相关的另一些观点，参见 [4.2]，182-183。

[28] 参见 [4.3]，104 页及其后。

[29] 罗素的命题组成部分并不是《逻辑哲学论》中事态的组成部分，例如，罗素的对象是感觉材料，不是《逻辑哲学论》中的简单对象，《逻辑哲学论》的情况并不包括关系的组成部分。关于罗素的原子主义和《逻辑哲学论》的原子主义之间的这个以及其他的区别，参见 [4.4]，第 1 章。

[30] 罗素依赖摹状词理论去分析那些似乎包含了非存在事物的判断。因此，我判断独角兽生活在科罗拉多州的鲍德尔之外，这并没有把我与非存在的独角兽联系起来，而是与存在着的事物集合联系起来，其中的一个可能会是独角兽，如果我的判断为真的话。

[31] 参见 [4.22]，174。维特根斯坦对这一点的强调不仅是决定性的，而且是相当严厉的。1916 年，罗素在给奥特林·莫瑞尔（Ottoline Morrell）的信中写道，它们"影响了我已经完成的所有东西。我看他是对的，我看我无法再次有望从事哲学的基础工作。我的冲动力遭到了毁灭，就像波浪……敲打在浪堤上"（[4.22]，174-177）。

以下出自维特根斯坦 1913 年在奥地利写给罗素的一封信，这完全可以使我们开始想象罗素与维特根斯坦具有的个人关系可能会是什么样子：

> 这里的天气一直很糟，我们还从来没有过连续两个晴天。我非常抱歉地得知我对你判断理论的批评使你感到气馁。我认为它只能被一种正确的命题理论取代。
>
> ([4.49]，24)

[32] 我断定，维特根斯坦这里用"命题"是指对象的集合，而罗素则认为判断把判断者的心灵与这些对象联系起来了。这大致符合罗素和摩尔在这段时期的用法。

[33] 参见 [4.27]，13。

[34] 如果使用记号去描绘可能情况的"投射方法"与"考虑命题的涵义"是一致的，

如果命题的涵义就是如此这般的情况，那么判断、思考、相信等如此这般的情况就应当可以还原为记号的相关用法。（参见 [3.11]）他在 1919 年给罗素的一封信中写到，思想的成分是"一些心理成分，它们与实在的关系和语词与实在的关系是同一类型"（[4.49]，72）。

维特根斯坦的分析是有问题的。维特根斯坦并没有说什么样的"p"是与判断、思考 p 的人有关系的。因此，如果"A 相信 p"这种形式的所有说法都要被分析为"'p'说 p"，那么这种分析怎么会被看作理解了塞隆尼斯相信 p 和巴德相信 p 这两种说法的区别？这个判断中包含了哪种记号？拉姆齐（很有理由地）认为，它们应当属于某种精神的东西，但维特根斯坦并没有这样认为。我们大约可以说塞隆尼斯相信 p，而我们所说的东西是偶然为真或为假的。但《逻辑哲学论》似乎把这种说法看作，如此这般的命题就具有如此这般无法说出的涵义，而无法说出的东西则不应当是偶然为真或为假的。

[35] 参见注释 43。

[36] 假如这是对记号的句法限制，那么这就比在与《逻辑哲学论》符号的联系中更容易得到理解了。

[37] 对这一点以及弗雷格方法重要性的扩展讨论，参见 [4.41]，1–136。

[38] 参见 [4.17]，109。

[39] 参见 [4.6]，145–146。

[40] 参见 [4.45]。施韦德（Shwayder）详细地讨论了这一点，认为维特根斯坦要求应用命题记号 *der Gedanke*（应当被翻译为"这个思想"而不是"一个思想"），并说这个思想就是有意义的命题（4），这个观点就是要表明他是如何不需要弗雷格的涵义而提出思想（"这个思想"）的。

[41] 参见 [4.36]，115。

[42] 参见 [4.34]，93。

[43] 例如，p⊃q 和 p&¬q(不存在任何东西) 共有的真值基础与 p&¬q 为真的真值基础的比率为 0/2。由于重言式在每个世界中都为真，所以它们的概率为 1，假定它是非矛盾的命题。维特根斯坦并没有告诉我们如何处理这样的事实，即得到矛盾的命题概率会是 0/0。

[44] 或者似乎如此。

[45] 不仅在《逻辑哲学论》中，而且在 1927 年以后的讨论中，正如魏斯曼在 1929 年所修订和扩展的那样。（参见 [4.5]，71 页及其后）

[46] 参见 [4.44]，33，35。

[47] 参见 [4.43], 93。

[48] 例如，需要每个概率都等于 0、1 或之间的某个数字。

[49] 参见 [4.2], 256。

[50] 重要的是，维特根斯坦的约定论并不需要他认为，提出、接受或使用科学理论需要人们实际发现存在的是什么事态、决定如何去组合它们或如何去观察基本命题、决定哪种真值函项构成了它们。构成真值函项和复杂情况是科学家为了工作而必须完成的事情。但正如人们说话时无须知道肌肉收缩才能够使它们发出声音一样，科学家（像其他说话者一样）可以构造和使用语言去描绘现象，而"无须知道每个词是如何具有意义的或它的意义是什么"(T4.002)。这并没有明确提到科学，但没有理由认为它没有被应用于科学语言。

[51] 我认为，"严格的方式"包含了（例如）牛顿式的物理学家一定是如何考虑时空的，一定（例如）选择和应用一个参照系去确定空间对象和描述它们的运动，一定根据观察材料计算牛顿力、加速度和质量这样的量值，一定会预测所需要的各种计算，等等。（参见 [4.2], 354-360）

[52] 参见 [4.50], 5-7、10、17、27、62-63；[4.23], 第 23 章。

[53] 参见 [4.1], 25-29。

[54] T4.062 典型地表明他很少谈到这种主体：它把我们可以理解但无须得到所解释涵义的命题与没有解释就无法得到理解的"简单记号（语词）的意义"对照起来。但他只是说，外语词典帮助我们翻译命题是翻译了"名词……动词、形容词和连词等"，而不是整个命题。（参见 T4.025）由于这些并不是《逻辑哲学论》的名称，所以 T4.062 是否是对《逻辑哲学论》中名称的评论也并不清楚。

[55] 参见 [4.46], 65。

[56] 参见 [4.42], 223 页及其后。除了其他东西，还包括了"证实理论"（这是逻辑实证主义者归功于维特根斯坦的一个最为重要的观点），它的说法是，"一个命题只有通过它证实方法的确立才能说出"，以及"说一个陈述有意义就是指它可以得到证实"（同上书，244）。这些并没有出现在《逻辑哲学论》中。但在《论教条主义》（"On Dogmatism"，1931）中，维特根斯坦决定写作这个"论题"完全不是一个好主意。

[57] 参见 [4.46], 60、67。

[58] 参见上书，60、62。

[59] 由例证构成，顺便说一下，对象所属的事态聚集为复杂情况。

[60] 这可以解释为什么"空间、时间和颜色……是对象的形式"(T2.0251)。即使

《逻辑哲学论》中的对象既没有也不是颜色，维特根斯坦还是会认为，某些对象特别地出现在决定颜色可能性的事态中，它们的颜色就是这种涵义的形式。同样，特别地出现在（物理）空间事实的构造中的对象，也可以被说成把空间作为它们的形式，即使它们本身并不是物理空间或空间对象。

［61］［4.16］第 2 章极好地（就我所知也是第一次）讨论了《逻辑哲学论》中对象区分的困难。

［62］参见上书，15-19。

［63］［4.20］，44。

［64］参见［4.5］，18。

［65］［4.43］，182。这一段也避免了"假设"［即"构造陈述的规则"（同上书，255），涉及基本命题］。

［66］这可能是维特根斯坦想要《逻辑哲学论》与《哲学研究》一起出版的一个理由。（参见［4.47］，x）

［67］维特根斯坦用（2）"$(\exists x)(Fx) \supset (Fa) \& \neg(\exists x,y)(Fx \& Fy)$"替换（1）"$\forall x(Fx \supset x=a)$"的例子是有问题的，除非他可以去掉把两个变量替换为"a"，得到"$Fa \supset Fa \& \neg(Fa \& Fa)$"，作为（2）的一个例子。关于涉及消除同一性的其他问题，参见［4.10］，60-69；［4.11］。

［68］［4.5］，25。

［69］［4.9］，143。

［70］维特根斯坦对"意义"一词的用法的确是想要让我们比较这种意义与命题的意义。

［71］参见［4.10］，90。［4.9］包含了对这种阅读的同情和鼓励的支持。

［72］我对维特根斯坦早期著作的理解和欣赏，始终在大卫·施韦德、罗伯特·福格林（Robert Fogelin）、杰克·威克斯（Jack Vickers）、杰伊·阿特拉斯（Jay Atlas）、大卫·麦卡蒂（David McCarty）的帮助下得到了极大推进。我还要感激霍华德·里切尔（Howard Richner）修改了本章初稿中的错误。

参考书目

4.1　Anscombe，G. E. M. *Introduction to the Tractatus*，Hutchinson，1959。

4.2　Black．M． *A Companion to Wittgenstein's Tractatus*，Cornell University Press，1964。

4.3　Bogen, J. *Wittgenstein's Philosophy of Language Some Aspects of its Development*, London, Routledge and Kegan Paul, 1972.

4.4　Bradley, R. *The Nature of All Being*, Oxford, Oxford University Press, 1992.

4.5　Carnap, R. "Intellectual Autobiography", in P. A. Schilpp (ed.) *The Philosophy of Rudolf Carnap*, LaSalle, Open Court, 1963.

4.6　Coffa, J. A. *The Semantic Tradition from Kant to Carnap, To the Vienna Station*, Cambridge, Cambridge University Press, 1991.

4.7　Copi, I. M., Beard, R. W. (eds) *Essays on Wittgenstein's Tractatus*, London, Routledge & Kegan Paul, 1966.

4.8　Dummett, M. *Michael Dummett, Frege, Philosophy of Language*, London, Duckworth, 1973.

4.9　Engelmann, P. *Letters from Ludwig Wittgenstein with a Memoir*, trans. L. Furtmüller, Oxford, Blackwell, 1967.

4.10　Fogelin, R. J. *Wittgenstein*, London, Routledge and Kegan Paul, 1976.

4.11　—— "Wittgenstein on Identity", *Synthese* 56 (1983): 141-154.

4.12　Frege, G. (1892) "On Sense and Reference", in [4.15], 56-78.

4.13　—— "The Thought: A Logical Inquiry", in [4.18], 507-536.

4.14　—— "Negation", in [4.15], 117-136.

4.15　——*Translations from the Philosophical Writings of Gottlob Frege*, ed. And trans. P. Geach, and M. Black, Oxford, Blackwell, 1970, pp. 56-78.

4.16　Goddard, L. and Judge, B. "The Metaphysics of Wittgenstein's Tractatus", *Australasian Journal of Philosophy*, Monograph No. 1 (June, 1982), ch. 2.

4.17　Kant, I. *Critique of Pure Reason*, trans. N. K. Smith, Macmillan, 1953.

4.18　Klemke, E. D. *Essays on Frege*, Urbana, University of Illinois Press, 1968.

4.19　Kremer, M. "The Multiplicity of General Propositions", in *Nous* xxvi (4) (1991): 409-426.

4.20　Kripke, S. *Naming and Necessity*, Cambridge, Mass., Harvard University Press, 1980.

4.21　Malcolm, N. *Ludwig Wittgenstein, a Memoir*, Oxford University Press, 1984.

4.22　McGuinness, B. F. *Wittgenstein, a Life, Young Ludwig, 1889-1921*, Berkeley, University of California Press, 1988.

4.23 Monk, R. *Ludwig Wittgenstein the Duty of Genius*, New York, Free Press, 1990.

4.24 Moore, G. E. "Wittgenstein's Lectures in 1930–1933", in Moore, G. E., *Philosophical Papers*, New York and London, George Allen and Unwin, 1970.

4.25 Plato*Theaetetus* trans. M. L. Levett, in M. Burnyeat, *The Theaetetus of Plato*, Indianapolis, Hacket, 1990.

4.26 Quine, W. V. O. *Mathematical Logic*, Cambridge, Harvard University Press, 1979.

4.27 Ramsey, F. P. "Review of Tractatus", in [4.7], 9–24.

4.28 Russell, B. (1904) "Meinong's Theory of Complexes and Assumptions", in [4.35], 21–76.

4.29 —— (1905) "Review of: A Meinong", *Untersuchungen zur Gegenstandstheorie und Psychologie* in [4.35].

4.30 —— "The Nature of Truth", *Mind* 15 (1906): 528–533.

4.31 ——*The Problems of Philosophy*, London, Williams and Norgate, 1924.

4.32 ——*Human Knowledge, its Scope and Limits*, New York, Simon and Schuster, 1948.

4.33 —— "Introduction", in [4.45].

4.34 ——*Principia Mathematics to* *56, with A. N., Whitehead, Cambridge, Cambridge University Press, 1962.

4.35 ——*Essays in Analysis*, in D. Lackey (ed.), New York, George Braziller, 1973.

4.36 ——*Theory of Knowledge*, in E. R. Eames and K. Blackwell (eds), London, Routledge, 1992.

4.37 Schwyzer, H. R. G. "Wittgenstein's Picture Theory of Language" (1962), in [4.7].

4.38 Shwayder, D. *Wittgenstein's Tractatus vols I and II*, unpublished doctoral dissertation on deposit, Bodleian Library, Oxford, 1954.

4.39 —— "Gegenstände and Other Matters: Observations Occasioned by a New Commentary on the Tractatus", *Inquiry* 7 (1964): 387–413.

4.40 —— "On the Picture Theory of Language: Excerpts from a Review", in [4.7].

4.41　Vickers, J. *Chance and Structure An Essay on the Logical Foundations of Probability*, Oxford, Clarendon Press, 1988.

4.42　Waismann, F. "Theses", in [4.43], 233-261.

4.43　——*Wittgenstein and the Vienna Circle*, ed., B. McGuinness, trans. B. McGuinness, and J. Schulte, New York, Barnes and Noble, 1979.

4.44　Wittgenstein, L. "Some Remarks on Logical Form", 1929, in [4.7].

4.45　——*Tractatus Logico-Philosophicus*, London, Routledge & Kegan Paul, 1961.

4.46　——*Notebooks 1914-1916*, ed., G. H. von Wright and G. E. M. Anscombe trans. G. E. M. Anscombe, New York, Harper, 1961.

4.47　——*Philosophical Investigations*, 3rd edn, trans. G. E. M. Anscombe, New York, Macmillan, 1968.

4.48　——*Prototractatus*, ed. B. F. McGuinness, T. Nyberg, G. H. von Wright, Ithaca, Cornell, 1971.

4.49　——*Letters to Russell, Keynes, and Moore*, ed. G. H. von Wright, Ithaca, Cornell, 1974.

4.50　——*Culture and Value*, ed. G. H. von Wright trans. P. Winch, Chicago, University of Chicago Press, 1984.

第五章
逻辑实证主义

奥斯瓦尔德·汉弗林（Oswald Hanfling）

引　言

　　一位重要的 20 世纪哲学史家写道，"逻辑实证主义死了，或者说作为一种曾经存在的哲学运动死了"（Passmore [5.42]）。如今大多数哲学家的确长期以来都接受这种说法。在某种意义上，逻辑实证主义的确死了，因为随着著名的"维也纳学派"这个哲学团队在 20 世纪 30 年代由于政治压迫而解体，它失去了核心成员。不过，著名的逻辑实证主义哲学却开始兴起，并逐渐发展成影响整个世界的哲学学派。

　　然而，这场运动的"死亡"不仅是由于其成员的散失，而且是由于其观念的缺陷得到了广泛的承认。而且，在这种意义上，我们大学里的大多数哲学研究可能都死了，因为大多数这样的研究都或多或少地面临致命的批评；批评被看作接近以往伟大哲学家和哲学运动的主要途径之一。然而，加速对逻辑实证主义普遍摒弃的不仅是人们发现它的理论面临着批评，而且是它对世界提出这些理论的挑战性的甚至有些傲慢的方式。这些理论的一个主要内容是"消除形而上学"。这场运动的成员声称，他们注意到现存的和传统的哲学中有某些东西是应当完全颠覆的，并把它们看作毫无用处。这表现在一些带有这种标题的文章中，如《通过语言的逻辑分析消除形而上学》（The Elimination of Metaphysics through the Logical Analysis of Language）[5.5]和《哲学中的变革》（The Turning Point in Philosophy）[5.24]。卡尔纳普提出这样的问题："如果形而上学只不过是一些毫无意义地拼凑在一起的词，那么古今中外有那么多人，其中包括卓越的有识之士，在形而上学上花费了那么多精力，不，花费了真正的热忱，这怎么解释呢？"国际学术研讨会的召开就是要传播这种新的"洞见"，一个宏大的计划《国际统一科学百科全书》（The International Encyclopedia of Unified Science）得到启动就明确地表达了这是一个新的"科学的"时代，在这个时代，哲学的和其他学科的话语都将成为科学的话语。在这种环境中，这些新观念的批评者在他们的批评中表现得比通常更为敏捷、直率和彻底，这毫不奇怪。

不过，逻辑实证主义在哲学历史上以及随后的发展中具有自己确定的位置。对此至少可以给出三个理由。第一个理由完全是历史的，是就这场运动在其鼎盛时期具有的相当大的作用和影响力而言的。第二个理由在于其观念的内在含义，这是我希望在下文加以阐发的。第三个理由在于，即使如今没有人再把自己叫作逻辑实证主义者，但它的某些主要立场（如证实主义和伦理学中的情感主义）仍然被看作指导某些具体讨论话题（如伦理学、宗教哲学或科学哲学）的参照。而且，人们可以认为，即使植物的母体死亡了，它的许多种子还以这种或那种形式活着，活动着。我们这个时代的一位重要哲学家艾耶尔在20世纪30年代一直是逻辑实证主义的拥护者，他在1979年的一次访谈中被问到他当时如何看待它的主要缺陷，他回答说："我认为最为重要的……是，它的几乎所有观点都是错的。"但这并没有妨碍他在随后不久承认，他仍然相信"同样普遍的方法"（[5.70]，131-132）。

"同样普遍的方法"如今仍然以许多方式广为流传，在逻辑实证主义到来之前的确存在了很长时间。经验主义在某种意义上是17世纪以来的西方哲学的一条主要线索，它包括了逻辑实证主义和许多当今的哲学。"还原论"同样如此，特别是它假定了精神现象在某种意义上可以还原为物质的或物理的词汇。另一个观点曾是逻辑实证主义的核心，如今仍然极其重要，这就是哲学问题主要是语言问题，因而意义理论就至关重要。

20 世纪 20 年代，维也纳大学的石里克教授领导了一个由哲学家和科学家组成的"维也纳学派"，这场运动就在这个团体内产生了。经过多年的写作和讨论，这个学派在 1929 年组织了它的第一次国际会议，吸引了来自许多国家的同情者。1930 年，它接管了一个杂志，将其更名为《认识》（Erkenntnis），作为自己的出版物。英国哲学家艾耶尔出席了这个学派在 1933 年召开的会议；随着《语言、真理和逻辑》（Language, Truth and Logic）在 1936 年的出版，这个学派的观念在英语世界广为传播。

当时，学派已经开始解体，一些成员已经移民他国，主要是美国和英国。但在这个学派内部仍然存在根本的思想分歧。其中石里克、卡尔纳普和纽拉特（Neurath）之间的分歧将在后面加以讨论。

一个重要的影响来自维特根斯坦，虽然他并不是这个学派的成员。1922 年出版了《逻辑哲学论》修订版〔5.28〕之后，他就离开了哲学，直到 1927 年他才被石里克劝说回到了这个领域，并定期与石里克和这个学派的另一位成员魏斯曼会面。（他们的谈话都记录在〔5.27〕中。）但 1929 年之后，他拒绝与这个学派的其他成员见面，他对他们的观点很不喜欢——这种情绪是对其中一位成员即纽拉特的一种回应。不过，《逻辑哲学论》却被这个学派看作对哲学新观念的经典陈述，这本著作在 1924—1926 年被反复阅读和逐句讨论。而且，正是维特根斯坦最早提出了"证实原则"，这种新的哲学才闻名于世。不过，他也正是在 20 世纪 30 年代初开始他的"后期"哲学时，与这些观念产生了至关重要的决裂。

这个学派的哲学以"逻辑实证主义"或"逻辑经验主义"著称。前一个名称是常用的，但石里克更喜欢后一个，我认为它更为恰当。它的好处是表明了这个学派的思想与开始于 17 世纪洛克以及后来以密尔和罗素这样的哲学家为代表的经验主义传统之间的密切关系。它也很容易使人联想到这个学派对经验科学的兴趣。因此，虽然本章题目为"逻辑实证主义"，但我更愿意使用"逻辑经验主义"这个名称。

"逻辑的"一词表明了主要兴趣在于语言和意义，而不是知识。对洛克和笛卡尔这样的哲学家来说，主要问题一直是关于知识的来源和范围的问题，而且经验主义者洛克声称，感觉经验是知识的唯一来源。相反，在新经验主义看来，主要的问题不是"我们如何知道 p？"，而是"'p'是指什么？"

这种新方法可以用"他人的心"问题加以说明。如果我只是看到其他人的身体动作和听到他们发出的声音,我怎么能知道他们真的有思想和感情呢?根据这种新的哲学,这个知识问题可以转换为一个意义问题。说其他人有如此这般的感情究竟是什么意思?根据这种新的哲学,这不过是指可以观察到的东西。任何关于不同于可观察之物的情感的陈述都是无意义的。"注意,它不是假的,而是无意义的:我们不知道它被认为是指什么。"([5.24],270)

逻辑经验主义者承认两种而且只承认两种有意义的陈述。首先和主要的是经验陈述,它们可以被观察证实。其次是诸如逻辑和数学的陈述,它们的真可以先天地得知;但这些并不是被看作表达"新的"知识,而只是分析已知的东西。任何其他的陈述都会被作为无意义的"假陈述"而抛弃。

证实原则

"一个命题的意义就是它的证实方法。"这正是维特根斯坦和石里克表达的原则。(它首先是由维特根斯坦表达的,但最频繁的使用则出现在石里克的论著中。)

在这个句子中我们得到了对这样一个古老哲学问题的回答,即意义(语言拥有的这种意义)究竟是由什么构成的?对这个问题的回答有时也用语词,有时用句子或言语行为。洛克的回答涉及对应于语词的心理实体,认为"语词……仅仅意味着说话者心中的观念"([5.78],3.2.4)。维特根斯坦在《逻辑哲学论》中规定"名称"为意义的基本单位,这些"名称"与世界中的基本"对象"相关联,与命题和世界中相应"事态"间的进一步"图像"关系相关联。如前所述,证实主义者的回答则根据给定命题的证实方法。这显然是一条简单原则,同时成为这场新运动之拥护者和批判者讨论的焦点。

这条原则不仅提供了对"什么是意义?"这个问题的回答,而且想要为区分有意义的东西与无意义的东西提供一个标准。因此,如果不存在证实方法,即没有方法证实这个命题,那么它就是无意义的。

显然,证实原则中存在某种正确的东西;至少在意义和证实之间存在一种重要的联系。因此，如果我们拿不准某人的话究竟是指什么，那么我们常常可以通过询问他如何证实他所说的话而弄清楚。至少，有时承认没有任何可信的证实方法，会使我们得到结论即所说的东西是无意义的。

197　　另外，这个原则也有许多难题，可以把它们分为三种，对应于"命题"、"是"和"证实方法"这些词。

"命题"最初的德文词是 *Satz*，这个词的直接翻译是"句子"。然而，把句子看作证实的对象会产生一个难题。类似"正在下雨"这样的句子就无法被看作自身有真假。只有当某人在具体的场合使用了这个句子，他所说的东西才是真的或假的。为了解决这个以及其他难题，哲学家们就用"命题"这个词，大致是指用陈述句的方式断定的东西。根据这种用法，为真假的东西只能是命题，而不是用来断定它们的句子。

但现在又提出了另一个难题。"命题"有时被定义为命名一个必然为真或为假的实体。但如果是这样，那么有意义性（meaningfulness）的问题在使用"命题"这个词的时候就已经被决定了，因为只有有意义的东西才能被描述为真或为假。换言之，谈论一个无意义的命题，这本身就是自相矛盾的。

克服这个难题的一种方式就是在"命题"前面加上"假定的"；而我将采用的另一种方式则是使用"陈述"这个词。我们可以用日常英语询问某人作出的陈述是否意味着什么以及（如果有的话）是否为真。某些哲学家也把"陈述"定义为指必然为真假的东西（因而是有意义的），但对证实主义者来说，没有遵循这种用法的必要。在本章，我更愿意使用"陈述"一词，但有时会根据所讨论的作者而使用"句子"或"命题"。这似乎是产生最少混淆的论证方式。（关于对句子和命题之难题的进一步讨论，参见[5.59]、[5.42]。）

我的下一个难题关于意义"是"一种证实方法这个主张中的"是"这个词。我们当如何理解这种等同关系（identification）？"意义"和"方法"是不同种类的概念。"人们可以感性地谈论使用一种方法，但（不是）'使用一个意义'。"（[5.52]，36）一种方法可以很容易或困难地得到实施，它可以用很长或很短的时间，等等；但这些不能被用来谈论一个陈述的意义。

不过，最为关键的想法是，通过某个东西而不是语词表达式去解释语词表达式的意义。否则，语言与实在间会有什么样的联系？这种需要被石里克表达为如下说法：

> 为了得到一个句子或命题的意义，我们必须要超越命题。因为我们无法希望仅仅通过陈述其他命题来解释这个命题的意义。……我总是要继续询问"但这个新命题又是指什么？"……发现命题的意义最终必须通过某个行动、某个直接的步骤才能获得。
>
> ([5.24], 219-220)

类似的思想有时被表达为与不同于命题的语词有关，这里涉及了（不同于证实的）"实指定义"这个概念，就像当我们指向一个对象去解释对应的词（诸如"红色"）的意义。维特根斯坦把这个思想表达如下："语词定义把我们从一个语言表达式引向另一个语言表达式，在某种意义上不可能使我们再前进一步。然而，就实指定义而言，我们似乎在学会意义方面前进了一大步。"([5.79], 1)然而，这段话却是写在维特根斯坦与证实主义决裂之后，在接下来的几页中，他认为这种对不同于语言的"实在"的诉求绝不能表明可以指望脱离语言。他想象某人试图解释"tove"这个词，指向一个铅笔并指出（在没有任何语言信息的情况下）这个行动可以被看作指所有不同种类的事物。

这就将我们带到了第三个难题：关于"证实方法"的难题。在（例如）"正在下雨"这个陈述的情况中，相关的方法会是什么？我可以这样来证实它，即把我的手放到窗外。但这个动作可以被用来证实所有的陈述；而且，所有的方法都可以被用来证实这个陈述。

我开始讨论了关于把意义等同于一种方法的难题，这在证实原则中用"是"这个词表示。假定我们现在去掉这个词，而去谈论意义和方法的"对应"。这仍然会使我们陷入刚才提到的难题。我们很难理解如何能够实现石里克对"超越命题"——打破语言循环——的要求。

可证实性标准

并非每个证实主义者都关心或主要关心意义是由什么构成的这个问题。我说过，这场运动的一个主要目的是区分有意义的东西和无意义的东西，具体目的是要表明形而上学的陈述属于后一类。现在，这一标准就可以很容易从证实原则推演出来。如果一个陈述的意义是它的证实方法，那么由此就得到，如果它缺乏这种方法，即如果它不能得到证实，那么它就缺乏意义。然而，我们可以独立地提出这个标准，而不需要从证实原则中推演出来。因此，人们可以认为，不可证实的陈述就是无意义的，而不需要进一步说明意义是由什么构成的；这就是艾耶尔的立场。他把（我随后称作的）可证实性标准（criterion of verifiability）表达如下：

> 我们说，一个句子事实上对任何人都是有意义的，当且仅当他知道如何证实这个句子想要表达的命题，也就是说，他知道什么样的观察会使他在某些条件下接受这个命题为真或放弃这个命题为假。

([5.1], 48)

（"证实原则"这个术语有时也被用作可证实性标准，但不应当混淆这两个信条。）

应当注意的是，"证实"这个词在这里是被用在"证实是否……"这个意义上，而不是指"证实了……"。后一种用法就预设了所谈到的这个命题是真的。但一个已知为真的命题就其相同的记号而言，就是已知是有意义的了；所以，这个标准就多余了。"证实"的相关含义是，由于这是未知的，所以（正如艾耶尔所说的），我们并不知道这个命题最后为真还是为假。而且，无论哪个结果都会满足这个标准：至关重要的不是这个命题的真，而是它有意义。根据这个标准，不可证实的命题就是无意义的，它既不真也不假。

借助这样一个标准，人们就有望直接进入"消除形而上学"，而不需要涉及意义是由什么构成的这个问题。发现某些命题是无意义的，这就解释了为什么数个世纪以来与它们较劲的哲学家们显然从未成功过，而同时这也提供了解决这些问题的关键所在。

然而，这个标准不久就出现了重重困难。首先，有一个简单的接受问题。在与科普莱斯顿（F. C. Copleston）的广播辩论中，艾耶尔引入了一个新词"drogulus"，是指"无形实体"，无法用任何方式证实它的出现。他对科普莱斯顿提出："这有意义吗？"科普莱斯顿回答说，它是有意义的。科普莱斯顿认为，他可以形成关于这种事物的观念，这就足以使它有意义了。（参见［5.50］，747）

其次，它很难以带来所期望之结果的方式来表述这个标准，就是说，在排除形而上学陈述的同时又承认那些"科学"陈述（包括日常经验的陈述）。我从艾耶尔那里引述的表达方式是很弱的，因为所有种类的观察都可以"引导"人们把命题看作为真或为假。在进一步的说法中，他引入了更为严格的"推演"概念。他认为，一个陈述是有意义的，当且"可以从中推演出某些经验命题"，而这些命题则被定义为"记录了现实的或可能的观察"（［5.1］，52）。一个典型的例子就是"这是白的"，这可能来自这样的事实，即正在下雪。这个事实和这个陈述显然是相关联的，但这个关联却并不是一种推演关系，例如，从"正在下雪"这个陈述和"我正在看窗外"这个事实，到"这是白的"或"我正在看白色的东西"这个结论，并没有任何逻辑推演。

然而，假定可以解决这个难题。在这种情况中，"正在下雪"是可以被证实的，因为"这是白的"是可以从中推演出来的。但显然这不仅仅有"正在下雪"的意义。对艾耶尔的标准所显示的一切来说，难道剩下的东西不正是伪意义吗？这个难题是由亨佩尔（Carl Hempel）用一种明显的方式说明的，他提出，某个直截了当的经验陈述，比如"正在下雪"，与一些"形而上学无意义的"命题，比如"绝对者是完美的"，始终是结合在一起的。这种结合就会产生与经验自身成分相同的推演，所以这个结合的整体就会被看

作有意义的。(参见 [5.14])

艾耶尔和其他人试图提出的各种说法都要摆脱这些和其他难题,但所需要的似乎并不只是推演,而是还有分析。一定还有一种方式可以表明,一个陈述的全部意义多少是可以用观察和相应的观察陈述加以说明的。而且,我们将看到,这影响到了各种各样的日常陈述,而不仅仅是由亨佩尔提出的有趣例子。

分 析

根据魏斯曼的观点,日常经验陈述应当被分析为"基本命题",它们的全部意义就在于相应的证实性经验。

> 分析一个命题,就是指考虑如何使它得到证实。语言用基本命题接触实在。……显然,对物体(桌子、椅子)的断定并不是基本命题。……基本命题所描述的是:现象(经验)。
> ([5.27], 249)

这与通常意义上的证实有一个不同。后者是某种活动,因此可以有意义地谈论一种证实方法。但上面引文中所指的东西似乎是说,基本命题应当通过具有相应的"经验"而被证实,这不同于任何活动。

但应当如何进行这种分析呢?从"我的房间里有一张桌子"这个真陈述,并不会得出"有人正具有相关的经验"这个结论,因为这个房间里可能没有人。这个观点被称作"现象主义",它就承认了这种可能性。根据这种观点,关键的作用是由这样的假设陈述完成的,比如"如果有人在这个房间,那么他就具有如此这般的经验"。但在什么意义上这种陈述蕴涵了需要检查的这个陈述呢?即使我在这个房间,并且视力正常,我也可能没有看到这张桌子。"你不可能看不到它",这完全是不可信的。

在其他方面关于蕴涵还有一个难题。从"我正具有看见某个棕色东西的经验"这个事实，不可能得出"这个房间里有一张桌子"这个结论；这也不能从"我具有看见一张桌子的经验"中得出，因为我可能是在梦中或幻觉中具有这些以及其他的经验。可以争论这种怀疑论究竟会走多远，但这种怀疑论观点的形成却是由于经验主义者对"经验"的依赖，把它想象为发生在我们身上的东西，是"由感官打下的烙印"，等等。这个问题从经验主义伊始就被认识，在逻辑经验主义中，它导致了这样的观点，即关于桌子和椅子的陈述不是"最终"可以得到证实的。维特根斯坦把它们说成不能"确定地得到证实"的"假设"。（参见 [5.80]，282-285）

关于一般陈述，例如"所有的人都会死"，也出现了相似的发展。"所有的人都会死"这个句子中的"所有的人"不能被分析为名称的有限结合，而这个陈述的真也不能来自有限的证实经验。这对科学规律同样如此，比如"水在 4 摄氏度以下膨胀"，它的意义并不限于有限的观察。

发现（特别是）科学规律的意义超越了有限的证实，这对于把科学陈述看作有意义陈述范例的哲学来说特别重要。石里克提出的一种解决方法是，否定科学规律是陈述：他承认，它的确是"构成陈述的指导"。一个真正的陈述一定是"最终可以得到证实的"，这只对在这种"指导"下产生的具体实验陈述有效。他坚持认为，一个陈述"只有在它能够得到证实的情况下才有意义；它仅仅指称得到证实的东西，超出了这些别无他物"；超出了这些就不可能有"意义的剩余"。（参见 [5.24]，266-269）

另一个方法是用来讨论那些由于技术原因而不可能得到证实的陈述。考虑一下关于月亮背面的陈述。当石里克和艾耶尔考虑这个例子的时候，对它的证实就是不可能的，而且就他们所知，情况可能会总是如此。对我们来说，思考关于其他星球上的生命，也是如此。但认为这种问题是否有意义取决于目前的空间探索技术，这将会是很荒谬的。答案应当是将相关陈述描述为"原则上可证实的"。"我知道对我来说什么样的观察能够决定它，如果在理论上可以想象为我做过这些陈述。"（[5.1]，48-49）

但是，对其意义甚至"在原则上"超出了证实内容的科学陈述或理论，我们应当说些什么呢？考虑一下"宇宙正在膨胀"这个陈述，假定这是基于观察到从遥远星系发出的光线"红移"。显然，这个陈述并不只是关于红移的。但这种意义的"还原"似乎是证实主义者的分析所需要的。在这种关系中，证实主义者赞成布里奇曼（P. W. Bridgman）的"操作主义"。根据这种观点，例如，关于宇宙遥远部分的陈述的意义的确对应于相关的科学"操作"，对此不会有更多的东西了。正如布里奇曼指出的，这就意味着，日常语词被用在科学语境中就会改变它们的意义。他认为，"长度"的意义在天文学中"就已经完全改变了性质"。"严格地说，由光射线……测量的长度，应当用另一个名称来称呼，因为它们的操作是不同的。"（[5.4]，3）

分析关于过去的陈述又提出了进一步的难题。"昨天下雨了"这个陈述在通常含义上可以用现在的证据（包括询问别人）得到证实。但这个陈述显然并不是指现在的事情。（参见 [5.67]，329）艾耶尔提出了几种分析，试图解决这个难题，其中包括大胆地提出，这个陈述的时态并不构成它的意义，所以在"乔治六世于 1937 年加冕"、"乔治六世正在 1937 年加冕"和"乔治六世将会在 1937 年加冕"这些陈述间并没有意义的不同。（参见 [5.1]，25；[5.3]，186）

消除经验

对各种不同陈述的分析会以这种或那种方式导致最终的"基本命题"，它们被不同地描述为"经验命题"、"观察陈述"等，正如魏斯曼所说，由此"语言接触到了实在"。在这个阶段，说话者或听话者是从语言活动进入恰当经验或感觉的出现的，它被看作赋予了语词意义。但这里提出的一个问题导致了维也纳学派内部的严重分裂。经验和感觉是个人的，在某种意义上也是私人的，那么这对意义来说难道不是一定如此吗？根据这种观点，"我渴了"这个句子，正如卡尔纳普所说，"虽然是由相同的声音构成的，但由（不同的人）说出来的时候就会有不同的意义"。那么，在这种情形中，科学的主张会怎样，语言本身会怎样？卡尔纳普认为，已经有一种方式可以放弃这种尴尬的问题。他宣称，"使用形式的方式就自动消除了这些假问题"。他所谓的"形式的方式"是指这样一种话语方式，它仅限于陈述本身而不试图超越这些陈述，他把后者称作"实质的方式"。他认为，我们并不需要谈论"经验的内容"、"颜色的感觉"等类似的东西;我们应当指向对应的陈述,他称之为"记录陈述"(protocol statement)。在这个系统中能够起到根本作用的正是这样的陈述,而不是相应的经验——这样的系统"不需要任何证明充当其他一切科学陈述的基础"。(参见[5.7],78-83)

卡尔纳普对这些记录陈述应当采取的形式并不肯定,他提出了这样的表达式,如"现在高兴"(Joy now)、"这里现在蓝色"(Here now blue)、"一个红色的立方在桌子上"(A red cube is on the table)。但纽拉特则认为这种表达式并不适合科学系统,除非"现在"、"这里"的指称以及说话者的身份对其他人是已知的。他给出了一个更为恰当的例子:"奥托(Otto)在3点17分的记录:(在3点16分奥托对自己说:在3点15分在奥托所感觉的房间里有一张桌子)。"([5.17],163)然而,这个例子仍然不足以消除个人的因素。我们今天读到它时不会知道这个系统中的"3点17分"或"这个房间"究竟处于什么位置;这对"奥托"同样如此,这并不是独立于知道奥托究竟是谁。但纽拉特或许是要表明处理一种更为复杂的陈述的方式,它完全独立于反身指称(reflexive reference)。

显然,纽拉特的例子被用作记录陈述,因为其中用到了"记录"这个词。但它与经验之间的联系在这里却被割裂了,是什么使它可以作出这种指称呢?为什么这种陈述应当被看作"不需要把证明作为科学的基础"?纽拉特的回答是,的确不存在具有这种地位的陈述。他声称,"没有任何句子喜欢卡尔纳普为记录陈述所规定的'警告'(Noli me tangere)"([5.17],164-165)。为了说明这一点,他请求读者想象一个两面讨好的人同时写下两个相互矛盾的记录陈述。

在消除了经验之后,具有证实和真理的是什么呢?纽拉特提出,我们可以把科学体系看作一种"分类机器,记录句子是被抛入其中的"。当出现了一个矛盾,铃就响了,于是就必须作出记录句子的交换;但究竟是哪些句子,这并不重要。(参见[5.17],168)这种关于真理的想法被称作"融贯论",这在大多数人看来是矛盾的,招致了各种批评。石里克提出的一个批评就是,根据这种观点,我们"必须把编造出来的传说看作如同历史纪录一样是真的"([5.24],376)。

石里克把自己描绘为"一个真正的经验主义者"([5.24],400),他坚定地反对消除经验。他声称:"我不会放弃我在任何情况下的观察命题。……我会表明情况正是如此:'我所见即我见。'"([5.24],380)在一些论述中,他试图克服关于经验主体性的难题,而不放弃经验主义的这种基本信念。他在一个地方坚持认为,陈述既有"结构"也有"内容"。它们共有的结构对应着事实;而"我的命题表达了这些事实,向你传递了它们的逻辑结构"([5.24],292)。但仍然存在一个私人"内容","每个观察者都为自己填充这个内容",这是"无法表达的"([5.24],334)。

在这一点上,逻辑经验主义在"经典的"经验主义者著作中也得到了预见。根据洛克的观点,我们通常认为语词具有共享的意义,但这是一个错误,因为意义是与精神实体联系在一起的,他称之为"观念":

> 虽然语词在被人们使用的时候可以恰当而直接地仅仅指示说话者心中的观念,但(人们)……假定他们的语词也标志着与之交流的其他人心中的观念。
>
> ([5.78],3.2.4)

洛克相当轻松地就接纳了这个难题,认为它并不是交流的严重障碍。这种解决方法对主要关心知识问题的哲学来说是能够接受的。但在新的逻辑经验主义中,这个问题就不会那么轻松地得到解决了。

进一步的发展是维特根斯坦后期工作中的著名的"私人语言"论证,他由此与经验主义的语言观念产生了关键性的决裂,认为所谓的"私人"意义在所需要的含义上根本就不是意义。(参见[5.29],1-243)但这些超出了本章的范围。

科学的统一

这种新经验主义与老经验主义享有的另一个共同特征是"还原论"。洛克就一直认为，各种各样的知识及知识的各个方面全都可以还原为一种单个来源，即"感觉"，我们的感觉器官由此而培养出我们的"经验"。（参见[5.78]，2.1.24）在新经验主义的情形中，一个类似的语言还原论导致了一种更为宏大的计划，即著名的《国际统一科学百科全书》。在这部著作中，他们希望表明，所有不同的科学，包括物理学、生物学和人文科学，都可以用一种基础的共同词汇来表达。卡尔纳普对此的建议是他称之为"事物语言"的语言，即我们用来"谈论我们周围可观察之物（无机物）的属性"的语言，诸如这样的词汇："热"、"冷"、"重"、"轻"、"红"、"小"、"细"，等等。（应当注意，这个建议不同于证实原则，它是关于语词的，而不是关于陈述的。）

具有特别意义的"统一科学"的一个方面是把它应用于人类。人们以为，对人类情感的描述可以被还原为对可观察行为的陈述（"行为主义"）或者关于其他物理现象（诸如出现在大脑中的现象）的陈述。（在这里，我们看到了"物理主义"的端倪，如今它以各种形式突出地表现在哲学文献中。）行为主义的困难可以表现为它们对维特根斯坦在1930—1933年讲演的影响，这些讲演是由摩尔记录的。维特根斯坦问道："当我们说'他牙疼'时，我们可以正确地说他的牙疼只是他的行为，而当我谈到我的牙疼时就不是在谈我的行为吗？"情况不可能是这样，因为"当我们同情某人牙疼的时候，我们并不是同情他把手放到腮帮子上"。而且，"另一个人的牙疼是与我的牙疼相同意义上的'牙疼'吗？"他现在看到，根据证实原则，遵循证实方法的不同，意义一定在说出来时就是不同的。的确，这种不同不仅仅是证实方法之间的不同，因为在第一人称的情况中根本就没有证实："对'我有'并不存在证实这种东西，因为'你怎么知道你牙疼'这个问题是无意义的。"（[5.16]，307）

卡尔纳普在许多论述中试图解决这些难题。在其中的一个地方他承认，一个人 N_1 "可以比 N_2 更为直接地确定一个关于 N_1 情感、思想等的句子"；但他继续说，"我们现在基于物理主义相信，这个不同……只是程度问题"（[5.10]，79）。

消除形而上学

　　逻辑经验主义的一个主要目标就是，提供一种区分有意义的科学陈述、日常生活陈述与形而上学的"假陈述"的方式。如今"形而上学"这个词可能指许多东西。证实主义者使用的是这样的例子，如海德格尔（Heidegger）的陈述"无物没有"（The nothing nothings），布拉德雷（Bradley）在以下陈述中谈到的"绝对者"："绝对者进入进化和进步，但其自身并没有这个能力。"艾耶尔说，这是"（他）从布拉德雷的《表象与实在》（Apperance and Reality）中随意地选取的"。他认为，这"不是原则上可证实的"，因而不过就是一个"形而上学的假命题"（[5.1]，49）。

　　那么，"随意地"把这样的句子从其语境中摘取出来，就会使读者明显感觉是无意义的。但这样做难道就是因为它是无法证实的吗？如果我们阅读一下布拉德雷的论证，那么我们或许就会找到肯定他陈述的方式。这可能就是这种意义上的恰当证实。从语境中抽取出这个陈述，艾耶尔只是向我们否定了通向相关证实方法的途径。

　　艾耶尔心中所想的或许是，证实方法不应当是经验上的。现在，这可能是真的，但它表明了什么呢？它可能表明了，这个陈述本身并不是经验上的；但它或许从未被看作如此。仅仅把它分类为非经验的，这并没有表明它是"假命题"，甚至也没有表明它是无法证实的。

　　证实主义者关注的另一类陈述是关于上帝的陈述。他们认为，这种陈述并不必然是无意义的，但它们被赋予的意义不应当超出它们的证实内容。卡尔纳普谈到了早期的上帝观念，他被想象为居住在（例如）奥林匹亚山上的有形存在者。这种陈述就满足了证实主义者的标准，但这并不适用于后来对这个词的形而上学附加意义。艾耶尔这样说：

　　　　如果"上帝存在"这个句子不过就是蕴涵某些种类的现象出现在某些序列中，那么断定上帝的存在就不过等于断定自然中存在必然的规律性。

([5.1],152)

这里再次需要的就是感觉经验和通过感觉而对现象的观察。但这是唯一的一种经验吗？在后面一段话中，艾耶尔谈到"神秘的直觉"。他说，他并不想否定"神秘主义者能够通过其特殊的方法发现真理"。但他接着说，神秘主义者的陈述像其他人的陈述一样，"必须服从现实经验的检验"。但神秘主义者的经验本身难道不就是一种"现实经验"吗？这需要更进一步的论证表明，这种经验不能被算作证实性的。

这个难题是整个经验主义纲领的基础问题的一部分。他们偏爱经验陈述和经验证实方法，这如何能够得到证明？经验主义之父约翰·洛克提出了这样的问题："（心灵）具有的所有理智和知识材料从何而来？"他对此的回答是："一句话，从经验而来：在经验中，我们的一切知识都得以确立；从经验中，它最终派生了自身。"（[5.78],2.1.2）倘若如此，那么这个知识本身又是如何能够得到的呢？一切知识都来源于经验，这种说法本身就不能来源于经验。

我们如果转向证实原则或可证实性标准本身，那么就会提出类似的难题。它们本身并不是经验陈述：它们会面临与其他非经验陈述相同的命运吗？正如布拉德雷所说，"当人们准备证明形而上学是完全不可能的……他就是以相反的第一本源理论而与形而上学家为伍了"（[5.77],1）。

这个难题已经被证实主义者承认，他们提出了各种建议去克服它。石里克认为，证实原则"不过就是把意义实际地赋予命题的一个简单的方法陈述，无论在日常生活中还是在科学中"（[5.24],458-459）；而艾耶尔则说，他的可证实性标准应当被看作"并非一个经验假设，而是一个定义"（[5.1],21）。但接受这个定义或石里克的说法的理由是什么呢？如上所见，它们并没有为实际使用"意义"这个词的各种方式所确认。

另一个想法是把这个原则或标准描述为一个"建议"或"方法论的原则"。这就可以免除对它们的自我应用，因为一个建议不可能被描述为真的或假的、得到证实的或没有得到证实的。但采纳这个建议究竟意味着什么呢？根据这个建议，我需要把某些陈述描述为无意义的。但我怎么能够做到这一点呢，除非我相信它们是无意义的？（当然，我会说这个词"无意义"，但这是另一回事。）

如果把这个难题放到一边，那么我们就会询问采纳这个建议会得到什么。正如我们所见，其背后的一个动机是还原论和"科学的统一"。人们以为并希望，五花八门的人类话语都可以还原为一个单一种类。维特根斯坦在其后期著作中轻蔑地谈到这种希望，把它看作一种"对普遍性的追求"。他现在认为，语言的用法——正如他所谓的"语言游戏"——是各种各样的、不可还原的，而哲学家的任务就是注意到并解释这些差别，抵制任何强加一种人为统一性的诱惑。

伦理学的调解

根据证实主义的标准，伦理学陈述如何得到调解呢？它们应当得到调解吗？卡尔纳普在某个阶段曾宣称，"我们把它们归于形而上学的领地"。但人们也可能认为，形而上学话语可以被安全地看作对人类生活行为不必要的东西而被弃之一边，但在道德陈述的情况中却很难这样做。后者可以被看作一种经验陈述吗？

根据石里克的观点，这正是考虑它的恰当方式，他论述该主题的著作的第一句话就清楚地表明了这一点："如果存在有意义的因而也是能够得到回答的伦理学问题，那么伦理学就是一门科学。"（[5.22]）他接着说，所有这些条件在伦理学的情形中都可以得到满足。他认为，诸如"善"这样的词是被用来表达愿望的，这些就属于心理学科学。"伦理学的专门任务"是考察因果过程、社会的和心理学的东西，这些就解释了为什么人们会具有他们所具有的愿望。

但是，如果人们并不愿望某个东西，难道这个东西就不能被描述为在道德上是善的或是可以愿望的吗？根据石里克的观点，这是没有意义的。"如果……我断定了一个事物本身就是可以愿望的，那么我就无法说我用这个陈述所说的东西；它是无法得到证实的，因而是无意义的。"（[5.22]，19）石里克的说法在康德着重强调的道德方面是没有地位的：这是愿望与责任的冲突，是道德生活中如此熟悉的方面。他抛弃了康德对道德话语的论述，责备他脱离了"我应当"的日常意义。（参见［5.22］，110）但这会使某人有意义地去说，例如，他应当去做 X，因为他答应了，即使这违反了他的愿望。

逻辑经验主义者对待道德陈述的一个更为通常的方法是，否定它们是真正的陈述。在发表于 1949 年的一篇文章中，艾耶尔提到了他的早期观点："我希望坚持的是，所谓的伦理陈述根本不是真正的陈述，它们不是对任何东西的描述，它们不可能是真的或假的。"他现在承认，这个观点"在某种明显的意义上是不正确的"，因为在日常英语中，把伦理陈述说成陈述或描述，或者把它们描述为真的或假的，"这不再是不恰当的"。不过，他继续说："当考虑到这些伦理陈述实际上是如何被使用的，人们就会发现它们的作用……完全不同于其他陈述。"但毕竟是，"如果某人仍然希望说（它们）是关于事实的陈述，只是一种很奇特的事实，他就会被允许这样做"（［5.3］，231—232）。因此，这里仍然是一种对统一性的追求，即希望否定伦理事实是事实，因为它们并不符合一种受欢迎的模式。

为了支持他的这种否定，艾耶尔诉诸道德分歧的存在。"让我们假定两个观察者完全同意（一个）情形的所有环境……但他们在对这个情形的评价上存在分歧。"他认为，在这种情形中，"他们都不与自身矛盾"（［5.3］，236）。那么，在这样一种情形中，我们的确可以得出不存在"事实问题"，但还有许多其他情形并非如此。如果我说过我将帮你一个忙，那么如果我否定了我要履行诺言这个责任，我就会与自己矛盾。在这种情形中，我要负责地履行我的诺言，这就会是真的而且是一个事实。而且，艾耶尔承认，"真"这个词在各种语境的道德话语中被自由地使用。

如上所见，石里克是把道德陈述看作事实上的、可以证实的，而卡尔纳普和艾耶尔则试图以其他方式消除它们。另一个作者则试图把它们分析为事实上的和非事实上的成分。这就是道德哲学家史蒂文森（C. L. Stevenson），他的著作被逻辑经验主义者赞同地引述。根据史蒂文森的第一个"有效模式"（working model），"这是错的"这个陈述就意味着"我不同意这个；就是这样"。（他同样讨论了"应当"和"善"这些词。）他指出，其中第一部分是经得起证实的，而第二部分作为一个祈使句，则不是这样。（参见

[5.25]，21、26）

史蒂文森所处理的难题是关于把这种说法应用于正在询问自己 X 是否是错的的某人。这不会是一个关于他是否确实赞同 X 的事实上的心理学问题；对他来说这个问题是，他是否应当赞同它。另一个难题是有意义地提出这个祈使句"就是这样"。一个人可以被要求去做某件事情，只要他能够选择这样做；但这并不是赞同的情形。如果你给我恰当的理由，那么我会最终明白 X 是错的；但我不能在回应祈使句的时候随意这样做。

然而，与理由的联系却遭到史蒂文森的否定。他承认，"一个人愿意说 X 是好的，因此就表达了他的赞同，这部分地依赖他的信念"，但他又指出，"他的理由并不'蕴涵'他对赞同的表达"（[5.26]，67）。这就足够是真的了；的确，还不清楚的是，在什么意义上一个表达式是被"蕴涵的"。但情况仍然是这样的：根据恰当的理由，我最终会明白（承认，知道它是一个事实）X 是错的，不应当这样去做。如果这种事实并不符合逻辑经验主义的还原论纲领，那么应当受到质疑的可能是这个纲领，而不是道德事实的地位。

参考书目

逻辑实证主义者和相关作者的文本

5.1　Ayer, A. J. *Language, Truth and Logic*, 1936, Penguin, 1971.

5.2　——*The Foundations of Empirical Knowledge*, Macmillan, 1940.

5.3　——*Philosophical Essays*, Macmillan, 1965.

5.4　Bridgman, P. W. *The Logic of Modern Physics*, Macmillan, 1927.

5.5　Carnap, R. "Überwindung der Metaphysik durch logische Analyse der Sprache", *Erkenntnis*, 1931.

5.6　——*Der Logische Aufbau der Welt*, F. Meiner, 1962.

5.7　——*The Unity of Science*, trans. M. Black, Kegan Paul, 1934.

5.8　——*Philosophy and Logical Syntax*, Kegan Paul, 1935.

5.9　——*The Logical Syntax of Language*, trans. A. Smeaton, Routledge, 1937.

5.10 —— "Testability and Meaning", H. Feigl (ed.) *Readings in the Philosophy of Science*, Appleton, 1953.

5.11 Hempel, C. "Some Remarks on Facts and Propositions", *Analysis*, 1935.

5.12 —— "On the Logical Positivists' Theory of Truth", *Analysis*, 1935.

5.13 ——*Fundamentals of Concept Formation in Empirical Science*, Chicago, 1952.

5.14 ——*Aspects of Scientific Explanation*, Collier, 1965.

5.15 Juhos, B. "Empiricism and Physicalism", *Analysis*, 1935.

5.16 Moore, G. E. "Wittgenstein's Lectures in 1930–1933", G. E. Moore, *Philosophical Papers*, Allen & Unwin, 1959.

5.17 Neurath, O. "Protocal Sentences", in O. Hanfling (ed.) *Essential Readings in Logical Positivism*, Blackwell, 1981.

5.18 —— "The Scientific Conception of the World-The Vienna Circle", M. Neurath and R. S. Cohen (eds) *Otto Neurath: Empiricism and Sociology*, Reidel, 1973.

5.19 ——*Foundations of the Unity of Science*, Vols I and II, University of Chicago Press, 1969.

5.20 Reichenbach, H. *The Rise of Scientific Philosophy*, University of California Press, 1951.

5.21 Rynin, D. "Vindication of L * G * C * LP * S * T * V * SM", ed. O. Hanfling, *Essential Readings in Logical Positivism*, Blackwell, 1981.

5.22 Schlick, M. *Problems of Ethics*, Dover, 1962.

5.23 ——*Gesammelte Aufsätze*, Olms, 1969.

5.24 ——*Philosophical Papers*, Vol. II (1925–1936), Reidel, 1979.

5.25 Stevenson, C. L. *Ethics and Language*, Yale, 1944.

5.26 ——*Facts and Values*, Yale, 1963.

5.27 Waismann, F. "Theses", ed. F. Waismann, *Wittgenstein and the Vienna Circle*, Blackwell, 1979.

5.28 Wittgenstein, L. *Tractatus Logico-Philosophicus*, Routledge and Kegan Paul, 1922.

5.29 ——*Philosophical Investigations*, Blackwell, 1958.

文本汇编

5.30 Ayer, A. J. *Logical Positivism*, Allen and Unwin, 1959.

5.31　Hanfling, O. *Essential Readings in Logical Positivism*, Blackwell, 1981.

评论

一般性评论

5.32　Berghel, M. (ed.) *Wittgenstein, The Vienna Circle and Critical Rationalism*, Reidel, 1979.

5.33　Church, A. "Review of Ayer's *Language, Truth and Logic*", *Journal of Symbolic Logic*, 1949.

5.34　Feibleman, J. K. "The Metaphysics of Logical Positivism", *Review of Metaphysics*, 1951.

5.35　Feigl, H. "Logical Positivism after Thirty-five Years", *Philosophy Today*, 1964.

5.36　Gower, B. *Logical Positivism in Perspective*, Barnes and Noble, 1987.

5.37　Haller, R. "New Light on the Vienna Circle", *The Monist*, 1982.

5.38　Hanfling, O. *Logical Positivism*, Blackwell, 1981.

5.39　—— "Ayer, Language Truth and Logic", in G. Vesey (ed.) *Philosophers Ancient and Modern*, Cambridge University Press, 1986.

5.40　Kraft, V. *The Vienna Circle*, Greenwood, 1953.

5.41　Macdonald, G. F. (ed.) *Perception and Identity*, Macmillan, 1979.

5.42　Passmore, J. "Logical Positivism" (three parts), *Australasian Journal of Psychology and Philosophy*, 1943, 1944, 1948.

5.43　—— "Logical Positivism", ed. Paul Edwards, *Encyclopedia of Philosophy*, 1972.

5.44　Sellars, R. W. "Positivism and Materialism", *Philosophy and Phenomenology Research*, 1946.

5.45　Sesardic, N. "The Heritage of the Vienna Circle", *Grazer Philosophische Studien*, 1979.

5.46　Smith, L. D. *Behaviorism and Logical Positivism*, Stanford University, 1986.

5.47　Schilpp, P. A. (ed.) *The Philosophy of Rudolf Carnap*, Open Court, 1963.

5.48　Urmson, J. O. *Philosophical Analysis*, Oxford University Press, 1967.

论证实和意义

5.49　Alston, W. P. "Pragmatism and the Verifiability Theory of Meaning", *Philosophical Studies*, 1955.

5.50 Ayer, A. J. and Copleston, F. C. "Logical Positivism-A Debate", eds P. Edwards and A. Pap, *A Modern Introduction to Philosophy*, Collier, 1965.

5.51 Berlin, I. "Verification", ed. G. H. R. Parkinson, *The Theory of Meaning*, Oxford University Press, 1968.

5.52 Black, M. "Verificationism Revisited", *Grazer Philosophische Studien*, 1982.

5.53 Brown, R. and Watling, J. "Amending the Verification Principle", *Analysis*, 1950-1951.

5.54 Copleston, F. C. "A Note on Verification", *Mind*, 1950.

5.55 Cowan, T. A. "On the Meaningfulness of Questions", *Philosophy of Science*, 1946.

5.56 Evans, J. L. "On Meaning and Verification", *Mind*, 1950.

5.57 Ewing, A. C. "Meaninglessness", *Mind*, 1937.

5.58 Klein, K. H. *Positivism and Christianity: A Study of Theism and Verifiability*, Nijhoff, 1974.

5.59 Lazerowitz, M. "The Principle of Verifiability", *Mind*, 1937.

5.60 ——*The Structure of Metaphysics*, Routledge, 1955.

5.61 O'Connor, D. J. "Some Consequences of Professor Ayer's Verification Principle", *Analysis*, 1949-1950.

5.62 Ruja, H. "The Present Status of the Verifiability Criterion", *Philosophy and Phenomenology Research*, 1961.

5.63 Russell, B. "Logical Positivism", ed. R. C. Marsh, *Logic and Knowledge*, Allen and Unwin, 1956.

5.64 Russell, L. J. "Communication and Verification", *Proceedings of the Aristotelian Society* suppl. vol., 1934.

5.65 Wisdom, J. O. "Metamorphoses of the Verifiability Theory of Meaning", *Mind*, 1963.

5.66 Malcolm, N. "The Verification Argument", N. Malcolm, *Knowledge and Certainty*, Cornell, 1963.

5.67 Waismann, F. "Meaning and Verification", ed. F. Waismann, *The Principles of Linguistic Philosophy*, Macmillan, 1965.

5.68 —— "Verifiability", G. H. R. Parkinson (ed.) *The Theory of Meaning*, Oxford University Press, 1968.

5.69 White, A. R. "A Note on Meaning and Verification", *Mind*, 1954.

历史性说明

5.70 Ayer, A. J. *Part of my Life*, Oxford University Press, 1978.

5.71 Baker, G. "Verehrung and Verkehrung: Waismann and Wittgenstein", ed. C. G. Luckhardt, *Wittgenstein: Sources and Perspectives*, Cornell, 1979.

5.72 Magee, B. (ed.) "Logical Positivism and its Legacy" (with A. J. Ayer), *Men of Ideas*, London, BBC, 1978.

5.73 Morris, C. "On the History of the International Encyclopedia of Unified Science", *Synthese*, 1960.

5.74 Schilpp, P. A. (ed.) *The Philosophy of Rudolf Carnap*, Open Court, 1963.

5.75 Wallner, F. "Wittgenstein und Neurath—Ein Vergleich von Intention und Denkstil", *Grazer Philosophische Studien*, 1982.

5.76 Wartofsky, M. W. "Positivism and Politics—The Vienna Circle as a Social Movement", *Grazer Philosophische Studien*, 1982.

其他相关著作

5.77 Bradley, F. H. *Appearance and Reality*, OUP, 1893.

5.78 Locke, J. *Essay Concerning Human Understanding*, P. H. Nidditch (ed.), Oxford University Press, 1975.

5.79 Wittgenstein, L. *Blue and Brown Books*, Blackwell, 1964.

5.80 ——*Philosophical Remarks*, Blackwell, 1975.

第六章
物理学哲学

罗姆·哈瑞（Rom Harré）

物理学哲学的分支是什么？

可以用一种简便的方式将构成物理学哲学的各种研究划分如下：

（1）关于物理科学中主要概念之发展和结构的分析研究与历史研究，例如，"空间—时间"、"同时性"和"电荷"。

（2）关于物理科学特有方法论的自然主义研究和形式研究，包括实验、理论建构、评价和变化。

（3）关于物理学理论中重要实例之基本原理的研究。

我们能够发现这三种研究贯穿了对物理科学本性进行哲学反思的漫长历史，例如，在亚里士多德的著作［6.2］中，有对自然哲学家仍然关注的物质特征本性问题的广泛讨论。各种相互冲突的物理学方法论观点在古人的著作中也不难发现，例如，柏拉图的评论即天文学家的任务是"拯救现象"被质疑、解释和再解释。在卢克莱修（Lucretius）的《物性论》（*De Rerum Natura*）［6.31］中有一个对普通物理学形而上学基础的描绘，认为它在基于世界由不可见的物质原子构成的理念的宇宙中具有普遍适用性。

看起来同样能够在化学哲学中发现这三组研究。为了厘清物理哲学研究的特征是什么，我不得不谈到物理学与所有其他自然科学的区分。现在，人们也许并不愿意尝试在物理学和其他自然科学之间划一条严格的分界线。但为了本章的目的，如下一种粗略的划分是能够做到的。物理学研究物质的最普遍特征，化学和生物学考察具体物质的独有特征。记住这个相当模糊的描述，我们就能理解对物质世界普遍特征的物理学研究，例如，它的时空（spatio-temporal）结构，以及每个物质体与其他物质体共有的普遍特征，例如质能（mass-energy）和运动性。这种以范围来划分学科的方式太简单了。物质和放射被发现可以相互转化并因而具有共同特征，这只是最近的事。但是，光学研究和力学研究一直是（或者几乎一直是）物理学的分支。

值得强调的是关于物理科学的哲学研究的久远性。它从来不乏哲学内容。在危急时刻，关于本体论的问题和关于方法的问题就会显露出来。我用危急时刻指对物理世界的研究历史中的这样一种时刻，即基于鉴别好理论的局部标准（local criteria），我们所能够建构的最好理论与别的最好理论明显处于不可解决的冲突中，但根据观察和实验的结果它们又是无法区分的。在这些情形下，哲学思索回到了舞台的中心。物理学比其他任何科学都更具戏剧性，它通过概念基础的哲学分析和初看起来貌似独立的科学研究纲领之间的相互作用而发展。在更详细的评论过程中，我将不时地阐明物理学史的这种特征。

在我转向概述概念分析的具体事例之前，有一个更加普遍的区别需要记住。自从欧几里得对几何科学的形式化以来，数学在物理学的发展中扮演了一个核心角色，但是这个角色并不是无可争议的。解释数学形式主义的几种不同方式之间有一个重要差别。（参见［6.47］）对物理学定律的抽象数学表示是辅助的还是表象的（representational）？辅助数学由形式工具组成，通过形式工具，物理学家的知识能够被方便地概括和运用。一个关于辅助数学非常简单的例子来自约翰·罗奇（John Roche），这就是地球物理学家覆盖在地球上的经线和纬线网格。一个更加复杂的例子是托勒密（Ptolemy）用于计算天文历表、天体的升落和位置的均轮与本轮系统。我们没有理由假定这样一个前提，即定律或理论的一些数学公式中使用的所有技术工具都有物理的对应物。在希尔伯特空间中，量子力学的定律和原理在数学上能以向量的形式表示。但是，希尔伯特空间表征的主要概念的物理意义可能是什么？我们能够赋予一个无限维度的"空间"内的向量旋转观念什么物理意义？同样，寻找带电振荡器的物理对应物是对原子的第二玻尔理论的误解，带电振荡器代替了较早理论中的轨道电子。另外，物理学中有许多理论，例如关于气体行为的克劳修斯—麦克斯韦（Clausius-Maxwell）理论，在这个理论中，数学表示的每个元素都被视为物理系统的一些确定特征的对应物。按照气体分子模型，$pv = 1/3\ nmc^2$ 中的每个变量都能被赋予一种物理意义。

下面我将阐述物理哲学的三个分支，简明扼要地介绍关于一些经久不衰的话题的近期讨论。为了说明分析研究和历史研究，我将关注相对论的解释问题。另一个范例就是"质量"的概念，它有着漫长而有趣的发展过程。随着实验和理论的进步，它被锐化、细分和差异化。（参见［6.28］）为了说明方法论研究，我将以物理学中对实验角色的最新研究为例。（参见［6.20］）我也将围绕物理学的理论阐释及其作用概述实在论者和反实在论者之间的争论。它们描述了不可观察但却真实的实体和过程，还是仅仅是预测更多现象的工具？（参见［6.46］）如果是前者的话，那么我们究竟怎样才能知道我们所获得的关于因果过程的隐秘世界的图景是越来越好的——如果我们永远无法直接观察它？（参见［6.3］、［6.12］、［6.33］）为了解释基础问题，我将先说明对牛顿物质理论基础的习惯性处理的发展，进而转向关于量子场论中主要概念的意义的争论。（参见［6.10］）另一个例子就是关于贝尔不等式的重要性和 EPR 实验的地位的讨论。（参见［6.4］、［6.5］、［6.6］、［6.16］）

概念的分析研究和历史研究

我将把列入这个标题下的主题分为两个广泛的组。有些主题关注概念分析，这些概念初看起来独立于它们所属的具体理论。所以，关于空间、时间、因果性、属性等的分析，尽管受到物理学中一些特定理论的影响，但在某些方面看起来独立于这些理论。另外，对诸如质量、动量、电荷、力等主要概念的分析，我们很难想象能够独立于它们时常嵌于其中的具体理论来展开。

这些分析，无论一般的还是具体的，通常是相对于更大的问题来进行的。所以，举例来说，对诸如空间和时间的概念分析的发展与论证，是绝对主义者与相对主义者之间长期争论的一部分。"绝对空间"概念和"绝对时间"概念有意义吗？一些相对主义者主张，这些合成的概念在逻辑上是不连贯的。关于质量、电荷、力等概念的适当解释的讨论，与物体的物理属性是否能够最好被理解为倾向、能力和习性的广泛问题相关。（参见［6.23］、［6.43］）我将在"基础讨论"部分再论述这个问题。

在考察我提到的这类概念的状况时，记住一点很重要，即这些分析是相对于使用它们时的物理科学的状况而言的。然而，它们仍然涉及一些普遍问题，如我们是否应该支持空间和时间的绝对主义理论或相对主义理论，是否所有的物理属性确实都是倾向。如莱布尼茨与克拉克（Clarke）之间关于空间和时间的本性的争论（参见［6.1］），尽管处于牛顿物理学的背景中，却仍然具有普遍意义。

我们不能说不存在独立于物理理论状况的物理学哲学。所涉及概念的普遍性允许我们去考察概念，提出超出科学本身历史的特定时期的证明。

在20世纪初，对于表达空间、时间和因果关系已然确立的概念系统，相对主义看起来提出了一个根本的挑战。物理学家共同体已经变得习惯于绝对参照系的观念，尽管在解决物理学中任何实际问题时几乎都没有必要用到它。根据流行的说法，相对主义是非同寻常并且完全激进的。我希望能够表明，在后亚里士多德物理学的发展过程中，关于空间、时间和时空理论的演化方式，这一画面远非一个令人满意的描绘。关于空间和时间能够被提出的许多深刻问题之一是：在实验者或观察者的空间的和时间的位置与实验者或观察者用于表达自然律的形式之间，是否存在一种关系？当一个实验装置在一个时间地点而不是另一个时间地点运行时，它是保持不变还是有所不同？在一个移动的平台上研究和在相对于某个明显固定的参考系静止的平台上研究，自然律看起来是一样的吗？或者在相对于另一个安置有实验装置（先前用这些装置做实验）的平台加速运动的平台上？最终，最深刻的问题是：我们能通过寻找自然律的指示性变化，发现哪个物体系统是运动的或是加速的，哪个是真正静止的吗？

在两个方面，关于空间和时间的绝对主义观点受到了挑战。相对主义挑战了这个观点：存在一个绝对静止的优先的参照系，对于该参照系，所有匀速的或加速的运动可参照。同样，有相对主义者对那个可以独立于关于参照系的问题而被建立（mounted）的观点发起了挑战。相对主义者和莱布尼茨一样，相信空间和时间不能够独立于世界物质系统而存在。它们处于那个系统的关系属性中。绝对主义者（为了区别于物理学中那些最终赞同非相对主义立场的人，后来被称为"本质主义者"）认为时空流形（the space-time manifold）是独立于电荷、力和场的物质世界而存在的一种物质。（参见 [6.11]）我的说明性例子关注绝对主义/相对主义的争论，而不是本质主义/关系主义的争论。

让我简单描绘一下人们怎样看待导致相对主义的当代解释的历史进程。自然律的形式独立于时空位置的观点，在坐标变换下定律协变性的技术性观念中被表达。举一个简单的例子：将笛卡尔平面上的一个点的坐标各自改变一个固定的量是一个转换。如果变换前的坐标是 x 和 y，转换后的是 $x-a$ 和 $y-b$，这仿佛是我们将整个参照系向右移动 a 个单位，向上移动 b 个单位。如果一个物理学定律在这个变换应用于坐标之前和之后有着同样的形式，那么我们说，它"在变换下是协变的"。然而，这个技术性观点是一个更基本的概念的一种形式。它表达了这个观点：对于自然律的被研究参照系在位置、时间或相对速度上的变化，自然律的形式是中立的（就是不受影响的）。在库萨的尼古拉（Nicholas of Cusa）的著作中，我们能够发现对于位置协变或中立的观点的真正开端。亚里士多德学派认为，空间和时间有内在的结构，自然律随着它们在这个结构中被研究的位置的不同而不同；与亚里士多德学派相反，库萨（Cusan）引入了一个普遍中立原则。他优美的语言是这样表达的："宇宙的中心和周边是一样的"，或者换句话说，他认为物理定律中立于它们在空间和时间中的位置。

使得物理过程不受空间和时间影响的下一步伴随伽利略（Galilei）的著作 [6.18] 而到来。以一个引人注目的印象，伽利略让我们想象在平静海上的一条船里进行一个实验。他主张，通过在一个封闭的船舱里做实验，我们不可能发现船相对于海是运动的还是静止的。船和海洋之间的相对运动不会对我们的实验结果有影响。在船里，物理学将总是一样的，无论船相对于海有怎样的匀速运动。这就是伽利略的相对性原理。牛顿必定支持这个原理。因为我们会说，对于伽利略坐标变换，力学定律被认为是中立的或协变的。在这个变换中，我们能够以我们喜欢的任何量改变匀速运动的数学表达，数学上相当于以一个确定的量相对海使船加速或减速，当在新的坐标系中被表达时，自然律会保持它们的形式。

到麦克斯韦（Maxwell）为电磁学提出一组综合的定律，一切都顺利愉快。1891年，沃伊特（Voigt）表明麦克斯韦定律在伽利略变换下不是协变的。这意味着，通过某种普遍统一的背景找到我们真实或绝对运动的电磁学证据是可能的。看来，在原则上，我们能够发现我们相对于某个绝对参照系的方式，甚至确定我们相对于绝对参照系的速度。既然电磁学定律在伽利略变换下不是协变的，那么或许电磁以太可以恰好作为物理学家们所需要的绝对背景。这是关于迈克尔逊（Michelson）和莫雷（Morley）的工作说明的迈克尔逊和莫雷方案，对试验装置的重要性的强调，参见［6.22］。

然而，到19世纪末，这一点变得清楚了：存在一个坐标变换，在这个坐标变换下，电磁学定律是协变的。这就是洛伦兹变换（Lorentz transformation）。情况现在变得非常有趣。麦克斯韦电磁学定律对于洛伦兹变换是协变的，但对于伽利略变换却不是。力学定律对于伽利略变换是协变的，但对于洛伦兹变换却不是。两者对库萨变换都是协变的，但这被认为是太明显而不值一提。这就是爱因斯坦面对的情况。

本质上，爱因斯坦必须解决两个问题。（参见［6.15］）如何在（一方）电磁学和（另一方）力学之间作出合理的选择，选择其中之一作为最基本的物理科学？他选择电磁学一方的理由与这个需要有关：他感觉要在一个移动导体切割一个静止磁场力线时产生的电磁感应过程和由一个移动磁场与一个静止导体相互作用产生的电磁感应过程之间，保持一种完全的对称。如果我们假定一种电磁以太，那么在每个情形中过程都会有所不同。他认为这是无法容忍的。所以，他通过拒绝假定以太的必要性，选择赋予电磁学优先权。这个选择不仅从物理学中排除了以太，而且将洛伦兹变换提升为协变主导原则（the dominant principle of covariance）。他的第二个问题是为力学定律发现一种新形式，这样它们在洛伦兹变换下也是协变的。如果能做到这一点，物理学就将会被统一。将有一种物理学，它的所有定律独立于它们在其中被检测的物质系统的地点、时刻和相对速度。他发现了这些定律，而它们正好是狭义相对论定律。

但我们现在看到，这里有第三个问题。就时空结构而言，新的力学定律以及电磁学定律是中立的吗？爱因斯坦自己没有解决这个问题。我们将它的解决归功于闵可夫斯基（Minkowski）。（参见［6.36］）在闵可夫斯基流形中，空间和时间并非独立于位置与时刻的系统。存在一个四维流形，人们想象物理学过程在其中发生。闵可夫斯基坐标系统相互之间以均匀相对速度移动，现在变成了参照系，相对于这些参照系之间的变化，自然律必然是中立的。无论何时何地，在闵可夫斯基流形中做实验，实验结果都是一样的。

广义相对论只不过更进一步扩展了这一观点。爱因斯坦追求发现一个自然律的公式化方案，在这个公式化中，自然律在普遍的坐标变换下是协变的，包括相互之间加速运动的参照系。与狭义相对论的闵可夫斯基流形相对应，出现了著名的代表一个流形的广义相对论弯曲空间，对于这个弯曲空间，自然律是完全中立的。

相对论的故事是一个逐渐发展的纲领的故事，随着物理学史的展开，它获得了一个越来越复杂的形式。它开始于1440年库萨的《有学问的无知》（*Learned Ignorance*）［6.41］，以广义相对论而告终。在每一步，绝对时空流形的一个又一个候选者被从物理学中剔除。

有一个与绝对主义（本质主义）/关系主义争论的联系。很明显，如果自然律与它们在空间或时间或时空的流形中假定的位置无关，那么这些流形就不能在物理科学中发挥任何作用。绝对空间、绝对时间以及绝对时空是多余的。实际上，这种多余的迈克尔逊—莫雷实验证据并非相对论历史的一部分。这就是说，这是个令人欣慰的结果，它肯定了爱因斯坦在他的研究纲领中赋予电磁学定律和它们的属性特权的智慧。

相对主义被证明是关系主义的一个姐妹。但是，关系主义的胜利绝非一个必然的结果。仍有一些理由认为，在物理科学中，绝对时空有一个位置。这些与广义相对论要求的时空流形的地位有关。有人主张，即使在所有物质场都不存在时，时空流形也仍然有一个结构。因此，它不可能仅仅是安置世界物质材料的一组关系。

关于其他物理学观念的概念分析的典型案例遍布物理学史。有人在克拉克—莱布尼茨的争论中注意到，作为一个注脚，在对动量观念的一个概念考察中预见了动量和能量之间的区别。

物理科学中的方法论问题

从数学天文学的最早时期起，物理理论的本性就是一个长久争论的问题。论证在认识论和本体论之间获得了平衡。显然，在某种意义上，通过知觉知道的可观察物具有某种优先的本体论地位，即使我们知道我们许多建立在知觉基础上的本体论断言是有争议的，并且有时不得不被修正。然而，物理学理论——典型地指过程（如行星轨道）、实体（如亚原子粒子）、结构（如时空的弯曲）——超出了知觉。那么，我们关于这些存在物的知识的状态是什么？反实在论者倾向于赋予感觉陈述（特别是视觉）本体论上和方法论上的优先权。实在论者——在方法论上更为谨慎，然而在本体论上更为勇敢——试图发现方式，在这些方式中，物理理论的属性，特别是产生新的种类的实验的能力，被看作实在论地解释它们并且因此增加我们的本体论、扩大我们认为组成世界的东西的种类的基础。然而，怀疑论者可以较为容易地找到使物理学的解释返回反实在论方向的基础。他们问：当我们只有非常有限的根据接受它们时，我们如何确定我们定律的真理性？这是经典的归纳问题。我们怎么能对理论满意，当我们接受它们的根据仅仅是它们的预言和解释能力时，因为很容易证明，存在无限多的理论具有同样的预言和解释能力，这是亚决定问题（the problem of under determination），首先由克里斯托弗·克拉维乌斯（Christopher Clavius）阐明。最近，一种新的情绪在物理学哲学家中扩散。将实在论之弱点的根源诊断为对以下这个原则的承诺：科学的目的是确立物理学命题的真理性。在一定程度上通过对尼尔斯·玻尔（Niels Bohr）的哲学的理解赋予活力，科学哲学新实用主义学派就出现了。这些哲学家论证，物理学理论的实在论解释应该被作为信条，因为理论是好的，只要它们给我们提供关于不可观察物的足够理解，以使得我们能够操作它。（参见［6.21］）可操作性是允许我们贯穿可知觉性的界限的概念。

从新"实用主义的"实在论会得到一些重要的结果。它会追溯到一个18世纪的关于物理属性的逻辑地位的概念。那时候，流行的物理学哲学认定，我们关于物理世界的知识是一种关于其他未知的实体的能力和倾向的知识。我们通过它们将引起什么来了解它们。以极为相同的方式，玻尔的物理学哲学让我们这样思考世界，世界通过在我们自己设计的装置中表现出的倾向向我们显现。从这个观点中还能引出另一个结果。早期的生态学家在发展理解动物物种和它们的物理环境作用的方式的概念时，创造了周遭世界（umwelt）的概念。一个物种的周遭世界是该物种凭借它的生物禀赋可利用的世界。物理世界比动物居住的周遭世界的总和更为宽广、丰富。这个概念被用于解释不同的动物物种占据同一个物理环境如何是可能的。每个物种开拓出它自己的周遭世界。以一个类似的方式，我们可以将物理世界看作人类的周遭世界，将物理本体论的发展看作人类在这个不断变化的周遭世界中的连续的画线，人类利用实验装置和概念系统来探索它。所以，新的科学哲学是一种新形式的实在论。这个世界是我们使其成为对我们可及的世界，我们关于这个世界的知识是它能够做什么和通过我们的操作能够做成什么的知识。

下一个问题关注物理理论的本性，这个问题的出现明显地与从反实在论到实在论的物理科学概念的运动有关。如果我们以反实在论的方式将物理学看作知觉经验的统计，或者甚至看作仪器表现的统计，而此外一切都没有本体论的意义，仅仅作为干涉变量使我们从一个经验陈述到另一个经验陈述，那么我们将会倾向于追随马赫（Mach）和迪昂的科学哲学。根据这些哲学家，理论仅仅发挥一种逻辑作用：对马赫来说是一个推理机器，对迪昂来说是一个分类系统。然而，当我们检验物理学理论以及思考某一特定探索领域内的理论化的发展时，我们被这样的事实所震动：物理学理论并非看起来是完全关于世界的。至少在表面上，它们是关于世界的模型。在这样的意义上，一个模型或者是一个抽象的表征［一个异物同形（homeomorph）］，或者是一个同质异形体（paramorph），是一个我们不了解但相信其存在的东西的类似物。一个自然律如 $pv=a$ 常量，是真实气体的抽象形式的行为的理想描述。相应的理论命题 $pv=1/3mc^2$ 是气体可能像什么的分子模型的一个描述。这种关于理论的观点存在超过 30 年了。（参见［6.48］、［6.26］）它现在又变得流行起来。如果我们以这种方式来思考理论，那么马上就会有一个明显的哲学问题：这种观点如何适合实在论？深入地思考，这种适合非常好。如果放弃这个观点，即实在论必须按照命题的真理性被定义而不是被设想为理论导向的对象的可操作性，那么理论以实在的一个模型为中心的观点就非常有吸引力。这就是说，模型和实在是同一类型的存在物，我们可以根据相似性和差异性来考虑模型与被模型物的符合。借助组成理论的无层次部分的理论概念结构，哪些相似性被当作重要的这个问题本身是很容易解决的。一些属性表现为本质的，一些表现为偶然的。相似性和差异性从它们在多大程度上来自正在考虑的存在物的真实的与象征的本质来获得它们的重要性，这来自我们关于它们的内部组成的观点，以及来自我们根据它们的可观察属性对它们分类的标准。

从实证主义到实在论到被称为后实在论（post-realism）或新实用主义的转变，同样涉及对实验之作用的再思考。在科学的逻辑说明中，在卡尔·波普尔（Karl Popper）的证伪主义模式（参见［6.42］）中，是否被实证主义地构想或发展给了实验一个逻辑说明。做一个实验是为了给一个理性生物提供这种形式的命题："一些 A 是 B"，或者"一些 A 不是 B"。描述实验结果的命题和被认为与它们相关的普遍假设之间的逻辑关系决定了实验的意义。所以，逻辑说明要求我们接受归纳主义或可误论。在前者中，我们将不得不接受一些归纳推理模式的力量，在这些推理模式中，一些被研究事例中的结果对所有事例都是普遍的，这是一个众所周知的不可靠的推理。在后者中，我们不得不依赖可误论模式，即虽然我们无法从一个肯定的结果获得确定的结论，但一个被证明为错误的预言使我们正当地拒绝从中推出它的假说。两者没有一个是令人满意的。

解释实验的逻辑方式和关于科学的新实用主义观点之间的明显的匹配不

当，暗示了在一个更为宽广的方式中构想实验的可能性。如果我们通过实验力图弄清楚我们的模式与实验匹配得如何，那么我们就不能将实验看作产生命题的一种方式，并使这些命题与一种理论处于一种逻辑关系之中。我们应该将实验的运作看作在理论的指导下在世界中指向产生确定的结果的工作。问题并不是，使用中的理论是正确的还是错误的，而是当读作一组指令时，理论是否能够使我们做我们想做的。可以赋予理论的逼真性（verisimilitude）一种意义，但并非在命题模式中，也不是以真理为中心。我们尤其关注操作世界，好像它与我们的模型匹配良好。确实，存在具体的模型匹配实验，其中一些在科学的发展过程中具有巨大的意义。我发现的一个特别有启发的是费奇（Fage）—汤森（Townsend）实验，通过这个实验，关于有界媒介的一个流体运动与这样的流体的结构"实际"是什么的一个微妙的实验发现（这就是通过使用一个超高倍显微镜，这个运动看起来是什么样的）相匹配。我们对模型的形象性的信赖仅仅以它提供操作的能力为基础，这里有趣的例子产生了。对我来说，我们相信磁场的实在性的主要原因是通过我们认为直接作用于磁场的程序带来的一系列效应。这样导致的变化然后产生了我们能够观察的效应，如检流计指针的摆动。

到现在为止，我在这个讨论中假定的"模型"观念是一个熟悉的类比。一个系统是另一个系统的模型，如果它以相关的方式类比。但是相关地，有另一种意义上的"模型"，这种模型在一些科学哲学家的著作（如[6.49]、[6.50]）中同样很突出。在逻辑中，一个模型是一组实体和关系，这组实体和关系可以被用于解释一个抽象的演算。如果这个演算的公式（通过使用这样一个领域中的实体和关系，被解释为有意义的命题）在该领域中被使用时都是真的，那么这组实体和关系就是这个演算的一个模型。在逻辑学中，存在需要赋予其意义的演算和关系；在物理学中，实在的一个模型或类似物被构想，并且随后一个理论通过描述这个模型被创造出来。这就是说，最后，在两个方面，演算、理论和模型之间的关系是相同的。然而，在创造的顺序上，逻辑学和物理学正好相反。

我们可以看到，关于物理学理论如何被提出的争论贯穿物理学史。在16世纪许多哲学家对待以太阳为中心的和以地球为中心的天文学时，这种争论特别突出，作为可供选择的数学系统，其中许多版本是 16 世纪中期提供的。回答这个问题（关于这个问题，形式系统被采用）的方式被有趣地在以下两者之间划分：那些认为反实在论标准（如简单性和逻辑融贯性）具有首要的重要性的人和那些喜爱实在论标准［如数学结构表征的关于太阳系的模型的本体论的似真性（the ontological plausibility）］的人。

18 世纪后期，直至 19 世纪，牛顿力学成为了改写其形式表征的可观努力的焦点。这部分地被麦克劳林悖论的发现赋予活力，或许更多应正当地归功于波斯克维克（Boscovich）。波斯克维克意识到宏伟的牛顿理论是内在地不融贯的，事实上，是自相矛盾的。（参见 [6.8]）作用的概念，"力×时间"，对建立牛顿第三定律来说是必不可少的，在接触作用中，作用和反作用是相等且反向的，这要求所有这样的作用在有限的时间内发生。但是，牛顿本体论需要的终极物质粒子是真正坚实的，就是不可压缩的。随之而来的是，所有接触作用都是瞬间的，因为终极接触面不能变形。根据作用的力学定义，瞬间牛顿碰撞中的力可能是无限的。但是，在牛顿的框架中没有无限的力的位置。为了解决这个困难，各种各样的策略被发展出来。总的来说，法国物理学家倾向于选择不涉及力的理论（参见 [6.13]），而英国物理学家和他们的一些大陆同盟者则倾向于选择不涉及物质的力学，即所谓的动力学解释。（参见 [6.24]）

在设计出这些选项的过程中，数学物理学中出现了重大的进步。拉格朗日方程、哈密尔顿方程和赫兹（Hertz）极有影响的对力学的重构（reformulation）都是为解决这同一基础问题而想方设法作出的尝试。

但是，存在另一类我们可以将之归入物理学基础的研究。这就是寻找科学理论最小的或最优美的形式化表征方案。在这些例子中，数学哲学家被形式化美学上的兴趣所驱使，而不是被一些形而上学悖论驱使，例如波斯克维克和麦克劳林（Maclaurin）发现的那个。在 20 世纪，一些有趣的发展来自为提供可供选择的形式化表征的尝试，在这些形式化表征中，理论的基础以一种清晰无歧义的方式展现出来，例如，海森堡（Heisenberg）的矩阵理论和薛定谔（Schrödinger）关于量子力学定律的波动力学方程，至少部分地通过它们提出者之间本体论上的不同被赋予活力，尽管它们在某种意义上被表明在数学上是等价的。卢卡斯（Lucas）和霍奇森（Hodgson）总结了得到洛伦兹变换的多种方式。可以通过许多不同的方式得到这个重要的方程组。有时这类运用——可供选择的数学表示的形式化——意义重大。但是，有时它们看起来超出了仅仅是辅助性数学的形式运用。

实验操作结果作为现象进入物理学记录的途径是极其复杂的。古丁斯（Goodings）分析了使新现象的发现者的个人经验对科学家共同体以及最终对每个人是概念地和操作地可利用的途径。（参见 [6.20]）个人经验转换为公共现象的关键一步是消除其产生早期涉及的人手的所有痕迹。古丁斯表明，在实验室尺度上，产生被示范为一个自然电磁效应的移动法拉第（Faraday）线圈是极其困难的，更别说理解。为了解释如何完成这种转换，古丁斯引入了一个"解释"的观点。它可以是一种描述图片、图表或任何东西的方式，在与其他人的交流中，科学家通过这种方式使得现象可以被如此利用。在解释的应用中，历史上伟大的科学家将零碎步骤的复杂链条转换为确定操作（surefire manipulations）的简单序列。在记录他如何在他自己的实验室中首次产生循环电磁运动时，法拉第描述了 75 个步骤。已出版的对这个程序的描述仅仅提到 45 个步骤。在他给任何再现这个效应的人的指令集中，最终简化为仅仅 20 个步骤。

基础讨论

在量子力学的数学理论中，首次出现在关于电子的实验中的亚原子过程的不确定性最终被神圣化而不是被解决。在过去的 70 年中，量子力学是困扰物理科学的一个主要概念问题的源泉。牛顿物理学的中心是一个关于所有物理过程的严格因果性和所有物理效应的决定性（determinate）特征的假定。量子力学提供了一种形式主义（formalism），凭借这种形式主义，关于一个系统预备状态的描述能够与对该系统特定处理的效应的概率分布的预测联系起来。该理论没有提供使得确定的结果能够从关于系统的最初状态的知识中预测出来的方法。这里有一个困境。这是因为我们现在理解任何物理系统的状态的方式实际上是完备的吗？这看起来意味着，与决定性因果性的一般观念相反，存在改变作用在同一准备好的系统上同一操作结果的真实倾向。或者是我们关于电子和其他亚原子粒子的知识漏掉了一些东西，可以恢复物理理论的决定性结构的知识？或许存在某些"隐变量"，它们按照确定的方式行动。

关于隐变量理论之可行性的论证几乎和量子力学本身一样长久。假定存在一组我们能够将之归于亚原子粒子和它们预备状态的属性，这些预备状态来自关于我们可以恢复量子理论的概率性结果（如量子理论现在被理解的那样）的决定性数学，那么我们能否发现一个以以上假定为基础的理论呢？

到目前为止，这个答案是模棱两可的。现在清楚的是，还没有任何方法能够——通过这种方法运用动量、能量等熟悉的经典概念来建构理论——提供一种确定的隐变量理论。到目前为止，开展的每个实验仅仅是给表达无隐变量原理的数学条件即"贝尔不等式"越来越强的支持。另外，存在用怪异的概念建构的隐变量理论，现存在的量子力学结果从这些概念中恢复。然而，它们缺乏任何严肃的物理可信度。

在量子场论中，出现了另一个更加迷人的概念问题。从场相互作用被表示为粒子交换这种观点被首次提出，到现在大约 50 年了。有人可能会说，以理论发展不可思议的数学复杂性为代价，这个观点极其成功。在物理学中，量子场论现在是一个非常完善的专业，但是它给我们留下了一个撩人的概念问题。在相互作用中交换的粒子，比如说，两个电子之间相互作用时交换的光子，并不等同于光子，光子流是我们熟悉的光。这就是说，这些光子是虚的，如果它们终究存在的话，它们存在于且仅仅存在于相互作用中。此外，如被设想的，它们具有的属性不同于光的光子（the photon of light）的熟悉的属性。它们像光量子，但不是特别像光量子。它们是真实的吗？

近来，以光量子和量子电动力学光子之间的类比为基础来发展关于其他种类的基本相互作用（弱相互作用、强相互作用，甚至引力）的理论的观点，导致了这样的"虚粒子"的增殖。我认为，如果不是因为推理结构的应用（通过这种应用，光量子成为量子电动力学的模型），大多数物理学家几乎从未想询问虚粒子的实在性。在量子电动力学中，虚光子是基于真实光子而被模型化的，如果我被允许以这种方式处理问题的话。那么，弱相互作用粒子——w+、w-和 z_0 粒子——是基于虚光子模型化的。它们是同一个属（genus）的所有类型。那么，颠倒导致虚光子概念的推理，则真实 w 粒子或真实 z 粒子的观点就似乎是来自弱相互作用量子场论的一个自然发展。寻找 w 和 z 的方案被限定，并且以这些事情被完成的方式，它们最终被"发现"。

我相信，这种量子场论特有的推理模式，至少部分地对提出传输相互作用力的中介向量粒子的实在性的问题负责。如果存在这些粒子的真实形式（real version），那么作为场的物理承载者的粒子就确实具有某种意义上的实在性。（参见［6.10］）

存在一组独特的属性，这组属性的行为规定了物理学的对象物质，这个观点的一个清楚的公式化在 17 世纪首次出现。那时候，物质体的可感知属性，根据它们与人类感觉力的关系，被划分为第一性的（primary）和第二性的（secondary）。那些仅仅存在于感知活动中的被归入第二性的，那些被认为独立于人类知觉能力而存在的被看作第一性的。伽利略看起来如此紧密地将第一性的质结合到物理科学（参见［6.17］），以致一个决定了另一个。第二性的质被以这种方式标出，它们的质（quality）、强度和持续时间随着人类知觉者的状态而变化。洛克通过仔细分析被认为必然属于第二性的质之间的关系完成了这一区分的哲学处理，诸如在人类观察者中身体引起一种颜色感觉的能力，诸如火化冰的能力，诸如身体得以具有这样或那样的各种能力的状态。（［参见 6.29］）他严格地区分观念和性质。观念是精神的，例如，包括颜色感觉。性质是物质的，包括有色东西的属性。这种区分使得洛克通过一条与伽利略之追随者的路径不同的路径，得到了第一性的质和第二性的质之间的区分。关于第一性的质的观念类似于性质，因为它们存在于物质世界中。但是，关于第二性的质的观念并不类似。红色，作为一种可感知性质，并不类似于使一个人在色调上将一面旧苏联旗子看作红色的任何属性。概括第一性的质的概念的理论使用，洛克认为"在物质体中"的性质造成了相应的关于第二性的质的观念，因为这些性质正好是被用于力学科学中的物质概念的核心。所有这些被这样一个论点结合起来，被感知物中的性质对应于关于颜色的观念，比如说，第二性的质本身只不过是一种能力，一种产生相关感觉的能力。词语"红"在物体中指称的被看作红的东西是一种倾向。但是，它以被感知物的偶然状态为基础。根据这种形而上学框架，这种状态必定是第一性的质的某种结合。

对 17 世纪的科学家哲人来说，物理学就是力学。它是关于物质体的第一性的质的研究，例如，摩擦，作为一种力学倾向，必定以相互作用中的物体的原子结构为基础。力学——基础科学——以一种绝对主义的形而上学为基础。洛克关于物理学基础的哲学解释需要两类主要概念。一类概念是关系的。物质体的许多性质是在人类或其他物质体中造成可感知效应的倾向，它们是否被激活取决于适合激活它们的对象是否存在。另一类性质是绝对的。这种性质是第一性的，倾向以之为基础。第一性的质被定义为：独立于拥有它们的物质体和人类或其他任何东西之间的关系。波义耳（Boyle）将它们概括为基本物体或微粒的"体积、形状、结构（排列）和运动"。（参见 [6.9]）这个时期老练的人相对于词语"原子"更偏爱词语"微粒"，因为对化学或力学来说基本的物质组成是否真是原子的（这就是说，在原则上是不可分的）是一个开放的问题。虽然牛顿列举了许多第一性的质中的许多倾向，但他和他的同时代人都认同以下这个假定，即存在一些绝对的物理属性。在《自然哲学的数学原理》（*Principia*）的第 2 版中，物质的力学属性的列表是一个条件性的和倾向的性质的混合。牛顿（1690 年）写道："广延、硬度、不可贯穿性、运动性以及'来自'部分的相应属性的整体的惯性。"牛顿说："具有惯性是'被赋予某种能力'。"（[6.39]）惯性出现在第一性的质的列表中，力学属性是抵制加速的能力。但在牛顿的形而上学中惯性不是质量。质量是一个偶然属性。惯性被看作质量这种倾向的基础。在给出质量的偶然特征中，牛顿将质量定义为"物质的量"。既然不同的物质每单位体积的质量不同，那么有一种普遍物质，用作基本的共同物质，必定存在于扩散的不同状态中。在低密度的物质中，这种物质被稀释，而在高密度的物质中，它必定被压缩。容纳这种差别的一个物理学框架是虚空中的基本原子，在原子之间存在或多或少的空隙。一个特定体积的轻物质，与一个类似体积的较密集的物质相比，含有较少这种原子。牛顿看起来喜欢这个解释。基本原子将是充实的，因此具有统一的密度。由于缺乏空隙，它们必定是不可压缩的和不可穿透的。我在上面强调过这个论点对牛顿普遍力学提出的问题。

尽管牛顿第一性的质大部分是倾向，但是它们在某个维度上是绝对的，绝对观念就是在这个纬度上出现的。在牛顿第三定律中，牛顿断定，它们"被认为是所有的无论什么物体的普遍属性"，无论它们是否"在我们经验所能达到的范围内"。作为第一性的质，它们并非相对于人类的感觉力，但是同样地它们是关系和绝对的混合。在牛顿的框架中，质量、惯性、广延和运动性必定存在于一个完全与其他所有物质体相隔离的物体中。看起来，从质量的定义可以得出，牛顿物理学至少包含两种物质的绝对属性。物质的量看起来并不因其他物质体出现与否而受影响。既然一个物体的物质的量与它的空间广延有关，并且这是对绝对空间来说的，那么看起来广延和质量在牛顿的框架中都是绝对的。在牛顿对绝对运动的可理解性的论证中，绝对空间和质量之间紧密的概念联系被进一步强调：

> 如果两个球体，通过联系它们的一个细绳，相互之间保持一个特定的距离，围绕着它们的万有引力中心旋转，从绳的张力，我们会发现两个球体远离它们的运动轴线的努力。
>
> （[6.39]）

通过测定哪个方向上的压力带来了该拉力的最大增加，我们不仅可以发现两个球体在绝对空间中的角速度，而且能够发现相对于绝对空间的运动的真实平面。假设在两个球体被设置正在旋转时，在细绳中将会出现一个力，那么牛顿就必须假定，其他所有物质的不存在不会影响两个球体的质量。质量是绝对性质。如果质量是物质的量，那么确实，这个假定看起来是自然的并且不可避免的。

牛顿用来表示"力"的观念的万有引力概念是在《光学》（*Opticks*）第31问中提出的。

> 因此，自然将是非常自适应的和非常简单的，它通过天体间相互作用的万有引力完成了天体所有的巨大运动，通过微粒间相互作用的其他引力和斥力完成了微粒几乎所有的小的运动。
>
> ([6.40])

在牛顿的概念里，有另一个根本思想，即万有引力不能是第一性的质，因为它经受"程度的增强和减弱"。所以，在物理学中关于引力，因为非关系元素，必定有一个更基本的力，"一个持续作用的施动者"，这个施动者是绝对的。

马赫（1883 年）对牛顿形而上学的批评，通常被看作对质量是一个绝对属性的假定的攻击。（参见 [6.32]）但是，马赫的论证有两个发展步骤。在他关于力学基本定律的分析中，他第一次表明质量最好被看作关系属性。论证如下：考虑拉力的一个影响。物体 A 在重力下下落。当弦将 A 与放置在光滑表面上的物体 B 连接起来时，弦被拉紧，A 将减速，B 将加速。所以，马赫论证，既然在"作用"的瞬间，弦是拉紧的，那么减速 A 的力将等于加速 B 的力。假设这个力是 "F"。如果 B 的质量是 m_b，A 的质量是 m_a，加速度分别为 f_b 和 f_a，那么整个系统的运动方程是 $m_a \cdot f_a = - m_b \cdot f_b$。

质量在这里以及在所有其他力学语境中表现为一个比率。在这个例子中，这个比率等于加速度商的倒数的负数。质量和惯性正好是同一个关系倾向。考虑到这个先前的分析，马赫对球体实验的处理〔以及对我们称为牛顿水桶（Newton's bucket）思想实验的更加复杂的论证的处理，这个思想实验涉及对笛卡尔局部现实运动概念的一个反驳〕是完全一致的。在这个实验中，马赫预设了孤立的球体系统惯性的持续性。这仅仅涉及了关于质量概念的关系主义的普遍化。质量是对于拉力作用的简单系统中的组成部分而言的，拉力是相对于作为一个整体的宇宙的结构和内容而言的。马赫完成了开始于 16 世纪的一个趋势，一个用关系属性代替物质体属性的绝对形式的趋势。这些属性不仅是在物质体之间的相互作用中被表明的倾向，而且在它们不是以孤立的物质个体的某种内在属性为基础，而是以它们与宇宙中所有其他物体的关系为基础的意义上是相关的。

通过认识到对它们的深层本体论来说有一个共同结构，我们能够将看起来迥然不同的牛顿力学和量子场论结合起来。在什么意义上存在实际的或虚的"粒子"？看起来很明显，只有它们存在方式的倾向性解释是有意义的。由此，我的意思是，我们在用设备进行实验的基础上对世界本身所作出的断言具有一种（永恒的）倾向，即它是在设备的行为中以这样或那样的方式展现自己的。或者用波普尔的术语，只有该设备具有产生这个或那个现象的倾向。这些现象是短暂的，但是正是它们是微粒的或者是波状的或者无论它们可能是什么。在这一处理中，我们有玻尔两个著名的原理：互补原理和对应原理。有互补性，因为事实上相互排斥的设备产生迥然不同和互补的现象；有对应性，因为对人类共同体来说，一个设备—世界的机制只能用经典物理学中可利用的术语来描述，而这个物理学的概念是通过日常世界的物体和事件来进行范式定义的。

参考书目

6.1 Alexander, H. G. *The Clarke-Leibniz Correspondence*, Manchester, Manchester University Press, 1956.

6.2 Aristotle, *Metaphysics*, trans. W. D. Ross, *The Works of Aristotle*, vol. VIII, Oxford, Clarendon Press (*ca.* 335 BC), 1928.

6.3 Aronson, J. L. "Testing for Convergent Realism", *British Journal for the Philosophy of Science* 40 (1989): 255–260.

6.4 Aspect, A., Grangier, P. and Roger, C., "Experimental Realization of the E-PR-B Paradox", *Physical Review* (le Hess), 48 (1982): 91–94.

6.5 Bell, J. *Speakable and Unspeakable in Quantum Mechanics*, Cambridge, Cambridge University Press, 1987.

6.6 Bohr, N. "Discussion with Einstein", in P. Schilpp (ed.) *Albert Einstein: Philosophes Physicist*, vol. I, New York, Harper, 1949, pp. 201–241.

6.7　Bohr, N. *Atomic Physics and Human Knowledge*, New York, Wiley, 1958.

6.8　Boscovich, R. J. *A Theory of Natural Philosophy*, Venice, 1763.

6.9　Boyle, Hon. R. *The Origin of Forms and Qualities*, Oxford, 1666.

6.10　Brown, H. R. and Harré, R. *Philosophical Foundations of Quantum Field Theory*, Oxford, Oxford University Press, 1990.

6.11　Butterfield, J. "The Hole Truth", *British Journal for the Philosophy of Science* 40 (1989): 1-28.

6.12　Cartwright, N. *How the Laws of Nature Lie*, Oxford, Clarendon Press, 1983.

6.13　D' Alembert, J. *d' Traité de Dynamique*, Paris, David, 1796.

6.14　Duhem, P. *The Aim and Structure of Physical Theory*, Princeton, Princeton University Press, 1906 (1954).

6.15　Einstein, A. "On the Electrodynamics of Moving Bodies," in H. A. Lorentz et al.; (eds) *The Principle of Relativity*, New York, Dover, 1905 (1923), pp. 53-65.

6.16　—— "Remarks to the Essays Appearing in this Collective Volume", in P. A. Schilpp (ed.) *Albert Einstein: Philosopher-scientist*, New York, Harper, 1959.

6.17　Galileo, G. *Il Saggiatore*, (1623) in G. Stillman Drake (ed.) *The Discoveries and Opinions of Galileo*, New York, Doubleday, 1957.

6.18　——*Two New Sciences*, 1632, trans. H. Crew and A. de Salvio, New York, Dover, 1914.

6.19　Giere, R. *Explaining Science*, Chicago, Chicago University Press, 1988.

6.20　Goodings, D. *Experiments and the Making of Meaning*, Dordrecht, Kluwer, 1991.

6.21　Hacking, I. *Representing and Intervening*, Cambridge, Cambridge University Press, 1983.

6.22　Harré, R. *Great Scientific Experiments*, Oxford, Oxford University Press, 1985.

6.23　Harré, R and Madden, E. H. *Causal Powers*, Oxford, Blackwell, 1975.

6.24　Heimann, P. M. and McGuire, J. E. "Newtonian Forces and Lockean Powers", *Historical Studies in the Physical Sciences* 3 (1971): 233-306.

6.25　Hertz, H. *The Principles of Mechanics*, 1894, New York, Dover, 1956.

6.26　Hesse, M. B. *Models and Analogies in Science*, London, Sheed and Ward, 1961.

6.27　Honner, J. *The Description of Nature*, Oxford, Clarendon Press, 1987.

6.28　Jammer, M. *The Concept of Mass*, Cambridge, Mass., Harvard University Press, 1961.

6.29　Locke, J. *An Essay Concerning Human Understanding*, ed. J. Yolton, London, Dent, 1961.

6.30　Lucas, J. R. and Hodgson, P. E. *Spacetime and Electromagnetism*, Oxford, Clarendon Press, 1990.

6.31　Lucretius, *De Rerum Natura c.* 50 BC trans. R. E. Latham Harmondsworth, Penguin, 1954.

6.32　Mach, E. *The Science of Mechanics* (1883), La Salle, Open Court, 1960.

6.33　——*The Analysis of Sensations*, Chicago, Open Court, 1914.

6.34　Maxwell, J. C. *The Scientific Papers of J. C. Maxwell*, ed. W. D. Niven, Cambridge, Cambridge University Press, 1890.

6.35　Miller, A. *Imagery in Scientific Thought*, Boston, Birkhauser, 1984.

6.36　Minkowski, H. "Space and time" (1908), in H. A. Lorentz *et al.* (eds) *The Principle of Relativity*, New York, Dover, 1923.

6.37　Murdoch, D. *Niels Bohr's Philosophy of Physics*, Cambridge, Cambridge University Press, 1987.

6.38　Nerlich, G. *The Shape of Space*, Cambridge, Cambridge University Press, 1976.

6.39　Newton, Sir I. *Mathematical Principles of Natural Philosophy* (1686), Berkeley, University of California Press, 1947.

6.40　——*Opticks* (1704), New York, Dover, 1952.

6.41　Nicholas of Cusa, *Learned Ignorance* (1440), trans. G. Heron London, Routledge and Kegan Paul, 1954.

6.42　Popper, K. R. *The Logic of Scientific Discovery*, London, Hutchinson, 1959.

6.43　——*A World of Propensities*, Bristol, Thoemmes, 1981.

6.44　Ptowski, I. "A Deterministic Model of Spin Statistics", *Physical Review* 48 (1984): 1299.

6.45　Rae, A. I. M. *Quantum Physics : Illusion or Reality* (1986), Cambridge, Cambridge University Press, 1994.

6.46　Redhead, M. *Incompleteness, Non-locality and Realism*, Oxford, Clarendon Press, 1987.

6.47　Roche, J. Personal communication, 1990.

6.48　Smart, J. J. C. "Theory Construction", in A. G. N. Flew (ed.) *Logic and Language*, Oxford, Blackwell, 1953, pp. 222-242.

6.49　Sneed, J. D. *The Logical Structure of Mathematical Physics*, Dordrecht, Reidel, 1971.

6.50　Stegmüller, W. *The Structure and Dynamics of Theories*, New York, Springer-Verlag, 1976.

第七章
今天的科学哲学

约瑟夫·阿伽西（Joseph Agassi）

科学哲学有一个非常低的标准

在古代，科学作为智慧的一个分支出现，哲学（或者智慧之爱）仅由哲学家从智慧中得以区分出来。在近代早期（约1600—1800年）科学的耕耘者称自己为哲学家，他们的活动不是被称作科学而是自然哲学。今天我们所称谓的科学哲学包括关于知识的理论（认识论）和关于学习的理论（方法论），还有关于科学原理的研究（形而上学、自然哲学）。那时候，前两个学科被忽视，因为它们被看作边缘性的；第三个，也就是形而上学，被认为是极其危险的。自然哲学家不认为他们的工作是不切实际的；他们将自己称作"人类的捐助者"（benefactors of humanity），因为他们坚信他们的活动，除了其内在价值之外，将给整个世界带来和平与繁荣。但他们坚持科学的实用方面（尽管确实具有重要的意义）只能作为副产品而出现，而不是作为指向除了寻求真理之外的任何目标的研究的结果：其他任何目标都将导致有偏见的研究，因此倒不如没有。

应用科学并非独自演化，因为包括研究在内的为了实用目的的知识的应用确实需要努力。但是，为了任何实用目的的研究不必理所当然地是对知识的寻求。为了明确这一点，将经典的、有代表性的 18 世纪的观点和今天的观点进行对比或许是有用的：今天我们将科学认作三类而不是两类研究；在经典的理论研究和应用研究以外，我们还确认了基础研究。理论研究是公平的、无私欲的研究，应用研究则将理论研究的成果用于实用目的；基础研究是指向物质的理论研究，基础研究在它自己的权利中并不是很有趣的，但却被期望在实践中是很有用的。由于研究潜在的有用性，今天很少有人质疑研究本身的声望。这就是说，所有的研究都被认为或多或少是基础的。[1]在经典方式中，这是不可想象的，科学的价值被认为几乎是完全个人的，研究被认为是有益的。

显然，从事适当研究的成千上万的人大多在从事一些小的工作——托马斯·库恩（Thomas S. Kuhn）称之为"常规的"。并且，他强调常规科学是实用。他的意思可能是常规科学全部是实用的，但这里让我们承认它同样是基础的。科学的实用态度是非常现代的；它顶多是工业革命的后果，所以最早出现在 19 世纪；更为可能的情况是它是后广岛的（post-Hiroshima）。库恩是一位科学史家，所以他应该知道以下这个显然的事实：在 19 世纪，常规科学更多的是为了个人娱乐，而不是实用目的。但也并非总是这样：任何对 18 世纪科学史文献中的例证熟知一点点的人都知道这一点。这反映在 19 世纪早期《大英百科全书》（*Encyclopedia Britannica*）的第 3 版中。其中《科学》（Science）一文极其简短，该文表述：一个知识的条目属于科学实体（the body of science），当且仅当它是确定的。尽管这篇文章没有给出例子，但很明显，最好的例子或者来自逻辑学和基础数学，或者来自极其普遍并且毫无疑问的经验，当然一些影响力强的理论同样应当算作科学。顺便说一句，那些看起来属于科学的最为确定的条目中没有什么在今天可以免受怀疑和修正（或许除了逻辑，但这仍然是一个受质疑的事情），这是得到普遍承认的。紧挨第 3 版《大英百科全书》关于科学的简短文章的，是一篇作为消遣的科学长文章。在这篇文章中，提到了 18 世纪的一本有名的畅销书［奥扎南（Ozanam）著］。今天我们认为这篇文章的内容极其含糊地处于高中科学的范围内，因为它包括力学、电学、磁学等的一些有趣的经验。很有可能这两篇文章不是被有意地放在一起的，它们是根据纯粹的词典编纂规则被放到了一起。

从上述描述中呈现出的对科学的担忧正是前批判的。在一个纯粹理智的时代，在一个实用导向的时代，通常科学的应用很大程度上是为了生活，为了日常生活，为了和平，几乎没有像今天这样关注科学哲学中的问题。今天，这个领域中许多认识论的、方法论的、形而上学的关注都可以追溯到古典时期的著作者，特别是大卫·休谟和伊曼努尔·康德。但这两位思想家之间有一个重大的不同。休谟是以下这一类的典型：他是一位很明确地关注社会科学（特别是政治学和经济学）的民间学者（private scholar），他认为自己对科学哲学的贡献是边缘的和初步的。不像康德，没有典型特征；康德是一位大学教授，站在科学的一边，被认为是一位通晓 14 个不同的分支学科（其中一些他开创为学术学科，如地理学和人类学）的知识渊博者。他首先仍然是个哲学家，甚至首先是个科学哲学家。[2]

检查普遍公认的评价是困难的，因为"科学哲学"这样的表达是新的。或者说，传统上，词语"哲学"尤其指普遍科学和经验科学中的研究。法国大革命失败后，一些时髦的保守哲学家转向了非理性。另外，可以理解的是，更多的老派哲学家试图与新的非理性拥护者保持距离，他们这样做的一个方式就是将他们的科学命名为"科学的哲学"（scientific philosophy）。这个名字通常指机械论哲学；它的支持者认为神学是典型形而上学的，所以他们认为所有形而上学都是有害的；这加强了他们断言其自身的机械论形而上学的科学地位。这种哲学以上述方式对理性传统的尊重和支持，主要集中在科学与个体的道德生活和国家的道德生活的合理性上。这自然导致以认识论、方法论和理性的形而上学作为与非理性斗争的主要工具。非理性哲学家持有（仍然持有）他们自身的科学哲学，但这一点很少被意识到：捍卫理性的哲学家在抵御来自非理性的支持者的攻击时，在科学及其防御上采取了专断的立场。

因此，科学哲学逐渐演变为哲学家理性劝说的一种特定活动——捍卫科学以反对它的诋毁者的活动。这解释了这个领域当今的贫乏：今天科学没有值得斗争的诋毁者；没有要屠杀的恶龙，没有英雄事迹。

甚至科学哲学家们自己也意识到了这个事实，因为他们不仅通过高唱赞歌来捍卫科学，而且试图通过解决认识论和方法论中的问题，通过寻求更新、更好的论证与形而上学作斗争。他们认为这样做是一种尽职的行为，并不理会他们提出的问题可能是无法解决的，至少在传统的方式和背景中被提出可能是无法解决的。在面对科学技术给人类的存在带来的危险时，他们持有关于科学的一种前批判的、乐观的观点：他们将这些危险移交给技术哲学这个新领域（这个领域的产生还不到半个世纪），好像他们的科学哲学不包括技术哲学，好像他们的科学哲学并不将科学技术作为一个伟大的成就来颂扬科学。对科学哲学领域来说，允许将科学赞扬为从科学技术及其伟大成就来获益的源泉是个低级把戏；同样，从技术哲学中驱逐科学技术的可能的和实际的坏影响也是个低级把戏。

大卫·斯达夫（David Stove）是个例外。他说，解决科学哲学传统问题的努力是值得赞扬的，即使这些问题被证明是不可解决的。他解释说（他的书反对那些放弃了传统斗争的人，包括卡尔·波普尔爵士和托马斯·库恩），因为这种斗争就其本身而言是对科学的捍卫，因此是对理性主义者哲学的捍卫，是对理性主义的捍卫。

这是一个迷人的告白，但是是关于一个明显可悲的立场的告白。[3]

公共关系对科学是无意义的

1600 年，圣罗伯托红衣主教贝尔米拉（St Roberto Cardinal Bellarmino）判处乔尔丹诺·布鲁诺（Girdano Bruno）火刑——据说是因为他讲授宇宙是无限的，所以很可能存在类似我们的世界的其他世界。后来，这个圣徒向伽利略提出了一个官方威胁。那时，科学是正当地好战的。今天，科学是得意洋洋的；甚至近来罗马教廷也承认伽利略的方案相对于那反对他并在当时得到官方支持的阴谋的优越性。然而，这种否认是令人尴尬的，科学变得太强大而没必要再逃避它。[4]今天，科学围绕着我们，出现在所有的层次上，从崇高的经世俗的再到卑贱的。

在崇高的情绪中，科学是伯特兰·罗素所谓的"普罗米修斯的疯狂"（参见［7.53］）和阿尔伯特·爱因斯坦所认为的科学的事业"描绘伟大的上帝的宇宙蓝图"。在现代工业化大都市的世俗世界，科学在智力的、政治的、社会的和技术的方面对生活的影响是势不可挡的；尤其，科学技术的影响是非常突出。科学对日常生活影响的卑贱方面吸引了某类非理性的哲学家，他们对理性的敌意表达为对科学的敌意，转换为对科学技术的敌意——以应该归咎于科学技术（现代人异化的原因）的悲观和灾难的预言为基础。这些非理性的预言家将科学看作征服和制伏自然的愚蠢尝试，他们确信自然将很快以灾难来报复这种尝试。他们主张用一种柔和的、直觉的、非理性的、东方的态度代替对自然的粗糙的、冷漠的、西方的态度。这种混合物迫切需要从秕糠中筛选谷物。[5]

　　这个关于科学对社会从崇高到荒谬的影响的快速调查，漏掉了荒谬。这个维度通常是缺失的：科学没有理由浮躁。在塑造我们品味、观点和价值观的过程中，在它巨大的媒体技术中，娱乐世界受到科学的影响与受到我们小宇宙的其他组成部分的影响一样多。但不是作为一个欢乐的对象；甚至作为一个安静的环境，它几乎是整个限于青少年的。然而，他们以一种新颖的方式提出了以下这个问题：什么是科学？这个问题看起来需要一个答案，这个答案似乎正是我们通常称之为科学的东西所需要的，这包括高中科学、核科学、电子工程。这是一个错误：我们会有一个东西和这个东西公认的模型，并且这两者不需要一致。在社会人类学的文献中，这是理所当然的。在社会人类学的文献中，（一个东西及其公认观点之间的）这个区别的范式是巫术及其公认观点之间的关系：在每个社会中，这被一些人类学家描述为，存在巫师，然而［除非像弗朗西斯·培根（Bacon）爵士在17世纪早期那样，将科学家视为强大的巫师］我们都同意真实生活的巫师从没适应在他们的社会中被承认的对巫术的刻画（也许除了当代的现代社会）。像莫林（Merlin）一样的巫师适合巫师的形象，但是他们从没存在过（或许除了在现代科学家之中）。现代科学家符合科学的形象吗？

　　科学的形象是相当荒谬的，因为它是由公共关系代言人为科学的公共关系提出的。这并非科学独有的。公共关系的实践作为自由市场的广告世界的一部分不自觉地演变并且不受限制，自由市场为最短的短期利益所主导，因此，最愤世嫉俗的机会主义者确定了格调。如果这仅是关于香皂的销售，那么是完全无害的；但对于生活中更高级的东西则不是这样的，比如艺术、科学或宗教。那些担负起表达对科学的社会关注的个体是当今有权力的个体，他们控制着将合适的个体任命到科学的公共关系代言人的位置的权力。当中最重要的位置就是领衔大学中叫作科学哲学的学科中的报酬优厚的教授职位。

简而言之，官方的科学哲学，即由科学机构推动的科学哲学，比电视上卖香皂和其他化妆品的商业广告更加无法容忍。它们离寻求宇宙奥秘的普罗米修斯的疯狂的距离与性爱离（理智的）上帝之爱的距离一样遥远。[6]

如果我们承认这一点，并且我们很难否认它，因为我们马上就会注意到这种情况，那么我们将以否定以下这一点开始：存在就科学本身而言比就化妆品本身而言更具体的东西。能够为科学提供的最好的刻画是如下风格的：科学是普罗米修斯的疯狂、描绘上帝的宇宙蓝图的尝试、对宇宙奥秘的追寻。[7]

科学是一种文化现象

对科学作为一种探索的观点有一些直接的、明显的反对意见，这些反对意见集中在这种探索缺少目标及道路上，可表示在如下两个问题中：什么可以满足科学探索？哪条路是科学探索的道路？这些问题是合理的，并且应该被严肃对待，但是它们却作为反对意见被提出。我将表明，作为反对意见，它们是来自可怜的公共关系部门——通过阐明它们直接的社会政治意图——的残余物，以人类文化中没有竞争者为预设。

在关于这个事情的半官方文献中，第一种反对意见占支配地位：确切地说我们在寻求（in search of）什么？我们在寻求信息或知识吗？如果仅仅寻求信息，那么任何信息都可以吗？如果是这样，那么我们为什么不对在原始知识（primitive lore）中和《圣经》中所包含的信息感到满足呢？这一系列问题看起来如此直接，但并不是这样的。它很好地开始并且退化：确切地说我们在寻找（looking for）什么？这是正确的问题，即使很显然我们并不知道：当我们在寻找一个丢失的便士时，我们知道在寻找什么；但当我们在寻找外国博物馆漫步寻找一件杰作时，更不用说当我们在寻找宇宙的奥秘时，情况并非如此。这个问题是正确的，但我们寻求答案时不能期望太高：任何细微地类似于一个可能答案的东西都可能是一个巨大的刺激因素。但是，看一看这一系列问题结束于何地。它结束于对竞争的一种侮辱。这并不严重，它是公共关系轻浮——尤其因为那些自封的公共关系代言人经常再三地发现这种探索是可怕的甚至是令人激怒的，所以他们最终仅仅寻求以科学为基础的技术不得不向现代世界提供的物理的舒适。[前一代中科学的公共关系最重要的代言人是鲁道夫·卡尔纳普，一切猜测的著名揭露者；他的代表作是1950年出版的《概率的逻辑基础》(The Logical Foundations of Probability)；这本书以发现世界真理的公式开始，以放弃这个任务结束，结束的理由是科学仅仅是一种工具。]所以，当这个循环结束以及科学仅仅作为一种工具被赞扬时，结论并没有被确定但却仍然不变：以科学为基础的技术不得不为现代世界提供的纯粹物理的舒适优先于原始知识和《圣经》。这很难被严肃对待。原始知识和《圣经》并不与以科学为基础的作为物理舒适的传送者的技术竞争。但它们仍然是非常有趣的，并且值得获得多种方式、多种层次的关注。这是来自对科学作为一种不同于通俗知识（popular lore）和《圣经》的探索性观点，这种敌意的反对意见的结局是：很明显这种探索不会被对通俗知识的研究和对《圣经》的研究所代替；更确切地说，这种研究是这种探索的一部分。

公共关系代言人不允许他们自己这么容易被反驳，他们对这种反驳回以强有力的反对：他们想使名为科学的理性成为生活的向导；他们想让科学提供更好的技术和更好的教育，并且使其相互协调（因为对下一代的适当教育对他们将面对的技术挑战是必不可少的），然而这种竞争不允许这样。不可否认，将《圣经》作为一个科学替代者是轻浮的。还有，尽管这种竞争是轻浮的，但为了我们所有安乐的利益，它对科学技术和科学教育的敌意必须被严肃对待。

这种回答看起来非常认真、非常负责任，但它并非如此。如果在讨论中，教育问题和技术在现代世界中的地位问题不关涉科学，而关涉更好的教育政策的设计、对教育及其目的的研究，那么责任将被承担。特别对那些高技术问题来说，道理同样如此。这里，我们正在讨论的科学是指对宇宙奥秘的探寻，而不是指教育和高技术。准确地说，对宇宙奥秘的探寻，科学与其他领域共有，包括巫术和宗教。科学的公共关系代言人想要区分以变成科学的方式进行的寻求和以其他可供选择的方式进行的寻求吗？或者这种比较足以满足沿不同路线进行探索的结果的需要吗？今天大家一致认为结果显示了重要的事情：通过它们的成果，你将了解它们。我们知道结果中的区别吗？我们当然知道：科学的公共关系代言人中最无知的也能够无困难地将巫术文本与科学文本区分开来。准确地说，科学的公共关系代言人的半官方文献并没有如此先进：仅有少数的科学哲学家能够以一种适当的方式讨论巫术，这种讨论达到了当前社会人类学的标准；对于巫术，研究的科学领域保持一个排外的主张。更确切地说，科学的公共关系代言人的半官方文献在很大程度上关注揭露伪科学只不过是冒充的，也就是说，它们并不是它们伪装成的真正的文章。

科学不需要促进者

应该承认这更具有挑战性：科学的公共关系代言人能够很容易地将一个真的护身符或辟邪物与一页科学论文区分开来；但可悲的是，对那些要发表在科学杂志上的手稿，他们常常区分不出哪一页的内容是真的，哪一页的内容是假的。这就是为什么科学的公共关系代言人从未受邀担任裁决科学研究之价值的仲裁人，而是作为关注财政的公共关系代言人去判断财政事务。这就是为什么当一个合适的科学家加入他们的阶层时，科学的公共关系代言人会如此高兴，如此骄傲，尽管他们应该知道更多。一个科学家可以对科学哲学作出贡献而不必加入哲学家的队伍，正如许多科学家那样。因此，科学家成为哲学家仅仅是对自身作为科学家失败的承认，这种情况常常发生在退休之后。20世纪早期伟大的物理学家马克斯·玻恩（Max Born）——同样是一个不那么重要的科学的公共关系代言人——曾说，所有健全的研究者都应将他们的精力毫无保留地投入科学，如果可以的话，只有在他们退休后，才容许自己转向哲学。[8]

所有这些听起来相当推诿，然而这就是事情的核心：分析区分真正的研究与伪装的研究的方法，这听起来是一个合理的任务，但很明显这是很成问题的，并且可能是无法做到的，即使最有名望的科学家也不擅长这一点。来看下证据：年轻的阿尔伯特·爱因斯坦被许多科学家视为骗子，他同时代的人非常怀疑——那些严肃对待他的人热烈地讨论了这个问题：他是正确的吗？

伟大的物理学史家，埃德蒙·惠特克（Edmund Whittaker）爵士，他本人是一位严肃的科学家（他是北爱尔兰皇家天文学家），终生对爱因斯坦怀有敌意。直到 20 世纪中期，在这场激烈的讨论平息很久之后，他宣布从来不存在一个爱因斯坦革命，并且完全忽视这场激烈的争论。在关于惠特克的一个书评中，玻恩说他就在那里见证了这场激烈的争论并且参与其中。[9]

回到可能伪装成科学组成部分的条目。这些条目中值得一提的是巫术、神学和形而上学。由科学的公共关系代言人年复一年发表的所有这些研究是如此令人可悲，准确地说：如果它们是正确的，那么在裁决中以及在关于这样一个问题的罕见案例中将没有规则的问题，这些真正的科学公共关系代言人应该成为咨询专家。但是，这样的案例并不存在。

准确地说，存在一个这样的案例：在科学的公共关系的漫长历史中，近来邀请到一个这样的代言人作为专家在此事上发表言论。这就是所谓的第二次"猴子审判"，几十年前的一个法庭案件。在这个案件中，美国阿肯色州小石城的一位法官被召唤在该州的教育部门和一个宗教派别之间进行裁判，这个派别要求官方生物学教材应当适当参考《圣经》。显然无须分析，双方都可悲地是有错误的：教育部门的错误在于禁止这种参考，宗教派别的错误在于试图引进一种明确的教条态度，而不是引进《圣经》。[10]法官有极少的选择权，只能和教育部门站在一边，原因很简单，正在谈论的这个宗教派别的公共关系代言人，比起为教育部门辩护的科学公共关系代言人，更加无能。他论证，宗教的代言人是教条式的，但科学家不是。甚至尚且不说许多个体是宗教科学家这一事实，如下这个事实就是个明显的错误：存在非教条的宗教派别，但可悲的是教条主义在（无论宗教的还是非宗教的）科学家中，尤其在科学教师中是极其普遍的。当谈及所谓的科学教育检查员诅咒时，似乎教条主义对他们来说是必需的，尽管如此，作为许多义务，这有时并没有被细心地注意到。[11]这并不是对法官的抱怨：在法庭上，他面对着双方的教条主义，不得不选择较小的恶。那一天在阿肯色州的法庭上，科学表现出更少教条以及更少的恶；但是，在科学的公共关系代言人的帮助下，这将很快改变——除非对它做什么事情。尽管这些科学的公共关系代言人一点儿也不强大，但无论如何他们可能是有害的，因为他们掩饰了一些强有力的邪恶：科学越强大，它带来的成功越多，滥用它所带来的危险就越多，并且将会不经检查地被滥用。毕竟，这是我们从所有科幻小说中吸取的主要教训，玛丽·雪莱（Mary Shelley）、H. G. 威尔斯（H. G. Wells）和艾萨克·阿西莫夫（Isaac Asimov）讲的故事让我们吸取了这个教训。除非在科学的公共关系代言人的尽职指导下，不然科幻小说的读者仅仅将这个教训看作不带有道德的虚构，或者仅仅看作带有反对巫术滥用的无用道德的虚构，而不是反对科学滥用的真实道德。[12]

我们回到了自封的科学的公共关系代言人的主张：巫术的邪恶在于它伪装成科学，在于它是伪科学。作为一种态度，这是最偏狭的：大多数巫师和神学家，甚至大多数形而上学学者在对科学不熟悉的社会中工作（仍然工作），所以他们并不伪装成科学的，他们并不具备伪科学的资格。甚至货物崇拜，这种巫术仪式涉及飞机的木制复制品和其他现代人工制品，希望促使神将它们给予礼拜者，几乎不能在任何意义上成为冒充者。[13]关于法律颁布者摩西（Moses）和耶稣基督，说他们的神学伪装成科学是无法想象的。只有在回应迈蒙尼德（Maimonides）的断言时，法律颁布者摩西才是一个科学家，才会引起类似于对伪装的指控的东西——无论有效与否。[14]但是，科学哲学家们，也就是说，科学的半官方公共关系代言人，对这一切并不感兴趣：他们对海外的社会关心极少；他们在这里为科学做宣传，这个任务包括怀疑其中的竞争。因此，有时他们允许他们自己对神学和形而上学宽容——如果发现的证据对自己有利，不涉及的派别就不与科学竞争。也就是说，神学和巫术通常被视为竞争者，然后科学哲学家们，即那些科学的半官方的公共关系代言人，发现他们自己扮演了科学排他性俱乐部的看门保镖。杰出的科学社会学家，罗伯特·K·默顿（Robert K. Merton）更喜欢"看门人"（gate keeper）这个术语，因为他认为相比之下，这个术语的冒犯性更弱一些；这是更具冒犯性的，当我们发现引导看门保镖的科学哲学核心问题的答案时，这一点会很清楚。科学哲学的核心问题是：谁是谁不是这个俱乐部的真正成员？科学是什么？有没有一种科学的特质将科学与看门保镖看作竞争的东西区分开来呢？因为很明显，科学是开放的，正是把关（gate-keeping）使它变成了一个封闭的俱乐部。

科学不是超级巫术

科学是什么？科学是一个知识体系；科学是使科学家成为科学家的东西；科学是一个传统；科学是任何以经验为根据的研究活动；科学是大学中的一个院系。所有这些答案都是正确的并且满足该问题。然而，它们是非常难以令人满意的。因此，这个问题是被错误地提出的。这里适当的措辞应是：科学的本质是什么？

这是一个棘手的问题；无须进入对本质主义批判的陈词滥调，我们就可以重新表述它：什么使科学与……区分开来？严肃对待这个问题，需要对科学的许多竞争者进行深入的研究。当然，外来文化的研究被高度推荐，甚至看门保镖也不会反对这种研究，除非从竞争的观点进行研究。然而，关于外来文化的争论在致力于研究它的科学部门中是大量存在的。因此，对它们来说，刻画科学的任务反而变得愈发困难，例如：在关于神话和巫术的流行观点中开创了一场革命的克劳德·列维-斯特劳斯（Claude Lévi-Strauss），他是科学的一个看门保镖还是竞争者呢？他说他是科学的一个朋友，一个真正的科学家。他是吗？这个问题很难处理，人类学文献仍在与之斗争。[15]那么，让我们尝试改变我们的策略。我们能否审查科学而不是竞争者并发现一些清晰特征，这些特征使科学与所有的竞争者清楚地区分开来。如果能够，那么这些特征是什么？

按照半官方的理解，这就是科学划界问题。[16]这个问题最传统的答案是：科学是一个理论体系，刻画科学的是它们的确定性，及我们有能力证明它们的完美性和终极性。更现代的答案是如下理论：科学是一个有威望的社会阶层，这个阶层将威望赋予它的观念。近来，这两个答案相互竞争，尽管第一个主要由科学哲学家支持，并且主要被科学社会学家和科学史家驳斥，第二个答案则正好相反——这里存在竞争同一个领地的、自封为科学的公共关系代言人的两个团体。让我们首先考察第一个答案。

20世纪，逻辑学的影响在这个事情上导致了一个转变。一个句子的科学特征转换了：它不被认为是证明而是可证性。现在，一般来说，在一个句子与经验对比之前，我们无法知道它可被证明为真还是为假。因此，一个句子不被断定为完全可证的，而仅仅是可判定的（decidable）；一个句子是判定的（decided），如果它可被证明或被反证。[17]这使项的数目加倍：不但一个可被证明的句子是科学的，而且它的否定同样是科学的，因为一个被证明的句子的否定是被反证的，这两个句子加在一起就是可判定的。现在，论断如下：尽管一般来说一个句子不能被断定为先验可证明的，但可断定的是每一个符合句法的句子都是先验可判定的。科学分界标准宽松到使得科学主张的否定是科学的程度，对这一点的辩护是希望通过允许竞争者公开地与科学冲突，一劳永逸地使竞争者陷入困境。如果竞争者确实与科学冲突，那么它们使自己陷入荒谬；如果不冲突，那么我们能够揭示出它们什么也没说。这个观念即我们是否允许竞争者决定它们说什么或没说什么，表明这个观点的拥护者使反科学过时，他们服务于科学，假定科学无论如何都会胜利。无论如何，当他们（从库尔特·哥德尔）获知甚至在数学中可判定性也是不可获得的时候，他们遇见了他们生活中的惊奇。在计算机科学中，有时它是一个经验事件：许多交给计算机的判定一个句子的正确或错误（称为真值）的任务是可演示的，是可证明的；当完成任务需要的时间太长时，有时证明是纯抽象的。并且，并不知道一些任务能否被演示。如果这样一个任务交给计算机，并且这个计算机可以完成这个任务，那么它就是可演示的，所给定句子的正确或错误就是可判定的；但是，在这个任务得以完成之前，我们无法决定这个任务是否能够很快地被完成。[18]

在这个时刻，涉及了太多的当代科学哲学的故事。首先，存在科学的经验特征的修正概念：对一个句子可以申明具有（经验）科学地位的要求迅速降低。这个要求的降低是奇特的：输入一直在增加，然而输出变得越来越不令人满意，到了它自己的拥护者对它感到太不愉快，以至于隐藏对它的不愉快。简而言之，为了支持相对真理的概念，确证的观点被可能性替代，被对证据有效性范围的限定替代，被对引入终极性的证据概念的舍弃替代。[19] 所有这些可判定性观点的替代者共有的是下面难以令人置信的奇异观点：尽管一个句子并非通常是可判定的，但其科学特征是可判定的。（换句话说，尽管找出一个句子的正确或错误通常是不确定的，但是该句子是科学的这个断言的正误是容易确定的。）这是一个奇异的观点，因为无论多么微弱，科学都以某种方式与真理相连。然而，这是在信念上是可接受的。信念上接受一个句子是不清楚的，但是它的政治含义通常是：被选定的社会通过人们的信念被了解。

这就是第一个答案——被科学哲学家支持的可判定性的观点——如何慢慢地变为第二个答案的，即科学是某种类型的社会地位，这种观点为科学社会学家所支持。

我们能够忽视这一切吗？我们是否能够作为一个好奇的观察者去问：什么是科学成功的根源？存在科学所独特具有的活动吗？

科学是公共的和经验的

我们的问题经历了一些转换。首先我们问：科学是什么？这个问题可被代替为：科学的本质是什么？并且这个问题可转化为：将科学与其他人类智力事业区别开来的是什么？这个问题还可被缩小为：科学独有的特征是什么？与其做重复的工作，不如将其转化为下面这个最终表达：科学具体的特征是什么？（按照传统，问题中"具体的"一词隐藏了一个本质主义要点，但是我们不要太苛求。）[20]

对最后这个问题，即科学具体的特征是什么？有两个通常可接受的答案。这将是非常令人欣慰的，除了这两个答案不相重叠。一个是：科学是公共的；另一个是：科学是经验的。[21]

首先考虑科学的公共特征。这里的主张是：大多智力活动是秘传的，对一般公众来说是封闭的，进入通道是有条件的——或者是天赋使然或者并不适用所有人的具体准备，或者两者都有，这是真的吗？如果是真的话，那么科学的公共关系代言人凭什么敢于解雇那些希望是或表现为科学的人们？更有甚者：如果科学是开放的、大众化的，那么为什么科学首先需要公共关系？它需要吸纳官员、人才发掘者、指导者，但为什么需要看门保镖？一些秘传团体表现为大众化的，其他团体有秘密的理由反对科学，这与科学有什么关系？爱因斯坦问，如果这个或那个教堂反对科学，这与科学有什么关系？如果有必要暴露和揭穿那些伪装成科学家的人，是不是最好不要检查"它们的俱乐部是如何开放的"这一问题？或许看门保镖会建议，这并不是一个好主意，因为这可能使他们失去工作；如果这样，那么因为利益上的冲突，他们会丧失讨论这个问题的资格![22]

第二个答案是科学是经验的。作为历史事实，当观察到占星术、炼金术甚至超心理学都是经验的时，卡尔·波普尔爵士是非常正确的。科学的公共关系代言人被这一观察惹恼了，他们抗议的是，有问题的经验证据是非常不可靠的并且常常是谎言。这两个棘手问题的提出使得这个难题无限地复杂化了。什么证据不是可疑的？所有的科学报告都是诚实的吗，并且所有的超心理学报告都在说谎吗？据报道，一些人以超心理学家自居，他们是骗子；又据报道，一些人是真正的超心理学家，他们不是骗子。这些报道所说的骗子不完全是伪超心理学家吗？既然一些错误地称自己为科学家的人被揭穿为伪科学家，并且他们对科学是免于责任的，那么显然，同样的特权也应该被赋予超心理学。这里的问题不是谁是骗子（这个问题属于社会学、犯罪学、文化历史学），而是什么赋予一个理论科学地位的权利，也就是科学的特征是什么？假定这是对经验特征的主张。鉴于批评说这是对科学经验证据的利用，我们要改变这个假定吗?[23] 显然，这几乎是没有希望的，除非我们知道是什么使得证据成为科学的。无论它是什么，两个显然极端的答案都是无法接受的。一个是，科学的证据是真的：历史上充满了被认为是错误的经验证据。另一个是，经验证据是不具有欺骗性的（*bona fide*）。因为不可否定的是，某种超心理学是不具有欺骗性的；确实，一些著名人物对经验科学的贡献是毫无疑问的，他们是有名的超心理学家。威廉·克鲁克斯（William Crookes）是这方面的一个标准例子。

炼金术或占星术的情况则更为复杂：炼金术史学家和占星术史学家告诉

我们，这些活动较好的实践者都是不具有欺骗性的，他们中的一些人甚至对现在公认的化学和天文学有所贡献。[24]并且，我们仍然没有说，是否所有不具有欺骗性的经验证据都可以算作科学的。关于这个问题，有大量的文献，可以追溯到伽利略的著作。这被称作关于理论负载的文献，理由如下：如果经验证据是以理论前提为基础的，那么它就可能是错误的，除非前提已知为真。假定前提已知为真，那么根据呢？假定它们已知先验地为真？那么，科学就不能被说成彻底经验的。如我们常常做的那样，假定没有智力活动是完全缺乏经验成分的，那么经验特征就不再是科学的区别性特征。假定理论前提在一些经验基础上已知为真，那么这些理论前提就没有理论前提了？如果不是这样，那么这个问题丝毫未变；如果是这样，那么会有只建立在经验基础上的经验证据吗？这能存在吗？如果这样的话，我们有示例吗？[25]

科学的公共关系代言人几乎从未听取过所有这些反对意见。通常，他们或他们的上司控制着（具有重要政治意义的）讨论，远在它们被过多地暴露这些之前，他们就缩减了讨论。[26]他们有一个强有力的技术为他们的不耐烦辩护：不管他们的讨论多么抽象以及多么远离真实生活，他们迟早都会抱怨他们的对手远离真实生活。他们暗示，在真实生活中科学是成功的。这种成功应该被分析，并且深刻的分析告诉我们这种成功是预言的，例如，它产生成功的预言。因此，如果我们没有证据，我们就有系统的概率：科学的世俗成功过于系统化以至于仅仅是偶然的；更确切地说，这种系统的世俗成功归因于科学在确证它理论的努力中的系统的成功。

科学权力崇拜是滑稽的

因此，这个讨论导向如下问题：为什么科学在确证它的理论时会如此系统地成功？这个诀窍是什么？它能够被学习吗？它能够被超心理学仿效吗？答案肯定是，它能够被学习，否则这种成功不会如此系统。它是如何被学习的？这个问题有两个答案：一个是那些传统科学哲学家的答案，一个是迈克尔·波兰尼（Michael Polanyi）及其追随者托马斯·库恩领导的那些科学社会学家的答案。一个是大众化的，因此应该能够描述使科学持续成功的原则；另一个是秘传的，将原则的知识描述为一种关于行业秘密的、无以言表的个人知识，这种个人知识由师傅传给学徒。[27] 作为公共关系护盖，这是当前实践科学哲学最糟的一面：科学是预测上的成功，或者什么也不是。如果较坏的变得更坏，那么科学家应被更好地看作只传送货物而不被质疑的大众魔术师。但是，这个把戏会消耗与变得尽可能的糟糕同样多的时间，并且同时演示作为看门保镖的真实功能。让我们重新审视导致这个死胡同的讨论，并且看清楚它仅仅是在消耗时间，唯一严肃的是，在这个打发时间的活动中被涉及的不具有欺骗性的观点早已消亡。

在科学哲学的建立中有两个思想学派，即所谓的归纳主义和工具主义。归纳主义是受偏爱的观点，因为它表明科学理论是可能的，即使不是可证明的。理论概率意味着什么，这还不清楚；不管它多么精确，对于什么证据产生了概率以及这种产生是如何发生的，我们并不清楚。这很快得以揭示：一切都是伪造的。当归纳主义被舍弃时，它的试金石——科学的善表现为它产生有用的预言或者可能的预测的观点——变得不仅仅是一个试金石；它成为善的标准，于是有人建议，科学只不过是应用数学；它的价值是实践的。因此，它的价值不是理论的而仅仅是实践的——它仅仅是工具的。[28]

此刻假定科学的价值只不过是正确的预测，这并不能得出以下结论：所有正确的预测都是可取的。对正确预测的赞成违反了众所周知的、符合常识的事实。首先，一些预测是很糟的并且最好不被实现；其次，一个正确的预测可能是误导性的。

毫无疑问，情况是这样的，并且科学的公共关系代言人丝毫没有意识到这一点，他们也不否认这一点。他们仅仅忽视它。这种忽视造成了什么，这是很清楚的：我们在掌控中，没有理由担心我们的预测是令人惊恐的或者我们被它们误导了。这正是讨论的建立。世界被来自污染、核武器扩散、人口膨胀、富国和穷国间不断扩大的鸿沟的破坏威胁着。但这并没有什么好忧虑的，一切都会变好的。

问题是：这是一个科学的预测还是错误的预言？两者都不是，它是个廉价的公共关系护盖。

要知道这个护盖有多不严肃，只要看看相关主要文献中当前讨论的水平有多低就明白了。归纳主义和工具主义共同的主题就是：存在任何没有理论偏见的经验信息吗？存在任何"纯粹的"证据吗？或者所有的证据都是理论负载的吗？

这里一方的责任是说存在"纯粹的"证据：他们应该提供例证。没有任何这样的事例。历史上可能的事例只有培根的朴素实在论和洛克的感觉主义。朴素实在论遭到反驳：天真的人看日出和日落，并引薛定谔的一个例子，太阳看起来不大于一个大教堂，这意味着，依据一些简单的三角学，东方和西方的距离短于一天的步行。在用哥白尼主义的批评的观点替代朴素实在论的一个尝试中，洛克复活了感觉主义，断言运动不是被感知的。它的确如此。无论如何，感觉主义被无数的实验所反驳。这就是讨论的结局。

下面的讨论关注理论。在将信息内容归于理论的归纳主义者和拒绝这一点并将理论仅仅看作说话方式（facon de parler）的工具主义者之间，很难引起辩论。相反，各自都在与它自己的问题作斗争。[29]

归纳理论包括两个相互竞争的亚理论，它们处理这个问题：什么样的证据确证一个给定的理论？这两个亚理论都违反了自从科学革命早期确立以来就被普遍赞成的唯一的科学规则：两者都没有将它们的讨论局限于可重复的、（据说）被重复的观察范围内；相反，它们诉诸唯一的经验话题。此外，两者也都很容易被非常简单的论证所反驳。大量的文献致力于这些反驳并努力解决它们；然而，更糟的是，正如通常与公共关系代言人处于防御情绪中一样，他们不说明与之斗争的困难，所以他们听起来是神秘的。

关于归纳证据的两个亚理论中的第一个是归纳证据的例示理论：一个科学理论被它的证据证实。那么，什么是一个给定理论的例示？什么是一个万有引力理论的证据？任何下落的东西吗？毫无疑问不是：一个下落的羽毛恰好违反伽利略万有引力理论。那么，什么算是呢？与其讨论万有引力，科学的公共关系代言人宁愿讨论这样的概括"所有的乌鸦都是黑色的"，当这样断言时，他们忘记这些是证据而不是理论。那么，什么算作一个例示呢？每个不与理论相矛盾的项都是这个理论的一个例示，因为理论能够被表述为禁令：不存在永动机；没有气体偏离气体定律方程，等等。那么，每个不是永动机的项都例示了能量守恒定律！承认每个作为例子的非反驳项，这听起来非常违反直觉，因为这把所有不相关的东西都引入了画面。这就是公认的证实的亨佩尔悖论。尽管理论是反事实的并因而理论的支持者至少不应被它的反直觉特征所干扰，但这个事实的反直觉特征仍被看作对理论的强有力的批评。因为如果允许依赖直觉，那么世界是由规律支配的直觉是最强的，所以从开始起它就摒弃了归纳问题。大量文献致力于从它的（看上去？）反直觉特征中拯救归纳的例示理论。[30]

因其背景，归纳证据的第二个亚理论有这样的考虑：描述证实的功能是关于理论和所有［！］现存证据而非其他的唯一的［！］功能——或者，如果不是唯一决定的话，那么至少所有这样的功能必须［！］符合概率的数学演算。[31] 根据这种考虑，该亚理论就是，期待的证据是使理论成为可能的证据。这种考虑有两个优点：首先，它将可能假说的模糊概念与遵照概率的数学演算的清晰概念区分开来；其次，它提供了一个关于概率的清晰评估，这依赖如下这种进一步的思考，即一个事件的概率等于它的所有分布。只可惜除此理论之外这一考虑没有为分布提供任何思考，它应当帮助我们对该理论的概率提供评估。

但是，证据在研究和实践生活中都发挥着重要作用，尽管自封的科学公共关系代言人对此极为气愤。确实，从一开始就是这样的；他们曾向我们承诺显露的不是这种深奥，而是关于如何和为什么的答案。他们甚至忽视了这个更基本的问题：证据在研究中与在实践生活中发挥着同样的作用吗？设定这个问题的答案是否定的会更为合理。科学的公共关系代言人想当然地认为答案是肯定的。以至于到了这样的程度，他们拒绝问这个问题，或者拒绝听任何人问这个问题。因为很清楚，研究者（无论他们是侦探还是科学家，无论来自流行小说还是来自真实生活），如他们所必须做的那样，都在微小细节上投入了大量的注意力，然后，当他们的研究完成时，他们忽略了大部分这些微小细节，并向其他人吹嘘。否则，科学发现的微小细节怎么会变得如此巨大以至于掩盖了我们整个城市景观。

当研究者——侦探或科学家——跟随一个线索时，他们这样做是自担风险的。因此，科学并不如它看上去那么成功。即使在小说中，侦探也做了许许多多以死胡同告终的跑腿活。当成功时，结果必须被证实，它们的证实必须是容易被重复的。但当这些成功是科学的，对现实世界来说它们是什么就变得无关紧要。

当我们宣称成功是世俗的时候，就存在证实的合法标准，而科学哲学家则坚持无视这一点，例如，在医学中，一个成功的断言不得不在试管中（in utro）重复，然后在实验室动物的活体（in uvo）上，然后在具体控制下在人类标本上，然后通过一些复杂的标准得以证明是令人满意的。[32]

这不是科学哲学家们寻找的归纳准则吗？不是。这不是任何哲学家之石，而是真实的、人类的、有限的偶尔存在高度缺陷的系统。公认的科学哲学家忽视它，因为在他们作为科学公共关系代言人的自封的功能上，在作为自大的科学俱乐部自封的看门保镖上，它对他们是无用的。

波普尔对归纳主义的批评是言过其实的

波普尔对归纳的例示理论的批评并不难：就作为证实的东西而言，存在着科学共同体中被接受的实践，而当一个确证理论被讨论时，应当考虑如下意见，即并非所有的例子都证实理论，至多是那些期望去反驳它而失败的例子。卡尔·G·亨佩尔模糊地承认了这一点，他是例示及其困境的主要讨论者，但不是公开的。然而，他对这种境况并不满意，试图探索一种证实的形式标准。因此，他并不完全承认波普尔的（经验的）断言：对一个理论来说，至多只有一个失败的反驳证实它，因为失败并不是一个形式标准。[33]

波普尔更广泛的批评指向将确证等于某种遵照概率演算的功能。这有些莫名其妙，因为证实证据的概率亚理论和证实证据的例示亚理论只是归纳理论的变体。（确实，消除悖论的通常途径是：将大多数确证实例视为与实践无关，声称它们极少提高理论的概率，严格来说几乎不提供证实。）或许他这样做是因为其持续的流行。波普尔对这个观点的批评持续了几十年，如果科学的公共关系代言人能够敏锐地发现这种批评的破坏性，那么它本该被从日程中除名。[34]

波普尔说，首先，确证不能是概率，因为它反映证据的力量，并且不能是优先于证据的理论的信息内容。因此,确证至少是概率的增加,而不是概率。(波普尔令人尴尬地补充说,这类似于伽利略宣称万有引力不是与速度而是与速度的增加成比例。)并且,概率增加当然不是遵循概率的形式运算的一个函数。这个观点容易说明,以下是波普尔的说明:

让我们以通常的方式用"$P(h)=r$"和"$P(h,e)=r$"来表示绝对概率和相对概率;假定理论 h_1 是绝对可能的,并且某个证据 e_1 降低了它的概率,然而 h_2 是可能的,而某个证据 e_2(如果你愿意,e_2 与 e_1 是相同的)提高了它的概率,但不是很多,所以

$$P(h_1) \geqslant P(h_1, e)$$
$$P(h_2) \leqslant P(h_2, e)$$

而

$$P(h_1, e) \geqslant P(h_2, e)$$

显然,尽管 h_1 比 h_2 更可能,它更为证据所确证。反对意见即这是不可能的,是无根据的。再者,它的一个模型是容易建构的。这里有一个:

考虑事件 E,E 是一个骰子的下次掷点。考虑下面的事件:

h_1:E 不是 1

h_2:E 是 2

e:E 是 1 或 2 或 3 或 4

并且

$e_1 = e_2 = e_3$

现在,

$$P(h_1) = 5/6$$

并且

$$P(h_2) = 1/6$$

所以

$$P(h_1) \geqslant P(h_2)$$

并且

$$P(h_1, e) = 1/2$$

并且

$P(h_2, e) = 1/4$

现在

$P(h_1) \geqslant P(h_1, e)$

所以这个证据削弱 h_1，而

$P(h_2) \leqslant P(h_2, e)$

所以这个证据支持 h_2，而

$P(h_1, e) \geqslant P(h_2, e)$

因此，h_2 被这个证据支持，然而可能性小于 h_1，h_1 被这个证据削弱。

正如它的模型所展示，这个详尽的证明是多余的。尽管波普尔在1935年作出的对这个观点引人注目的应用从那时被接受，那也只是乏味而已：概率是信息内容的倒数，科学寻求内容；因此，科学不是对概率的寻求。[35]

对将证实等同于概率的更为严厉的批评指向将概率等同于分布。关于一个分布的一个假说的概率不可能与它描述的分布相同。因为关于一个特定分布我们有相互竞争的假说，并且它们概率的和是一个分数，但它们可以各自归于一个高的分布，使得它们分布的和超过一。有人可能会在对均匀分布的偏爱中寻求庇护，以试图逃避这个批评。这将人置于经典概率悖论中。有人可能会在证实分布中寻求庇护，以试图逃避这个批评。这不仅是问题求讫，而是提出了完美证据悖论：完美地适合一个特定分布的证据既提高它的概率又保持它的完整无缺——这是荒谬的。

我们怎样继续检验科学是概率这个已经过时的选择？仅仅依赖科学是关于成功的故事，而科学的公共关系代言人相信，堆积在他们的道路上的困难对科学呈现为成功的故事而言是微不足道的。

科学是一个成功的故事吗？果断地说，是的。什么类型的成功故事？精确确定所有细节是困难的，但首要的细节是清楚的：在科学不需要公共关系代言人的意义上，科学是一个成功的故事，而不是在他们（粗俗的）言辞的意义上。

科学不仅仅是科学技术

将科学看作成功的庸俗观点是将科学家看作具有强有力的洞察力的人、魔术师一类的人的观点。令人惊奇的是，这种观点与将科学看作秘传的观点并不冲突，因为它断言只有科学研究是秘传的，而不是科学的成果；科学的成果是让所有人看的。科学研究多少有些神秘这个观点确实与科学研究同样对所有人开放这个归纳主义观点矛盾。这就是科学向一个可以被每个人掌握的简单算法开放的观点。关于科学的这个观点被波普尔嘲弄地摒弃为"科学——制作香肠的机器"的观点。在爱因斯坦的影响下，除了一些持人工智能的原始观点的热心支持者以外，现在这个观点因太简单而被其他所有人摒弃。今天，关于辅助（会导致发现的）发展观念的过程的技术，有大量令人兴奋的文献〔关于这个的希腊词语"启发式的"（heuristic）是19世纪伟大哲学家威廉·惠威尔（William Whewell）创造的，惠威尔是第一个批评存在一种科学—生产算法的人〕。（有许多关于有用的、启发式的电脑程序的例子，但是它们与在这个领域所测试的相距甚远，无论如何，启发法恰好是一种合适算法的对立物。）[36]

一种合适的科学—生产算法的观点近来被代替为（更确切地说被修正为）所谓的常规科学的观点，这个观点大约在1960年由托马斯·S·库恩发展。这种哲学的流行，如果能这样称呼的话，依赖他的科学概念，包括常规的和非常规的。非常规科学家是提出一个范式（即一个主要的范例）的领袖，常规科学家解决伴随它的问题。这表明，真正的魔法存在于这种领导关系中，他们领导的事业的科学特征依赖他们的追随者常规科学家的服从，常规科学家解决的问题是准算法地可解决的：它们并非如此简单以至于计算机或简单的心灵能够解决，但它们也并非如此困难以至于拒绝解决。

看到这种哲学的诱惑很容易：它平衡了几个看似相互冲突的观点，但对自封的科学公共关系代言人来说，它同时具有流行和有用的优点；它将科学呈现为确定的，但并非不需要某种专门知识和繁重的工作；它确实使科学开放到一种合理的程度，使得科学的公共关系代言人能够看到一点涉及的奥秘——正好足以拥护它，但并不足以活跃地参与进去。

在这种调和中失去的是这个奥秘——不是科学领袖所断言的秘密，科学领袖不能也不会泄露他们工艺的秘密，但是错不了的秘密是宇宙的奥秘。

并非科学的公共关系代言人不愿意将科学赞扬为重要研究，毕竟他们愿意用任何语词赞扬科学。但是，当建议将这种研究赞扬为智力前沿和在一个世俗的形式中呈现它时，他们将用公共关系标准去判断。除非他们宣称是哲学家，因此吹嘘每一步有一个原则，并且因此使得相互补充的赞扬变成相互矛盾的凭据。

让我们看看，这个严肃的问题是不是不能稍微更为严肃地在没有科学的公共关系代言人的交易把戏下解决。

科学是一种自然宗教

除了看门外，还有许多事情能做。确定的背景或许被清除了。确定的断言应该作为一件理所应当的事情来支持，或者清楚地被反对，然而理所当然的是，如果我们愿意的话，我们仍会极其详细地检验它们。应当承认，传统上被科学接受为证据的仅仅是可重复的证据。然而，如果我们愿意的话，我们可以极其详细地检验这个特征。应该承认，传统上科学仅仅承认对公众开放的证据，然而，如果我们愿意的话，我们同样能极其详细地检验这个特征。应当承认，科学传统上一些被接受为正确的证据后来被断定为错误的，而不是被忽视的；更确切地说，它们是有资格的和可再调整的。尽管，如果我们愿意的话，我们能极其详细地检查一切，现在我们可能想知道，为什么这些规则被认为是强制的。这个问题的答案是简单的：解释已知事实被认为是经验科学的事情。[37]

更多的应该立刻得到强调：这些规则不是作为禁忌而是作为合理的常识被引进的。很清楚，一个人可能违反这些规则中的任何一条，但是是开放的并且自担风险的，范例是马克斯·普朗克（Max Planck），他大胆地提出了一个十分不同寻常的研究计划，自愿地并且尽其所能地忽视所有不能与之协调的东西。这是他通向量子化的私人道路。[38]

过去我们忽略了这一点。在许多领域承认无知并使它们向真正的研究开放是可取的，这可能使科学哲学脱离它近来被要求的作为守门人和看门保镖的角色，并使其进入研究的增殖。我们不知道经验科学怎样是经验的，尽管我们感觉到一些技术导向的研究比一些关于第一原则的思辨研究离普通经验近得多。我们不知道一个研究报告怎样被判定为科学的和/或值得出版的。我们知道一些错误的标准被使用，并且在这件事情中许多自由得到了运用，但是需要更多的信息以及更多的考虑和实验。[39]我们不知道科学在多大程度上是经验的，在多大程度上被普遍原则、整个文化甚至政治——国际的、国家的、科学界的地方分会的或大学中各部门的——所引导。[40]关于科学如何与其他活动相缠绕，我们恰恰知道的并不充分；关于什么是一个社会期望使其繁荣的最小要求，即为了这个效果的言论、异见、批评和组织的自由，我们仅有一个暗示。

如果有的话，那么也很难说出其他什么东西被普遍地接受为一个基本传统。这使得人超出当前视野去考察，并且在过去寻求一些可能有希望的启发法。起始点或许应当是对形而上学和宗教未变的敌意的根源，它是当前科学哲学的非常特征，这个非常特征使得它的实践者承担一定使命意义上看门保镖的低下任务。现代科学的兴起是这个起始点，因为这个宏伟时期的继承物急需修正。

这里，仅有这个时期的一个方面将被提到，即自然宗教的观念。它是这个观念：宗教包括一个教条和一个仪式，就其本身而言，教条对所有思考着的人来说不是启示的就是自然的，仪式根据教条而指定。我们现在知道所有这些都是错误的，但是让我们暂时忽略这一点。

自然宗教的观念是它被启示宗教所补充，而不是与之不一致。在对正在讨论的宗教没有一些限制的情况下，这一点不能被接受，但这里没有讨论具体的宗教。[41]所谓的自然宗教教条、自然神学或理性神学的观念，是上帝存在的证据。现在这个证据是无效的。自然的或理性的仪式的观念是作为崇拜的研究的观念。这个观念对一些研究者来说具有巨大的吸引力，包括爱因斯坦和其他认为它愚蠢的研究者。这个问题的主要障碍不是正在考虑的东西，而是作为信仰的宗教观念。信仰的卷入在任何宗教中作为一个核心的东西是所有西方宗教（不是所有东方宗教）中一个非常强烈的部分。这同样导致了这种观点即迷信是偏见，也就是信仰有异议的或至少是没保证的观点。众所周知，迷信的人是怀疑的，而不是像科学哲学家将他们描述的那样是教条的，当然，尽管他们特别缺乏的是对他们的指导观念持批判态度的能力。[42]

传统科学哲学理所当然地认为，教条和迷信共有的错误是紧抱现在更为人知的智力框架的错误的形而上学体系。建议除了已被证明的之外不支持任何东西。然后，康德证明，一个被证明的智力框架是一组先天证明的综合命题。然后，罗素和爱因斯坦在它们之间证明这样的命题不存在，看门人决定罢黜所有的智力框架。这些被社会人类学家和维特根斯坦重新引进，维特根斯坦多少有些不可思议地将它们说成"生活形式"。就科学被关注而言，它们被柯以列学派的各种各样的科学史家发现，然后，它们被将其等同为库恩范式的那些人合理化。当然，这是个明显的错误，因为库恩科学范式的整个要点是防止不同的科学体系特别是经典的牛顿科学体系和现代科学体系之间的冲突。用行话表达，库恩坚持范式是不可通约的。（他强调，它们可以比较，但不是对比。）只要我们意识到智力框架确实相互竞争，并且科学既可以利用它们也可以被用来作为论证支持或反对它们中的一些，整个混乱以及与之伴随的震荡就会变清楚。[43]

显然，一个研究者可能有意识地并清楚地遵循两个不同的指导观点，利用竞争的智力框架，由于不知道其中哪个是正确的。注意到这一简单的、常识性的事实将使科学研究的理论摆脱合理信念的困扰。[44]当前的科学哲学执着于对理性信仰的观念的批评和对特定的科学或理性信仰的批评。这个观点的来源是弗兰西斯·培根爵士极为聪明的和非常有影响的偏见学说：有偏见的人不可能是多产的研究者，因为理论渲染观察事实的途径，以至于事实不再作为观点的反驳或确证，有偏见的人对相反的证据是盲目的，仅能以自己的偏好不断地增加证据来加重自己的偏见。这个理论依然赋予自封为看门人的伪研究者活力，尽管它被充分反驳了。[45]最糟的是科学哲学集中在以下这个问题上：什么理论值得接受，在什么地方接受意味着信任？然而，众所周知的是我们不能控制我们的信任,显然不能将它限制在一个简单的算法上。这里,科学作为宗教的竞争者的错误观点的根源能够被发现并被纠正。这并不是拒斥科学研究可以是一项彻底的宗教事务,即寻求宇宙奥秘的一种献身。这并不是拒斥研究的宗教方面,也不是强制的。

一旦意识到这一点,科学研究作为我们文化的中心议题以及我们文化的其他议题与科学的相互协作将走向康庄大道。将科学哲学看作我们文化的一个不可或缺的部分而非哲学中的一个孤立部分,这是有趣的。将科学哲学从普遍的人类文化哲学中隔离出来是看门人的观点,即任何并非十分科学的东西都低于哲学家的尊严。这个观点并非十分哲学。人类没有什么东西对任何哲学家是陌生的——关于科学或关于人类文化的任何方面。

【注释】

[1] 更多细节,参见我的"Between Science and Technology",*Philosophy of Science* 47 (1980):82-99。

[2] 关于康德的这个说明的最好介绍,参见 Stanley Jaki 编的康德关于宇宙论的著作。

[3] 更多细节,参见 *Popper and After*,*Philosophy of the Social Sciences* 15 (1985):368-369。

[4] 参见我的"On Explaining the Trial of Galileo",重印在 [7.4]。

[5] 在关于生态与和平运动的宣言中,对于从秕糠中筛选谷物的任务,参见我的 *Technology*:*Philosophical and Social Aspects*,Dordrecht,London and Boston,Kluwer,1985。

[6] 更多细节,参见我的"The Functions of Intellectual Rubbish",*Research in the Sociology of Knowledge*,*Science and Art* 2 (1979):209-227。

[7] 更多细节,参见我的"On Pursuing the Unattainable",in R. S. Cohen and M. W. Wartofsky (eds) *Boston Studies in the Philosophy of Science*,Ⅱ,Dordrecht,London and Boston,Kluwer,1974,pp. 249-257;重印在 [7.4]。

[8] 提到马克斯·玻恩的著作并不能传达他说这些话时的明确和果断,当我与量子理论的哲学问题斗争时,他向我解释了对我的反驳。

[9] 玻恩对埃德蒙·惠特克爵士的 *A History of the Theories of the Aether and E-*

lectricity，*The Modern Theories*，1900 - 1926（Edinburgh，Nelson，1953）第 2 卷的评论，参见 *The British Journal for the Philosophy of Science* 5（1953）：261-265。

[10] 在原初的"猴子审判"中，情况极为不同：不是独断论而是反启蒙主义处在争论中，被驳斥的（田纳西州的）要求是禁止在学校教授进化论，而不是（一个教派的）允许学校教授神创论的要求。最初的辩护是由克拉伦斯·达罗（Clarence Darrow）提出的，他没有梦想邀请专业科学家，因为他的观点是老式的，这在他的自传中是很清楚的。

在科学中，关于运用专家的一个奇特例子发生在法拉第引进离子化理论时：他引入一个新的术语，这激起了不愉快，他通过报告这个术语是由威廉·惠威尔引进的而驱散了不愉快。在这种情况下，法拉第强调，科学是一件事情，而语词是另一件事情。（参见我的 *Faraday as a Natural Philosopher*，Chicago IL，Chicago University Press，1971）

[11] 塞缪尔·巴特尔（Samual Bulter）在他的杰作"The Way of All Flesh"的结尾处问：我们如何存活教育系统？他的回答非常聪明：他说，我们文化的存活归功于教育系统的不完备。[这解释了他对马修·阿诺德（Matthew Arnold）的态度，后者是他那个时代最重要的教育家和教育改革家。]

[12] 更多细节，参见我的"Science in School"，*Science Technology and Human Values* 8（1983）：66-67。据我目前所知，还没有对我的回应，特别是没有来自我批评的在阿肯色州法庭上的专家证人的回应。很明显这位专家依赖他对卡尔·波普尔著作的阅读（误读），他发现有必要在其他场合嘲弄这些著作。我认为，以下这点使他免除了独断论的指责（the charge of dogmatism）：公共关系的实践几乎不是一个教条的表达。

[13] 关于货物崇拜的更多细节，参见 I. C. Jarvie，*The Revolution in Anthropology*，London，Routledge，1964。

[14] 这是可疑的，因为迈蒙尼德宣布摩西是一个科学家更多的是为了推动科学而不是推动宗教。更多细节，参见我即将完成的"Reason within the Limits of Religion Alone：The Case of Maimonides"。

[15] 关于涉及克劳德·列维-斯特劳斯著作争议地位的细节和参考文献，参见 [7.3]，第 2 章。

[16] 弗兰西斯·培根爵士引入了"科学的标记"（the mark of science）。他说："知识的目标和标记，是我自己设立的"，"真理……和功用在这里恰好是同一个东西"（*Novum Organu*，Bk. I，Aph. 124）；他还说："我发现，那些为了知识本身、而不是为了利益或卖弄或任何实际功用而寻求知识的人向他们自己提出了这个错误的标记，即满足（人们称为真理）而不是操作。"（*Works*，1857-1874，3，232）很不幸，这常常被解读为相对主义

的，尽管很明显这是培根反相对主义的评论，对此可参见在他的 *Novum Organu*，并且这种反对遍布他的著作，从他的早期手稿 *Valerius Terminus* 开始。然而，他清楚地说，科学的标记是它的成功：炼金术向哲学家承诺了点金石，适当的科学将给予商品。

[17] 波普尔的分界标准是个例外，这个标准在语言内的而不是关于语言的，所以他能够赋予一些理论科学地位而不是它们的否定。更多细节，参见我的 "Ixmann and the Gavagai", *Zeitschrift für allgemeine Wissenschaftstheorie* 19 (1988): 104—116.

[18] 更多细节，参见 [7.31]。

[19] 无论是理论上还是实践上，尽我们所能找出我们观察到的哪些规则是归因于可变的局部条件，哪些是不可改变的，当然是重要的。相对主义者甚至不能明了地提出这个问题。参见我的 *Technology*（note 5）。

[20] 关于所有这些，参见 Karl Popper, *Objective Knowledge*, Oxford, Clarendon Press, 1972, Ch. I.

[21] 关于上述两点、关于科学的开放性、关于科学实验的可重复性，没有什么珍贵的讨论。这些讨论是很简短的，好像暗示这些事情不但太明显，而且是不可退让的。尽管它们原先在罗伯特·波义耳的著作中出现过，例如《怀疑的化学家》(*The Skeptical Chymist*) 的绪言，最初力图统一它们的尝试见于卡尔·波普尔的 *Logik der Forschung* (Vienna, 1935) 以及后来罗伯特·K·默顿的著作中。

[22] 在他为斯蒂尔曼·德拉克 (Stillman Drak) 翻译的伽利略的《两大世界体系的对话》(*Dialogue on the Two World Systems*) 中，爱因斯坦问到，罗马教堂拒斥哥白尼主义，为什么对伽利略来说是紧要的？关于这一点，我认为有两个充分的理由：一个是伽利略是罗马教堂顺从的儿子，另一个是这时科学受到了攻击并且不得不反击。然而，这并不限制爱因斯坦在讨论中表现出的对看门保镖的厌恶的正确性。

[23] 约翰·赫谢耳 (John Herschel) 爵士在19世纪早期建议，科学的证据是真实的。因为如此多的法庭案件证明，这极好但不再有效。更多细节，参见我的 "Sir John Herschel's Philosophy of Success", *Historical Studies in the Physical Sciences* 1 (1969): 1—36, 重印在 [7.4]。

[24] 这在罗伯特·艾斯勒 (Robert Eisler) 的 "Astrology: The Royal Science of Babylon" 中被强调。这本书开始从关于巴比伦科学对希腊科学的引进研究中获得意义，尽管它有缺点。参见 [7.21]。

[25] 参见我的 "Theoretical Bias in Evidence: A Historical Sketch", *Philosophica* 31 (1983): 7—24.

[26] 更多细节，参见我的 "The Role of the Philosopher Among the Scientists: Nuisance or Necessary?" *Social Epistemology* 4 (1989): 297-230, 319。

[27] 关于这一切，参见我的 "Sociologism in Philosophy of Science", *Metaphilosophy* 3 (1972): 103-122，重印在 [7.4]。

[28] 分界标准和试金石之间的区别，参见 [7.2]。

[29] 关于一些理论但不是所有的理论的内容被读作一种话语方式的事实的更多细节，参见我的 "Ontology and Its Discontents", in Paul Weingartner and Georg Dorn (eds) *Studies in Bunge's Treatize*, Amsterdam, Rodopi, 1990, pp. 105-122。

[30] 相关细节，参见我的 "The Mystery of the Ravens", *Philosophy of Science* 33 (1966): 395-402，重印于我的 *The Gentle Art of Philosophical Polemics: Selected Reviews*, LaSalle, Ill., Open Court, 1988。

[31] 考虑所有（相关的）信息的要求是反对偏见的守卫者。它并不起作用，因为它允许禁止寻找相反的例子。在没有任何背景知识的情况下，所有竞争假说都必须被检验的要求消除了它们的初始概率，因为存在无限多的假说，并且它们概率的总和是一。任何背景假设的引入都可能会很容易地改变这一点，并使得这个问题变得非常容易解决。文献讨论简单性原则（约翰·斯图亚特·密尔）或称为限制多样性原则（约翰·梅纳德·凯恩斯），或者初始概率重新分布原则[哈罗德·杰弗里斯爵士（Sir Harold Jeffreys）]。这些都无效，但其他假说非常充分地发挥着作用，例如，相对于元素周期表背景，分析化学非常好地归纳地进行着——假如它的反驳被忽视，并且在一定程度上这是可能的。当然，核化学需要不同的背景假说。

有趣的是：当不是抽象地而是参照特定背景假说来研究这个问题的建议被提出时，科学哲学中的一个整体运动得到了演进。

[32] 所有这些，参见我的 *Technology* (note 5)。

[33] 参见我的 "The Mystery of the Ravens" (note 30)。在这篇文章中，我没有讨论该要求即证实的标准应该是形式化的荒唐。很清楚，它在上面提出的意义上与科学分界相关，它提出科学是完全可决定的，竞争者是不能明确表达的，除非通过支持或拒绝某种科学裁决或另一个。简而言之，形式标准的观点使得看门保镖的生活变得容易。几年前，在波士顿美国哲学学会东部分会一个会议结束时的一次公开讨论中，针对C. G. 亨佩尔对科学哲学的贡献，我说，研究者在他们的研究中运用一个形而上学理论时，他们不需要获得哲学家的许可。亨佩尔回答到，至少他的证实理论意在取代神学，并且做得很好。

[34] 这里引的批评，参见波普尔的"Degree of Confirmation"，1955，重印在[7.45]。

[35] 这应该被强调。波普尔的观点是信息内容（不是在信息论的意义上，而是在塔斯基的意义上）与概率是互补的。R. 卡尔纳普和 Y. 巴-希勒尔（Y. Bar-Hillel）支持这一点，然而卡尔纳普坚持把确证等同于概率。

[36] 更多细节，参见我的"Heuristic Computer-Assisted, not Computerized: Comments on Simon's Project"，*Journal of Epistemological and Social Studies on Science and Technology* 6 (1992): 15-18。

[37] 参见 [7.2]。

[38] 参见我的 *Radiation Theory and the Quantum Revolution*，Basel, Birkhäuser, 1993。

[39] 关于裁判问题，参见 [7.4]。

[40] 参见我的"The Politics of Science"，*J. Applied Philosophy* 3 (1986): 35-48。

[41] 参见我的"Faith in the Open Society: The End of Hermeneutics"，*Methodology and Science* 22 (1989): 183-200。

[42] 参见我的"Towards a Rational Theory of Superstition"，*Zetetic Scholar* 3/4 (1979): 107-120；"The Place of Sparks in the World of Blah"，*Inquiry* 24 (1980): 445-469。

[43] 更多细节，参见我的"The Nature of Scientific Problems and Their Roots in Metaphysics"，in [7.13], 189-211。也可以参见我的 *Faraday as a Natural Philosopher* (note 10)。

[44] 更多细节，参见我的"The Structure of the Quantum Revolution"，*Philosophy of the Social Science* 13 (1983): 367-381。

[45] 参见我的"The Riddle of Bacon"，*Studies in Early Modern Philosophy* 2 (1988): 103-136。

参考书目

7.1 Agassi, J. *Towards an Historiography of Science*, Beiheft 2, *Theory and History*, 1963. Facsimile reprint, 1967, Middletown, Wesleyan University Press.

7.2 ——*Science in Flux*, Dordrecht, Kluwer, 1975.

7.3 ——*Towards a Rational Philosophical Anthropology*, Dordrecht, Kluwer.

7.4 ——*Science and Society*, Dordrecht, Kluwer, 1981.

7.5 Andersson, G. *Criticism and the History of Science*, Leiden, Brill, 1994.

7.6 Ayer, A. J. *The Problem of Knowledge*, London, Macmillan, 1956.

7.7 Bachelard, G. *The New Scientific Spirit*, Boston, Beacon Press, 1984.

7.8 Bohm, D. *Truth and Actuality*, San Francisco, Harper, 1980.

7.9 Born, M. *Natural Philosophy of Cause and Chance*, Oxford, Clarendon Press, 1949.

7.10 Braithwaite, R. B. *Scientific Explanation : A Study of the Function of Theory, Probability and Law*, Cambridge, Cambridge University Press, 1953.

7.11 Bromberger, S. *On What We Know We Don't Know : Explanation, Theory, Linguistics, and How Questions Shape Them*, Chicago IL, Chicago University Press, 1992.

7.12 Bunge, M. *Metascientific Queries*, Springfield IL, C. C. Thomas, 1959.

7.13 —— (ed.) *The Critical Approach : Essays in Honor of Karl Popper*, New York, Free Press, 1964.

7.14 ——*The Philosophy of Science and Technology*, Dordrecht, Kluwer, 1985.

7.15 Burtt, E. A. *The Metaphysical Foundations of Modern Physical Science : A Historical Critical Essay*, London, Routledge, (1924), 1932.

7.16 Carnap R. *Testability and Meaning*, 1936, repr. in [7.25].

7.17 ——*An Introduction to the Philosophy of Science*, New York, Basic Books.

7.18 Cohen, L. J. *An Essay on Belief and Acceptance*, Oxford, Clarendon Press, 1992.

7.19 Cohen, M. R. *Reason and Nature : An Essay on the Meaning of Scientific Method*, London, Routledge, 1931.

7.20 Colodny, R. G. (ed.) *Beyond the Edge of Certainty : Essays in Contemporary Science and Philosophy*, Englewood Cliffs NJ, PrenticeHall, 1965.

7.21 de Solla Price, D. J. *Science Since Babylon*, New Haven, CT., Yale University Press, 1960.

7.22 Duhem P. *The Aim and Structure of Scientific Theory*, Princeton NJ, Princeton University Press, 1954.

7.23　Einstein, A. 1947, "Scientific Autobiography", see [7.57].

7.24　——*Ideas and Opinions*, New York, Modern Library, 1994.

7.25　Feigl, H. and Brodbeck, M. *Readings in the Philosophy of Science*, New York, Appleton, Century, Croft, 1953.

7.26　Feuer, L. *The Scientific Intellectual: The Psychological and Sociological Origins of Modern Science*, New York, Basic Books, 1963.

7.27　Feyerabend, P. *Science without Foundations*, Oberlin OH, Oberlin College, 1962.

7.28　Fløistad, G. (ed.) *Contemporary Philosophy*, vol. 2, Dordrecht, Kluwer, 1982.

7.29　Hamlyn, D. W. *Sensation and Perception: A History of the Philosophy of Perception*, New York, Humanities, 1961.

7.30　Hanson, N. R. *Patterns of Discovery*, Cambridge, Cambridge University Press, 1965.

7.31　Harel, D. *Algorithmics: The Spirit of Computing*, Reading MA, Addison-Wesley, (1987), 1992.

7.32　Hempel, C. G. *Aspects of Scientific Explanation and Other Essays*, New York, Free Press, 1968.

7.33　Holton, G. *Thematic Origins of Scientific Thought: Kepler to Einstein*, Cambridge MA, Harvard University Press, (1973), 1988.

7.34　——*The Scientific Imagination*, Cambridge, Cambridge University Press.

7.35　Hospers, J. *Introduction to Philosophical Analysis*, Englewood Cliffs NJ, Prentice Hall, 1988.

7.36　Jarvie, I. C. *Concepts and Society*, London, Routledge, 1972.

7.37　Kemeny, J. G. *A Philosopher Looks at Science*, New York, Van Nostrand, 1959.

7.38　Kuhn, T. S., *The Structure of Scientific Revolutions*, Chicago IL, Chicago University Press, (1962), 1976.

7.39　Lakatos, I. and Musgrave, A. (eds) *Problems in the Philosophy of Science*, Amsterdam, North Holland, 1968.

7.40　Mises, R. von *Positivism: A Study in Human Understanding*, New York, Brazilier, 1956.

7.41　Morgenbesser, S. *Philosophy of Science Today*, New York, Basic Books, 1967.

7.42　Poincaré, H. *The Foundations of Science*, New York, Science Press, 1913.

7.43　Planck, M. *Scientific Autobiography and Other Essays*, London, Williams and Norgate, 1950.

7.44　Polanyi, M. *Personal Knowledge: Towards a Post-Critical Philosophy*, Cambridge, Cambridge University Press, (1958), 1974.

7.45　Popper, K. *The Logic of Scientific Discovery*, London, Hutchinson, 1959.

7.46　——*Conjectures and Refutations*, London, Routledge, 1963.

7.47　——*The Myth of the Framework: In Defence of Science and Rationality*, London, Routledge, 1994

7.48　Quine, W. V. O. *From a Logical Point of View*, Cambridge MA, Harvard University Press, 1953.

7.49　Reichenbach, H. *The Rise of Scientific Philosophy*, Berkeley CA, University of California Press, 1951.

7.50　Russell, B. *Problems of Philosophy*, New York, Holt, 1912.

7.51　——*Icarus or The Future of Science*, London, Kegan Paul, (1924), 1927.

7.52　——*Skeptical Essays*, London, Allen and Unwin, 1928.

7.53　——*The Scientific Outlook*, London, Allen and Unwin, 1931.

7.54　——*Human Knowledge, Its Scope and Limits*, London, Allen and Unwin, 1948.

7.55　Salmon, W. *Four Decades of Scientific Explanation*, Minneapolis, University of Minnesota Press, 1990.

7.56　Scheffler, I. *Science and Subjectivity*, Indianapolis, Bobb-Merrill, 1967.

7.57　Schilpp, P. A. (ed.) *Albert Einstein: Philosopher-Scientist*, Evanston, North Western University Press, 1947.

7.58　Schrödinger, E. *Science, Theory and Man*, New York, Dover, 1957.

7.59　Shimony, A. *Search for a Naturalistic World View*, Cambridge, Cambridge University Press.

7.60　Van Fraasen, B. *The Scientific Image*, London, Oxford University Press, 1980.

7.61　Wartofsky, M. W. *The Conceptual Foundations of Scientific Thought*, New York, Macmillan, 1968.

7.62　Whittaker, Sir E. T. *From Euclid to Eddington: A Study of the Conception of the External World*, Cambridge, Cambridge University Press, 1949.

第八章
机运、原因和行为：概率论和人类行为的解释

杰夫·科尔特（Jeff Coulter）

引 言

人类行为仍然是行为科学中最重要的解释工作的核心，但是对于我们归于其名下的现象而言，仍然存在着巨大的障碍使我们无法理解它们真正唯一的状况。特别是通过概率因果性（probabilistic causality）从认识论上解决演绎—律则（deductive-nomological）因果方案解决不了的问题，使得解释人类行为的目标继续成为解释策略中的持久话题。[1]

演绎—律则解释采用逻辑推导的形式，从一组明确说明条件（在这些条件下，现象出现并且自然律可应用于它）的陈述（解释项）得到描述被解释现象（被解释项）的陈述。此种解释模式的一个典型例子是绿色植物光合作用的产生可通过以下两点来解释：(1) 法则，用来说明阳光与叶绿素（叶子中的活性物质）发生作用产生复杂的有机物，包括碳水化合物；(2) 获得的实际条件，即绿叶在阳光下曝光。因此，被解释项（例如，光合作用的例子）就可以被从说明相关法则和先决条件的一组前提中严格地推导出来。尽管对许多自然—科学的因果（决定论的）概括来说，它作为模型是有局限性的，但这个解释概念已经成为社会—科学仿效的一个模型。[2]

在关于人类行为的当代人类科学中，解释性研究极少采用决定论（determinism）的术语，范畴诸如"原因"（cause）或"决定"（determine）通常被回避或修改为受欢迎的"准因果的"（quasi-causal）术语，如"塑造"（shape）、"作用"（affect），或者受喜爱的术语如"影响"（influence）。在社会研究广泛使用的一个文本中，艾尔·芭比（Earl Babbie）注意到："大多解释性社会研究采用因果概率（probabilistic）模型。X 被认为引起（cause）Y，如果 X 被观察到对 Y 有某种（some）影响。"[3]

尽管在此芭比并未首先将人类行动（action）看作待解释项，但是显然它们被归入行为科学中概率—因果推理的范围。这个概念的转向需要一种严格的重新评估。在解释人类行为上，有许多供选择的理论资源，这些资源既不需要也不采用因果的或者"准因果的"句式结构，这将是本章最后一节的主题。然而，继续诉诸"准因果"模型、图式和理论—建构事业使得作为供选择的理论目标的程序性解释（procedural explanation）的相关性与适当性难以理解。本章讨论的首要目的是为披着概率的外衣阻碍解释纲领雄心抱负实现的逻辑障碍提供证明。对作为行为科学（唯一的）适当目标的程序性解释的认可，取决于对该领域中解释方案之律则的和概率的方法之逻辑不完备性的论证。

在此，我将不再过分冗长地介绍许多这样的论证，这些论证被设计来说明在人类行为概念的语法和演绎—律则的（或者覆盖律）解释命题的语法之间存在基本的逻辑不相容。[4] 为了这个讨论目的，我只想说，只有极少的当代理论家和研究者跟随霍曼斯（Homans）[5]和伦德伯格（Lundberg）[6]，主张用严格的演绎—律则程式研究人类社会行为。在本章中，我试图研究的问题是该观点即"准"因果解释的辅助性形式——有时被称作"弱因果性"的版本——在人类行为的解释中是可理解的。

近些年来，在社会科学哲学中，该观点即因果关系可以被概率地概念化，成了众多讨论的主题。在该领域中，有两种主要立场已经岌岌可危。一些人将概率因果关系作为（他们认为的）"成熟的"律则因果关系的弱版本。也就是说，律则因果关系可被设想为存在于先前事件/事态和后续事件/事态间的任何偶然关系中，这个偶然关系在"范围修改者"（其他条件不变的情况下，对大多实际的目的来说，这是非常确定性的限制）内是不变的；同时一些概率论者宣称自然界中的所有因果联系都属于条件概率，也就是说所有的"原因"仅仅在统计学意义上以一定的概率度产生它们的结果。在下面的论述中，前一种观点就被广泛考虑，因为这种立场已经被用来证明生物学以外的人类科学中的一系列关于人类行为的理论主张的正当性。然而，我将对后一种立场也进行一些评论。

亨佩尔主张在科学工作中存在演绎—律则（D-N）解释模型的合乎逻辑的替代者，并且他所指的是"归纳—统计"（I-S）模型。[7]按照亨佩尔的观点，通过表明预测某个特定行为/事件的陈述被某组先决条件以高的归纳概率度支持，我们就能够对这个特定行为/事件进行解释。本章的任务是表明这个"概率解释"概念是有缺陷的，由于即将展开的原因，人类行为不能通过任何"概率"说明来解释。然而，我们在领会这样一个论证的观点之前，必须先介绍一些历史背景。

概率分析应用中的基本假设

经典概率论的一个核心公理认为，如果任何事件都可以以 X 方式产生，不会以 Y 方式产生，并且所有可能的方式都被假定为等可能性的，那么它实际发生的概率就可以根据公式 $X/(X+Y)$ 来计算，它不发生的概率就可以根据 $Y/(X+Y)$ 来计算。[8]另一个公式参照来被预先定义好成功和失败的事件的相对频率：一个特定事件的发生概率（成功）由其相对频率的范围（the limit of its relative frequency）给定，其相对频率随着试验、样本、抽签等数目的增加被（无限）接近。雅克布·伯努利（Jakob Bernoulli）的黄金定理表明，随着试验（实验、所取样本、抽的签、投掷硬币等）数目的增加，成功的相对频率持续趋于一个稳定值，并且这个稳定值等于单独试验中的成功概率。[9]伯努利从定理的应用中引人注目地得出了决定论的（deterministic）形而上学结论：

因此，如果所有事件都能永远重复发生，以此我们可以从概率走向确定，那么我们就会发现世界上所有事情的发生都具有确定的原因，遵照确定的法则，那么我们也将不得不假设在表面上最偶然的事物中存在一种确定的必然性。[10]

这种类型的推理发展为著名的"有序来自无序"原理，并且从以下方式来考虑，它得到了当代理论发展的支持。如果我们对放射性同位素的原子核衰变进行计时，那么我们就可以确定它的放射量每 N 秒精确地减少一半，例如，钍 C 的"半衰期"（它的放射衰变减少一半需要的时间）精确地是 60.5 分钟。然而，放射性同位素的任何特定的射线/粒子的实际放射是完全不可预测的、单独的事件。似乎伯努利定理为这类从不确定性到确定性的推理提供了支持，许多量子理论家推断概率的或"随机的"属性是亚原子领域自身的"固有属性"。[11]

"有序来自无序"原理的应用在社会科学和行为科学中发挥着非常重要的智力作用。确实，阿道夫·凯特勒（Adolphe Quetelet）——迪尔凯姆（Durkheim）的 19 世纪杰出的先驱和"社会物理学"的创立者——试图论证：当个体的社会行为（例如犯罪）不能被预测甚至完全无法被解释时，我们可以在特定人口的犯罪率中发现社会规律性（regularities）。合计统计的稳定性以及由此而来的平均值的稳定性，促使凯特勒断言定量的社会科学的可能性。根据定量的社会科学，抽象概念 *l'homme moyen* 或"平均人"将扮演基本的理论概念，如吉仁泽（Gigerenzer）等人表述的：

> 凯特勒和他的继承者相信，大范围规律性是非常可靠的，足以作为科学的基础。熟练的统计学家自然会继续利用分析找出犯罪或生育力或道德怎样随着财富、职业、年龄、婚姻状况等变化而变化。但是，当数量变得太小时，即使这些数字是平均数，它们的可靠性也将不会提高而是降低。凯特勒的统计方法是实证主义最纯粹的形式，这种方法不要求关于实际原因的知识，而只要求对规律性和（如果可能的话）它们的先行者的确认。这种因果关系非常像雅

克布·伯努利为了对所有种类的偶然事件进行模型化而假设的虚构的壶的设计罐（Such causation was much like the imaginary urn drawings posited by Jakob Bernoulli to model contingent events of all sorts）。[12]

从对概率论的信念投射出的"来自无序事件的有序"本体论是如此强有力，以至于在为气体物理学构想新的理论基础时，詹姆斯·克拉克·麦克斯韦和路德维希·玻耳兹曼（Ludwig Boltzmann）开始信奉"统计定律"。吉仁泽等人再次用证据证明这个方法，在该方法中，麦克斯韦和玻耳兹曼同时"独立地援引由巴克尔（Buckle）和凯特勒发现的著名规则来为他们对气体定律的概率解释进行辩护"[13]。弗朗西斯·高尔顿（Francis Galton）也采用了源自凯特勒的"正态曲线"概念。"高尔顿和气体理论家们对天文学家的错误定律或正态曲线的运用也间接源自凯特勒。对自然科学来说，这是社会科学重要性的一个引人注目的实例。"[14]然而，对社会科学来说，恰恰是迪尔凯姆在凯特勒成就的基础上最有力地提出了关于个体人类行为的社会因果关系概念。[15]迪尔凯姆的《自杀论》（Suicide，1897）成为新的正在形成的统计社会科学——社会学——最具权威性的著作。在这部著作中，例示的社会学解释的迪尔凯姆模型变得如此有影响，以至于甚至作为社会学研究实际行动来源之一的奥古斯特·孔德（Auguste Comte）的贡献都很快黯然失色。孔德是"社会学"的真正创立者，他对统计推理的反对导致他放弃早期与凯特勒共用的术语（"社会物理学"），而恰恰是迪尔凯姆和他的继承者（特别是美国的）将去设定"科学社会学"的职责。

凯特勒的"道德统计学"和"社会物理学"在社会条件预先决定了人类行动的不同等级这一观念的形成中发挥了主要作用，这是事实；迪尔凯姆关于自杀的研究清楚地体现了这一推理，这也是事实，但是迪尔凯姆却让自己与凯特勒关于平均人的干涉变量的假定保持着距离。[16]然而，通过否定自杀的个人水平的解释（例如，在自杀者可利用的理智内，如自杀笔记或其他的前自杀交流，或者在一些纯粹的"心理学"理论的术语内），以赞成在特定的人口中解释自杀率（凯特勒和其他人曾决定用比率展现确定的规则）的方法，他将格言"来自无序的有序"提升到新的研究范式的地位。

在具体到解释迪尔凯姆对"来自无序的有序"原理——宏观规则来自微观水平的不可预测性的主张——的应用时，有一个重要问题为：我们是否应将他关于作为结果的自杀率的解释性观点在形式上解释为因果性的（causal）？从迪尔凯姆的著作看，特别是他的《社会学方法的规则》（*Rules of Sociological Method*，1895），很清楚，他要寻求的是关于社会行为的律则因果定律（nomological-causal-laws）。在《自杀论》中，他提到了产生"真正的定律……（更好去说明）社会学的可能性"[17]，在这本书的其他地方，我们频繁地遇到"社会原因"的暗示、"真正的、起作用的积极的力量"以及甚至"与自杀相关的倾向"[18]。然而，许多评论者选出下述句子作为他的核心解释命题："自杀随着个体作为其一部分的社会团体的（社会）同化度反向变化。"[19] 的确，在写于1948年的一篇论文中，很有影响力的美国社会学家罗伯特·默顿试图在经典的演绎—律则模型中重构迪尔凯姆的社会学解释。[20] 其他人随之效仿。

关于迪尔凯姆对验尸官的判断和其他公共官员的决定在统计学自杀率的"建构"中的作用的忽视[21]，以及他在从合计数据推出个体水平因果关系时所犯"生态学谬误"的偶然倾向[22]，虽然已经有很多讨论（并且是正确的），但关于人类行动的任何这种"社会学定律"的逻辑地位这一更为基本的问题往往吸引不到同等力度的关键注意。迪尔凯姆构想的基本模糊性，被对后来所谓"概率因果性"的运用掩盖了。对社会科学来说，这被看作比律则解释更合理的或更可达到的目标。

回忆一下迪尔凯姆的主要理论观点：自杀随着个体作为其一部分的社会团体的同化度反向变化。从这一点可以得出，在解释自杀时，失范（缺乏社会同化）是一个因果因素。如果不考虑关于数据的选择和解释的纯经验的、纯方法论的问题，那么这个观点意味着什么？我们已经注意到，迪尔凯姆以及随后的许多解释者将其设想为与我们今天描述为"演绎—律则"解释类似的东西，一些人甚至将其与热力学定律相比较，但是很显然，它并不能满足因果律严格的前提条件。事实是这样，它说明什么相当于共变关系：迪尔凯姆并不能利用关于相关系数的现代统计工具[23]，但即使他曾拥有这样一个工具，也就是说，他能够根据其数据计算皮尔逊系数 r，在逻辑上，将相关关系和因果关系分开的鸿沟仍是巨大的。

于是，近年来，在社会科学和行为科学中，关于迪尔凯姆的解释和许多当代宏观水平的统计类型解释（无论使用什么精确的统计工具）的一种"后退"（fall-back）立场被发展出来。这就是"概率因果关系"（probabilistic causation）概念。这个理论建构的使用应该达到若干目标。第一，最重要的是声称要保护行为研究的解释性观点（explanatory point）。第二，应该促进建构一种解释和预测的对称，这被理解为已经在自然科学中广泛实现的理论目标的一种特别强的形式。第三，它放宽了由追求演绎—律则解释（仅有的具有预言能力的其他形式的解释）提出的要求。第四，它保存了行为科学中研究的统计方法、数据收集和陈述的定量模式的神圣性（和至高地位）。第五，它呼吁在科学其他地方——特别是在微观物理学、传染病学和生物医学科学——解释的同类形式的东西。

考虑到基于"概率因果性"概念的主张，许多东西岌岌可危。作为一个目标或一个主张，我将随后着手关于伴随"概率因果性"的应用的逻辑问题的详细研究。

人类行为解释的归纳—统计方法

基特（Keat）和尤里（Urry）在他们的名著《作为科学的社会理论》（*Social Theory as Science*）[24]中指出了事件概率陈述的成熟的解释性（explanatory）角色的若干障碍。他们注意到，根据亨佩尔的归纳—统计解释概念，我们能够：

> 通过表明描述某一特定事件的陈述被一组前提以高度的归纳概率支持来解释这一事件，这组前提中至少有一个是统计概率陈述，

即一个种类的一个事件将跟随或联系另一个种类的一个事件。[25]

引用多纳根（Donagan）关于这个问题的一个讨论[26]，他们争辩这样一个说明取消了以下两者之间的区别：具有关于事件 E 将发生的合理预期（reasonable expectation）和具有关于事件 E 的解释（explanation）。他们建议，假设我们正在从装有一千个玻璃球的罐子里取一个玻璃球，罐中的玻璃球一个是黑色的，其他的是白色的。我们取到一个白色的，然后试图根据这样做的高归纳概率（$p=0.999$）来"解释"这一事件。然而，如多纳根评论，合理预期根本上不同于解释：

> 预期在首次尝试中用硬币掷正面大于在轮盘赌中赢在一个特定数字上是更加合理的，但为什么这是更加合理的根据并不解释为什么你成功地掷为正面和你没能在轮盘赌中赢。毕竟，你可能在轮盘赌中赢，并且掷为反面。至于解释，同等可能性的机会情形与 50 倍或 1 000 倍的机会情形并没有不同。[27]

在我们的例子中，关于从罐子中取出白色球的任何实际的解释必须包括这样的考虑：罐子中玻璃球的空间分布相对于某人试图抓取时手指轨迹的角度，关于抓住任意特定玻璃球的可能性的手指与玻璃球的摩擦度，等等，其中没有任何一个在关于抓取的概率分析中被给出。亨佩尔曾认为预测事件的能力和解释事件的能力是对称的。而这个例子表明这种关系不可能是对称的，因为当预测可能即将出现时，解释尚未出现。注意，对所有这类情形而言，被解释项——选择一个白色的玻璃球——是一个事件（event）。为了解释的目的，人类行为能适当地被设想为事件吗？"选择一个白色的玻璃球"是一个行为还是一个事件？以后，我们会回到这个问题。尽管如此，现在我将关注一个关于"概率解释"的多少有些不同然而相关的概念。

许多评论者特别比较了迪尔凯姆关于自杀的解释命题，即失范是自杀的一个原因，和他们设想的来自医学科学的一个可比较的例子，即吸烟是肺癌的一个原因。作出这个比较是因为，在两个例子中，"缺少"律则定律看起来是有争议的。有些肺癌患者在他们/她们的一生中从没吸过一支烟,并且一些吸烟厉害的人在其自然生命中并没有染上肺癌。[28]类似地,一些(通过合理的测量)"高度社会同化的"人实施了自杀,并且一些例外的处于失范的人纯粹死于自然原因。事例可以是分叉的:遍布现代犯罪学、教育心理学、家庭社会学、精神病理学和相关学科,我们会遇到明确地旨在解释具体形式的人类行为的命题,它们达不到合乎法则,但它们仍然表现出具有解释能力。我们频繁采用的策略是诉求概率因果性。一个转换是来自这样一个陈述:在条件$C_{1\cdots n}$下,有关于$O.N$即人P将参与行动或活动A的概率,到这样一个陈述:条件$C_{1\cdots n}$引起人P以$O.N$的概率参与行动或活动A。或者,如果在足够大数目的特定y-类型条件下的x-类型事件的基础上,条件概率$p(X/Y)$是有意义的,那么Y因果地涉及X的产生。(具体的概率值是否实际被计算则是一个不同的问题。)"解释"多重—回归或路径分析模型的一个标准方法是推测这种形式的一个"概率因果"陈述:通过一系列"变量",一个人获得的教育水平是父亲的教育水平、家庭收入等的(确定的)概率—因果函数。因此,"可教育性"被假定为一个等可能性的(equipossible)属性。在尝试为从概率频率到解释命题的这样一个理论转换辩护时引起的问题上,罗姆·哈瑞作了一个非常重要但常常被忽视的评论:

  统计概括会导致两个不同的结论,这很早以前就已经被指出了(尽管最近才被命名)。如果已知人口的80%在特定的环境中发展了属性A,20%没有,这意味着:
  (1) 概率定律即在该环境中每个个体有0.8的可能发展属性A;或者
  (2) 两个非概率定律即范围A内的每个个体决定性地发展A,范围B内的每个个体决定性地发展排斥A的某种属性,或者关于A可确定的完全没有确定。[29]

哈瑞的论证进一步注意到:情形(1)涉及所谓分布可靠性(distributively reliable property)。这意味着发展属性A的倾向可归结为原来领域中每个成员的一个客观属性。"概率分布被解释为个体波动的一个结果。"[30]采取这种方法预先假定了"该领域中的每个成员在它的可能属性的列表中有 A"[31]。相比之下，情形（2）涉及分布不可靠性。"频率不能自动地转换为一个个体倾向。"[32]统计频率被理解为两个或更多的领域相对大小的量度，在其中每一个领域中，被研究属性的显现方式是确定的。如果一个具体的属性是分布上不可靠的，那么"该领域中的个体在它们可能属性的列表中就可能不具有该属性"[33]。

现在让我们重新考虑迪尔凯姆的自杀例子（尽管在这里，我们理解许多其他人类行为在这个语境中被平等地考虑，举例来说，诸如强奸、谋杀、"精神分裂症的"行为、选择职业 O、离婚诉求、成功的研究等）。"实施自杀"的能力在任何一个抽样领域中都是人的一个分布可靠性吗？既然概率预先假定了可能性，那么这个问题就可以被重新表述为：实施自杀的可能性均等地分布于任一特定抽样人口中吗？这如何被确定为一个先验推理？为了对其意义获得一个更好的视角，暂时换一个例子，如一些极端的女性主义理论者争辩，任何一个成年男性为了合理的生理上的快感去强奸一个女性是可能的，这是真的吗？这种可能性均等地分布于一个特定抽样人口中生理上有能力的男性中吗？[34]"生理能力"本身是存在"强奸能力"——成年男性的可能属性列表的一部分——的一个充分指示器吗？"道德价值"必须被加进去吗？以及教育水平呢？它们如何被衡量？记住，我们并非在处理概率，而是在处理可能性。很明显，这里的关键点是这样一个"可能属性"（例如，实施强奸或实施自杀的能力）不管怎样都不能预先被经验地确定。不能以任何方法确定这样的可能性在任何人口中是均等分布的。可能性的先验阐述加强了概率推理的任何有意义的应用，特别是个体事件的概率的推导。因此，就我们目前关注的概率推理在人类行为中的可应用性来说，我们在这里遇到的一个问题在那些更为熟悉的事例中并没有产生。在那些事例中，优先可能性能被经验地确定，例如，一个硬币的面数、罐子中玻璃球的数目、一个被批判实验的物理上可能的结果等。该假定即实施自杀的能力在某些条件下是等可能性的，是不可论证的，因此，从应用于这种事例的抽样的概率推理中推导出一个确定结论所需的一个核心要求是未满足的并且是不可满足的。

尽管如珀拉克（Pollock）所评论的："通常认为，现有的概率理论并没有为我们提供一种能足够说明或然性定律之规划的概率的解释"[35]，但是有些哲学家仍然继续追求这种理论方案。一个有趣的主题是全部用概率术语来重新形式化因果律本身，从而否定因果律在限定范围内作为恒定性是可以真正详细说明的观点。取而代之的是"这样的观点，即原因应该提升结果的概率；或者换句话说，被当作原因类型的一个例示应该增加结果类型的一个例示发生的概率"[36]。任何这种方案存在的问题都是："原因"和"原因的"（以及"结果"）的概念除了它们公认的"提升概率"的功能外，并没有给任何独立的说明。因此，分析倾向于假定什么是需要论证的，即在没有与其他已确立的概率概念的不合理混合以及循环的情况下，在概率理论的语言内，"原因"的意义是完全可解释的。被假定的还有对所有因果命题来说"确定性"（certainty）概念不变的不可应用性，这个假定在我们对该语词的使用上加了一个奇怪的限制。[37]

在这个语境中，维特根斯坦关于"确定的"概念和"确定性"概念的逻辑语法的研究通常被忽视了。[38]然而，将所有合法的因果关系分析为随机关系的努力面临的一个重要问题涉及因果领域的一个预设，即在"怀疑"被逻辑地排除的意义上它是"确定的"，例如，掷一个硬币得到正面的概率是0.5，该命题本身依赖重力场的因果影响作为条件的一个组成部分的无可置疑性（确定性），任何这样的扔掷（或者设想，包括可能世界相关事例的延伸）在这些条件下被做出。使用维特根斯坦的一个论证，我们不能将一个操作领域或系统的每个方面都看作假设的，看作怀疑的对象，看作仅仅是可能的，在这个系统或领域中，我们估算一个概率。[39]因此，一些因果关系必须被假定为无可置疑的，被假定为它们自身不受概率形式化影响的，因此，尝试用概率术语刻画所有因果关系颠覆了确立一个稳定的领域的可能性，在这个领域内，任何特定的概率都能够被计算。

人类行为和自然事件

在规划人类行为的理论解释语境下，几乎所有使用概率概念的成果都有一个永恒的预设,即"人类行为"等同于"事件"。我们要记住,概率论是被设计为提高预测的手段(手段系列)——关于事件、后果、结果、成功或失败、事情的状态等的预测——而产生的,以体现我们的信心度、(合理的)预期水平等的数值指标来促进预测。在农业的和随后的实验模式的行为中,它的延伸被费舍尔(Fisher)和他的继承者用于排除零假设或"随机安排"(chance set-ups),这仍然依赖"预期"概念的调用。给定一个已达到的"意义水平"(表示结果"随机"发生或不发生的概率),解释本身就会是用零假设的替代假设来解释该结果的一个随后事情。[40]然而,对"概率因果关系"的运用促使行为科学家去概念化各种各样的人类行为,因为它们在原则上可以作为"事件"或"事情"来处理,对"事件"来说,"机运"(chance)(和"机运分布")概念是先验可应用的。

某人"随机"做了某事的观念常常与某人通过他们的行为〔一些(无意的)结果、效果、转变、结局、影响、后果等〕[41]"随机"完成某事的普通观念相混淆。人们能随意地(arbitrarily)做某一特定种类的事情这种可理解的主张反过来有时与以下这种观念相混淆,即在某种意义上随意地行为的人因此随机地(randomly)行为。然而,甚至精神病患者犯的"随机谋杀"也几乎不能与同位素粒子的随机放射相比较:"随机"的概率概念不能完全地还原为"随意"的概率概念[42],同样,人类行为的概念在本质上无法还原为事件的概念。

一个事件(有时对某人)是发生的某事,而一个行为是某人做的某事。[43]事件不具有动机或意图,而行为(通常)具有:独立于人类主体(human agency)发生的事件本质上是不受社会规则、标准、习俗或规定支配的,然而人类主体的大多数行为却受之支配。[44]芝诺·温德勒(Zeno Vendler)注意到"打破窗户"或者简单地是一个事件描述(服从因果解释)或者是一个某人做了某事的描述。决定判断的是,被描述的事例是一个窗户被打破的事情还是一个某人打破了窗户的事情。将该事例与"狗走路"(在其中潜在的事件或行动模棱两可)相比较能使问题更加尖锐:或者狗在走路(不及物的)或者某人在遛狗(及物的)。温德勒认为某些动词在动词词根中展现了一种语形学的转变,动词词根标明纯粹及物的事情(例如,rise-raise、 fall-fell、lie-lay），并且他得出结论"旗的升起与旗的上升不是同一件事情，树的倒下的是与倒下的树是不同的事情"[45]。树的倒下或许被（概率地）预测，甚至被给予一个因果解释，而我伐倒树则完全用其他术语来解释。

现在让我们重新考虑此前的事例，"挑选一个白色的玻璃球"。按照实际情况来说，这至少能以两种方式来解释：或者该主体有意地挑选一个白色的玻璃球，或者他"盲目地"挑选一个玻璃球，并且结果证明是一个白色的。显然，只有后一个事例对概率分析来说是一个相关事例。前一个事例整体上可适当地被看作一个（有意的）行为。然而，后一个事例（在语法上）与它有重要的不同。在那里，主体的行为被描述为，例如，做一个随机的挑选。这个行为的结果（并且这是概率分析独有的目标）是抽到一个白色的玻璃球。该事件是结果，并且，为了对合理预期进行分析的目的，这是可以从主体的行为中分开的。毕竟，我们可以说，无论挑选的结果是一个白色的玻璃球还是一个黑色的玻璃球，也就是说，即使（目标）事件不同，完成的也都是同一"随机挑选"行为。虽然可能事件结果的范围是可预先确定的，但可能行为的范围却不是。这并不是因为存在无穷数目的人类能够完成或执行的可能行为，而是因为可能的人类行为的数目是不确定的：没有封闭的集合其元素包括每一个可能的人类行为，并且没有集合包括每一个可能的选项作为其元素，即使有优先的选项、规则排序（rule-ordered）的选项等。要求一个观众成员"从一副牌中挑选一张牌"的魔术师，不能以他决定结果可能性（并且因此任何特定结果的概率是1/52）的领域的方式，预先决定观众服从他要求的可能性。

因为在人类行为（在有利于这样的行为的机械地可分析的生物过程之上，尽管与之不同）中存在模式、规则、秩序，在社会科学和行为科学中，律则解释的失败通过诉诸概率因果关系得到了补偿，但是供选择者并不限于"原因"和"机运"。按照关于人们偶发事件产生的巨大评估选项集，人们参与的行为被有区别地描述。在许多其他与语境有关的相关维度中，一个具体类型的特定行为可以被作为一个规则、习俗、习惯、义务、偏好、倾向、强制、自发性或者心血来潮来执行。在这些描绘之间，可以观察到许多显著的和微妙的区别，甚至自发性和心血来潮都不能被还原为"纯机运"，强制也不能被还原为严格的律则因果性。关于某人做某事的预期，如果可以说他"易于"做这做那，以区别于仅仅"倾向于"或甚至"被安排"做这做那，那么我们的预期就会升高，但是这种升高几乎不具备用概率演算分析的资格。

预先假定没有证明的因果关系的统计方法

279　　关于分析和解释的统计方法在非生物学的人类科学中的应用已经有了许多重要评论，但本章的目的不是回顾它们。它们中的大多数要么聚焦于涉及统计分析的诉求（或理所当然的要求）与实际"数据"（或经验观察）和由研究者所提供的对它们的概念化之间的关联性的诸难题[46]，要么聚焦于准确识别出的"变量"的原因的关联性（relevance to agents）这一难题。[47]这都是很深的问题，但是行为科学中定量研究的支持者已经变得习惯于将它们看作技术问题，条件是统计推理的基本逻辑正当性在解释人类行为的领域中没有受到损害。

　　从推断—统计应用的原初场所到应用于现代领域的转变，有时被看作一个成功的智力异体受胎（intellectual cross-fertilization）的过程。"受胎"的比喻是恰当的：费舍尔最重要的一些工作是在"农业研究之实践要求的语境中"完成的。[48]确实，在20世纪早期，遗传学和农学是数理统计理论的发展与应用的两个主要领域。弗朗西斯·高尔顿和卡尔·皮尔逊（Karl Pearson）主要关注对基因遗传的分析。[49]"路径分析"的创立者舍维尔·莱特（Sewell Wright）关注人口遗传学的问题。生物学的和医学的应用变得越来越普遍，并且极富成效，但正是从推断—统计分析到心理学问题的转换首次确立了与人类行为研究的关联。[50]

　　在推断统计学发展和运用的领域，"因果律"和"机运"是思考事件被解释项的两个认识轴。这两个认识轴或预设在向人类行为研究转换的过程中被完好无损地保存下来。就像早前将经典力学用作仿效模型一样，探寻"定律"成为行为科学中首要的解释目标，例如，B. F. 斯金纳（B. F. Skinner）反对将推断统计学引入心理学方法论，坚持将支配机体—环境交互的"功能定律"（functional laws）的形式化作为实验心理学研究的适当目标。然而，很快，一个推断—统计技术——方差分析——作为或许是行为科学中使用最广泛的一套方法论工具越来越引人注目。

"方差分析"（ANOVA）技术的使用被用来表明：关于某个"处理"变量（例如，一个预先指定的酒精消耗水平）对某个"统计学群体"（例如，被测定量的反应次数的一组得分）的影响（effect）的"零假设"是否应该被舍弃。这依赖于一系列假定的满足，包括控制一个严格的实验的可能性，在该实验中，被研究的变量可以被操作；关于试验得分的"正态"分布（铃状分布）的假定是存在无穷数目的这样被控实验以及"方差同质性"假定，也就是假定每一组得分有相同的方差或"平均值的离差"。为了测试零假设（例如，特定的酒精消耗水平不影响反应时间），我们计算两个得分方差的估算，其中一个独立于这个零假设的正确与否，而另一个则依赖它。如果这两个估算一致，那么我们就没有理由否定这个零假设；如果它们不一致，那么我们就会舍弃这个零假设，并且能够推断出"差别处理"（例如，酒精消耗水平）对我们第二次估算的因果性影响（causal contribution from the underlying "treatment differences"）。

反应次数研究属于最早的使用 ANOVA 技术的被控实验研究。然而，它们引起了几个方法论困难：特定的肥料对特定庄稼的影响的问题，与特定的人类酒精消耗水平对作为敏捷量度的反应次数影响的问题具有充分相似的概念结构。当人类行为是解释性关注的明确的或者（更加普遍的）含蓄的焦点时，这个问题就会出现。行为科学中的许多被解释项被认为包含人的分离的状态或可测量的属性，然而实际上它们包含一系列人类行为和它们在社会上被赋予的描述性量词（human actions and their socially ascribed adverbial qualifiers）（通常在它们之间只有"家族相似"）。这表明它自身在人类智力的研究领域中是最为有力的。[51]

就"IQ 测试"（"智商测试"）的不同是由基因差别造成的这一主张而言[52]，关于对这一假定关系进行 ANOVA 研究之结果的一种典型解释通常被忽视，加芬克尔（Garfinkel）主张这些特殊结果来自该事实：被使用的"可遗传性"（heritability）概念是一个统计概念。

某个群体中某种个性的可遗传性是由该个性因基因变异而引起的变异的数量来定义的。这个定义的困难在于它使用了"由于"这个因果概念。这个因果关系不是在统计学上分析的,取而代之的是通过讨论一方是基因变异一方是个性中的变异之间的关联来进行的。[53]

被加芬克尔描述为"滑入相关主义"(slide into correlationism)的东西在这里是有问题的:在一个歧视红头发的人的社会事例中,贫穷具有高的"可遗传性",因为它高度地与一个遗传特征——红头发——相联系:

但这显然是个误导。直觉上,有两个不同类型的情形:一方面,确实存在关于贫穷的某个遗传原因的情形;另一方面,在以上的类型中,贫穷的原因是社会歧视。本质上,可遗传性概念无法区分这两者。由于它是一个相关的观念,所以它无法区分构成遗传特征和社会属性相同的协方差之基础的两种不同的因果形态(causal configuration)。[54]

智力看起来是一个内在属性概念,在一个从生物学到社会学的属性等级上,相对于"处于贫穷"它或许更接近"具有红头发"。承认加芬克尔关于对"可遗传性"的 ANOVA 研究的诉求压制了"处于这些相关之下的真正的因果关系"的观点,问题看起来仍然是:对于智力水平上的特定变化,什么是"真正的因果关系"?然而,这个问题是与将"智力的总值或水平"概念化为人的一种内在属性的现象相关的:这不仅是忽视"智商"和"实际智力"之间的薄弱联系的一个函数;它是一个忽视了以下事实的、更加基本的函数:关于智力的任何归因,无论外行的还是"专业的",都是基于处境行为(situated actions)——它们的模式和它们的后果——的规范评价而被断定的。"智力"分解为各种各样的人类行为学的(praxiological)现象。我们的智力不像我们的神经系统那样是一个具体的禀赋。它是这样:它可归于"聪明地"做某事或做"聪明的事"的人。被聪明地完成的活动是非常多样化的,但即使我们将自己限制于作为"IQ 测试"(例如,基本的算术计算、概述或转述文本、将词语匹配到图片等)的组成部分的那些被完成的活动,我们显然也不能合理地设法将它们区分为生物学的和文化的"组成成分",如同我们无法确定,一个人所说的"多少"(how much)是"由于"他的声带,多少是"由于"他关于说的语言的知识。"智力"或"智力的总值"是可以(通过遗传的、环境的或者联合遗传—环境的"因素")被因果地解释的现象,如 ANOVA 研究通常所做的那样,这个假设简单地预设了争论的主要观点即人类行为能够被因果地解释。

作为某人的"智力"的一个特征,让我们更加细致地考虑"聪明地说话"的能力。展示这个能力时,说"聪明的"事或"聪明地说话"时,一个人可以被说成在做某事,参与一个由规则制约的交流活动(一个具体类型的演讲行为,或者这样的演讲行为的系列)的完成,随着它的关于评价的伴随的、可归因的可能性,在评价中,"聪明地或不聪明地"或许可被适当地选为相关评价选项。(将这个与一个行为如"系上鞋带"对比,对该行为来说,选项"灵巧地/笨拙地"可应用,而不是"聪明地/不聪明地":可被评为"聪明的/不聪明的"行为同时为自然的和传统的标准所限制。)为了能够以一种具备用这些术语来评价的资格的方式说话,说话者必须用自然语言(或者派生系统)来说某事,这显然意味着他行为的一个组成部分(例如,他对英语的掌握)是社会化的产物。他词汇的范围和对语法复杂性的掌握同样取决于他在所处社会中经历的生活经验的类型(例如,教育的机会和鼓励、获得教育的水平、他的生平历史中流利的说话者相对于非流利的说话者的分布、作为效仿的范例他们对他的不同影响,等等)。他谈话的主题必须可被识别为一个能够按照("聪明的/不聪明的")相关维度来评价的类型,而不是一个不能使用这样的标准的类型(例如,创造一个妙语,以区别于重复一个笑话;发展一个论证,以区别于大声辱骂)。我们将这些特征——词汇、语法、主题(以及许多相关因素)——看作"源自环境的"。现在我们考虑下述情形。能够说话根本上还是需要一个发声装置,嘴和喉咙里的一个运行的、具有完整无缺的马达功能的喉部系统。有一个延伸深入到皮层的复杂的生理装置,该装置帮助(而不是引起)[55]正常言语的完成,正常言语的大部分被认为是人的遗传禀赋的组成部分。我们将这些特征看作"源自遗传的"(genetically derived)。现在,对任何事例或事例序列——在这些事例或事例序列中，一个人被主体际地（interpersonally）评价为"聪明地说话"，本身是"具有智力"一个普遍的（尽管并不是独有的和必然的）标准，对被这样评价的行为或行为序列来说，我们如何区分与权衡由"环境"产生的贡献和由"遗传禀赋"产生的贡献呢？记住这些，对定义"智力"的目的来说，"环境"被认为不仅包括目标个体的行为，而且包括其他人可评估的评价，这与关于复杂类型的传统标准的背景相反。

"聪明的谈话"几乎不是这类"现象"，这类"现象"可被分析为分离的"组成部分"，这些"组成部分"以线性的、添加的方式作出它们的"因果贡献"。关于他们"聪明地说话"，人们之间变动的数量何以被分为由于"遗传的"变动的数量（80％？40％？）和由于"环境的"差别的数量（20％？60％？）？现在重新考虑该问题是看到它的基础是完全错误的，该错误是一个函数，这个函数或者没能领会人类行为的复杂性，没能领会具有其额外潜能的人类行为的多样性和范围，这些额外潜能被诸如"智力"这样的范畴所掩盖，或者毫无疑问地预设因果推理（特别）对规则控制行为的可应用性。通常，一个错误会同等地伴随着另一个错误。

在其适当应用的领域中，这种被称为"方差分析"的推断—统计研究一向特别富有启发性，但是这种技术向人类行为领域的扩展充满了逻辑困难和反常，将人类行为处理为自然事件、分离的状态、可量化的差别或固定的（或可变的）属性（或特性）的相同基本逻辑类型的现象掩盖了这些逻辑困难和反常。

总结评论

概率论的使用（和滥用）既数量庞大又千差万别。在本章的讨论中，我将自己的思考限制在一些基本而又相互关联的问题上，这些问题通常并不被推断—统计分析的支持者直接看作人类行为科学中的解释工作的必要条件（*sine qua non*）。对人类行为研究来说，由于确信关于人类行为的概率推理的概念的或逻辑的凭据是无懈可击的，所以理论家和研究者同样倾向于不信任可选择的、非统计的方法。是时候该舍弃这种倾向了：社会科学中的统计—推理工作的逻辑基础，并不如其一些重要支持者使我们相信的那样无懈可击，并且在过去的二三十年中，在行为科学更加"定性的"领域中，关于被实施的当场（in situ）人类行为的逻辑属性和经验属性的详尽研究证明了以下这种行为模式相当粗糙，这种行为模式完全是为了推动推断—统计类型的首选方法论策略而建构的。在关于"智力"的可遗传性的统计学研究中，前面看到的这种具体化，部分是一个被这类范畴掩盖的人类行为学现象的属性的不灵敏性的函数，部分是一个诸如 ANOVA 技术向其原初没有发展的领域过分扩展的函数。

如果这里提出的论证是正确的，那么形式化概率—因果解释的方案就确实是有问题的。我们可以得到一个进一步的观点，即它大部分是不相关的。解释是一种五花八门的事情：如果概率—因果解释是律则解释的可怜继子，那么是时候再次审视这个解释方案并且发问：对人类行为领域的科学研究来说，什么类型的（抽象的、普遍的、以观察为基础的）科学解释是逻辑上适当的、方法论上可辩护的和可处理的？

目前，对解释问题来说，一个非常重要的、可选择的竞争者是程序解释。这里，关于人类如何完成他们完成的无论什么形式的行为，包括他们"解释他们的行为"的行为、产生"他们的行为的理由"的行为，理论家或研究者试图发展一种以经验为根据的描绘。这里，科学解释的形式基本上是语法的形式。这就是，目标变为详细说明一组抽象规则、原理、程序或"方法"（并不必然是算法类型的），它们解释了在对这些细节所期望的任何水平上，行动是如何可（再）完成的。[56]

主张追求解释的另一种形式并不是对无尽"反身的"自我检查或"解构性"虚无主义的妥协：人类行为任何有价值的经验科学的基本目标仍然是阐明现象的本质，并且将任何这样的洞见联系到其他生命科学中有趣的和意义重大的相关领域。如果不具备这样一个目标，那么我们就会将真正的科学探索要求严格的方案替代为意识形态上追求的一时兴起和异想天开。

【注释】

[1] Carl Hempel, *Aspects of Scientific Explanation*, New York, Free Press, 1965.

[2] 参见 [8.6], 4-24。

[3] Earl Babbie, *The Practice of Social Research*, 4th edn, California, Wardsworth Publishing Company, 1986, p. 65 (emphasis in original). 芭比还提到："在社会研究中，两个变量之间理想的统计关系并非因果关系的一个适当标准。我们会说：在 X 和 Y 之间存在一个因果关系，并且即使 X 不是 Y 的全部原因。"（同上）如我们将在后面看到的，该观点即概率原因被表示为一个分数（例如，类似特定变量的"三分之二的原因"的观点）来自路径分析模型的理论上预测的一个函数。

[4] 为了本章的目的，我将假定，解释人类行为的休谟—亨佩尔因果程式在解释惯例（praxis）的许多构成属性（constitutive property）时是不可行的。关于该领域中一些核心问题的一个早期的但仍然恰当的看法，参见 [8.31]，也可参见 Hanna F. Pitkin, "Explanation, Freedom and the Concepts of Social Science", in [8.35], ch. 10。最近的一些问题，特别是与普特南、丹尼特（Dennett）和戴维森相联系的问题，参见我的 *Rethinking Cognitive Theory*, New York, St Martin's Press, 1983, ch. 1 and 5; *Mind in Action*, New Jersey, Humanities Press, 1989, ch. 7。

[5] George C. Homans, *The Nature of Social Science*, New York, Harcourt Brace Jovanovich, 1967.

[6] G. A. Lundberg, *Foundations of Sociology*, 1939, rev. ed, New York, David McKay, 1964.

[7] 参见注释 1。

[8] 这是与拉普拉斯联系在一起的"经典"解释，拉普拉斯关于概率的哲学论文最初发表于 1819 年。关于由扩展经典解释的应用范围而引起的问题的详尽评论，参见 W. C. Salmon, *The Foundations of Scientific Inference*, Pittsburgh, University of Pittsburgh Press, 1966。本章将不会讨论"主观"概率。尤其是，我将不会关注对人类主体是秘密—贝叶斯主义者（crypto-Bayesians）这一主张的评价。关于贝叶斯概率的一个好的介绍以及关于用贝叶斯定理作为标准评价非专家所做的"直觉概率判断"的一些评论，参见 Ronald N. Giere, *Explaining Science: A Cognitive Approach*, Chicago, University of Chicago Press, 1988, ch. 6。关于以贝叶斯模型为标准在普通人的推理中发现的公认的"偏见"的卡尼曼—特沃斯基论题（Kahneman-Tversky thesis）的一个广泛讨论，参见 [8.20]，214-233。

[9] 派生二项式定理认为，X 阶乘在 N 试验中 X 成功的概率为：在 N 阶乘与 $(N-X)$ 阶乘的乘积上，乘以"任何增加 X 的能力的单独试验成功的概率"与"任何增加

(N-X) 的能力的单独试验失败的概率"的乘积。

[10] Jakob Bernoulli, quoted in F. N. David, *Games, Gods and Gambling*, London, Macmillan, 1962, p. 137.

[11] 这是哥本哈根的解释与其对手的解释之间争论的基础。一些物理学家仍然坚持所谓的关于物质的"隐变量"观点，并且争辩我们在亚原子水平遇到的不确定性是由我们目前对有待发现的力的无知造成的，这些力一旦被发现，就能使我们对现象进行因果性地推理。

[12] [8.20], 42.

[13] 同上书，45 页。

[14] 同上。

[15] 关于这个主张的广泛的历史文献，参见 Stephen P. Turner, *The Search for a Methodology of Social Science: Durkheim, Weber, and the Nineteenth-Century Problem of Cause, Probability, and Action*, Dordrecht, Reidel, 1986。

[16] 关于这一点的一些讨论和文献，参见 Steven Lukes, *Emile Durkheim: His Life and Work*, Stanford, Stanford University Press, 1985, p. 194; Jcak D. Douglas, *The Social Meanings of Suicide*, Princeton, Princeton University Press 1967, p. 16。同样应该注意到，凯特勒，就他个人来说，后来变得对"迪尔凯姆主义者"极为不满，这在一定程度上是因为他们信奉"因果"形式的解释。

[17] Emile Durkheim, Preface to *Suicide: A Study in Sociology*, trans. J. Spaulding and G. Simpson, London, Routledge and Kegan Paul, 1952.

[18] 关于《自杀论》中迪尔凯姆的"解释"的本质，一个详尽而细致记录的讨论，参见 Steven Lukes, op. cit., pp. 213—222。

[19] 同上书，209 页。同时参见 R. W. Maris, *Social Forces in Urban Suicide*, Homewood, Illinois, Dorsey Press, 1969。

[20] R. K. Merton, "The Bearing of Sociological Theory on Empirical Research", in [8.29], 87.

[21] 关于自杀，现在有相当多的、后迪尔凯姆的研究文献，其中许多开始于对迪尔凯姆的方法论程序的批评。关于该材料的一个广泛的评论，参见 J. M. Atkinson, *Discovering Suicide*, London, Macmillan, 1978。

[22] 这就是至今证据充分的传统控诉，最先由 H. C. 塞尔文（H. C. Selvin）提出，参见他著名的论文 "Durkheim's Suicide and Problems of Empirical Research", *American*

Journal of Sociology 63（1958）：607-619；repr. as rev. in R. A. Nisbet（ed）*Emile Durkheim*，Prentice-Hall Englewood Cliffs，NJ，1965。

[23] 这就是由塞尔文在他的批判讨论中注意到的东西。（参见上书，113页）

[24] [8.29]，2nd edn.

[25] 同上书，12页。

[26] Alan Donagan,"The Popper-Hempel Model Reconsidered", in W. H. Dray（ed.）*Philosophical Analysis and History*，New York，Harper and Row，1966. 关于这个立场的一个更加新近的陈述，参见 Humphreys,"Why Probability Values Are Not Explanatory", in *The Chances of Explanation*，New Jersey，Princeton University Press，1989，pp.109-117。

[27] 同上书，133页。

[28] 在关于吸烟及其与肺癌的关系的流行讨论中，关于这些"缺点"已经做了大量的工作，但在这里我不希望被理解为信奉强因果关系可能性的任何种类的原则性怀疑论（principled scepticism）。即使在肺中由在香烟烟尘中发现的亚硝酸盐导致的癌肿瘤的产生涉及的精确的因果机制尚未被确定是真实的，律则类型的因果关系的主张也仍然是一个合理的假说。之所以产生这个问题，是因为支持强律则主张要求限定范围的复杂性。肺癌在没有吸入致癌烟尘的情况下能够发生，这仅仅表明这种疾病有多于一种类型的原因：这与限制该概括即吸烟导致癌症无关。在该领域中，诉求"概率因果陈述"作为"解释"涉及的问题精确地说是这样的：它可能促使排斥对真正的因果机制以及因此对真正的因果—解释命题的探求。当然，这预设了这样一个前提，即该领域对这样一种探求来说是一个适当的领域。在吸烟/癌症关系的例子中，所有证据都指向这个方向。然而，情况并不总是如此。

[29] Rom Harré,"Accounts, Actions and Meanings：The Practice of Participatory Psychology", in M. Brenner *et al.*（eds）*The Social Contexts of Method*，New York，St. Martin's Press，1978，pp.53-54. 这里应该注意，哈瑞在关于第一个结论的描述中使用"定律"并不带有因果暗示，这段可以被意译到以下概括中：对抽样人口中每个个体来说，在条件C下，他/她有0.8的概率发展属性A；或者：在条件C下，他/她有80%的机运发展属性A。

[30] 同上书，54页。

[31] 同上，强调是作者所加。

[32] 同上，强调是作者所加。

[33] 同上。

[34] 这个例子归功于蒂姆·科斯特洛（Tim Costelloe）。

[35] John L. Pollock, "Nomic Probability", in Peter A. French et al. (eds) *Midwest Studies in Philosophy*, vol. IX, Minneapolis, University of Minnesota Press, 1984, p. 177.

[36] John Dupré, "Probabilistic Causality Emancipated", in Peter A. French et al. (eds) *op. cit.*, p. 169.

[37] 关于这些困难一个更技术化的讨论，参见 Ellery Eells, *Probabilistic Causality*, Cambridge, Cambridge University Press, 1991。

[38] L. Wittgenstein, *On Certainty*, G. E. M. Anscombe and G. H. von Wright (eds) Oxford, Blackwell, 1969.

[39] 参见上书，105 段。

[40] 在行为科学中，对于重要的考虑和/或出版来说，对于源自使用 ANOVA 技术作为先决条件的结果，坚持至少 0.05 的意义水平有一个长久的传统。关于社会科学自身之中这种实践的一些批判性评论，参见 J. M. Skipper jnr., A. L. Guenther and G. Nass, "The Sacredness of .05", *The American Sociologist* 2 (1967): 16-18; R. P. Carver, "The Case Against Statistical Significance Testing", *Harvard Educational Review* 48 (1978): 378-399。

[41] 这里的困难部分地被 J. 范伯格（Joel Feinberg）注意到，他评论，"结局"（upshots）有时是以单数的但复杂的动词的用法归因于人的，诸如"他吓唬他"、"她说服你"、"他们吓她一跳"等。在区分行为（action）和人们"做的"（done）其他事情时，这会导致失败。一个类似的混淆是将"他酣睡"[处于他"做"（did）的某事]想象为他完成的一个行为。关于这些问题的处理，参见他的"Action and Responsibility", in Alan R. White (ed.) *The Philosophy of Action*, Oxford, Oxford University Press, 1977。有趣的是，J. L. 奥斯汀的"语言表达效果行为"（perlocutionary acts）看起来存在这样一个行为/结局、行动/后果的混淆。

[42] 在概率论的术语中，一个事件是"随机的"，因为它相对于其他任何事件，同样可能发生。如西尼奥里莱（Signorile）评论的："这里，我们发现起作用的是用'随机的'去达到等概率性（equiprobability）的意义和等概率性去达到'随机的'的意义的循环。"[Vito Signorile, "Buridan's Ass: The Statistical Rhetoric of Science and the Problem of Equiprobability", in H. Simon (ed.) *Rhetoric in the Human Sciences*, New-

bury Park, California, Sage, 1989, p. 79] 西尼奥里莱坚持："通常，当由人类和装置执行时，随意的或看似无目的的选择对随机性来说一般是不充分的。"并且，他补充说："统计学家力图保证的是机会的严格平等。我们都知道这恰恰不能随机发生。"（同上）

[43] 当然，将先前注脚中的警告记在心里。我们有时将某人做某事说成一个"事件"（想象我们小孩的第一个词语的产生、或者想象一个历史演讲的风格等）。然而，这些"事件"相对于"本质事件"（events-in-nature）有一个不同的逻辑地位。

[44] 这一点直接反对从给定具体刺激和条件作用历史的"反应"的条件概率的行为主义研究到人类行为领域的预测。我们不能适当地将大多数行为解释为对任何东西的"反应"，并且当可以这样解释它们时，我们无法以适当的行为主义术语来明确说明它们，例如，我们如何将人类行为"回答一个问题"（这个很显然具备作为一种"反应"的资格）仅分析为生物行为事件序列？在言语的溪流中，不存在与语境无关的能单独将一个发声解释为一个"回答一个问题"的指示者。

[45] Zeno Vendler, "Agency and Causation", in Peter A. French et al. （eds） op. cit., p. 371.

[46] 一个关于由因/自变量分析[特别是社会学中的拉扎斯菲尔德统计学纲领（the Lazarsfeldian statistical programme）]提出的问题的精彩评论，参见 Douglas Benson and John A. Hughes, "Method: Evidence and Inference", in [8.13]。关于实施社会学探索的定量策略所涉及的一系列问题（特别是当它们涉及数据表征问题时）的一个讨论，参见 Stanley Lieberson, *Making It Count*, Berkeley, University of California Press, 1985。

[47] 关于这个问题，参见 Herbert Blumer, "Sociological Analysis and the 'Variable'", in *Symbolic Interactionism: Perspective and Method*, Englewood Cliffs, NJ, Prentice-Hall, 1967。

[48] Donald A. MacKenzie, *Statistics in Britain 1865–1930*, Edinburgh, Edinburgh University Press, 1981, p. 211.

[49] 麦肯齐（MacKenzie）的杰出研究是同时促进了推断统计学的发展领域特有的主动性（initiatives）和争论的刺激的一个重要而丰富的文献来源。（参见上书）他将这些直接与人类遗传及其内部争议的"优生学"（eugenics）思想的发展联系起来的尝试特别有趣。

[50] Gerd Gigerenzer et al., "The New Tools", in [8.20], 205–211.

[51] 我在其他地方讨论过这个问题,参见我的"Intelligence as a Natural Kind", in *Rethinking Cognitive Theory*, London, Macmillan, and New York, St Martin's Press, 1983; "Cognition in an Ethnomethodological Mode", in [8.13], 190-192。

[52] 一开始,值得注意的是"IQ 测试"得分本身是一个测试函数:

智商测试这样建构:参考人口中的测试得分的频率分布尽可能地遵从正态分布……以数值 100 为中心,并且有一个 15 分的半宽度或标准偏差(方差的平方根)。将 IQ 称为智力的一种量度,既不符合普通经验用法(ordinary educated usage),也不符合基本逻辑。[David Layzer, "Science or Superstition? A Physical Scientist Looks at the I.Q. Controversy", in N.J.Block and Gerald Dworkin (eds) *The I.Q. Controversy*, New York, Pantheon Books, 1976, p.212]

[53] [8.19], 119。

[54] 同上书,119~120 页;强调是原文中的。

[55] 我是在这种意义上说的:我有腿使得我能够走路,但我有腿并不引起我走路(或者奔跑、跳跃,等等)。

[56] 关于所谓"民俗学方法论"(ethnomethodology)的社会科学领域中有代表性的论文集,参见我编辑的文集 *Ethnomethodological Sociology*, London, Edward Elgar, 1990。或许对于该领域的探讨,在加芬克尔的创造性工作以后,最重要的贡献是哈维·萨克斯(Harvey Sacks)的研究,参见 Gail Jefferson (ed.) *Lectures on Conversation by Harvey Sacks*, vols 1 and 2, Oxford Blackwell, 1992。这套书或许取名不当,然而萨克斯的研究涉及的人类(主要为交际的)惯例的模式比被"谈话"这一范畴所掩盖的那些更为广泛。

参考书目

8.1 Anderson, R.J., Hughes, J.A. and Sharrock, W.W. *Philosophy and the Human Sciences*, London, Groom Helm, 1986.

8.2 Apel, K-O. *Analytic Philosophy of Language and the Geisteswissenschaften*, trans. H. Holstelilie, Dordrecht, Reidel, 1967.

8.3 Benn, S. and Mortimore, G. (eds) *Rationality and the Social Sciences*, London, Routledge, 1976.

8.4 Benton, T. *Philosophical Foundations of the Three Sociologies*, London, Routledge and Kegan Paul, 1977.

8.5 Bernstein, R. J. *Praxis and Action*, London, Duckworth, 1972.

8.6 ——*The Restructuring of Social and Political Theory*, Pennsylvania, University of Pennsylvania Press, 1978.

8.7 Bhaskar, R. *A Realist Theory of Science*, Leeds, Leeds Books, 1975.

8.8 ——*The Possibility of Naturalism*, Hassocks, Harvester Press, 1979.

8.9 Block, N. (ed.) *Readings in the Philosophy of Psychology*, vols, 1 and 2, Cambridge, Mass., Harvard University Press, 1980.

8.10 Borger, R. and Cioffi, F. (eds) *Explanation in the Behavioral Sciences*, Cambridge, Cambridge University Press, 1970.

8.11 Brodbeck, M. (ed.) *Readings in the Philosophy of the Social Sciences*, New York, Macmillan, 1968.

8.12 Brown, R. *Explanation in Social Science*, London, Routledge and Kegan Paul, 1963.

8.13 Button, G. (ed.) *Ethnomethodology and the Human Sciences*, Cambridge, Cambridge University Press, 1991.

8.14 Care, N. S. and Landesman, C. (eds) *Readings in the Theory of Action*, Bloomington, Ind., Indiana University Press, 1968.

8.15 Cicourel, A. V. *Method and Measurement in Sociology*, New York, Free Press, 1964.

8.16 Coulter, J. *The Social Construction of Mind: Studies in Ethnomethodology and Linguistic Philosophy*, London, Macmillan, (1979), 1987.

8.17 Dallmayr, F. and McCarthy, T. (eds) *Understanding and Social Inquiry*, Notre Dame, University of Notre Dame Press, 1977.

8.18 Emmet, D. M. and MacIntyre, A. (eds) *Sociological Theory and Philosophical Analysis*, London, Macmillan, 1970.

8.19 Garfinkel, A. *Forms of Explanation*, London, Yale University Press, 1981.

8.20　Gigerenzer, G., Swijtink, Z., Porter, T., Daston, L., Beatty, J. and Kruger, L. *The Empire of Chance. How Probability Changed Science and Everyday Life*, Cambridge, Cambridge University Press, 1989.

8.21　Haan, N. *et al.* (eds) *Social Science as Moral Inquiry*, New York, Columbia University Press, 1983.

8.22　Halfpenny, P. *Positivism and Sociology: Explaining Social Life*, London, George Allen and Unwin, 1982.

8.23　Harré, R. *Social Being*, Oxford, Blackwell, 1979.

8.24　Harré, R. and Secord, P. *The Explanation of Social Behavior*, Totowa, N. J., Littlefield Adams, 1973.

8.25　Hollis, M. *Models of Man: Philosophical Thoughts on Social Action*, Cambridge, Cambridge University Press, 1977.

8.26　Hollis, M. and Lukes, S. *Rationality and Relativism*, Oxford, Basil Blackwell, 1982.

8.27　Jarvie, I. C. *The Revolution in Anthropology*, Chicago, Henry Regnery, 1967.

8.28　Kauffmann, F. *Methodology in the Social Sciences*, London, Oxford University Press, 1944.

8.29　Keat, R. N. and Urry, J. R. *Social Theory as Science*, London, Routledge and Kegan Paul, 1975 (2nd edn 1982).

8.30　Laslett, P. and Runciman, W. G. (eds) *Philosophy, Politics and Society*, vol. II, Oxford, Blackwell, 1962; vol. III, Oxford, Blackwell, 1967.

8.31　Louch, A. R. *Explanation and Human Action*, Oxford, Blackwell, 1966.

8.32　Macdonald, G. and Pettit, P. *Semantics and Social Science*, London, Routledge, 1981.

8.33　Natanson, M. (ed.) *Philosophy of the Social Sciences*, New York, Random House, 1963.

8.34　O'Neill, J. (ed.) *Modes of Individualism and Collectivism*, London, Heinemann, 1973.

8.35　Pitkin, H. F. *Wittgenstein and Justice: On the Significance of Ludwig Wittgenstein for Social and Political Thought*, Berkeley, University of California Press, 1972.

8.36　Popper, K. R. *The Poverty of Historicism*, London, Routledge and Kegan

Paul, 1961 (1st edn 1957).

8.37　Putnam, H. *Meaning and the Moral Sciences*, Boston, Routledge, 1978.

8.38　Rudner, R. S. *Philosophy of Social Science*, Englewood Cliffs, N. J., Prentice-Hall, 1966.

8.39　Ryan, A. *The Philosophy of the Social Sciences*, London, Macmillan, 1970.

8.40　—— (ed.) *The Philosophy of Social Explanation*, London, Oxford University Press, 1973.

8.41　Schutz, A. *Collected Papers*, vols. I and II. Evanston, Northwestern University Press (1966), 1971.

8.42　——*The Phenomenology of the Social World*, trans. G. Walsh and F. Lehnert, London, Heinemann, 1972 (1st English edn., Evanston, Northwestern University Press, 1967).

8.43　Schwayder, D. *The Stratification of Behaviour*, London, Routledge & Kegan Paul, 1965.

8.44　Skinner, Q. (ed.) *The Return of Grand Theory in the Human Sciences*, Cambridge, Cambridge University Press, 1985.

8.45　Taylor, C. *The Explanation of Behaviour*, London, Routledge and Kegan Paul, 1964.

8.46　Taylor, R. *Action and Purpose*, New Jersey, Prentice-Hall, 1966.

8.47　Truzzi, M. (ed.) *Verstehen: Subjective Understanding in the Social Sciences*, New York, Addison-Wesley, 1974.

8.48　von Wright, G. H. *Explanation and Understanding*, Ithaca, N. Y., Cornell University Press, 1971.

8.49　Weber, M. *The Methodology of the Social Sciences*, Glencoe, Ill., Free Press, 1949.

8.50　White, A. R. (ed.) *The Philosophy of Action*, Oxford, Oxford University Press, 1968.

8.51　Wilson, B. R. (ed.) *Rationality*, Oxford, Blackwell, 1970.

8.52　Winch, P. *The Idea of a Social Science and Its Relation to Philosophy*, London, Routledge and Kegan Paul, 1958 (New edn 1988).

8.53　——*Ethics and Action*, London, Routledge and Kegan Paul, 1972.

第九章
控制论

肯尼思·M·赛伊尔（Kenneth M. Sayre）

历史背景

控制论创立于20世纪40年代，作为一个跨学科研究领域，是对已经开始阻碍各门现有学科发展的专门化所作出的回应。起初涉及的主要学科是数学［代表为N.维纳（N. Wiener），该运动的领导］、神经生理学［代表为W.加农（W. Cannon）、A.罗森勃吕特（A. Rosenblueth）、W.麦卡洛克（W. McCulloch）］以及控制工程［代表为J.毕格罗（J. Bigelow）］。这个群体的跨学科基础很快扩展到数理逻辑［代表为W. H.皮茨（W. H. Pitts）］、自动机理论（代表为冯·诺依曼）、心理学［代表为K.列文（K. Lewin）］和社会经济学［代表为O.摩根斯坦（O. Morgenstern）］等。尽管最初的活动以哈佛大学和麻省理工大学为中心，但随后的扩展使得一些会议也在东北海岸沿线的其他地点进行。其中值得注意的是1942年在纽约由约西亚·梅西基金会（Josiah Macy Foundation）（1946年又支持举办了其他会议）举办的关于目的和目的论的一次会议，以及1944年在普林斯顿举办的关于计算机器设计的一次会议。这些早期会议的作用像一个共同体论坛，允许参与者对共同的问题分享洞见，并且联合探索解决的新奇方法。

对这样一个论坛的需要，起先产生于与维纳和毕格罗在为控制大炮瞄准快速移动的飞行器设计机制中所研究的问题的联系中，罗森勃吕特将这些问题看作类似于他曾研究的人类病人中目标导向的主动行为的反复无常的控制中的问题。因此，该群体随后集中关注的反馈过程（参见下面）主题，来自生物控制系统和人工控制系统的比较研究。与在有效控制系统的设计中的问题一贯联系的是，关于其正确反应能以之为基础的向系统交流数据的问题以及关于向适当的效应器装置交流这些反应的问题。在生物有机体中，这些交流功能由输入和输出的神经系统承担，它们分别对应反飞行器的雷达和瞄准装置。对通信和控制系统的共同强调，解释了维纳的影响后世之作有些不雅致的副标题，这本著作是《控制论：或关于在动物和机器中控制和通信的科学》（*Cybernetics, or Control and Communication in the Animal and the Machine*）[9.5]。

维纳为这个新研究领域选择的名字"控制论"源自希腊语 *kubernētēs*，意思是"舵手"或"飞行员"。由于与"调节器"（governor）源自（通过拉丁语 *gubernare*）同一词根，控制论具有一个现成的技术祖先，始于詹姆斯·瓦特（James Watt）在 18 世纪晚期发明的调节蒸汽机转速的装置（称为"调节器"）。政治上的祖先可以追溯到柏拉图，柏拉图在《理想国》（*Republic*）和《政治家篇》（*Statesman*）中多次将一个运行良好的政治秩序的领导者比作一个船的 *kubernētēs*。可确定的哲学系谱同样可以追溯到柏拉图，他在《斐德罗篇》（*Phaedrus*）中将理性看作灵魂的 *kubernētēs*［预示着斐陶斐格言（the Phi Beta Kappa motto）：*philosophia bion kubernētēs* ——"哲学，生活的向导"］。

信息统计学概念的创始人 H. 尼奎斯特（K. Nyquist）和 R. 哈特利（R. Hartley）曾预言了维纳对通信技术问题的兴趣。尽管维纳将 C. 香农（C. Shannon）归入他的创始团体，但在后者出版了文章《通信的数学原理》（The Mathematical Theory of Communication）[9.16] 后，我们倾向于将后者对这个领域的贡献归到"通信理论"（或者"信息论"）名下而不是"控制论"名下。另一个包含控制论的新研究领域是计算机理论，但很快也失去了名称上的区分性。尽管维纳是除 V. 布什（V. Bush）（麻省理工大学）、H. 艾肯（H. Aiken，哈佛大学）和冯·诺依曼（普林斯顿大学）以外提出建造第一台电子数字计算机计划的关键人物，但他更感兴趣的仍然是这些装置可能的神经学相似物，而不是其中的逻辑设计。广阔的控制论背景对他后来在数字计算机方面的贡献相对来说作用并不大。

　　控制论早期侧重于生物控制系统和机械控制系统之间功能上的相似性，这很快在工业界获得了工厂自动化和其他形式的机器人技术的认同。相比之下，在学术界，控制论开始与当时神秘的人工智能（AI）领域联系起来，后者的初衷是努力降低人类在大范围以计算机为基础的空中防御系统——20世纪50年代在麻省理工学院林肯实验室发展起来——中的负担。人工智能的早期关键人物O.塞尔弗里奇（O. Selfridge）也是维纳创始团体中的一个年轻成员，与M.明斯基（M. Minsky）和S.帕珀特（S. Papert）一起都来自麻省理工学院。20世纪50年代通过与麻省理工学院的交流开始涉足人工智能的哲学家包括了H.德莱弗斯（H. Dreyfus）和K.赛伊尔（K. Sayre），前者对人工智能总体上持批评态度，而后者看到了把人工智能看作解决心灵哲学传统问题新方法的潜力，并于20世纪60年代在圣母大学建立了第一个旨在联合哲学和人工智能的研究中心。

　　尽管控制论的历史涉及技术发展，但从维纳开始，控制论的主要代表人物都明确地关注它更广泛的哲学含义。下面的讨论包括它的哲学背景和潜在的进一步的哲学贡献。最后一节评论目前人工智能和控制论的相互影响。

基本概念

　　柏拉图以前的哲学已发现少量的基本原则，按照这些原则，可观察世界的明显的多样性就可以被理解为连贯统一的。控制论基于多样性本身的呈现以一系列解释性概念回到了这个任务上来。其中主要的概念包括反馈、熵和信息。

反馈

　　一个可变环境中的任何操作系统都是通过它的输入耦合和输出耦合与此环境相互作用而运行的。每当在输出的变化以这样一种方式作用于环境以至于在系统的输入同样产生一个相应的变化,反馈就发生了。控制论主要关注与偏离操作系统的一个稳定状态明确相关的两种反馈。当对稳定状态的偏离产生的输出引起进一步的偏离时,这时发生的是正反馈。一个例子是一个杂交繁殖群体的成员的增加,在后代中,该群体产生一个甚至更大的增加。这类反馈被称为"正的",因为它倾向于增加偏离它发生于其中的系统的稳定性。相反,每当从一个稳定状态的暂时偏离导致了抵消进一步偏离的输入,负反馈就发生了。负反馈的普遍例子是恒温器在一个封闭空间中维持稳定温度的操作、滑雪者在下坡路上维持平衡时身体姿势的灵活转换。

考虑到维持系统处于稳定运行模式的调节性机制的负载,负反馈的类型会被进一步区分。体内平衡是一种负反馈,通过体内平衡,对稳定性的偏离被系统自身内的调整抵消。生物有机体中体内平衡的常见形式是调节身体温度的机制和血液的化学组成成分。另一类型负反馈的典型是随运动目标而改变方向的热能追踪导弹和为获得充足阳光而开花的雏菊。这后一类负反馈被称为"外部主导的",因为它的作用在于调节该系统与其运行环境中的因素的外部关系。

所有有机系统和大多数机械系统都包含变量,如果系统要保持运行,那么这些变量就必须被限制在一个狭窄的值域内。举个例子,如果血液中的氧含量降到某个水平以下,那么哺乳动物就会很快死去,就像如果失去油压,交互引擎就会很快冻结一样。负反馈通常被认为是一种调节约束类型,通过这类调节约束,系统的关键变量的值被保持在与持久运行相容的范围内。因此,根据阿什比(Ashby),负反馈在操作系统经济学中的核心作用是阻止将过多的变化传送给系统受保护的变量。(参见[9.7],199)反馈调节的一个重要结果是使系统相对于它的运行环境维持在低熵状态。

熵

按照克劳修斯(Clausius)最初的定义,熵测定孤立系统内可用于做有用功的总能量的比例。如果一个系统的一部分远热于另一部分(例如,一个蒸汽室),那么当热从较热部分传向较冷部分时就做了功(例如,蒸汽机的活塞)。然而,如果系统的所有部分大致处于同一温度,那么系统内的热能就不能完成有用功。根据热力学第一定律,一个封闭系统内的总能量保持不变。但是，当它可用于做功的能量通过不可逆转的物理过程（例如，蒸汽向活塞的排放）开始被消耗时，它产生额外功的能力就逐渐减少。在克劳修斯的意义上，这意味着系统的熵逐渐增加。热力学第二定律的原初表述为：一个封闭系统内可用于做有用功的能量随时间而趋向于减少，因此，对该结果公认的简明重述为：一个封闭系统的熵总是趋向于增加。

玻耳兹曼和普朗克的工作为熵概念提供了一个统计学基础，这始于普朗克将"态势"（complexion）定义为它的组成部分在一个物理系统的微观水平上的一个具体配置。玻耳兹曼发展了用于测定系统与其每一个可区分的宏观状态相关联的可能态势的比例的技术。假定一个系统的所有态势都是等概率的，他确定了一个存在于特定宏观状态的先验概率，这个概率等于和这个宏观状态相关联的态势与该系统全部可能态势的总数的比例。在这种处理中，与一个特定宏观状态相关联的态势的比例越大（例如，它的概率越大），当存在于这个宏观状态时，系统就将被组织得越低，相应地产生有用功的能力就越低。这使得能够按照概率来重新定义熵。如果 P 是一个系统存在于一个特定宏观状态的概率，k 是被称为玻耳兹曼常量的量，那么系统在这个宏观状态的熵 S 就由方程"$S=k \log P$"确定。（这个函数中使用的对数使得熵成为可加的。）

作为玻耳兹曼处理的一个结果，熵的增加不仅会被理解为可用于做有用功的能量的减少，而且会被理解为有关系统的组织（结构、秩序）的降低。然而，热力学第二定律的另一种表达现在变得合适：封闭系统越来越趋向于形成更为可能的宏观状态，这就是说，宏观状态表现出越来越低的秩序。在实践中，任何负责清扫房间或从菜园中清除杂草的人对它的意义都再熟悉不过了。

熵概念的进一步发展伴随着它向通信数学理论的延伸。这一延伸的关联性表现为如下思考，即我们关于特定系统的具体微观结构的信息主要源自对其宏观状态的观察，特别是，可能处于特定宏观状态下的态势越多，我们关于其实际微观结构的信息就越少。这个情形类似于一个侦探对一个要找的人仅有一个笼统的描述：符合这个描述的人越多，手头关于这个实际罪犯的信息就越少。如在玻耳兹曼的应用中，当将熵作为处于系统可观察的宏观状态下的微观状态之多样性的一个量度时，它同样为我们提供了微观水平的系统结构的信息之缺乏的一个量度。

信息

通信理论是对通过信道进行信息有效传输的研究，由尼奎斯特和哈特利在 20 世纪 20 年代创立，并由香农在 1948 年体系化。在其最普遍的形式中，一个信道包括一个符号输入组（A）（a_1，a_2，...，a_r）和一个符号输出组（B）（b_1，b_2，...，b_s），通过一组条件概率 P（b_j/a_i），说明每个输出 b_j 在与每个输入 a_i 相联系时出现的概率，输入组和输出组在统计上相互关联。为了形式描述的目的，A 和 B 都被假定包括多种多样的符号事件，这些事件中有且仅有一个在系统运行的一个重要时刻出现。一个简单的例证是电报电路，这里 A 和 B 分别由键与发声器上的事件组成，条件概率 P（b_j/a_i）由传输媒介的物理特性决定。

由于输入上符号事件的多样性，关于什么事件（E）将在一个特定的运行时刻实际发生，预先存在不确定性（小于 1 的一个先验概率）。当 E（以一个后验概率 1）实际发生时，这种不确定性就被消除了。这种不确定性的消除被命名为"信息"。按照公式"I（E）= log 1/P（E）"，信息在量上随着由 E 的发生而被消除的不确定性的数量而变化。（如同在定义热力学熵 S 的方程中一样，这里使用对数是为了实现可加性。对数底数为 2 通常是为了数字计算机应用的方便。）比如说，如果 E 有一个 50％的先验概率（考虑一个公正的硬币的一次抛掷），那么它的发生所提供的信息测定为 log 1/0.5（= log 2），这等于 1 比特（"二进制单位"）信息。一般来说，一个特定事件的发生所提供信息的数量等于其先验概率加倍等于 1 的次数（例如，对于 1 个 30％可能的事件是 1.74）。

A 上可用的平均信息［H（A）］等于其单独事件所提供的信息量的加和，由事件的发生概率各个增加。数学上很容易表明，H（A）同时随着独立事件的数目和这些事件向随机性（例如，等概率性）的临近而增加。由于这一点［以及由于 H（A）的数学定义和热力学熵 S 的数学定义的相似性］，量 H（A）通常被称为 A 的"熵"。一个相关的量度是 A 依照 B 的"含糊度"［H（A/B）］。"含糊度"［H（A/B）］指在输出 B 相关的事件发生以后，关于发生在输入 A 的事件剩余的不确定性的平均量。这个量由每个事件 a_i 依次给定每个事件 b_j 的条件概率的总和确定，每个概率通过它的倒数的对数而增加。当在 B 的事件作为在 A 的事件的指示器在可靠性上增加时，这个量趋近零，这使得 H（A/B）作为信息传送者成了信道可靠性的一个负指标。一个信道总的信息传输能力正比于在其输入可利用的信息，反比于其含糊度。在这一点上，一个信道的能力被称为它的"互信息"[I（A；B）]，并且相应地通过量 H（A）－H（A/B）来测定。

虽然通信理论家通常为了技术应用而关注信道设计，信道在许多自然过程中同样起着突出的作用。自然环境中的信道通常涉及被称为"级喷流"（cascades）的渠道的复杂组合。信道的一个级喷流包括一系列单独信道，这些单独信道被如此安排：第一个的输出作为第二个的输入，依此类推。一个清晰的例证是开始于角膜，向前连续地通过晶状体、若干层视网膜、视神经交叉，最终到视觉皮层的级喷流。路径上的每个单独信道都是信息处理中的一个不可或缺的部分，这些部分构成了视知觉。

一个被香农和通信理论的其他开创者强调的事实是，信息在这个技术意义上［信息（t）］与意义或认知内容没有多大关系，但使用"信息处理"词汇的认知理论家常常忽视了这个事实。通信理论处理的符号事件在人类使用者的解释下获得意义，但无论如何，它们本身不具有语义特征。控制论的一个主要挑战是：洞悉信息（t）如何通过神经系统中的过程被转换为具有认知意义的信息（s），即被转换为知识或智力意义上的信息。就像今天普遍存在于认知理论中的那样，假设中枢神经系统的输入信息（s）好像是"现成的"，这对澄清问题没有用。

负熵

因为熵是信息（t）的相对缺乏的量度，所以信息（t）对应于熵的缺乏。维纳在将信息（t）描述为熵的缺乏时（参见［9.5］，64），使用了表达式"negative entropy"（负熵），后来布里渊（Brillouin）将其简化为"negentropy"。负熵的其他形式是结构（对系统组成部分的随机安排的背离）和生产性（productive）能量（系统内做有用功的能力）。这三种形式的负熵可以相互转换。

　　当水被注入高层蓄水池时，能量就转化为结构。并且，反过来，当水落下驱动发电机的涡轮机时，结构又反过来转化为能量。随着在调频无线电波上探测到信号，能量转化为信息（t）。在通过编码打击卡对电脑的操作中，结构可转化为同一结果。由于信息（t）基本上是一个统计学量，所以它转化为结构和能量就较难阐明；但是，著名的"麦克斯韦妖"思想实验提供了一个直觉的理解。考虑中的"妖"位于连接两个气体容器的通道上，并操作一个控制单个分子到另一个气室通道的活板门。起初这个（封闭的）系统处于一个最大无序的状态（最大熵），气体分子每时每刻都是随机分布的。然而，这个"妖"能够接收信息（t），以区分慢速移动和快速移动的分子，仅准许快速移动的分子进入一个气室，慢速移动的分子进入另一个气室。作为活板门操作的最终结果，系统达到一个最大结构（按运动速度的分子隔离）和最大有用能量（由分子碰撞引起的气室间的温度差别）的状态，两者都通过使得该"妖"区分运动速度的信息（t）而实现。随着以下这个观察，即按照热力学第二定律，负熵形式间的这类实际转化通常涉及有用能量的一些损失，熵重新进入该画面。

　　通信理论的一个重要原则（香农第十定理）声称，如果一个系统的含糊度 $H(A/B)$ 不大于其纠正信道的互信息 $I(A;B)$，那么它就能够纠正在其输入上除随意的一小部分错误外的所有错误。一个装置作为调节器（阻止产生不稳定性的变化）的能力不能超过它作为一个信道[为信息（t）的交流整理变化]的能力，对于该结果，一个等价的表达是阿什比必要多样性定律。

解释原则和方法论

300　　控制论从其作为一门统一的学科开始就被构想为具有跨越更加专业化的学科界限的连续性。（参见 [9.5]，2）控制论自由地利用其他学科的解释资源，但总是以超越其原始运用边界的方式予以应用，例如，由于体内平衡的生物学概念被阿什比扩展到具有适应能力的机器的设计中 [参见《设计大脑》(Design for a Brain)]，而熵的物理学概念也由于薛定谔的著作[9.14]被扩展到生物学。由于观察到所有自然过程在其周围产生熵的增加，薛定谔将生命描述为有机体通过"连续地从其环境中吸取秩序"([9.14]，79)以结构损耗的形式抵制累加的熵的能力。他评价说，"新陈代谢的本质就是有机体成功地……从它活动时不由自主地产生的熵中释放出自己"，它通过消耗最近区域熵的增加过程从而"吸取"负熵来完成。这一描述强调了生物有机体从处于较低能量水平上的食料中吸收能量的非凡能力，这在效果上类似于烤面包机被一片冷面包所加热。正是通过这种反转能量的自然流动的方式，生命系统得以维持自身，如维纳所说，"就像在增加熵的总潮流中有一块飞地"([9.6]，95)。

　　控制论中另一个具有广泛应用的生物学概念是适应概念。如其他形式的负反馈一样，体内平衡自身是一个适应过程。此外，在变化环境中运行的有机体中，存在一种为回应无处不在的环境变化而调整它们反馈能力的趋势，这相当于一种适应能力的适应过程。物种进化自身提供了这种更高水平的适应例证，如在多刺的叶子结构的发展中，植物通过调整它们的湿气保存步骤来增加红外线辐射的水平。尽管在这种调整中，进化生物学家的兴趣可能聚焦于潜在的遗传机制，但控制论的兴趣会更多关注它们对有机体和环境间负熵交换的影响。从这个观点来看，此类适应过程的主要作用是维持有机体和环境间的一个高效耦合，通过这个耦合，有机体可以获得维持其生命过程所需的负熵。通过扩展薛定谔的描述，可以说，一个生物有机体不仅能够从它邻近的环境中吸取负熵，而且属于一个生殖群体，这个生殖群体倾向于通过在所涉及的反馈机制中的适应变化，在其所有成员中保存这种能力。

　　尽管控制论的某些解释原理无疑依赖其他学科，但它同样也发展了自身的解释资源，这些解释资源不能很好地适应具体科学。一个是能量、结构和信息间的相互转化原理，如前所引，这主要归功于布里渊。另一个是前面提过的必要多样性定律。在这个定律中，从直接相关于生物有机体反馈能力的方面，阿什比重新表述了通信理论的香农第十定理。按照该定理，一个有机体能适应的环境变化的范围由它的信息 (t) 处理系统的能力来限制。结果是：被像人类这样的、高度适应的有机体吸取的大量负熵，必须以信息 (t)

的形式完成，并且其生理结构的一大部分必须被用于处理这个信息（t）。这个结果是对人类心理能力所进行的控制论分析的基础。

这些分析说明，作为一门统一的学科，控制论与 20 世纪早期由逻辑实证主义提出的"科学的统一"几乎没有共同之处。尽管后者曾想以还原到物理学的方式来完成，但控制论理论家从开始就明确地拒斥物理科学的首要性。（参见 [9.6]，21；[9.7]，1）控制论依赖的生物学原理不能还原为物理学，如其物理学原理不能还原为生物学一样；并且，两者都不能处理作为负熵的一种形式的信息（t）。更确切地说，由控制论提供的统一的方式是这样一个语境，在这个语境中，在不损失相关学科部分自主性的情况下，能够用共同的术语研究来自不同学科的可比较现象。

由于其本质上的跨学科特征，不存在通过它能够将控制论与相关探索领域区分开来的单个方法或方法组。在其初期，与数理逻辑、微积分和计算理论的更加形式化的方法一起，神经生理学和控制工程的实验技术对控制论来说是重要的。近些年来，控制论研究又运用了系统分析的技术、组织理论的技术和计算机建模的技术。从这点可以得出，事实上不是任何运用这些研究技术的人都是在从事控制论研究，也不是从事控制论研究的人都要求运用这些技术，而仅仅是一些人可能在控制论研究中运用这些技术。

就控制论而言，方法论上的独特之处在于，它将该研究的各个同盟领域的不同资源相互关联起来。作为一门综合性的学科，控制论比科学更哲学。在其关于该学科如何形成的准自传的说明中，维纳多次引用莱布尼茨［称他为该领域的"守护神"（参见 [9.5]，12）］，并提到了罗伊斯（Royce）和罗素的影响。他喜欢提起的其他哲学家还有帕斯卡（Pascal）、洛克、休谟和柏格森（Bergson）。在从不同方面对这些思想家表示感激的同时，维纳似乎更钟情于他们对元科学问题的兴趣以及他们关于哲学如何说明科学基础的说明。维纳探求控制论的方式与几个世纪以来哲学的主要倡导者探究哲学的方式并无不同。按照最普遍的术语，它前进的方式是吸纳解释的一些基本概念和原理，并且按照这些概念和原理详细说明关于整个世界的一个连贯图景。对维纳来说，基本概念是系统的或组织的概念，解释原理是反馈原理和通信原理。然而，或许是由于其创始团体中其他成员主导的科学定位，看起来几乎没有什么动力来详细说明这一方法论分支。

在更近的发展中，被证明能为控制论所用的一种具体研究模式是对流行的哲学分析方法的模仿。在典型的哲学应用中，该方法开始于被分析的概念或某种存在的一个基本特征，继而添加其他特征，直至找到描述其唯一性的排列。如果成功地完成，那么从充分必要条件的方面而言，该程序就产生了对分析对象的独一无二的描绘。在它具体的控制论应用中，该程序关注的是复杂系统及其行为模式，而且此分析技术可能只是实验性的（例如，机械模拟的或计算机模拟的）和概念性的；但在其他方面，程序是类似的。在研究中，该程序开始于复杂结构的一个组成部分，继而以适当的顺序结合其他部分，直到该结构作为部分的结合被（机械地或概念地）展现出来。将该程序标记为控制论的是它处理的组成部分的性质以及（特别是在生物系统的应用中）这些组成部分适当结合的顺序。这些组成部分通常与系统的调节有关，与它的信息（t）和其他形式的负熵的管理有关。此外，在生物学应用中以及其他经研究表明具有形成于不够复杂的亚结构的结构研究中，结合的顺序都应该遵循这种可能的进化发展路线。

这一程序总体上以综合分析为特征，或者说是近来心灵哲学中所谓"自下而上的"（相比于"自上而下的"）分析。该方法的综合性或整体性具有哲学的性质，并且旨在按照其功能的组成部分来理解复杂结构。如前面所说，这些组成部分本身是根据具体科学的解释资源来理解的。因此，控制论的方法论是哲学的和科学的，并且或许是在研究和试验室中所要探究的。

对目标导向行为的分析

罗森勃吕特、维纳和毕格罗于1943年发表的论文《行为、目的和目的论》（Behavior, Purpose, and Teleology）[9.12] 最早表明了负反馈概念的跨学科特征和广义上的哲学含义。按照维纳的评价（参见 [9.5]，8），这篇论文的创新点是中枢神经系统并不像一个自足的器官那样运行——从感官获得输入和向肌肉组织发出输出，反而典型地充当了一个负反馈循环的一部分，这个负反馈循环通过环境从效应器肌肉开始，又通过感觉系统返回。提出这一洞见的神经学研究关注诸如捡起铅笔之类的目标导向行为，而且作者们发现这可以用来说明巡航导弹——正发展为现代战争装备中的一部分——所涉及的反馈类型。这类武器由某类与意向对象相联系的（回声探测的、磁的、热的，等等）通信联系引导，通过这种通信联系，一个错误纠正机制将导弹维持在一个导向与目标相联系的路线上。在他们对人类与明显的机械反馈操作间的这种类比的最初热情中，作者们提出将这类目标追踪行为作为一般性的目标导向（目的性的、目的论的）行为的一个模型。

随后的批评对这一模型提出的困难是：这类目标追踪需要意向目标的物理存在，而人类的目的性行为（例如，寻找一只丢失的耳环）通常指向不在场的目标。类似的是，在生物学过程（例如，从一颗橡子到一棵橡树的生长）中，被当作目的论的行为的行为看起来指向在场的目标状态（例如，成熟的树的形态学）——如果存在的话，也只在该过程的后期。能更好地适合这类范围广阔的事例的目标导向行为的一个模型以平衡概念或稳定性概念为基础，并且强调指向的方式而不是强调（外部的）目标本身。为了维持导弹的实际运动与打击目标的路径间一种稳定对应关系，设计了反馈机制，导弹就是通过这种反馈机制导向目标的。从引导系统（尽管不是设计者的）的立场来看，由此产生的打击结果是同时的。当一只耳环的丢失打乱了某人的晨漱时，接着发生的寻找行为就受导向恢复这个人着装惯例之平衡的反馈程序（寻找模式）的引导。并且，当一颗橡子开始发芽并扎根时，它随后的生长就被遗传地确立的反馈过程引导，该反馈过程指向其生长环境中的一个稳定的体内平衡状态（一棵满树叶子的树的状态）。在每个事例中，目标导向行为都受负反馈支配，并且目的在于确立或维持一个平衡状态中的操作系统的某个方面。

共享目标导向行为的这个普遍形式，并没有把人类目的或生物学目的论降低到巡航导弹的机械论水平。像制导导弹这种人工产品典型地是被设计用来在特定条件下正常运行时执行特定的预先确定的操作的，因此，在这些条件下相应的执行失败就是系统故障的一个标示。然而，人类目的性地执行的行为在一定程度上是无条件的，这尤其意味着，条件担保下的执行失败并不标示着其反馈系统的故障。在这个意义上，人类目的不是决定论的，并因此与控制论框架下的一般性约束相一致，以在大体上反对对自然过程进行决定论的解释（参见下文）。反过来，目的论的生长又区别于目标导向行为，这不仅由于指向一个不在场的目标，而且由于涉及的目标导向行为采取了形态学变化的形式，而非采取导引运动中变化的形式。在其形态学发展的任一阶段，有机体都必须以充分的稳定性与其临近的环境相联系，以获取它所需要的维持生存的负熵。然而，仅仅在生长的相对高级阶段，有机体才能在一种形式中达到体内平衡，维持该体内平衡而没有进一步的形态学变化（叶状结构的剥落、牙齿的生长等）。生物学的生长是目的论的，这意味着生物学的生长指向一个目标状态，字面上，该状态仅出现在生长过程本身的终点，该状态是生存环境内的一个稳定的体内平衡状态。然而，考虑到这种生长被有机体的遗传结构确定（set in place）的反馈机制所引导的这个事实，我们没有必要将生物学目的论解释为因果相继的因果过程。对目的论的生物学基础及因果结构更加全面的考察，参见 [9.9]。

适应形式

形态学发展主要由个体有机体的遗传机制引导。有机体服从的另一种变化形式是适应，它主要出现在对环境变化的回应中。在控制论出现之前，曾被系统地研究过的适应模式是生物物种中的进化和自然选择以及个体有机体的行为调节。这些适应模式都具有反馈特征，对这些特征的控制论分析又让我们发现了另一种适应模式。该模式附属于知觉模式的形成，对我们理解认知过程具有重要意义。

进化和自然选择

一个生物学物种是一个杂种繁殖的个体群，其特征通过遗传的方式传递给下一代。特定物种的地方亚群（同类群）的成员关系会随着当地条件的变化而波动，因为作为对食物供应、掠夺行为等变化的回应或多或少会有成员活到成熟。根据短期环境变化而进行的调整通常不会引起群体基因库的重大改变，故而也不会引起成员典型特征的改变。另外，根据更加普遍的环境变化如地球物理的巨变或气候的改变而进行的调整，可能要求群体的具体特征发生改变，以使其成员能够利用新的食物资源（例如，砸开种壳的更厚的喙）或新的保护方法（例如，更浅的颜色以应对被雪覆盖的栖息地）。长期性的适应可能是由相近特征群体中的个体的生殖方面统治力的改变引起的，该特征因此在后代成员中开始激增。最终结果可能是基于基因库被充分改变以构成新的物种的生殖群体的涌现。因此，物种进化可能会被看作是使得生殖群体在变化的环境下维持稳定性的体内平衡过程的产物。调整机制是遗传控制的特征的改变，这些特征影响群体在其临近环境中的生存能力。

鉴于物种进化是一个运行在生殖群体水平上的适应过程，所以自然选择是一个生物系或生态系统水平上的适应过程。生物系是各物种在一个共享的环境中相互作用的系统，每个物种都占据一个独特的角色或合适的位置，并能与其同伴物种维持稳定的关系。我们通过其提供的生存空间（树、草地，等等）的种类和食物来源（种子、昆虫，等等）的种类来区分生态位。生物系的正常状态是提供生态位所需的一切以维持其社区的平衡，并且同时保持其现存的生态位充满其地区的负熵资源能够供养的尽可能多的个体。一个特定的生态位上个体数的暂时减少，会被其占有物种的增加的生殖或来自临近地区的竞争物种的移居抵消。另外，可能以灭绝（或若干消耗）这样或那样的竞争群体的形式，个体数的过分增加将被减少的生殖抵消。当为生态位有限资源的竞争使一个新出现的物种处于危险中时，最终结果将不是它被一个更具竞争力的物种除掉，就是它作为均衡的生态系统的一部分而确立。因此，自然选择可能会被看作一个体内平衡过程，通过该过程，生态系统通过其构成物种间关系的改变在变化的环境中保持完整性。

学习

一个新出现的物种在其原初生物系中的失败，不排除它在某个其他可能移居的地区取得成功。因此，使一个群体在各种各样的地区具有竞争力的特性（上述的一个部分被称作"负熵灵活性"），为成功提供了多种多样的机会，并且可能变为该群体的基因禀赋的一部分。这类特性的一个主要供给出现在物种进化的过程中，伴随单个有机体在其临近环境中使其行为适应局部变化的能力。尽管原始生命形式（如细菌和单细胞动物）的适应一般依靠影响物种的基因突变，故而需要几代的时间，但个体行为对临近偶发事件的适应在单个有机体的一生中可以重复发生。这个能力在行为科学中被称为"调节"或"学习"。

任何产生输出的操作系统在某种程度上都是以其输入为条件的。当一个系统为了自身利益能够调节输入和输出间的这个条件联系时，该系统就具有学习能力。虽然在完全固定的环境中，生物系统通过这样的调整会一无所获，但在可变的环境中，复杂的有机体一般会从某些行为模式获益，并且被其他行为模式损害。具有学习能力的有机体在遗传上被安排避开不利的（疼痛的或"惩罚的"）刺激，并且寻找愉快的（高兴的或"加强的"）刺激。自然选择支持其成员在有益环境下被加强、在有害环境下被惩罚的物种，在一个持久的物种中，这种安排的结果支持其中运行的个体的存活。于是，学习归结为一个塑造有机体之行为的过程，以从其当前环境中有效地引出愉快刺激，最小化不利刺激的发生，并提高所涉物种的存活概率。

在有益调节的有机体中，指示有益环境的刺激将倾向于引出可能确保那些利益的行为，而指示有害环境的刺激会倾向于引出回避行为。但是，当一个有机体开始发现不利刺激与先前有益环境相联系（例如，一个曾经清澈的溪流显示出污染的迹象）时，该有机体就将在以标志那些环境的出现的输入为条件的行为输出的概率上发生重要变化。先前促使有机体利用自身表示的环境的输入，现在反而会倾向于引出回避行为，或者可能完全失去引出任何特别行为的能力。对先前导出回避行为的输入来说，情况就正好相反。因此，通过调整感官输入与回应变化的"强化的相倚关系"（这个短语来自斯金纳）的行为输出间的条件概率，有机体使其行为适应不断变化的环境。用最一般性的控制论描述来说，学习是一个反馈过程，在此反馈过程中，一个有机体的行为对环境的影响反过来又被它的感官接受器接受并被用来塑造其行为，以帮助该有机体在当前环境中获得有利地位。

知觉模式

根据阿什比必要多样性定律，一个有机体能够使其行为适应的环境变化范围由其作为一种信息（t）处理系统的能力限制。一个直接结果是：一个有机体对一个波动环境可以作出的适应性反应的多样性，由它输入神经系统内可分辨境况的多样性限制。20 世纪 50 年代在麻省理工学院由控制论指导的实验表明，青蛙在其视觉环境中仅能区分 5 种或 6 种不同的刺激模式，一个是一个苍蝇大小的斑点在离其眼前一个青蛙舌头远的地方移动。在其生物的生态位上，青蛙的行为被限制为对这些特别模式（和几个类似它们的、与其他感官样式有关的其他模式）的反应，其中每一个都通过特别用于该模式的一组神经纤维传达。这种信息（t）处理方法需要信息渠道和信息类型间一对一的对应，以这种方法，动物的输入系统可区分的模式在数量上的彻底扩展需要会削弱其机动性的额外体积。这类知觉模式可能会被描述为"硬接线的"，而不会被描述为更加高级的视觉系统的方式的适应。

在没有相应增加其输入神经系统体积的情况下，随着有机体的演化能够彻底扩展其可分辨境况的范围，适应能力会出现一个较大的提高。使得这点可能的信息（t）处理方式容许不同的刺激模式，在回应不同的环境境况以通过输入渠道的单一整合网络时，这些刺激模式被塑造。在其反馈特性上，适应图式形成的这个变通，既类似于进化和自然选择（物种水平上的适应），也类似于行为调节（个体有机体水平上的适应），并且可能被构想为输入神经元结构的一种快速进化或感官系统的一种加速学习。

这里"知觉模式"意味着，交互发生的神经元事件的一个或多或少具体的组合回应知觉环境中外部事件的一个或多或少具体的配置。在外部配置和神经元模式之间会延伸出一个信息（t）渠道（例如，外部对象到角膜到晶状体到视网膜到视神经交叉，等等）级喷流，每个级喷流既将相关信息（t）传送到输入系统的较高阶段，又帮助锻造沿着路径的结果模式的特征。总的来说，级喷流的关键功能是构造神经元事件的配置，该配置与外部环境中的配置处于高度互信息的关系中。如果外部配置和神经元配置之间的互信息足够高[就是说，它们在信息（t）结构上足够相似]，那么后者将根据前者来采取行动，并作为行动的有效指引为有机体服务。就此而言，后者是前者的适当"表征"。

上面引用的阿什比定律的一个必然结果是：有机体在增加其适应行为多样性的选择压力下，也将使自己置身于最大效力地使用其信息（t）处理渠道的压力下。在级喷流的不同阶段（例如，在视网膜或视神经交叉阶段），通过各种各样的"噪声减少"、"边界追踪"和其他被通信工程师充分研究的信息（t）处理技术，我们可以实现效率。结果是一个"图式"性质为主的神经元表征，该表征比级喷流较早阶段可能会有的表征包含更少的细节。如果更多的细节被证明对成功引导根据表征所采取的行动而言是必要的，或者如果对于引导其他的行为规划来说需要不同的表征，那么贯穿级喷流始末，有机体都会作出调整，以在更高的输入阶段产生具有信息（t）—特征的模式，这种特征对于手头上的任务来说是适当的。

这类普遍的图式形成程序联合构成体内平衡系统的行为有机体的输出能力，体内平衡系统的正常状态是这样一列输入模式，这些模式为有机体正在进行的行为提供知觉导引。对该标准的偏离被知觉控制的初期损失标示出来，并且通过重建当前引导该行为的表征，系统重新获得了稳定性。近来的理论分析表明，这类知觉图式形成尤其为人类有机体的某些典型认知过程提供了基础。

更高级的认知功能

在控制论文献中，自然选择过程、学习过程和知觉模式过程中反馈特性的相似性已经被广泛地探究。自然选择和学习的相似性被维纳指出（参见[9.5]，181），并且被斯金纳进一步发展。（参见[9.23]）上面概述的知觉模式的说明的一个经验基础被赛伊尔提出。（参见[9.9]）这条分析线向更高级的认知功能如语言使用和推理等的延伸仍然带有更多的猜测。下面的简短讨论只表明了一种可能性，现实中尚未完成。

在一个规则地提供重现刺激配置的知觉环境中，知觉上适应的有机体的输入系统会发展标准表征，该表征在追求其知觉引导规划时会发现被反复使用。这种可能被称作"知觉对象"的表征通常被外部感觉器官的刺激激活，并且在这个意义上受外部环境的控制。对特定的有机体来说，可用的知觉对象通常包括对熟悉的植物、动物等的表征。具有语言能力的物种的个体也形成知觉对象，以回应由其语言共同体的其他成员发出的符号配置。学习一个共同体的语言，就是学习将表征熟悉对象的知觉对象与表征该语言的标准符号（首先是口头的、后来是书写的，等等）的其他知觉对象联系起来，以这种方式，前面的知觉对象能被后面的知觉对象激活。以这种方式在语言符号的控制下出现的知觉对象，和在其标准地表征的对象的控制下出现的知觉对象一样，可以被称为"意义"。

在这个意义上，意义不是抽象的实体，而是能够在有语言能力的有机体的实际的信息（t）处理活动中运行的十分稳固的神经元模式。因为一个特定意义结构的本质特征是它的互信息与它表征的对象的关系，并且物理上不同的结构可以在与单个特定对象的关系中共有特定的意义结构，所以相同的意义可以在不同的有机体中出现。当许多个体学习在相同符号配置的出现上激活相同的意义，并且学习将这些符号与它们共有环境中的相同对象联系起来时，语言共同体就会出现。

当被 B 表征的世界的所有特征同样被 A 表征时，意义 B 相对于意义 A 就会被说成多余的，例如，应用于葡萄柚的意义"成熟的"，使得意义"黄色的"成为多余的。相反，对于"成熟的"，需要"黄色的"针对特定葡萄柚的可应用性是正确地可应用的。在这种联系中，通过限制其正确应用的境况，前者控制后者。概念可以被设想为摆脱了知觉配置（无论语言符号还是对象境况）的单独控制的意义，并且被以这种方式带到其他意义的控制下。虽然知觉对象"黄色的"只能被黄色的对象激活，意义"黄色的"或者被对象或者被它们的语言符号激活，但是概念"黄色的"不仅被对象和符号激活，而且在某些应用中也被意义"成熟的"激活。以这种方式理解，知觉对象、意义和概念就都是神经元活动的稳定结构，按照它们的控制方式被区分。

如果概念就相互应用来说是相互关联的，那么它们就会被认为参与了一个共有的连接，并且或许（某个概念的可应用性）是以同一连接内其他概念的可应用性为条件的。因此，概念"成熟的"、"黄色的"、"软的"与概念"葡萄柚"共有联结，这反映了通过一个语言群体的经验发现的颜色属性和触觉属性与味美的葡萄柚的巧合。然而，如果遇到多种多样的葡萄柚，其中一种并非黄色的颜色（比如说，粉红色）被证明是味美的一个更可靠的标志，那么吃这种水果的个体的相关概念联结就会很快适应这个新的境况组。由于这些概念起源的语言的公共性质，对其他个体来说，对于使其概念联结得到适当的修改，他们没有必要亲身经历相同的经验。它们可以通过与起初受影响的个体的交谈而被修改。因此，概念联结作为信息存储设备，通过语言共同体内亚群的经验，服从体内平衡的调整和增加。这样的联结实际上是有规则地联系对象境况的神经元地图，通过与共有生活环境的连续遭遇而适应。通过使用这些地图去描绘预期行为的过程，理性主体在自身采取行动前可以探究可能的选择。

与其他范式的关系

控制论从其开始就被如下信念引导：人类心理功能的广阔范围能够被机械地再现。20世纪40年代，维纳创始团体中的一些人随后因对AI的贡献而出名（例如，O. G. 塞尔弗里奇、W. H. 皮茨、W. S. 麦卡洛克）。直到20世纪70年代后期，控制论的代表人物［例如，F. H. 乔治、K. 冈德森（K. Gunderson）、K. M. 赛伊尔］仍认为AI是该学科的一个基本部分。然而，在20世纪80年代，控制论和AI之间的原初联系事实上被割裂到以下这种程度：在后者当前的历史中，依然紧密地与前者相联系的机器智能的早期贡献者［例如，W. R. 阿什比、D. M. 麦凯（D. M. MacKay）、F. H. 乔治、维纳］已经很少被提到。这种分离看起来主要是由于近来计算范式对AI的接管，以及其拥护者朝向唯物主义的思想倾斜。

按照其基本原理，唯物主义是这样一个信条：宇宙万物皆归物理科学统治。在这点上，物理学的首要性受到维纳原初宣言的挑战（参见［9.5］，第1章；［9.6］，21），并且被阿什比明确拒斥。（参见［9.7］）维纳的否定部分地基于他的如下理解：隐含在经典物理学中的决定论与生物过程中固有的多样性不相容。在自然世界中拒斥决定论的一个理论基础通常在于该原则（热力学第二定律的一种版本）：所有不可逆转的过程都倾向于包含负熵的损失，这使得原因通常倾向于比其结果被更高度地组织起来（包含更少的多样性）。维纳提出的一个结果是："对现在和过去的数据的最完全的收集也仅仅是在统计上预测未来。"（［9.5］，37）阿什比更直接地否认了唯物主义，他指出被控制论研究的系统的物质性是完全不相关的。（参见［9.7］，1）一些有组织的系统（例如，计算机）完全是物理的，而其他的系统（例如，语言共同体）则可能完全不是；并且，该事实即这两类系统能够完成类似的反馈和信息（t）处理功能，并不标志着它们共有相同的本体论地位。然而，同时应该注意到，一些控制论系统的可能的非物理地位并不自动地转化为支持二元论的证据。与一些人的当前信条即唯物主义和二元论是眼前仅有的本体论选择相反，来自控制论观点的一个更加可信的替代者是某种形式的中立一元论［如在斯宾诺莎（Spinoza）或罗素早期的著作中］。赛伊尔尝试清晰地表达一种一元论，在这种一元论中，认知活动的信息（t）功能和物质量子水平上的概率功能都不能进一步还原为心理的或物理的特征，以使得数学的（统计学的）结构比心灵或物质在本体论上更基本。（参见［9.9］）

新近 AI 和认知科学中的计算范式依赖以下这个论题：认知过程是在表征上执行的计算，这里谈到的计算是以标准数字计算机为代表的类型。除了武断地引入的随机化原理以外，正常运行的数字计算机执行的计算在结果上是决定论的，这意味着相同的输入总是产生相同的输出。该机器计算概率时，其计算程序照样是决定论的。这使得机器计算对通常非决定论的自然过程来说是一个不适当的模型，对人类有机体高度的负熵—密集的（熵产生）认知功能而言，尤其如此。伴随计算理论家在试图说明心理表征的语义学属性时所遇到的著名的概念问题（参见［9.22］、［9.21］），这个困难会使得任何在控制论框架内处理认知的人反对计算模型。

一个更为和谐的处理会符合在 20 世纪 80 年代后期出现的联结主义范

式。联结主义范式将各种不同形式的认知活动描述为由相互联结的节点构成的网络内的信息交换，这些节点具有变化的重量和不同的激发水平。关于这些网络的描述通常用条件概率的术语表达，因此能够在不被曲解的情况下用通信理论的技术术语来改述。联结主义研究者已经开始研究这类系统的某些反馈特性，这种研究沿着在主体行为控制下它们在其中运行的特定路径进行。(参见 [9.19]，84) 如果同时注意到这些网络在回应认知刺激环境中的变化时如何体内平衡地调整，那么联结主义就会对我们认知能力的控制论工作产生重要影响。

参考书目

一般性导论

9.1 Crosson, F. J. and Sayre, K. M. (eds) *Philosophy and Cybernetics*, Notre Dame University of Notre Dame Press, 1967.

9.2 Gunderson, K. "Cybernetics", in P. Edwards (ed.) *Encyclopedia of Philosophy*, New York, Macmillan, 1967.

9.3 Sluckin, W. *Minds and Machines*, Baltimore, Penguin Books, 1954.

9.4 von Neumann, J. *The Computer and the Brain*, New Haven, Yale University Press, 1958.

9.5 Wiener, N. *Cybernetics, or Control and Communication in the Animal and the Machine*, Cambridge, MIT Press, 1948 (2nd edn 1961).

9.6 ——*The Human Use of Human Beings: Cybernetics and Society*, Garden City, Doubleday, 1954. (An earlier edition was published by Houghton Mifflin in 1950.)

专业性导论

9.7 Ashby, W. R. *An Introduction to Cybernetics*, London, Chapman and Hall, 1956.

9.8 George, F. H. *The Foundations of Cybernetics*, London, Gordon and Breach, 1977.

9.9 Sayre, K. M. *Cybernetics and the Philosophy of Mind*, London, Routledge and Kegan Paul, 1976.

专门问题研究

9.10 Brillouin, L. *Science and Information Theory*, New York, Academic Press, 1962.

9.11 MacKay, D. M. "Mindlike Behaviour in Artefacts", *British Journal for the Philosophy of Science* 2 (1951—1952): 105—121.

9.12 Rosenbluet, A. Wiener, N. and Bigelow, J. "Behavior, Purpose, and Teleology", *Philosophy of Science* 10 (1943): 18—24.

9.13 Sayre, K. M. *Consciousness: A Philosophic Study of Minds and Machines*, New York, Random House, 1969.

9.14 Schrödinger, E. *What is Life?*, Cambridge University Press, 1967.

9.15 Shannon C. E. and McCarthy J. (eds) *Automata Studies*, Princeton, Princeton University Press, 1956.

9.16 Shannon C. E. and Weaver, W. *The Mathematical Theory of Communication*, Urbana, University of Illinois Press, 1949. (Shannon's original paper, with comments by Weaver.)

相近主题研究

9.17 Ashby, W. R. *Design for a Brain*, London, Chapman and Hall, 1952.

9.18 Feldman J. and Feigenbaum E. A. (eds) *Computers and Thought*, New York, McGraw-Hill, 1963.

9.19 Haugeland, J. "Representational Genera", in W. Ramsey, S. Stich, and D. Rumelhart (eds) *Philosophy and Connectionist Theory*, Hillsdale, Lawrence Erlbaum, 1991.

9.20 Miller, G., Galanter, E. and Pribram, K. *Plans and the Structure of Behavior*, New York, Holt, Rinehart and Winston, 1960.

9.21 Sayre, K. M. "Intentionality and Information Processing: An Alternative Model for Cognitive Science", *Behavioral and Brain Science* 9 (1986): 121—138.

9.22 Searle, J. R. "Minds, Brains, and Programs", *Behavioral and Brain Sciences* 3 (1980): 417—424.

9.23 Skinner, B. F. *Contingencies of Reinforcement: A Theoretical Analysis*, NewYork, Appleton-Century-Crofts, 1969.

第十章
笛卡尔的遗产：机械论与活力论之争

斯图亚特·G·杉克尔（Stuart G. Shanker）

笛卡尔对后世的统治

嘿，
他像一个巨人似的，跨越这狭隘的世界。
我们这些渺小的凡人，
一个个在他粗大的双腿下行走，四处张望，
替自己寻找坟墓。
人们有时可以是他们自己命运的主宰。
亲爱的布鲁图斯（Brutus），那错并不在于我们的命运，而在于我们自己，如果我们受制于人。
　　　　［《尤利乌斯·凯撒》（*Julius Caesar*），第1幕第4场］

几乎没有一位心理学哲学家不曾感到，自己在心理学哲学某些方面的处境就像卡西乌斯（Cassius）一样。因为要进入该领域，除了在笛卡尔的双腿下行走，别无他途。甚至——或者说尤其是——那些因找到一种完全不同的道路而不再称颂笛卡尔卓越成就的人，也莫不如此。笛卡尔之后的各派哲学家，无论机械论者还是活力论者、二元论者还是唯物主义者、内省主义者、行为主义者、计算主义者还是认知主义者，都发现自己用某种方式回应了笛卡尔哲学。

现如今打开一本心理学哲学的专著，不是以关于笛卡尔的章节开篇变得越来越不可能。"笛卡尔的神话"、"笛卡尔的二分法"、"笛卡尔的梦"、"笛卡尔的遗产"：人们开始期待有这么一章来宣布"笛卡尔的终结"！但问题在于，笛卡尔就是一个巨人，并且他思想史的最后篇章将属于马克·安东尼（Marc Antony），而不属于布鲁图斯。①

笛卡尔是在启蒙时期发生的巨大的社会的、科学的甚至宗教的变化的集中体现——他同时代的人普遍认为是他激发了这些变化。牛顿曾对胡克（Hooke）谈道他如何站在巨人的肩膀上才能看得更远，这里的更远具体地是指"比笛卡尔看得更远"。即便牛顿的在世之灵，面对如今许许多多崇拜他的心理学家，无疑也会这样承认。

笛卡尔代表了用理性和自我责任来战胜权威的诉求。正是这一点使得《谈谈方法》（Discourse on Method）成为一个革命性的文本——一种现代性的革命文本范式：它的内容和写作的风格都标志着摆脱传统的根本性突破。笛卡尔写道：

> 我参观皇帝加冕后回到部队时，冬天已经到了，这使我只好留在驻地。那里找不到人聊天解闷，也没有什么牵挂，没有什么情绪使我分心，我成天独自关在一间暖房里，有充分的闲暇跟自己的思想打交道。
>
> （[10.4]，116）

这些话太司空见惯了，以至于我们必须有意识地努力再现那个时代的背景才能理解这一"自传碎片"的全部含义：它是《自传》（Autobiography）的一个片段。（参见 [10.1]）此外，书中随后的语调使我们无法看到笛卡尔是在多大

---

① 马克·安东尼曾示意让凯撒当皇帝，而布鲁图斯刺杀了凯撒。——译者注

程度上向既有秩序发起挑战的。问题远远不在于笛卡尔急于逃避与伽利略同样的命运。我们必须注意切勿被笛卡尔不愿发表《论世界》（*The World*）这件事所蒙蔽，以至于看不到《谈谈方法》是一本极其大胆的著作。之所以说大胆，很大程度上不是因为它为我们提供了分析笛卡尔关于灵魂看法的重要基础，而是因为书中第五部分末尾处提出的论证具有真正的革命性影响。

笛卡尔抛弃了"存在巨链"的传统教条。他坚持认为人和动物之间存在一种断裂，这无法由任何"缺失的链环"填充。身体可以是一架机器（这本身就是异端之说），但人具有推理、说一种语言、指导自己的行为和意识到自己的认知的能力，所以人绝不是（not）动物。《谈谈方法》中没有暗示上述特征可以分成等级。相反，与古人的宇宙不同，笛卡尔的宇宙是二分的，其中心不是地球，也不是太阳，而是个体的心灵，心灵对它周围的世界作出回应。

亚里士多德说过，"人天生是政治动物"，塞涅卡（Seneca）则说，"人是理性的动物"。他们都将重点放在动物（animal）上：把人降低为一个动物物种（animal species）。[参见亚里士多德《形而上学》（*Metaphysics*）的开篇章。]但是，所有这些在《谈谈方法》中都被改变了。这里我们不从人性谈起，而从勒内·笛卡尔谈起，从这个独一无二的个体的思想谈起。他不相信他那个时代最完善的心灵的指导，放弃了对统治了中世纪和文艺复兴思想的亚里士多德思想的盲目崇拜；他决心通过阅读"世界这本伟大的书"而不是追随经典来继续他的研究；他"现实的教育"教导他只接受那些他自己能够看得清晰明白的思想：用他自己的心灵之眼（in his own mind's eye）。这样，笛卡尔革命性的认识论就与社会变革协调并进了；因为，当人们有了这位伟大哲学家的著作可以求助时，对于"优先认识"（privileged access）① 人们还需要什么呢？

笛卡尔这一论证发出的冲击波（也是它想要达到的目的），其影响之大即便没有超过"我思"，至少也可与之相提并论。最初被剑桥柏拉图主义者称赞为英雄主义的行为很快被指责为傲慢行为。因为"存在巨链"不是西方

---

① 指笛卡尔的思想：对每个人而言，没有什么认识比认识自己的心灵更容易。——译者注

思想家无须斗争就能摈弃的教条。伽森狄（Gassendi）随即就列举了传统的方法，他似乎没有意识到笛卡尔持异端之说是有意为之的。（参见［10.3］，II：188）同样，麦尔塞纳（Mersenne）写出的第六组反驳为"存在巨链"辩护，认为笛卡尔的怀疑论不攻自破。（参见［10.3］，II：279）在《人类理解论》(An Essay Concerning Human Understanding) 下册中，洛克写道："在全部有形的世界内，我们看不到裂口或罅隙。由我们往下，都是循序渐进、一线相承的，因此每一推移相差都很小。"由此，他得出了这样的结论：

> 有些动物具有的知识和理性似乎同人具有的一样多，而且动植物的联系也是如此。你如果把最低级的动物和高级的植物相比较，那么几乎看不出其间有什么大的差异。
>
> （［10.11］，III, vi, 第 12 节）

令人感到意味深长的是，当拉美特利（La Mettrie）嘲笑"所有那些小丑式的哲学家是低劣的取笑者和洛克蹩脚的模仿者"时，他不是在为这一连续链图景辩护，而是在进行相反的论证。他认为，从笛卡尔"动物是纯粹的机器"这一论断中获得的真正启示是，"这些自大的、虚荣的，与其说以人类的称号毋宁说以傲慢著称的动物，任凭他们如何抬高自己，归根结底却只是一些动物和一些在地面上直立行走的机器而已"（［10.10］，142-143）。

换句话说，为存在巨链进行辩护可以从两方面着手：要么表明动物的行为有多么聪明，要么表明人类的行为是多么机械。于是，就出现了两种连续链图景的解释：活力论和机械论。前者试图通过感觉的连续链（continuum of sentience）来模糊人与高等动物间的界限；后者试图通过避开对意识的诉求把人还原为兽类。这两派争论中最具讽刺意味是，双方都声称笛卡尔是自己的精神导师。

之后的 200 年，关于笛卡尔身体理论的争论占据着生命科学。首先，争论的焦点是笛卡尔的以下论断，即"认为心灵会传递给身体运动和热量，这是错误的"（［10.6］，329）。在 19 世纪中叶，机械论者成功地建立了热量理论（参见本章第 2 节），并因此把注意力转移到笛卡尔对反射行为的描述（参见本章第 3 节），并由此转向心理学。（参见本章第 3～4 节）因为笛卡尔对存在巨链的攻击是以他对行动（actions）与反应（reactions）所做的根本区分为基础的。

尽管笛卡尔主义者通常认为，笛卡尔企图使他的论证读起来像一种归纳假设，但他们从来不清楚：笛卡尔对动物可能有目的性行为的否定，究竟是经验主义的观点还是理性主义的观点？当然，这是一种假设。实质上，他的论证是：所有身体动作都是由"大脑中的震动"引起的，它反过来又是由两种不同的事件引起的，即外部对象对感官的作用，或者内部的心理行为或心理状态。动物或自动机仅仅经历前一种现象，而人类则同时经历两种现象，这对动物或自动机来说，似乎是命中注定的。

这个论证似乎与上文引自《灵魂的激情》(The Passions of the Soul) 的看法相悖，但笛卡尔在此处表达的观点仅仅是反射动作是无意识的。（参见 [10.3]，II：116）在此处起作用的区分是自愿的（voluntary）动作与非自愿的（involuntary）动作。非自愿的动作"无须意志的干预"，而"我们所谓'自愿的'动作"是由"心灵决定的"（[10.3]，II：315）。这些意愿（终结于自身的纯粹心灵行为）本质上是无限的、无形的，但是一切存在的意愿（终结于身体的心灵行为）又受到具体化结构的限制。（参见 [10.13]，109）最重要的是：在观察者看来，自愿的动作和非自愿的动作看上去完全相同。正是因为我们每个人都能理解和报告自己的意愿，所以我们能对自愿的动作和非自愿的动作作出这种根本的区分，而动物由于缺少类似的能力，所以是受控制的自动机。

意志的这些行为对理性而言是显而易见的，这一论点成为认识论不对称性（epistemological asymmetry）的一个教条：我能够直接地知道（know directly）引起我自己的行动的原因，但我仅能推断（infer）他人的身体动作是由类似的精神活动引起的。因此，就所有意图和目的而言，他人的行为与动物的行为都基于相同的认识论基础。但事实是：

> 人不管多么鲁钝、多么愚笨……总能把各种词语组织编排在一起，向别人表达自己的思想；而除人之外，没有一种动物（无论它多么完满、多么得天独厚）能够这样做。

([10.4]，140)

这使我们有理由对我们的同类采取一种半唯我论的立场，但对动物则不可以，因为即便是疯子也能按照他们的意志叙述（由意志引发的身体动作），而动物却不能。

这个论点招致了这样一种回应：动物确实在进行交流，只不过是用一种我们无法理解的语言而已［例如，伽森狄就反复强调，尽管动物推理得不像人类那样完美和丰富，但是它们还是作出了推理，差别似乎只是程度的不同（参见 [10.3]，II：189）］。然而，当笛卡尔论证动物缺乏这种创造性行为故而不能认为其具有创造力时，他就已经预料到了这种反对意见。（参见 [10.4]，141；[10.2]）

笛卡尔直接将这一看法与"反射动作是非适应性的"论断结合起来，这对心理学历史具有极其重大的意义，因为这一问题引发了关于"反射行为是否有目的性"的长期争论。但是，在我们考察机械论的因果演变之前，必须要明白以下这点：无论反射理论经历过多大的调整，从某种意义上说，整个论战都完全误解了笛卡尔的观点。

在《第一哲学沉思集》（*Meditation on First Philosophy*）中，笛卡尔写道：

> 假如我朝窗外看，并且看见了正在穿越广场的行人，正如我刚才所做的，那么我通常会说我看见了他们，正如我说我看见了蜡。然而，除了那些遮盖自动机的帽子和大衣，我还看见了其他东西吗？我判断我看见的是人。因此，事实上，单凭我心里的判断力我就了解了我以为我正用自己的眼睛看的东西。
>
> （[10.5]，21）

最后一句话是理解笛卡尔论点的关键，意思是说，在被观察行为与我们自己的行为具有相似性这一基础上，我们的精神假定穿越广场的人不是自动机。关于他们行为的原因，我们的心灵能了解的并不比关于动物行为的原因所能了解的多。但是，给定了人类行为和动物行为间的可观察到的差异，心灵就没有合理的根据（精神冲动？）把心理因果图式拓展到动物身上。

要想了解笛卡尔的这个论点在多大程度上统治着现代思想，你只需读读归因理论即可。海德（Heider）根据知觉推理理论分析了社会相互作用，他认为，社会判断包括的感觉信息的种类不比对象判断所包括的种类少。行动是些刺激性的因素，必须对它们进行"分类"：它们被看作外部原因或内部原因的结果（内部原因包括行为者在行动时所熟悉的心理过程和心理状态）。我们的心智建立起关于态度如何产生意向、意向又如何产生行动的初步理论，并不断对之进行修正。至于我们是否意识到、能否意识到这种心理活动，这是另外一回事。（参见 [10.8]）

根据对这一连续过程的认知主义解读，我们是从一个心灵主体开始，通过逐级递降的认知方案，不断向后推，直到得出像动物一样的非语言过程。而根据相反的行为主义的连续链图景，在逻辑上根本不需要预设这类"心灵的建构"来解释其他主体和低等有机体的行为。20 世纪初，詹宁斯（H. S. Jennings）描绘了"心理过程"的连续性，架起了"连接无机界的化学过程与最高等动物的心理生活的桥梁"（[10.12]，508）。这遭到了年轻的约翰·华生（John Watson）的尖锐责难：

> 除了行为标准，我们还有任何其他标准来确定我们的邻居是有意识的吗？难道我们不是根据他反应（包括行为过程中的语言）的复杂性来确定的吗？……如果在实验中，猴子对其行为的调整与人类主体对其行为的调整一样复杂，那么我就有相同的理由得出结论：这两种心理过程具有相似的复杂性……无论詹宁斯还是其他人，他们都没有表明低等有机体的行为与人类行为客观上是相似的。
> （[10.14]，289-290）

但是，笛卡尔恰恰就是这么认为的！

当然，这并不意味着华生真是一位隐蔽的二元论者。直到 1913 年，他还在论证，如同动物的情形一样我们能够回避将"所有主观性的术语"用在人类身上（包括第一人称的情形；参见 [10.15]、[10.17]）。但是，这种平行所揭示的是，目的性反射行为的连续过程对我们作出判断的标准问题是否具有影响。根据这一标准，我们能够判断，我们的邻居——或动物——是有意识的，想要 φ，决定 Ψ，相信、认为、看到、感到 ξ。至多它只暗示了这一观点：如果我们都对动物行为/人类行为的这一机械论解释了如指掌的话，那么笛卡尔主义者或许就不得不提出一种更为极端的唯我论形式：自己行为之外的所有人类行为都必须在对待动物行为的水平上被对待。

这意味着，无论做多少实验，例如，对切除大脑的青蛙、饥饿的狗进行双盲检测或学习状况的测试，都无法解决笛卡尔对存在巨链的攻击。我们知道，300年来，与此相反的观点一直争论着，所以这个观点听起来也许很奇怪。出现这一反常的原因大概是，笛卡尔自己远远不清楚其论点的性质：是先天的还是后天的，是观念的还是经验的？于是，关于他把动物归入机械范围的动机，人们产生了种种争论。许多人怀疑他骨子里潜藏着唯物主义者的筹划；也有相当多的人指责，他进行争论的唯一目的就是阻碍唯物主义的发展。但几乎各派都一致认为，笛卡尔把矛头指向了动物行为的智慧，在他看来，要想理解人类的心理过程，就必须科学地怀疑动物行为的智慧。这可以沿着以下两条道路进行：或者把动物放回到认知之谷，或者重新阐释"智力行为"，恢复人在自然界中的独特地位。

下面，我们将同时从历史和哲学这两方面来考察这个问题：笛卡尔对存在巨链的攻击是如何影响机械论连续链图景之发展的？尽管机械论各种理论的复杂性不断增加，在人工智能理论中达到顶峰，但为什么它们都丝毫没能反驳笛卡尔对连续链图景的攻击？这里，我的目的既不是赞扬笛卡尔也不想埋没他的功绩，只是试图理解他论点的性质，为的是理解心理学赖以建立的基础：阐明后来的——直到包括人工智能——机械论者所借助的类型论（type of theory），他们正是试图借助后者来摆脱被他们看作窒息了心灵科学发展的"笛卡尔羁绊"。

动物热量理论之争

笛卡尔对存在巨链的攻击引发了机械论与活力论之争，心理学哲学家对此关心的不仅仅是观念史和（或）世界观的运用。这不是要否定这个主题对知识社会学的重要性。但是，我们直接的哲学目的是阐明心理学得以形成的概念框架，以及（同样重要的）我们继承而来的态度。

活力论将背上"让最初的形而上学动机战胜科学的严格的精确性"的罪名而受到玷污，并因此成为众矢之的。无疑，不计其数的乡村牧师和绅士学者怀着对神学的向往，被活力论深深吸引（正如今天许多人仍错误地相信进化论对创世论有影响一样）。但是，如果不是歪曲了缪勒（Müller）、李比希（Liebig）或伯纳德（Bernard）的意图，那么人们不会对这些科学家发出责难，也就不会因此而误解他们所关注问题的真正本质。

对于取代机械论的和活力论的思想所涉及的复杂课题，一种恰当的处理是根据自然科学和生命科学的发展来追溯它们的历史以及与之紧密相关的不断变化的人类"本性"概念和"自主性"概念。由于后计算时代的机械论代表了19世纪数学、物理学、心理学和生物学进展的顶峰，所以在此有足够的理由把我们的注意力限定在那一时期的机械论与活力论之争上。可是，这两派源自何处——换言之，生命体和非生命体有什么区别——已成为两千年来争论的一个根源，这一事实确实应该使人们暂时停下来，因为随后的话题发生了转向，开始讨论：这样一个问题应该从哲学上解决还是从心理学上解决？更确切地说，话题转向为：对于一个在后来的争论中既不明朗又不稳定的问题，用哲学的方法解决与用心理学的方法解决，二者有何区别？

我们的基本问题是，哲学的问题和经验的问题本应与支配那个时代的两个问题——关于动物维持热量平衡之能力的原因化问题以及反射行为是否在某种意义上具有目的性的问题——交织在一起。当然，根据唯科学主义的哲学观念〔用罗素的话来说，该观念就是，"具有明确答案的问题属于科学领域，而那些没有明确答案的问题则留下来称作哲学"（[10.39]，70）〕，这个问题丝毫不成为问题；如果是问题的话，也主要是开阔科学视野的事情。[1]

他们的理论要点是，对这两个问题的机械论解决转变为取消错误的先验论，即创造一种要素，这种要素可以归为身心问题的所有其他方面〔如罗素在《心的分析》（*The Analysis of Mind*）中所总结的〕。这在《维也纳学派宣言》（*Vienna Circle Manifesto*）3.4节中已经明确指出。推翻生物学中的活力论诸理论就如同在心理学中迫切地驱除"形而上学的重负和逻辑不一致性"（[10.36]，314）。因此，如果我们想要公平地对待关于心/身问题的唯科学主义观念，即逐渐用心理学理论取代哲学理论，那么我们就必须探索这个观念以之为基础的历史前提的两个方面：活力论和机械论对于概念的问题和经验的问题之性质的态度。

不难看出，笛卡尔对上述两个问题所采取的立场。为了推进动物是机器的观点，他必须说明如何不求助活力就能解释动物热量和运动。因此，他必须表明，动物热量的产生和身体动作都不依赖心灵的活动。（参见 [10.6]，329）在《谈谈方法》中，笛卡尔提出将热量理论作为解释一切动物官能的范式。知道了它，就会很容易知道对其他各种运动应当怎样看。（参见 [10.4]，134）他认为，心脏就像一个熔炉，产生热量，这产生过程类似于"无光之火"（即自发地燃烧或发酵）。这些热量使得心室扩张和收缩（就像液体一滴滴地灌进高温容器中通常呈现的状态）。（参见 [10.4]，135）值得注意的是，笛卡尔拒绝哈维（Harvey）对心脏肌肉有收缩性质的解释，确切地说是因为：

> 如果我们假定心脏运动的方式如哈维所描述的那样，那么我们就必须设想导致这种运动的某种能力；然而，这种能力的性质远比哈维通过求助上帝作出解释要难以想象得多。
>
> （[10.7]，318）

笛卡尔提出了如下一种解释：

> 这种运动只是根据（我们可以用肉眼看到的）那些器官结构，根据（我们可以用手指感觉到的）心脏的热度，并根据（我们可以用观察来认识的）血液的本质而得到解释，正如我们根据时钟的钟摆和齿轮的力、位置、形状来解释时钟的运动一样。
>
> （[10.4]，136）

但是，几乎无人同意笛卡尔的假设。第一，他的"无光之火"看上去只不过是用一个神话代替了一个令我们迷惑的问题。第二，刚被解剖动物的心脏不会有笛卡尔所说的那样的感觉。第三，该论点忽略了以下事实，即冷血动物与温血动物心脏跳动的方式是相同的。第四，该论点没有对温血动物在较宽的温度范围内维持恒定热量的能力作出解释。

准确地说，正是为了解释最后一个现象，巴尔泰兹（Barthez）在1773年重新提出了所谓生命要素，但与传统著作所用术语大不相同。巴尔泰兹假定一种"特殊的因果'生命原则'，不过不要把它与思想起源混为一谈"（[10.27]，Ⅱ：87）。他详细说明了"生命原则在消化、循环、脉搏、供热、分泌、营养、呼吸、发音、生殖器官的发育、感知、运动、睡眠、知觉过程中的作用"（[10.87]，Ⅱ：87）。巴尔泰兹以对如下三种独立成分的区分取代了二元论，它们是心灵、身体和生命原则，这样就产生了两个独立的问题，即心/身问题和生命/物质问题。（参见[10.27]，Ⅱ：89）

在18世纪末期的生物学中，所谓的"生命现象"应该用特殊的生理规律解释还是可以归于普遍的自然律，这个问题变得至关重要。17世纪，人们试图对物体进行力学解释的这一追求，明显地从牛顿革命中获得了巨大的动力，这不仅因为牛顿成功地提出了一种关于支配天地间之一切的物理规律的统一解释，而且因为他所运用的概念有自身的数学的坚实性和解释力作保证。它同时对机械论的和活力论的思想产生了深远影响：对前者产生影响，是因为它把注意力集中于物体的运动；而对后者产生影响，是因为它准许将"力"处理为"万有引力"来解释生命现象。

测定和产生动物的热量最初是一个经验问题，在19世纪，它融入了心/身问题的哲学争论中，这主要是因为，"生命现象"这个尚未定型的概念不加区分地把有机生命体的生物过程（如再生、发育、呼吸、新陈代谢）与人类经历的"通灵过程"组合起来。科学唯物主义者把人的心理过程排除在生物化学的胜利之外（后者取消了生理学中的活力论解释），这看起来是摈弃了那一时代的机械论思想而采用二元论的反启蒙主义。但是，我们必须注意不能根据他们提供的例证进行概括。

一些科学史家在19世纪已经提出警告，过于简化机械论与活力论之争是危险的。福格特（Vogt）、摩莱萧特（Moleschott）和毕希纳（Büchner）支持的科学唯物主义（参见[10.26]），机械论四人组［布吕克（Brücke）、杜布瓦-莱蒙（Du Bois-Reymond）、亥姆霍兹（Helmholtz）和路德维希

（Ludwig）］的还原论唯物主义（参见 [10.21]、[10.27]），李比希和伯纳德的活力论唯物主义［也称为"物理的"或"描述的"唯物主义（参见 [10.25]、[10.32]、[10.41]）］，这三者之间有着细微而又重要的区别。这些区别源于以下事实，即两种——物理的和生理的——流行于 17 世纪至 19 世纪初的机械论不仅是彼此独立的，而且甚至可能是相互对立的。

机械唯物主义是寻求普遍的自然律的直接产物。而活力论唯物主义把人、动物和植物看作表现出独特的自我调节行为的机器。维持通常高于环境热量的恒定热量是有机生命体的最典型的特征，而非生命体却很快与环境达成热平衡。尽管这个问题引起了人们的关注，但它证明不可能"将作为'官能的'动物热量与后牛顿时代取得突出成就的机械论的热量观点调和起来"。

动物热量的问题远远不止奠定了心理学的基础。它不仅左右着 19 世纪 70 年代以前机械论与活力论之间的争论（参见 [10.33]，6–7），而且直接形成了一个焦点或核心，持续影响着人们对心理学的关键态度。这种思维可以从两个不同的方向进行。一是沿着从亥姆霍兹谈论能量到关于热力学第二定律的争论，再到气体动力学理论与活力论的关系，直至信息论的发展这一线索进行。亥姆霍兹的工作如此关键，部分是由于他与柏林的机械论者有着密切的关系，另一部分是因为他在联结热理论的物理学和生理学方面占据着独一无二的地位，这一点他在 1847 年出版的《论力的守恒》（*Über die Erhaltung der Kraft*）以及《动物热量理论工作报告》（*Bericht über die Théorie der Physiologischen Wärmeerscheinungen*）中已充分地显示出来。（参见 [10.24] 以及其他研究参与者的文献 [10.30]）

目前，我们应该致力于探讨生理学向物理—化学转变的结果。虽然这一转变为两种机械论的统一提供了一个步骤，但它在此过程中分裂了唯物主义的思想。问题在于，动物热量还只是把两派机械论区分开来的其中一种生命现象。达尔文主义者的革命使得新一代的唯物主义者受到鼓舞。他们认为，热理论的生理学解释取得的胜利可以扩展到生长和繁殖的进程。但是，在众多的"精神过程"（如有意识与无意识的心理过程、思考、意向、意志、信仰、推理、解决问题、洞察、记忆、理解及感觉等）中所包含的大量问题又是什么呢？

答案部分取决于我们对于神经生理学应持不断改变的看法。那个世纪初,贝采里乌斯(Berzelius)描绘了大脑,但他不是把大脑看作科学技术的新领域,而是认为大脑是无法测知的。因此,与"布罗迪假设"——动物热量是由神经系统以某种方式产生的——相应的活力论教条,即动物热量的神秘原因被证明同样是无法探知的就是很自然的了。(参见[10.25],98)不过,随着生理学中始于19世纪30年代呼吸研究的实验方法和技术的发展,越来越多的人对人体测量学、解剖学和大脑病理学表现出兴趣。(参见[10.20],263-302)

19世纪60年代,两个领域中独立取得的重大突破不仅对活力论关于动物热量的问题(以及由此带来的生物的生命现象)的态度给予了毁灭性打击,而且对机械论关于大脑所持的态度也产生了戏剧性影响。当李比希、亥姆霍兹和伯纳德成功地发现了机体能量守恒定律包含的复杂生理机制时,布罗克(Broca)、弗里奇(Fritsch)、赫奇格(Hitzig)和维尼克(Wernicke)也揭示了(或至少可看作揭示了)特定的运动功能和语言功能。这就更使人们断定:体内平衡生命现象完全可以有力地说明大脑生命现象。人们假定,对通灵过程的本质和原因的任何解释都不得不寻求与热量理论相同的方法,因为后者对19世纪末期唯物主义的分裂,没有一种理论能够比得上。

如同福格特、摩莱萧特和毕希纳有意与机械论的前辈保持距离一样,还原论者也拒绝接受他们所说的极端科学唯物主义。确实,拉美特利的著作和科学唯物主义的作品之间有大量重合之处,这大概是由于许多活动都被归到了"生命现象"中。但是,甚至朗格(Lange)也承认,在生物学、生理学和化学上发生的革命也导致了明显的断裂。(参见[10.31],Ⅱ:240-241)同样的事情也发生在科学唯物主义者和还原论唯物主义者之间的关系上。尽管他们都是激烈的反二元论者,但他们表现出的气质和目标却截然不同。

前者把自己看作新思潮的推广者和教导者,而后者作为首要的实验主义者决心建立新的技术和方法论规则。对还原论者而言,陷入危机的二元论很大程度上(如果不是绝对的话)只是从生理过程的生物化学解释中取消了"活力"的观点。但对科学唯物主义者而言,这已经超出了心/身二元论;动物热量的心理原因和行为的心理原因之间在类别上并没有任何差别。其结果是科学唯物主义著作中最值得纪念的那段引文：福格特臭名昭著的评论，即"思想与大脑的关系正如胆汁与肺或尿与肾的关系"（[10.26]，64）。

福格特或许已经对他有意通过以上评论（事实上这也不是他的创新）所引起的反应感到满意了，但是其他科学唯物主义者对由此引起的混乱则极为不满。毕希纳无法容忍这种不贴切的比较以及糟糕的对比物，尽管它"不是任何排泄物，而是大脑中以某种方式集合在一起的实体和物质化合物的一种活动或运动"（[10.20]，303-304）。这个主题在唯物主义者［从卡巴尼斯（Cabanis）到乔尔贝（Czolbe）］的著作中也在发生变化，但其基本点始终保持不变，即认识作为"心理"现象，必须接受一种与其他任何生物的生命现象同样类型的因果解释。而且，最终正是这一主张导致了两种机械论者群体的分裂。

在还原论者看来，这将混淆经验问题的哲学思考与哲学问题的经验思考。两者之间这一潜在的张力从开始出现到1872年达到顶峰，而当时杜布瓦-莱蒙正发表他广受诟病的"我们自然知识的局限性"演讲：

> 福格特的问题在于，它给人一种印象，认为在本性上而言，心灵活动从大脑的结构出发是可理解的，如同从腺的结构出发来理解分泌活动一样。
>
> （[10.22]，31-32）

这让杜布瓦-莱蒙逐渐倾向于一种无法引起任何兴趣的观点："谈到物质或力是什么以及大脑如何产生思想的问题，科学家必须接受曾经对所有人而言都极为困难的告白：'无知论（Ignorabimus）！'"（[10.22]，32）

杜布瓦-莱蒙并没有就此放弃，而是设法容纳机械论。他的"无知论"被甩给了唯物主义；换句话说，不能用"因果律"解释的东西（即物质、力和思想的本质）根本无法被解释。因此，这个理由给出了机械论与活力论之争的边界。[2] 他不再试图论证"通灵过程"的活力论解释，而是设法将它们从科学家对"活力"的合法关注中清除出去。（参见[10.22]，24）换句话说，机械论与活力论之争被严格局限于生命/物质问题；而将它与心/身问题的合并也就混淆了经验性的还是概念性的问题。这必然产生唯物主义的形而上学。（莱蒙正确地预见到，这进而也将引起唯心主义的回应。）机械论者只认为：

> 从各自的身体功能而言，生命物质和非生命物质、动植物和水晶的区别仅仅在于：水晶中的物质是稳定的平衡，而充满于生物中的却是一种物质流，并且这种物质流处于一种不太完美的动态平衡，这种平衡刚刚是正的、继而是零、然后又是负的。
>
> ([10.22], 23)

这一论证极大地支持了伯纳德的理论，即"所有生命机制，尽管形式多样，但只有一个目标，即保持内环境的生命状态恒定不变"([10.37], 224)。这也源于李比希的"平衡态"理论[3]，并再次表明在不同学派之间作出区分该有多困难；李比希通常被看作活力论者，大体上是因为他愿意支持生物学解释中的活力的存在。

根据李比希的观点，"平衡态由活力的阻力和动力决定"([10.25], 136)。但是，像巴尔泰兹一样，他将这一活力因从心/身问题中分离出来[4]，并根据与万有引力概念——"像光之于天生的盲人一样，只是一个词，没有意义"——的对比来说明其启发性的作用。在这本明确充当了莱蒙"无知论"先声的《动物化学》（*Animal Chemistry*）中，李比希明显吸收了由万有引力建立起来的方法论典范以捍卫活力在生理学中的解释性作用：

> 自然科学有固定的边界，不可逾越；同时须知，我们发现了光、电和磁力，但是本质上我们从来不知道它们是什么，因为甚至对那些物质的东西而言，人类理智也仅有它们的概念而已。然而，我们能够发现控制它们的运动和静止的规律，因为这些是清晰的现象。同样，我们肯定可以发现活力的规律以及所有干扰、推进或改变它的规律，尽管我们永远不知道生命是什么。因此，万有引力规律和行星运动规律的发现带给我们一种关于这些现象之原因的全新概念。
>
> ([10.25], 138)

同样，伯纳德对"活力的观点"的强调也与科学唯物主义者截然不同，后者"极其强调神经和肌肉运动的纯粹物理的方面"（[10.37]，149）。像李比希一样，伯纳德主张："当生理学家说没有看到活力或生命的时候，他只是说出了一个词。"（[10.25]，151）但是，伯纳德认真谴责了那些"把活力与物理化学的力相对立的人，活力管理所有生命现象，服从于完全不同的规律，使有机体成为一个有组织的整体，实验者如果不破坏生命本身的特征也许就无法把握它"（[10.37]，132-133）。然而，当代生理学家在伯纳德的指令性观念（*directive idée*）——它控制内环境中介质的活动——中看到的恰恰是这种活力论观点的回归。[5]

对科学史家而言，"只是一个词，没有意义"这个观点真正提出的问题与其说是"李比希和伯纳德应该属于活力论者还是机械论者"，不如说是"就动物热量问题而言，他们是不是意味着机械论与活力论之争的终结"（[10.32]、[10.21]）。伯纳德试图在不假设特定规律的存在或解释这一规律的物质的存在的条件下区分开有机过程和无机过程。（参见[10.25]，158-160；[10.32]，457）热的机械规律确实具有普遍性，但是"生命不能完全由这种无机本质的物理化学现象来解释"。生命现象"在复杂性和表现上都不同于无机体的现象，这种差异只能根据适合它们自己的被决定的或可决定的条件来获得"（[10.25]，151）。也就是说，对这些独特的生物过程的解释必须遵守已经建立起来的"科学方法"：因果律。

显然，这对消除机械论与活力论之争的核心已经起不了任何作用；然而，生命科学的衰退仍会出现，但这不是基于哲学的而是基于社会学的原因，"最终活力论将随着一系列新问题的出现而消失"（[10.25]，151），以相同的方式，甚至同时

> 物理研究已经转入了全新的轨道。在亥姆霍兹发现的能量守恒定律压倒性影响下，它的目标是从此将所有现象最终都诉诸控制能量转化的定律。

（[10.29]，46）

我们必须再次小心不要过分简化这一情形。考虑到集中于"生命现象"下的过程的多样性，机械论与活力论之争远没有被这一发展所缩短，而只是焦点发生了重要调整而已。动物热量现在属于次生代谢活动的次状态。对"生命力（活力）"的论战而言，这一控制性活动监控着各种维持生命的体内平衡机制。

然而，动物热量理论已经留下了自己的印迹，因为正是该问题的本质促进了自我调节系统模型的提出，如阿比布（Arbib）指出，这对于控制机制概念和智能自动机概念的发展是有帮助的。（参见[10.18]，80–81）因此，恒温器应当在解释控制论方面扮演核心角色，这绝不是巧合。当李比希首次提出所有物质都服从相同的热量定律的原则时，他援引食物和氧气作为燃料的例证，正是它们使动物/熔炉保持一种稳定的温度状态。有趣的是，1851年亥姆霍兹和莱蒙同时（并且独立地）对比了神经系统与电报系统："它们立即将来自前哨的信息传递到控制中心，再将其指令返回到等待执行的远方站台。"（[10.29]，72。同时参见[10.29]，87；[10.23]，64）

这一最初的控制论图景为新一代的机械论者提供了显而易见的起点。他们渴望对达尔文（Darwin）引起的纷扰，甚至更重要的是对莱蒙启发下的复兴的活力论攻击作出回应。因为莱蒙的演讲提供了一个任何活力论者都不可能放过的机会，也提出了任何机械论者都不可能忽视的挑战。因此，对莱蒙"无知论"的另一种解读就是，它标志着生理学家参与物理/生理热量之争的终结，同时，他通过这一术语的论证正式宣布，该话题正转入一个不同的领域：在此领域，生理学家及心理学家将为了目的论过程和"通灵"过程的结构——莱蒙早就武断地声称它们已经超出了唯物主义的范围——而与哲学家进行战斗。

反射理论之争

关于热量理论的争论为科学的前景建立了一个范式。概念的进步能够通过技术革新来实现,并让科学家们不再诉诸任何"逻辑虚构"。关于反射理论的发展经历了从理论到实践的过程,从最初哲学家扮演了领导角色,到最终完全消除了他们的影响。然而,与动物热量理论之争的情况不同,就反射行为的争论而言,哲学关注的是,假设这些潜在的神经过程能够解释目的性行为是否有意义。

乍看之下,反射行为之争与热量理论之争完全在同一个层次上——或者说,至少笛卡尔这么认为。行为主义者和真正的认知主义者扮演了与机械论还原论者相同的角色。所谓自上而下/自下而上的区分其关键在于,它意味着,与动物热量理论的情形一样,只要我们有足够的"关于人脑中120亿个神经元(每个神经元有多达5 000个突触)的信息"([10.44], 476),我们就能从实验上解决这个问题。但我们现在的理解水平是:

> 这一庞大的信息数量及其异乎寻常的复杂性彻底让我们目瞪口呆。我们不可能指望从如此庞大数目的微小信息中构造出秩序开始。相反,我们宁愿需要一些非常强有力的理论或观念,通过它们,这些微小信息将根据结构和功能组织成更高水平的概念体系。

因此,

> 许多心理学家感到,他们的任务是在流程图的信息处理机制水平上描述大脑的工作程序。重要的是相互作用的各部分间的逻辑体系即模型,而不是可能真实体现在神经系统中的机制的具体信息。
>
> ([10.44], 476)

笛卡尔框架在机械论思想的演化和持续中所扮演的首要角色没有比坚持以机械论的方式专注目的性行为的本质这一事例更好的例子了。目标和意图不只是让机械论主张感到尴尬的问题,它们变成了实验场,来判断整个理论到底是成功的还是失败的。

这种定位的根源潜藏在笛卡尔解释反射行为的方式中,它囊括了所有动物行为,但具有重要意义的人类行为这部分除外。对笛卡尔而言,反射行为是贮藏在大脑中的动物精神自动的或类似机器的释放行为的结果：这一观点适用于所有反射动作，不管是动物的还是人类的。但不同于动物的是，人类拥有心灵，能够修正动物精神在松果腺里的反应，因此产生自觉的或有意识的行为。

为了捍卫活力论的存在巨链的观点，对得出这一结论的显而易见的回应是，这表明动物至少具有目的性行为（或者，极端的观点是，所有动物行为都是目的性的）。还有另一种可选的方案——所有人类行为和动物行为都是自动的，尽管它们都受比更简单的生命形式中的机制要复杂得多的机制控制——来捍卫连续链图景，然而这一方案在笛卡尔之前是难以想象的。而对定义了18、19世纪唯物主义的还原论者而言，他们自然会用应用于动物热量理论之争的术语——包括"目标"、"目的"、"意图"以及消除了与"活力"有亲缘关系成分的"意志"——来表达这种"机械论主张"。

使这一议题变得如此困难的是，在动物热量理论之争与反射行为之争之间存在一个重要的相似之处：两者都是由先天的先入之见造成的重要生物学问题，而这把它们带入了心/身问题的哲学关注。我们在第一节已经看到，笛卡尔攻击存在巨链的核心思想就是，主体知道其心灵的操作，包括认识、知觉、感觉、想象和影响等。我们经验这些"心灵的行动"，或用更一般的术语来说即"意愿"时，认为其"直接来自我们的心灵而且貌似只依赖它"（[10.6], 335）。然而，尽管我们直接意识到"我们心灵的行为"，但我们也不知道这一中间机制（即由心灵转向松果腺时所释放的动物精神激活的机制），虽然它参与了我们的意愿所引起的身体动作。但这并不是说，参与维持身体热量和身体动作的这一过程是无意识的（unconscious），相反，它们是非意识的（non-conscious）。因为，假如它们是"无意识的"，这将意味着这些过程是在动物的也是在人的意识活动开始之下发生的（笛卡尔已经先天地排除了这一可能性）。

我们在反射理论之争中要记住的是，几乎每个人都反对笛卡尔对存在巨链的攻击，但不反对他关于所有行动都是原因之结果的预设。因此，笛卡尔的论证赋予活力论者和机械论者的责任同样是为了说明，人和动物都能有目的性行为，只是意义非常不同而已。对活力论者而言，这表明目的性行为的精神原因是如何通过动物来分享的；而对机械论者而言，无论是什么对人类

"自愿"行为的"目的性"负责,它都同样表现在动物活动中。

因此,双方都同意,目的性行为的"目的性"必然存在于行为的产生的原因(originating causes)中,而不是行为的实现的活动中。这意味着,在目的性行为的活动中没有东西来解释行为的目的性,我们最好能推断而不是观察某个行为是目的性的(即有这样或那样的原因)。而且,双方也都同意(默认),目的性行为的目的性在行为上必然是显而易见的,否则,在"目的性"行为和"非目的性行为"之间作出区分就是毫无意义的,而如果没有这一区分,说"目的性"行为也就毫无意义。因此,我们在观察其他某个人或某个动物的行为"产生的原因"上的"无能"并不影响将它们的行为分类为目的性的,不管是因为心灵的内在特性(在此情况下,我们的"无能"是先天的),还是因为这些原因是属于神经的原因(在此情况下,我们的"无能"就是罗素所说的"医学上的")。

此外,双方也都致力于表明,笛卡尔视为反射行为的各种身体动作事实上是目的性的,只是原因各不相同而已。在活力论者看来,这只是为了说明这些动作不是机械性的,如斯塔尔(Stahl)所言,即"所谓'反射行为'的目的性就是证明了,即使我们没有意识到这一事实,心灵也控制着所有的身体动作"([10.27],第 25 章)。对机械论者而言,这个挑战是为了表明,把反射行为描述为目的性的绝不是要求,它本该由"心灵的行动"产生;也就是说,动物甚至植物也能有这种动作。但是,在这一主张对二元论的意义能被恰当地说明之前,首先有必要确认反射行为确实是目的性的,有必要对自动行为的机械学作出理解。

笛卡尔的观点已经对 17 世纪物理医学和化学医学关于生命/物质问题之间的冲突产生了深刻影响。迄今为止,过去被视为力学之普遍性定律的争论(即关于身体的动作是应该归入物理学规律,还是由特定的化学规律来解释的问题)的那些观点现在不得不解释植物、动物和人类"对刺激的反应"的相似性和/或差异性。在生命物质的行为和非生命物质的行为之间具有明确的区分,这逐渐达成了一致,但是就动物和人类生命形式的连续性而言,大多数"真正的哲学家"认为"从动物到人的过渡不是剧烈性的"([10.10],103)。

这一变换了形式的机械论与活力论之争的双方都同意笛卡尔错了，但是各自的理由却极不相同。笛卡尔关于解剖学所发表的观点上的问题除外，对此而言，所有人都认为它是过时的。机械论者毫无疑问受到了笛卡尔形而上学意义上的心灵的干扰；而活力论者被建议，大量人类行为和动物行为都是自动发生的。

双方的冲突集中在笛卡尔论证的三个关键问题上。第一，对"动物精神"的作用存疑，如斯坦森（Stensen）指出，"动物精神，血液更细微的成分，血液的蒸气，以及神经的汁，这些都是人命名出来的，但它们只是一些词，毫无意义"（[10.45]，8）。第二，被切除大脑的动物能够继续行走这一事实很难与笛卡尔关于动物精神储存在大脑中的假设相协调。第三，动物能够适应它们的环境这一事实也很难与17世纪的"机械"概念相协调。

这最后一点成为整个18世纪关注的焦点。活力论的态度用克劳德·佩罗（Claude Perrault）的理念概括如下：

> 尽管植物会转向太阳，河水"好像在寻找山谷"，似乎意味着选择和欲望，但实际上，这些活动与动物的运动本质上是完全不同的。后者是灵魂参与了它们的感觉和活动。
>
> （[10.47]，33）

同样的主题——对"选择和欲望"的机械学关注——贯穿于随后的机械论争论（并且事实上也暗藏在图灵论题的核心中[6]）。

活力论立场的核心用塞缪尔·法尔（Samuel Farr）的话说是：身体不只是"不受任何精神主体驱动，不受任何刺激影响的机器"。即使"风俗和习惯[7]"本该让我们忘记这一事实，所有活动——包括自愿的和非自愿的——也都是"由意志控制的"（[10.47]，102）。这一论证用否定后件的假言推理表示：如果身体是机器，那么它的运动在定义上就不能是目的性的，但由于后者显然是错误的，因此前提必然也是错误的。这个推理建立在亚历山大·门罗（Alexander Monro）这位更年轻的人的断言上："我们越是考虑各种自发的操作，我们就越是相信，它们由动物保持作为动物的福利是最适合不过的"（[10.47]，106）。因此，斯塔尔的结论是：

> 生命活动、生命运动不可能像最近那些粗糙的推理所假设的那样，与以通常的方式依赖身体的物质条件而且没有任何直接的用途、目的或目标的那些运动有任何现实的相似性。
>
> （[10.47]，32-33）

机械论者对这一论证的回应受到了哈特利《人之观察》（*Observations on Man*）一书的推动。他的说服力来自他的论证方式，即从活力论思想的中心主题转向机械论的优点。佩罗和莱布尼茨都认为，心灵控制下的运动存在两种不同的类型：一种接受自觉的指令；一种通过习惯而不需要通过选择来执行，因此是无意识的。（参见 [10.47]，33）这个议题仍然是后计算机机械论者关注的前沿问题。当我们围绕理解力问题追寻机械论思想的发展时，尤其有趣的是，我们发现纽厄尔（Newell）和西蒙的"前意识选择"的力学模型的起源就在哈特利对"肌肉运动及其自动的和自愿的两种类型"和"关于振动和联结的学说的用途"的分别解释中。（参见 [10.50]，85；[10.54]）

根据哈特利的观点，自愿活动由观念引起，而自动的活动由感觉引起。感觉由大脑神经中细小微粒的振动引起。如果重复足够多的次数，大脑就能形成映像或它们自己的副本。这些映像或"感觉的简单观念"成为更为复杂的观念的构造材料。对有规律的感官振动的映像也能在神经中形成。这些"轻微的振动"是"观念的生理上的对应物"。这由此产生了哈特利著名的联合（同构）定律：任何感觉/振动 A、B、C 通过多次与另一振动相联结，就会产生关于相应观念/振动 a、b、c 的足够强大的力量，以至于任何一个感觉/振动 A 被独立地意识时将能在心灵/大脑中激起其余的观念/振动 b、c。

尽管哈特利打算把他自己描述为一个机械论者，但他绝不是决定论者。他的论证所提出的问题简单说就是，自愿行动由观念引起，而观念本身是经验的产物。（他为自由意志所付出的代价是对笛卡尔式灵魂——能产生行动的原因——的一种难以令人信服的辩护。）就机械论的演变而言，他对过去经验之作用的强调有两方面的意义：第一，它开启了控制思维连续发生的规律的科学研究的前景；第二，它暗示了一种打破自愿的活动和非自愿的活动之边界的方法。

根据哈特利的解释，起初的自愿活动能够变成自动的活动，反之亦然："联结不仅将自动的行动转变为自愿的行动，而且也将自愿的行动转变为自动的行动。"（[10.47], 85）为了说明前一现象，哈特利以婴儿自动地掌握嘎嘎声为例：

> 在重复适当的联结足够多时，抓（grasp）、拿（take）和握（hold）等这些词的声音，护士在联结状态中的手势、手的尤其是孩子自己的手的观念，在那个状态下，与无数其他相关场合如感觉、观念和手势都将让孩子直至或最终掌握那个观念或我们所谓意志要掌握的心灵的状态，并充分与该行动联系在一起以便能立即产生它。因此，它在这一事例中完全是自愿的。
>
> ([10.42], 94)

这在20世纪早期被看成对意愿的"印迹"的解释。为了说明这一现象，哈特利以如何学习竖琴为例（现在在认知主义著作中随处可见）：起初，他的练习"是完全自愿的指令对手指的控制"，随后"意愿的行动变得越来越少……逐渐消失直到最后再也感觉不到"（[10.47], 85）。

哈特利清楚地表明他论证的主要目的是重建连续链图景。他用一整章来说明"如果振动和联结理论被发现足以处理人类的感觉、运动、观念和情感，那么我们就能合理地假设，它们也足以处理动物的类似现象"（[10.50], 404）。他甚至宣称，"振动和联结定律在所有动物种类的神经系统中都是普遍的，正如循环定律在心脏和血管中的情形一样"（[10.50], 404）。

对后一论证的推动力隐藏在如下事实中：18世纪的活力论者已经将他们对机械论的反驳建立在经典牛顿式的把目的论排除出机械论解释的基础上。这使得机械论者有义务用严格的物理学术语来解释"自发活动"的组织、适应性和被控制性。这正是哈特利论证中所遗留的最大问题；因为哈特利保留了笛卡尔主义的大量残余，足以将从自愿的到次级自动的一系列活动都看作由机械论原因产生的意愿引起的行动（他使用的"次级自动的"这一术语也表明了这一点）。但是，这对于反驳笛卡尔对存在巨链的攻击毫无用处，因为这个反驳仍然保留了行为被分成机械的和意愿的两种。

对机械论者来说，幸运的是，消除后一个障碍的显而易见的关键很快就由哈特利的活力论对手罗伯特·魏特（Robert Whytt）提出来了，就在《人之观察》出版两年之后。哈特利分析非自愿活动的中心主题在《论动物中活力的和其他非自愿的活动》（An Essay on the Vital and other Involuntary Motions of Animals）中被给予了同样突出的关注。事实上，魏特不仅强调我们"通过风俗和习惯掌握的"非自愿行动的重要性，而且他使用与哈特利一样的事例。魏特以标准活力论的方式坚持认为，这种"自动的行动"不是机械的。因此，他提醒，"自动的"这个术语有危险的误导，因为"它好像传递了一种纯粹无生命的机械的观念，好像这些活动纯粹是由它的机械结构产生的"（[10.50]，75）。但是，与早期活力论者不同，魏特并不认为所有的目的性活动事实上必然在意志的直接控制下。相反，这些自动的行动——不管反射行动还是次级自动的行动——都受"感觉原则"控制。而这一感觉原则与心灵是同延的，但低于意识的阈限，因此能够既不是意愿的，也不是理性的。

因果因素的这第三种类型使魏特完成了对笛卡尔攻击的回应，但回避了哈特利。捍卫连续链图景的关键在于定义一个自愿和非自愿行动的连续链。哈特利只能说说那些"被认为是渐少自愿的、准自愿的甚至非自愿的"（[10.50]，84）行动。对正统的笛卡尔主义者而言，这是动物行为和人类行为断裂的地方。但是，魏特能将之叠加于动物和人类感觉行为的连续链上。我们发现这完全建立在魏特所强调的如下基础上：

> 很显然，正如自然界的所有杰作一样，每种动物之间都有着美妙的渐变等级，有着连续的纽带，如它本该如此的那样，最低一级的直接上级与紧随其后的高一级之间没有太大差异。因此，在动物

的运动中……复合的行动（如它们的称谓一样）、源自习惯的行动中，也都存在自愿的行动和非自愿的行动间的纽带。

([10.50]，84)

通过以一种运动逐渐变为另一种运动的方式将反射理论延伸为既包括自愿的活动也包括非自愿的活动，哈特利和魏特已为此后机械论者将各种行动视为无意识/意识的目的性行为的连续链铺平了道路：不只是对人类而言，而是包括整个自我调节的生命形式的链条。然而，存在巨链所需要的并不是这样完美的连续链，相反，它是一个由大量不同分支构成的连续链（当然到19世纪末达尔文提出树喻的时候，这成了主要的图景）。

这为马歇尔·霍尔（Marshall Hall）在19世纪初提出的争议性主张提供了背景（只是简单的碎片）。他认为，反射行为"不依赖意愿和感觉，不依赖大脑器官，也不依赖心灵或灵魂"（[10.47]，139）。霍尔的模型是高度概略性的，因此谢灵顿（Sherrington）在那个世纪末提醒说，"有大量反应行为处在（霍尔的）极端类型即'无意识反射'和'意志的行动'之间的中间态上"（[10.47]，140）。横跨此时间的整整一个世纪所做的大部分实验都是在填补这些空白的明显需求的刺激下进行的。但就哲学目的而言，更为重要的是谢灵顿用来描述霍尔之贡献的那个误导性术语。在上面的引文中，霍尔强调反射行为的发生"不依赖意愿和感觉"。他如果把这些活动描述为"无意识的"，那肯定不是在普夫吕格尔（Pflüger）批评霍尔的理论时所理解的意义上使用的，也不是在洛采回应普夫吕格尔对霍尔的攻击时所理解的意义上使用的。

"无意识的"（unconscious）这个术语是讨论反射理论之争时没完没了的混乱的始作俑者，因为它不加区分地既被那些主张意识在无意识活动中不起任何因果作用的人使用，也被那些坚持所有目的性行为都必然在"堕落意志"[8]的控制下的人使用。而且，我们就必须还要在前一种人中区分出两种人：认为谈论人类或主体知道机械地回应刺激毫无意义的人，把反射和次级自动活动视为无意识的感官反应的人。这样，我们就必须区分19世纪关于反射理论的两种同时发生的机械论与活力论之争：一种围绕目的性的自动行为是机械的还是感觉的问题展开，另一种围绕目的性自动行为的概念在术语上是否自相矛盾的问题展开。

在笛卡尔主义前辈的心目中，这个主题本该解决的问题是，被切除大脑的动物的反射是否是自愿的并因此（与霍尔相反）受通灵控制。而在这个争论的普夫吕格尔—洛采版本中，这个主题很大程度上局限于以下问题：一只被切除大脑的青蛙，它的反射活动是否是有意识的。在普夫吕格尔看来，一只被切除大脑的青蛙能够从偏好的腿换到其他的腿来去掉身上的酸性物质这一事实就已经使如下观点不证自明：它的行动是聪明的，因此意识与整个神经系统同延。而洛采对这一"脊椎灵魂"理论的反对则提出了如下众所周知的主张：貌似自愿的行动实际上是次级自动活动，由最初的理智行为产生，这些理智行为通过过去的经验铭刻在青蛙的大脑里。[9] 为了构成真正的理智行为，我们需要证明青蛙能够对全新的环境作出反应。

然而，双方都认为，这些活动都可以被合理地描述为"目的性的"：一个让机械论与活力论之争持续陷于大量混乱中的前提。而这个术语保证了这些混乱将尾随而来。因为，如果同意普夫吕格尔，那么就将承认意愿概念对脊椎反射是适用的，但站在洛采一边，就将接受不仅这种活动能被描述成"无意识的"（在最初的精神原因已成为自动的意义上），而且同样严重的是，学习也成了神经学印记的形式之一。

波林（Boring）把整个争论看成只是围绕着"定义意识是为了排除脊椎反射还是为了包含它们"（[10.43]，38）的争吵。如果这只是一个关于语义正当性的辩论，那么这个论题现在就该属于心理学观念史，而不是哲学。但这根本不是波林所声称的伪问题。因为，这个问题不仅关注意识概念的边界，更重要的是，它是关于有着如此确定界限的行为的成因（causes）的争论（当然，也是关于意识的"本质和位置"的争论）。

从现代视角来看，反射理论之争最显著的特征是，开始理解自动神经系统之力学的心理学家越多，哲学家对笛卡尔攻击连续链图景的兴趣就越突出。这个反应的原因之一是，哲学家对科学唯物主义者从反射理论中得出的决定论含义的关注与日俱增［比如这在密尔、格林（Green）、塞奇维克（Sedgewick）和斯宾塞（Spencer）等人的著作中显而易见］。因此，我们发现了卡彭特（Carpenter）在其《神经生理学原理》（*Principles of Mental Physiology*）[10.46] 中坚持的主张，即机械论者在他们"阐明自动行动的机械机制"的探求中忽视的是：

> 关于意识的这一基本事实，即笛卡尔本人就是在意识基础上建构他的哲学体系的。他专门将生理行动详细描述为科学所要处理的唯一的事情，而拒绝接受我们所谓意愿的精神状态和情感与身体变化之间存在因果关系的主张。
>
> （[10.47]，161）

进入这个世纪，我们同样面临笛卡尔对"半唯我论"的论证，但有一个显著的不同：对笛卡尔攻击连续链图景的所有暗示都不见了。赫里克（Herrick）在其《动物行为的神经学基础》（*Neurological Foundations of Animal Behavior*, 1924）中的解释如下：

> 因此，意识是行为中的一个因素，是人类行为的一个真实原因，而且可能在一定程度上对其他动物而言也是一样……客观所见的这一活动系列从最低等的到最高等的动物种群之间形成了一个不间断的等级体系。并且，在我看来，因为对反应的意识是其必不可少的一部分，所以我有理由将对意识的参与这一观点延伸到其他人和动物，在他们的客观行为证明这一推理的范围内。
>
> （[10.47]，179）

推翻笛卡尔的意图建立在如下论证基础上，即人们发现，在像刘易斯和赫胥黎（Huxley）这些自封的笛卡尔关于"动物自动机"主张的捍卫者看来，动物，甚至人都是"感觉的自动机"（[10.51]）。[10]

这些新笛卡尔主义者认为，他们现在所做的就是在两个世纪以来生理学进展的基础上纠正对笛卡尔那部分的经验上的疏漏。他们建议用意识的/自愿的活动和无意识的/非自愿的活动间感觉上的（sentient）区分来取代笛卡尔在意识的/自愿的活动和无意识的/非自愿的活动间机械的（mechanical）区分。这一策略的主要好处是，它能使我们在意愿的存在与连续链图景间达成和解，并因此与初露端倪的达尔文革命保持一致。[11]

然而，这并不是说，通过把它们看作笛卡尔定义的自愿行为而要将它们人格化。动物和人之间"客观行为的相似性"只是在感觉的——相当于是无意识的或自动的——行动的水平上。这让人怀疑，也许波林所指的真正意义是说，这个争论与其说是关于"意识的定义"的争论，不如说是关于"机械的定义"的争论，因为机械的/感觉的论战双方都接受机械论的框架，它在普夫吕格尔—洛采之争的具体事件中幸存了下来。

根据活力论者的观点，次级自动的行动是印刻在青蛙大脑中的神经机制作用的结果。当动物第一次发生这些经历时，它本可能意识到这些感觉；但是根据这一模型，意识被剥夺了"生命现象"中的包含物所暗示的任何因果性因素，并降低为消极旁观者的角色。[12]在此情形下，如果这种行为变成习惯性的，那么也就没有任何理由保留这一"机器的幽灵"来解释它残留的目的性特征。

根据这一论证，"意识、潜意识和无意识状态之间的差别只是神经过程复杂程度的不同而已"（[10.52]，407）。也就是说，意识是一种新质（emergent property），而且"自愿的行动和非自愿的行动之间没有任何真正的与本质的差别。它们都从敏感性而来，都由感觉决定"（[10.52]，420-422）。被切除大脑的动物所表现出的行为目的性来源于这一事实，即"感觉会激发其他感觉"。但是，当这些活动可以不由"大脑刺激激活时，并且不受这些刺激管理和控制时——或者如心理学家所说，因为意志形式的意识不是推动和管理这些行动的主体"，它们只不过"具有感觉行动的一般特征"（[10.52]，416）。因此，机械论论证中的这一缺陷在于这一事实：反射行为是"同意性的"，而且因为这个原因，它"不是物理的，而是活力论的"（[10.52]，366）。

机械论者很快指出，使用"活力论的"唯一理由是控制无意识目的性行为的机械学规律属于生物学而不是物理学；而且，支撑这一反驳的"原因"的机械论含义已经被新的概念所取代，这种新概念能把这两种现象都包括进去。但是，如它在 20 世纪末所表现的那样，反射理论之争中最重要的或许是"无意识的"机械论使用。它非但没有考虑把意识归为未受损伤的——更不用说被切除大脑的——青蛙的属性意味着什么，反而将其看成意识的"可分性"问题。毫无疑问，从来没有人考虑过哪种行为能准许人们断言这些严重致残的动物是有意识的还是无意识的。[13]

首先不清楚的是，为什么机械论者把自己局限在这一立场而不是提出以下这个完全合理的观点（这似乎是霍尔最初的意图）：用意识的表现或中断来描述这些行为是毫无意义的。为了把这些活动看成无意识的或非自愿的，需要假设意识或意愿的逻辑可能性。但这是之后的事，机械论者想暗示：这些原因与对控制意识概念和无意识概念之运用的规则的考虑完全无关。相反，机械论主张的整个重点来自解释如下问题的压力："在没有意识或意愿的干预，或者甚至在违背意愿的情况下，目的性行为是如何发生的。"（[10.51], 218）

立即显而易见，以上引文中的关键词是"干预"。机械论者没有任何理由反对副现象论。他们的争论只是关于用来解释自动行动的"通灵的定向性"这一二元论概念。因此，就自动行动之本性的机械论与活力论之争而言，它很快变成了只是名称上的争论。但是，为什么不把这完全相同的策略延伸到活力论论证的其他支柱上去呢：为什么回避了意愿，而所需要做的只是提炼它们呢？

由此，从一个混乱的争论产生出另一个混乱的争论。这个问题是，所有人都同意青蛙正在试图抖落掉放在它背上的酸性物质，但是毫不清楚谈论一个生物正在完成一个它意识不到的——也不可能（and could not be）意识到的——目标有什么意义。假设我们最好能"推断"一下，这样一个被整形了的生物是否意识到疼痛并设法减轻它的不适，这个假设同样毫无意义。这个假设恰恰使人想起这个争论的笛卡尔主义起源：正是我们无法观察青蛙的心灵（或者至少是它的剩余物！），才让我们无法解决这一难题。

我们对青蛙之感觉或意图的判断是基于支配意识概念和意图概念之使用的规则：建基于人类行为范式的规则。就人类充当我们使用心理学概念的范式主体而言，任何关于将这些概念应用于更低等生物的问题都要求，我们要将这些生物的行为与支撑我们使用这一概念的相关人类行为进行对比，例如，由某种生物体所表现的行为的复杂性来决定是否有充分的理由说它具有感知能力的属性。因此，为了证明棕尾毒蛾能感知（perceive）光，雅克·洛布（Jacques Loeb）不得不表明，它们不仅能对特定的刺激作出反应，而且能够识别（discern）环境的不同特征，也就是说，这些毛虫能够用感觉器官（perceptual organ）来获取关于它们环境的知识。不过这里的相关概念不是知觉（perception），而是洛布巧妙地称为的"向日性机制"。

这个论证的结果是，只有说这种毛虫"感知到"它自己才是有意义的：而不是它的"图像接收器官"（或者在普夫吕格尔—洛采之争中青蛙的中央神经系统）。同样适用的是，我们是在谈论更复杂的感觉运动结构和感觉器官，还是"心灵"、"灵魂"或者"意识"。在这些案例中没有哪一个能使如下说法讲得通：这些讨论中的器官或者官能证明它们有辨别环境特征的能力。使得这一用法毫无意义的逻辑语法规则是，只有将我们的心理学概念和认知概念应用于作为整体的生物才是有意义的。[14]

对挽救连续链图景的专注让各种各样的机械论和活力论的主要参与者无法从一开始就发现，引起他们异乎寻常的争论的这些问题是多么荒诞。[15]而正是19世纪的这一共同焦点让他们认为，感觉运动的刺激反应、感觉和知觉间的差异本身只是程度问题而不是种类问题。但这三个概念间的差异却是类别上的而不是数量上的。因此，连续链图景的机械论版本是源于它将感觉概念与知觉概念联系起来的不正当努力引起的曲解，之所以不正当，是因为这种努力是在神经复杂性的尺度上进行的，而不是在识别逻辑语法运用差异的尺度上进行的。

我们能从这一争论中吸取真正重要的教训：关于运用心理学概念和生理学概念的教训。机械论者有一点是完全正确的，即从我没有意识到对某个刺激的反应这一前提不能得出这一反应是出于意愿的结论。但是，确切地说，如果我意识到对某个刺激的自动反应，那么这一结论就是正确的。相反，我能对某个信号（比如交谈的暗示）作出机械性的反应，但不能由此说我的反应是由一种因果机制决定的。如果我对刺激的反应是"出于意志的"（比如我控制住打哈欠），那么它就不是反射行为。而且，如果这种行为变成习惯性的，那么它也就不再是出于意志的。

这些是经验观察到的吗？同样的问题也出现在普夫吕格尔—洛采之争中。普夫吕格尔的实验告诉我们的不是青蛙正在无意识地抖落掉背上的酸性物质，而是告诉我们必须小心如何将同样的概念应用于正常的青蛙。因为就像被切除大脑的青蛙所做的既不是对刺激的无意识反应（responding unconsciously）也不是设法（trying）抖落掉酸性物质一样，所以我们不得不重新考虑，对一只正常的青蛙而言，说它正在有意识地设法（consciously trying）抖落掉背上的酸性物质意味着什么。[16]（可以参照青蛙眼中信号探测器的实验，它通过任何视野边缘的运动来激活，而不限于有一只苍蝇飞过。）这不是说，我们永远不能把这种心理学能力看作青蛙的属性，而只是说，诸如普夫吕格尔和高尔茨（Goltz）所做的那些实验提醒我们对动物行为作出判断的可行性，换句话说，迫使我们注意本能或反射与行动的差异。

正是把感觉运动的刺激反应、感觉和知觉的分类差异视为意识范围内的渐变，才为把目的性行为视作一种上行因果机制提供了方便，在这种机制中，与意图和学习的关系被认为是外在的而不是内在的，适应也被误认为是一个认知过程。但是，没有任何目的性行为的进化连续链，以致瞳孔的收缩成了与为目标而奋斗相同的类型；因为前者不是一个目的性行为更为"原始的"形式，而是一个并非（as opposed to）目的性行为的反射动作。

随着达尔文革命引起的对比较心理学逐渐增长的兴趣以及对随之而来的进化联想心理学的重视，机械论者从相反方向出发只是顺其自然而已。因此，人们开始认为意识和意愿是逐渐成长起来的，而被切除大脑的青蛙的行为和人类的行为之间的相似性不是也不可能是显著的。相反，这种一致性隐藏在次级行为的水平上，尤其是在神经结构上，感觉之间的联结就印记在那里。但是，这个观点只在反对如下前提时是有意义的，即这个机制对目的性行为的支配是普遍性的（simpliciter），以及这个机制旨在假设低等生物的反应是目的性的这一观点要以前面的所有论证为先决条件。而事实必然是，人们对人类和（行为上）类似于人类的生物所能谈论的只是：它以目的性的方式行动。因此，该论证忽视了的关键问题是，需要说明在何种意义上这种因果反应能被称为目的性的。而且，这个忽视困扰了机械论与活力论之争的双方；或者更确切地说，笛卡尔框架的产物主宰了他们的这一忽视，支配着打算步他们后尘的人。

"新客观术语学"的兴起

刘易斯曾说：

> 我们能够想象一只在乞丐面前狂吠的自动机械狗，但无法想象某天在乞丐面前狂吠而第二天因为想起他曾经给过它食物又朝他摇尾乞怜的自动机械狗。
>
> ([10.00], 304)

那么，为什么无法想象呢？这不正反映了眼下流行技术限制人们想象力的方式吗？毫无疑问，刘易斯的反对对今天的机器人科学而言没有提出任何难以克服的障碍。而且，从刘易斯自己的观点来看，他似乎也屈服于一种精神状态的活力论概念。还有什么能比通过切除一只狗的大脑并在反复喂食然后观察它的行为（高尔茨正是这么做的）来揭露刘易斯的倒退更容易呢？可以肯定的结果是，摆尾有一个机械的（感觉的！）解释，正如分泌唾液所有的解释。可是，刘易斯很清楚以下这个令人头痛的问题：它对这种训练试验毫不在乎。

代替刘易斯的问题，我们可以问：一只自动机械狗能控制自己不摇尾巴吗？或者更好的问题是：当它不再在意又一次看到这个乞丐的时候或者甚至在它根本不饿的时候，它能故意摆尾巴以便获取食物吗？就此而言，如果不考察它的心灵，我们怎样才能确定，一只被切除大脑的动物的活动与完整无损的动物的活动是一样的呢：也许当心灵停止控制的时候反射作用才开始介入？

这里的真正问题是，当刘易斯和赫胥黎在机械自动机和动物自动机之间成功地作出重要的区分时，这并不能使笛卡尔对连续链图景的攻击沉静下来。人们几乎从不认为，比如说当自己让自己蒙受损失的时候，一只青蛙——不管它有没有大脑——的行为是人类行为的写照。而且，把意识作为新质或许可以推翻笛卡尔的精神状态或过程的图景，但对缩小自愿的行为和非自愿的行为间的笛卡尔式鸿沟仍然算不了什么。人们可以简单地认为，自愿的行动是由前意识的精神原因决定的。

"在自愿的行动和非自愿的行动之间没有任何真实的、本质的差别，它们都来源于敏感性，都由情感决定"，这一主张或许能够清除笛卡尔的如下假设，即人——不像任何较低级的生命形式——被赋予心灵，而心灵决定了"那些我们称为'自愿的'活动"。但是，清除的唯一方式是抛弃笛卡尔所设想的精神原因。所以，赫胥黎提出：

> 意愿……是一种由身体变化所标示的情感，而不是这些变化的原因。我们称为意愿的这种情感不是自愿行动的原因，而是大脑状态的标志，大脑才是那些行动的直接原因。
>
> ([10.51])

但是，为了支撑这一自愿的与非自愿的区分，我们有必要将如下前提叠加其上，即这个区分是与意识的独特状态联系在一起的。

在《休谟》(*Hume*)一书中，赫胥黎坚持认为，"意愿是身体或精神行动的观念与该行动应当被完成的欲望相伴随时产生的印记"([10.51]，184)。因此，自愿的活动和非自愿的活动间的差异是现象的差异，而不是原因的差异：前者只是由特定的精神状态（它本身由过去的事情决定）所伴随的那些行动。但是，这只能复活笛卡尔对连续链图景的攻击；因为动物也必须能经验这些随附的欲望（"目的"），而且赫胥黎给笛卡尔主义者留下了足够的余地以便接受如下事实，即我们不可能知道情况是否如此。（参见 [10.51]）这意味着承诺连续性的机制只剩下了一个方向能够继续下去：完全摒弃任何"自愿的"和"非自愿的"活动的因果性区分，并根据经验来定义它们之间表面上的差异。

因此，心理学的诞生就像现代印度的诞生一样，充满了两个对立派系间的流血冲突：那些正视笛卡尔问题的人和那些想要否定它的人——詹姆斯（James）和洛布。这似乎是以下这个争论的一个超简化版，即这门新的科学应当属于生理学还是应当属于哲学，就行为主义的奠基者而言，尤其如此。但实际上，机械论主题的图景在这点上就是以这样或那样的方法依赖对意愿的废除的。并且，这正是雅克·洛布努力的方向。

为了解决"意志问题"，在哲学上受挫败之后，洛布先是转向了神经生理学，然而才是生物学。通过对高尔茨的研究，他开始确信意识与行为无关，并且能够将之从对自动行动的目的性的排他性联想主义解释中排除出去。"形而上学家所说的意识是由联想性记忆机制决定的现象。"（[10.69]，214）在朱利叶斯·萨克斯（Julius Sachs）的著作中，他找到了执行这一方案的工具，用来作为将机械论四人组的还原论主张扩展到植物学中的手段，即萨克斯使用的"向性"（tropism）概念——用来解释植物根据其物理—化学需要对外部刺激的直接反应所发生的"转向"。在向性中，洛布发现了类似自动行动的生物学现象。于是，他用萨克斯的方法作为动物行为心理学的出发点来改进机械论。

洛布随后关于动物向日性研究的目的是证明各种生物都是"受光控制的光化学机器"。为了实现这一目的，他证明，当棕尾毒蛾被置于来自与提供的食物相反方向的光下时，它总是始终不变地向光飞去并以死亡告终。这样的实验削弱了活力论的前提，即所有生物都受自我保护这一难以分析的天性控制。"在这一事例中，光就是动物的'意志'，它决定了动物的运动方向，就像下落的石头事例或行星运动事例中的万有引力一样。"（[10.70]，40—41）

既然原则上能够解释"纯粹物理—化学基础上的"、形而上学家愿意将之归入动物"意志"下的一组动物反应（[10.70]，35），那么"生命之谜"的全部答案就必然存在于这一事实中，即"我们吃饭、喝水和繁衍，不是因为人类一致同意这是我们的愿望，而是因为我们就像机器一样不得不这么做"（[10.70]，33）。但是，想必有人愿意认为，洛布的实验与"意志问题"毫无关系；用他自己的话说，"向日性的动物实际上是测定光度的机械"（[10.70]，41）。毒蛾因渴望食物而亡这个事实与那些支持活力论的反面结论相比也不再是对（反常的！）目的性行为的证明了。要假设它们的自动反应能说明人类目的性行为的复杂性，就要再次从一开始就认为意图和意愿只是一个因果链的一部分。从这个因果链出发，选择、决定、筛选和最终决定的能力都先天被排除在外了。而这正是洛布要做的事情！这不是对意志概念的孤立攻击：所有"精神论的"概念都将被从目的性——相当于自动调节——行为的消除主义分析中清除出去。

这不是说自愿的活动和非自愿的活动间的区分也将不得不被抛弃，只是说相应地它需要被重新定义。洛布只能暗示他认为应该继续前进的方向："联想记忆"。但洛布也很小心地解释说，该术语意味着一个"（实验上可观察的）机制，通过这一机制，刺激不仅引起某个敏感器官的本性及具体结构所决定的后果，而且引起与此刺激几乎或完全同时发生的、作用于该生物上的其他刺激的后果"（[10.68]，72）。换句话说，它有条件反射。

因此，洛布不像赫胥黎，他能准确地重新利用连续链图景，因为他回避了感觉连续性的原则。重要的是："如果一个动物能够被训练，能够进行学习，那么它就拥有联想记忆。"（[10.68]，72）这跟19世纪后期机械论中的达尔文转变联系在一起了。[17] 在《物种起源》（*The Origin of Species*）的结论中，达尔文正式宣称，"心理学将建立在一个新的基础上，每个等级的智力和能力都是自然获得的"（[10.60]，488）。而在《人类的由来》（*The Descent of Man*）中他声称，"人类和高等动物在心灵上的差异，即使再大也是程度的差异，而不是种类的差异"（[10.61]，105）。洛布只是把对这一连续链图景的"精神论"障碍消除掉而已。

机械论者很快接受了这一连续性的解释（尽管关于如下问题还存在相当大的分歧：这暗示了一种斯宾塞所支持的单一连续链[18]，或者达尔文所捍卫的分支化的连续图景）。回顾机械论思想在20世纪初的发展时，最有趣的或许是，洛布的观点如何如此迅速和彻底地主导了美国心理学。这不是说它从未受到挑战。最著名的反对声音或许来自詹宁斯的《原生动物的行为》（*The Behavior of the Lower Organisms*）[10.9]。具有讽刺意味的是，即使说詹宁斯赢得了这场生物学之争的胜利，但结果也只是扩展了机械论的战壕而不是詹宁斯所主张的通灵的连续链。（参见[10.74]）

詹宁斯在桑代克（Thorndike）关于猫的行为"印入"的尝试—错误实验基础上来说明通过条件反射克服向性是有可能的。因此，目的性行为应当被看成一种不断持续的过程。在这个过程中，生物的物理化学需要与它的环境相互作用并适应它。[19]但是，无论可能会让动物向性科学遭受什么破坏，詹宁斯的反对也只是进一步推动了洛布将目的性行为作为一种神经病学的适应和控制的定义，并且推进了机械论的期望：

> 身体更复杂的活动由初级活动聚集而成，并进入用心理学术语如"快乐"、"恐惧"、"愤怒"等描述的状态，而它很快会被证明是大脑皮层的反射活动。
>
> ([10.75]，4)

这并不确定是逻辑行动主义的主张。洛布和巴甫洛夫（Pavlov）也没有极力主张目的性或意愿行为的立场能够被还原或被翻译为非分子的或分子的行为。相反，他们认为，建构的前一种类型在字面上是毫无意义的（尽管能引起诗意的共鸣），而后一种的唯一意义只是，行为的原因能够被清楚地说明并因而能够被控制。这个论证的模式是由动物热量的机械论主张和反射理论之争组成的。关于保持热量平衡的体内平衡机制的主张或关于感觉运动系统的主张并没有给出证明活力的主张的意义，相反倒说明了后者的苍白无力。

巴甫洛夫在《条件反射》（*Conditioned Reflexes*）的开篇就声明，他"要将未来真正的心理学科学建立在一个坚固基础上"的努力是19世纪机械论思想的归宿："这一过程更有可能带来自然科学这一分支的发展"，如果它接受如下概念的话：

> 反射是永久平衡机制的基本单元。生理学家已经并且现在还在研究生物的这种大量类似机器的必然反应——从动物一出生就存在的反射，并因此将之归因于神经系统的固有组织。
>
> ([10.75]，8)

换句话说，所谓的"目的性"行为应该被理解为生物通过一种复杂的反射系统来维持的物理—化学平衡。"反射就像人类设计的机器之传动带一样，可以有两种——积极的和消极的、刺激性的和抑制性的。"([10.75]，8)

在巴甫洛夫看来，生理学进展中的这一突破的关键就在于关于身体反射的研究进入了大脑皮层的活动。巴甫洛夫认为他自己通过夏尔·里歇（Charles Richet）所谓"通灵反射"（[10.45]，5）的概念来解释动物行为推进了洛布的工作。他努力延续"最近生物学的趋势，将脑半球的最高活动视为任何给定时间的刺激与旧的刺激留下的痕迹之间的联结（基于经验的联想式记忆、训练和教育）"（[10.45]，5）。

重要的是，巴甫洛夫支持由贝尔（Beer）、贝特（Bethe）和乌也斯库尔（Üxküll）引入的这一"用来描述动物反应的新客观术语学"，因为不仅没有任何正当理由认为动物具有通灵过程，而且没有任何必要这样认为。因此，"目的"这一术语在他的著作中明显消失了。事实上，早期行为主义的思想很大程度上都受这一不成文的禁令所限制，以忽略并在任何可能的地方重新描绘人类行为和动物行为中的目的与意图的作用。因为新的心理学将是一门工程科学，对心/身问题留下的任何虚假问题毫无兴趣。

不过，他们对连续链图景的承诺使他们不可能避免哲学的介入，不管他们对先验理性只开花不结果的特性作出如何尖刻的评论。因为，建构目的性行为之机械论连续链的唯一方法是含蓄地分析所涉及的一系列心理学概念，以便使自愿的（voluntary）行为和非自愿的（involuntary）行为之间的差别能够被看作一种因果复杂性而不是一个类来对待。因此，我们发现，那些主要的行为主义者不得不处理这些他们反复声称没有丝毫兴趣的哲学问题。

华生就是个典型。在《行为主义者所认为的心理学》（Psychology as the Behaviorist Views It）[10.82]中，他声明他只对有关控制的话题感兴趣。这仍然是其《行为》（Behavior）[10.83]的主要焦点，但这本书附带关注了思想的本性这一开始悄悄混进去的话题。在《行为主义》（Behaviorism）[10.85]一书中，华生全面捍卫了"行为主义的"心灵哲学［在赫尔（Hull）和斯金纳的著作中能发现完全同样的情节］。

似乎这一切都被控制论的转向颠倒了，但如福尔克尔·亨（Volker Henn）所指出的，控制论的历史确实开始于麦克斯韦和伯纳德。（参见[10.64]）《行为、目的和目的论》[10.77]的出版标志着它的圆满完成而不是对持久的概念演变的重新定位：作为体内平衡系统的机械概念，它通过运用消极反馈来管理控制运行。(在前面引用《条件反射》[10.75]的段落中已经有明确的暗示。)

根据控制论,目的性行为是为了"达到某个目标,通过消极反馈而被控制的行为"([10.77])。这里我们必须注意:首先,我们没有假设这个观点与行为主义形成了彻底的决裂[20];其次,我们没有把错误归咎于单纯的唯物主义观点,它指引了行为主义的创立者及其随后的追随者。[21]我们也不应当假设《行为、目的和目的论》的中心主题——目的论解释与因果论解释间的关系——此前从来没有被提起过。事实上,这个问题成为机械论者关注的焦点已经超过了30年。《行为、目的和目的论》主要的独特性在于它的方式,即作者通过提供服从因果律的"目的性"系统中的反馈机制来试图科学地提供目的论解释。但它远非只是重新书写了目的论解释的逻辑形式,在对"目的"或"目标"的控制论分析中有几点是非常突出的。

首先,中心观点是,"目的性"行为是用一个与环境相互作用的系统的目标导向运动来定义的,而目标本身是与该系统相互作用的环境的一部分。这样,该系统就是由内外因素来控制的,而目标的存在是目的性行为属性的必要条件。但是,控制论模型中的"目标"只是一个系统指向的"最终条件"。

这在"目的性"行为或"目标导向"行为的定义中是一个根本性的改变。在目的性行为中,如果没有破坏该行为的目的性,那么相应的目标就能够被清除,或者甚至不存在。事实上,谈论"由其自身的原因"而发生的目的性行为甚至也是讲得通的。(参见[10.79]、[10.80])而且,那些将目的概念与意识、认识、信念和意愿等概念结合在一起的内部关系被认为是外部关系。因此,罗森勃吕特、维纳和毕格罗论证的结果是,将控制论系统描述为"目的性的"没有任何逻辑障碍。他们甚至无法作出任何选择,他们不能被说成正在努力实现它们的目标,或者甚至意识到这是它们的目标(比如制导导弹)。

当然,也没有什么能阻止机械论者提出技术上的(控制论的)"目的"或"目标"概念,通过这一概念来理解一个体内平衡系统的反馈机制(这种机制是被设计出来的或者是已经演化出来的)所维持的平衡态。但是,与消除性的唯物主义理论一样,如果"目的性行为"和"因果性行为"之间的逻辑一语法差异被破坏，那么结果将不是产生一种对"自愿行为"的新的理解，而是对它的抛弃并创造出另一种误导性的同音异义词。

当我们评估控制论对心理学的重要性时，或许我们不要忘记它最重要的方面是它与行为主义的一致性。罗森勃吕特和维纳坚持认为：

> 如果说目的这一术语在科学上有什么重要性的话，那么它必然是从行动的本性方面来认识的，而不是从对行为对象的本性和结构的研究或思考来认识的……（因此）如果目的概念能够适用于生命有机体，那么它也适用于非生命的实体，只要它们表现出同样的可观察的行为属性。
>
> （[10.76]，235）

由此出发，他们明确地表达出标准的行为主义主张，即目的性行为的存在必须经过多重观察的证实。（参见 [10.76]，236）这个判断是一个本身必须获得证据支持的归纳假设（inductive hypothesis）。更重要的是，这个保留了目的性行为连续链图景承诺的理论现在据说由一个系统所呈现的"预测等级"来控制了。

罗森勃吕特、维纳和毕格罗以典型的笛卡尔主义风格认为：

> 可能的情况是，比较人类与其他高级哺乳动物可以发现，能够观察到的行为的非连续性特征之一或许在于，其他哺乳动物局限于低等级的预测行为，而人类能够潜在地具有相当高的预测等级。
>
> （[10.77]，223）

反射行为和向性确实能够被看成目的性的（尽管处于低等级），复合行为也能被看成身体动作的嵌套层级体系，但是意识不可能是目的性行为的必要条件。因为该理论并没有区分机械系统和生物系统，因此，意识必然是突现的（emergent）和副现象的（epiphenomenal）。（参见 [10.77]，235）

人工智能科学家和哲学家对"目的性行为"的控制论分析提出了大量重

要的反对意见。(参见 [10.55])在前者看来,这些问题的根源不在于它的机械论定位,而在于缺少"一个具体心理过程的机械论类比,一个心/身区分的控制论相似物"([10.57],107)。具体化方案和它们的神经生理学成分之间的认知主义区分将填补这一缺陷。这些"内部表征"是实在的模式,它"使得刺激和反应之间达成调解以确定把生物行为视为一个整体"([10.56],58)。生物用这些环境的"编码描述"来指导自己的行为,而这恰恰也为其行为的目的性提供了解释:必须有一个目标,它是与一个系统相互作用的环境的一部分,这并非一个不明智的控制论假设。

假设计算机程序和这些"内部表征"之间存在基本的类比,那么这一机械论主张的后计算理论版本的核心则在于以下这一前提:"就机器行为是由其内部的、可能是异质的环境模型来指导而言,整个行为用内涵性的术语来描述就是可以的"([10.57],128)。[22]人工智能科学家努力通过假设一种"行动计划"来为目的性行为提供机械论解释,这一"行动计划"从神经上的体现来看非常类似于由计算机程序中的常规程序方案组成的一系列操作指南,即意图的目标或一般认定的最终状态的内部表征和产生这一状态的可能行为方案。

尽管这一论证致力于发现这些内部模型的神经生理学机制的(遥远的)可能性,并因此发现目的性行为原因上的充分条件的可能性,但是所有的重点都被放在了这些模型指导行为的方式上。(参见 [10.57])因此,当后计算理论的机械论者致力于还原性的逻辑可能性时,他们只是把它们当作远景来看待。这就是从自下而上途径到自上而下途径的著名转向,即转到指导目的性行为的内在表征的计算机模拟。因为"我们只能在行为的基础上假设这些模型,并因此假设它们对应于现实的神经生理学机制"([10.56],60)。

基于此,"行为的机械模型的解释力取决于相关信息处理过程的细节在功能上与实际相关行为之心理过程的匹配程度"([10.57],144)。一旦人类目的性行为和动物目的性行为的机制被发现,我们就会看到,从哲学上反对关于"目的性行为的连续链"的机械论分析将是苍白无力的。不是因为意图概念和意愿概念是可消除的,而是因为在对人类行为的解释上存在着目的性范畴和因果性范畴的空间。然而,问题在于,这一前提被还原论否定掉了。

对所有人工智能的技术诡辩而言，看看它几乎没怎么离开笛卡尔的原始论证是件很有趣的事情。事实上，认知主义理论的精神论暗示已经在联结主义和神经心理学方面引起了强烈的消除主义的反向运动。但更确切的事实是，3个世纪以来，心理学一直被这些无休止的"范式革命"所支配，而谁也不能驳倒笛卡尔对连续链图景的攻击。这个事实说明，需要详细讨论的是由笛卡尔的论证建立起来的框架，而不是论证的结论。换句话说，由心/身二元论提出的这一问题的解决在于概念上的分类范围而不是在于经验的理论；在于哲学而不是心理学。哲学在这里的主要关切是连续链图景的持久影响，是这一关键前提，即包括（人类的和动物的）所有行动都是由隐藏的原因引起的复杂的活动序列，心理学科学必须找到这些原因的本质。

心灵理论

解决笛卡尔主义提出的这一问题的最新努力有一个巧妙的尝试，即保留笛卡尔的认知图景而避免消除主义和还原论。我们在前面几节中看到，后者太受心理学发展的支配了。以小孩突然意识到母亲对他的感情以及相应的相互影响，或小孩开始用手势或符号来表达意图为例，认知主义对这种现象有一个现成的解释：孩子的心灵一直忙于观察和记录规律性的东西。那些看起来像顿悟或突然发展起来的东西事实上是孩子的前意识推理得出的最终结果。在这个推理中，孩子把原因映射到结果上。（比如，"每当S脸上有这个表情的时候，x都会始终不变地认为……"，或"如果我做x，那么y就会发生"，或"如果S相信x，那么S将ϕ"。)这个论证并没有设定这个前提，即信念、欲望或意图引起行动；它只是设定，孩子将信念、欲望或意图看成了行动的原因，这就等于说可以认为孩子已经形成了一种心灵理论。

在此，我们不应该在"理论"的使用上过度纠缠。它不意味着任何科学性的东西[尽管当读到构成心灵理论——孩子应该已经获得的——的五个要点时，有人或许会感到。这五个要点是：(1)心灵是私人的；(2)心灵区别于身体；(3) 心灵表征实在；(4) 他人也拥有心灵；(5) 思想不同于事物（参见 [10.89]）］。但事实上，这个术语的使用只是打算引起对这个事实的注意，即孩子为了能在自己信念的基础上预测别人的行动，他就必须已经具有了诸如"自我"（self）、"个人"（person）或"欲望"（desire）以及"意图"（intention）等概念。当然，他还必须具有因果的概念。既然如此，那么关于心灵主题的理论为什么要纠缠于描述这一主题的"理论"的使用呢？

答案是，这个观点把基于主体的信念来预测主体的行动的能力看作一般预测事件的能力的子范畴。也就是说，在 S 的意图、欲望或信念的基础上预测 S 的行动只是预测 x 将发生 y 的一个特例。孩子必须建构的这一现实理论只是用来填充这一"特例"的条件的框架。这里强调的是将人类行为视为区别于物理现象的另一种现象。意图、欲望和信念是先决条件，因为它们证明对预测人的——只有人的——行为是非常有用的建构（这在孩子必须学习的事情上也是如此；比如起初他对人类行为和物理事件之间或人类行为和动物行为之间的界线是模糊的，但不久他学习到用心灵的建构来预测后一种现象是无效的）。但是，预测就是预测，不管它是关于人类行动的预测还是关于物理事件的预测，即必须观察到规律性，必须理解其因果联系。[23]

"一个理论提供了一个因果性解释框架来说明、理解和预测其范围内的现象"（[10.89]，7），这就是这个观点所暗示的东西。细致分析（希望孩子建立的）这个实际类型论，我们就能发现它应该是如何起作用的。[24] 建构这一理论的过程被认为是在两方面进行的：在观察他人行为中的规律性的同时，孩子也在发现他自身。因此，首先，孩子不得不发现那就是他自身（self），然后，另一个人是一个他人（other）。要做到这一点，孩子需要发现意向行为不是反射行为，换言之，在人类行为的范围内存在两种基本的活动。在对孩子的学习——他能够控制对象（或他的看护人）并从中推理出自我（self）概念和对象（object）概念——的强调中，我们发现了正统笛卡尔主义的"优先认识"的残余；或者在对这种学习——学习他自己的信念、欲望或意图是什么，从而得出信念、欲望或意图是什么——的强调中，情形也是如此。当所有这一切都在进行时，孩子就忙于观察他看护人和他人活动的方式与无生命对象被移动的方式的不同。就此而言，自愿的行为和非自愿的行为间区分的发现就是一个自我、社会知觉和对象知觉的复杂综合。

或许，我们应当谨慎使用"发现"这个词，因为根据心灵理论，与其说孩子观察到自愿活动不同于非自愿活动，不如说孩子发现当与人打交道时作出这个区分更有用。也就是说，与其说孩子发现了意向行为是（is）什么，不如说他发现了设定信念、欲望或意图对预测人行为的价值。这样做，孩子才被认为发现了其他人也有心灵。因为，既然信念、欲望和意图是看不见的，那么孩子就把它们看作了行为隐藏的原因。也就是说，孩子为自己证明了信念、欲望和意图是精神实体，证明了处理不同信念、欲望或意图的两种看起来相同的行为之间的差异必然存在于隐藏的精神原因中。

我们在前面几节也看到，机械论不久就发现自愿活动和非自愿活动之间的区分要比这个简单的概括复杂得多。孩子必须发现设定目的、目标、决定、选择和努力的重要性。孩子必须发现自愿行为（不像反射行为或偶然行为）在某种程度上是由意志决定的而不是外部因素引起的。孩子必须确定与通常的原因一样行动者在行动之前就有按其行动的信念、欲望或意图，而与通常的原因不同的是，行动者能够建立信念、欲望或意图而并不必然按其行动；换言之，孩子必须发现，信念、欲望和意图能够被视为促发性的行动但不是强迫性的行动。而且，与通常原因的情况不同，孩子必须学习的是，只有他能够知道他自己的信念、欲望或意图是什么。

语言的进入——或者更确切地说是进入语言——被认为为孩子建构心灵理论增加了额外的复杂性。首先，孩子必须学习如何将他的信念、欲望和意图映射到语句上，必须学习信念、欲望或意图的公开声明对其他人的影响。随着孩子在认知上变得更加老练，他要学习怎么用信念、欲望或意图的表达来隐瞒他真正的情感或意图。口语习惯或惯例随后开始接管，以至于语言不仅成了欺骗的工具，而且成了真诚交流的现实障碍。孩子也学着如何从其他人的声明中来理解事情。他必须学会信念、欲望和意图可能是判定一个行为之道德的根据：一个促使孩子提高他关于"内在的精神现象与外在的身体现象和行为现象之间基本的本体论区分"的因素。（参见 [10.89]，13）

对这个"基本的本体论区分"理解得越多，心灵理论的主张对微妙的紧张关系的依赖就越明显。认识其他主体之信念、欲望或意图的能力——以便理解其他主体的信念、欲望和意图——意味着因果性解释框架的建构。这一前提打开了如下预设，即基于一个主体的信念、欲望或意图来预测他的行为的能力属于一般预测行为的子范畴。但事实上，以上的所有对比都表现了将意图与预测分离的努力。也就是说，孩子必须建构的这个"理论"精心标记了基于主体的信念、欲望或意图来预测主体的行为与预测因果事件之间的各种差异。

这样，孩子必须学会，当有人说"我打算φ"，他不是在做一个类似于"将要下雨"的预测。如果有人绝对真诚地说"我打算φ"，后来因为有事使他没有做成，那么这并不意味着他的意图是错误的（这与他预测将要下雨但事实上阳光明媚是一回事）。而且，更重要的是，孩子没有学习他的信念、欲望或意图归纳起来是什么。他既没有从他自己的行为中推理出他具有要φ的意图，也没有发现在他形成φ意图的任何时候，他都始终不变地φ（他通过这种方法发现了同样的原因会产生同样的结果）。他并没有发现，如果他想φ，那么他要做的一切就是形成这个意图并且正在φ的状态将随之发生。孩子学习的是，当他说"我打算φ"的时候，他正将自己置于一个行动过程中，即说出这些话的行为引起了听者关于他将如何行动的某种预期。他学习的是，要是有主体宣布了有意图φ之后又没有φ，这或许表明了抵消因素的存在，或许意味着主体改变了自己的想法。但不管什么原因，这为对没有φ的原因作出某种解释的要求提供了许可（不是要求这个答案是必需的）。这不是说，一个人的信念、欲望或意图不可能是错的。但孩子学习的是，人的信念、欲望或意图的错误是一种特定的语言游戏。它与天气的错误完全不同。它意味着隐藏的动机，要么被没有意识到的力或因素所驱使，要么突然对自己的行为或需要有了新的想法。

心灵理论利用了这一事实，即想要φ和正在φ之间经常（但不是必然）存在时间关系。如果有人在 t 时间决定要在 t_1 时间φ并且之后这样做了，那么他的最初决定和随后的行为之间就有明显的时间关系。但是，它既没有要求在这两件事——精神的和身体的——之间存在因果关系，也没有要求我们用因果关系的术语来解释他的行为。我们必须仔细区分行动主体形成意图的时间（如果有的话）与他行动的时间之间的时间关系和规定此行动表示满足该意图的语法规则之间的不同。正是"正在ϕ的行动满足ϕ意图"的语法规则控制了我们对行动的说明，它被当作了与意图一致的行动。但是，在被心灵理论所包围的因果性图景中，我们不得不接受，S 在 t_1 时间做的任何事情都必须被认为是他ϕ意图的结果。如果 S 做了 ϕ 的行动，那么他的ϕ意图就是由 ϕ 的行动来满足的。因此，孩子在学习的时候相信，不仅如果行动者有ϕ的意图那么他将ϕ是很有可能的，而且正在ϕ表示了对意图ϕ的满足是很有可能的！（参见 [10.55]）

然而，假设我们把孩子迅速成长的社会意识不是看成因果性知觉的一种，而是看成完全不同的——范畴上——东西，即一种技能，它要求一种完全不同的语法（比如，与因果性相对的行动和意向性的语法）从而能够给出恰当的描述，那么上文所有概括了基于行动主体的信念、欲望或意图的行动来预测行动主体的行动与预测一个给定原因的后果之间的"对比"的陈述就能够被看成描述这一语法的规则。上文的陈述，"孩子学习的是，只有他能知道他自己的意图是什么"，就是维特根斯坦称为语法命题（grammatical proposition）的例示："'只有你能知道你有此意图。'当有人正在解释'意图'对他的意义时，他就可能告诉别人这一点。它意味着：那（that）就是我们用它的方法。（而且，这里的'知道'意味着不确定性的表达是无意义的。）"（[10.91]，第 247 节）然而，你把它当作了一个经验命题（empirical proposition），而且你发现自己陷入了怀疑论问题的泥潭：不仅是关于第三人称知识的问题（即你永远不可能确定你知道别人的意图），而且是关于第一人称知识的问题（除非有人决定迅速掌握对自己的精神状态具有优先认识的学说——尽管已经搜集了所有证据）。

抛开笛卡尔主义的起点，即预测一个行动主体的行动是一般预测的子范畴，那么如下假设就没有吸引力了，即知道他人的信念、欲望或意图的孩子已经推断出存在一个指导行为主体之行为的先在的精神原因。这并没有削弱心灵理论所作出的那个更大的观点的重要性，那个更大的观点是：说一个孩子掌握了其他行动主体的信念、欲望或意图，就是说他掌握或分享了他们的所见或所感，并因此如果有机会的话就能够预测他们将做什么。但是，这也是一个语法命题，而不是经验命题：当解释"掌握了其他行动主体的信念、欲望或意图"这个表达的意义时，有人或许就会告诉别人这一点。同样，要具有错误信念的概念，孩子就必须具有自我的概念、个人的概念、欲望的概念和意图的概念，心灵理论的这个基本主张是一个语法的（而不是经验的）命题或假设。至于它是否是一个正确的语法命题，那是另一回事：它只能由哲学（而不是心理学）研究来解决。

重要的是，一个人知道其他行动主体的信念、欲望或意图是什么并不确保他必须知道信念、欲望或意图是什么，因为说"S知道R的信念什么"的标准完全不同于说"S知道'信念'是什么"的标准。这个引号也表明，后者需要的是说一种语言的能力。当孩子学习如何描述指导行动的信念、欲望或意图时，他学习的是，当解释某个人的行动的性质时，归给这样一个信念、欲望或意图的原因。他学习恰当的行为如何被证明是合理的而不是需要信念、欲望或意图的归因。因此，孩子学习的是，什么时候把那些信念、欲望或意图当作某人正在ϕ的原因是正确的（比如，证明某人行为的合理性时或解释其他人之行为时）。而且，他还学习，在心中不具有任何明确意图的条件下，或（相反）在隐藏自己的信念、欲望或意图的条件下，某人仍然貌似有意图地行动，这一事实仅仅证明了这个标准的证据是可以废止的事实：并不是说，在指定的信念、欲望或意图中，一个人正在建构假设或正在形成关于S正在ϕ的可能原因的归纳性总体化。

至于自愿/非自愿之间的区分，我们可以说，孩子学习的是，如何通过描述行为主体的信念、欲望或意图来排除因果性行为或偶然行为的可能性。信念、欲望和意图"解释行动"的属性不是在它识别引起行为的因素的因果性意义上而言的，而是在它确立了行动的意义或重要性的构成性意义上而言的。假如信念、欲望或意图是隐藏的原因，那么像"正在ϕ的行动满足了ϕ的意图"这样的陈述"就是有待证实的（hypothetical），它需要进一步的经验来证实或反驳其中的因果联系"（[10.90], 120）。而且，假如情况正是这样，那么在没有资格，不知道信念、欲望或意图是什么的情况下谈论这些信念、欲望或意图也是有意义的了，这跟不知道 x 的原因或不知道推断、学习、怀疑或弄错信念、欲望或意图是什么的情况是一样的。但是,"'我知道我想要什么、希望什么、相信什么、感到什么'(等通过所有心理动词来表达的语句),要么是哲学家的废话,要么至少不是一个先验的判断"([10.91],221)。也就是说,除了当追求某个行动的过程中行动者是不确定的,或者督促某个人去质疑或面对他真实的欲望或信念等诸如此类的情况,问某个人是否确信知道自己的信念、欲望或意图什么是不合适的。因为在通常情况下,一个人在面对这样的问题时除了如下反应,还能有其他什么反应呢:我要φ的意图不就是我应当真正φ的意图吗?如果需要进一步的解释,那么我会继续说,"用'我',我指我自己,并且用'φ',我指做这样的事情"。"但是这些只是语法解释,产生出语言的解释。正是用语言做了这一切。"([10.],143)

维特根斯坦在这里指出,在通常情况下,一个人对持续怀疑的唯一反应就是解释或反复地说规范"信念、欲望或意图"使用的那些语法规则。他并没有暗示对其他主体的"信念、欲望或意图"的理解只能属于那些具有说某种语言的能力的人。他也没有打算反复灌输怀疑论;恰恰相反,他在试图削弱认识论的怀疑论,他认为,在这里引起我们关注的话题不是我们是否能够确信S能φ(φ可以是想、感到、打算、理解或意图等),而是我们怎样来描述S正在做什么或S理解了什么。在语法范式的背景下,这一区分(通常)是注意不到的。正是在这种含混不清的情况下,尤其是在原初背景下很容易混淆两个问题:一是S的行为是否满足了描述他正在φ的标准;二是对我们是否能够确定S确实正在φ还是仅仅看起来这样正在φ的质疑。这就是笛卡尔主义在比较灵长类动物学和发展心理学中具有如此统治力的原因,也是行为主义和认知主义——否认高等的精神过程或把这些高等的精神过程归给前意识——在这些领域繁荣的原因。但是,绝不要哀叹这些讨论仍然是不确定的,我们不妨就将这种不确定性看作心理学概念至关重要的方面。

还有最后一点需要说明。关于心灵理论比较显然的问题之一是,讨论的术语似乎偏离了婴儿行为的实际状况,比如说,我们被要求接受,婴儿不仅观察规律性,甚至他还作出调查。婴儿不只是吸吮在他视野里出现的东西,他还通过尝试和纠错来发现他世界中的哪些东西是可以吸吮的，他对可吸吮的东西的等级设计了假设，并执行实验来检测他的假设。分享或启动共同关注的孩子事实上正在建构人类行为的规律。而事实上，人类婴儿从出生起就在预测事件；随着他的成长所变化的不是天生的科学驱动力，而是伴随预测的建构能力的变化。

毫不奇怪，这一预测图景提出了像心灵理论一样的论题。因为除非行动者具有必备的概念，否则说他在进行预测就似乎是没有意义的。因此，心灵理论坚持认为，如果我们正在处理预测物理事件，那么最起码主体必须具有因果性、对象和对象存续性等概念；如果我们正在讨论预测社会事件，那么主体必须具有自我、行动者、意图和欲望等概念。但是，我们忽视了概念的概念是一个什么样的纯粹概念的问题。正如托马塞洛（Tomasello）已经说明的，一个两岁大的孩子就能做一些非常稀奇古怪的事，这些事所涉及的基本上就是心灵理论的主题正在试图解释的东西，例如，一个两岁大的孩子能够分享，甚至能够指引注意。（参见［10.88］）但是，一个正在共同注意某样东西的两岁大的孩子能有共同注意的概念吗？甚至他能知道或理解其他行动者也许有着与他不同的想法或愿望吗？他有自我、个人和意图这些概念吗？最重要的是，这些问题可以被质疑吗？

也许我们又一次远远偏离了我们正在考察的问题：过度解读了孩子的原始交互行为。可以确信的是，在孩子的成长中，确实有些重要的事情、有些认知成绩成了他们杰出的"发展里程碑"。但是，孩子知道了母亲的情感并因此与她互动就满足了说他具有"个人"概念的标准了吗？"通过"了维默尔—佩纳尔测试（Wimmer-Perner test）就满足了说他具有错误信念概念的标准了吗？还有，笛卡尔主义者想要说的是，除非孩子具有这些概念，或者至少能够用不同于物理学术语的术语来表现人类行为，否则他如何执行这些行为呢？就算如此，我们也可能（不可避免地可能）正在错误地描述孩子的表现。但对笛卡尔主义而言有一点可以肯定，孩子的行为必须是概念驱使的。

跟踪这个论证所依赖的"特征分析库"中的概念的出处和概念化问题远远超出了本章的范围。对我们而言最重要的是，这些有关概念的观点已经与社会意识以心灵理论为基础的观点齐头并进了。事实上，在最近几年，概念构成本身已经被看成了理论建构的一种。但是，当我们把行动者的行为不是看成他已经形成的概念的证据（evidence），而是看成为了说他具有概念ϕ而建构的一个标准（criterion）时，这些问题就会消失。也就是说，当我们把这个"做 x，y，z 构成了说'S 具有概念ϕ'的标准"这个陈述，或者更一般而言，"说 S 具有这个概念ϕ＝说 S 能做 x，y，z"这个陈述，说成一个语法规则而不说成一个经验命题的时候，这些问题就会消失。因为，这意味着，"S 具有概念ϕ"这个陈述并没有描述或指向一个精神实体，而是相反被用来把某种能力赋予 S。

例如，说 S 拥有"数"的概念就是说 S 能数数，能运用数学运算，能解释一个数是什么，能纠正他自己或他人的错误等。做所有这些事并不算作 S 具有数的概念的证据；相反，它满足了说"S 具有数的概念"的标准。同样，如果一个孩子隐瞒了母亲已经给他的款待以希望从父亲那里再得到一份，这并不是他已经获得了弄虚作假（pretence）的概念的证据——根据心灵理论，这需要对欲望、意图可能还有信念有一个理论上的理解，相反，而是符合了一个说这个孩子能够弄虚作假的标准。心灵理论如此有价值的地方就在于，它引起了对上述陈述中概念关系之重要性的关注。因为，这不是一个经验命题：一个对一步一步的过程的最终结果的描述，孩子由此形成了一个如"弄虚作假"之类的复杂建构（比如，通过同样的方式，一个人能够描述一个认知系统的机制）。相反，它是一个语法命题。它要求，除非说孩子打算ϕ、想要 x（intending to ϕ，wanting x）等也是有意义的，否则说孩子假装ϕ（pretending to ϕ）就是没有意义的。因此，心灵理论家积极地从事两方面的工作：一是描述应用心理学概念所需要的概念关系，一是研究孩子的行为以便弄清它是符合了必要的标准还是能够符合这些概念更原始的版本。

认为主体的行为没有满足应用某个概念的标准并不意味着该行为只能用因果性概念来描述，比如引导母亲注意某样东西不能说它满足了对一个两岁大的孩子来说拥有了个人概念的标准，这并不一定要用因果性概念来解释，因为毕竟孩子并没有引导母亲的注意力（direct its mother's attention）。

维特根斯坦关于因果知识来源的观点是相当中肯的。他注意到"一种所谓'对原因的反应'的反应行为"([10.94])。以一个小孩顺着绳子去看谁在用力拉它为例,如果他发现那个人,那么他如何知道那个人或他的拉动就是绳子移动的原因呢?他是通过一系列实验得出的吗?答案当然是否定的:这是所谓"看见 x 是 y 的原因"的相当简单的例证。只有强烈的笛卡尔主义偏见才会从个例中把这一现象解释为归纳形式的一个表征。但是,为了理解孩子在这一行为中他的心灵"前语言因果推理"的表现,也不得不需要理解关于孩子对疑惑的前语言表征的谈论:谈论孩子在因果推理中犯错了并采取措施避免错误,谈论测试、比较和纠正前面的判断。但是,他的行为没有一个满足把这些能力归给他的标准:他所做的一切都是对原因的反应。

用"原因"进行的语言游戏举例说明了维特根斯坦在《最后的著作》(*Last Writings*)中关于"怎么办"的观点:

> 一个更明确的概念不会是同一个概念。就是说:这个更明确的概念对我们而言不会有那个模糊概念的值(value)。的确如此,因为当我们处在疑惑和不确定性中的时候,我们理解不了那些按照完全确定性行事的人。
>
> ([10.93],第 267 节)

例如,"对原因的反应"这个概念是模糊的;孩子看见 x 引起了 y,而洛布实验中的毒蛾只是对光作出反应(react)。如在这个案例中,说看见 x 引起了 y 是恰当的,那么说条件反射消失在环境中就是恰当的;同样,说知道 x 将引起 y 是恰当的,那么说看见 x 引起了 y 消失在环境中就是恰当的。我们在这里确实能够谈论一个连续链,但它是语法上的,而不是认知上的:一种从对原因的反应到反事实推理的语言游戏。这个语法连续链所定性的能力和技能越复杂,它所需要的行为就越复杂。处在这个系列最底端的就是满足所谓"对原因的反应"这一标准的行为。在这一原初水平上,S 的行为满足了将他描述为知道 y 的原因的标准,但是他的行为在任何地方都不满足说他具有原因概念的标准。当孩子获得了语言能力，我们就教他怎样使用"原因"和"结果"。正是对因果关系不断增长的理解——这反映在他对因果术语的谱系越来越精通上——满足了将他描述为具有原因概念的标准，即具有了推理和预测事件的能力、质疑 y 是否由 x 引起的能力以及证明 x 引起 y 的能力。随着主体对观察和实验的重要性的学习，语法连续链也在继续上行，在进行反事实推理或思想实验（Gedankenexperimente）、建构理论、模型、理论的理论以及模型设计的高级能力上达到顶点。

这里重要的是，我们没有跟随笛卡尔的指导，没有从科学家的范式——科学家的心灵——开始，当我们沿着不断递减的认知能力水平方向进行我们的工作时也没有加进所有较低端的行为方式以便只有对原因的反应被解读为显而易见的"前意识因果推理"；相反，我们是通过阐明原始表达行为和心理学概念的原初使用之间的关系来进行的，并表明因果推理的根源是怎么隐藏在这些原初使用中而不是隐藏在"精神过程"中的：

> 反应是语言游戏的起点和原始形式；只有由此出发，更为复杂的形式才能发展起来。语言——我想说——是一种精炼的东西，"太初有为"（im Anfang war die Tat）……这就是我们语言的特征。语言得以生长的这一基础存在于稳定的生活方式中，存在于规律性的行动方式中……我们有着原初的生活方式的观念，能够从此发展而来……因果游戏的这一简单形式（原型）决定着这一原因，而不是质疑。

（[10.94]）

同样，社会理解的根源也隐藏于原始反应行为和原始交互行为中，比如，9个月大的孩子能够习惯于看护者的注视，感受到看护者的感情，12个月大的孩子开始自发地跟随看护者的注视，随后很快开始直接的共同注意，而几乎同时他开始使用命令式的指示，随后很快是宣言式的指示。但是，婴儿能够看其他主体所希望看到的地方，能够注意指定对象和情形或指示别人看哪儿,能够用特定的手势和惯例化的声音来发动交换,这些事实本身并没有构成理论的知识或前理论的知识。婴儿正在学习如何参与非常具体的社会实践(拿东西和要东西、玩躲躲猫、简单问答)。当孩子掌握了这些实践后,说孩子打算或设法 ϕ、期待或希望 x、想或相信 p 等就更加说得通了。

换句话说,人们的所说所做构成了心理学归属的有力根据。对他心的怀疑论植根于把这一逻辑关系看成归纳证据的误读。它证明了笛卡尔的观点,我们的所见是"毫无色彩的运动",我们能从中发现隐藏的原因。但我们并不是看纯粹的行为,以疼痛行为为例,它满足了使用"疼痛"的标准。疼痛行为"缺少确定性"的意义只是说,它不需要有人正在遭受疼痛。但这与感觉限制无关。

笛卡尔充分利用了心理学概念不能应用于低等生命形式的事实。遗憾的是,他误解了这个"不能"的本质。因为这一限制是由逻辑语法强加的,而不是经验。笛卡尔正确地注意到了动物无法作出声明这一事实的重要性,但其原因与他的自动机假说无关。心理学概念的应用与说某种语言的能力紧密相连:以便描述人的心理状态、表达愿望和意图、报告(或隐瞒)感受。但这并不意味着动物不能作出明确的原始表达行为,因为狗的嚎叫跟婴儿的啼哭一样,也可以真实地成为说它正遭受疼痛的标准。

误解语法命题或规则,把心理学概念词的使用看成经验命题的后果是三个世纪以来的论战,关于意图、欲望和信念的论战。它们以某种方式被认为伴随着或先于行动,以及这些精神现象对应于神经活动还是由它们引起。一直以来的假设都是,我们从精神活动开始,然后去努力发现与这些精神活动相联系或引起它们的大脑机制。但从研究机械论与活力论之争中所获得的教训是,这一身心平行论题的现实演变恰恰是相反的:正是从所有非自愿的活动都由外部刺激和内部刺激引起这一前提和通过将自愿的行动还原为相同术语以便恢复连续链图景的固执愿望出发,"精神原因"的概念被创造出来,作为精神活动的意图、欲望和信念等概念。精神活动产生出行动的原因恰恰是它们启动了提供动力的大脑传动系统或者与之同构。本章的目标不只是勾画出这些观念的发展,更重要的是,反转这一思考的方向：建立精神概念独特而非因果性的特征以便阐明以下假设具有如此误导性的原因，即"像物理学处理物理学领域的过程一样，心理学处理心灵领域的过程"（[10.91]，第571节）。因此，我这里的意图不是要赞美笛卡尔的遗产，而是要埋葬它：将机械论与活力论之争一劳永逸地降级为心理学观念史。

【注释】

[1] 尤其重要的是，罗素给朗格的《唯物主义史》（History of Materialism）写过一篇"导言"。他在该"导言"中声称："日常科学的可能性表明，关于机械论解释的范围可能会随着生物学知识的发展而无限延伸。"（[10.38]，xvii-xviii）

[2] 杜布瓦-莱蒙根据他的论证在1880年提出了一个关于"7个世界问题"的扩充性说明。除了物质、力和思想问题外，它还包括动作的起源、生命、感觉和语言、自然的目的论设计和自由意志。（参见[10.23]）

[3] 斯宾塞对"内外部关系的连续调整"的解释也反映了李比希的观点。（参见[10.40]）

[4] 在《动物化学》中，他提醒说：

> 精神存在的高级现象在科学的当前状态下不可能由它们最接近的但仍不是最终的原因而得到解释。我们只是知道它们，知道它们存在；我们将它们归给一个非物质的主体，并且就它的表现与物质相关而言，它是一个完全区别于活力的主体，与活力没有任何共同之处的主体。
>
> （[10.25]，138）

[5] 的确，如认知主义者所言，尽管出于相当不同的原因。在他们看来，伯纳德的隐语表明了一种"用主要应用于知识领域的范畴"（[10.19]）来解释生物现象的潜在趋势。它由此阐明了用物理化学概念来解释诸如胚胎学的发展之类的生物现象的不足，正如伯纳德自己所说：

> 在把生命说成生命体的指令性观念或进化力的观点中，我们简单地表达一种统一体——由微生物所完成的从生命开端到终结的所有形态变化和化学变化的统一——的观念。我们的心灵把此统一体理解为一个强加于它

的、将之解释为一种力的概念，但认为这一形而上学的力以物理力的方式活动是错误的。

([10.37], 214)

但是，在认知主义者把生物本身看成伯纳德指令性观念的承担者的地方，柏格森早就认为这是一个"解释原则"：一个科学界用来解释数据的范式，一种现代的用法。（参见上书，148～149页）我们也会看到，在整个争论中，这一主题会反复出现。然而，有人提出，为了获得伯纳德本人对指令性观念的正确理解，我们应当看到这一令人沮丧的理论的成长性，它的前身可以追溯到普劳特（Proutt）和毕厦（Bichat）。（参见[10.27], 238-239、250）

[6] 甚至图灵旨在发现决定植物生命进化的运算法则的努力也背叛了取消经典活力论的潜在目的。

[7] 年轻的大键琴演奏者对手指的每一个动作或者舞蹈演员对每一个舞步一开始都是非常留意和关注的，当他们精通或熟练掌握了这些艺术表演后，这些相同的动作就不仅更加灵巧，更加敏捷，而且对这些动作已经不需要任何反思或关注了。（参见[10.47], 79）

[8] 试比较赫伯特·梅奥（Herbert Mayo）的论证：

有许多自愿行为在意志行为以后就没有任何回忆了。我的意思是，它们经过频繁的重复已经变成了习惯。哲学家一般赞成这些行动仍然是自愿的，即使当意志的影响微弱到完全察觉不到的时候。因此，我们无权仅仅因为没有意识到执行本能行为的意志就认为本能行为不是自愿的。

([10.47], 125)

[9] 根据洛采的观点：

当在精神生命的影响下，对刺激的纯粹生理印象和不与此刺激联合的活动之间通过纯粹的结构和功能关系曾经建立过联合，并且当该联合已经被牢固地建立起来的时候，这一机制就能继续活动，而不再需要智力的实际帮助。

([10.47], 164)

[10] 在《脊髓：情感和意志的中心》（The Spinal Cord a Sensational and Volitional Centre，1858）中描述了他如何复制普夫吕格尔的实验后，刘易斯得出结论：

> 如果动物是这样一种有组织的机器以至于外部印象引起的行动与感觉和意愿产生的行动相同，那么我们就没有任何理由相信动物的感情，而且我们也可以立即接受笛卡尔认为它们是纯粹的自动机的大胆假设。如果青蛙是如此组织的以至于当它无法以某种方式保护自己时，内部机制将运行其他方式来保护自己——如果它能无意识地执行它有意识地执行的所有行动，那么设计任何意识就都是多余的。他的机制可以被称为自我调节机制，在此机制中意识不会比在手表的机制中有更多余地。
>
> （[10.52]，168）

[11] 因此，刘易斯解释说：

> 只要这些行动是生命机制的行动，并且只要我们承认生物和非生物之间的巨大差别，这些行动就不可能属于机械的序列。不管它们是否具有意识的具体特征，他们都有感觉行动的一般特征，属于感知机制的一部分。并且，在我们考虑这一现象的渐变过程中，这一点会更加明显。被划入非自愿范围的行动即使不是全部也有许多最初是属于自愿行动范围的——要么是它们自己，要么是它们的前身；但已经变成了永久的组织倾向——刺激和反应轨迹已经被明确地建立起来——它们已经失去了包含调节和控制的意愿要素（犹豫和选择）。
>
> （[10.53]，416-417）

[12] 因此，威廉·格雷厄姆（William Graham）解释：

> 正如廷德尔（Tyndall）教授所说，意识只是一个意外的"副产品"，一个完整而公平的生理结果以外的东西。它通过偶然性、好运或不幸来监视和注意生理过程的全部系列，尽管没有它这些过程仍会发生。
>
> （[10.48]，122）

值得注意的是，他根据机械论与活力论之争中不同主题的关联性认为："思想或者意识不会消耗任何能量储备，能量守恒定律也不会在总体性上受到威胁，而人将是一个真正的自动机，意识只是一个旁观者而不是机器的指导者。"([10.48], 123)

[13] 最近关于这一话题有益的劝告是乔治·巴顿（George Paton）的主张。他坚持认为，"如果这些活动没有感觉特征，那么它们在语言上就是无意义的，我们就必须给感觉这一术语作出新的定义"（[10.47], 154）。

[14] 如果不理解这一点就会破坏霍尔在《生理学早期路线》(*First Lines of Physiology*) 中作出的其他敏锐观察：

> 心灵的本性与身体的本性不同，无数的观察表明了这一点；从心灵的那些抽象观念和情感来看更是如此，心灵与感觉器官没有任何相似之处。骄傲的特征是什么？嫉妒或好奇有多大？
>
> ([10.49], 45)

当然，正是人类感受到骄傲、嫉妒和好奇，而不是他的心灵或大脑。

[15] 这种荒诞在比肖夫（T. L. W. Bischoff）那里达到了顶点。费林（Fearing）对此进行了详细说明。比肖夫在《对于砍头的生物学—解剖学考察》(*Einige Physiologisch-anatomische Beobachtungen aus einem Enthaupeteten*) 中说：

> 他特别关注（刚刚被执行死刑的罪犯）头部意识的持存问题。实验在斩首后的第一分钟进行。结果完全是否定的。实验者用手指戳被斩的头部的眼睛，对着耳朵说"赦免"，将阿魏剂（镇静剂）凑近它的鼻子，所有这些实验的结果都是否定的。对脊椎末端的刺激也无法引起活动。
>
> ([10.47], 152)

[16] 在第一节开头所引用的活力论者对华生反驳的预测中，刘易斯认为：

> 所有归纳都保证了如下断言，即蜜蜂通过神经的作用有遍及全身的快感；其中有一部分可以称为感觉——即使是不同的感觉。不过，我们可以合理地质疑，除了这种细微的构成人类意识的感觉、情感和思想，蜜蜂是否有类似的感觉状态，不管是在这些术语的一般意义上还是在这些术语的具体意义上。蜜蜂感受感觉并作出反应；但是，它的感觉不可能接近相似于我们的感觉，因为这

两种情况的条件不同。我们甚至可以认为蜜蜂在思考（就思想意味着感觉的逻辑关联而言），因为它在感觉逻辑的范围内形成了判断……尽管不会有信号的逻辑……因此，我们应当说蜜蜂有联合的感觉，但不是意识——除非我们在意识的一般意义上将意识等同于感觉。

([10.53], 409)

[17] 有趣的是，达尔文在19世纪末就认为，动物的推理能力不亚于人类的推理能力。的确，像果蝇这种生物经常把牛尾草错当作污秽物的事实就是它具有正确推理能力的证据。（参见 [10.53], 16.11）

[18] "在这一发展中，我们发现从身体生命现象到精神生命现象之间没有任何中断。"（[10.40]，第13节）

[19] 这里所有的注意力都集中在了目的性概念上，对"作为活动的行为"和"作为行动的行为"之间所谓的模糊性是如何成为既成事实的却毫无关注。当罗森勃吕特、维纳和毕格罗提出控制论的时候，他们只是不加限制地设定，"行为意味着实体在其周围环境下的任何变化……对象的任何变化、外部可发现的任何变化都是行为的指示"（[10.77], 18）。然而，需要注意的是，这种长期建立起来的"行为"的用法最初被看作隐喻性的。

[20] 罗森勃吕特、维纳和毕格罗坚持认为，他们的目的是"统一的行为主义分析，这种分析既适用于机器，也适用于生物有机体，不管行为有多复杂"（[10.77], 18）。比较乔治的观点：

需要坚决强调的是，控制论作为一门科学的学科本质上与行为主义是一致的，是从它那里生长出来的一个直接的分支。行为主义者本质上就是那些总把生物当作机器的人。

([10.63], 32)

[21] 有一个规则的趋势是，任何迷失在正统的唯物主义进程中的人都自动地被排除在行为主义的范围之外；一个明显的例子是托尔曼（Tolman），但甚至像在《行为原理》（*Principles of Behavior*）中表达过控制论观点的赫尔这样的人物也经常被认为只是部分的行为主义者（实际上是控制论之"父"）。但是，我们该怎样看待拉什利（Lashley）这样的人呢？（参见 [10.67]）

[22] 应当注意的是，这个论证标志了关注焦点从机器智能主题向认知模化主题的转变。因为正是这些内部表征能够被机械地刺激并因而使我们能够用目的性术语来描述控制论系统这一事实"提供了一个关于对应的（人类或动物）行为如何现实地产生的关键理解方式"（[10.57]，142）。

[23] 既然知觉也能被看作建构性的或者被看作一个推理过程，那么就没有必要限定对因果性知觉（causal perception）的引用了。

[24] 先天论者的论证在下文中被省掉了，但实际上他们同样关注这一讨论。因为这里强调的不是建构（construction）而是认知（cognition），即孩子必须通过推理知道的东西，以便展现发展论者记录的各种能力。

参考书目

笛卡尔对后世的统治

10.1　Cameron, J. M. "The Theory and Practice of Autobiography", in *Language Meaning and God*, B. Davies (ed.), London, Geoffrey Chapman, 1987.

10.2　Chomsky, N. *Cartesian Linguistics*, New York, Harper and Row, 1966.

10.3　Cottingham J., Stoothoff R., and Murdoch D. (trans.) *The Philosophical Writings of Descartes*, 2 vols, Cambridge, Cambridge University Press, 1986.

10.4　Descartes, R. *Discourse on the Method*, 1637, in *The Philosophical Writings of Descartes*, vol. I, J. Cottingham, R. Stoothoff, and D. Murdoch (trans.), Cambridge, Cambridge University Press, 1986.

10.5　——*Meditations on First Philosophy*, 1641, in *The Philosophical Writings of Descartes*, vol. II, J. Cottingham, R. Stoothoff, and D. Murdoch (trans.), Cambridge, Cambridge University Press, 1986.

10.6　——*The Passions of the Soul*, 1649, in *The Philosophical Writings of Descartes*, vol. I, J. Cottingham, R. Stoothoff, and D. Murdoch (trans.), Cambridge, Cambridge University Press, 1986.

10.7　——*Description of the Human Body*, 1664, in *The Philosophical Writings of Descartes*, vol. I, J. Cottingham, R. Stoothoff, and D. Murdoch (trans), Cambridge, Cambridge University Press, 1986.

10.8　Heider, F. *The Psychology of Interpersonal Relations*, Hillsdale, New Jersey, Lawrence Erlbaum Associates, Publishers, 1958.

10.9　Jennings, H. S. *The Behavior of the Lower Organisms*, Bloomington, Indiana, Indiana University Press, 1962.

10.10　La Mettrie, J. O. de *Man a Machine*, 1748, La Salle, Ill., Open Court, 1912.

10.11　Locke, J. *An Essay Concerning Human Understanding*, 1690, J. Yolton (ed.), London, Dent, 1961.

10.12　Pauly, P. J. "The Loeb-Jennings Debate and the Science of Animal Behavior", *Journal of the History of the Behavioral Sciences* 17 (1981).

10.13　Reed, E. S. "The Trapped Infinity: Cartesian Volition as Conceptual Nightmare", *Philosophical Psychology* 3 (1990): 101–121.

10.14　Watson, J. "Review of H. S. Jennings", *The Behaviour of the Lower Organisms*, Psychological Bulletin 4 (1907): 288–295.

10.15　"Psychology as the Behaviorist Views It", *Psychological Review* 20 (1913): 158–173.

10.16　—— "The Psychology of Wish Fulfilment", *The Scientific Monthly* (1916).

10.17　Watson, J. *Behaviorism*, London, Kegan Paul: Trench, Trubner and Co., 1925.

动物热量理论之争

10.18　Arbib, M. A. "Cognitive Science: The View from Brain Theory", *The Study of Information*, F. Machlup and U. Mansfield (eds), New York, John Wiley, 1983.

10.19　Boden, M. A. *Minds and Mechanisms*, Ithaca, Cornell University Press, 1981.

10.20　Büchner, L. *Force and Matter*, London, Asher, 1884.

10.21　Coleman, W. *Biology in the Nineteenth Century*, New York, John Wiley, 1971.

10.22　Du Bois-Reymond, E. "The Limits of our Knowledge of Nature", J. Fitzgerald (trans.), *The Popular Science Monthly* 5 (1874).

10.23　—— "The Seven World Problems", *Popular Science Monthly* 20 (1882).

10.24　Elkana, Y. "Helmholtz's 'Kraft': An Illustration of Concepts in Flux", *Historical Studies of the Physical Sciences*, 2 (1970): 263–298.

10.25　Goodfield, G. J. *The Growth of Scientific Physiology*, London, Hutchinson,

1960.

10.26　Gregory, F. *Scientific Materialism in Nineteenth Century Germany*, Boston, Reidel, 1977.

10.27　Hall, T. S. *Ideas of Life and Matter*, 2 vols, Chicago, University of Chicago Press, 1969.

10.28　James, W. *Principles of Psychology*, 1890, 2 vols, New York, Dover, 1950.

10.29　Königsberger, L. *Hermann von Helmholtz*, New York, Dover, 1965.

10.30　Kuhn, T. "Energy Conservation as An Example of Simultaneous Discovery", in *Critical Problems in the History of Science*, M. Clagett (ed.), Madison, University of Wisconsin Press, 1959.

10.31　Lange, F. *History of Materialism*, 1865, New York, Humanities Press, 1950.

10.32　Lipman, T. O. "The Response to Liebig's Vitalism", *Bulletin of the History of Medicine* 40 (1966).

10.33　Loeb, J. "The Significance of Tropisms for Psychology", in *The Mechanistic Conception of Life*, D. Fleming (ed.), Cambridge, Mass., The Belknap Press of Harvard University Press, 1912.

10.34　Mendelsohn, E. *Heat and Life*, Cambridge, Mass., Harvard University Press, 1964.

10.35　Merz, J. T. *A History of European Thought in the Nineteenth-Century*, Edinburgh and London, Blackwood, 1923–1950.

10.36　Neurath, O. *The Scientific Conception of the World*, 1929, in *Empiricism and Sociology*, M. Neurath and R. S. Cohen (eds), Dordrecht, Reidel, 1973.

10.37　Olmsted, J. M. D. and Olmsted, E. H., *Claude Bernard*, New York, Henry Schuman, 1953.

10.38　Russell, B. "Introduction: Materialism, Past and Present", 1925, in F. Lange, *History of Materialism*, New York, Humanities Press, 1950.

10.39　——*My Philosophical Development*, London, Allen and Unwin, 1959.

10.40　Spencer, H. *Principles of Biology*, 2 vols, New York, Appleton, 1882, section 2, n. 3.

10.41　Temkin, O. "Materialism in French and German Physiology in the Early

Nineteenth Century", *Bulletin of the History of Medicine* 20 (1946).

反射理论之争

10.42 Boakes, R. *From Darwin to Behaviourism*, Cambridge, Cambridge University Press, 1984.

10.43 Boring, E. G. *A History of Experimental Psychology*, 2nd edn, Englewood Cliffs, Prentice-Hall, 1950.

10.44 Bower, G. H. and Hilgard, E. R. *Theories of Learning*, 5th edn, Englewood Cliffs, Prentice-Hall, 1981.

10.45 Brazier, M. A. B. "The Historical Development of Neurophysiology", in J. Field (ed.) *The Handbook of Physiology*, Section 1: *Neurophysiology*, vol. I, Washington, D. C., American Physiological Society, 1959.

10.46 Carpenter, W. *Principles of Mental Physiology*, New York, Appleton, 1874.

10.47 Fearing, R. *Reflex Action: A Study in the History of Physiological Psychology*, New York, Hafner, 1930.

10.48 Graham, W. *The Creed of Science*, London, Kegan Paul, 1881.

10.49 Haller, A. von *First Lines of Physiology*, 1747, New York, Johnson Reprint Corporation, 1966.

10.50 Hartley, D. *Observations on Man*, 1749, Gainesville, Fla, Scholar's Facsimiles and Reprints, 2 vols, 1966.

10.51 Huxley, T. H. "On the Hypothesis that Animals are Automata, and its History", 1879, in *Collected Essays*, vol. I, New York, Greenwood Press, 1968.

10.52 Lewes, G. H. "The Spinal Cord a Sensational and Volitional Centre", Report of the 28th meeting of the British Association of Advanced Science, James R. Osgood and Co., 1858.

10.53 Lewes, G. H. *The Physical Basis of Mind*, Boston, 1877.

10.54 Newell, A. and Simon, H. A. "The Processes of Creative Thinking", 1962, in H. A. Simon, *Models of Thought*, New Haven, Yale University Press, 1979.

10.55 Shanker, S. G. "The Enduring Relevance of Wittgenstein's Remarks on Intuition", in John Hyman (ed.), *Investigating Psychology*, London, Routledge, 1991.

"新客观术语学"的兴起

10.56 Boden, M. A. "Intentionality and Physical Systems", 1970, in M. A. Boden, *Minds and Mechanisms*, Ithaca, Cornell University Press, 1981.

10.57 ——*Purposive Explanation in Psychology*, Cambridge, Mass., Harvard University Press, 1972.

10.58 —— "The Structure of Intentions", 1973, in M. A. Boden, *Minds and Mechanisms*, Ithaca, Cornell University Press, 1981.

10.59 Billing, S. *Scientific Materialism*, London, Bickers, 1879.

10.60 Darwin, C. *The Origin of Species*, 1859, New York, Norton, 1975.

10.61 Darwin, C. *The Descent of Man*, London, J. Murray, 1871.

10.62 Darwin, E. *Zoonomia: or, the Laws of Organic Life*, 2 vols, Dublin, P. Byrne and W. Jones, 1794.

10.63 George, F. H. *The Brain as a. Computer*, Oxford, Pergamon Press, 1962.

10.64 Henn, V. "History of Cybernetics", in R. Gregory (ed.) *The Oxford Companion to the Mind*, Oxford, Oxford University Press, 1987.

10.65 Hull, C. L. *Principles of Behavior*, New York, Appleton-Century-Crofts, 1943.

10.66 Huxley, T. H. *Hume*, New York, Harper, 1879.

10.67 Lashley, K. "The Behavioristic Interpretation of Consciousness", *Psychological Review* 30 (1923): 237–277, 329–353.

10.68 Loeb, J. "Some Fundamental Facts and Conceptions Concerning the Comparative Physiology of the Central Nervous System", 1899, in *The Mechanistic Conception of Life*, D. Fleming (ed.), Cambridge, Mass., The Belknap Press of Harvard University Press, 1964.

10.69 ——*Comparative Physiology of the Brain and Comparative Psychology*, New York, Putnam, 1900.

10.70 —— "The Significance of Tropisms for Psychology" 1912, in *The Mechanistic Conception of Life*, D. Fleming (ed.), Cambridge, Mass., The Belknap Press of Harvard University Press, 1964.

10.71 ——*The Mechanistic Conception of Life*, D. Fleming (ed.), Cambridge, Mass., The Belknap Press of Harvard University Press, 1964.

10.72 Miller, G., Galanter, E. and Pribram, K. *Plan and the Structure of Behavior*, New York, Holt, 1960.

10.73　Pauly, P. J. *Jacques Loeb and the Control of Life： Experimental Biology in Germany and America 1890-1920*, Ph. D. thesis, Johns Hopkins University, 1980.

10.74　―― "The Loeb-Jennings Debate and the Science of Animal Behavior", *Journal of the History of the Behavioral Sciences* 17 (1981)： 504-515.

10.75　Pavlov, I. P. *Conditioned Reflexes*, trans. and ed. B. V. Anrep, New York, Dover, 1927.

10.76　Rosenblueth, A. and N. Wiener. "Purposeful and Non-purposeful Behavior", 1950, in W. Buckley (ed.) *Modern Systems Research for the Behavioral Scientist*, Chicago, Aldine, 1968.

10.77　Rosenblueth, A., Wiener, N. and Bigelow, J. "Behavior, Purpose and Teleology", *Philosophy of Science* 10 (1943)： 18-24.

10.78　Sayre, K. M. *Consciousness： A Philosophic Study of Minds and Machines*, New York, Random House, 1969.

10.79　Taylor, R. "Comments on a Mechanistic Conception of Purposefulness", 1950a, in W. Buckley (ed.) *Modern Systems Research for the Behavioral Scientist*, Chicago, Aldine, 1968.

10.80　―― "Purposeful and Non-Purposeful Behavior: A Rejoinder", 1950b in W. Buckley (ed.) *Modern Systems Research for the Behavioral Scientist*, Chicago, Aldine, 1968.

10.81　Watson, J. "Review of H. S. Jennings, *The Behaviour of the Lower Organisms*", *Psychological Bulletin* (4)： 1907.

10.82　―― "Psychology as the Behaviorist Views It", *Psychological Review* 20 (1913).

10.83　――*Behaviour*, New York, Holt Rhinehart and Winston, 1914.

10.84　―― "The Psychology of Wish Fulfilment", *The Scientific Monthly*, 1916.

10.85　――*Behaviorism*, London, Kegan Paul； Trench, Trubner and Co., 1925.

心灵理论

10.86　Astington, J. W. *The Child's Discovery of the Mind*, Cambridge, Mass, Harvard University Press, 1993.

10.87　Nisbett, R. E. and T. D. W. Wilson, "Telling More than We Can Know： Verbal Reports on Mental Processes", *Psychological Review* 84 (1977): 231-259.

10.88　Tomasello, M. "Joint Attention as Social Cognition", Report 25, Emory Cognition Project, 1993.

10.89　Wellman, H. M. *The Child's Theory of Mind*, Cambridge, Mass, MIT Press, 1990.

10.90　Waismann, F. *Principles of Linguistic Philosophy*, London, Macmillan, 1965.

10.91　Wittgenstein, L. *Philosophical Investigations*, 1953, G. E. M. Anscombe (trans.), 3rd edn, Oxford, Basil Blackwell, 1973.

10.92　——*Philosophical Grammar*, R. Rhees (ed.), A. Kenny (trans.), Oxford, Blackwell, 1974.

10.93　——*Last Writings*, G. H. von Wright and H. Nyman (eds), C. G. Luckhardt and A. E. Maximilian (trans.), Oxford, Blackwell, 1982.

10.94　——*Philosophical Occasions: 1912-1951*, J. Klagge and A. Nordmann (eds), Indianapolis, Hackett Publishing Company, 1993.

名词解释

通用词汇

ab initio （从开始起）：拉丁语，"从开始起"。

absolute （绝对的）：来自拉丁语"*absolutus*"，意为"完美的"或"完整的"。后来该术语被进一步引申为独立的、稳定的和无条件的，并与"相对的"相反，经常作为其对立面出现，换言之，它独立于关系。在多数情况下，主要在形而上学（见"形而上学"）中，它常被用来描述时间、空间、价值、真理和上帝，或者作为单一系统而真实存在的总体性，既产生也解释各种显现的多样性。它与唯心主义（见"唯心主义"）相关联。

absolute space and time （绝对空间和绝对时间）：一种时间和空间不依赖其中的物体与事件的主张。牛顿（见"牛顿"）持这种观点，而爱因斯坦（见"爱因斯坦"）则反对这种观点。

absolutist/relativist debate （绝对主义/相对主义的争论）：相对主义认为正确的观点是没有的。相对主义者主张，观点是随个人和文化的变化（"文化相对主义"）而变化的，没有可靠的方法来判断谁对谁错。这与绝对主义截然相反，绝对主义者认为存在一种客观正确的观点。尽管绝大多数相对主义者关注德行，但这些术语也应用于本体论（见"本体论"）和实在本身的本性问题。本体论相对主义者认为，没有任何外部事实说明何种基质是存在的：我们根据适合我们的思想背景和思维方式对事物进行分类，并决定什么是基质。与之相反，绝对主义者认为，有一个基本的实体（见"实体"），它说明实在的统一性［比如莱布尼茨（见"莱布尼茨"）的"简单实体"或"单子"］。参见"相对真理/相对主义"。

acquaintance and description, knowledge by（亲知的知识和描述的知识）：因罗素（见"罗素"）而广为流行，被用来说明认识对象的两种方式。根据罗素的观点，我们对直接意识到的东西（也就是感觉材料）形成"亲知的知识"，它区别于描述的知识，后者包括我们关于那些通常我们称为熟人的人的知识。在通常意义上，我会说认识一个同事，但根据罗素的观点，我的同事对我而言是与特定的感觉材料相联系的身体和心灵。

ad hoc（特设）：拉丁语"就此而言"，或者说"专为此目的"。一个特设的假设是指为了避免某命题陷入反证或反例而被不正当地引入的假设，意在表明该命题是错误的。之所以说是不正当的，是因为它是为容纳该论证或例证而专门设计的假设，但又没有任何独立的支撑。

aesthetics（美学）：来自希腊语"*aisthesis*"，"感受"的意思。这个术语是由18世纪的鲍姆加滕（Baumgarten）提出的，它并不指感知的整个领域，而只指"美"适用的那部分。在更普遍的和当代的意义上，它指有关艺术的、有关我们对艺术之反应的、有关我们对非艺术作品之类似反应的哲学研究。这个领域中的典型问题是：艺术的定义是什么？我们如何判断美的价值？它是客观的（见"客观的"）物质吗？

a fortiori（理由更加充分）：拉丁语"来自更强者"，意味"更加"或"更加确定"，比如：如果所有人都是有死的，那么理由更加充分地确定，所有英国人（它构成了所有人的一个小的子集）必然是有死的。

agent（主体）：行动或者已经行动或者正在实施行动的人。在伦理学（见"伦理学"）中，经常指道德主体，比如具有某种道德品质的人。这种主体一般是正常的（甚至是理想的）成年人：自由、因成熟而富有责任感、理智而敏锐。

alchemy（炼金术）：古代转化技术和科学，现代化学（见"化学"）和冶金学的前身。它也是一种意识转化的神秘技艺（参见"神秘主义"），以将普遍金属变为金银为主要象征。根据炼金术传统和希腊一埃及神秘教义，炼金术在公元4世纪就出现了，但是直到12世纪才传遍欧洲。

algebra（代数）：对数学结构的研究。基础代数是对数（见"数"）的系统及特征的研究。代数用表示特征的字母或符号（见"符号"）来处理算术中的问题，包括微积分（见"微积分"）、逻辑学（见"逻辑学"）、数论、方程、函数（见"函数"）以及它们的联合。

algorithm（算法）：计算的一种系统程序；处理特定类型问题的按部就班的方法。

analysis of variance (ANOVA)（方差分析）：一种对两个或更多方法同时进行对比的统计学方法。（参见"统计学"）一个方差分析会产生一系列值（F值），以便从统计学上确定实验变元之间是否存在重要联系。

analytic/synthetic（分析的/综合的）：这两个术语由康德（见"康德"）提出，指两种判断之间的区分。当"谓词被包含在主词中"时，康德称之为分析判断，比如，主词"单身汉"包含谓词"未结婚的"。有人认为这种区分从语句出发更好：一个句子是分析的，当其主语的意义包含谓语的意义时（即谓语是主语定义的一部分）。换句话说，一个分析的句子仅根据语词的意义就为真。一个综合的真理是一个为真的句子，但不是仅仅根据语词的意义为真。"猪不会飞"为真，部分是因为语词的意义，但首先是因为猪的定义与"飞"无关，所以这个句子是综合的真。分析的错误句子也是可能的，如"有一个已婚的单身汉"。

换言之，如果一个命题能够从定义出发仅根据逻辑法则就能被证实或证伪，那么它就是分析的真或分析的假；而如果它的真或假能够通过其他手段来确立，那么它就是综合的。这是由弗雷格（见"弗雷格"）所做的区分，逻辑实证主义者接受了这种区分（参见"实证主义"），在他们看来，所有的数学和逻辑学（见"逻辑学"）的真理都是分析的。

analytic philosophy（分析哲学）：很多哲学流派都冠以这个名称，只要它们强调语言并认为哲学的基本功能是澄清语言的意义。它往往与英语世界的哲学家联系在一起，而与思辨的或大陆的哲学相对。有些哲学家认为它是反形而上学（见"形而上学"）的，也有哲学家认为它支持形而上学的观点，比如罗素（见"罗素"），当这个区分在20世纪第一个十年刚被提出来的时候，他就是最早的支持者之一。

anthropometry（人体测量学）：就其字面的理解，是根据解剖学上高、围、宽、长等对人体的测量。

anti-realism（反实在论）：参见"实在论"。

a priori/a posteriori（先天的/后天的）：拉丁语，"从……之前/之后"。18世纪早期，如果知识是通过推理而不是观察，或者说是通过演绎（见"演绎"）而不是归纳（见"归纳"）获得的，那么它就是先天的。如果知识是建立在事实的感觉——经验基础上因而也是在其后被认识的，那么它就是后天的。这个术语与康德（见"康德"）联系在一起，他认为先天知识能够不依赖任何（个人的）经验而被认识，换句话说，凡事皆有原因（见"原因"）。

Archimedes（阿基米德，公元前287—公元前212年）：古希腊数学家、物理学家和发明家，被公认为古代最伟大的数学家。他用来测量弧线、面积和表面的严密几何技术预示了现代微积分（见"微积分"）。他也为静力学和流体静力学奠定了基础。

Archimedes' axiom（阿基米德公理）：假设 a 和 b 都是实数（见"数"），对所有自然数 n 都满足 a＜b/n，那么 a≤0。或者说，对任何正数 a 和 b，有一个正整数 n 满足 a＜nb，那么每个实数都小于某个自然数。这相当于声称，实数的成整是有条件的。无穷小不是阿基米德式的，因为它小于任何非零数。

Aristotle（亚里士多德，公元前 384—公元前 322 年）：有深刻影响的古希腊哲学家和科学家。他是柏拉图的学生。与他的老师一样，他关注的重心是实在的知识以及生活的正当方式；然而，与他的老师不同，他接受了经验的（见"经验的"）实在和变化的世界，并试图发现我们必须拥有哪种理解才能获得关于它的知识。他认为个体的事物必须被看作属于某种事物，每一个都有本质特征以提供其变化和发展的潜力。（参见"本质主义"）对人类本质特征的考察能够告诉我们人类的善是什么：他认为是道德和理智的生活。虽然他被看作系统研究逻辑学（见"逻辑学"）的开端，但是他的著作囊括了自然科学（见"自然科学"）的众多领域和哲学。

artificial intelligence (AI)（人工智能）：计算机科学和心理学研究领域之一，涉及机器的建造（或者成像）或者计算机的设计，以便模拟复杂的人类理智活动。人工智能也引起了哲学关注，它或许能揭示人类心灵长得像什么样子，它的成败会引起关于唯物主义（见"唯物主义"）的争论。

assertion（断定）：弗雷格（见"弗雷格"）引入断定符来表示判断一个命题（见"命题"）为真与仅仅命名一个命题之间的差异（比如为了对它作出一个判断，会引起某种后果，诸如此类）。罗素（见"罗素"）和怀特海（见"怀特海"）几乎是在弗雷格的意义上采用这个符号的，从此这个符号得到了广泛应用。罗素规定这个符号后面是一个指称命题的表达式或一个真值表，弗雷格要求它后面是根据句法排列的表达式。最近一些学者忽略了这个符号，或者因为已经理解了，或者因为这个区分有点荒诞。

attribution theory（归因理论）：在社会心理学中，研究决定人们在日常生活中如何确定原因（尤其是如何为自己和他人的行为确定原因）的因素的理论，假设源自这种研究。与实验方法类似的行为分析首先是由海德（见"海德"）提出的，他对这一理论仍有影响。

Austin, J(ohn) L(angshaw)（约翰·朗肖·奥斯汀）：英国（牛津）哲学家，日常语言哲学（见"日常语言哲学"）的领头人。他通过分析我们对语言的一般用法和哲学相关词句来得出哲学的结论。

automaton/automaton theory（自动机/自动机理论）：来自希腊语 *automatos*，"自动"的意思。自动机是一个物理的机械装置，它貌似有目的地行为，但总被解释为无意识的，是由物理和机械规律支配的纯粹机器（比如机器人）而已。该理论认为，生命有机体也可以被看作机器，首先服从机械规律。在形而上学（见"形而上学"）中该理论也被看作自动主义，认为动物和人都是自动机。它由笛卡尔（见"笛卡尔"）提出，笛卡尔认为低级动物是纯粹的自动机，而人是由理性灵魂控制的机器。把人和动物都看作自动机的纯粹自动主义由拉美特利（见"拉美特利"）于1748年提出，并与副现象论（见"副现象论"）联合在19世纪霍奇森、赫胥黎（见"赫胥黎"）和克利福德（Clifford）的著作中大行其道。

axiom（公理）：无须任何证据的基础命题，是推导出其他命题的起点或前提。公理论是指它的所有定理都来自一套明确的公理系统，它们是公理论的公理。公理论通常被认为是自明的真，就像欧式几何（见"欧式几何"）在很长一段时间内被认为的那样，规定或者推动了其术语的绝对定义。

Ayer, A (lfred) J. （艾耶尔）：英国哲学家，主要是因他关于经验主义（见"经验主义"）和语言分析的著作而成名。他拒斥形而上学（见"形而上学"），认为哲学的功能就是分析。他的《语言、真理和逻辑》（1936）以其严密性和影响力体现了逻辑实证主义（见"实证主义"）的风格。

Bacon, Francis（弗朗西斯·培根）：英国哲学家和科学家。他也是一位律师和政治人物[维鲁兰男爵（1618）和圣亚尔班子爵（1620）]。他因其科学方法的著作而最负盛名，通常被认为是现代科学之父。在建立"第一哲学"（作为科学基础的自明的公理系统）的尝试中，他寻求恢复人对自然世界的掌控。

Barthez, Paul Joseph（保罗·约瑟夫·巴尔泰兹）：法国内科医生，于1778年提出活力论（见"活力论"）原则。

Bayesian probability（贝叶斯概率）：处理科学方法之哲学问题的贝叶斯方法，其基于这样一种观点：信任不是简单的对或错，它包含程度。它的基本原理可陈述如下：一个理想的理性人的信任程度符合概率论（见"概率论"）的数学原理。根据这一观点，许多方法论难题要么产生于全信要么产生于不信的偏见（参见"方法论"），可以通过更加包容性的部分置信的概率论逻辑得到解决（参见"逻辑学"）。

behavioural science（行为科学）：研究有机体行为的各门科学的总称，包括心理学、社会学、社会人类学、动物行为学，凡此种种。它也经常被用作社会科学的同义词。

behaviourism（行为主义）：20世纪早期，许多心理学家确信，反省不是心灵科学的可靠基础，他们转而专注于外在的、可观察的行为。（心理学的）方法论行为主义认为，唯有外在行为才应当获得科学的考察。（参见"方法论"）形而上学的或分析的行为主义是这样一种哲学观点：它认为公共行为就是一切，当我们说到心理事件或他人的甚至我们自己的个性时，这就是我们要讨论的东西。(参见"形而上学")行为主义是唯物主义(见"唯物主义")的形式之一。华生(见"华生")和斯金纳(见"斯金纳")两位在这一点上是很有影响的心理学家。

Bell inequality（贝尔不等式）：表达无隐变量(见"隐变量")原则的数学条件。它由约翰·贝尔（John Bell）于20世纪60年代早期提出，直指量子力学(见"量子力学")与一种特殊隐变量理论之间缺乏完全一致性。它是"贝尔定理"的一部分，把隐变量理论中的哲学问题提高到了实验验证性水平[虽然仍难以想象具体的实验能够用来演示这种有效性(见"有效性")]。贝尔不等式起源于解释粒子间旋转关系的努力：如果一个上升，那么另一个则必须下降。该理论和量子力学的差别在于，就前者而言，旋转在进行任何策略之前就是（由隐变量）预定的并因此是客观真实的。

Bergson, Henri（亨利·柏格森）：法国哲学家。活力论是其哲学特征；他反对用机械论(见"机械论")和唯物主义(见"唯物主义")来理解实在，反对任何关于世界的决定论(见"决定论")主张，主张创造性的冲动而非自然选择才是进化的本质。他区分了概念(见"概念")和时间经验，前者是应用空间概念的一种分析，"真正的时间"是一种绵延体验，通过直觉(见"直觉")来理解。他捍卫后者而反对理性的"概念"思维。

Berkeley, George（乔治·贝克莱）：爱尔兰哲学家，克罗因教区主教。他因其经验主义的、唯心主义的形而上学(见"形而上学")和认识论(见"认识论")而闻名。他反对独立于知觉的世界能够从知觉中推导出来。（参见"经验主义"、"唯心主义"和"推理"）精神现象(见"现象")、心灵及其内容（精神和观念）就是存在的一切。就上帝的普遍心灵而言，从它包含建立自然世界的观点来看，这些都是外在于我们的。他的观点可以被看作现象主义(见"现象主义")的一种形式。

Bernard, Claude（克劳德·伯纳德）：法国生理学家。他将生理学建立成一门严谨的科学，将实验方法作为这一研究领域的基础。

Bernoulli, Jean（让·伯努利）：瑞士数学家，微积分(见"微积分")发展过程中的重要人物之一。

Berzelius, Jöns Jacob（琼斯·雅各布·贝采里乌斯）：瑞典化学家，被公认是决定了化学(见"化学")近一个世纪发展方向的人物。由于其医学背景，他在原子概念中引入有机特性，同时又坚持活力论的立场。参见"活力论"。

Bohr, Niels（尼尔斯·玻尔）：丹麦权威理论物理学家。他准确阐述了氢原子电子结构和氢氦光谱线之（与能量跃迁水平相对应）出处的量子(见"量子")理论。玻尔成为哥本哈根大学理论物理学研究所负责人之后，该所迅速成为世界各地物理学家的麦加（朝圣地）。玻尔哲学思想的一个显著发展是在 1927 年的一次演讲中，在这次演讲中他提出了互补性（见"互补性"）的思想。他指出原子客体的行为与它们和测量仪器之间的相互作用是不可能完全分离的，因为这些测量仪器确定了这种现象发生的条件。这倾向于提出一种对非观察性条件更加实在论的解释。

Bohr's principles（**玻尔原则**）：参见"互补性"、"一致性"。

Bohr's theory（**玻尔理论**）：一种应用量子（见"量子"）理论研究原子结构的开创性理论（1913）。该理论假定，电子绕核在相互分离的圆形轨道之一中运行，伴有能量的散发或吸收，并必然伴随电子在允许的轨道之间跃迁。（参见"电磁学"）这修改了经典电力学的模型，即认为电子在理论上本该是发光的，释放能量并绕核螺旋式移动。玻尔理论尽管很快被证明是错误的，但是它成功地暗示了未来 20 年物理学和化学（见"化学"）中的许多事实需要用这些术语来说明，甚至导致了现代量子力学理论（见"量子力学"）的产生。因此，虽然它已经被取代，但它彻底改变了理论物理学，也引起了今天历史学和哲学的显著兴趣。

Boltzmann, Ludwig（**路德维希·玻耳兹曼**）：在维也纳出生和受教育的物理学家。他因在气体的分子运动理论和统计力学方面的贡献而闻名。他是统计力学的创始人。作为理论物理学家，他的伟大才智主要集中在气体的分子运动理论、概率论（见"概率论"）和电磁学（见"电磁学"）上。1866 年是他职业生涯的开始，那是自两个世纪之前牛顿（见"牛顿"）以来对物理学来说最富创造性和革命性的时代。

Boltzmann, constant（**玻耳兹曼常量**）：一个系统比如气体的熵（见"熵"）除以系统分子的状态数的自然对数（见"对数"），其结果就是用玻耳兹曼命名的常量，用"k"表示。

Bolyai, Johann（**约翰·波尔约**）：匈牙利数学家。他 22 岁时提出"绝对空间理论"，这是一个完整的几何学（见"几何学"）体系。他认为欧几里得（见"欧几里得"）的平行公设不是必需的。虽然他是非欧几何的创始人之一，但是（不为人所知）晚于高斯（见"高斯"）和罗巴切夫斯基（见"罗巴切夫斯基"）。

Boole, George（**乔治·布尔**）：英国数学家。他提出以类似代数（见"代数"）方法的方法来处理逻辑变元的理念。这是现代逻辑学发展中最坚实的第一步。他是最早认识到运算符号（见"符号"）能够与数量符号相分离的数学家之一。他表明，类或集能够以与代数符号或数量符号相同的方式进行运算并把普通代数应用到类的逻辑中。

Born, Max（**马克斯·玻恩**）：德国物理学家，量子力学（见"量子力学"）的主要奠基人。他发明了矩阵力学并提出了波函数的统计学解释。

Boring, Edwin Garrigues(埃德温·加里格斯·波林)：美国心理学家。他因为《实验心理学史》(*History of Experimental Psychology*, 1929) 而成名，该书将这门新兴学科的开端追溯到其19世纪早期在哲学和心理学中的萌芽。

Boyle, Robert（罗伯特·波义耳）：英国化学家和物理学家。他明确地把"热"的概念定性为气体粒子运动的增加。他也因为提出一个原子理论而成名，根据这个理论，物质的基本成分由某种原始的、简单的、完全纯洁的实体构成，它们联合在一起产生了所有种类的自然物质。

Bradley, F(rancis) H(erbert)（F. H. 布拉德雷）：英国唯心主义哲学家，因其在逻辑学、形而上学和伦理学方面的著作而成名。游离于英国经验主义传统，他的著作更具有大陆黑格尔主义的精神。他形而上学的中心概念是"绝对"，一个既包罗万象又内在一致的整体，它协调了表象的多样性和自我矛盾性。

Brouwer, Luitzen Egbertus Jan（鲁伊兹·艾格博特斯·杨·布劳威尔）：荷兰数学家，数学直觉主义（见"直觉主义"）的创立者，在数学（见"数学"）哲学领域做了重要工作。

Bruno, Giordano（乔尔丹诺·布鲁诺）：意大利哲学家和哥白尼体系（日心说）的支持者。他因激进的科学和宗教观点被宗教裁判所逮捕并被烧死在刑柱上。

Büchner, Ludwing（路德维希·毕希纳）：德国哲学家。他通过其著作《力与物质》(*Power and Matter*) 使得唯物主义（见"唯物主义"）在中欧成为流行学说。他反对二元论（见"二元论"），认为精神只是大脑的功能而已。

383　**Cabanis, Pierre Jean Georges**（皮埃尔·让·乔治·卡巴尼斯）：法国心理学家和哲学家，是生理心理学的先驱。

calculus（微积分）：一套用定义、公理（见"公理"）和推理规则进行计算的抽象符号系统。一个微积分是通过与现实世界相联系来获得意义的。有些哲学家将各种科学都看作诠释性微积分学。完全性、一致性、可判定性以及判断标准都在这一主题的理论考量范围内。有许多种微积分，而且每个符号逻辑学（见"逻辑学"）的符号系统都可以被称为微积分：语句或命题微积分，量词或谓词微积分，以及同一性微积分、类微积分和关系微积分。无穷小计算作为牛顿（见"牛顿"）和莱布尼茨（见"莱布尼茨"）在17世纪下半叶的发明是数学史上最伟大的成就之一。它建立在有限性概念、集合和无穷小（接近于以零为界限的变元）等概念基础上。参见"命题演算/谓词演算"。

Carnap, Rudolf（鲁道夫·卡尔纳普）：德国出生的哲学家，先后执教于维也纳、布拉格和芝加哥的大学。第二次世界大战之前维也纳学派（见"维也纳学派"）在奥地利解散了，此时，卡尔纳普移植了逻辑实证主义（见"实证主义"）。他因其关于形式逻辑、科学哲学以及应用这两者于认识论之中的著作而闻名。他推动了逻辑句法和语义学的发展。他主张物理主义（见"物理主义"）的观点，尝试为经验科学的所有分支学科建立一套统一的语言，以便语言问题将不再是知识的障碍。

Cartesian doubt（笛卡尔式的怀疑）：与笛卡尔（见"笛卡尔"）相联系的一种哲学方法。它以如下假定开始，即假定任何能被怀疑的信念都是错误的，哪怕是最普通的常识假定，然后再去寻找一个无法怀疑的起点。

Cartesian plane（笛卡尔平面）：二维平面，它的点是通过其相对于直角坐标轴的位置来确定的。该平面以笛卡尔来命名，是他设置了这一平面及其坐标，以此作为分析几何的基础。

causality（因果律）：一个这样的原则，即任何一个结果都是一个或多个在先的原因的后果。后果的可预见性对因果律为真而言并不是必需的，因为它的不确定性可能是由于如下事实，即前因或许太多、太复杂或太依赖分析。在量子（见"量子"）理论中，因果律之经典的确定性（见"确定性"）在亚原子层次上被可能性代替，即具体粒子存在于具体位置，参与具体事件。这包含了不确定性原则，这个原则认为不可能准确界定电子的位置和动量（见"动量"），只能取决于两个粒子的连续观察，而可能性则可能是确定的。参见"概率"。

cause（原因）：来自拉丁语 "causa"，一个与"结果"联系在一起的术语。它引起、决定、产生或制约结果，或是结果的必要前件。哲学持久关注原因的本性以及我们如何建立它。休谟（见"休谟"）认为：如果过去 B 规律性地紧随 A 而发生（换句话说，与 A "总是同时发生"），那么 A 就引起了 B，是 B 的原因。但是，A 有"一种力量必然地"产生 B，这种看法不是我们所能观察到的，这不是原因概念的合理成分。我们无法在因果联系和仅是偶然的（或然的）而又普遍的规律之间作出区分。

certainty（确定性）：来自拉丁语 "certus"，意为"确定的"，用来指某些真理尤其是逻辑学（见"逻辑学"）真理和数学真理的所谓不可怀疑性。确定性是笛卡尔（见"笛卡尔"）哲学中的重要概念。它适用于超越任何理性怀疑的信念或证据，正如我思（见"我思"）中。

ceteris paribus（其他条件不变）：拉丁语，意为"其他条件均同"。这一表达用于两个事物的对比，而它们只在考虑中的一个性质上是不同的。可以这样说，"如果其他条件不变，那么简单的理论优于复杂的理论"，尽管并非其他的一切都是相同的——如简单的理论包含更少的真谓述——而它本来也并非更好。

(The Great) Chain of Being [存在（巨）链]：一个对被创造世界的秩序、统一性和完整性的比喻，将之看作从上帝到最小的非生命物质的链条。该观念历史悠长，开始于柏拉图（见"柏拉图"）的《蒂迈欧篇》(*Timaeus*)，是中世纪和文艺复兴时期对宇宙等级秩序的基本印象。它也是亚瑟·诺夫乔伊（Arthur Lovejoy，1873—1962）在1936年写的一本书的书名。该书追溯了柏拉图以来的"充实性原则"，即所有现实的可能性在这个世界都被现实化了。

chance（机运）：一种未经事先考虑的、可能无法预料的存在因素。它的或然性与必然性相反，例如，随机发生的事情即它的发生不完全由先前发生的事情决定——先前的事情并不必然产生它，或者并不如此这般发生。换句话说，它是一个随机事件。然而，我们有时也把随机事件看作那些我们无法确切预测的事情，尽管它们只是以我们所不知道的方式被决定。有时我们能预先知道随机事件的概率（见"概率"）。参见"必然真理/偶然真理"、"随机性"。

channel（信道）：通信中频率的具体波段或特定通道，应用于电子信号的传送和接收。参见"通信理论"。

charge（电荷）：基本粒子的特性，使粒子根据正负性（负电荷的自然单位附着于电子，而质子拥有等量的正电荷）施加作用力于其他粒子。同性电荷相互排斥而异性电荷相互吸引。其中的作用力被认为是载有电荷的粒子之间交换光子（见"光子"）的结果。粒子或其区域的电荷取决于电子数相对于质子数的盈余或缺乏。

chemistry（化学）：一门研究成千上万种自然物质或人工（合成化学）物质的科学的学科。传统上，根据关注对象的不同，化学分成若干分支：物理化学（处理控制化学行为的物理规律）、有机/无机化学（对包含/不包含碳原子的物质的研究）、核化学或理论化学（统计学和量子力学的应用）、分析化学（化学物种的检测和评估）和微量化学（前者的一种，即前者也包含微量分析）。

circular definition/reasoning（循环定义/循环推理）：被定义的术语或对它的描述出现在对它的定义中，这个定义就是循环的，例如将"自由行动"定义为"自由地完成的行动"。循环推理是通过假定陈述的真来为该陈述辩护。它也被称为"乞求论题"。

Clarke, Samuel（塞缪尔·克拉克）：英国哲学家，牛顿哲学的捍卫者，反对他那个时代剑桥的笛卡尔式的思想风气。在与莱布尼茨（见"莱布尼茨"）的一封著名通信中，他主张空间和时间是无穷的（见"无穷的"）、同质的实体，以此反对莱布尼茨关于它们根本上是相互依存的主张。

Clausius, Rudolf Julius Emmanuel（鲁道夫·朱利叶斯·埃曼努尔·克劳修斯）：德国理论物理学家。他认可卡诺（Carnot）的热力学理论，虽然该理论与迅速发展的机械论热量理论不一致。他在汤姆逊（Thomson）相近的表述发表之前，认为卡诺定理是有效的，只要热本身不能从一个物体传到另一个温度更高的物体。结果，他在1854年提出了热力学第二定律的准确数学表述。后来，他又提出"熵"的术语以便根据其不断增加的趋势来表达能量的耗散规律。1858年，他提出了重要的平均自由程概念以及后来被麦克斯韦（见"麦克斯韦"）接受的分子有效半径概念。克劳修斯表明，这些概念原则上解释了为什么气体的扩散率和热传导率在观察上是微不足道的，尽管气体分子的速度平均值很大。该理论奠定了动力学规律和概率论的基础，为气体的分子运动论作出了重要贡献。他是19世纪最重要的原创性物理学家之一。

Cogito（我思）：拉丁语，意为"我思"。笛卡尔（见"笛卡尔"）在其《沉思集》中用来建立自我存在的一种论据。他的"我思故我在"是一种把我的存在置于任何思想行为（包括怀疑行为）中的尝试。与其说它是一种推理（见"推理"），不如说它直接诉诸直觉（见"直觉"）。但由于笛卡尔的表述，它通常被解释为一个论证过程。

cognition（认知）：来自拉丁语"cognitio"，意为"知识"或"认识"。该术语既指认知的行为或过程，也指知识本身。比较认识论是认识论（见"认识论"）的主题。

cognitivism（认知主义）：科学处理认知（见"认知"）的所有理论，也称为认知科学。它是一个总体性术语，涵盖认知心理学、认识论（见"认识论"）、语言学、计算机科学、人工智能（见"人工智能"）、数学和神经心理学（见"神经心理学"）等一系列学科。认知主义作为一种研究心理问题的新途径，通常利用实验数据来提出足以解释认知过程的新理论。由于它使用心理概念，所以它与行为主义（见"行为主义"）决裂，后者逐渐被认为在研究认识上是不完全的。

communication theory（通信理论）：参见"信息论"。

complementarity（互补性）：这样一种原则，它认为一个系统（比如电子系统）要么用粒子说来描述，要么用波动说来描述。玻尔（见"玻尔"）认为，这两种观点是互补的。实验表明电子的类粒子特性不会表现出它们的类波动特性，反之亦然。

computation, theory of（计算理论）：参见"计算主义"。

computationalism（计算主义）：在心理学中，这指把计算机用作人体功能的模型，并延伸为人类认知（见"认知"），是一种以标准的数字计算机为典型的计算过程。参见"联结主义范式/计算范式"。

computer modelling（计算机建模）：一种将关系或过程从实际情形转化为计算机模型的方法。计算机模型是精心选择的真实情形的近似物。由于计算机模型的简化，真实情形允许真实世界中正待考察的那些方面以总体化的形式来表现。

Comte, Auguste（奥古斯特·孔德）：法国哲学家，实证主义哲学的创立者。他于1826年开始作关于实证主义（见"实证主义"）的系列公开讲座，其讲座稿的第1卷于1830

年出版。他追溯了人类思想从神学和形而上学阶段到最后实证阶段的发展：从资料的系统性搜集到观察事实的相关（见"相关"）探究再到对第一因（见"原因"）和终极目的等无法证实的思辨的抛弃。他也被认为是利他主义和社会学等术语的发明人。

concept/conceptualism（概念/概念论）：虽然有些哲学家把概念设想为精神实体，但总体上它被认为是指一个词或短语的意义。概念论是关于作为精神表象的共相（见"共相"）之本性的理论，例如，"动物"这一普遍性术语不单纯是一个适用于许多个别动物的词，也不是实体的一个种，而是一个在心灵之外存在的"共相"。它确实代表实体，但是一个仅仅以概念存在的方式存在的设想的实体。

confirmation theory（确证理论）：它与证实理论紧密相关，尽管它指涉的是科学假设的真，而不是陈述的真。许多哲学学说（例如科学经验主义）认为，一个特定的假说被确证到特定的程度依赖证据达到特定的数量。这是通过归纳推理得到的：每个已知的A都是B这一事实确证了每个A在任何情况下都是B这一假说，但是它不能由此令人信服地确立它，因为有可能某个尚未被发现的A不是B，因此这种不严格的归纳是错误的。这里的证据只是提供了确证的可能性（见"可能性"），而确证的程度依赖证据的量和种类。卡尔纳普（见"卡尔纳普"）在这些原则的基础上详细制定了一套全面而形式化的确证理论。参见"假设"、"归纳法"。

connectionist/computational paradigm（联结主义范式/计算范式）："联结主义"是爱德华·桑代克用来分析心理现象的术语，它不是根据观念和反应之间的联结而是根据形势和反应之间的联结来进行。最近的联结主义理论在这种范式下将认识活动描述为相互关联的节点网络内的信息交换，通过此类系统的反馈（见"反馈"）参数进行研究。它提供了计算范式的决定论（见"决定论"）——把对人类认识活动的研究建立在不考虑环境相互影响的数字计算上——的替代选择。

conservation, laws of（守恒定律）：该定律包括质量守恒和能量守恒以及如下原则，即在任何系统中质量与能量的总和保持不变。这一定律是从狭义相对论（见"相对论"）得出的，是对两个经典守恒定律的总陈述。能量守恒定律认为任何系统的总能量守恒，质量守恒定律认为任何系统的总质量守恒。而根据总的守恒定律，能量和质量根据爱因斯坦（见"爱因斯坦"）定律的方程$E = MC^2$是可以相互转化的。

constructivism（构造主义）：指如下观点，即数学实体当且仅当它们能够被构造（或者直观地表明其存在）时才是存在的；也指，数学陈述为真，当且仅当能够获得构造性的证据。可见，它与以下这种观点正好相反，即数学对象和数学真理的存在或为真不依赖（我们的）理解［比如柏拉图主义（见"柏拉图主义"）］。构造主义涵盖了直觉主义（见"直觉主义"）、有穷主义（见"有穷主义"）和形式主义（见"形式主义"）。

contingent truth（偶然真理）：参见"必然真理/偶然真理"。

continuity in nature, laws of（自然连续律）：以此表示可变参量从一个大小到另一个大小要经过所有中间值，而没有突然忽视任何中间值。许多哲学家都已断言自然界的运行可能遵循这一复合律，博斯科维奇（Boskovich）甚至证明了它是一个普遍规律。因此，两个物体的距离或速度除非它们通过所有的中间距离或速度，否则永远不可能改变。据说行星的运动，还包括磁性、电流、时间，严格说来，包括自然界中的所有事物，都遵守这一定律。

control engineering（控制工程）：指如下工程领域，即为了在迅速多变的环境中控制系统资源而建立一个对象以便可以命令对象来维持系统。

conventionalism（约定论）：通过纯粹逻辑手段就可被证明的先天（见"先天的"）真理或真命题（或语句）都是语言学的约定或公设［因此，相应地它不是绝对的（见"绝对的"）］。它的前提是，科学规律都是伪装起来的约定，只是对各种可能描述之一种的反思和采纳。该观点首先由彭加勒（见"彭加勒"）提出，由马赫（见"马赫"）和迪昂（见"迪昂"）加以发展。

Copernicus, Nicolas（尼古拉·哥白尼）：波兰天文学家，太阳系日心说的缔造者。哥白尼还发现有必要保留托勒密（见"托勒密"）的17个本轮，同时假设行星轨道是圆形的。布赫·第谷（Tycho Brahe）和开普勒（Kepler）后来的工作完全接受了这些思想并将轨道改成了椭圆形。

correlation（相关）：在统计学（见"统计学"）中指两个或更多变量之间的关系，一个变量的值系统性地增加会伴随另一个变量的值系统性地增加或降低。在更宽泛的意义上，是指事物之间的任何关系，一个事物发生变化会引起另一个（或更多）事物的伴随性或依赖性变化。要注意的是，在这两个用法中有一个会排斥变量之间的因果律（见"因果律"）设定。相关是共存性的陈述，它们或许但并不必然意味着一个变量的变化会产生或引起其他变量的变化。

correlation coefficient（相关系数）：表示两个（有时更多）变量之间关系的程度和趋势的数值，范围从-1.00（完全负相关）到$+1.00$（完全正相关）。无论正负，数值越大，变量之间的共存性越高。0意味着无相关性，一个变量的变化在统计学上独立于另一个变量的变化。大量的统计学程序被用来根据数据性质和收集方法来确定变量之间的相关系数。参见"统计学"。

correspondence（对应）：玻尔（见"玻尔"）提出的原则。它表明，既然经典物理力学原理能够描述宏观系统的性质，那么被应用于微观系统的量子力学（见"量子力学"）原理在被应用于大系统时就必须给出相同的结果。

co-variance/co-variation（协变/共变）：共变是协变的同义词，指一个变量的变化伴随另一个变量的变化。

covering law（覆盖律）：应用于个别实例的一般规律。解释的覆盖律理论是说，当暗示个别实例的一个或多个覆盖律（与个别事实一起）被提供的时候，该个别实例就得到了解释，比如说，我们能够解释一块金属为什么生锈是通过诉求当铁暴露于空气和湿气中会生锈这样一个覆盖律，而事实是这块金属是铁并暴露于空气和湿气中。参见"演绎—律则模型"。

cybernetics（控制论）：来自希腊语"*kubernētēs*"，意为"舵手"。根据反馈（见"反馈"）机制研究在动物与机器中控制和通信的系统规律的科学。维纳（见"维纳"）提出这一术语以指代如下这个研究领域：自从 20 世纪 40 年代由他倡导以来，该研究领域一直处于迅速成长的跨学科趋势中，从最初包括数学、神经生理学和控制工程学（见"控制工程学"），已经扩展到包括数理逻辑（见"数理逻辑"）、自动化理论（见"自动化理论"）、心理学和社会经济学。

Darwin, Charles（查尔斯·达尔文）：伟大的英国自然学家，在其《物种起源》（1859）中清晰地表达了自己的进化论假说。他不是第一个提出所有生物之间都具有亲缘关系这一思想的人，但是他在其自然选择学说中作出了最激动人心的、最简洁的说明，作为这样一个说明者，他是值得纪念的。他在所有科学思想中牢固建立起了进化的事实。

Dedekind, Julius William Richard（朱利叶斯·威廉·理查德·戴德金）：德国数学家。他的主要贡献是"戴德金切割"。该理论允许用有理数来定义无理数，以便标记和填充作为直线上各点的有理数序列上的间隔。它表明数字序列是完备而连续的。

deduction/induction（演绎/归纳）：来自拉丁语"*de*"，意为"从……"和"在……"。一种过去的说法是：演绎是从一般到个别，而归纳是从个别到一般。更接近于现在的说法是，二者的区别如下：正确的演绎推理是，如果前提真，那么结论必然真，而正确的归纳推理支持的结论仅表明它更有可能为真。常用的归纳形式通过列举进行：要支持结论"所有 p 都是 q"，那么就列举许多 p 是 q 的实例。它还有"扩展证明"，即前提不需要结论为真，而是接受它的好理由。

deductive-nomological model（演绎—律则模型）：这个解释模型采用对陈述的逻辑推导来进行，即用刻画条件的陈述来描绘被解释项，该现象会在此条件下发生，从而适用于解释项。它也被称为解释的"覆盖律"方法。

De Morgan, Augustus（奥古斯都·德·摩根）：英国数学家和逻辑学家，有名的老师和伦敦数学学会创始人。他的著作主要涉及概率（见"概率"）、三角学和悖论（见"悖论"）。德·摩根法则被应用于集合论（见"集合论"）。

denotation/connotation（外延/内涵）：一个词的外延或指称是这个词所指向的东西，即它在世界上命名的那些事物。相反，一个词的内涵或意义是它的意思。因此，一个词可以有内涵而无外延："独角兽"有意义但无指称。它与"extension/intension"同义。参见"涵义/指称"。

Descartes, René（勒内·笛卡尔）：法国哲学家和数学家，现代哲学的创立者。早前的经院哲学将哲学工作看作为宗教揭示的真理提供分析和证明。笛卡尔的革命性观点认为哲学是发现真理。他从事这一工作的著名方法是系统的怀疑。这对开始探求知识的"不可怀疑的"基础是必需的。而第一个知识就是关于他自己作为一个思想性的物体（不是物质性的物体）而存在的真理。尽管他捍卫对外部世界和物质世界的机械性思考，也对新科学和数学作出了实质性贡献，但他是一个二元论者（见"二元论者"），相信心灵是非物质的。参见"机械论"。

descriptions, theory of（摹状词理论）：罗素（见"罗素"）试图说明限定摹状词是如何有意义的，即使没有任何东西符合这个摹状词，比如，我们怎样才能有意义地说"当今的法国国王是秃子"？一种非罗素式的分析会努力将不存在的个体与谓词他的秃顶分离开来，从而引起描述的谬误（见"谬误"）。这意味着该语句毫无意义，因为它无法执行指称行为，语句既不能说真也不能说假。罗素的策略是把限定摹状词移出它占据的位置，即排除出命题（见"命题"）的主语位置。这样，对于"当今的法国国王是秃子"，罗素将之替换为"至少存在一个个体，他是当今的法国国王，并且至多存在一个个体，他是当今的法国国王，以及是个秃子"。

determinism（决定论）：来自拉丁语"*determinare*"，意为"设置边界或限制"。该理论认为，诸事皆有前因（见"原因"）。这样，只要给出其原因，一切事情必然如此这般发生。至于如何证明这一观点，还存在一些争议。然而，至少有些事情不完全是有原因的，这种观点被称为"非决定论"。决定论通常是科学的前提（见"前提"），康德（见"康德"）认为这是必需的。但是，量子物理学认为这是错误的。涉及决定论的主要领域之一是它与自由意志的关系及其对比研究。

dualism/monism（二元论/一元论）：这两个术语被用来描述存在物的基本种类。二元论认为有两种事物，不能根据其中的一种来理解另一种事物。"二元论"尤其经常指心灵哲学中精神和物质这两种截然不同的元素。相反，一元论相信归根到底只有一种。二元论这一术语最早在 1700 年托马斯·海德（Thomas Hyde）说明善恶冲突时被使用。而一元论这一术语是由基督徒沃尔夫（Wolff）在讨论心/身问题（见"心/身问题"）时使用的。

Duhem, Pierre Maurice Marie（皮埃尔·莫里斯·玛丽·迪昂）：法国理论物理学家。

Du Bois-Reymond, Emil（爱弥尔·杜布瓦-莱蒙）：德国生理学家，生命组织电现象研究的先驱。

Durkheim, Emile（爱弥尔·迪尔凯姆）：法国实证主义社会学家。受法国社会学经验主义（见"经验主义"）趋势的影响，他强调群体的重要性，认为群体是规则的来源和个体的目标，也是宗教象征的资源和参照。宗教的功能在他看来是对社会团结的创造和维护。参见"实证主义"。

Eddington, Sir Arthur Stanley（亚瑟·斯坦利·爱丁顿）：英国天文学家和物理学家。他之所以闻名，是因为其在恒星结构方面的开创性著作以及统一广义相对论（见"相对论"）和量子力学（见"量子力学"）的努力，加之他在向外行人表达复杂的数学思想方面能力突出。

effector（效应器）：通常指神经输出过程——该过程会产生观察到的反应或效果——末梢的肌肉或腺体。

efferent/afferent nervous system（输出神经系统/输入神经系统）：前者来自拉丁语，意为"从哪里带走"，所以在神经生理学中，它指神经冲动从中枢神经系统向神经末梢（肌肉和腺体）的传导。输出神经元和神经通路将信息传导给效应器（见"效应器"），因此称为动力神经元或腺体。与之相反，输入神经系统指神经冲动从神经末梢（感觉器官）向中枢神经系统的传导。

Einstein, Albert（阿尔伯特·爱因斯坦）：生于德国的理论物理学家，主要贡献是相对论（见"相对论"）。爱因斯坦在苏黎世（Zurich）接受教育，于 1901 年完成学业并成为瑞士公民，此后作出了他在物理学上的第一个贡献。这由 1905 年发表的三篇重要论文构成：一篇关于布朗运动，提供了分子存在的最直接证据；另一篇处理了辐射光谱，提供了量子力学（见"量子力学"）的基础；还有一篇提出了狭义相对论。关于广义相对论的基础性论文发表于 1915 年，随后他于 1922 年因量子理论而获得诺贝尔奖。他在苏黎世、布拉格和柏林执教，但于 1932 年来到美国，后来成为美国公民，并在普林斯顿高级研究院就职，在那里度过余生。参见"量子场论"。

electromagnetism（电磁学）：关于电磁力的理论。电磁力是决定由基本电粒子（如质子和电子）产生后场的本质特征的 4 种基本力之一，更广义地说，它是物理学的主要分支之一，将静电、电流、磁力学和光学融合于一个概念框架内。电磁学的最新形式由麦克斯韦提出，是 19 世纪科学的最大成就之一。参见"电荷"。

elementary number theory（初等数论）：理论数学的分支学科，关注整数间的性质和关系。

elementary proposition（基本命题）：在维特根斯坦（见"维特根斯坦"）哲学中，它们是描述"事态"特征的简单要素的可能组合。它们由一系列名词构成，这些名词与它们所表现的对象的组合是同构的。一个基本命题（见"命题"）为真的条件是它所指的对象以它所描述的方式连贯而成，否则该命题为假，且事态也无法获得。因此，基本命题的句法（见"句法"）是事态结构的镜像。

emotivism（情感主义）：元伦理学的观点，认为伦理表达不是对事实对错的陈述，而是对赞成或反对的表达，是对有相同反应的听者的邀请。可以说休谟（见"休谟"）代表了情感主义的一种形式。在 20 世纪，这种观点让人想到的是艾耶尔（见"艾耶尔"）和美国哲学家史蒂文森（见"史蒂文森"）。

empirical（经验的）：与感觉经验和实验有关，指涉实际事实。在认识论（见"认识论"）中，经验的知识不是天生的，而是通过世界中的经验获得的，因此是后天的（见"后天的"）。在科学方法论中，它指对现实的参照要求将假设（见"假设"）作为法则或一般性原则，因此它与意味着调节性的或构成性的理想标准的规范的（见"规范的"）恰好相反。

empiricism（经验主义）：来自希腊语"*empeiria*"，又来自"*empeiros*"，意为"老练的"、"熟练的"、"擅长的"。主张所有知识都来源于经验，是关于知识来源的主要理论之一。经验主义往往与理性主义相对，后者指理性是知识唯一的（或者至少是主要的）来源。虽然这个术语让人联想到对天赋概念（见"概念"）和先天综合（见"先天综合"）的反对，但一般而言，它强调经验而不是纯粹理性在获得知识过程中的作用。

entropy/negentropy（熵/负熵）：指封闭系统中总热能转化为有用功的程度。如果该系统中某个部分比其他部分更热，那么热能就会从热的部分传导到冷的部分从而产生有用功。但是，如果温度相对保持一致，那么该系统就不会产生有用功。这一性质来自热力学第二定律。因为在一个消耗能量的系统中，不可逆的变化过程会引起产生额外功的能力下降而熵随之升高。系统的熵的绝对值——仍然是任意零值，只是其价值在重要性上的变化——是对其能量无利用率的测量。

负熵也就是负的熵，指熵的缺失。当熵是对信息相对缺失程度的测量时，负熵就是对应它的出现概率。在结构上，它意味着系统组成部分从随机安排到能产生效率的秩序的离散程度。参见"随机性"。

epiphenomenalism（副现象论）：一种身心关系理论，它认为意识与引起它的神经过程相关，只是它的一种纯粹副现象，或者说"副产品"。这种观点最早由克利福德、赫胥黎（见"赫胥黎"）和霍奇森提出。

epistemology（认识论）：来自希腊语"*episteme*"，即"知识"或"科学"；也来自"*logos*"，即"知识"。该术语被用来指称探讨知识的来源、结构、方法和有效性（见"有效性"）等问题的理论，是哲学的主要分支。其中心问题如：知识和纯粹信仰之间的区别是什么？所有（或任何）知识都建立在感觉认识基础上吗？一般而言，我们的知识怎样被认为是合理的？

EPR experiment（EPR 实验）：指爱因斯坦、波多尔斯基（Podolsky）、罗森（Rose）1935 年的一篇论文，它的结论是量子（见"量子"）理论不能构成一个"完备性的"理论。根据该实验，一个完备性理论的必要条件是，"物理实在的每个要素在物理理论中必须有其对应量"。实在概念是这样被定义的：如果我们能预测一个具有确定性（从概率上讲相当于统一性）的物理量的价值，而且系统也没有以任何方式受到干扰，那么对应于这个物理量，就应该存在一个物理实在的要素。EPR 实验也可能受到批评，因为该"系统"必须在其总体性上予以理解，而且不能仅仅指双粒子系统中的个别粒子。对个别粒子的测量并没有真正干扰系统，也没有改变量子的力学描述。这样，在 EPR 论证下就会引起如下问题：可能建构出这样一种物理量的理论吗，它确实具有"外在的"客观的（见"客观的"）现实价值，但与它是否被测量无关？

equivocation（模棱两可）：来自拉丁语"*aequia-vox*"，意为"同名"。任何谬误（见"谬误"）都来自推理过程中词或作为词起作用的短语的模棱两可性，该词或短语用在不同的地方会有不同的涵义。如果该词或短语始终被作为同一个词或短语，那么由此得出的推理（见"推理"）形式上就是正确的。

esoteric/exoteric（神秘的/公开的）：一个来自希腊语"*esōterō*"，意为"里面的/内部的"；一个来自希腊语"*exōterikos*"，意为"外部的"。前者意味着属于发起人或专家的内部圈子，是一个排他性系统（如斯多葛学派的神秘教义、毕达哥拉斯兄弟会的秘密成员身份）。与此相反，"公开的"意味着教义或系统向公众开放。

essence/essentialism（本质/本质主义）：本质主义也可用于柏拉图（见"柏拉图"）的形

式哲学，但一般而言，它是一种追溯到亚里士多德（见"亚里士多德"）的形而上学观点。它主张某些东西——不管如何描述它——有其本质，那是它们必需的或必不缺少的特定性质，没有这些性质，它们就不能存在或不能成为它们所是的那种东西。还有一种由洛克最先提出的相关观点，即物体必须有一种"真实的"——即使仍不为人知——"本质"，它解释了它们更容易被观察到的特征（或"名义本质"）。最近，本质主义的观点已经被应用于逻辑学问题和科学哲学及语言哲学的论题。参见"形而上学"、"原因"。

ethics（伦理学）：来自希腊语"*éthikos*"，该词源自"*ethos*"，意为"习俗"或"用法"。亚里士多德（见"亚里士多德"）使用该术语时该术语包括了"特征"和"倾向"的意义。通常认为"*Morālis*"是与"*éthikos*"意义相当的术语，由西塞罗（Cicero）引入。这两个术语都包含了与实践活动的关联性。广义上，伦理行为是关于善和权利的行为，而名为伦理学的哲学分析即围绕这些术语展开。

ethnomethodology（民俗学方法论）：最初是由加芬克尔（见"加芬克尔"）杜撰出来的术语，指对社会交际参与者之可用"资源"的研究，以及这些资源是如何被他们利用的，聚焦于一般人为了在社会世界中的理解和行动而使用的现实推理过程。该术语广泛适用于对交谈规则、财产权协商和其他基于社会动机的交际进行的社会学研究和心理学研究。

Euclid of Alexandria（亚历山大的欧几里得，公元前 3 世纪）：古希腊数学家，欧式几何的创建者，可能也是亚历山大几何学校的创始人。两千多年来，他的几何学成果仍然具有普遍的有效性（见"有效性"）。即使面对几何学非欧几体系的发展，欧几里得的成果在数学上仍然相当重要。在现代数学中，欧几空间可以有无数个维度，但是两点间的距离仍然可以用二维或三维空间中的方法予以解释。参见"欧式几何"。

explanandum/explanans（被解释项/解释项）：参见"演绎—律则模型"。

extension（外延）：来自拉丁语"*ex*"和"*tendere*"，"外面的"、"延伸"的意思。某物的外延是指它在空间中的广度。具有外延是外在实体（见"实体"）的基本特征。精神实体不具有外在性，因为它没有任何空间维度。

extension/intension（外延/内涵）：在现代逻辑学中，"extension"有时与"denotation"同义，而"intension"与"connotation"同义。一个概念——术语或谓词——的外延是该概念所指东西的集合，而它的内涵就是它在该语句中的意义。外延语境就是指称明晰的语境。就是说，在一个语句中，表达式的替换不会影响该语句的真值：(1) 对单称术语 a 而言，替代术语 b 有相同的内涵；(2) 对谓词 F 而言，替代谓词

G有相同的外延；(3) 对语句 p 而言，替代语句 q 有相同的真值。非外延性语境由于替代概念在该语境中的不同涵义而是内涵性的，且语义不明晰。参见"指称的不透明性和透明性"。

fallacy（谬误）：来自拉丁语"*fallacia*"，为"欺骗"、"哄骗"、"欺诈"等意。指任何不周全的推理步骤或推理过程，尤其是带有周全性假象的或误以为周全的此类推理过程。这种不周全性可能由形式逻辑上的错误构成，也可能由本不具有可接受性的前提所致，或者其推理对其目的而言不适用。多种谬误已被发现。参见"特设"、"摹状词理论"、"模棱两可"、"模态逻辑"及"事后归因"。

fallibilism（可误论）：实用主义者查尔斯·皮尔士的学说。绝对的（见"绝对的"）确定性（见"确定性"）、正确性或普遍性在人类关注或探寻的任何领域都是不可能的，但是趋近它们是绝对可能的。

family resemblance（家族相似）：家族成员之间彼此相像相似，根据这种相似性，事物被分成特定的群体：每个成员都与其他（许多而不是其他所有）成员共同具有一些特征，但并不存在归于该群体的充分必要条件。维特根斯坦（见"维特根斯坦"）认为我们的许多概念（见"概念"）都是家族相似的，它们不能由充分必要条件来定义，其最著名的例子是游戏概念。

Faraday, Michael（米歇尔·法拉第）：英国物理学家，经典场理论的主要创立者。他的成果受到其同代人的反对，到后来才受到麦克斯韦的尊重。参见"场"。

feedback, positive/negative（正反馈/负反馈）：反馈是指，所有操作系统通过输出/输入连接器运行时，输出的能量或信息的一小部分根据两者之间产生的相应变化而返给输入端的过程。正反馈是指从一个稳定态的偏离产生的输出引起进一步的偏离，比如，数量的增长在随后的生产中导致更多数量的增长。与之相反，负反馈是指输入的能量下降。这像是一种调节性的抑制过程以便保持系统稳定，如同体内平衡（见"体内平衡"）。

fideism（僧侣主义）：阿贝·路易斯·博坦（Abbé Louis Bautain，19世纪法国宗教哲学家）的观点。他认为就上帝的知识而言，信仰先于理性。因为理性在形而上学上对此是无能为力了。这种观点在1855年的教令中受到谴责。参见"形而上学"。

field（场）：受物理媒介影响的区域，如电荷（见"电荷"）引起的电力场。

finite（有穷的）：参见"无穷的/有穷的"。

finitism（有穷主义）：一种数学方法。它认为数学的域只是在对象（即数）的数量上是有穷的（见"有穷的"），每个对象都能够通过有穷的步骤构建起来。任何对域的所有对象作出断言的一般性数学定理只要被证明能通过有穷的步骤把握域的每个对象，它就是有穷主义的。希尔伯特（见"希尔伯特"）是数学中有穷方法的主要支持者。

force（力）：改变或倾向于改变物体运动或静止状态的任何行为。

formal truth/logic（形式真理/形式逻辑）：传统用法中，形式真理指其有效性独立于其具体主题，而只有逻辑上的意义。狭义的形式逻辑（见"逻辑学"）通常以象征性符号表示语句的逻辑形式，而与意义无关。参见"有效性"、"符号"。

formalism（形式主义）：强调形式超过内容的倾向。在伦理学（见"伦理学"）中，该术语有时等同于直觉主义（见"直觉主义"），而且经常被用来指任何一种伦理理论，比如在康德（见"康德"）的伦理学中，决定我们责任的基本原则是纯粹形式的。在数学中，形式主义指根据形式规则和推理（见"推理"）法则从尽可能少的公理（见"公理"）推理出所有数学规则的程序。

formal/material mode of discourse（形式的说话方式/实质的说话方式）：卡尔纳普（见"卡尔纳普"）作出的区分，旨在消除计算命题真值过程中经验的必要性。形式的方式是指将说话限制在陈述上而不是超越它们并指涉事物。在实质的方式的对象句中，情况同样如此。

Frege, Gottlob（戈特洛布·弗雷格，1848—1925）：德国逻辑学家和语言哲学家，现代数理逻辑（见"数理逻辑"）的创立者，其最广为人知的成果是发明逻辑的量化（见"量化"）方法、对数学作为逻辑学（见"逻辑学"）分支的论证以及对语言（见"语言"）哲学中涵义和指称（见"涵义和指称"）关系的研究。

function（函数）：不严格地说，是指一群事物与另一群事物的对应关系。该概念被应用于算术中，如在公式 $y=x^2$ 中，y 是 x 的函数。在逻辑学（见"逻辑学"）应用中，输入值（如这里的 x）被称为该函数的"自变量"，输出值（对应的 y 值）被称为对应此自变量的"函数值"，例如给定自变量3，对应函数值是9。

functionalism（功能主义）：在哲学中指研究心灵的一种路径。它将精神状态视为功能状态。功能主义就此意义而言在形而上学上区分于物理主义（见"物理主义"）。因为它认为两种同一的精神状态不是物理上的同一，而是功能上的等同。在心理学中，它指一种大众化的观点，强调对心灵和行为的分析是根据其功能或用途而不是根据其内容。

Galilei, Galileo（伽利雷·伽利略，1564—1642）：意大利天文学家和自然哲学家。他的科学发现包括钟摆的时性、流体静力学平衡、动力学原理、比例规和温度计等。望远镜尽管不是他发明的，但他却对之作出了根本性的改进。正是借助望远镜，他发现了月球上的山地、作为巨大星体带的银河、木星的卫星、金星的变化周期以及所谓的太阳黑子。他也因在万有引力、运动的相互依赖性及力（见"力"）等方面的创造性工作而广为人知。

Garfinkel, Harold（哈罗德·加芬克尔）：美国社会学家，民俗学方法论（见"民俗学方法论"）的创立者。

Gassendi, Pierre（皮埃尔·伽森狄）：法国哲学家、科学家和数学家。他主张科学理论不可能来自感觉经验，坚持宇宙的原子理论，但他最广为人知的是他对笛卡尔（见"笛卡尔"）《沉思集》（1642）的第五反驳。

Gauss, Karl Friedrich（卡尔·弗里德里希·高斯）：德国数学家和天文学家，被当时的人认作最具原创性的数学家之一。他因在数论、几何学和天文学上的贡献而著名。他是证明代数（见"代数"）基本公理的第一人，是非欧几何（见"非欧几何"）、统计学（见"统计学"）和概率论（见"概率论"）、函数（见"函数"）理论及曲面几何学的先驱。

genus/species（属/种）：对哲学家来说，这不只是生物学的等级区分，而是群和次级群的区分。属是一个大类，种细分这个属。这种命名法尤其与亚里士多德（见"亚里士多德"）联系在一起。他认为种可以通过其属的本质特征加上它区别于该属中其他种的差异（*differentia*，拉丁语）来定义。

geometry, Euclidean（欧式几何）：以欧几里得（见"欧几里得"）的假设为基础的几何学，处理平面几何学（二维）和空间或立体几何学（三维）。他的公理（见"公理"）在《几何原本》（*Elements*）中提出，此书是2000多年来该学科最为杰出的教科书，直到19世纪人们才开始严肃地考虑非欧几何的可能性。参见"非欧几何"。

geometry, non-Euclidean（非欧几何）：任何不以欧几里得（见"欧几里得"）的假设为基础的几何学，尤指区别于"欧几里得平行线假设"——在一条直线外，经过某个点有且只有一条直线与之平行——的几何学预设。直到19世纪，这个假设仍被作为自明的真理而为人们所接受。对该假设的取代和新几何学的发展引发了对这一得以建立起数学学科的基本假设的新思考。非欧几何的创立者包括高斯（见"高斯"）、黎曼、波尔约（见"波尔约"）和罗巴切夫斯基（见"罗巴切夫斯基"）。

Gödel, Kurt（库尔特·哥德尔）：出生于捷克的美国数理逻辑学家。他证明了许多数学上的基本结论，这些后来都用他的名字来命名。在这一过程中，他表明希尔伯特计划（见"希尔伯特计划"）和逻辑主义（见"逻辑主义"）的目的是不可能实现的，并引起了对数学基础的全新评估。哥德尔定理证明了在形式化的算术系统中存在形式上不可判定的命题。参见"数理逻辑"。

Harré, Rom（Horace Romano）（罗姆·哈瑞，即霍勒斯·罗马诺）：出生于新西兰的科学（见"科学"）哲学家、社会行为科学（见"行为科学"）哲学家，现任教于牛津。

Hartley, David（大卫·哈特利）：英国哲学家和物理学家。他以心理学史上相当重要的类心灵感应为基础对心灵作出了新的说明，不仅用它来解释神经系统中的信息传输，而且用它来解释通过共鸣进行的观念的结合，就像一个人拨动一下琴弦会因交感触动别人一样。

Heider, Fritz（弗里茨·海德）：出生于瑞士的社会心理学家，曾在德国生活，并于1930年移居美国。他的主要著作《人际关系心理学》（The Psychology of Interpersonal Relations，1958）对我们如何发现日常事件中的意义作出了具有广泛影响的杰出探讨，同时也推动了归因理论（见"归因理论"）的发展。

Helmholtz, Herman Ludwig Ferdinand von（赫尔曼·路德维希·斐迪南德·冯·亥姆霍兹，1821—1894）：德国科学家，19世纪最博学多才的人之一，因在生理学和理论物理学方面的贡献而著名。

Hempel, Carl Gustav（卡尔·古斯塔夫·亨佩尔，1905—1997）：出生于德国并在德国接受教育的哲学家，还研究数学和物理学，执教于美国。以其经验主义（见"经验主义"）和科学框架而成为逻辑实证主义（见"实证主义"）的代表，因提出能用于统计说明的"覆盖律"（见"覆盖律"）方法而闻名。使用概率规律旨在表明，根据解释性前提，待解释的事情是高度或然性的，并不具有演绎必然性。参见"演绎"、"概率"、"统计学"。

Hempel's paradox（亨佩尔悖论）：亨佩尔提出的这个悖论（见"悖论"）说明了观察报告证实总体化的方式。观察到一只黑乌鸦能够证实所有乌鸦都是黑色的这一假设（见"假设"）；同样，观察到一只非黑的乌鸦能够证实所有非黑的东西都不是乌鸦；然而，第二条假设与第一条假设在逻辑上是等价的，因此观察到一只白鞋能够证实所有乌鸦都是黑的。但是，直觉告诉我们事实不是这样。这是形式的确证理论（见"确证理论"）面对的困难之一。

heuristic（启发式的）：来自希腊语"*heuriskein*"，"发现"之意。用于发现（或帮助表明）对象的性质和关系会被如何发现。在方法论（见"方法论"）中，有助于发现真理。启发式的方法是分析的方法。

hidden variable（隐变量）：指目前我们没有注意的、无法确定的因素，但一旦被发现，理论上就能对讨论中的现象作出准确的因果性预测。在量子力学（见"量子力学"）中，物质的一个隐变量观点暗示了不可见的力（见"力"）在亚原子水平上的基本因果律（见"因果律"）。

Hilbert, David（戴维·希尔伯特）：德国数学家。与皮亚诺（见"皮亚诺"）同为公理论科学的先驱。（参见"公理"）该理论的目的是建立尽可能少的无法确认的术语和基本定义，并从它们严格地演绎出完整的数学结构。在以欧几里得（见"欧几里得"）的几何学为基础来认识假设的过程中，他将它的基础从直觉（见"直觉"）改为逻辑（见"逻辑"）。

Hilbert space（希尔伯特空间）：一种多维空间，在其中，波动力学（见"波动力学"）的恰当函数（见"函数"）通过直角矢量图来表示。

Hilbert's programme（希尔伯特计划）：希尔伯特1920年提出，以支持其数学基础中的形式主义（见"形式主义"）理论。该计划成为元数学的推动性问题，它表明通过纯粹句法手段，有穷主义的方法永远不会产生矛盾。这等于为整个数学找到了最终的算法（见"算法"）。尽管1931年哥德尔（见"哥德尔"）证明了它是不可能的，但是该计划仍然推动了证明理论和可计算性理论的发展。参见"有穷主义"、"句法"。

Homans, George C（aspar）（乔治·卡斯帕·霍曼斯）：美国社会学家，哈佛教授，其研究兴趣跨越社会学理论和人类学在工业社会中的应用。

homeostasis（体内平衡）：一种反馈（见"反馈"）类型。它主张稳定性的偏离可以通过系统自身的内部调节得以抵消。在生物有机体中，这是一种显而易见的调节过程，即一种调节体温和血液化学成分的机制。

Hooke, Robert（罗伯特·胡克）：英国科学家，17世纪最杰出、最多才多艺的科学家之一，仅次于牛顿（见"牛顿"）。他在光学和万有引力方面的贡献因为他后来所参与的许多争论而被轻视。然而，作为众多科学仪器的发明者，他的荣誉在当时仍然无人出其右。

Hume, David（大卫·休谟）：英国哲学家，在爱丁堡出生并接受教育，有史以来最伟大的哲学家之一。他是彻底的经验主义者，相信我们的所有观念都是感觉印象的复制。他主张，我们的许多概念［如连续的自我，我们以为存在的因（见"原因"）果间的必然联系］都是错误的，因为没有知觉的支持。因此，他认为先天（见"先天的"）知识必然仅仅来自观念间的逻辑关系。他也因为道德"知识"的怀疑论观点而闻名。他认为，我们的伦理反应仅仅来自同情他人的心理倾向。他的怀疑论和经验主义极大地影响了分析哲学（见"分析哲学"）传统。

Huxley, Thomas Henry（托马斯·亨利·赫胥黎）：英国科学家，达尔文（见"达尔文"）的主要支持者，也是有着个人成就的杰出科学家。作为一位多产作家，他的研究性成果涉及众多领域，主要有动物学、古生物学、地质学、人类学和植物学等。

hypothesis/null hypothesis（假设/零假设）：指一种试验性的暗示，可能只是一种猜测，一种直觉，也可能是基于某种推理。但无论如何，合理地接受它为真需要进一步的证据。有哲学家认为所有科学探索都始于假设。零假设是被证明无效的假设。

iatrochemistry/iatrophysics（化学疗法/物理疗法）：为获得医疗价值而进行的化学或物理现象的研究。化学疗法采用于16世纪，在现代化疗学或药理学中有对应的应用。

ideal/idealism（理念的/唯心主义）：来自希腊语"idea"，意为"想象"或"沉思"。广义上指任何强调心灵（灵魂、精神、生命）的理论观点或实践观点，以及具有强调其突出价值之特征的观点。它与唯物主义（见"唯物主义"）相对，一个强调"理念的"，即追求在上的、不占空间的、无形的、规范的（见"规范的"）或算计的，一个强调超现实目的的，即追求具体的、感官刺激的、事实的和机械论的。形而上学的唯心主义指只有心灵及其内容是真实的或基本的存在，是一元论的一种；认识论的唯心主义指我们认识（或直接认识）的东西只是我们自己的观念。"唯心主义"一词在哲学上由莱布尼茨（见"莱布尼茨"）于18世纪初首次使用。

idealism（唯心主义）：参见"理念的"。

incomplete symbol（不完全符号）：罗素用来描述那些引起逻辑虚构但一分析就消失的表达的名称，比如，如果语句"There is a possibility it will rain"用"It is possible it will rain"来表示，那么"possibility"就表现了一个逻辑虚构。罗素相信，他的限定摹状词理论（见"摹状词理论"）表明这些描述语就是不完全符号，并能够使他将无指称的摹状词所让人信以为真的指称看作一种逻辑虚构。

individuation（个体化）：一个特定的个体从其对应的普遍形式或一般类型被确定或发展出来的过程。个体化的原则就是个体化的原因（见"原因"），如质料因、上帝或形式因等。

in situ（当场）：拉丁语，意为"在其原来的位置"。

induction（归纳）：参见"演绎/归纳"。

inductive-statistical model（归纳—统计模型）：一种解释方式，主张用预言性陈述来解释某一特定行动或事件。该陈述具有通过对一系列先例进行归纳获得的高概率（见"概率"）支持。

inductivism（归纳主义）：科学（见"科学"）哲学的观点，优先赋予归纳（见"归纳"）以建立科学证据的有效方法。随着自然科学（见"自然科学"）的发展，哲学家越来越意识到演绎推理只能提供前提中已经暗示的东西，因此，逐渐倾向于主张所有新知识都必须来自某种归纳形式，即一种建立在经验基础上的推理方法。这种方法能够从观察到的具体实例中推导出一般规律或原理。培根（见"培根"）是归纳主义的倡导者。他相信，如果实验数据的收集是穷尽的，那么归纳法就是绝对可靠的。到20世纪，对归纳法的分析迅速发展并与概率（见"概率"）论相结合。这在很大程度上归功于卡尔纳普（见"卡尔纳普"）在"确证程度"概念方面所做的工作。参见"演绎/归纳"、"经验的"、"推理"。

inference（推理）：来自拉丁语"*in*"和"*ferre*"，意为"支持或引起"，指两个陈述之间的一种逻辑关系，即一个来自对另一个的演绎。这种关系有时被称为包含关系，但推理是指这种推理行为（act），即从一个陈述到它所包含的另一个陈述时所涉及的推理方式。参见"演绎/归纳"。

infinite/finite（无穷的/有穷的）：来自拉丁语"*in*"和"*finis*"，意为"不"和"限制"、"尽头"。因此，"infinite"意为没有限制、边界或尽头。从词源学上讲，前者由后者的否定而来，但不少人宁愿认为无穷的概念先于有穷的概念。无穷的从一开始就与数（见"数"）、大小、时空联系在一起。这些系列的无穷性提供了一种基本的无穷性概念。然而，如果将"有穷的"和"无穷的"应用于存在，那么这个概念就会发生变化。如果有穷的存在指在程度、性质等方面是受限制的，那么无穷的存在则是指所有这些方面都是不受限制的，或者也许可以说是绝对的（见"绝对的"）。

infinity, axiom of（无穷公理）：集合论（见"集合论"）中的一条公理（见"公理"）。它宣称存在不同形式的、包含无穷（见"无穷的"）数量元素的集合，或世界上对象的数目是一个自然数。将数学还原为集合论要求无穷公理。罗素（见"罗素"）最初曾错误地认为无穷公理可以从其他已被接受的假设证明出来。现在，无穷公理被认为并不依赖集合论的其他公理。

information theory [信息论，也称为通信理论（communication theory）]：在控制工程（见"控制工程"）中指处理信息传递问题的研究，即在某点上精确地或近似地复制信息的技术问题的研究，这区别于通信的语义学理解。它涉及编码能力、传播能力以及对一系列从通信系统待处理的可能信息中挑选出的实际信息进行解码的能力。这一过程的成功与信道（见"信道"）容量相比，取决于一个时间单元中不得不处理的信息量。许多数学工具被开发出来进行相关的测量和比较。最简单的例子就是从两个同等可能性中进行二选一（一位，而四选一则需要二位，等等）。一般而言，选择性的信息内容测量了事件在统计上的不可预见性。一个事件越不可能，其选择的信息量就越大。这种测量方法由1948年开创此研究的香农（见"香农"）发明。

该理论有着非常强的跨学科特征，而且包含了人类社会、神经系统和机械中的各种交流过程。心理学家和生理学家现在也广泛应用其总体思想,对把沿神经纤维流动的脉冲视为"信息传送"已经习以为常(尽管它们在大脑中是如何表现的现在仍然不得而知)。至少,信息论在心理学和生理学之间架起了一座有价值的概念桥。

instantiation theory(例示理论):科学(见"科学")哲学中归纳主义(见"归纳主义")的次级理论,认为科学理论可以通过它的事例被证实。在此意义上,每个与理论或定律不相冲突的举例就是它的一个例证。然而,这一理论的可靠性是成问题的,因为这种可靠性依赖直觉(见"直觉,直观"),而且会产生逻辑悖论。参见"亨佩尔悖论"。

instrumentalism(工具主义):主张根据实验程序及其预测来理解科学理论,强调手段胜于目的。它认为,理论实体并非真实存在,相关陈述也不具有真理价值,它们只是把观察和预测联系起来的实际仪器、工具或计算设备。工具主义也与实用主义(见"实用主义")的立场,尤其是杜威的实用主义相联系。实用主义强调我们根据实际经历来思考的方式,体现了处理环境的一种方法。

inter alia(**此外**):拉丁语,"特别,尤其"。

introspection/introspectionism(内省/内省主义):来自拉丁语"*intro*"和"*spectare*",意为"在……之内"和"看"。指由自我或其精神状态和运作指导的观察,要么通过它们发生时意识状态及其过程的直接监视,要么通过基于回顾行为的复现。该术语与洛克(见"洛克")和康德(见"康德")所用的"反思"与"内意识"的现代意义相当。在心理学中,内省主义是指一种主张内省方法的观点。

intuition(直觉,直观):来自拉丁语"*intueri*",意为"看"。与在想象中一样,直观包含了知识,对象(如自我、意识状态、外部世界、普遍的关系性真理)通过这种知识直接被理解。要么在其所是中直接而完全地被理解,要么在其具体性中被理解;前者中的直观知识与推理性相对,后者中的直观知识与抽象性相对。

intuitionism(直觉主义):指任何把直觉(见"直觉,直观")作为知识之有效来源的理论,如笛卡尔(见"笛卡尔")、斯宾诺莎(见"斯宾诺莎")及洛克(见"洛克")等的哲学。伦理学(见"伦理学")上的直觉主义是指伦理真理是被直观到的真理,而数学上的直觉主义则是指任何数学实体只要它能够给出建设性的存在证据(比如通过一个举例或提供一种引入的方法),那么它就是存在的。参见"构造主义"。

invariance(恒定性):广义上指不发生变化的特征。该术语最经常与限定词一起使用,因为相对而言,没有几个东西是真正不变的。在对认知与学习的心理学研究中,表现出更高恒定性程度的那些方面相对于其他方面而言能够最快、最容易地被学会。

ipso facto（事实上）：拉丁语，"就事实本身而言"，根据事实或行为。

isomorphism（同构）：来自希腊语"*iso*"和"*morphé*"，意为"相同的"和"形式"。该术语与哲学的相关性来自数学学科，与数学和逻辑学（见"逻辑学"）之间的紧密联系相关。任何两个实体群当它们具有相同的结构，也就是说，一个群的元素与另一个群的元素能够一一对应时，就能够说它们是同构的。

James, William（威廉·詹姆斯）：美国最重要和最有影响力的哲学家之一。他的主要贡献来自他的《心理学原理》（*Principles of Psychology*，1890）。他支持彻底的经验主义（见"经验主义"），认为经验由多元或多样的实在（真实的单元）构成。他像休谟（见"休谟"）一样，不仅怀疑意识，而且否定意识，认为实在只是客观的（见"客观的"）经验流。参见"朗格"。

Kant, Immanuel（伊曼努尔·康德）：德国哲学家，哲学史上最重要的人物之一。其认识论聚焦于"理性真理"［如一切皆有其因（见"原因"）］。康德认为，这种知识是先天的（见"先天的"）、综合的（见"综合的"），并能通过理智的心灵之必然的思维方式予以说明。同样，他认为伦理学（见"伦理学"）的基础不是经验的（见"经验的"）或心理的。伦理知识只能来源于其任何主张的先验形式：它必然是可普遍化的，即理性上适用于任何人（绝对命令）。康德认为这就是说，基本的伦理真理是，每个人都必须被当作目的，而不只是作为手段。康德的伦理理论已经成为当代伦理学的主要关注点。

Kepler, Johannes（约翰尼斯·开普勒）：德国数学家及现代天文学的奠基者之一。他的行星运动的三大定律如下：(1) 所有行星围绕太阳运动的轨道都是椭圆，太阳处在所有椭圆的一个焦点上；(2) 在相等时间内，每个行星和太阳的连线所扫过的椭圆面积是相等的；(3) 每个行星绕太阳旋转的周期与它离太阳的平均距离的立方是成比例的。

Keynes, John Maynard（约翰·梅纳德·凯恩斯）：英国经济学家，20世纪最有影响力的经济学家。

Koyré school（柯以列学派）：由俄国哲学家亚历山大·柯以列（Alexandre Koyré）领头的科学（见"科学"）哲学的一个思想流派。他认为，［从哥白尼（见"哥白尼"）到牛顿（见"牛顿"）］科学革命中最伟大的发现都是些热爱真理的个人闭门造车所取得的成就。这种"内在主义的"解释突出了理论而非实践，这与马克思主义将现代科学解释为新兴的资本主义经济对技术需要的回应截然相反。

Kronecker Leopold（利奥波德·克罗内科）：德国数学家，发展了代数数论。他的公理

（见"公理"）系统支持了形式主义的观点，这让他经常热衷于与威廉·魏尔斯特拉斯（见"威廉·魏尔斯特拉斯"）和康托尔的争论。参见"代数"。

Kuhn, Thomas（托马斯·库恩）：美国哲学家和科学史家。他认为科学理论是围绕一系列对解释科学理论具有核心意义（比如原子理论模型对太阳系而言）的基本范式（见"范式"）或模型发展起来的。在其著作《科学革命的结构》（*The Structure of Scientific Revolutions*，1962）中，他描述了科学共同体是如何确定正统与异端在任何给定时间上的分界线的，这种科学定位的改变取决于科学共同体本身的震动。

La Mettrie, Julian Offray de（朱利安·奥夫鲁瓦·德·拉美特利）：法国哲学家和物理学家，因其著作中的唯物主义以及关于动物和人的机械论观点而闻名。

Lange, Carl Georg（卡尔·朗格）：丹麦心理学家和唯物主义哲学家。他独立于詹姆斯（见"詹姆斯"）提出了与之几乎同样的情绪理论，即认为情绪由对外在环境的感觉引起的身体变化构成。这种情绪理论因此被称为詹姆斯—朗格理论。

Laplace, Pierre Simon（皮埃尔·西蒙·拉普拉斯）：法国数学家，因在数学物理学和天体力学上的贡献而被人们记住。

language, philosophy of（语言哲学）：关注意义、真理和语力的哲学分支。它区分于"语言学哲学"，因为后者范围更广，并坚持这一总体信念，即哲学问题可以通过追问使用的词句来处理。起初，这一思路的合理性问题是核心［如奥斯汀（见"奥斯汀"）和维特根斯坦（见"维特根斯坦"）］，其关键术语不仅包括"意义"和"真"，而且包括"指称"和"使用"。它也研究语言就其自身而言作为研究对象的本质和运用，而不是作为解决更深层次的哲学问题的手段。

language game（语言游戏）：维特根斯坦（见"维特根斯坦"）使用的概念。广义上指语言及其用法，包括我们的语言是如何影响我们思考和行为之方式的。维特根斯坦强调的是语言作为游戏的相似性：都是行为的规则系统，而且这些规则也随着时间和背景而变化。语言游戏包括事实的"描画"这种语言的基本功能，但不仅限于此，它也包括祷告、承诺、诅咒、请求和仪式用语等。维特根斯坦没有企图把无限种类的语言游戏还原为单一模式，而是主张每种语言游戏都必须按其自身的方式去理解。

least action, law of（最小作用律）：保守系统两点间的实际运动在能量不变的情况下以所有路径中作用量最小值的方式进行。

Leibniz, Gottfried Wilhelm von（戈特弗里德·威廉·凡·莱布尼茨）：德国科学家、数学家和哲学家。他受过法律、外交、历史、数学、神学及哲学的训练，是17世纪最著名的思想家。他最有名的主张是，所有命题（见"命题"）都有其必要性，因为它是

"所有可能世界中最好的结果"。莱布尼茨的宇宙概念融合了数学秩序的美。他把构成世界的最重要元素称为"单子"(形而上学意义上的真正原子)。它们的共存和关系由上帝的杰作即一种预定和谐来调节。莱布尼茨将主要精力用于使用一种普遍性的科学语言和推理的微积分(见"微积分")来推进科学变革的事业。这种方法是现代符号逻辑(见"逻辑学")的前身。他和牛顿(见"牛顿")各自独立地创建了微积分。

Leibniz's law (莱布尼茨律):也称"同一性的不可识别性原理",或"不可识别性的同一性原理"。该原理表述为:如果 x 和 y 是同一的,那么 x 具有 y 所具有的每一个性质,y 具有 x 所具有的每一个性质。

Lévi-Strauss, Claude (克劳德·列维-斯特劳斯):法国结构主义哲学家,因将结构主义(见"结构主义")应用于人类学而闻名。他基于人类的区分性特征即语言交流的能力来考察文化(人类特有的属性)和自然的关系。

Lewis, George Henry (乔治·亨利·刘易斯):英国心理学家和哲学家。他致力于经验的(见"经验的")形而上学(见"形而上学")的发展,强调心理学上的内省,强调既使用主观的(见"主观的")方法,也使用客观的(见"客观的")方法。他把心灵看作与身体相似,因为它们在某些方面从逻辑上能区分,但又并非完全不同。

Liebig, Baron Justus von (尤斯图斯·冯·李比希男爵):德国化学家,化学教育的杰出人物,也是他那个时代最伟大的化学家。

Lobachevski, Nikolai (尼古拉斯·罗巴切夫斯基):俄国数学家,波尔约(见"波尔约")的同代人,对欧几里得(见"欧几里得")平行线公设提出了挑战。他认为,通过给定直线外的一点至少有两条平行线。他随之创立了一种非欧几何(见"非欧几何")。在这种几何学中,三角形的内角和不大于180°,而且这个三角形面积越小,内度和越接近180°。

Locke, John (约翰·洛克):英国哲学家和政治理论家。他认为,我们的任何观念都不是天生的,所以我们的所有知识都必须来自经验。这一立场使他成为英国三大经验主义者之首[另外两位分别是贝克莱(见"贝克莱")和休谟(见"休谟")]。在同样具有影响的政治理论方面,他因主张(传统的)自由主义和自然权利而闻名。

logarithm (对数):指数或幂,它把称为底数的给定的数变成需要的任意数。当 b 和 N 已知,方程 $b^x=N$ 的解就是一个对数。

logic (逻辑,逻辑学):来自希腊语 *logos*,意为"知识",也意为"理性、言说、交谈、定义、原则或比例"。广义上,当某个东西有意义时,它就是符合逻辑的;更严格地说，它指有效推理（见"推理"）的条件的理论。该词由艾弗隆狄修思的亚历山大（Alexander of Aphrodisius，公元 2 世纪）首次使用，然后在亚里士多德的逻辑学著作《工具论》中得到发展。传统逻辑学包括正确的和错误的推理形式的各种分类，也包括三段论（见"三段论"）研究。现在大部分的逻辑理论都通过句式来表现，以符号的形式根据不同的句式给出正确推理的规则，即用符号代替逻辑上相关的词或关联。这种逻辑因为关注推理［这种推理的正确性基于句法（见"句法"）］，因此是形式的（见"形式的"），从而不同于非形式逻辑。后者从语义上对论证进行分析，而较少依赖符号和数学程序。

logical atomism（逻辑原子主义）：与罗素（见"罗素"）和维特根斯坦（见"维特根斯坦"）联系在一起的一种主张。它认为，语言可以被分析为"原子命题"，即最小的和最简单的语句，每个原子命题对应一个"原子事实"，即事实的最小单位。参见"基本命题"。

logical empiricism（逻辑经验主义）：一种意义理论，主张只有能够适用或接受感觉经验的规则检验的词或语句才是有意义的，分析的（见"分析的"）语句或命题除外。这些规则又进一步构成了它们的意义。

logical positivism（逻辑实证主义）：参见"实证主义"。

logical truth（逻辑真理）：一个语句逻辑上为真，当它仅仅因为其逻辑结构而为真时。这不同于分析上为真的语句，即仅仅因为其语词的意义而为真。逻辑真理也被称为"逻辑必然的"语句，但它们也应当区别于（形而上学的）必然真理，因为后者中有一部分既不是分析的真，也不是逻辑的真［如康德（见"康德"）关于"万物皆有因"的信条是一个必然真理，但它既非逻辑的真，也非分析的真］。"重言式"（见"重言式"）经常被用作"逻辑真理"的同义词，而那些既非逻辑真也非逻辑假的语句——它们只是简单的真或假——则被说成逻辑上的偶然真理或假命题。参见"分析的/综合的"、"必然真理/偶然真理"。

logically proper name（逻辑专名）：一种专有名词，构成罗素逻辑原子主义（见"逻辑原子主义"）中类的限定摹状词（见"摹状词"）。这些专有名词的意义严格对应它们的对象，如果它们的对象不存在，那么它们就是无意义的。罗素（见"罗素"）认为指示词（如"那个"、"这个"）是逻辑专名。普通名词不可能有严格对应对象的意义，因为我们所用的专名与大量不同的摹状词联系在一起，它们在特定语境中的特定涵义取决于这些摹状词。

logicism（逻辑主义）：由弗雷格（见"弗雷格"）和罗素（见"罗素"）提出的观点，主张吸收数学尤其是算术作为逻辑学的一部分。其目的是提供一个基元系统和公理（见

"公理")（它根据说明演绎出逻辑真理），这样，所有算术概念在这个系统中就都是可定义的，所有算术原理也都成为该系统的原理。如果该方案成功的话，那么它将能保证我们关于数学真理的知识具有与逻辑真理知识同样的地位。

Lorentz transformation（洛伦兹变换）：指一套方程组，表示观察者在原点 O（x，y，z）与原点 O'（x'，y'，z'）相对运动时两者所对应的位置运动参数的转换关系。这套方程组在相对论（见"相对论"）问题上取代了牛顿力学（见"牛顿力学"）的伽利略变换方程组。

Lotze, Rudolf Hermann（鲁道夫·赫尔曼·洛采）：德国哲学家和心理学家。作为一位机械论者，他精心构建了一套目的论唯心主义（见"唯心主义"）的哲学体系。他还促进了生理心理学的创立。

Lucretius（卢克莱修，全名：Titus Lucretius Carus，提图斯·卢克莱修·卡鲁斯，公元前96？—公元前55年）：古罗马诗人和哲学家，普及了原子论者的科学和伦理主张，即事物由基本的基础单元组成。

Mach, Ernst（恩斯特·马赫）：奥地利理论物理学家，被称为"逻辑实证主义之父"。他对科学（见"科学"）哲学作出了根本性的重新评价。他相信，科学在某种程度上由于其历史原因包含了抽象的和不可测量的模型与概念，因此一切无法观察的东西都应当被抛弃。

Maimonides（迈蒙尼德，1135—1204）：西班牙出生的犹太哲学家和神学家，《塔木德》（Talmud）的编订者。

mass（质量）：物体中物质的量。根据相对论原理，它随速度而变化。根据爱因斯坦（见"爱因斯坦"）定律，它能够与能量发生转化。

materialism（唯物主义）：指在形而上学（见"形而上学"）、价值论、生理学、认识论（见"认识论"）或历史解释中，任何强调物质因素多于精神因素的学说。其极端的形式是一切存在都是物质的这一哲学立场。卢克莱修（见"卢克莱修"）和霍布斯两位是持这种观点的代表人物。就心灵而言，唯物主义者有时认为像灵魂、心灵或思想这些表面上非物质的东西实际上是物质的。折中派唯物主义者将精神事件等同于身体中的生理事件（如神经系统）。但有些唯物主义者认为，区分出精神一类的东西完全就是错误的，不存在精神事件，这种说法应该随着科学的进步而被淘汰。

mathematical logic（数理逻辑）：数学技术在逻辑学上的应用，以便既能通过形式操作演绎出新的命题（见"命题"），又能发现其中隐藏的矛盾。许多杰出数学家和哲学家的研究将其作为澄清数学基本概念的手段已经发现了大量悖论（见"悖论"），有的悖论还未解决。它也称为符号逻辑。

mathematics, philosophy of（数学哲学）：对数学概念的研究以及对数学原理的论证。它关注两个核心问题：像"2+2=4"这样的陈述如果有所指的话，那么它到底指什么？我们是如何获得关于这种陈述的知识的？这种知识的来源及本质在研究中逐渐分成了几种不同的立场：实在论者认为它来源于抽象实在的存在即数学命题所描绘的各种关系［也称为柏拉图主义（见"柏拉图主义"）］；约定论者认为这些命题仅仅基于约定或认可而为真；直觉主义者则主张将数学知识仅仅限制在能够通过构造的步骤证明的范围内［也称为构造主义（见"构造主义"）］；康德（见"康德"）则主张另一种直觉主义，他认为这种知识是自明的、先天的（见"先天的"）；逻辑主义者［如弗雷格（见"弗雷格"）和罗素（见"罗素"）］在某种程度上接受康德的观点，但又不满意它的主观（见"主观的"）倾向，认为我们关于数学真理的知识与逻辑真理知识一样确定可靠；而形式主义者［如哥德尔（见"哥德尔"）］则认为数学命题不关涉任何东西，甚至认为数学命题只是些无意义的符号。

matrix theory（矩阵理论）：力学分支学科，认为对系统的测量某种程度上干扰了该系统本身。与波动力学同时而又独立地发展起来。它等价于波动力学，但波动函数被一个适当空间如希尔伯特空间（见"希尔伯特空间"）的向量所代替，而物理世界中可观察的对象如能量、动量、坐标系等通过矩阵来表示。一个矩阵就是一个原来引入的数学概念，以便简化联立线性方程组的表达式。m 行 n 列的 mn 数集方阵就是一个 $m \times n$ 矩阵。

Maxwell, James Clerk（詹姆斯·克拉克·麦克斯韦）：苏格兰物理学家，电磁学的开创者。麦克斯韦从数学上解释了法拉第（见"法拉第"）的电磁场（见"场"）概念，成功地提出了以他命名的革命性的电磁场方程组。这一发展在前量子理论物理学中可以与牛顿（见"牛顿"）力学和爱因斯坦（见"爱因斯坦"）相对论（见"相对论"）齐名。他也因很早就预言电磁波的存在而闻名，他的方程组是整个现代电信学的基础。更重要的是，他还对气体动力理论作出了自己的贡献。他接受了克劳修斯（见"克劳修斯"）的平均自由程概念，通过考虑所有气体分子的可能速度极大地扩展了后者的统计学方法对该对象的研究。这就导致了著名的麦克斯韦分子速度分布，并对黏性理论、热传导和气体扩散都有重要应用。他也吸收了玻耳兹曼的成果，而后者则继承了他的研究方法。

mechanism（机械论）：来自希腊语"mēkhanē"，意为"机器"。该理论主张所有现象都可以通过机械原理得到解释，以及所有现象都是物质运动的结果并能够根据物质运动规律予以说明。机械论认为,自然就像一台机器,是一个整体,它的整体运行是由其部分自动提供的。作为根据效率进行解释的理论,它与终极因(见"原因")相反,它最早由留基伯(Leucippus)和德谟克利特(Democritus)提出,主张自然可以通过运动的原子和虚空来解释。后来到17世纪,该理论发展成为伽利略(见"伽利略")和笛卡尔(见"笛卡尔")的机械论哲学。对他们而言,物质的本质(见"本质")就是广延(见"广延"),所有物理现象都能通过机械原理获得解释。

Meinong, Alexius(亚历克修斯·迈农):奥地利哲学家,受教于布伦塔诺(Brentano),发展了后者关于思想的对象"存在"不同种类的观点。他的著名观点是思想包含三种不同的要素:心理行为、内容及对象。对象被定义为心理行为能够直接指向的东西;它可能是一个存在着的实体,也可能不是。内容是该心理行为本身包含的东西,它能专注于被指向的东西。

Mersenne, Marin(马林·麦尔塞纳):笛卡尔(见"笛卡尔")的朋友和主要通信者,修道士和多产作家,负责收集《沉思集》的六组反驳以便首次出版。

metalanguage(元语言):讨论另一种语言时所用的语言。在逻辑学(见"逻辑学")中,对象语言和元语言之间有明确区分。前者是指称世界的符号,是使用的语言;而后者是指向语言符号本身的那部分语言。因此,比如某个推理(见"推理")在对象语言中被符号化,但有效推理的一般形式是在元语言中被符号化的。参见"符号"。

407 **metaphysics(形而上学)**:来自希腊语,物理学"之上"或"之后"的意思。这一指称哲学主要分支之一的术语据说源自亚里士多德(见"亚里士多德")的一本书。该书排在有关物理学的书后面,所以后来的编辑者称之为"物理学之后"(Metaphysics)。形而上学被认为是对终极的研究,对第一因和终极因的研究。它的内容超越了物理学以及其他任何学科。它倾向于观念体系的建构,这些观念除了给我们提供把握认识对象的方法外,要么给我们提供某种关于实在之本质的判断,要么给我们提供一个满足于非实在之本质的知识的理由。

methodology(方法论):一套系统性分析和组织架构,包括理性原则、实验原理、指导科学探究的方法尤其是建立特定科学结构的程序。它也称为科学方法,经常被认为是逻辑学(见"逻辑学")的一个分支。实际上它是逻辑学的原理和方法在特殊科学对象上的应用,而科学总体上是通过结合演绎和归纳(见"演绎/归纳")来进行的。

Mill, John Stuart(约翰·斯图亚特·密尔,1806—1873):他那个时代最有影响的英国哲学家。他因彻底的经验主义(见"经验主义")、对功利主义的发展、自由的政治观点以及有关科学探究原理的著作而闻名。他认为，所有的推理（见"推理"）本质上都是基于单一事件与其他事件或与其他一组事件之间的一致性而进行的归纳（见"归纳"）。他主张，三段论推理的结论总需要前提所包含的东西，而这些知识又依赖经验归纳。他因他归纳的"实验探究方法"而闻名，这种方法将事件的原因（见"原因"）定义为其肯定性和否定性的必要条件之总和。

mind/body problem（心/身问题）：心灵与身体的关系问题，即它们是否是截然不同的，或者它们是否可以还原为其中的一个。直到最近，多数哲学家仍然持一种心身二元论（见"二元论"）观点。这延续了笛卡尔（见"笛卡尔"）的传统。他把精神属性归给精神实体，它在逻辑上独立于任何物理性的东西，但是寄居于特定的肉体中，不过关于这种寄居方式，笛卡尔并没有给出令人满意的规定。尽管建立心身因果联系的尝试不少，但这种理论联系仍然是个问题。

modal logic（模态逻辑）：对包含如下词语的语句之特征和关系的研究，这些词语也区分了模态逻辑的类型："必然的"和"可能的"（真势逻辑）、"应该的"和"必需的"（道义逻辑）、"知道的"（认知逻辑）和"之前的"（时态逻辑）。该研究围绕如下这类句型之恰当推理的方法进行：当前提"如果 p，则 q"和"p"被用来错误地推导出"必然 q"，则表明出现了模态谬误（见"谬误"）。

***modus ponens*（肯定前件的假言推理）**：拉丁语，意为"取的方法"。这种形式的演绎推理的正确规则是："如果 p，则 q；p；因此 q"。也被称为"肯定前件式"。

***modus tollens*（否定后件的假言推理）**：拉丁语，意为"拿的方法"。这种形式的演绎推理的正确规则是："如果 p，则 q；q 否；因此 p 否"。也被称为"否定后件式"。

Moleschott, Jacob（雅科布·摩莱萧特）：荷兰生理学家，科学唯物主义（见"唯物主义"）的主要代表人物。

Müller, Johannes Peter（约翰内斯·彼得·缪勒）：德国生理学家和解剖学家，被公认为现代生理学的创始人。

momentum（动量）：粒子的质量和速度的乘积。

monism（一元论）：参见"二元论/一元论"、"中立一元论"。

Moore, G（eorge）E（dward）（乔治·爱德华·摩尔，1873—1958）：英国（剑桥）哲学家，分析哲学之父，引领了20世纪早期对唯心主义（见"唯心主义"）的反叛。他基于一种意义的阐释和分析的哲学方法来捍卫常识而反对艰涩的哲学理论及悖论（见"悖论"）。

moral statistics（道德统计学）：特定的心灵的、社会的、宇宙的及其他条件之影响（即关于婚姻、自杀、犯罪、出生、汽车事故等的统计）下的人类自由行为中的规律性的统计学表达。这种统计的哲学意义在于，它们深刻地揭示了个人的行为动机与她所处的心理/生理状况之间的亲密关系。它们证明了无动机意愿的不可能性，但是它们无论如何也无法说明特殊情况下有没有自由的个人行为［一种温和的决定论（见"决定论"）］。意志自由的形而上学问题也不可能通过统计方法来解决。

morality（道德）：来自拉丁语"*morālis*"（与"*éthikos*"同义），"惯例"或"用法"的意义。一个人的道德是指他做正确的事或错误的事的倾向，以及他对何为正确与错误、善与恶的信念。在许多用法中，它是"伦理学"（见"伦理学"）的同义词，尽管后者一般被用来指有关它们的哲学研究。该术语由西塞罗（公元前106—公元前43年）引入哲学，他是罗马政治家、演说家和政治作家。

morphology（形态学）：来自希腊语"*morphé*"和"*logos*"，意为"形式"和"知识"。在生物学中，它是关于植物和动物的形态及结构的研究而不考虑其各自的机能；在语言学中，它指词素的形式排列及相互关系，也指该学科的一个分支，即对这些语言的最小意义单元的研究。

multiple regression（多元回归）：为了对单个因变量进行预测而确定一定数量的自变量的最恰当的加权技术。

mysticism（神秘主义）：来自希腊语"*mystés*"，意为"被引入神秘的人"。各种宗教实践都依赖据称是对上帝和超自然真理的直接体验。神秘主义者经常鼓吹一些练习和仪式，以便进入能够产生这些体验的异常心理状态。他们通常认为，在这些体验中，他们实现了与上帝或作为造物主的神的会通。

natural/artificial language（自然语言/人工语言）：自然语言是由现实的人类所使用的一种语言，是随着各自的文化和历史发展起来的。相反，人工语言是为了某种目的发展起来的。哲学家用此术语专门指理想语言，它的发展就是符号逻辑（见"逻辑学"）的目标。计算机语言也是人工语言的一种。

natural science（自然科学）：指处理物理世界的科学的总称或其中任何一门科学，如生物学、化学（见"化学"）和物理学。

necessary/contingent truth（必然真理/偶然真理）：根据形态条件（即存在物的存在方式，如现实性、可能性、必然性），一个命题（见"命题"）如果基于先天的（见"先天的"）理由或者纯粹的逻辑推理就能得到确证，那么它必然为真。它比偶然真理的命题更为牢靠，后者不同，后者只是可能而已。但它们也并非只是关涉事实的问题。许多哲学家认为，事实的必然性或偶然性是一个形而上学问题，一个外部世界存在的存在方式问题。也有哲学家认为，这种差异只是我们思考和建构世界之方式上的差异。必然真理只是概念的、逻辑的或分析的（见"分析的"）真理。参见"逻辑学"、"形而上学"、"概念/概念论"。

Neurath, Otto（奥图·纽拉特）：奥地利哲学家，维也纳学派（见"维也纳学派"）早期成员之一，和卡尔纳普（见"卡尔纳普"）一起提出了物理主义（见"物理主义"）理论。该理论强调记录陈述（见"记录陈述"），即基于观察和诉诸时空状态的陈述的重要性。

neuropsychology（神经心理学）：生理心理学的分支学科，聚焦于神经过程与行为之间的相互关系。

neutral monism（中立一元论）：一种心身关系理论，出现在詹姆斯（见"詹姆斯"）和罗素（见"罗素"）的哲学中。该理论认为心身关系既不是二元的，也不是传统意义上一元的。根据该理论，心灵和身体在内在本性上并无不同，所不同的是它们共同的（"中立的"）质料被安排的方式。这种质料不是单一的实体（一元论），而是由许多同一种的基本的实体（比如经验）组成。

Newton, Sir Isaac（牛顿，1642—1727）：著名的英国数学家和科学家。在其《自然哲学的数学原理》(*Mathematical Principles of Natural Philosophy*，1685—1687) 中，他不仅宣布发现了万有引力，而且提出了一种新的力学体系。根据这一体系，我们将能够理解宇宙的结构。他试图建立一种自然界的真正的力学原理，不是基于先天的（见"先天的"）原则，而是基于对自然现象最准确的观察。这一工作最重要的成果之一就是他发展出了一套推理的正确方法。他认为，在寻求实在本性的过程中，哲学的错误在于它坚持从现象作出演绎（见"演绎"）推理而不是首先探究这些现象的原因（见"原因"）。

Newtonian mechanics（牛顿力学）：牛顿力学的基础由三大基本运动定律构成。运动定律I：任何物体保持静止或匀速直线运动状态，直到外力迫使它改变这种状态为止（惯性定律）。定律 II：物体线性动量的变化率与它所受的合力成正比，并沿着合力的方向起作用。定律 III：一个作用力总是对应着一个等量的反作用力，即两个物体之间的相互作用力总是大小相等，但方向相反。

正是牛顿在天体和地球运动力学等方面的伟大成就为现代科学产生以来的不断发展提供了坚实的基础。爱因斯坦在其相对论（见"相对论"）中提出了更为一般性的力学理论。当相对于观察者的所有速度小于光速时，它就简化为牛顿力学。

nihilism（虚无主义）：来自拉丁语"*nihil*"，意为"无"，一种否定任何积极选择之有效性（见"有效性"）的理论。该术语广泛应用于形而上学（见"形而上学"）、认识论

(见"认识论")、伦理学（见"伦理学"）、政治学和神学。它是以下各种否定性信念的总称：无物可知；没有什么科学和信仰是正确的；当前的社会秩序毫无价值；我们生活中的一切都毫无价值。

nomological（律则的）：来自希腊语"*nomos*"和"*logos*"，意为"法律"和"知识"。与"nomic"同义，意为与法律相关的。律则的规律性不同于单纯的（偶然的）规律性或一致性，因为前者代表的是自然法则。

normative（规范的）：通过提供规则建立正确性标准的倾向。它是评估性的，而不是描述性的。规范伦理学（见"伦理学"）——任何指导道德上正确行为的体系——区别于元伦理学，后者探讨道德术语的意义，而不是提出指令。

number（数）：一种量的概念。自然数：$\{1, 2, 3, 4\cdots\}$；整数：$\{0, 1, 2, 3, 4\cdots\}$；整数：$\{-3, -2, -1, 0, +1, +2, +3\}$。还有实数集，包括有理数和无理数：前者可以用分数表示（如 1/2），而后者无法表示为（如 2 这样的）整数。复数是一个实数与虚数的和（如 $3+2i$，其中 i 就是虚数）。基数描述集合中有多少个体，可能是没有最后一位数字的无穷（见"无穷的"）数列（如 $\{2, 4, 6, \cdots\}$），也可能是有穷数列（如 $\{2, 4, 6, 8\}$）。

null hypothesis（零假设）：参见"假设"。

objective（客观的）：（1）指具有不依赖认知心灵而独立存在的真实对象的特征，与主观的（见"主观的"）即属于主体的相对。（2）在经院哲学术语中，该词最早由邓·司各脱（Duns Scotus, 1266/1274—1308）使用，一直延续到17、18世纪，指任何观念的存在或心灵表象的存在，而并非独立的存在。从意义（2）到（1）的转变是由康德（见"康德"）作出的，他在第一种意义上理解"客观的"。

Occam's razor（or Ockham's）（奥卡姆剃刀）：本体论经济学的一般原理，它表明，任何其他等价的、正确的或更合适的解释都是更简单的解释，即只需更少的基本原则或更少的解释性实体。它以奥卡姆的威廉（William of Occam）命名，他是英国神学家，著有大量关于逻辑学（见"逻辑学"）和意义理论的作品。参见"本体论"。

ontology/ontological（本体论/本体论的）：来自希腊语"*ontos*"和"*logos*"，意为"存在"和"知识"。因此，该术语意为"关于存在的知识"，以及对存在或存在者的哲学研究。尽管形而上学（见"形而上学"）和本体论的关系不甚明确，但是后者关注的典型问题如下：存在何种基质？构成其他东西的基质是什么？存在之间的相互关系是什么？一个理论的本体论由该理论所预设的东西组成。简而言之，"本体论的"意思就是"处理存在的"。

opacity and transparency, referential（指称的不透明性和透明性）：这个区分表明莱布尼茨律不是普遍适用的，比如"Cicero"和"Tully"有相同的指称，因为它们是同一个人的名字。但是，假如有某人 X 不知道这一情况，那么就可能会出现：(a) X 相信 Cicero 揭发了 Catiline，而且 (b) X 相信 Tully 没有揭发 Catiline。换句话说，尽管它们指的是同一个人，但是与莱布尼茨律相反，Cicero 似乎并没有 Tully 的所有特征。通常将" X 相信……揭发了 Catiline"称为专名"Cicero"的使用语境；在此情形下，该语境就被说成"指称的不透明性"。在符合莱布尼茨律的情形中，其语境就被说成"指称的透明性"。这个区分适用于专名、谓词或命题（见"命题"），以及通过分离语句形成的内涵语境或外延语境这种更大的区分。参见"莱布尼茨律"、"外延/内涵"。

operationism（操作主义）：根据实验操作定义科学概念且其意义由这些操作程序来界定的观点。操作主义者主张，任何无法通过这种方法来定义的术语都应当被视为无意义而应从科学中剔除出去。对量子（见"量子"）物理学而言，这意味着，粒子的存在就是指特定条件下通过特定的测量而产生的可见的效果。但量子物理学家是实在论者，因为他们认为科学所理论化的对象（有时）是真实的。这与工具主义（见"工具主义"）的反实在论（见"实在论"）相反，尽管三者都强调根据实验的方法来理解科学。

operator/logical operator（算子/逻辑算子）：作用于运算，在逻辑学（见"逻辑学"）中通常用符号（见"符号"）表示。与对象的每个函数对应，存在着通过该函数的符号作用的符号运算。因此，如果 $f(x)$ 是一个函数且 a 是一个对象，那么 $f(a)$ 就是一个对象——通过对 a 运用函数 $f(x)$ 产生的对象。但是，"$f(a)$"是通过表示函数的"f"和与名称"a"的关联形成的，所以"f"就是关于对象名称的一个算子，且是一个命名式的算子，即用一个对象的名产生另一个名的结果。逻辑算子是真值函项的算子和量词。（参见"量化"）前者也被称为语句算子，因为它们是运用一个语句产生另一个语句。

"order from disorder" principle（"有序来自无序"原理）：主张所有事件皆产生于确定的原因、确定的规则和确定的必然性，只要我们的知识能够永久涵盖这些貌似随机事件的完整范围。它使得推理从不确定性到确定性，使得从偶然性和概率（见"概率"）性到确定性（见"确定性"）的方法论运动成为必要。参见"方法论"、"随机性"。

ordinary language philosophy（日常语言哲学）：20 世纪哲学的一个分支［与维特根斯坦（见"维特根斯坦"）、奥斯汀（见"奥斯汀"）和赖尔（见"赖尔"）联系最为紧密］，它认为哲学问题产生于日常语言的混乱和复杂性。它们可以通过关注语言的使用得到解决（或消解）。因此，举例而言，关于自由意志的问题可以通过对英语中如"自由"、"意志"、"责任"等词之实际运用的密切考察来解答（或表明其内容为空）。

412 **organizational theory（组织理论）**：广义指一种社会学研究，处理相互影响的个体或群体的行为模式。狭义指一个特定组织（如工厂或军队等）中个人之间的互动。通常以提高组织效率为目的，关注改善管理部门和工人之间的关系、改进交流渠道及改进决策程序等议题。

orientalism（东方学）：泛指涵盖东方哲学传统研究的总称，更早可延伸到远古时代，在某种程度上以古希腊思想为特征。尽管东方哲学绝不意味着同质，但也有一个共同特征：都以实践的视角看待生活[例如，与形而上学（见"形而上学"）相联系的伦理学（见"伦理学"）]，在纯粹思辨与宗教动机之间作出了明确区分，经常从民俗、民俗词源学、实践智慧、前科学思辨甚至巫术中发现哲学洞见的火花。

oscillator（振荡器）：以固定频率有节奏地存储和释放能量的系统（比如一个在其中电流自由振荡并以此为具体目的来设置的电路）。

paradigm（范式）：来自希腊语 "*paradeigma*"，意为 "样式、模型或计划"。某种事物完全清晰、典型并不容置疑的范例。

paradox（悖论）：从貌似正确的假设、貌似正确的推理得到的明显错误或自相矛盾的结论。存在很多种悖论，哲学家在努力揭示悖论中的错误时发现了许多具有广泛重要性的原则。人们所熟知的自我指涉悖论有一个完整的族群，它们尤其受到哲学家和逻辑学家的特别关注。其中有些悖论在数学之基础的历史发展中发挥了关键作用。一个例子是广为人知的克里特岛人的陈述，"所有的克里特岛人都是说谎的"，即说谎者悖论。另一个是例子是罗素悖论，它在分类理论因而也在数学基础领域引起了重要反响。参见"罗素悖论"、"类型论"。

parapsychology（超心理学）：对预见力、心灵感应及其他普通物理和心理学解释无法说明的特异功能现象的研究。

pari passu（同样地）：拉丁语，意为 "同样的步速"，指同时地和同等地。

Pascal, Blaise（布莱士·帕斯卡）：法国哲学家、数学家和物理学家。他对科学的巨大贡献是在流体力学和概率论的数学理论方面的研究。由于对实验方法的不满，他转向了对人和精神问题的研究。

path analysis（路径分析）：对系列变量的关系分析，以建立变量间的因果链为目的，通常运用多元回归（见"多元回归"）来进行。后者是一项为了对单个因变量进行预测而确定一定数量的自变量的最恰当的加权技术。该方法一般出现在路径图表中，变量间的不对称关系用箭头来表示。

Pavlov, Ivan Petrovich（伊万·彼得罗维奇·巴甫洛夫）：俄国心理学家，研究条件作用的先驱。在为他赢得诺贝尔奖的消化能力研究中，他发现狗会因接收食物的预期分泌唾液。到1901年，他将这一反应命名为"条件反射"。这成为第一次世界大战前美国行为主义（见"行为主义"）的基石，也是现在学习理论的基础。

Peano, Guiseppe（朱塞佩·皮亚诺，1858—1932）：意大利数学家，对数理逻辑（见"数理逻辑"）多有贡献。他提出了一套逻辑体系，让每个命题（见"命题"）都能通过符号（见"符号"）进行独立的描述，以便使推理的严格逻辑摆脱口语化的语言及其模糊性。他在数学领域的贡献是提出了被称为皮亚诺公设的公设系统。根据这一系统，他能演绎出自然数（见"数"）的完整算术。参见"皮亚诺算术"。

Peano's arithmetic（皮亚诺算术）：指皮亚诺关于自然数（见"数"）的五个公设。在第一版中，第一个公设把1作为第一个数，而在后来的版本中，他开始以0作为第一个数：(P1) 0是一个数；(P2) 任何一个数的后继者是一个数；(P3) 没有两个数有相同的后继者；(P4) 0不是任何数的后继者；(P5) 如果P是一个性质，且(a) 0有性质P，(b) 数n总有性质P，那么数n的后继者也有性质P，并且每个数都有性质P。这最后一个公理（见"公理"）就是著名的"数学归纳法原理"。

Pearson chi-square (x^2) tests［皮尔逊卡方（x^2）检验］：包括所有基本卡方统计变换形式的几种统计学检验（为确定预期结果以及测量预期与观测差异的理论模型的运用）。它们被用作大样本与整体之间数据一致性的量的测量以及两个样本之间联系的测量。

Peirce, Charles Sanders (Santiago)（查尔斯·桑德斯·皮尔士）（圣地亚哥）：美国哲学家和逻辑学家。他在有生之年出版的著作非常少。直到最近，他的观点除了通过詹姆斯（见"詹姆斯"）普及的版本外也很少为人所知。然而现在，他被认为是有巨大影响力的形而上学家、实用主义（见"实用主义"）之父、科学（见"科学"）和逻辑（见"逻辑"）哲学的突出贡献者。

phenomenalism（现象主义）：字面上是指基于现象的一种理论。它指这样一种主张，即人类所能达到的知识只是现象的知识，因为人类有限的认识能力根据个人的主观本性必然扭曲对象。

phenomenology（现象学）：源于胡塞尔（1859—1938）思想的一个哲学流派。现象学家普遍相信直观（见"直观"）或直接意识构成了真理的基础和哲学应当赖以建立的基础；它诉诸反省、划界以及对"内心"即经验的主观（见"主观的"）世界的探索。

它以现象学还原的形式,怀疑平常的假定和预设(尤其是科学中的预设以及对外部世界的信念),试图如事物向意识的基本显现那样纯粹地看待它们。

phenomenon(现象):源自希腊语"*phainomenon*",意为"显现的东西"。哲学家有时在通常的意义上使用该术语,仅指发生的事情,但经常以更为技术化的方式来使用该术语,指事物向我们显现的方式,即我们对它的认识。它与本体相对,后者是不可感的,或理性上如其真实所是的确切事物,即物自身。

photon(光子):电磁辐射的量子(见"量子"),可以被当作以光速移动的基本粒子。参见"电磁学"。

philosophy of mathematics(数学哲学):参见"mathematics, philosophy of"。

physicalism(物理主义):尽管该术语经常被看作唯物主义(见"唯物主义")的同义词,即一切存在都是物质的这一哲学立场,但它也可以指如下立场,即一切可以通过物理学得到解释。这成为逻辑实证主义者维也纳学派(见"维也纳学派")成员的主张。他们要求任何假设(见"假设")的记录陈述(见"记录陈述")都要用物理主义的语言来表述。

picture theory(图像论):维特根斯坦(见"维特根斯坦")的语言理论,它认为语言的首要目的是陈述事实。当某个事实被描绘时,使用的语言和所描绘的东西之间存在着结构相似性。语言的第二个目的是陈述重言式,它是真的,但是无所指,除了告诉我们使用的必要性之外,什么也没说。逻辑运算和数学运算都是重言式。任何无法描绘事实或表述重言式的陈述都是无意义的。形而上学(见"形而上学")和伦理学(见"伦理学")都是这样的陈述。参见"重言式"。

Planck, Max Carl Ernst Ludwig(马克斯·卡尔·恩斯特·路德维希·普朗克,1858—1947):德国物理学家,因对量子(见"量子")理论的准确说明而著称。他将其早期热力学著作中的发现引入黑体辐射问题,以便只从温度(而不考虑腔体密度)出发对热腔体中达到的平衡作出理论说明。普朗克在其说明中利用熵(见"熵")和玻耳兹曼(见"玻耳兹曼")提出的概率(见"概率")之间的关系,提出了一个辐射的离散光谱的量子作用变量(h)。该结果就是其著名的辐射密度公式,即一个密度和温度的函数。通过此公式能够计算出玻耳兹曼常量(见"玻耳兹曼常量")及他自己的作用量子。

Plato(柏拉图,公元前428?—公元前348年?):古希腊哲学家,苏格拉底的学生,也许是有史以来最伟大的哲学家。他的著作通常采用与苏格拉底对话的形式,首次提供了哲学中大量问题及答案的重要陈述。他最著名的学说是关于"形式"或"理念"的理论；它们是我们日常所接触到的特征的内在的、一般的或完善的版本。它们是永恒的、不变的，不依赖分享它们的俗世事物而独立存在。

Platonism（柏拉图主义）：从柏拉图（见"柏拉图"）思想的不同方面发展起来的、思想各异的几种观点。柏拉图主义者倾向于强调柏拉图超验实在的概念，相信可见世界不是真实的世界。而柏拉图的唯理论——关于实在以及我们应当如何生活的重要真理——是一种理性真理。在数学（见"数学"）哲学中，柏拉图主义又指如下主张：数学对象独立于我们的思想而存在；数学命题的真（假）不依赖我们证明它们的能力；命题的对象［数（见"数"）］是抽象实在，真的数学命题描述它们之间的关系。

pluralism（多元主义）：一种世界由多种基本实体组成的观点，它们因其独特性而不能还原为一个［一元论（见"一元论"）］或两个［二元论（见"二元论"）］。罗素（见"罗素"）提出的逻辑原子主义（见"逻辑原子主义"）可能是哲学史上最彻底的多元主义主张。

Poincaré, (Jules) Henri（彭加勒，1854—1912）：法国数学家、工程师和科学哲学家。他经常被贴上约定论者的标签，一是因为他认为几何系统的基本公理（见"公理"）所表达的既不具有先天的（见"先天的"）必然性，也不是偶然真理（见"偶然真理"），二是因为是他提出了物理学中的几条重要原理。在数学哲学方面，他是一位直觉主义者，反对罗素（见"罗素"）和皮亚诺（见"皮亚诺"）的逻辑主义。参见"约定论"、"直觉主义"。

Popper, Karl Raimund（卡尔·雷蒙德·波普尔）：奥地利科学哲学家，因对科学中可证伪性而不是可证实性的强调而闻名。这意味着，多数可靠的真理标准隐藏于能够被否定实例所反驳的假设中。他也因捍卫社会理论中的自由主义而著称。参见"假设"。

positivism/logical positivism（实证主义/逻辑实证主义）：与奥古斯特·孔德（见"孔德"）联系在一起的一种哲学。它主张科学知识是唯一有效的一种知识，其他都是无意义的猜想。其早期形式主张，科学方法不仅具有改造哲学的潜力，而且对社会也是如此。有时该术语在宽泛的意义上也被用来指逻辑实证主义。后者是更为一般性的19世纪实证主义在20世纪的发展。

post hoc（事后归因）：拉丁语，意为"此后"。一种推理错误，也被称为假因（见"原因"），表述为"*post hoc ergo propter hoc*"（"在此之后，所以原因于此"）。它用来指因为x发生于y之前因而把x作为y的原因的错误认定（比如，有人认为下雨是气压下降的原因）。

pragmatism/neo-pragmatism（实用主义/新实用主义）：来自希腊语"*pragma*"，意为"事物、事实、事情、事务"。19世纪和20世纪主张以后果来解释观念的一种哲学运动。作为一个哲学流派，它主要指20世纪初的一些美国哲学家，尤其是皮尔士（见"皮尔士"）、詹姆斯（见"詹姆斯"）和杜威。皮尔士于1878年从康德（见"康德"）那里改造了这个术语，后来将自己的哲学称为"实用主义"是为了将这一原创性哲学区别于不太严格地定义的新实用主义。早期实用主义者强调事物之实践应用的相关性，强调它们与我们的生活、活动和价值的关联。他们要求对哲学术语进行工具化的定义，认为多数形而上学（见"形而上学"）语言是无意义的，主张根据信仰者从信念中的得益来评价信念。

praxis（实践）：一般而言，指"接受的实践或习俗"或"实践化的人类活动"。但更具体而言，在马克思那里，它指理论和实践的统一。

predicate calculus（谓词演算）：参见"命题演算/谓词演算"。

presupposition（前提）：指预先假设的东西，如论证的基础。"他已经不再酗酒"这一陈述预设了他曾经酗酒这一前提。

***prima facie*（表面上）**：拉丁语，意为"首次的显现"。它建立在初步印象之上：指那些本该是真的或像是为真的东西，或者一般而言有待补充其他信息的具体事物。因此，哲学家所说的"表面义务"是指大多数人认为应该做，但是一旦给予更多的考量就可能不是真实的责任的那些事情。

private language argument（私人语言论证）：维特根斯坦（见"维特根斯坦"）的论证：即使存在私人事件，我们也不能界定或者谈论它们。因为要命名或界定某物，就必须有正确地命名和界定的规则。如果没有公共检查的可能性，那么在我们准确表达的感受和我们事实所感受之间就没有任何区别，这样也就没有什么能够区分我们的所为是正确还是错误。因此，不可能存在这种所谓的"私人语言"——一种命名私人事件的语言。

probability（概率）：来自拉丁语"*probare*"，意为"证明、赞同"，与希腊语"*eulogon*"相关，后者意为"合理的或明智的"。因此，该术语指事情发生的可能性，或命题（见"命题"）为真的可能性。在演绎推理（见"推理"）中，结论遵循必然性；而在归纳（见"归纳"）推理中，结论仅仅遵循概率性。概率论已经被发展成现代数学中的一种非常复杂的理论。当概率通过给定的数来表示时，它通常是一个从0（可能的）到1（确切的）的比例。要说某个东西是可能的，就说它有超过0.5的概率。一件事情具有某一特定的概率，这一说法的真实意思是什么，在哲学上还存有争议。有哲学家认为，一个骰子有1/6的概率掷出6意思是能够合理地期待只有1/6的程度掷出6，或者意思是这个数字测试了这个信念的强度。

problem of "other minds"（"他心"问题）：针对如下思想的根据提出的质疑，即任何其他拥有心灵的人不只是在身体外形和行动上与我们自己相像。该问题依赖这一事实，一个人的心灵及其所想只能被他自己"理解"，因此他无法理解他人的心灵及其所想。有哲学家［比如赖尔（见"赖尔"）］认为该问题的荒谬性表明我们关于心灵的观点是有问题的，所以才造成了此问题。

procedural explanation（程序解释）：一种通过模拟来解决问题的解释。该方法的核心是将关于世界的知识表征为某个系统中的程序。在行为科学中，它提供了一种因果解释或准因果解释的替代方式。它也指一种计算机语言中的程序。在这种计算机语言中，语词和语句的意义非常方便地表达出来，而这些程序的执行根据意义的推理进行。

proposition（命题）：来自拉丁语"*proponere*"，意为"解释或提议"。该术语有几种不同的用法。有时它仅指一个语句或陈述。最普遍的现代用法是指，一个命题就是一个（陈述性的）语句所表达的内容：一个英语语句和它的法语译文表达的是相同的命题，正如"Steven is Ed's father"和"Ed's male parent is Steven"表达的是一个命题。

propositional function（命题函项）：主要归功于罗素（见"罗素"）的一个术语，用来指谓词逻辑（见"逻辑"）中的谓词所代表的东西。一个 n 元谓词，当被用 n 个单称词项代入时，就产生了一个语句，表达了一个关于这些单称词项所指示的对象的命题（见"命题"）。谓词所代表的 n 元谓词函项是，当它应用于 n 个对象时，其结果就是关于这些对象的命题。正如两个不同的语句可以表达相同的命题一样，两个不同的谓词也可以表达相同的谓词函项。

prepositional/predicate calculus（命题演算/谓词演算）：两种最常见的逻辑演算。任何逻辑（见"逻辑"）的形式（见"形式的"）系统都可以被称为命题演算，只要它由一套详尽的形式语言、表示命题变量或联结词（如"和"、"或"、"如果……则"）的符号（见"符号"）以及一套语言联结词的公理（见"公理"）和/或规则构成。"命题演算"通常指在其中形式上有效的（见"有效的"）论证能够通过应用于逻辑联结词的标准二值真值表而被显为有效的任何系统。它也被称为"语句"逻辑或演算。参见"有效性"。

在没有严格限制的条件下，谓词演算通常指"经典一阶谓词演算"。它通过对命题演算的公理和/或规则的扩展而得到，即增加量词规则系统，以便将全称量词语句处理为无穷（见"无穷的"）合取，将存在量词语句处理为无穷析取。它处理使用诸如"所有"、"有些"、"没有"、"有且只有一个"等逻辑术语的语句，也称为"量词"逻辑或演算。参见"全称量化/特称量化"。

protocol statement（记录陈述）：直接描述既定经验或感觉材料的观察报告的陈述，也称为"基本陈述"。它们被维也纳学派（见"维也纳学派"）的逻辑实证主义者视为所有陈述的基础，也是理解所有领域的基础。卡尔纳普（见"卡尔纳普"）认为记录陈述可以用物理语言表示。

Ptolemy, Claudius（克罗狄斯·托勒密，公元 2 世纪）：古希腊科学家和哲学家。他关于天文学的巨著涉及了当时的所有行星和 1 022 个星体。该书出版于大约公元 150 年，认为地球是宇宙体系的中心球体，天体围绕一个以地球为中心的轴每天绕行一周。该体系到 16 世纪哥白尼（见"哥白尼"）之前一直被认可。他的哲学则受柏拉图主义、斯多葛主义和新毕达哥拉斯主义以及亚里士多德（见"亚里士多德"）的影响。

quantification, universal/existential（全称量化/特称量化）：在传统逻辑学（见"逻辑学"）中，量化是对一个陈述中所讨论对象之总体性的考虑，必然地先于对其真假值的评估。全称量词是在逻辑公式 A（包括自由变元 x）之前以"(x)"表示的符号，以此来表示 A 对所有 x 的值都适用——通常指某个范围或值域内所有 x 的值，该值域要么是在背景中隐含的，要么根据一些约定来表示。同样，特称量词是在逻辑公式 E（包含自由变元 x）之前以"Ex"表示的符号，以此表示 E 对 x 的某些值（比如至少一个）适用——通常指某个范围或值域内 x 的某些值。构成这个标记的 E 经常是反向的，也有用其他标记来代替的。

quantum field theory（量子场论）：在量子力学理论中，粒子通过场（见"场"）来表示，而场的基本振荡模式是量子化的。基本粒子的相互作用通过量子场相对论的不变理论来描述，比如，在量子电动力学（见"量子电动力学"）中，带电粒子能释放或吸收一个光子（见"光子"），即电磁场的量子。量子场论自然地预见了反粒子的存在，以及粒子和反粒子的产生与消灭；一个光子能够转换为一个电子与其反粒子即正电子的加和。这些理论为泡利（Pauli）不相容原理引起的自旋和统计性质之间的关联提供了证据。

quantum/quanta（量子）：来自拉丁语"*quantum*"，意为"多少"。在哲学中指一个有穷的（见"有穷的"）和确定的量。该术语被引入物理学后指能量包或量子，即量子力学（见"量子力学"）中不可见的基本单位。

quantum electrodynamics（量子电动力学）：量子力学（见"量子力学"）的相对论理论，关注电子、介子和光子（见"光子"）的运动与相互作用，即电磁的相互作用。它的预见已经被证明是高度准确的。

quantum mechanics（量子力学）：研究原子、分子和基本粒子运动的力学体系。1901 年，普朗克（见"普朗克"）提出能量是以不连续的单位或量子来传播的。1913 年，玻尔

(见"玻尔")将该理论应用于原子结构；随后玻尔原子的"太阳系"模型被海森堡和薛定谔（见"薛定谔"）的方程所取代。这些成果要求对原子辐射的频率和波幅作出预测。但是，作为结果之一，海森堡于1927年发现了不确定性原理，即描述亚原子粒子的位置和动量（见"动量"）的变量不可能被同时确定。这严重限制了把这些粒子或波包解释为普通时空对象的程度。由此，该问题成为科学哲学中实在论者和形式主义者之间争论的焦点。另外，基本粒子更像无形的波的概念也对世界是物质性的基本观念提出了挑战。

Quetelet, Lambert Adolphe Jacques（朗伯·阿道夫·雅克·凯特勒）：比利时统计学家和天文学家。他是迪尔凯姆（见"迪尔凯姆"）的前驱，社会物理学的建立者。在其最伟大的著作《论人类》(*Sur L'Homme*，1835) 中，他展现了概率论应用于平均人的用法。

Quine, Willard Van Orman（威拉德·范·奥曼·奎因，生于1908年）：当代美国哲学家，1946年后一直在哈佛任教授，主要作为逻辑学家而知名。他的兴趣和重要工作覆盖语义学（见"语义学"）、认识论（见"认识论"）和形而上学（见"形而上学"）等几个领域的许多基本问题。

Ramsey, Frank Plumpton（弗兰克·普兰顿·拉姆齐）：英国数学哲学家。他拓展了由罗素（见"罗素"）和维特根斯坦（见"维特根斯坦"）提出的逻辑问题。他在人性逻辑和形式逻辑（见"逻辑"）之间作了基本区分，前者处理有益的心灵习惯并能应用于实践的概率领域，后者则只关注连贯思维的规则。

randomness（随机性）：在通常用法中，某件事随机发生是指它并非由过去的事情决定。在概率（见"概率"）论中，一件事情是随机的意味着它必须与其他事情的发生具有同等的可能性。随机性定义了相同或然率，反之它也同样通过后者来定义。但就人类行为而言，它应与任意性相区分，因为任意性是指量子力学（见"量子力学"）中不可预测之粒子的自由运动。

realism/anti-realism（实在论/反实在论）：来自拉丁语"*res*"，意为"事物"，也来自"*realitas*"。一般而言，实在论指某种实体具有不依赖心灵的外在存在。反实在论则认为，这种实体只是我们思想的产物，或许只是我们人为约定的结果。实在论者与反实在论者在许多哲学领域争论不休：在形而上学（见"形而上学"）中，聚焦于普遍（共相）（见"普遍，共相"）的实在性，在伦理学（见"伦理学"）中，聚焦于道德范畴的实在性。科学实在论者则主张，理论实体是不依赖心灵的，科学规律反映了外在实在性（即不只是人类的建构），或者科学发现的普遍（共相）是实在的、不依赖心灵的。

reducibility, axiom of（还原公理）：罗素的公理，与分支类型论有必然联系，前提是后者也适用于古典数学，但对它的接受还存在不小的争论。对还原公理的准确陈述只有在分支类型论的详细规划下才能做到，尽管据说它可以取消大部分限制的严格结果以反对非断言定义，并将其还原为简化类型论。参见"类型论"。

reductionism（还原论）：将一门科学还原为另一门科学的尝试。其方法是使一门科学的关键术语在另一门科学的语言中可定义，使一门科学的结论可通过另一门科学的命题（见"命题"）推导出来。有关某个观念的还原论则是指这样一种思想，即这个观念能够被还原即能够给出"还原分析"从而能够被消除。在社会科学中，还原论则基于如下主张来进行，即社会现象能够根据个体行为的总和来定义，这样，关于一个社会现象的任何陈述就都可以被还原为个体行为，而社会理论原则上可以被还原为心理学。

reflex/reflex theory（反射/反射理论）：反射是对某个刺激直接的、天然的反应。行为的反射论由笛卡尔（1650，见"笛卡尔"）提出；马歇尔·霍尔（1833）和卡巴尼斯（1802，见"卡巴尼斯"）则最早将此概念与神经系统联系起来。巴甫洛夫（见"巴甫洛夫"）关于反射行为的研究已经成为心理学的标准主题，并经常与反射论联系在一起。这是一种机械论的行动主义观点，认为所有心理过程都可以表现为反射和反射的复合。参见"机械论"。

refutation（否证/证伪）：论证某种立场是错误的证明。它不只是反驳的尝试，而是要确切地表达出来，是表明某个断言错误或某个立场不可靠的成功证明。

relative truth/relativism（相对真理/相对主义）：指真理随个人、群体、时间的变化而变化，没有任何客观的（见"客观的"）标准，并往往暗示了一种主观主义的知识论。在认识论（见"认识论"）和伦理学（见"伦理学"）中，相对主义就是指强调这种真理的理论立场。参见"绝对主义/相对主义的争论"。

relativity, special/general theories of（狭义相对论/广义相对论）：前者包含著名的 $E=MC^2$ 公式，而后者处理的是时空（见"时空"）弯曲。1905年的狭义相对论要求爱因斯坦（见"爱因斯坦"）放弃绝对空间和绝对时间（见"绝对空间和绝对时间"）的观念。新的观点认为同时性（见"同时性"）只能发生在给定的惯性系统中，而且对观察者而言在与给定系统相对运动的系统中同时性是无效的。根据这一可以证明的理论，质量随速率的增加而上升，但时间下降，并把时间看作第四维。其结果是：同一事件从相对运动中的不同惯性系统来看将在不同时间上发生，物体将测量出不同的长度，而时钟行走的速度也会不同。1916年的广义相对论是对狭义相对论从惯性系统到坐标系的非线性变换进行的普遍化。这对解释引力质量和惯性质量的比率是必要的。在广义相对论中,引力被简化为或者说就是时空弯曲的结果,并取决于宇宙分布的质量。这样,超距作用的概念被抛弃。广义相对论的确证比狭义相对论要弱得多,但光线在穿过强引力场(见"场")时发生弯曲已经被观测到。这一理论的后果之一是,宇宙是有穷的(见"有穷的")但也是无边无际的,并因此与宇宙膨胀论的描述相吻合。

Royce, Josiah(乔西亚·罗伊斯):美国哲学家,受黑格尔影响提出了一套自己的绝对唯心主义哲学(见"唯心主义")哲学。他认为,为了形成一个连续有序的世界的概念,有必要假定"一个绝对经验的存在,对它而言,所有事实都是已知的,并符合普遍规律"。

Russell, Bertrand (Arthur William)(伯特兰·阿瑟·威廉·罗素,1872—1970):英国哲学家,也许是20世纪最著名的哲学家,〔与怀特海(见"怀特海")一起〕是当代符号逻辑学(见"逻辑学")的创立者,〔与摩尔(见"摩尔")一起〕是20世纪反对唯心主义(见"唯心主义")的领袖人物,尽管他的某些观点——比如关于我们之外界知识的观点——相比摩尔而言与常识并不那么一致。由于他的和平主义、对基督教的批判以及对更加自由的性道德的支持,他成了一个有争议的公众人物,甚至因此失去了教职并蒙受牢狱之灾。

Russell's paradox(罗素悖论):指如下这一类悖论(见"悖论"),即组成集合的那些集合不是它们自己集合本身的成员(换言之,一个集合是它自己的成员吗?如果它是,那么它就不是;如果它不是,那么它又是)。这成了集合论的难题。参见"集合论"、"类型论"。

Ryle, Gilbert(吉尔伯特·赖尔):英国(牛津)哲学家,分析哲学(见"分析哲学")和日常语言哲学(见"日常语言哲学")的早期代表人物。他在逻辑(见"逻辑")哲学和心灵哲学方面作出了重要成果。在其关键著作《心的概念》(*The Concept of Mind*, 1949)中,他提出笛卡尔的二元论(见"二元论")是建立在一种范畴错误的基础上的。

Saussure, Ferdinand De(费尔迪南·德·索绪尔):瑞士语言学家和哲学家,因关于结构语言学的研究以及对当代法国结构主义(见"结构主义")的影响而闻名。

scepticism(怀疑论):来自希腊语"*skepsis*",意为"考虑"或"怀疑"。它认为理性没有能力得出任何结论,或者只能得到中庸的结论。这一立场与其说是对具体信念之真的质疑,不如说是对其为真的证明之有效性(见"有效性")的质疑。事实上,彻底的怀疑论与不可知论和虚无主义(见"虚无主义")相近。在皮浪(Pyrrho)这一怀疑论传统的创立者之后,更极端的怀疑论者经常被称为皮浪主义者。休谟(见"休谟")也以现代怀疑论的捍卫者而闻名。

Schlick, Moritz(莫里茨·石里克,1882—1936):德国人,维也纳学派(见"维也纳学派")的创始人,逻辑实证主义(见"实证主义")发展中的主要代表。他本人的观点被称为"彻底的经验主义"。

Schröder, Ernst(恩斯特·施罗德):德国逻辑学家和数学家。他系统化并完成了由布尔(见"布尔")和德·摩根(见"德·摩根")开始的在逻辑代数(见"逻辑"和"代数")方面的工作,而他在关系代数方面的贡献尤其突出。

Schrödinger, Erwin(埃尔温·薛定谔,1887—1961):奥地利物理学家,在维也纳出生并接受教育。他是波动力学(见"波动力学")的创立者,也是1926年薛定谔方程的提出者。该方程描述了电子和其他粒子的量子(见"量子")运动。他预设了爱因斯坦(见"爱因斯坦")将光视为与电磁波相关联的光子(见"光子")的处理方式,但是进一步提出了支配波场(见"场")中粒子运动的基本微分方程。他还证明了该理论在数学上等价于矩阵力学,并成为继海森堡、玻尔(见"玻尔")、泡利和狄拉克(Dirac)之后创建现代量子理论过程中的关键人物。

science, philosophy of(科学哲学):尝试将哲学与科学探索领域联系起来的一门学科。科学哲学的目标是发现科学的本性、科学方法的本性、科学发展的逻辑(见"逻辑"),探索科学领域的界面或科学的公理化。它也涉及是什么将真正的科学与伪科学区分开来的问题,数据的经验收集和归纳推断,有效的解释、模型及理论的作用,以及它们在多大程度上与客观事实相对应(实在论与反实在论和工具主义)。尽管科学哲学可以回溯到西方哲学的起源,但是当强调科学知识时,视其开始于现代科学的显著发展更为合适。

semantics(语义学):来自希腊语"sēmantikos",意为"重要意义";又来自希腊语"sema",意为"符号"。语义学是语言中处理意义和指称的那部分。该术语在语言学中首先是在技术的意义上被使用的,代表语词意义的历史研究、经验定位和变异。在哲学中,语义学往往被视为形式化的符号(见"符号")研究和解释,处理符号与它们所指称对象之间的关系,通常与句法(见"句法")相对,后者指句法的形式主义(见"形式主义")规则。

sensationalism(感觉主义):来自拉丁语"sensatio"(它又来自"sentire"),"感觉或感知"的意思。经验主义(见"经验主义")的亚变种,认为所有知识最终都来源于感觉。霍布斯被认为是现代感觉主义的创始人,而孔狄亚克(Condillac)是最典型的代表。

sense and reference(涵义和指称):这个区分由弗雷格(见"弗雷格")提出。一个表达的"涵义"(Sinn)就是它的意义,相对于这个表达所命名的东西即它的"指称"(Bedeutung)。一个表达可以有不同的意义而有相同的指称,比如"晨星"与"暮星"有不同的涵义,但是有同一个指称即金星。它们与内涵和外延(见"外延")意义相近。

sense modality（感觉类型）：在行为科学（见"行为科学"）中，感觉的总标题下存在一些基本感觉形态。有 5 个区分标准：（1）不同的接受器官；（2）相应的典型刺激物；（3）不同接受器官的神经系统；（4）传递给大脑的不同部分；（5）在此基础上产生的不同的感觉结果。已经能区分出 9 种感觉：视觉、听觉、肌肉运动觉、前庭感觉、触觉、温度觉、痛觉、味觉和嗅觉。

set theory（集合论）：集合（或类）原本属于数学领域，但是它们的重要性只是在康托尔（1845—1918）提出无穷（见"无穷的"）集合论之后才被认识到。他的思想成了弗雷格（见"弗雷格"）和罗素（见"罗素"）逻辑学（见"逻辑学"）的基础。各种悖论（见"悖论"）的发现表明朴素的类型理论是自相矛盾的（比如集合同时既是又不是自己的成员）。康托尔自己也区分了全包含但不能作为整体的集体（如所有抽象对象的总体）和能被视为单一对象的更小总体［如所有实数（见"数"）的集合］，前者被称为适当的类，后者被称为集合。

Shannon, C（laude）**E**（lwood）（克劳德·艾尔伍德·香农）：美国应用数学家、工程师和通信理论（见"通信理论"）的创始人。

Sherrington, Sir Charles Scott（查尔斯·斯科特·谢灵顿爵士）：英国生理学家和哲学家。他在脊髓的反射（见"反射"）性反应方面做了开创性的工作，并对神经系统的结构进行了详细的解剖学研究。现代神经生理学不仅将自己的基础理论而且将自己的术语都归功于谢灵顿。作为一位哲学家，他关注"心—脑"问题，主张坚定的二元论路线，并将自己调节神经系统行为的整合作用概念应用其中。

simpliciter（普遍性）：拉丁语，指没有任何限制，不只限于某个方面。

simultaneity（同时性）：真正的同时事件必须不仅同时发生而且发生在同一地点，例如，木星上的某件事可能被观察到与地球上的某件事同时发生。但是，作为在不同参照系发生的两件事，而且信息不可能以比光速更快的速度从一个参照系传递到另一个参照系，因此这两件事实际上不可能同时发生。

sine qua non（必要条件）：拉丁语，意为"没有……不"，指必要条件。

Sinn（涵义）：参见"涵义和指称"。

Skinner, B（urrhus）**F**（rederic）（伯尔赫斯·弗雷德里克·斯金纳）：美国心理学家，操作条件性技术的发明者。他发现动物和人类行为能够通过强化来改进，动物也能通过这种方式进行训练去执行特定的任务以获得奖励或避免惩罚。这后来被广泛应用于动物训练和研究，以及教学和临床上对人类行为的改进。他宣扬的是一种行为主义（见"行为主义"）哲学。

social anthropology（社会人类学）：也称为文化人类学，指对社区或社会的文化和社会结构（包括其心理因素）的研究。它强调对特定的地理环境与历史背景中文化特性、文化复合体及社会关系的总体轮廓和相互作用的理解。近年来的趋势是从以往非西方社会的研究延伸到现代西方文化的范围。

sociology（社会学）：来自希腊语"*socio*"和"*logos*"，意为"联合"和"知识"。该术语被用来指对人群的形式、制度、功能和相互关系的研究。它由奥古斯特·孔德（见"孔德"）引入，被用来命名一门处理社会现象的最综合性的新科学。他所期待的这门学科的特点体现在"社会物理学"这一术语中，这是他给这门学科的主题所赋予的原始命名。

Socrates（苏格拉底，公元前 470？—公元前 399 年）：雅典哲学家，他的论辩由柏拉图（见"柏拉图"）记载。最有影响的是他论辩的"对话法"，即他通过对话引导反对者分析出自己的假设并发现它们的弱点。他反对当时职业雄辩者的怀疑论的和相对主义的观点，推动向绝对（见"绝对的"）理念的回归。他因被指控不敬神和腐化年轻人而被毒杀。

solipsism（唯我论）：来自拉丁语"*solus*"和"*ipse*"，意为"单独的"和"自我"。它指个体心灵找不出任何理由来相信除它自己之外的一切。其后果往往是，得出这种结果的心灵建构了所有事实。前者可以被称为"认识论的唯我论"，而后者经常通过归谬法得出，可以被称为"形而上学的唯我论"。

space-time（时空）：由四个坐标形成的一种四维秩序，其中三个（长、宽、高）构成三维空间，以及一个时间坐标，即时间和空间的联合体。这些坐标的具体规定准确地定位了任何事物的物理尺度。该概念首先由闵可夫斯基提出，后来被爱因斯坦（见"爱因斯坦"）采用。在经典理论或牛顿理论中，时空是绝对（见"绝对的"）可分的，而在爱因斯坦的相对论（见"相对论"）中，在绝对的意义上这是不可能的，但可以相对地选择一个坐标系。

Spinoza, Benedict (or Baruch)［本尼迪克特（或）巴鲁赫·斯宾诺莎，1632—1677］：荷兰犹太人哲学家。他主张自然是单一性的，相当于高度抽象和无处不在的上帝，而且这是必然的事实，能够通过严格论证的方法（比如几何学）推论出来。斯宾诺莎相信人类是自然的一部分，他是一个彻底的决定论者。

spiritualism（唯灵论）：来自拉丁语"*spiritus*"，意为"气息、生命、灵魂、心灵、精神"。该术语有哲学的和宗教的两种意义。在前一种即哲学意义上，唯灵论指宇宙的终极实在是精神［灵魂（*Pneuma*）、心灵（*Nous*）、理性（Reason）、逻各斯（*Log-*

os）］，它和人类的精神相似，但作为其根据和合理解释遍及整个宇宙。有时它也被用来指一种唯心主义（见"唯心主义"）的观点，即绝对的（见"绝对的"）而有穷的（见"有穷的"）精神是唯一的存在，感性世界是理念的王国。宗教唯灵论则强调圣灵在宗教领域的直接影响，尤指上帝是精神的，而做礼拜是精神之间的直接会通。

states of affairs（事态）：参见"基本命题"。

statistics（统计学）：广义上，它是数学的分支，分为理论统计学和应用统计学，处理经过收集、分类和分析的数据。狭义上，就它在心理学中的不同种类（描述的和推断的）而言，统计学指一套操作规程，用来描述和分析特定类型的数据，使研究者在此基础上得出各种结论。在流行的用法中，它指用来表示事实或数据的数字。

Stevenson, C（harles）L.（查尔斯·L·史蒂文森）：美国哲学家，因在伦理学方面的工作尤其是关于伦理语言的主张而闻名。他认为伦理学术语既有情感上的意义也有认知上的意义，并且在听到和使用它们的那些人那里具有产生情感回应的力量。在他看来，伦理话语是通过情感意义的情感力量对伦理态度的强化和指引。

stochastic（随机的）："与概率（见'概率'）有关"的意思。一个随机的（与决定性的相对）规律预测结果只具有可能性。

structuralism（结构主义）：一种被广泛应用的方法，而不只是应用于单纯的哲学。它的核心是不可化约的结构单元，它们构成了一个系统（比如语言的语音、数学的形式结构、社会的基本组织）的形态。结构主义的中心理念是，文化现象应当被理解为明确不变而普遍抽象的结构或形式，只有当这些形式被揭示时，文化现象的意义才能被理解。

sub specie aeternitatis（在永恒的方面）：拉丁语，"从永恒的观点或方面看"。这个短语被用来指在一种没有任何过去或未来的思想下直接将事物视为永恒的一个种，就像上帝可能对它们的把握一样。该术语通常与斯宾诺莎（见"斯宾诺莎"）联系在一起。

subjective/subjectivism（主观的/主观主义）：指各种不同形式的主张事物是主观的观点。它只是我们心灵的特征，而不是外部"客观的"（见"客观的"）世界的特征，例如，伦理学的主观主义认为，我们的伦理判断只反映了我们自己的感受，而不是关于外界的事实。

substance（实体）：来自拉丁语"sub"和"stare"，意为"在……之下"和"站立"。一般意义上指制造事物的材料。该术语既指某物底下支撑性的基础，也指尽管随时间的推移特征上发生了变化而其本身仍然保持同一的单个主体。它也指"本质"（见"本质"），即某物真正所是的东西而不是它所表现的方式。在逻辑学（见"逻辑学"）中，实体根据主词和谓词的概念被定义。如果S是谓词的主词，而又不能用其他主词来谓述，那么S就被认为是一个实体。此概念可以追溯到亚里士多德（见"亚里士多德"），也是莱布尼茨（见"莱布尼茨"）哲学中的重要方面。

sufficient reason, principle of（充足理由律）：莱布尼茨（见"莱布尼茨"）的一条规律，表明任何一个事实都有其为何如此而不是其他的理由。因此，充足理由采取了先天（见"先天的"）证据的形式，它建立在描述这一事实所使用的主词和谓词的性质之上。莱布尼茨（见"莱布尼茨"）不加限制地使用这一规律，比如论证不可能存在两个完全相同的原子（因为对某个地方的一个原子和其他地方的另一个原子而言不可能存在完全相同的理由，反之亦然），或论证世界不可能开始于时间上的某个点（因为没有理由说明世界开始于这个时刻而不是开始于另一时刻）。

syllogism（三段论）：演绎论证的形式之一。其中，一个命题（见"命题"）是结论，它由另外两个作为前提的命题推理得出，例如，"所有希腊人都是理智的，所有雅典人都是希腊人，所以所有雅典人都是理智的"。一个三段论只有三个词项，其中主项和谓项分别被称为"小前提"和"大前提"，另一个词项只在前提中出现，被称为"中间项"。首次系统地研究有效三段论之形式的是亚里士多德（见"亚里士多德"），三段论理论构成了被称为"传统逻辑学"（见"逻辑学"）的主体。

symbols（符号）：哲学家经常用符号来简化逻辑关系，用字母代表词项或语句，例如假设 B 代表"秃头的"这一性质。如果 f 代表弗雷德，那么 Bf 就代表"弗雷德是秃头的"这个语句。在量词逻辑（见"逻辑"）中，A 代表全称量词"所有"，公式 $(Ax)(Bx)$ 表示"所有个体都是秃头的"。同样，对存在量词 E 而言，$(Ex)(Bx)$ 表示"存在某个个体是秃头的"。等式符号（＝）表示"等同"。

在命题逻辑中，有许多符号表示命题（它们经常被缩写为大写字母）之间的逻辑关系，例如：和号（&）和点（.）经常被用来代表"和"；马蹄形和箭头（→）表示"如果……那么"；楔形或（∨）代表包含的"或"；发音符或波浪线（～）代表"不"，所以～P 就表示"不是P"；另一个否定符号是"—"；三条横（≡）或双箭头（↔）表示"当且仅当"；等等。

synapse（突触）：来自希腊语，"结合点"或"切点"的意思，是轴突和发生神经冲动的两个神经元之间的功能连接点。该术语由谢灵顿（见"谢灵顿"）于1906年发明。

syntax（句法）：处理语法或逻辑形式的语言方面。它能告诉你一个句子形式上是否正确，但是不能告诉你一个形式正确的句子的意义是什么，这属于语义学（见"语义学"）领域。句法研究是一般符号理论的一部分，被称为句法学。

synthetic（综合的）：参见"分析的/综合的"。

systems analysis（系统分析）：就一般性的和共同的部分而言，这一过程和操作包括设计、执行和协调任何复杂系统的各个组成部分。更具体而言，它以系统分析程序的使用为特征。这些程序来源于工业与组织心理学并借助计算机科学技术，目的在于理解复杂组织的运行，辨认发生的问题和错误的原因，以及提出更实际有效的结构的建议。

Tarski, Alfred（阿尔弗雷德·塔斯基，1902—1983）：波兰裔美国数学家和逻辑学家，语义学（见"语义学"）的创始人。

tautology（重言式）：在日常语言中，一个重言式就是重复两次说同一件事情。但在逻辑学（见"逻辑学"）中，它被用来描述只由其形式而为真的命题（见"命题"）。它有时被用作逻辑真理的同义词，因为在有些人看来，每个定义都是重言式的。从真值表而言，重言式是一种其所有代入都为真的陈述形式。虽然有人可能说重言式必然为真，但也有人认为，尽管这是对的，但是这种真理是毫无意义的。维特根斯坦（见"维特根斯坦"）把有意义的命题分成两类：描述事实的命题和表达重言式的命题。

taxonomy（分类学）：来自希腊语，意思为"分配规则"，指系统性的分类和配置原则的集合。

teleology（目的论）：来自希腊语"*telos*"和"*logos*"，意为"目的"和"话语"或"学说"。指对目的、意图、功能的研究，以及把目的、终极因（见"原因"）或意图作为解释原则的学说。总体而言，大部分传统哲学都从目的论视角来看待自然和宇宙。该术语本身是在18世纪由基督徒沃尔夫引入的。

Theaetetus（泰阿泰德，公元前414—公元前369年）：古希腊数学家，与柏拉图（见"柏拉图"）一起建立了雅典学园。他的著作后来被欧几里得（见"欧几里得"）采用。柏拉图的对话《泰阿泰德篇》集中讨论知识的定义问题。

thermodynamics, first and second law of（热力学第一定律和第二定律）：指热量和其他能量形式的关系研究。热力学第一定律简单地表明，热量是能量的一种形式，并且在一个孤立系统中，所有种类的能量总和在时间上保持恒定。因此，它是能量守恒定律（见"能量守恒定律"）在包含热能上的应用。热力学第二定律处理任何包含能量的化学或物理过程的传导：不可能制造出一种永动机不做机械功还能在不产生任何其他影响的情况下冷却热源。一个孤立系统中的能量将随时间降低但熵（见"熵"）增加。

transcendental（先验的）：这样一种思想，即试图发现一种（可能是普遍必然的）理性规律，并从中推导出关于现实如何必然被任何心灵所理解的结论。康德（见"康德"）用这种理性——"先验论证"——来证明一种先天（见"先天的"）形而上学的真理。

transparency, referential（指称的透明性）：参见"指称的不透明性和透明性"。

truth function（真值函项）：一个命题（见"命题"）成为真值函项，当且仅当该命题的真假值由它的成分命题的真假值所决定，例如，说"p和q"是一个真值函项就是说，一旦我们能回答（1）"p是否为真"和（2）"q是否为真"，我们就能回答"p和q是否为真"。参见"函数"。

Turing, Alan Mathison（阿兰·麦迪森·图灵）：英国数学家、生物学家和哲学家。他与冯·诺依曼（见"冯·诺依曼"）一起，是电子数字计算机概念、人工智能（见"人工智能"）概念以及心灵概念这些方面的关键人物。他发明了图灵机，即一种计算机原型，并提出了人类心灵是否能以类似方式发挥作用或者是否能被这样的机器模仿的问题。他提出心灵的这种模仿能够被测量，并为此目的发明了一种智力测试，这就是著名的"图灵测试"。在此测试中，人对一系列问题的回答与计算机的回答（通过电传设备）进行比较来区分是由谁作出的。如果说在这种行为主义模型中只有精神属性能够被提问，那么计算机的超级数学能力就能为此提供一个反对理由。图灵还引出了如下问题：计算机具有开放的意识吗？

types, theory of（类型论）：由罗素（见"罗素"）提出的一种旨在避免因自指而产生的逻辑悖论（见"悖论"）和二律背反的理论。他通过确定没有任何类能够成为自己的成员而得出以下结论：类是一种比其成员更高层的类型。因此，在"苏格拉底是人"这一陈述中，谓词是比主词更高的类型。在简单类型论中，最低等级的类是个体那一等级，随后是个体的性质，然后是性质的性质，等等。但它解决逻辑悖论的同时并没有解决特定的语义悖论［比如格雷林（Grelling）悖论区分了具有所指示的性质的（自谓的）谓词和不具有所指示的性质的（非自谓的）谓词］。这个悖论的问题是：谓词"非自谓的"是自谓的还是非自谓的？这促使罗素和怀特海（见"怀特海"）提出了分支类型论。它的关注点除了简单类型论的原理外还包括了阶的等级——一阶/二阶/三阶……函项，每一阶函项都定义了低一阶的类。"类型错误"就是在忽视逻辑等级时产生的。

universals（普遍，共相）：指"抽象"事物，如美、勇气、红色等。普遍/共相的核心问题是，它们在外部世界是否存在——它们是真实的事物，还是仅仅是我们分类的结果（如果没有任何心灵，那么它们就不存在）。因此，在普遍/共相问题上一个人也许是实在论者或反实在论者。在这个意义上，柏拉图（见"柏拉图"）的形式理论是早期实在论（见"实在论"）的代表，而亚里士多德（见"亚里士多德"）和经验主义者则与反实在论联系在一起。唯名论是反实在论的一种，它主张这种抽象物只是我们使用语言的方式产生的结果。

validity（有效性）：在通常的用法中，如果一个论证符合逻辑（见"逻辑"）规则，那么它就是有效的。事实上，一个结论的有效性问题与前提的真值问题无关，后者只对论证的"合理性"有影响。在演绎论证中，如果前提为真，那么结论是合理的。而在归纳论证中，前提为真只能提高结论的可能性。而在这两种情况下，只要论证具有恰当完整的逻辑关系，它们就是有效的。参见"演绎/归纳"。

verification principle/criterion of verifiability（证实原则/可证实性标准）：由逻辑经验主义者提出的一个标准。该标准提出，任何不可证实的陈述都是无意义的，例如，因为"上帝爱我们"这一陈述被认为不可能找到支持或反对的证据，所以该陈述被认为不假（或不真），但它是无意义的。一般而言，经验主义者都持这一立场。有些逻辑实证主义者用这一标准来主张形而上学（见"形而上学"）和伦理学（见"伦理学"）中的陈述都是无意义的。甚至，其中有些人包括艾耶尔（见"艾耶尔"）认为证实原则提供了意义问题的最终方案，即一个句子的意义就是证实它的方法。

verificationism（证实主义）：该立场主张科学工作就是努力通过逻辑的和经验的（见"经验的"）手段证实一个理论的正确性。通常它与证伪主义相对。后者是一种与波普尔（见"波普尔"）联系在一起的新观点。该观点认为科学理论不可能被证明为真而只能努力去否证（见"否证"）它。从这个观点出发，一个科学理论被接受不是因为它是对某类现象确然的准确说明，而是因为它还没有被证明为假。

Vienna Circle（维也纳学派）：20世纪二三十年代聚集在维也纳和其他地方的一群哲学家。它包括石里克（见"石里克"）、卡尔纳普（见"卡尔纳普"）、哥德尔（见"哥德尔"）以及其他一些深受维特根斯坦（见"维特根斯坦"）影响的人。这些哲学家反对他们周围的大陆思维方式，提出了逻辑实证主义（见"实证主义"）的基本纲领，深刻地影响了未来的尤其是英国和美国的分析哲学（见"分析哲学"），许多成员在希特勒上台期间移居那里。

virtual particle（虚粒子）：一种在短时间内产生并通常会违反能量和质量守恒定律（见"守恒定律"）的粒子。它产生于不确定性原理。该原理的结果表明，对亚原子系统的任何测量在其过程中都必然会干扰该系统。其结果就是准确性的丧失，尤其当一个粒子的生命周期很短的时候，而能量则产生高度的不确定性。

vitalism（活力论）：来自拉丁语"*vita*"，意为"生命"。它指这样一种学说：生命现象具有某种特征，根据这种特征，它们与身体的物理化学现象以及精神现象区分开来。活力论者将生命组织的活动归因于"活力"的运行并与生物学的机械论（见"机械论"）者相对。后者主张生命现象只能通过物理化学的术语来解释。

volition（意愿）：意志的运用，指决定、欲望或欲求的力量。

von Neumann, John（约翰·冯·诺依曼）：匈牙利出生的普林斯顿教授，20 世纪杰出的数学家之一。他促进了原子能的发展，建造了最早的电子计算机，设计了许多核设备，并推动了博弈论的发展，后者是数学的一个分支，采用概率（见"概率"）来处理策略问题。

Waisman, Friedrich（弗里德里希·魏斯曼，1896—1959）：奥地利出生的哲学家。在维也纳做石里克（见"石里克"）的助手，后来去剑桥与维特根斯坦（见"维特根斯坦"）一起从事研究并在那儿任教。他开始是逻辑实证主义者，致力于数学的严密性，后来主张语言学方法更有希望解决哲学问题。

Watson, John Broadus（约翰·布罗德斯·华生，1878—1958）：美国心理学家，行为主义（见"行为主义"）理论的创始人。受斯金纳（见"斯金纳"）影响以及为了回应当时的内省主义心理学，华生认为，如果心理学是客观的（见"客观的"）并处理可观察的对象，那么它就能成为像其他自然科学（见"自然科学"）一样的多产性科学。他于 1913 年以《行为主义者所认为的心理学》(Psychology as the Behaviourist Sees It) 一文发起了这场运动，随后又出版了大量有影响的论文和著作。

wave mechanics（波动力学）：量子力学（见"量子力学"）的形式之一，从粒子的波动理论发展而来。波动力学以描述物质之波动特性的薛定谔（见"薛定谔"）方程为基础。它将系统的能量与波函数联系起来，并得出一个系统（例如一个原子或分子）只能有特定的波函数以及特定的能量。在波动力学中量子（见"量子"）的状态以一种自然的方式从解答波动方程的基本假设中引出。

weak/strong interaction（弱相互作用/强相互作用）：亚原子层次基本粒子间的相互作用，它是除了万有引力和电磁力（参见"电磁学"）以外的自然界的两种基本的力（见"力"）。弱相互作用产生放射衰变，而强相互作用始终与夸克（三种已知的基本粒子）联系在一起。弱相互作用比强相互作用要弱亿万倍，当强相互作用发生时，弱相互作用就不重要了。

Weierstrass, Karl（卡尔·魏尔斯特拉斯）：19 世纪最伟大的德国数学家之一，康托尔的老师。他的工作领域主要有数学分析、函数（见"函数"）理论以及自古代以来一直困扰数学家的思想即无穷性和无理数（见"数"）。

Weltanschauung（世界观）：德语，意为"世界观、人生观、事物的观念"。

Weyl, Hermann（赫尔曼·外尔）：德裔美国科学家和哲学家。他在几何学和相对论（见"相对论"）方面都有贡献。他的哲学兴趣是数学（见"数学"）哲学和科学哲学。

Whewell, William（威廉·惠威尔，1794—1866）：英国哲学家。他以归纳科学的方法为基础，提出"束"在分类科学数据时的重要性，即通过此概念将事实联系起来，并由此将归纳法视为假说—演绎的方法。

Whitehead, Alfred North（阿弗烈·诺夫·怀特海，1861—1947）：英国（剑桥）哲学家和逻辑学家，和罗素（见"罗素"）一起提出了第一个现代系统化的符号逻辑（见"逻辑"）。他也以"过程"哲学而闻名。在此哲学中，他认为变化而不是实体（见"实体"）是最基本的，而目的是外部世界的特征之一。

Wiener, Norbert（诺伯特·维纳，1894—1964）：美国数学家，控制论（见"控制论"）的创始人。他25岁时就成为麻省理工大学的教员，后来在20世纪30年代后期与阿图罗·罗森勃吕特组成了一个跨学科小组。他们的讨论关注科学方法和科学的联合，控制论的概念正产生于此。他的理论深受计算机发展的鼓舞，所以其核心是在"人工智能"（见"人工智能"）的标签下提出的。它把人的概念理解成"机器般的"，使这个一直以来被设想为感知、学习、思考和语言的术语发生了彻底的革命。他和罗森勃吕特以及朱利安·毕格罗一起撰写了大量关于控制论哲学方面的文章，包括活力论（见"活力论"）、柏格森主义的时间等，他们也关注对社会进化的需要以满足快速的技术进步的观点带来的社会风险。

Wittgenstein, Ludwig (Josef Johann)（路德维希·约瑟夫·约翰·维特根斯坦，1889—1951）：出生于奥地利，在剑桥任教。他的主要工作是在英国进行的，而他的思想深刻地影响了那里不久前的哲学发展。这对逻辑实证主义（见"实证主义"）和日常语言哲学（见"日常语言哲学"）的影响尤其如此，他可以被看成后者的创始人。他的《逻辑哲学论》（1922）是哲学发展的直接后果，也把他永久带入了这一学科。他处理了当代哲学的许多技术性问题，但最为著名的是把哲学看成治病或疗法的观点，即哲学旨在用来治愈由语言的误用而引起的困惑和混乱。他建立了一套语言分析系统，根据这一系统，任何陈述在被接受为恰当的哲学陈述之前都必须满足特定的逻辑标准。他建立此系统的工具是符号，它能表达由于语言的限制而无法言说的事情。

逻辑学

algorithm（算法）：参见"判定程序"。

ampliative argument（扩张论证）：一种结论超出其前提所含信息的论证或推理。在此论证中，前提无法确证结论。扩张论证包括归纳（非单调性）推理和达到最佳解释的推理。它们是否可接受取决于它们的强弱。

antinomy（二律背反）：指任何悖论性陈述，它的真或对真的否定都会导致矛盾；悖论。

argument（论证）：从前提到结论的推理，也指支持或旨在证明这种推理的句子（或命题）集合。

axiomatic system（公理系统）：以公理集作为自己初始基础的逻辑系统或逻辑演算，与自然演绎系统相对。

belief dynamics（信念动态论）：信念修正理论的标准名称，用来规范人的信念的改变，即对新信念的接受和对旧信念的修正。

bivalence（二值性）：一种逻辑的特征。每个合适公式都有两个可能的真值之一：真和假。

Boolean algebra（布尔代数）：由乔治·布尔提出的一种形式系统。它通过定义如下运算来以代数的方式规范逻辑关系：∩（或×，表示交）、∪（或＋，表示并）、'（或一，表示补）以及表示命题的元素集合。

bound variable（约束变元）：在一个量词辖域内变化的变元；一个量词如 ∃、∀ 应用的变元 x。

calculus（演算）：逻辑系统的另一种名称。

Cantor's theorem（康托尔定理）：格奥尔格·康托尔于 1891 年提出的定理，即一个给定集合的所有子集的集合的势（即该集合的幂集）总是大于该集合本身的势。或者，实数集是不可枚举的（等价于说，实数集连续统的势大于自然数集的势）。康托尔用对角线论证法证明了该理论的这两个版本。

cardinality（势）：与基数（计数）相联系的集合的一种特征，它确定该集合的成员的数量。

category theory（范畴论）：对结构和结构保持映射的数学研究；或一种对数学范畴的研究，它被定义为对象的集合及满足特定条件的映射（矢量）的关联集合。

Church's theorem（丘奇定理）：由阿龙佐·丘奇于 1936 年提出的一个元定理，即没有任何有效的判定程序能够确定一阶逻辑的任意确定公式是一个定理。等价于这一定理：谓词演算的有效公式不能形成一般递归集。它也被称为丘奇—图灵定理。

Church's thesis（丘奇论题）：由阿龙佐·丘奇提出的一个论题：每个有效的可计算函数（等价于每个可确定的谓词）都是一般递归函数。它也被称为丘奇—图灵论题。

classical logic（经典逻辑）：指任何二价逻辑，或者由戈特洛布·弗雷格最初提出并经其后继者多年改进而成的命题逻辑和谓词逻辑。

closed sentence（闭语句）：一种所有变元都已经被确定的合适公式或语句，与开语句相对。

combinatory logic（组合逻辑）：形式逻辑的一个分支，这种逻辑中的函项可以发挥普遍逻辑中的变元的作用，因此它是一种不包含变元的逻辑学分支。

compactness theorem（紧致性定理）：由库尔特·哥德尔于1930年提出的一条元定理。在一阶逻辑中，对于一种给定语言的任何合适公式集，如果它的每一个有穷子集都有模型的话，那么它也有模型。

completeness（完全性）：由波斯特引入的一种逻辑系统的特征。对该系统中的任何合适公式而言，该公式要么是该系统的一个定理，要么作为公理加入该系统就会导致该系统不一致。另一种（但不等价）说法是由库尔特·哥德尔引入的逻辑系统的一种特征：所有在某系统中可表述的有效合适公式都是该系统的定理。在前一种意义上，经典命题演算是完全的，但纯一阶谓词演算不是；在后一种意义上，两者都是完全的。

computability（可计算性）：直观地说，就是一种能计算函数的特性。因此，一个可计算函数就是对它而言存在有效的、有穷的、机械的能计算其值的程序或（算法）。有效的可计算性的一个准确含义是由图灵机概念提供的；还有一种可计算性是指一般递归函数的可计算性。

conclusion（结论）：通过论证的前提推理得到的或支持性地证明的东西。

confirmation theory（确证理论）：评估证据对假设的支持（或确证）度，强调认知主体根据给定的证据对假设所持的理性信心度的理论。

connective（联结词）：用来连接一个或多个命题常项或形式的符号。其结果是一个新的常项或形式。标准联结词包括否定符号（∼）、合取符号（&）、（相容）析取符号（∨）、实质蕴涵符号（→）、实质等价符号（↔）。

consistency（一致性）：指陈述或命题集合或逻辑系统不会产生任何矛盾（命题及其否命题的联合断言）的特征。阿尔弗雷德·塔斯基的一致性是指并非每个合适公式都是定理的逻辑系统特征。波斯特的一致性是指没有任何只含有一个命题变元的合适公式是定理的逻辑系统特征。还有一种一致性是指逻辑系统有模型的特征。最后一种涵义被称为一致性的语义学定义。

constructivism（构造主义）：指如下观点，即满足性证据仅指那些能被成功构造或发现的存在。因此，构造性证据不同于间接证据或归谬证据，它是让我们能够发现每个对象（具有给定特征 p）的例证或发现这些例证的算法的东西。

continuum hypothesis（连续统假设）：格奥尔格·康托尔提出的假说，即不存在任何集合，它的势比自然数集合的势大而比自然数幂集的势小。在更一般的情况下，该假说陈述为，没有任何集合的势比给定无穷集合的势大而比该集合的幂集的势小。

Cook's theorem（库克定理）：由斯蒂芬·库克于1971年证明的定理。可满足性问题至少与任何 NP-完全性问题同样难以解决。

counterfactual（反事实的）：前件为假的条件句。

decision problem（判定问题）：找到一个有效的、有穷的、机械的判定程序（或算法）以获得一个给定问题的一个答案的问题。典型而言，关于逻辑系统的最普通的判定问题就是判定一个系统的任意合适公式是否是该系统的一个定理。对一个判定问题的肯定解决是证明存在有效判定程序，否定解决是证明不存在有效判定程序。肯定解决的一个实例是真值表提供了命题演算的有效判定程序，否定解决的实例是丘奇定理对谓词演算的证明。

decision procedure（判定程序）：对给定问题作出判定的程序。只要该程序产生正确答案并随之产生一套有穷数量的机械步骤，它就被认为是有效的，或成为了一个算法。

decision theory（决策论）：在各种不同风险和不确定条件下作出选择的理论，或者说理性选择的理论，因为每个选择都与结果、得失的预期概率分配联系在一起。决策论与博弈论经常被称为实践理性理论。

deducibility（可推出性）：这样一种关系，即陈述（或命题）C 与陈述（或命题）集合 P 之间，C 基于 P 是可证明的，用符号 $\vdash$ 表示，与蕴涵相对。

deduction（演绎）：这样一种论证或推理，即结论 C 基于前提 P 是可证明的。另一种但不常见的理解是，前提为结论提供确证的论证或推理；还指一种有效论证或蕴涵关系。

deduction theorem（演绎定理）：一条元定理，在给定的逻辑系统中，如果 $s_1, s_2, \ldots, s_n \vdash s_{n+1}$，那么 $s_1, s_2, \ldots, s_{n-1} \vdash s_n \rightarrow s_{n+1}$。

deductive logic（演绎逻辑）：对演绎的形式研究，或对前提给予结论确证的论证或推理的形式研究。

default logic（缺省逻辑）：非单调逻辑的一种形式。它允许在缺少相反信息的情况下简单接受或拒绝特定类型的缺省命题。

denumerable（可枚举的）：可枚举集是指任何一种这样的集合，即它的势等于自然数集合的势，是无穷集合中最小的一种集合。不可枚举集是指它的势比自然数集合的势大，与可数集相对。

deontic logic（道义逻辑）：任何强调来自句子之道义特征（如义务和许可）的推理关系或蕴涵的逻辑。它来自经典逻辑（如命题演算或谓词演算），通过加入控制算子——如"Op"（应当 p）中的"O"和"Pp"（许可 p）中的"P"——的推理规则和公理而获得。

detachment（分离规则）：一种推理规则（也称肯定前件的假言推理），给定两个合适公式 p 和 $p \rightarrow q$，可以推出一个合适公式 q。

diagonal argument（对角线论证）：由格尔奥格·康托尔为证明不同的集合有不同的势而引入的一种论证，它是以确保旧对象不同于新对象的方式从对象建构对象的一种方法或程序。更一般地说，这种方法成为了数学中最强有力的工具之一。

entailment（蕴涵）：从陈述（或命题）P中推出陈述（或命题）C的一种关系，用符号 $\models$ 表示。还指从前提P中推出结论C，或前提为结论提供了确证的推理或论证，在后一种意义上，蕴涵常等价于有效性，即结论为假时前提应当为真这种逻辑上不可能的特性。也有人建议它等价于一种更强的关系以避免严格蕴涵悖论。

enumerable（可数的）：可数集是指任何一种这样的集合，它的势等于某些（有穷的）自然数集合的势或整个自然数集合的势。它与"countable"同义，与可枚举集相对。

epistemic logic（认知逻辑）：任何强调推理关系和蕴涵来自句子认知特征的逻辑。它来自经典逻辑（如命题演算或谓词演算）通过加入控制算子——如"Kp"（知道p）中的"K"和"Bp"（相信p）中的"B"——的推理规则和/或公理而获得。

erotetic logic（问句逻辑）：任何强调问题与回答之间的推理关系和蕴涵的逻辑。

existential quantifier（存在量词）：一个符号，如"$\exists$"，和一个变元一起被用来表示"存在"概念，例如在恰当的解释下，"$(\exists x = x)$"被用来符号化如下语句，即"存在一个x，使x等于它自身"，或者更不规范的表达是，"某个东西等于它自身"。

fallacy（谬误）：既无效且推理上也不牢固但仍然有说服力的论证，也指任何推理中的错误。

finitary method (finitism)［有穷方法（有穷主义）］：戴维·希尔伯特及其追随者使用的一种元数学研究的方法，它强调对有穷的、定义清晰的和可构造的对象的运用。像构造主义一样，有穷主义主张，除非我们能够指出如何构造数学对象的方法，否则我们不能宣称它的存在。与构造主义不同的是，它也要求我们永远不要指望完全无穷的总体。

finitism（有穷主义）：参见"有穷方法"。

first-order language（一阶语言）：量词和函项被限定在个体范围内的语言。相反，高阶语言的量词和函项可以包含个体的特征与函项。

first-order logic（一阶逻辑）：在一阶语言内进行有效推理的逻辑，也称为一阶谓词（或函项）逻辑。参见"谓词逻辑"。

formal language（形式语言）：指合适公式与一个解释的集合体。

formal logic（形式逻辑）：对这样一种论证的研究，即其有效性或推理强度只取决于或主要取决于构成它们的陈述或命题的形式或结构而不是这些陈述或命题的实质内容。

formal system（形式系统）：逻辑运算的另一种名称。

formalism（形式主义）：由戴维·希尔伯特开始的、运用有穷方法研究数学基础的计划。

formation rule（形成规则）：逻辑系统的任何控制规则，（原始）符号的组合通过控制它们形成合适公式。

formula（公式）：指原始符号的任何排列，有时也被用作合适公式的同义词。

free logic（自由逻辑）：不假设名称成功指涉对象的逻辑，或不假设存在假设的逻辑。

free variable（自由变元）：不受量词约束的变元。

function（函数）：多对一的对应，也称映射。一个函数就是将一个集合 X 的成员 x 与另一个集合 Y 中某个唯一的成员 y 联系在一起的关系。我们写作 $f(x)=y$，或 $f: X \rightarrow Y$，并命名 X 为论域，Y 为函数 f 的值域。

functional logic（函项逻辑）：谓词逻辑的另一种名称。

future contingents, problem of（未来偶然判断问题）：指关于未来偶然事件发生前就判断其是否有真值的问题，它由亚里士多德首次提出，通过简·卢卡西维茨得到普及。

fuzzy logic（模糊逻辑）：尝试处理不准确信息的逻辑分支，这些信息包括通过模糊谓词传递的信息或与所谓模糊集合相关的信息。

game theory（博弈论）：关于两个或多个主体（玩家）所做选择的数学理论，选择的结果不仅是一个主体自己的选择或策略的函数，而且是关于所有主体的选择或策略的函数。博弈论经常和决策论一起被称为实践理性理论。

general recursive function（一般递归函数）：一种根据原始递归函数和极小化可定义的递归函数。

Gentzen's consistency proof（根岑一致性证明）：1936 年格哈德·根岑提出的证明，用序数 ε_0 的超穷归纳法来证明经典纯数论是一致的。

Gödel numbering（哥德尔编码）：将自然数系统地指派给一个形式系统的成员和公式。通过这种方法，一个人能够通过研究相关数的关系和特征推断出对应的形式系统的句法信息。

Gödel's completeness theorem（哥德尔完全性定理）：由库尔特·哥德尔于 1930 年证明的元定理，即（纯）一阶谓词逻辑的每个有效的合适公式都是该系统的定理。

Gödel's incompleteness theorems（哥德尔不完全性定理）：由库尔特·哥德尔 1931 年提出的与初等数论的系统不完全性相关的两个定理。第一个定理提出，任何足以表达初等数论且 ω 一致的系统都是不完全的，即该系统中存在一个有效的合适公式，它在该系统内不可证。（1936 年，罗塞尔将该定理扩展到所有一致性系统。）第二个定理指出，没有一个足以表达初等数论的一致性系统可以证明陈述其一致性的句子。

halting problem（停机问题）：找到一个有效的程序来判定，一个计算设备（比如图灵机）如果任给一个输入是否会停机的问题。

higher-order language（高阶语言）：一种其量词和函项不只包含个体的特征与函项的语言。

higher-order logic（高阶逻辑）：通过高阶语言执行的有效推理的逻辑。

imperative logic（祈使句逻辑）：任何强调基于祈使句的推理关系和蕴涵的逻辑。

induction（归纳）：一种从经验性前提到经验性结论的扩充论证。在通过简单枚举的归纳推理中，给出某个种 G 的被观察对象，如果证明 a、b 和 c 都有特征 F，那么就可能得出结论，所有将来被观察到的 Gs 都将有特征 F，或者说所有 Gs 都有特征 F。归纳是否可以接受取决于它们的归纳强弱程度。

inductive logic（归纳逻辑）：对归纳、扩充论证或从经验性前提到经验性结论之推理的形式研究，在这种推理中，前提无法为结论提供确证。

inductive strength（归纳强度）：非确证性论证的前提给予其结论的支持程度。在根据给定前提结论可能为真的情况下，此论证被称为归纳上强的论证。在根据给定前提结论不可能为真的情况下，此论证被称为归纳上弱的论证。

inference rule（推理规则）：也称为变换规则，指任何合适公式在一个逻辑系统中的正当理由，此逻辑系统的形式如下："给定形式 $s_1 \ldots s_n$ 的合适公式，就可推理出形式 s_m 的合适公式"。

informal logic（非形式逻辑）：对这样一种论证的研究，即其有效性或归纳强度只取决于或主要取决于其陈述或命题的实质内容而不取决于其陈述或命题的形式或结构。

interpretation（解释）：指合适公式集合的意义，或将意义指定给形式系统的方法。因此，给定合适公式集合 S，它的解释由一个非空集合（论域）和一个函数组成：(1) 将此论域的元素指定给 S 中的每个个体常项；(2) 将此论域的 n 元关系指定给 S 中的每个 n 元谓词；(3) 将其论证是此论域元素的 n 维排列且其值也是此论域的元素的函数指定给 S 之每个成员中的每个 n 元函数名；(4) 指定一个真值给每个句子字母。逻辑常项如表征性的真值函项和量项根据说明包含它们的合适公式如何估值的规则（如真值表）指定了标准意义。

interrogative logic（问题逻辑）：问句逻辑的另一个名称。

intuitionism（直觉主义）：由布劳威尔提出的一种研究数学基础的方案，是构造主义的一种。

intuitionistic logic（直觉主义逻辑）：一种将如下"直觉主义"观点形式化的逻辑，即数学的主题是由数学家制造的精神构造组成的。那些经典的证明（如依赖间接证明或归谬论证的那些证明）因此是不可接受的，因为它们并不包含恰当的构造。在直觉主义逻辑中，句子"$pv\neg p$"不是定理，并且从$\neg\neg p$到p的推理，以及从$\neg(\forall x)Fx$到$(\exists x)\neg Fx$的推理都是不允许的。

lambda calculus（λ演算）：一种控制函数操作的逻辑，它因用来命名其函数的记号而得名。诸如"$f(x)$"或"y的后继"等用语被用来指从x或y通过适当的函数所获得的对象。为了指称函数本身，阿龙佐·丘奇引入了这个记号，它产生了"$(\lambda x)(f(x))$"和"$(\lambda x)(y$的后继$)$"。

logic（逻辑学）：对正确推理的研究，也指对有效性与归纳强度以及与正确推理有关的所有形式结构和非形式特征的研究。该术语也被用作"逻辑演算"的同义词。

logical calculus（逻辑演算）：指任何对如下逻辑推理的系统处理，即在此逻辑推理中，初始基础——由包含原始成分的词汇表和函数规则（语法）集合的形式语言与包含公理集合和变换规则集合的逻辑组成——是用系统的元语言明确陈述的。它也被称为形式系统或逻辑系统。最重要的两种经典逻辑演算是命题演算和谓词演算。

logical constant（逻辑常项）：被用来表示与句子逻辑形式相关的主题中立表达式的符号。标准的逻辑常项包括用来表示真值函项的符号如否定（～）、合取（&）、析取（∨）、实质蕴涵（→）、实质等价（←→）等以及全称量词（∀）、存在量词（∃）、相等关系（＝）、范围指示词（如"和"）。

logical form（逻辑形式）：句子或论证的结构，与它们的逻辑关系相联。表达式的逻辑形式典型地通过表明表达式的逻辑常项，通过用自由变元代替非逻辑常项来获得。逻辑形式与用自由变元所代替的非逻辑常项的实质内容（主旨）相对。

logical paradox（逻辑悖论）：一种不包含语义概念如指称或真理的悖论，相对于语义悖论。

logicism（逻辑主义）：由弗雷格、罗素、怀特海以及其他哲学家各自提出的一种主张，即数学的某些分支或所有分支都能被还原为逻辑。具体而言就是，数学的某些分支或所有分支的概念都能够根据纯逻辑概念来定义，进而它们的定理也都能根据纯逻辑公理推演出来。

logistic system（逻辑系统）：逻辑演算的另一种名称。

Löwenheim-Skolem theorems（勒文海姆—斯科伦定理）：由李奥帕德·勒文海姆于1915年提出的一套元定理，即如果有一个解释使某个合适公式为真，那么就有一个解释使该公式为真，且它的论域是可数的。该定理在1920年由托拉尔夫·斯科伦加以扩展。

many-valued logic（多值逻辑）：指任何包含多于两种可能的经典真值即真和假的逻辑，比如由简·卢卡西维茨提出的一种多值逻辑。

material content（实质内容）：一个句子或论证的主旨，与句子或论证的逻辑形式相对。

material implication（实质蕴涵）：一种真值函项，标准的写法为 $p \to q$ 或 $p \supset q$，即当且仅当 p（前件）为真且 q（后件）为假时，$p \to q$ 为假。

material implication, paradoxes of（实质蕴涵怪论）：在一个实质蕴涵中，不管任何内容，只要前件为假或后件为真，其蕴涵都将为真。实质蕴涵怪论就是这种效果的许多非直觉性（但严格来说并不矛盾的）结果之一，与严格蕴涵怪论相对。

mathematical logic（数理逻辑）：形式逻辑的另一种名称，尤指依赖数学工具和概念或适合用来表达数学理论的形式逻辑分支。

mereology（分体论）：强调基于整体与部分之关系的推理关系和蕴涵的逻辑。

metalanguage（元语言）：用于讨论对象语言的语言。

metalogic（元逻辑）：以特定逻辑演算或逻辑系统为主题的逻辑理论，也指基于不同的元语言对逻辑演算的研究。

metamathematics（元数学）：对构造数学理论的逻辑系统的研究，或指对其理论公式本身就被认为属于数学对象的逻辑系统的研究。有时该术语严格指证明理论或仅使用有穷方法的证明理论。

metatheorem（元定理）：用元语言证明的定理，也指元逻辑或元数学的定理。

metatheory（元理论）：用元语言表达的独立理论或逻辑系统的理论。

modal logic（模态逻辑）：强调基于真势模态如必然性、可能性和不可能性的推理关系和蕴涵的逻辑，来自经典逻辑（如命题演算或谓词演算），通过加入控制算子——如"□p"（必然 p）中的"□"和"◇P"（可能 p）中的"◇"等——的推理规则或公理而获得。

model（模型）：对所有句子或定理都证明为真的句子集合或逻辑系统的解释。

model theory（模型论）：对形式系统的解释的研究，也指对被解释的逻辑系统内句子（和句子集合）之间（语义）推理关系的研究。

modus ponens（肯定前件的假言推理）：分离规则的另一种名称。

multi-valued logic（多值逻辑）：与"many-valued logic"同义。

natural deduction system（自然演绎系统）：不使用公理而依赖足够强大的推理规则集合的逻辑系统或逻辑演算，与公理系统相对。

non-monotonic logic（非单调逻辑）：对扩充推理的形式研究，也指因证据的改变因而敏感地要求已被证明的定理被修正或推翻的一种逻辑类型。

NP-complete（NP-完全性）：是对"非决定性多项式时间完全性"的缩写，属于最难等级的问题，对它们而言，不存在任何多项式时间解法，但是如果存在，那么它们的解法在多项式时间内就是可检验的。

object language（对象语言）：被元语言指向的语言，也指用来谈论（通常是非语言学的）对象的语言。

ω completeness（ω 完全性）：形式系统的一种特征，如果该系统具有如下定理，即给定特征 p 属于所有单个自然数，那么该系统就具有如下定理，即特征 p 属于所有的数。

ω consistency（ω 一致性）：形式系统的一种特征，如果该系统具有如下定理，即给定特征 p 属于所有单个自然数，那么该系统就不能具有如下定理，即特征 p 不属于所有的数。

open sentence（开语句）：并不是所有变元都被确定的公式或语句。

paraconsistent logic（弗协调逻辑）：这样一种逻辑演算，它在矛盾（命题及其否命题的联合断言）可以被推出的意义上是不一致的，但在不是每个合适公式都是定理的意义上又是一致的。

paradox（悖论）：指表面上对相互矛盾的命题的确证。同样，也指表面上对同一命题既接受又否定的确证。对逻辑悖论（如罗素悖论）与语义悖论（如说谎者悖论）的区分要归功于皮亚诺和拉姆齐。

Peano's postulates（皮亚诺公设）：由理查德·戴德金提出而经皮亚诺加以推广的公设集合，它把自然数集合定义为从数 0 开始的后继序列。

pleonotetic logic（多元逻辑）：与"plurality logic"同义。

plurality logic（多元逻辑）：强调与量化关系有关、或涉及复数量词（如"大多数"、"几乎没有"）的推理关系和蕴涵的逻辑。

plurative logic（多元逻辑）："plurality logic"的同义词。

Polish notation（波兰表示法）：由简·卢卡西维茨设计的一种逻辑表达式，它用一种清晰的排序系统来克服形式语言中对范围指示词（如括号）的需要。这样，让 N 表示否定，K 表示合取，A 表示析取，R 表示不相容的析取，C 表示实质蕴涵，E 表示实质等价，L 表示必然性，M 表示可能性，则语句 $\sim(p \to (p \& q))$ 和 $\Box(p \to p)$ 就可以分别表示为 $NCpKpq$ 和 $LCpp$。

predicate（谓词）：表示状态或关系的表达，并且当与一个或更多的指称性语词联系在一起时构成一个句子。当该谓词所表达的状态或关系符合所指称的实体时，由此构成的句子为真，否则为假。

predicate logic（谓词逻辑）：一种除了分析命题逻辑所分析的命题（或陈述）间的真值函

项关系，还分析命题（或陈述）内部的个体词与量词的关系的逻辑演算。每个这样的系统都以一个集合为基础，这个集合由个体常项和谓词（或函数）常项、个体（有时也有谓词）变元、管辖这些（或部分）变元的量词（如∃、∀）以及命题演算的标准常项和联结词组成。

preference logic（偏好逻辑）：强调由偏好导致的推理关系和蕴涵的逻辑。

premiss（前提）：支持或证明结论的句子（或命题）集合中的一个句子（或命题）。

primitive basis（初始基础）：初始符号、形成规则、公理和推理规则（变换规则）的集合，它们构成了一个逻辑系统的特征。

primitive recursive function（原始递归函数）：通过递归和一系列基本函数如常量函数、映射函数（或恒等函数）和后继函数的替换而可定义的一种递归函数。

primitive symbols（初始符号）：一套未被定义的作为语言基本词汇的符号，包括常项、变元、联结词、算子。

probability（概率）：对陈述或命题可接受性的测量，或对可能性的测量。

probability theory（概率论）：关于一个陈述或一个命题的可接受性的，或者关于接受这个陈述或这个命题的可能性的数学理论，由安德雷·柯尔莫哥洛夫于1933年公理化为有整体最大值的非负实数值加性集函数。

proof（证明）：逻辑系统中合适公式的有穷列表，每个公式或者是该系统的公理，或者是根据这些列表中的公式与逻辑系统的推理规则的运算结果。该列表的最终公式被称为该系统的定理。

proof theory（证明理论）：形式系统的句法研究，或逻辑系统中公式间或公式集间可推出性的关系研究。有时该术语严格指只用戴维·希尔伯特提出的有穷方法进行的形式系统研究。

propositional function（命题函项）：弗雷格提出的与特征概念相对应的形式化概念；有作为自身论域的指称对象（如个体常项）集和作为自身的命题集或真值集值域的函数。

propositional logic（命题逻辑）：分析命题（或陈述）之间的真值函项关系的一种逻辑演算。每个这样的系统都以一套命题常项和联结词（或算子）组成的集合为基础，二者通过各种方式组合成更为复杂的句子。标准联结词包括那些表示否定（∼）、合取（&）、（相容）析取（∨）、实质蕴涵（→）和实质等价（↔）的词。

quantification theory（量化理论）：谓词逻辑的另一种名称。

quantifier（量词）：一个算子如存在量词（∃）或全称量词（∀），由弗雷格首次引入以便表示传统上的命题的量，不管是全称的还是特称的。

quantum logic（量子逻辑）：分配律在其中不成立的逻辑，或任何旨在处理当代量子物理学理论中命题间的独特蕴涵关系的逻辑。

recursion theory（递归论）：递归函数理论。

recursive function（递归函数）：任何原始递归或一般递归的函数，由初始函数集通过一系列固定程序构成。具体而言，如果一个函数是通过初始函数［包括常量函数、映射（恒等）函数以及后继函数］的递归和代入来定义的，那么该函数就是原始递归函数。如果一个函数是根据原始递归函数和最小化来定义的，那么该函数就是一般（简单）递归函数。

recursive procedure（递归程序）：一种反复应用的程序，其方式是每个非最初的应用被应用于之前应用所产生的结果。

recursive set（递归集）：这样一种集合，即它和它的补集都能通过递归集而成为可枚举的集合。

relevance logic（相干逻辑）：任何强调涉及前提与结论间的相关联系而不是简单的经典推导性条件的推理关系和蕴涵的逻辑，或一种包含比严格蕴涵更强的蕴涵关系并致力于避免蕴涵和严格蕴涵怪论的弗协调逻辑。

Russell's paradox（罗素悖论）：最著名的逻辑或集合论悖论。该悖论产生于它考虑了不是自己的元素的所有集合的集合，因为该集合当且仅当不是自己的元素时作为自己的元素出现。该悖论自1901年被罗素发现后迅速推动了20世纪上半叶逻辑和集合论的大量研究。

satisfiability（可满足性）：开语句的特征，给定个体的非空论域，就存在个体被指派给公式的自由变元的可能，以便其组合公式为真。也指任何句子集合相对于论域能提供一个解释以便它的所有句子被证明为真。因此，可满足性问题是：给定一个任意的句子集合来决定这个集合是否是可满足的。

scope (of a quantifier)（量词的辖域）：量词如（∃）或（∀）所应用的表达。因此，如果一个量词被应用于某个变元 x，那么就说该变元在这个量词的辖域内。

second-order language（二阶语言）：最基本的高阶语言，其中量词和函项被允许涉及个体及个体的特征和函项。

second-order logic（二阶逻辑）：在二阶语言中进行的有效推理的逻辑，是最基本的高阶逻辑。

semantic paradox（语义悖论）：包含语义概念如指称或真理的悖论，与逻辑悖论相对。

semantics（语义学）：一个形式系统之符号的意义以及对它们的特征和关系的研究，包括指称（外延）理论和涵义（内涵）理论。

sentential logic（语句逻辑）：命题逻辑的另一种名称。

set（集合）：直观地说，指任何一个明确定义的、独立不同的对象的集体。决定集合的这些对象被称为该集合的元素或成员。符号∈通常被用来表示所属关系或元素关系。因此，"$a∈A$"读作"a是集合A的一个元素（或成员）"或"a属于集合A"。当且仅当两个集合包含完全相同的元素时，它们是同一的。

set theory（集合论）：对集合及其性质和关系的系统研究。在康托尔发现了集合论的谱系以及与朴素集合论伴随而生的悖论的推动下，恩斯特·策梅洛于1908年建立了第一个集合论的标准公理化系统 Z。

Skolem-Löwenheim theorems（斯科伦—勒文海姆定理）：勒文海姆—斯科伦定理的另一个名称。

Skolem's paradox（斯科伦悖论）：反直观（但根本上说却不矛盾）的结论，即对一些系统而言，康托尔定理是可证明的，因此这些系统必然包含不可枚举的集合，因为勒文海姆—斯科伦定理，这些系统在可数的无穷论域中必须是可满足的。

soundness（可靠性）：逻辑系统的特征之一，其中的所有定理都是有效的合适公式。

strict implication（严格蕴涵）：两个公式 p 和 q 的一种关系以便不可能既 p 且 $\sim q$。在这种情况下，p 被称为严格蕴涵 q。

strict implication, paradoxes of（严格蕴涵怪论）：指这样一种非直观（但严格说却不矛盾）的结论，即一个必然命题被任何命题所严格蕴涵且一个不可能命题严格蕴涵所有命题，不管这些命题的内容是什么，与实质蕴涵怪论相对。

substitution（代入规则）：一种推理规则，能够根据确定的类中的某个变元一致地代替该类中的每个变元从而从给定的合适公式推理出第二个合适公式。

symbolic logic（符号逻辑）：形式逻辑的另一种名称。

successor（后继）：指对一个给定序列的成员而言，紧随其后的成员。

syntax（句法）：一个形式系统的符号以及对其特征和包括区分合适公式与非合适公式等的关系的研究。

tautology（重言式）：因为自身的逻辑结构——不管自身成分语句的真值如何——而为真的命题演算的任何复合语句或公式。

temporal logic（时间逻辑）：故意对句子的时态敏感，句子的真值随时间而变化的逻辑，强调基于句子时态特征的推理关系和蕴涵的逻辑。

tense logic（时态逻辑）：时间逻辑的另一种名称。

theorem（定理）：任何在逻辑系统中可证明的合适公式。

theory（理论）：任何合适公式的集合，或具有逻辑蕴涵关系的合适公式的集合。

transformation rule（变换规则）：推理规则的另一种名称。

truth function（真值函项）：任何其论证和值是真值的函项。

truth table（真值表）：一个通过把所有可能的真值都分配给其成分命题而罗列出复合命题真值的矩阵。

truth value（真值）：经典逻辑中的两个抽象实体真和假，它们分别充当真语句和假语句的指称。在多值逻辑中，任何可能的值扮演着相似的角色。

Turing-computable（图灵可计算的）：任何通过图灵机可计算的函数的特征。图灵可计算函数集被证明等价于一般递归函数集。参见"丘奇论题"。

Turing machine（图灵机）：一种由艾伦·图灵发明的理论上的机器以便精确描述（有效）可计算性的思想。直观上，能够将图灵机看成一台计算机，它根据一系列操作指南处理包含在一条长纸带（它在两头都是无穷的）上的信息。在更正式的意义上，图灵机能够被看作一套有序五元组，即 q_i、s_i、s_j、I_i、q_j。q_i 是图灵机的当前状态，s_i 是在纸带上正读取的符号，s_j 是图灵机用来代替 s_i 的符号，I_i 是让纸带从一个单元向左移动还是向右移动或者留在原址的指南，q_j 则是图灵机的下一个状态。

types, theory of（类型论）：一种理想语言的正确结构理论，由罗素提出，用来作为防止产生悖论——如不是它自己的成员的所有集合的集合的悖论（罗素悖论）——的手段。罗素的设想是，将语言或理论的对象（最后是谓词）排序为一个等级（个体作为最低等级，个体的集合为次最低等级，等等），以便避免产生诸如所有集合的集合这种集合指称，也就不可能指向这样出现的集合。

universal quantifier（全称量词）：一个符号如 ∀，被用来连接一个变元以表示"对所有而言"的概念。对"(∀x)(x＝x)"而言，恰当的解释是，它是对如下句子的符号化，即"对所有 x，x 等于它自身"，或不太正式的说法，"所有等于它自身的东西"。

validity（有效性）：任何如下推理的特征：它的前提和对其结论的否定的联合断言将导致矛盾。或者，任何合适公式在所有解释下都为真的特征，即给定任何非空论域，每个可能的值对其自由变元的指派都产生真语句。

well-formed formula（合适公式）：逻辑系统中任何语法正确的公式；一个语句。

索 引

a fortiori（理由更加充分）377

a priori（先天的），synthetic（先天综合）133，258；analytic（先天分析）133

a priori/a posteriori（先天的/后天的）321，378

ab initio（从开始起）376

Abel, N.（尼尔斯·阿贝尔）12

absolute（绝对的）206，376；space and/or time（绝对空间和/或绝对时间）217-218，231，376

absolutist/relativist debate（绝对主义/相对主义的争论）217-218，221，376

abstract/mathematical entities（抽象实体/数学实体）147

abstraction（抽象）135；principle（抽象原则）138，143

Ackermann, W.（威廉·阿克曼）19，84

act/action（行动，行为）266-284，304，316，320，355-356，358，360；and reaction（行动和反应）318；automatic（自动的行动）337-340，342，347；bodily（身体行动）334；complex（复杂行动）353；conscious/ unconscious（有意识行动/无意识行动）341；effect of cause（原因的后果）333；explaining（行动的解释）360；grounds of（行动的原因）278；hidden causes of（行为隐藏的原因）354；intentional（意向行为）356；not mechanical（非机械行为）334；plan（行动计划）353；purposive（目的性行为）339；reflexive（反射行为）319，323，331-332，334，338-339，344；unconscious（无意识行动）340；voluntary/involuntary（自愿行动/非自愿行动）318-319，335-338，341-342，346-348，366；*see also* volition（也见"意志"）；willed（意志的行动）338，356

actual infinite（实无穷）19

ad hoc（特设）377

adaptation（适应）300，305-308，319，334，344；neurological（神经病学的适应）349

adaptive pattern formation（适应模式形

成），see adaptation（见"适应"）

adjustment（调整），see adaptation（见"适应"）

aesthetics（美学）184，377

affect（影响）333

agent（主体）320，339，353，355-362，365，377；rational（理性主体）92

AI（人工智能），see artificial intelligence（见"人工智能"）

Aiken, H.（艾肯）293

alchemy（炼金术）247-248，377

algebra（代数）377

algorithm（算法）255，377；see also decision procedure（也见"判定程序"）

analysis（分析）200-203，216-217；arithmetization of（分析的算术化）55；by synthesis（综合分析）302-303；inferential-statistical（推断—统计分析）283；linguistic（语言学分析）148；logical（逻辑分析）129，133，148；modal（模态分析）91；of variance（ANOVA）（方差分析）279-281，377；path（路径分析）279，412；philosophical（哲学分析）215；probabilistic（概率分析）277；semantical（语义分析）185；statistical（统计分析）279；systems（系统分析）425

analytic/synthetic（分析的/综合的）133，258，377-378；distinction attacked（区分）89，107

analyticity/syntheticity（分析性/合成性）64，68

anatomy（解剖学）334

ancients（古人）316

Anderson, A. R.（安德森）33

animal（动物）223，316-335，341，344，350，352-353，365；decerebrated（被切除大脑的动物）339，342，346；is machine（动物是机器）317-318；spirits（动物精神）333-334

animal heat debate（动物热量理论之争）322-333，349

ANOVA（方差分析），see analysis, of variance（见"方差分析"）

anthropometry（人体测量学）326，378

anti-dualism（反二元论）327

anti-Platonist（反柏拉图主义的）102

anti-psychologism（反心理主义）142，145-148

anti-realism（反实在论），see realism（见"实在论"）

anti-science（反科学）246

antinomy（悖论，二律背反）16，18-19，22

Arbib, M. A.（米歇尔·阿比布）330

Archimedes（阿基米德）378

Archimedes' axiom（阿基米德公理）378

argument（论证）2，430；ampliative（扩张论证）430

Aristotelian syllogistics（亚里士多德三段论）129

Aristotle（亚里士多德）10，34，55，124，126，129-130，171，214，317，378-379

arithmetic（算术），asymmetry with ge-

索 引 / 469

ometry（算术和几何学的不对称）53-54，56-57，64，70-71；creation of human mind（人类心灵的创造）76；finitary（有穷性）104；first-order Peano（一阶皮亚诺算术）84；knowledge of（算术知识）78；laws of（算术规律）58，63；necessary（必要性）105-106；objectivity of（算术的客观性）70；Peano's（皮亚诺算术）413；philosophy of（算术哲学）89；primitive recursive (PRA)（原始递归）84-85；reducing to logic（还原到逻辑）130；second-order Peano（二阶皮亚诺算术）85；synthetic a priori（先天综合）72；synthetic versus analytic conception of（算术的综合与分析概念）59；translatable into second-order logic（算术可翻译为二阶逻辑）90；see also number（也见"数"）

art（艺术）137

artificial intelligence（人工智能）293-294，311-312，321，353-354，379

Ashby's law（阿什比定律）299，307

Ashby, W. R.（阿什比）300-301，309，311-312

Asimov, I.（艾萨克·阿西莫夫）243-244

assertion（断定），see proposition（见"命题"）

association（联结）51，336-377，350

associationism（联想心理学）345；evolutionary（进化联想心理学）345

astrology（占星术）247-248

astronomy（天文学）221

attribution theory（归因理论）320，379

Austin, J. L.（奥斯汀）4，379

autobiography（自传）316

automaton/automaton theory（自动机/自动机理论）292，318-320，323，330，345，365，379；distinction between mechanical and animal（机械自动机和动物自动机的区分）346；sentient（感觉的自动机）341

axiom（公理）15，35，379；arithmetical（算术公理）17；Euclidian（欧式公理）53；of choice（选择公理）26；of constructibility（可构成性公理）31；set（公理集）17；of infinity（无穷公理）399

axiomatization（公理化），of reals（实在的公理化）19；of set theory（集合论的公理化）20-22；standard（标准公理化）23-24，35

Ayer, A. J.（艾耶尔）194，199-200，202，206-207，209，379-380

Babbie, E.（芭比）267

Bacon, F.（培根）239，250，258-259，380

Barthez, P. J.（巴尔泰兹）324，329，380

Bayesian probability（贝叶斯概率）380

Beer, A.（贝尔）350

Begriffsschrift（《概念文字》）13-14

behaviour（行为）302-304，306-309，318-321，345-347，355，357-360；animal（动物行为）344；animal versus human（动物行为与人类行为）333，338，345，350；automatic（自动的行为）332，334；caused（因果性行为）352；concept-driven（概念驱使的行为）362；conscious/ unconscious（有意识行为/无意识行为）338，342；continuum of purposive（目的性行为的连续链）354；creative（创造性行为）319；discontinuity of（行为的非连续性）353-354；explanation of（行为的解释）354；habitual（习惯性行为）341；human（人类行为）343，356，362；intelligent（智力行为）321；intentional（意向行为）356；laws of（行为的规律）361；mental cause of（行为的精神原因）327；mere（纯粹的行为）365；molar or molecular（非分子的或分子的行为）349；objective（客观行为）341；of the child（孩子的行为）363；pain（疼痛行为）365；primitive expressive（原始表达行为）364-365；primitive interactive（原始交互行为）361；purposive（目的性行为）303-304，331-333，339，342，344-345，348-354；purposive reflexive（目的性反射行为）321；reflexive（反射行为）318-319；self-regulating（自我调节行为）325；social（社会行为）270-271；voluntary/involuntary（自愿的行为/非自愿的行为）346，352，356，360

behavioural conditioning（行为调节）308

behavioural science（行为科学），see behaviourism（见"行为主义"）

behaviourism（行为主义）205，277，280，284，315，320，331，347，350-352，361，380；logical（逻辑行为主义）349

belief（信念）352，355-360，366；dynamics（信念动态论）430；grounds of（信念基础）102；revision, theory of（信念修正理论）37；pragmatic conception of（信念的实用主义观念）97-98

Bell inequality（贝尔不等式）216，227-228，380

Belnap, N.（尼埃尔·拜尔纳普）33

Benacerraf, P.（贝纳赛拉夫）101-103

Bergson, H.（柏格森）302，380-381

Berkeley, G.（贝克莱）381

Bernard, C.（伯纳德）322，325-326，328-329，351，381

Bernays, P.（保罗·贝尔纳斯）19，83-84，104

Bernoulli, J.（伯努利）268-369，381

Berzelius, J. J.（贝采里乌斯）326，381

Bessel, F. W.（贝赛耳）53

Bethe, A. T. J.（贝特）350

Beweissystem（证明系统）95-96

Bigelow, J.（毕格罗）303，352-353

biological species（生物物种）305

biology（生物学）215，300，323-324，327，333

bivalence（二值性）430

body（身体）316，318，324，334-335

Bohr's principles（玻尔原则），see complementarity, correspondence（见"互补性"、"对应"）

Bohr's theory（玻尔理论）381

Bohr, N.（玻尔）222, 381

Bois-Reymond, E., Du（杜布瓦-莱蒙）325, 328-331, 390

Boltzmann constant（玻耳兹曼常量）296, 382

Boltzmann, L.（玻耳兹曼）270, 296-297, 381-382

Bolyai, J.（波尔约）12, 50, 53-54, 382

Boole, G.（布尔）10-14, 50, 55, 382

Boolean algebra（布尔代数）430

Boring, E. G.（波林）340-341, 382

Born, M.（马克斯·玻恩）242-243, 382

Boscovich, R. J.（波斯克维克）225-226

Bostock, D.（大卫·博斯托克）89

Bournoulli, J.（博奴里）175

Boyle, R.（波义耳）230, 382

Bradley, F. H.（布拉德雷）206-207, 382

brain（大脑）326-327, 331-332, 338

Bridgman, P. W.（布里奇曼）202

Brillouin, L.（布里渊）299, 301

Broca, A.（布罗克）326

Brodie hypothesis（布罗迪假设）326

Brouwer, L. E. J.（布劳威尔）16, 18-19, 54, 71-78, 81, 91, 93-94, 382

Brücke, E. von（布吕克）325

Bruno, G.（布鲁诺）238, 382

Büchner, L.（路德维希·毕希纳）325, 327, 382

Buckle, H. T.（巴克尔）270

Burali-Forti, C.（西泽尔·布拉利-福尔蒂）17

Bush, V.（布什）293

Cabanis, P. J. G.（卡巴尼斯）327, 383

calculus（演算，微积分）225, 251, 301, 383, 430; logical（逻辑演算）23, 436-437; predicate（谓词演算）14, 23, 415, 417; propositional（命题演算）14, 23-24, 417, 440

Cannon, W.（加农）292

Cantor's continuum problem（康托尔的连续统问题）16-17

Cantor's theorem（康托尔定理）25, 431

Cantor, G.（康托尔）12, 15, 21

cardinality（势）431

cargo cults（货物崇拜）244

Carnap, R.（卡尔纳普）125, 175, 183, 186, 193-195, 203-206, 208-209, 241, 383

Carpenter, W.（卡彭特）340

Cartesian doubt（笛卡尔式的怀疑）383

category theory（范畴论）431

caterpillar（毛虫）343, 347-348, 363

Cauchy, L.（路易斯·柯西）12

causal nexus（因果联系）360

causal-explanatory framework（因果性解释框架）355

causality（因果性，因果律）102, 175, 217, 227, 268, 275-276, 279-283,

328，330，346，348，351，383；weak（弱因果性）267

cause（原因）267-268，275-276，320，329，333，342，383-384，360；hidden（隐藏的原因）354，356，364-365；mapping onto effect（因果匹配）355；mental（精神原因）327，346，356，359，366；reacting to（对原因的反应）363-364

cerebral cortex（大脑皮层）350

certainty（确定性）384

ceteris paribus（其他条件不变）384

Chain of Being（存在链）316-318，321-322，332-334，337-338，340-341，343-344，346，348，350，352，354，366，384

chance（机运）279，384

channel（信道）297-299，308，384；cascade of（级喷流信道）298，308

charge（电荷）217，384

chemistry（化学）214-215，230，327，384-385

child（孩子）354-365

choice（选择）356

Church's theorem（丘奇定理）28-29，431

Church's thesis（丘奇论题），*see* Church-Turing thesis（见"丘奇—图灵论题"）

Church, A.（丘奇）16，28

Church-Turing thesis（丘奇—图灵论题）31，431

circular definition/reasoning（循环定义/循环推理）385

Clarke, S.（克拉克）217，221，385

classes（类）137-138

Clausius, R. J. E.（克劳修斯）295-296，385

Clausius-Maxwell theory（克劳修斯—麦克斯韦理论）216

closed sentence（闭语句）431

Cogito（我思）317，385

cognition（认识）316，327，333，352，385；Cartesian picture of（笛卡尔的认识图景）354

cognitive activity（认知活动）312-313

cognitivism（认知主义）355，361，385

Cohen, P.（科恩）25

colour（颜色）179-181

common sense（常识）141

communication（通信）302

communication and control systems（通信和控制系统）292-293

communication channel（信道），*see* channel（见"信道"）

communication theory（通信理论），*see* information theory（见"信息论"）

compactness theorem（紧致性定理）25，431

comparative primatology（比较灵长类动物学）361

complementarity（互补性）232，386

completeness（完全性）431

complexion（态势）296

complexity（复杂性）；of ideal proofs（理

想证明的复杂性）87；verificational and inventional（证明的复杂性和发明的复杂性）87

comprehension（理解）62，67

computability（可计算性）9，28，31，431

computation, theory of（计算理论），*see* computationalism（见"计算主义"）

computationalism（计算主义）386

computer（计算机）293，297，312；modeling（计算机建模）301，386；program（计算机程序）353

Comte, A.（孔德）270，386

concept（概念）2，60-62，67，131-134，267，310-311，355，363，386；acquisition（获得概念）61；analysis（分析）216-217；and object（概念和对象）62；as function（函数）132，134；cognitive（认知概念）343；criteria for（概念的标准）363；evidence of versus criterion for（概念的证据与概念的标准）362；extension（概念的外延）60，137；formation（概念构成）362；grasping（理解概念）134；of cause（原因概念）364；of concept（概念的概念）361；of false belief（错误信念的概念）359；of number（数的概念）362；of person（个人概念）362-363；of pretence（弄虚作假的概念）362；possessing（拥有）355；primitive use of psychological（心理学概念的原始使用）364；psychological（心理学概念）343，363，365；volitional（意愿概念）340

conceptual relations（概念关系）363

conceptualism（概念论）386

conclusion（结论）431

conditioning（调节）306；experience（经验调节）347

confirmation theory（确证理论）9，35，386，431

connectionism（联结主义）313，354

connectionist/computational paradigm（联结主义范式/计算范式）386-387

connective（联结词）432

consciousness（意识）318，333，340-343，347，352；an emergent property（意识的新质）341，346，353；coextensive with nervous system（意识与神经系统同延）339；divisibility of（意识的可分性）342；epiphenomenal（副现象的意识）353；state of（意识的状态）346；threshold of（意识的阈限）338

consequence（结果）276

conservation, laws of（守恒定律）387；of energy（能量守恒定律）326，330

consistency（一致性）18，432；of geometry（几何的一致性）19

constant（常项）127；logical（逻辑常项）65-66，81，184-185，437

construal（解释）226

construction programme（构造纲领）183

construction thesis（构造论题）157，159-161，164，173，179

constructivism（构造主义）95，387，432

containment relation（包含关系）52，94

context principle（语境原则）60，141–142

contingency（偶然性）161; of reinforcement（强化的相倚关系）307

contingent truth（偶然真理），see truth, necessary/contingent（见"必然真理/偶然真理"）

continuity（连续性）348; in nature, laws of（自然连续律）176; sentient（感觉连续性）348

continuity principle（连续性原则）106

continuum hypothesis（连续统假设）25–26，432

continuum（连续链），mechanist versus psychic（机械论的连续链与通灵的连续链）349; picture（连续链图景），see Chain of Being（见"存在链"）

contradiction（矛盾式，矛盾）161，204

control（控制）351

control engineering（控制工程）292，301，387

conventionalism（约定论）387

Cook's theorem（库克定理）432

Cook, S.（库克）31

Copernicus, N.（哥白尼）387

Copleston, F. C.（科普莱斯顿）199

copula（连接词）129

corpuscle（微粒）230

correlation（相关）281，387–388

correlation coefficient（相关系数）271，388

correspondence（对应）198，232，388

counter example（反例）144

counterfactual（反事实的）432

counting problem（计算问题）164

co-variance/co-variation（协变/共变）388

covering law（覆盖律）267，388

Crookes, W.（威廉·克鲁克斯）248

Cusan transformation（库萨变换）219–220

cybernetics（控制论）292–313，330，351，353，388; and physical sciences（控制论和物理科学）301; interdisciplinary character（跨学科特征）300; more philosophy than science（比科学更哲学）302; proto（最初的）331

Darwin, C.（达尔文）331，338，348，388

Darwinian revolution（达尔文革命）341，345

data（数据）279，293

decidability（可判定性）246

decision（决定，判定）356，358; problem（判定问题）432; procedure（判定程序）24，28，432; theory（决策论）9，35，38，432–433

Dedekind, J. W. R.（戴德金）12，21，54–55，88，103，388

deducibility（可推出性）433

deduction（演绎）200，388－389，433；theorem（演绎定理）433

deductive-nomological model（D-N）（演绎—律则模型）268，389；classical（经典的演绎—律则模型）271；demands by（要求）272；failure of（失败）278；see also covering law（也见"覆盖律"）

definition（定义），by abstraction（抽象定义）135－136；logical（逻辑定义）144；ostensive（实指定义）198；verbal（语词定义）198

denotation/connotation（外延/内涵）389

denumerable（可枚举的）433

derivation, formal system of（形式系统来源）14

Descartes, R.（笛卡尔）71，74，195，232，315－366，389

description（描述，摹状词）176－177，362；theory of（摹状词理论）389

desire（欲望）355－361，365－366

detachment（分离规则）433

determinacy-from-indeterminacy（从不确定性到确定性）269

determinism（决定论）267，312，336，389－390

diagonal argument（对角线论证）433

discontinuity（断裂）327

discovery（发现）356

discriminable circumstance（可分辨的环境）308

disposition（倾向）229－230

dog（狗）345－346，365

Donagan, A.（多纳根）272－273

Dreyfus, H.（德莱弗斯）294

drogulus（无形实体）199

dualism/monism（二元论/一元论）312，315，320，324，327，334，342，390

Duhem, P. M. M.（迪昂）97，177，223，390

Dummett, M.（达米特）93－95，141－145

Durkheim, E.（迪尔凯姆）269－271，273－274，390

ecological fallacy（生态学谬误）271

ecologist（生态学家）222

ecosystem（生态系统）306

Eddington, A. S.（爱丁顿）390

effector（效应器）390

efficiency（效率）309

effort（努力）356

Einstein, A.（爱因斯坦）106，220－221，238，242－243，247，255，258，390－391

electromagnetic aether（电磁以太）219－220

electromagnetism（电磁学）219－220，391

eliminativism（消除主义）354

emotivism（情感主义）194，391

empirical evidence（经验证据）248

empiricism（经验主义）194，207，391；logical（逻辑经验主义）88－89，97，

195, 205, 404

energy（能量）221, 299, 301; productive（生产性能量）299

enlightenment（启蒙）316

entailment（蕴涵）9, 35, 171, 173, 201, 433

entertainment（娱乐）239

entropy/negentropy（熵/负熵）295-302, 304, 306, 312, 391-392; flexibility（熵的灵活性）306; statistical basis of（熵的统计学基础）296

enumerable（可数的）433

environment（环境）222-223, 282, 294-295, 300-301, 303-310, 325, 328, 334, 349, 351, 353; perceptual（知觉环境）309

environmental change（环境变化）305

epiphenomenalism（副现象论）342, 392

epistemic co-operation（认识合作）78

epistemic distance（认识距离）77

epistemic individualism（认知个人主义）77

epistemic modelling（认知模化）9, 35

epistemological asymmetry（认识论不对称性）54, 319

epistemology（认识论）9, 172, 178, 221-222, 235-237, 279, 317, 392; and objects（对象）103; empiricist（经验主义认识论）55, 79, 88, 97-99; geometry and arithmetic symmetrical（几何学和算术对称）54; intuitionist（直觉主义认识论）91; Kantian（康德主义认识论）78-79, 81; mathematical（数学认识论）50-51, 76, 89, 102, 106-107; mathematical and of natural science merged（数学和自然科学融合）98; see also knowledge（也见"知识"）

EPR experiment（EPR 实验）216, 392

equilibrium（平衡）304, 323, 325; state of（平衡态）328-329, 352

equinumerosity（等势）137

equivalence（等价）133; classes（等价类）136, 138-140; relation（等价关系）136-137

equivocation（含糊度，模棱两可）298, 392

esoteric/exoteric（神秘的/公开的）392

essence/essentialism（本质/本质论）245, 392-393

ethics（伦理学）157, 184, 186, 194, 207, 393

ethnomethodology（民俗学方法论）393

Euclid（欧几里得）15, 53, 106, 173, 215, 393

event（事件，活动）267-268, 276-278, 297-298, 319, 355; causal（因果事件）357; mental（精神活动）319

evidence, finitary（有穷证据）84; paradox of perfect（完美证据悖论）254

evolution（演化）308

excitation（刺激）344

existence claims（存在性断言）74, 76;

knowledge of（存在性断言的知识）76-77

expectation（预期）276

experience（经验）178，183，200-201，203-205，207，226，311，336，347；elimination of（经验的消除）203-205

experiment（实验）224，226，364

experimentalist（实验主义者）327

explanandum/explanans（被解释项/解释项）266-267，273，279；see also deductive-nomological model（也见"演绎—律则模型"）

explanation（解释），form of scientific（科学解释的形式）284；grammatical（语法解释）360；teleological（目的论解释）351；probabilistic-causal（概率—因果解释）284；procedural（程序解释）267，284，416；see also deductive-nomological model（也见"演绎—律则模型"）

explanatory point（解释性观点）271

expression（表达）357

extension/intension（外延/内涵）137，393

fact（事实）157，159-160，164-167，182，184，259

Fage-Townsend experiments（费奇—汤森实验）224

fallacy（谬误）393-394，434

fallibilism（可误论）224，394

falsity（假）169

family resemblance（家族相似）394

Faraday, M.（法拉第）226-267，394

Farr, S.（塞缪尔·法尔）335

feedback（反馈），positive/negative（正反馈/负反馈）292，294-295，300-309，351-352，394；heterotelic（外部主导的反馈）295

Feferman, S.（费弗曼）84-85

Feys, R.（罗伯特·费斯）35

Fichte, J.（费希特）75-76

fideism（僧侣主义）394

field（场）394

Field, H.（哈特里·菲尔德）89-93，98，102

finitary method（有穷方法）434

finite（有穷的），see infinite/finite（见"无穷的/有穷的"）

finitism（有穷主义）77-78，394

Fisher, R. A.（费舍尔）276，279

fluid motion（流体运动）224

force（力）217，231，394；physicochemical（物理化学的力）329；vital（活力），see vital force or phenomenon（见"活力或生命现象"）

form（形式），see shape（见"形式"）

formal（形式）394

formal/material mode of discourse（形式的说话方式/实质的说话方式）395

formalism（形式主义）28，56，76，81-82，84-88，215，227，395，434

formalist school（形式主义流派）19

forms of life（生活形式）178，258

formula（公式）434

Fraenkel, A. （亚伯拉罕·法兰克尔）21

frame of reference（参照系）219

framework, Cartesian（笛卡尔框架）332; intellectual（智力框架）258

Frêchet, M. （弗雷歇）135

Frege, G. （弗雷格）9-10, 13-15, 18, 23, 50, 55-56, 58-65, 67-71, 88-90, 93, 103-105, 107, 124-149, 167-169, 171, 174, 395

Friedman, H. （弗里德曼）10, 31, 85

Fritsch, A. （弗里奇）326

frog（青蛙）308, 321, 341, 343-346

function（功能，函数，函项）127-131, 135, 162, 251, 395, 434; and argument（论证）14, 17; cognitive（认知）309-311; distinction from objects（函数与对象的区分）131; fundamental（基本函数）30; general recursive（一般递归函数）28-30, 435; logical（逻辑函项）55; motor（运动功能）326; primitive recursive（原始递归函数）30, 439-440; probabilistic（概率函数）312; prepositional（命题函项）67; recursive（递归函数）440; Turing computable（图林可计算函数）29; zero（零函数）30

functionalism（功能主义）395

future contingents, problem of（未来偶然判断问题）434

Galen（盖伦）32

Galilei, G. （伽利略）219, 229, 238, 248, 251, 316, 395

Galilean relativity（伽利略相对性）219

Galton, F. （高尔顿）270, 279

game theory（博弈论）9, 35, 38, 435

Garfinkel, H. （加芬克尔）280-281, 395

Gassendi, P. （皮埃尔·伽森狄）317, 319, 395

Gauss, K. F. （高斯）12, 50, 53, 71, 395-396

gaze（注视）365

Gedankenexperiment（思想实验）364

genetic difference（遗传差异）280-281

genetic endowment/pool（基因禀赋/基因库）305-306

Gentzen's consistency proof（根岑一致性证明）435

Gentzen, G. （根岑）28, 84

genus/species（属/种）396

geometry（几何），arithmetization of（几何的算术化）71; asymmetry with arithmetic（几何与算术的不对称性）53-54, 56-57, 64, 70-71; Euclidean（欧式几何）52, 215, 396; non-Euclidean（非欧几何）12, 15, 50, 55-56, 64, 70-71, 105-106, 396; necessary（必然性）105; synthetic a priori（先天综合）71

geophysicist（地球物理学家）215

George, F. H. （乔治）6, 311

gesture（手势）355, 365

ghost in the machine（机器的幽灵）341

Gigerenzer, G.（吉仁泽）269-270

goal（目标）332, 351, 353, 356

God（上帝）178, 184, 206-207, 238, 240, 257-258

Gödel numbering（哥德尔编码）26, 435

Gödel's completeness theorem（哥德尔完全性定理）435

Gödel's incompleteness theorems（哥德尔不完全性定理）19, 27, 83, 435

Gödel, K.（哥德尔）10, 16, 25-27, 83-84, 99-101, 107, 246, 396

Goethe, J. W. von（歌德）75

Goltz, F.（高尔茨）344-345, 347

Goodings, D.（古丁斯）226-227

governor（调节器）293

grammar（语法）267, 276, 284; logical（逻辑语法）343, 365; of agency and intentionality（行动和意向性的语法）358; rule of（语法规则）358, 362

grammatical continuum（语法连续体）364

grammatical form（语法形式）101

Grassmann, H. G.（格拉斯曼）12

gravity（万有引力）231, 251, 329

Green, G.（格林）340

Gunderson, K.（冈德森）311

habit（习惯）357

Hall, M.（马歇尔·霍尔）338-339, 342

halting problem（停机问题）435

Hamilton, W.（威廉·汉密尔顿）11

Hamilton, W. R.（威廉·罗恩·汉密尔顿）12

Harré, R.（罗姆·哈瑞）274, 396

Hartley, D.（大卫·哈特利）293, 297, 335-338, 396

Harvey, W.（哈维）323-324

Hausdorff, F.（豪斯道夫）135

heart（心脏）323-324

heat（热量）322-331; laws of（热量的规律）330; as metabolic activity（作为代谢活动的热量）330; theory of（热量理论）318, 323-324

Heidegger, M.（海德格尔）206

Heider, F.（弗里茨·海德）320, 396

Heisenberg, W.（海森堡）226

heliotropism（向日性）347

Hellmann, G.（赫尔曼）102

Helmholtz, H. L. F. von（赫尔曼·路德维希·斐迪南德·冯·亥姆霍兹）325-326, 330-331, 396

Hempel's paradox（亨佩尔悖论）397

Hempel, C. G.（亨佩尔）200, 251-252, 268, 272-273, 396-397

Henn, V.（福尔克尔·亨）351

heritability（可遗传性）280-281, 284

Herrick, C. J.（赫里克）340

Hertz, H. R.（赫兹）226

heuristic（启发式的）255, 397

Heyting, A.（海廷）16, 23, 32-33, 93-94

hidden variable theory（隐变量理论）227

Hilbert space（希尔伯特空间）216, 397

Hilbert's programme（希尔伯特计划）397

Hilbert, D.（希尔伯特）1, 16-19, 23, 25-27, 54, 56, 76-88, 104-107, 397

history of ideas（观念史）322; of psychological ideas（心理学观念史）366

Hodes, H.（哈罗德·霍兹）89-90

Hodgson, P. E.（霍奇森）226

Homans, G. C.（乔治·卡斯帕·霍曼斯）267, 397

homeomorph（异物同形）223

homeostasis（体内平衡）295, 300, 304, 326, 397

homme moyen, l'（平均人）269-270

Hooke, R.（胡克）316, 397-398

Hull, C.（赫尔）351

humankind（人类）223, 315-322, 325, 333-334, 338, 341, 343, 345-346, 348, 353

Hume, D.（休谟）36, 88, 237, 302, 398

Husserl, E.（胡塞尔）126, 142, 148

Huxley, T. H.（赫胥黎）341, 346, 348, 398

hypothesis（假说，假设）365, 398; inductive（归纳假设）352; null（零假设）276, 280, 398

hypothetical（假设）171

iatrochemistry/iatrophysics（化学疗法/物理疗法）398

idea（观念）196, 229, 336; attitude to（态度）169

ideal methods（理想方法）79-80

ideal/idealism（理念的/唯心主义）398

identity（同一性）15, 185

ignorabimus（无知论）16, 328-329, 331

impossibility（不可能性）161

in situ（当场）283, 399

indeterminacy（不确定性）227

indifference, principle of（中立原则）219

individual（个体）271, 310-311, 317, 319; domain of（个体域）67, 68

individuation（个体化）398-399

induction（归纳）9, 250-251, 357, 388-389, 363, 435; transfinite（超穷归纳）28; problem of（归纳问题）222, 251

inductive strength（归纳强度）436

inductive-statistical model (I-S)（归纳—统计模型）268, 399

inductivism（归纳主义）224, 249, 399

ineffable（不可言说的）185

infant（婴儿），*see* child（见"孩子"）

inference（推理）2, 86, 363, 399; analytic（分析推理）63; causal（因果推理）364; conclusive/monotonic and ampliative/non-monotonic（确凿推理/单调推理和扩展推理/非单调推理）9; deductive（演绎推理）173; formal system of（推理的形式系统）14; laws of（推理规则）174; logical（逻辑推理）73-74; mathematical（数学推理）62, 64, 72-73; preconscious（前意识推理）

355; preconscious causal（前意识因果推理）364; prelinguistic causal（前语言学因果推理）363; rule（推理规则）35, 436

infinite/finite（无穷的/有穷的）399

information（信息）297-299, 301-302, 307-310; management（信息管理）302; processing（信息处理）298, 301, 307-309, 312, 354

information theory（信息论）293, 325, 399-400

input/output（输入/输出）297-298, 307

insight（理解力）336

instantiation theory（例示理论）251-252, 400

instinct（本能）344

instrumentalism（工具主义）400

intelligence（智力）282; quotient（IQ）（智商测试）280-281

intention（意图，意向）320, 326, 332, 343, 348, 353-361, 365-366

inter alia（特别，尤其）400

interpretation（解释）436

introspection/introspectionism（内省/内省主义）135, 400

intuition（直觉，直观）64, 73, 77, 100, 134-135, 138, 143-144, 251, 400; a priori of space and/or time［对空间的先天直觉（直观）和/或对时间的先天直觉（直观）］51-54, 56, 58, 71, 78; in geometry（几何学直觉）57; intellec-tual（智力直观）75; mathematical（数学直觉）99; mental mathematical（智力的数学直觉）19; mystical（神秘的直觉）207; primordial, of time（时间的原始直觉）71; spatial or quasi-spatial（空间的直觉或准空间的直觉）76

intuitionism（直觉主义）19, 54, 56, 70-77, 93-97, 107, 401, 436; post-Brouwerian（后布劳威尔直觉主义）93

invariance（恒定性）401

ipso facto（事实上）301, 338, 401

isomorphism（同构）102, 104, 401

James, W.（威廉·詹姆斯）347, 401

Jennings, H. S.（詹宁斯）320-321, 349

Jesus Christ（耶稣基督）244

Jevons, W. S.（杰文斯）10

joint attention（共同关注）361, 365

joint negation（合并否定）161-163, 167, 172, 179, 184-185

Jourdain, P. E. B.（菲利普·E·乔丹）125, 145

judgement（判断）128, 144, 168-171, 320, 363; a priori（先天判断）360; analytic/synthetic（分析判断/综合判断）51-52, 97; judgable content（可判断的内容）138; mathematical（数学判断）81

Kant, I.（康德）50-60, 62, 67, 69-76, 78-81, 86, 88, 90-91, 97, 100, 105-

107，135，138，143，146，171，208，237，258，401

Keat, R. N.（基特）272

Kepler, J.（约翰尼斯·开普勒）401

Keynes, J. M.（凯恩斯）175，401

Kitcher, P.（凯切尔）99

knowledge（知识）205，207，236，363-364；analytical source of（知识的分析来源）147；arithmetical（算术知识）147；by acquaintance and description（亲知的知识和描述的知识）376；communitarian conception of（社群主义的知识观）77；empirical（经验知识）90；first-person（第一人称知识）359；is what?（知识是什么?）94-95；logical（逻辑知识）91；mathematical（数学知识）147；of being（关于存在的知识）75；of characteristics of visual space（可见空间特征的知识）72；of existence（存在的知识）75；of nature（自然知识）328；of self（自我知识）75；origins of causal（因果知识的来源）363；pretheoretical/theoretical（前理论的知识/理论的知识）365；sensory versus/or a priori（感觉知识对/或先天知识）58；sources of（知识的来源）58；synthetic（综合知识）145；third-person（第三人称知识）359；*see also* epistemology（也见"认识论"）

Kolmogorov, A.（安德雷·柯尔莫哥洛夫）37

Koyré school（柯以列学派）258，401

Kreisel, G.（克雷赛尔）84-85

Kripke, S.（克里普克）35

Kronecker, L.（克罗内科）71，78，402

Kuhn, T.（库恩）236，238，249，255，258，402

Kutschera, F. V.（库切拉）127

lambda calculus（λ演算）28-29，436

Lange, C. G.（朗格）327，402

Langford, C. H.（兰福德）35

language（语言）128-129，139-140，157-165，176，178，181，184-185，195-196，200，203，310，360；ability to speak（说语言的能力）359，365；as picture of the world（作为世界图景的语言）142；distinction from reality（语言与实在的区分）198；division（语言分支）143；entrance into（语言的进入）357；first-order（一阶语言）434；formal（形式语言）434；higher-order（高阶语言）435；hierarchy of languages（语言等级）185；is public（语言是公共的）311；logical analysis of（语言的逻辑分析）148；mathematical（数学语言）73，75；mathematical use of（语言的数学使用）143；natural/artificial（自然语言/人工语言）408；object（对象语言）186，438；philosophy of（语言哲学）141，402；second-order（二阶语言）441；symbolic（符号语言）13；thing（事物语言）205；use（语言使

用）143，178

language game（语言游戏）96，139，208，358，363-364，402

Laplace, P. S.（拉普拉斯）175，402

learning（学习）175，178，306-307，309，340，356，360

least action, law of（最小作用律）176，402

Leibniz's law（莱布尼茨律）403

Leibniz, G. W. von（莱布尼茨）12，59，63-64，88，144，217，221，302，335，402

Lévi-Strauss, C.（列维-斯特劳斯）245，403

Lewis, G. H.（刘易斯）341，345-346，403

Lewin, K.（列文）292

Lewis, C. I.（刘易斯）23，35

Liebig, J. von（李比希）322，325-326，328-330，403

life force（生命力），see vital force or phenomenon（见"活力或生命现象"）

life/matter problem（生命问题/物质问题）324，328，334

linguistic community（语言共同体）310-311

linguistic convention（语言约定）176-177

literature（文学）137

Lobachevski, N.（尼古拉斯·罗巴切夫斯基）12，50，54，403

Locke, J.（洛克）195-196，204-205，207，229，250，302，317，403

Loeb, J.（雅克·洛布）343，347-350，363

logarithm（对数）403

logic（逻辑，逻辑学）168，184，196，225，245，403-404，436；algebra of（逻辑代数）10；ampliative arguments（扩张论证）37；applied（应用逻辑）37；application of（逻辑的应用）179；Aristotelian（亚里士多德逻辑）32，129-130；Boolean（布尔逻辑）149；classical（经典逻辑）32-35，80-81，431；combinatory（组合逻辑）34，431；completeness of（逻辑的完全性）25；consequence relation（后承关系）33；constants in（逻辑常项）23；constructive（构造性逻辑）25；counterfactual（反事实逻辑）36；deductive（演绎逻辑）433；default（缺省逻辑）37，433；definitions for arithmetical terms（算术术语的逻辑定义）14；deontic（道义逻辑）433；development of（逻辑学的发展）50，55；epistemic（认知逻辑）35，434；erotetic（问句逻辑）434；expansion of（逻辑的扩张）32-38；first-order（一阶逻辑）24-26，32，434；formal（形式逻辑）36，434；foundations of（逻辑基础）157；free（自由逻辑）34，434；functional（函项逻辑）434；fuzzy（模糊逻辑）36，435；higher-order（高阶

逻辑）435；imperative（祈使句逻辑）36，435；impoverished state of（逻辑学的贫瘠状态）69；inductive（归纳逻辑）436；informal（非形式逻辑）9，19，36，436；interrogative（问题逻辑）436；intuitionistic（直觉主义逻辑）93，436；laws of（逻辑规律）66，173-174，185；many-valued（多值逻辑）23，34，437；mathematical（数理逻辑）292，301，405，437；modal（模态逻辑）23，407，438；modern（现代逻辑）124，126-132；multi-valued（多值逻辑）438；mathematization of（逻辑的数学化）12；modal extension to（模态扩张）35；multigrade connective in（逻辑中的多级联结词）36；non-monotonic（非单调逻辑）37，438；not psychological（非心理学的逻辑）171；of existence（存在的逻辑）93-94；of knowledge（知识的逻辑）93-94；of terms（术语的逻辑）128；paraconsistent（弗协调逻辑）32-33，439；philosophy of（逻辑哲学）9-49；plurality, pleonotetic or plurative（多元逻辑）36，439；predicate（谓词逻辑）35-36，129，439；preference（偏好逻辑）36，439；principles of（逻辑规则）19；propositional（命题逻辑）24，28，35-36，440；quantum（量子逻辑）34，440；relation between premises and conclusion（前提与结论的关系）9；relevance（相干逻辑）32-33，441；second-order/higher-order（二阶逻辑/高阶逻辑）24，36，441；sentential（语句逻辑）441；status of physical properties（物理属性的逻辑地位）222；study of formal systems（形式系统的研究）9；systems（逻辑系统）24；symbolic（符号逻辑）105，442；tense/temporal（时态逻辑/时间逻辑）36，442；unsolved problems（未解的问题）16-17

logical atomism（逻辑原子主义）404

logical fiction（逻辑虚构）331

logical form（逻辑形式）96，101，164，437

logical operators（逻辑算子）80，128-129，411

logical paradox（逻辑悖论）437

logical picture（逻辑图像）133

logical positivism（逻辑实证主义）88，107，183，186，193-210，301，404，415

logical relation（逻辑关系）173-174

logicism（逻辑主义）54，56-70，73，88-93，124，404，437；epistemological（认识论的逻辑主义）90；metaphysical（形而上学的逻辑主义）93；methodological（方法论的逻辑主义）93；scope of（逻辑主义的范围）67；second generation（第二代逻辑主义）92

logico-grammatical distinction（逻辑—语法差异）352

Lorentz transformation（洛伦兹变换）

219-220，226，404

Lotze, R. H.（洛采）124，339-341，343-344，404

Löwenheim, L.（勒文海姆）21

Löwenheim-Skolem theorems（勒文海姆—斯科伦定理）25，437

Lucas, J. R.（卢卡斯）226

Lucretius（卢克莱修）214，404-405

Łukasiewicz, J.（卢卡西维茨）23，34，129

Lundberg, G. A.（伦德伯格）267

Mach, E.（马赫）223，231-232，405

machine（机械）335，338，341，348，351，354

MacKay, D. M.（麦凯）311

Maclaurin's paradox（麦克劳林悖论）225

macro-level regularity（宏观规则）270

macrostate（宏观状态）296-297

Maddy, P.（麦迪）102

magic（巫术）239，241，243-245

Maimonides（迈蒙尼德）244，405

manipulability（可操纵性）222

mass（质量）217，230-232，405

material content（实质内容）437

material implication（实质蕴涵）437；paradoxes of（实质蕴涵怪论）33，437

materialism（唯物主义）311-312，315，321，326，332，405；eliminative（消除性的唯物主义理论）352；physical or descriptive（物理的或描述的唯物主义）325；reductionist（还原论唯物主义）325；scientific（科学唯物主义）325，327-329，340；vital（活力论唯物主义）325

mathematical practice（数学实践）143

mathematics（数学）1，196，225；and/of physics（数学和/或物理学）215，226；as a game（作为游戏的数学）81，96；as convention（作为约定的数学）96；classical（经典数学）79，85；complete formalization of（数学的完全形式化）27；definition of mathematical sequence（数学序列的定义）14；elementary arithmetical parts（数学的初等算术部分）99；formalist（形式主义数学）50；foundational issues in（数学的基本问题）16；ideal（理想数学）84；immune to empirical revision, induction and verification（免除经验修正，归纳和证明）100-101；intuitionist（直觉主义）50，94-95；judgements synthetic（综合判断）52，55；knowledge is logical（数学知识是逻辑的）90；logicism（逻辑主义）27；logicist（逻辑数学）50；logicization of（数学的逻辑化）55，65，69；merged with natural science（数学与自然科学的融合）99；needed for cognitive processing（认知过程中必需的）93；philosophy of（数学哲学）9-10，53，56，88，124，405；place of logical reasoning in（数学中逻辑推理的地位）

91；pure（理论数学）55，68；science of most general formal truths（最具一般性的形式真理的科学）66；refutation of intuition in（对直觉的拒斥）69；reverse（反向数学）85，87；rooted in rational agents（植根于理性主体）92；spatial or quasi-spatial intuition in foundation of（空间或准空间直觉对数学基础的）76；transform logic（逻辑学转变为数学）9；trend to empiricism（经验主义的趋势）107；unsolved problems（未解的问题）16-17

matrix theory（矩阵理论）226，405-406

matter（物质）231，322，324

Maxwell's demon（麦克斯韦妖）299

Maxwell, J. C.（麦克斯韦）219，269-270，351，406

McCulloch, W.（麦卡洛克）292，311

McGuiness, B. F.（麦克吉尼斯）157

meaning（意义）2，145，168，195-202，310，360；is use（意义是使用）94；of life（人生的意义）184

mechanics（力学）219-220，226，232，330，334；laws of（力学定律）219；Newtonian（牛顿力学）176-177，185，225-226，230，409-410；of unconscious behaviour（无意识行为）342；physics is（物理学是力学）229；quantum（量子力学）216，226-227，418；wave（波动力学）226，429

mechanism（机械论，机制）237，293，295，300，303，315-366，406；cerebral（大脑机制）366；control（控制机制）330；error-correcting（错误纠正机制）303；heliotropic（向日性机制）343；homeostatic（体内平衡机制）330，349，351；information-processing（信息处理机制）332；neural（神经机制）341；neurophysiological（神经生理学机制）353；postcomputational（后计算的机械论）322，335，353-354

mechanist quadrumvirate（机械论四人组）325

mechanist-vitalist debate（机械论—活力论之争）315-366；demise of（机械论—活力论之争的终结）329

Meinong, A. M.（迈农）167-169，406

memory（记忆）326；associative（联想性记忆）347-348

mental construct（心灵的建构）320，355

mental states（心理状态，精神状态）169，345-346，359

mereology（分体论）36，438

Mersenne, M.（马林·麦尔塞纳）317，406

Merton, R. K.（默顿）244，271

metabolism（新陈代谢）300

metalanguage（元语言）19，185-186，406，438

metalogic（元逻辑）22，24，438

metamathematics（元数学）438；arithmetization of（元数学的算术化）83；predicates（元数学的谓词）26

metaphysics（形而上学）9，186，193，199-200，206-208，230，235，237，243-244，257-258，268，322-323，328，347，407

metatheorem（元定理）25，438

metatheory（元理论）438

methodology（方法论）235-237，283，326-327，407

Mettrie, J. O. de La（朱利安·奥夫鲁瓦·德·拉美特利）317，327，402

Michelson, A. A.（迈克尔逊）219，221

micro-level unpredictability（微观水平的不可预测性）270

microstate（微观状态）297

microstructure（微观结构）296-297

Mill, J. S.（密尔）88，195，340，407

mind（心灵）51，70，94，169，171，196，317，320，322，332-333，338，343，346，355，364-365，407

mind's eye（心灵之眼）317

mind/body problem（心/身问题）323-325，329，333，350，353，407

Minkowsky manifold（闵可夫斯基流形）220

Minkowsky, H.（闵可夫斯基）220

Minsky, M.（明斯基）294

mistakes（错误）146-147

model（模型）225，239，266-267，274，330，354，364，438；in logic（逻辑模型）225；quasi-causal（准因果模型）267；of reality（实在模型）353；of the world（世界的模型）223

model making（模型设计）364

model theory（模型论）22，438

modus ponens（肯定前件的假言推理）14，184，407，438

modus tollens（否定后件的假言推理）407

Moleschott, J.（摩莱萧特）325，327，408

momentum（动量）217，221，408

monism（一元论）408

monkey trial（猴子审判）243

Monro, A.（门罗）335

Moore, G. E.（摩尔）178，205，408

morality（道德）357，408

Morgan, A. de（奥古斯都·德·摩根）10-11，55，389

Morgenstern, O.（摩根斯坦）292

Morley, E. W.（莫雷）219，221

morphology（形态学）305，408

Morse-Kelly class theory（莫尔斯—凯利类理论）32

Moses（摩西）244

movement（动作活动），*see* action（见"行动，行为"）

Müller, J. P.（约翰内斯·彼得·缪勒）322，408

multiple regression（多元回归）408

mysticism（神秘主义）408

name（名称）126，157-159，165，170，179，181-183，185，196；proper（专

名）137，404；simple（简单名称）179

natural selection（自然选择）305－307，309

nature（自然）239，330；laws of（自然规律）176－179，218－221，324－325，387

necessity（必然性）161

neo-Cartesianism（新笛卡尔主义）341

neo-pragmatism（新实用主义）224

nervous system（神经系统）293，298，303，308，330，332，336，337，339，350；autonomic（自动神经系统）340；efferent/afferent（输出神经系统/输入神经系统）390

Neumann, J. von（冯·诺依曼）21，292－293，428

Neurath, O.（纽拉特）195，203－204，409

neurological imprinting（神经学印记）340

neurology（神经学）303

neurophysiology（神经生理学）292，301，326，347，353

neuropsychology（神经心理学）354，409

neutral monism（中立一元论）312，409

Newell, A.（纽厄尔）336

Newton, I.（牛顿）230，232，258，316，324－325，337，409

Newtonian matter theory（牛顿物质理论）216

niche（生态位）306，308

Nicholas of Cusa（库萨的尼古拉）218－219，221－222

nihilism（虚无主义）410

nomological（律则的）410

nonsense（无意义）169－170，172，185，360

normal curve（正态曲线）270

normal distribution（正态分布）280

normative（规范的）410

NP-complete（NP-完全性）438

number（数）104，134－135，137－138，175，410；as sets（作为集合的数）137；complex（复数）12；concept（概念）60－62，138；definition of（数的定义）132－133；finitary number theory（有穷数论）100；ontological characteristics（数的本体论特征）103；reference of（数的指称）143；science of（数科学）104；zero（零）133－134，144；see also arithmetic（也见"算术"）

number theory, elementary（初等数论）26，391；predicates（谓词）26

Nyquist, H.（尼奎斯特）293，297

object（对象）79，103，131，135，141，158－160，165，167，169－170，178－183，185，196，356；constitution of（构成对象）143；logical（逻辑对象）60－61，64；of direct acquaintance（直接熟知对象，直接亲知对象）178；properties/features of（对象的特征）180－182；quasi-concrete（准具体对象）104

objective（客观的）410

objectivity（客观性）77
observation（观察）279，361，364；statements（观察陈述）203
observer（观察者）318-319
Occam's/Ockham's razor（奥卡姆剃刀）410
Ogden, C. K.（奥格登）157
Olbers, H. W. M.（奥伯斯）53
ontology/ontological（本体论/本体论的）169-170，185，221-223，226，269，357，410
opacity and transparency, referential（指称的不透明性和透明性）410-411
operationism（操作主义）202，411
operator（算子），see logical operator（见"逻辑算子"）
option, possible, preferred, rule-ordered（可能的、优先的、规则决定的选项）278
"order from disorder" principle（"有序来自无序"原理）269-270，411
ordinary language philosophy（日常语言哲学）411
organism（有机体，生物）293，295，300-301，305，307-310，325，343，350，353；genetic structure of（有机体的遗传结构）304-305
organizational theory（组织理论）412
orientalism（东方学）412
oscillator（振荡器）412
outcome（后果）276-278
Ozanam, J.（奥扎南）236

ω-completeness（ω 完全性）438
ω-consistency（ω 一致性）438
ω-particle（ω 粒子）228
Papert, S.（帕珀特）294
paradigm（范式）412；revolution（范式革命）354
paradox（悖论）412，439；distinction between set-theoretic and semantic（集合论悖论与语义悖论之间的区分）20-21
paramorph（同质异形体）223
parapsychology（超心理学）247，249，412
pari passu（同样地）412
Parsons, C.（帕森斯）98-99，104
Pascal, B.（帕斯卡）302，412
Passmore, J.（帕斯莫尔）193
pattern-formation（图式形成）309
Patzig, G.（帕奇希）129-130
Pavlov, I. P.（巴甫洛夫）349-350，412-413
Peano's postulates（皮亚诺公设）439
Peano, G.（皮亚诺）12，17，20，26，50，55，65，84，413
Pears, D. F.（D. F. 皮尔斯）157
Pearson chi-square（皮尔逊卡方）413
Pearson, K.（皮尔逊）279
Peirce, C. S.（皮尔士）10，13，50，55，65，413
percept（知觉对象）310
perceptible attributes（可感知属性）229

perception（知觉）221，320，326，333，344，356；inner（内在知觉）147；theory of（知觉理论）320

perceptual pattern（知觉模式）305，307–309；hardwired（硬连线的知觉模式）308

Perrault, C.（克劳德·佩罗）335

person（个人）355

Pflüger, E.（普夫吕格尔）339–341，343–344

Pflüger-Lotze debate（普夫吕格尔—洛采之争）339–341，344

phenomenalism（现象主义）413

phenomenology（现象学）346，413

phenomenon（现象）232，413–414；behavioural（行为现象）357；mental（精神现象）194，357，365–366；physical（身体现象）357；physicochemical（物理化学现象）428；vital（活力现象），see vital force or phenomenon（见"活力或生命现象"）

philosophical reflection（哲学反思）147–148

philosophy（哲学）1，193，323，340，347；analytic（分析哲学）378；development（哲学的发展）194；non-intuitionistic（非直觉主义哲学）142；of language（语言哲学）10，168；of logic（逻辑哲学）9–49；of mathematics（数学哲学），see mathematics, philosophy of（见"数学哲学"）；of mind（心灵哲学）294，351；of psychology（心理学哲学）322；of science（科学哲学）10，157；of unreason（非理性哲学）237–239；problems in（哲学问题）24，184，194；scientific（科学的哲学）237

photon（光子）228，414

physicalism（物理主义）205，414

physics（物理学）1，177，214–232，366；and philosophy（物理学和哲学）215；Aristotelian（亚里士多德物理学）218–219；as phenomenon（作为现象的物理学）226，228–229；classical（经典物理学）312；experiments in（物理学实验）216；foundations of（物理学的基础）226；gas（气体物理学）270；history of（物理学史）225；is mechanics（物理学是力学）229；laws of（物理学定律）215，219，334；methodology of（物理学的方法论）214；nature of（物理学的本性）223；Newtonian（牛顿物理学）217，227，231；philosophy of（物理学哲学）214–232；post-Aristotelian（后亚里士多德物理学）217；social（社会物理学）269

physiology（生理学）324–329，331，350

pictorial form（图像形式）185

picture（图像）170

picture theory（图像论）159，165–166，169，185，414

pineal gland（松果腺）332

Pitts, W. H.（皮茨）311

Planck, M. C. E. L. （普朗克）257，296，414

plane, Cartesian（笛卡尔平面）218，383；Euclidian（欧几里得平面）136

Plato（柏拉图）146，166，214，293-294，414

Platonism（柏拉图主义）101-102，168，317，414-415

pluralism（多元主义）415

Poincaré, J. H.（彭加勒）20，72-74，91-92，94，415

Polanyi, M.（波兰尼）249

Polish notation（波兰表示法）439

Pollock, J. L.（珀拉克）275

Popper, K. R.（波普尔）224，232，238，247，252-255，415

population（个体数）306

positivism（实证主义）224，269

possible outcomes（可能结果）278

possible worlds（可能世界）35，159-161，182-183

post hoc（事后归因）415

Post, E.（波斯特）28

post-realism（后实在论）224

pragmatic realism（实用主义的实在论）222

pragmatism/neo-pragmatism（实用主义/新实用主义）415

praxis（实践）415

preconception, a priori（先天的先入之见）333

preconscious（前意识的）361；selection（前意识选择）336

predicate（谓词）439

prediction（预测）355，357-359，361

premiss（前提）439

presupposition（前提）415-416

prima facie（表面上）416

primitive basis（初始基础）439

primitive lore（原始知识）240-241

principio vitalis（生命要素），see vitalism（见"活力论"）

private language argument（私人语言论证）205，416

privileged access（优先认识）356，359

probabilistic causation（概率因果性）266，271，277-278

probability（概率）174-176，251，253-254，268，274-275，296-298，313，416，440；a priori（先验概率）296-297；conditional（条件概率）268，297-298，313；paradox of（概率悖论）254

probability theory（概率论）9，35，37，253，266-284，440；classical（经典概率论）268

problem（问题），conceptual versus empirical（概念的问题与经验的问题）323，328；empirical versus philosophical（经验的问题与哲学的问题）322，327；of "other minds"（"他心"问题）416

process/processing（过程）298，300，303；biological（生物过程）325；cognitive（认知过程）344；continuity of psychological（心理学的连续性）320；

mental（精神过程）320－321，326，346，361；neural（神经过程）331；nonverbal（非言语过程）320；organic versus inorganic（有机过程与无机过程）329－330；physical（物理过程）366；psychic（通灵过程）325－326，328，331，350；psychological（心理过程）320，353－354

productivity, epistemic（认识生产力）64

Promethean madness（普罗米修斯的疯狂）238，240

proof（证据，证明）2，72，440；canonical（典范的证明）59－60；consistency（一致性）84－85；finitary consistency（有穷一致性）27；finitary, of real ideal（现实理想的有限证明）87；impossibility（不可能性证明）15；mathematical（数学证明）18；nature of（证明的本质）15；real（现实的证明）79；of standard theorems（标准定理证明）86；theory（证明理论）22，440

property（特征，属性）217，232，274，281；emergent（突现的属性）341；possible（可能属性）274－275

proposition（命题）131，157，160－176，184－185，197－203，222，270，379，416－417；a priori/a posteriori（先天命题/后天命题）51；elementary（基本命题）157－163，165－167，172－176，179，181，183－184，200－201，203，391；empirical（经验命题）359，365；experiential（经验命题）200；explanatory（解释命题）274；false（假命题）166-167，171；grammatical（语法命题）358-359，363，365；ideal（理想命题）86；meaning is method of verification（命题的意义是证实命题的方法）196；meaningless（无意义的命题）196-197；pseudo（伪命题）185；real versus ideal（真实命题与理想命题）79－80；type of（命题类型）65

propositional attitudes（命题态度）169

protocol statement（记录陈述）203－204，417

psychic control（通灵控制）339

psychic directedness（通灵的定向性）342

psychological ascription, grounds for（心理学归属的有力证据）365

psychological verbs/concept words（心理动词/概念词）360；use of（使用）365

psychology（心理学）1，168，292，208，318－319，323，332，347－349，354，366；comparative（比较心理学）345；developmental（发展心理学）361；foundations of（心理学的基础）321，325；history of（心理学史）319，340；of animal behaviour（动物行为心理学）347；philosophy of（心理学哲学）315

psychophysical parallelism（身心平行论）366

Ptolemy, C.（托勒密）215，417

purpose（目的）352，356

Putnam, H.（普特南）89-90, 97, 99

quality（性质），primary/secondary（第一性的质/第二性的质）229-231; absolute（绝对性质）231

quantification（量化），theory of（量化理论）14, 440; universal/existential（全称量化/特称量化）162, 417-418

quantifier（量词）23, 126, 440; existential（存在量词）434; scope of（量词的辖域）441; universal（全称量词）443

quantum electrodynamics（量子电动力学）228, 418

quantum field theory（量子场论）228, 418

quantum theory（量子论）269

quantum/quanta（量子）418

quasi-causal（准因果的）267

Quetelet, L. A. J.（凯特勒）269-270, 418

Quine, W. V.（奎因）10, 13, 16, 89-90, 97-99, 101, 107, 418

radar（雷达）293

Ramsey, F. P.（拉姆齐）20, 418-419

randomness（随机性）419

rate（比率）270

ratio（比率）232

rationalism（理性主义）238

rationality, theory of practical（实践理性理论）38

realism/anti-realism（实在论/反实在论）184, 221-224, 250, 419

reality（实在）159, 181, 198, 200, 203, 223, 353; analogue of（实在的类似物）225

reason（理性）64, 316; faculty of（理性的能力）56, 70, 106; principle of sufficient（充足理由律）59, 176-177, 425

reasonable expectation（合理预期）272-273

reasoning（推理）326; animal（理性的动物）317; causal（因果推理）283, 363; counterfactual（反事实推理）364; finitary（有穷推理）84-85; ideal（理想推理）82, 87; logical（逻辑推理）72; mathematical（数学推理）52, 55, 73-74, 80, 91-92; probabilistic（概率推理）275

reconstructive interpretation（重构性的解释）146

recursion theory（递归论）29, 440

recursive procedure（递归程序）440

reducibility（还原性）353; axiom of（还原公理）419

reductionism（还原论）194, 205, 207, 210, 327, 332, 354, 419; linguistic（语言还原论）205; mechanist（机械论的还原论）331

reference, domain of（指称域）142-143

referent（指称物）179

reflex theory debate（反射理论之争）

331−345

reflex/reflex theory（反射/反射理论）318−319, 334, 340, 342, 344, 349−350, 353, 356, 419; action（行为）, see action, reflexive（见"反射行为"）; movement（反射动作）318; psychic（通灵反射）350; spinal（脊椎反射）340; unconscious（无意识反射）338

refutation（否证/证伪）419

regressive method（回归方法）68

relationism（关系主义）, see relativity（见"相对论"）

relative truth/relativism（相对真理/相对主义）419−420

relativity, special/general theories of（狭义相对论/广义相对论）216−218, 220−221, 420

religion（宗教）157, 241, 243, 257; philosophy of（宗教哲学）, see theology（见"神学"）

representation（表征）75−76, 309, 312, 362; internal（内部表征）353−354; mental（心理表征）312

requisite variety, law of（必要多样性定律）299, 301

research, agricultural（农业研究）279; explanatory（解释性研究）267; pseudo（伪研究）259; scientific（科学研究）235−237, 242, 252, 255, 258−259

Resnik, M. D.（雷斯尼克）102

response（反应，反射）353; automatic（自动反应）344; conditioned（条件反射）348−349, 363; unconscious（无意识反应）344

Richet, C.（里歇）350

Riemann, B.（黎曼）12

robotics（机器人）293, 345

Roche, J.（罗奇）215

Rosenblueth, A.（罗森勃吕特）292, 303, 352−353

Rosser, J. B.（罗塞尔）26

Royce, J.（罗伊斯）302, 420

rule（规则）23, 256, 343; formation（形成规则）434; inference（推理规则）35, 436; transformation（变换规则）442

rule-governed activity/behaviour（规则控制活动/规则控制行为）96, 283

Russell's paradox（罗素悖论）18−21, 64, 70, 107, 130, 137−138, 420, 441

Russell, B.（罗素）10, 16−21, 26, 55−56, 62, 64−70, 72, 88−89, 93, 125, 130, 145, 157, 167−170, 172−174, 178, 195, 238, 258, 302, 312, 323, 333, 420

Ryle, G.（赖尔）4, 420

Saccheri, G.（杰罗拉莫·萨卡里）12

Sachlage（具体情况）, see situation（见"情况"）

Sachs, J.（朱利叶斯·萨克斯）347

Sachverhalt（事态）, see states of affairs

（见"事态"）

St Roberto Cardinal Bellarmino（圣罗伯托红衣主教贝尔米拉）238

satisfiability（可满足性）31，441

Satz（句子，命题），see sentence, proposition（见"句子"、"命题"）

Saussure, F. De（索绪尔）421

Sayre, K.（赛伊尔）294，309，311

scepticism（怀疑论）139，201，360，365

Schelling, F.（谢林）75

scheme, cognitive（认知方案）320；embodied（具体化方案）353；quasi-causal（准因果方案）267

Schlick, M.（石里克）179，193–198，201–202，204，207–209，421

Schröder, E.（施罗德）10，13，55，65，421

Schrödinger, E.（薛定谔）226，250，300，421

Schütte, K.（舒特）84

science（科学）178，200，203，205–206，222，227，266–284，323；and culture（科学和文化）259；as a whole（作为整体的科学）89；as esoteric（秘传的）255–259；concerns in（关注）236–237；confirmation not probability（确证不是概率）253–254；empirical character of（科学的经验特征）246–247；exceptional（非常规的）255；foundations of（科学的基础）302；interpreted（解释的科学）79；is public（科学是公共的）247；is what?（科学是什么）239–240，244–245，247；life sciences（生命科学）330；logical account of（逻辑说明）224；needs logic and mathematics（科学需要逻辑和数学）97；new scientific era（新的科学的时代）194；normal（常规科学）236，255；not thoroughly empirical（科学不是彻底经验的）248；of mind（心灵科学）322；natural（自然科学）186，214–215，409；paradigm for（科学范式）331；philosophy of（科学哲学）177，194，223，235–259，421；predictive success（科学是预测上成功）249；pseudo（伪科学）242，244；quantitative social（定量的社会科学）269；spokespeople for（科学代言人）239，241–244，248，251–256；relation between evidence and hypothesis（证据与假设的关系）9；system of（科学体系）204；unity of（科学的统一）205，208

scientific establishment（科学机构）240

scientific evidence（科学的证据）248

scientific laws（科学规律）201

scientific method（科学方法）330

scientific status（科学地位）248

scientific technology（科学技术）238–239，241

scientist（科学家）177；paradigm of（科学家的范式）364

scope modifier（限定范围）275

Scriptures（《圣经》）240–241，243

Sedgewick, A.（塞奇维克）340

seeing（看见）363-364

self（自我）75-76，355-356

Selfridge, O.（塞尔弗里奇）294，311

semantic paradox（语义悖论）441

semantics（语义学）10，34，101-102，168，179，183，421，441；split（分裂的语义学）143；truth functional（真值函项语义学）142

semi-solipsism（半唯我论）319，340

Seneca, L. A.（塞涅卡）317

sensation（感觉，意义）178，205，326，333，336，338-339，342，344；of pain（疼痛感）343

sensationalism（感觉主义）250，422

sense（感觉，感官，意义，含义）64，163-165，170-172，179，181，185；data（感觉材料）178；experience（感觉经验）207；modality（感觉类型）422；of life（生命的意义）186

sense and reference（涵义和指称）132，139-141，145，168，422

sentence（句子，语句）126，129，163-164，172，183，185，196-197，245；open（开语句）439；pseudo（假语句）186；technical meaning（技术意义）127

sentient principle（感觉原则）338

set（集合）20，67，441；set of natural numbers（自然数集合）11-12；hierarchy of sets（集合的等级）15；set of all sets（所有集合的集合）19；paradoxical set（悖论集合）21；recursive（递归集）440

set theory（集合论）15，21-22，100，422，441

Shannon's tenth theorem（香农第十定理）299，301

Shannon, C. E.（香农）293，297-298，422

shape/form/Gestalt（形式/格式塔）78；analysis of（形式的分析）55

Shelley, M.（雪莱）243-244

Sherrington, C. S.（谢灵顿）338-339，422

showing not saying（可显示但不可说）185-186

sign（符号）78，128，158，163-164，172，182，184

similarity/difference（相似性/差异）223-224

Simon, H. A.（西蒙）336

simple element（简单要素）158

simpliciter（普遍性的）422

Simpson, S.（辛普森）85-86

simultaneity（同时性）422

sine qua non（必要条件）422

Sinn（涵义），*see* sense and reference（见"涵义和指称"）

situation（情况）164，166-167，169，176-177，180-181

Skinner, B. F.（斯金纳）307，309，351，423

Skolem's paradox（斯科伦悖论）25，441

Skolem, T. A.（斯科伦）21

Skolem-Löwenheim theorems（斯科伦—

勒文海姆定理），see Löwenheim-Skolem theorems（见"斯科伦—勒文海姆定理"）

Sluga, H.（汉斯·斯鲁格）124

social anthropology（社会人类学）242, 258, 423

social causation（社会因果关系）270-271

social group（社会团体，社群）271, 306; membership in（社群成员关系）305

social regularity（社会规律性）269

society（社会）239

socioeconomics（社会经济学）292

sociology（社会学）270-271, 322, 423; of knowledge（知识社会学）322; of science（科学社会学）246

Socrates（苏格拉底）32, 178, 423

solipsism（唯我论）184, 321, 423

sophisticates（老练的人）230

soul（心灵）316, 318, 324, 328, 334-335, 338, 343, 346

soundness（可靠性）441

space-time（时空）217-220, 423; manifold（时空流形）218, 221

species evolution（物种进化）300, 305-306

speech act（言语行为）196

Spencer, H.（斯宾塞）340, 348

Spinoza, B. de（斯宾诺莎）312, 423

spiritualism（唯灵论）423-424

Stahl, G.（斯塔尔）334-335

statement（陈述）196-204, 206, 209; empirical（经验陈述）196; ethical（伦理陈述）208-209; moral（道德陈述）209-210; pseudo（假陈述）196, 206; scientific（科学陈述）200-202; structure and content（结构和内容）204

states of affairs（事态）79, 158-161, 164, 166-167, 172, 174-177, 179, 181-183, 185, 196, 267-268, 276; see also proposition, elementary（也见"基本命题"）

statistical frequency（统计频率）274

statistics（统计学）269-270, 279-283, 424; moral（道德统计学）270, 408

Stekeler-Weithofer, P.（斯特克勒-魏霍芬）142, 148

Stevenson, C. L.（史蒂文森）209, 424

stimulus（刺激）353; action is（行为是刺激）320; pattern（刺激模式）308-309; punishing and reinforcing（惩罚的和加强的）307; response（对刺激的反应）334, 344, 347

stochastic（随机的）424

Stove, D.（斯达夫）238

strict implication（严格蕴涵）441; paradoxes of（严格蕴涵怪论）442

structuralism（结构主义）102, 104, 424

structure（结构）299, 301, 303; sensorimotor（感觉运动结构）343; substructure（亚结构）303; theoretico-explanatory（理论—解释结构）144-145

sub specie aeternitatis（在永恒的方面）424

sub-conscious（潜意识）341

subject-predicate, relation（主谓关系）55

subjective/subjectivism（主观的/主观主义）424

substance（实体）424

substantivalists（本质主义者）218

substitution（代入规则）442

successor（继承人）442

suicide（自杀）270-271，273-275

syllogism（三段论）184，425

symbols（符号）310，355，425；incomplete（不完全符号）398；primitive（原始符号）440

symmetry of explanation and prediction（解释和预测的对称）271，273

synapse（突触）425

syntax（句法）159，425，442

synthetic（综合的），see analytic/synthetic（见"分析的/综合的"）

system（体系/系统）295-296，306-307，351，353；axiomatic（公理系统）430；biological（生物系统）307；complex（复杂系统）302；cybernetic（控制论系统）312；formal（形式系统）22，434；homeostatic（体内平衡系统）352；logistic（逻辑体系）437；natural deduction（自然演绎系统）438；operating（操作系统）294-295，306；self-regulating（自我调节系统）330；sensori-motor（感觉运动系统）349

Takeuti, G.（塔伊蒂）84

target-seeking missile（巡航导弹）303-304

Tarski's theorem（塔斯基定理）25

Tarski, A.（塔斯基）16，426

tautology（重言式）161，163，174，426，442

taxonomy（分类学）426

technology（技术）326-327；philosophy of（技术哲学）238

teleology（目的论）303-305，337，351，426；biological（生物学目的论）304-305

The False/The True（假/真）168-169

Theaetetus（泰阿泰德）426

theology（神学）194，243-244，257-258

theorem（定理）442；logical is mathematical（逻辑定理是数学定理）94；real（真实定理）87

theory（理论）267，442；coherence（融贯论）204；displacement or elimination of（代替或消除）323；of computing machinery（计算机理论）293；of knowledge（知识论），see epistemology（见"认知论"）；of language（语言理论）157；of meaning（意义理论）157，194；of mind（心灵理论）355-359，361-363；of names（名称理论）148；of theory（理论的理论）364；of truth（真理理论）157；of types（类型论）19-20，26，427，443；scientific（科学理论）

176，202；semantic（语义学理论）142

theory-forms（理论形式）82

theory-ladenness（理论负载）248

thermodynamics，first and second law of（热力学第一定律和第二定律）295－296，299，312，325，426

thermostat（恒温器）295，330

thought（思维，思想）56，168－169，172，184，326－327；arithmetical（算术思维），geometrical（几何思维）58；breakdown in rational（理性思维的崩溃）57；forms of（思维形式）82；laws of（思维规律）58，82，336；mathematical（数学思想）50，75；nature of（思想的本性）351；objectively existing（客观存在的思想）60；origin of（思想起源）324

Tomasello, M.（托马塞洛）361

toothache（牙疼）205－206

transcendental（先验的）426

transparency, referential（指称的透明性），see opacity and transparency, referential（见"指称的不透明性和透明性"）

tropism（向性）347，349，353

truth（真理，真值）2，59，129，167，169，172－173，196，199，204，222，235，241，394；analytical（分析真理）59；arithmetical（算术真理）60；condition（真值条件）160，163－165，168，171，175，179，184；function（真值函项）23，157，162，167，176，181，184，426，442；generalization of（真理的一般化）66－67；grounds（真理基础/真值基础）102，173－175，184；logical（逻辑真理）404；mathematical（数学真理）97；necessary/contingent（必然真理/偶然真理）409；primitive（原始真理）59；table（真值表）28，160－161，442；value（真值）126－127，144，161，163，166，168，173，442

Turing machine（图灵机）28－29，442

Turing, A. M.（图灵）28，335，426－427；see also Church-Turing thesis（也见"丘奇—图灵论题"）

Turing-computable（图灵可计算的）442

uncertainty（不确定性）297－298

unconscious（无意识的）339，341－342，344

understanding（理解）79，134；scientific knowledge（科学知识）148；social（社会理解）364－365

universals（普遍，共相）427

unreason（非理性）237－239

Unsinn（无意义），see nonsense（见"无意义"）

Urry, J. R.（尤里）272

Üküll, J. von（乌也斯库尔）350

validity（有效性）427，443；formal（形式有效性）32

variable（变量，变元）127；bound（约束变元）430；free（自由变元）434；hidden variable（隐变量）397

Vendler, Z.（温德勒）277

verifiability, principle/criterion of（证实原则/可证实性标准）195–201, 205–207, 427–428

verifiable in principle（原则上可证实的）202

verification principle（证实原则），see verifiability, principle/criterion of（见"证实原则/可证实性标准"）

verificationism（证实主义）194–210, 428

verisimilitude（逼真性）224

Vicious Circle Principle（恶性循环原则）20–21

Vienna Circle（维也纳学派）175, 178, 193, 203, 323, 428

virtual particle（虚粒子）428

visual field（视域）179–180

vital force or phenomenon（活力或生命现象）327–330, 332, 349

vitalism（活力论）315–366, 428

Vogt, C.（福格特）325, 327

volition（意愿）318–319, 326, 332–333, 337–339, 342, 346–348, 352, 428

voluntary/involuntary（自愿的/非自愿的），see volition（见"意愿"）

Wagner, S.（瓦格纳）89, 92–93, 331

Waisman, F.（魏斯曼）175, 179, 195, 200, 203, 428

Watson, J. B.（华生）320–321, 350–351, 428–429

Watt, J.（瓦特）293

weak/strong interaction（弱相互作用/强相互作用）228, 429

Weierstrass, K.（魏尔斯特拉斯）12, 55, 429

well-formed formula（合适公式）443

Wellman, H. M.（魏尔曼）355

Wells, H. G.（威尔斯）243–244

Weltanschauung（世界观）322, 429

Wernicke, C.（维尼克）326

Weyl, H.（外尔）54, 71, 74, 76–78, 104, 429

Whewell, W.（惠威尔）255, 429

Whitehead, A. N.（怀特海）16, 20, 26, 55, 88, 429

Whittaker, E.（惠特克）242–243

Whytt, R.（魏特）337–338

Wiener, N.（维纳）292–294, 299, 300, 302–303, 309, 311–312, 352–353, 429–430

will（意志）335–336, 338, 342, 344, 347–348

Wimmer-Perner test（维默尔—佩纳尔测试）362

Wittgenstein, L.（维特根斯坦）93–96, 125, 145, 148, 157–186, 195–196, 198, 205, 207, 258, 276, 358, 360, 363, 430

words（语词）60, 144, 169, 198, 202, 204, 357

world（世界）166–167, 169, 176–178,

182，184－185，222－224，241，312；apparatus-world set-up（设备—世界的机制）232

Wright, S.（舍维尔·莱特）279

Zermelo, E.（策梅洛）16，18，20

Zermelo-Fraenkel set theory (ZF)（策梅洛—法兰克尔集合论）21，31

z particle（z 粒子）228

译后记

往往是几本教科书教育了一代人，或者说几本教科书形成了一代人的知识结构和学术观。我们这一代人就是通过读黑格尔的《哲学史讲演录》、罗素的《西方哲学史》、梯利的《西方哲学史》和文德尔班的《哲学史教程》等教科书来了解西方哲学的。20世纪下半叶特别是80年代以来国内学界的一些前辈和同仁也编写了一批西方哲学史教材，但是它们的取材范围、断代原则和哲学史观都没有完全脱离上述几本引进教科书的影响。上述几本教科书也存在一些问题，最大的问题是过于陈旧，它们分别成书于19世纪和20世纪初，未能反映20世纪哲学的最新发展，不能适应教学和研究的需要。

20世纪60年代末至70年代初，在西方世界又出现了一批比较好的多卷本的哲学史，例如法国的"七星百科全书"（Encyclopédie de la Pléiade）中的三大卷的《哲学史》（Histoire de la Philosophie），该书是上百位专家共同编写的，内容广博，涵盖东西方的各种哲学思潮流派，但是该书是用法语写成，国内能直接阅读的人太少。此外，在美国出版了科普斯顿（F. Copleston）的九卷本的《哲学史》（A History of Philosophy），该书由作者一人写成，尽管他的知识非常广博，文笔很优美，但是上下几千年、纵横全世界、洋洋九大卷的哲学史凭一人之力，总会有遗憾之处。作者作为一位神学家，在材料的取舍、笔墨的浓淡、理论的是非等问题上总会或多或少留下个人的一些痕迹。这两部哲学史的共同问题是，它们也都只写到20世纪50年代前后，未能反映20世纪下半叶西方世界哲学的最新进展，而且它们都没有被译成汉语，不能被广大的中国学生和读者所阅读。

世界上著名的劳特利奇出版公司出版的《劳特利奇哲学史》是西方世界在走向21世纪时出版的一部代表当今世界西方哲学史研究领域最高学术水

平的著作。全书共十卷，1993年开始出版，2000年出齐。该书是集体智慧的结晶，每一章的作者都是这一领域公认的专家，130多位专家来自英国、美国、加拿大、澳大利亚、爱尔兰、法国、意大利、西班牙、以色列等十多个国家的著名大学和科研机构。该书既是一部系统的哲学史，又可以被看作一部专题研究论丛，它涵盖了从公元前8世纪直到20世纪90年代末西方哲学发展的全部内容，有很高的学术含量。它既可以作为研究人员的参考书，也可以作为大学生和研究生的参考教材，同时也可以作为文化人系统了解西方哲学的工具书。

1994—1995年我在英国牛津大学做高级访问学者时，在经常光顾的Blackwells书店发现了刚刚出版的几卷《劳特利奇哲学史》，就被它深深吸引，萌发了将它译成汉语的愿望。回国后我主动向中国人民大学出版社推荐了此书，得到了人大出版社的回应和鼓励。待2000年《劳特利奇哲学史》十卷本全部见书后，我们就开始同劳特利奇出版公司洽谈版权，不久就签订了购买版权的合同。于是，我牵头组织从事西方哲学研究的一些同事、朋友、学生来翻译这套书，他们译完后由我校译并统稿。我们的原则是翻译以研究为基础，基本上是找对所译部分有研究的学者来译，力求忠实地反映原书的面貌，包括保留原书的页码和全部索引，便于读者查对。原书中每一章后面附有大量的参考书，我们不做翻译，原文照录，其目的也是便于深入研究的读者进一步查询，如果译成了汉语反而给读者查找造成了不便。这样做的目的都是为了保持原书的学术性。

翻译是一种遗憾的艺术，或者说是一项吃力不讨好的工作，即使是很多大翻译家的译作都可以被人们挑出很多错误和疏漏，何况是才疏学浅的我辈呢？译文中可能存在一些错误，恭请各位指正。好在所有严肃的研究者从来就不倚赖翻译本做学问，他们只是把译本作为了解材料的一个导引，希望我们的翻译能够给他们做好这样一个导引。近年来国内的学者们兴起盛世修史之风，就我所知，现时学界已有许多编撰多卷本西方哲学史的计划，愿我们的这套译本能给大家提供一些参考。

本套译著的出版得到了中国人民大学出版社的大力支持，没有他们的学术眼光和为购买版权所做的工作，我们也不可能把该套书翻译出来奉献给读者。先后为这套书的出版提供过帮助的有曾经在和仍然在人大出版社工作的周蔚华、李艳辉、胡明峰、杨宗元、符爱霞、罗晶等多位主编、编辑室主任和编辑，他们为该书的编辑出版付出了大量的劳动，向他们表示感谢。

《劳特利奇哲学史》第九卷的翻译分工是：

鲍建竹——第九卷简介、目录、作者简介、历史年表、导言、名词解释、索引。

许涤非——第一、二、三章。

江怡——第四、五章。

张志伟（中国人民大学科技哲学专业博士生）——第六、七、八、九章。

费多益、鲍建竹——第十章。

冯俊——《劳特利奇哲学史》（十卷本）简介、总主编序、致谢和译后记。

由**冯俊、鲍建竹**审校全书。

对上述诸位译者、校者一并致以诚挚的谢意。

冯 俊

2015 年 5 月 14 日

Philosophy of Science, Logic and Mathematics in the 20th Century—Routledge History of Philosophy Volume IX, by Stuart G. Shanker
ISBN: 0-415-05776-0

Selection and editorial matter © 1996 Stuart G. Shanker

Individual chapters © 1996 the contributors

Authorised translation from the English language edition published by Routledge, a member of the Taylor & Francis Group; All rights reserved. 本书原版由 Taylor & Francis 出版集团旗下 Routledge 公司出版,并经其授权翻译出版,版权所有,侵权必究。

China Renmin University Press is authorized to publish and distribute exclusively the Chinese (Simplified Characters) language edition. This edition is authorized for sale throughout Mainland of China. No part of the publication may be reproduced or distributed by any means, or stored in a database or retrieval system, without the prior written permission of the publisher. 本书中文简体翻译版权授权由中国人民大学出版社独家出版并仅限在中国大陆地区销售,未经出版者书面许可,不得以任何方式复制或发行本书的任何部分。

Copies of this book sold without a Taylor & Francis sticker on the cover are unauthorized and illegal. 本书封面贴有 Taylor & Francis 公司防伪标签,无标签者不得销售。

北京市版权局著作权合同登记号:01-2000-1577

图书在版编目（CIP）数据

劳特利奇哲学史（十卷本）.第九卷，20世纪科学、逻辑和数学哲学/（加）斯图亚特·G.杉克尔主编；江怡等译.—北京：中国人民大学出版社，2016.11
ISBN 978-7-300-23539-4

Ⅰ.①劳… Ⅱ.①斯…②江… Ⅲ.①哲学史-世界②近代哲学 Ⅳ.①B1

中国版本图书馆CIP数据核字（2016）第261929号

劳特利奇哲学史（十卷本）
总主编：［英］帕金森（G. H. R. Parkinson）
　　　　［加］杉克尔（S. G. Shanker）
中文翻译总主编：冯俊
第九卷
20世纪科学、逻辑和数学哲学
［加］斯图亚特·G·杉克尔（Stuart G. Shanker）　主编
江　怡　许涤非　张志伟　费多益　鲍建竹　译
冯　俊　鲍建竹　审校
20 Shiji Kexue Luoji he Shuxue Zhexue

出版发行	中国人民大学出版社		
社　　址	北京中关村大街31号	邮政编码	100080
电　　话	010-62511242（总编室）	010-62511770（质管部）	
	010-82501766（邮购部）	010-62514148（门市部）	
	010-62515195（发行公司）	010-62515275（盗版举报）	
网　　址	http://www.crup.com.cn		
	http://www.ttrnet.com（人大教研网）		
经　　销	新华书店		
印　　刷	涿州市星河印刷有限公司		
规　　格	165 mm×235 mm　16开本	版　次	2016年11月第1版
印　　张	34.5 插页2	印　次	2016年11月第1次印刷
字　　数	518 000	定　价	98.00元

版权所有　　侵权必究　　印装差错　　负责调换